Web开发技术丛书

Flask Web开发实战

入门、进阶与原理解析

PYTHON WEB DEVELOPMENT WITH FLASK

李辉 著

U0218639

机械工业出版社

China Machine Press

图书在版编目（CIP）数据

Flask Web 开发实战：入门、进阶与原理解析 / 李辉著 . —北京：机械工业出版社，2018.8
（2024.4 重印）
（Web 开发技术丛书）

ISBN 978-7-111-60659-8

I. F… II. 李… III. 软件工具 – 程序设计 IV. TP311.561

中国版本图书馆 CIP 数据核字（2018）第 183791 号

Flask Web 开发实战：入门、进阶与原理解析

出版发行：机械工业出版社（北京市西城区百万庄大街 22 号　邮政编码：100037）
责任编辑：李　艺　　　　　　　　　　　　　责任校对：李秋荣
印　　刷：北京捷迅佳彩印刷有限公司　　　　版　　次：2024 年 4 月第 1 版第 14 次印刷
开　　本：186mm×240mm　1/16　　　　　　印　　张：44
书　　号：ISBN 978-7-111-60659-8　　　　　定　　价：129.00 元

客服电话：（010）88361066　68326294

Preface 前　言

根据 2018 年 Python 开发者报告，Flask 是目前最流行的 Python Web 框架。自 2010 年开源以来，受到了越来越多 Python 开发者的喜欢。截至 2019 年 4 月，它在 GitHub 上已有 42000 个 Star，2000 多位 Watcher，是目前 GitHub 中 Star 数最多的 Python Web 框架。

Flask 的 logo

附注　Flask 的图标虽然看起来很像辣椒，但其实它是角状的容器（powder horn）。

Flask 仅保留了 Web 框架的核心，其他的功能都交给扩展实现。如果没有合适的扩展，你甚至可以自己编写。Flask 不会替你做决定，也不会限制你的选择。它足够轻量，你可以只用 5 行就编写出一个最简单的 Web 程序，但并不简陋，它能够适应各类项目的开发。

因为 Flask 的灵活性，越来越多的公司选择 Flask 作为 Web 框架，甚至开始从 Django 迁移到 Flask。使用 Flask 的公司在国外有 Netflix、Reddit、Twilio、Mailgun 等，在国内则有豆瓣、果壳、下厨房等，这说明 Flask 能经受大型项目的挑战，能够适应各种需求。下图列出了部分使用 Flask 的公司。

附注　你可以在 StackShare 上查看完整的使用 Flask 的公司列表（https://stackshare.io/flask）。

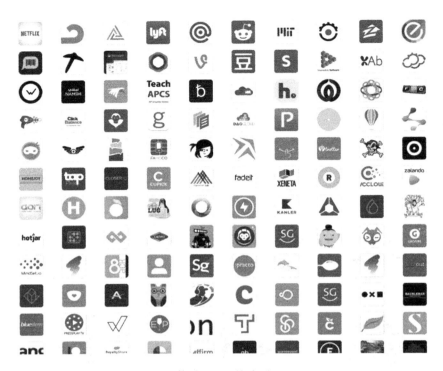

使用 Flask 的公司

在国内，越来越多的 Python 程序员开始关注和学习 Flask。对于国内的程序员来说，相关书籍仅有一两本，内容上也过于陈旧和单薄，希望本书可以填补这一空白。本书提供了学习 Flask 的完整路径，从基础内容到进阶实践，再到源码分析。同时也安排了丰富的示例程序，让读者可以通过亲自实践来更快地掌握 Flask 开发。

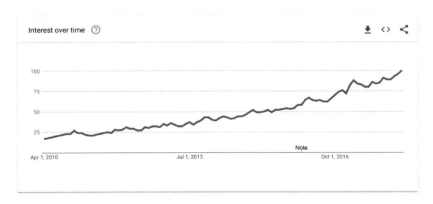

Flask 自 2010 年开源以来在 Google 上的搜索趋势⊖

⊖　参考来源：Google Trends（https://trends.google.com/trends/explore?date=2010-04-01%202018-04-01&q=%2Fm%2F0dgs72v）。

目标读者

在技术层面，本书适合所有 Python 程序员（了解 Python 即可）阅读，包括已经学习过其他 Python Web 框架（比如 Django）的读者和没有接触过 Web 框架的读者。

在难度水平层面，本书适合新手以及中级读者阅读。新手会在这里学到 Flask 的基础内容，并且通过丰富、完善的实例学习 Flask 开发的方方面面；中级读者则可以通过阅读和实践进阶内容来进一步提高 Flask 开发能力。

综上所述，本书主要适合以下几类读者：

- ❏ 了解 Python 基本语法，想要自己动手做网站的编程爱好者。
- ❏ 熟悉 Python，想要从事 Python Web 开发的后端工程师、运维工程师和爬虫工程师。
- ❏ 想要从 Django 等其他 Python Web 框架转向 Flask 的 Python 工程师。

本书主要特点

本书主要有三个显著的特点：

（1）内容全面

本书内容覆盖了 Flask Web 开发的完整路径：从基础知识的学习，到不同类型和复杂程度的程序的编写，再到代码的测试优化以及 Flask 源码分析；从基础的内容管理，到用户认证和权限管理，再到 Flask 与 JavaScript 的数据交互、Web API 的编写以及 WebSocket 的应用等。

（2）实践丰富

本书包含大量代码片段，并附带多个完整可运行的示例程序。在本书第一部分的第 1～6 章均分别提供一个示例程序；第二部分则会通过介绍 5 个比较完善的 Flask 项目来讲解各个方面的进阶知识；在第三部分还会通过一个真实的扩展来讲解 Flask 扩展开发。通过将各类知识融入实际的项目开发实践中，可以让你更直观地了解具体的代码实现，并且快速应用到实际开发中。

（3）内容最新

本书的另一个特点就是内容保证最新。书中的代码和示例程序都基于 Flask 最新发布的稳定版 1.0。书中涉及的其他 Python 包和前端框架（Bootstrap、Materialize 等）全部使用最新版本，并且对未来可能会有的变化会加以说明。这些特点可以保证书中的内容在一定时间内不会过时。对于其他书籍或教程中存在的关于 Flask 的误区，本书也会逐一纠正说明。

除了使用的工具保持最新，本书还引入了 Python 和 Flask 开发中的新变化，比如 Flask 的命令行系统、新的 Python 包管理工具（Pipenv）、新的包上传工具（twine）、新的 PyPI 站点（https://pypi.org）、在 PyPI 上使用 Markdown 格式的 README……

本书核心内容

本书由三部分组成，分别为基础篇、实战篇、进阶篇，共 16 章。本书章节经过精心设计，力求让读者可以循序渐进地掌握 Flask 开发的基础知识和技巧。

第一部分：基础篇。介绍 Flask 开发相关的基础知识。

❏ 第 1 章：搭建开发环境，编写一个最小的 Flask 程序并运行它，了解 Flask 基本知识。

❏ 第 2 章：介绍 Flask 与 HTTP 的交互方式以及相关的 Flask 功能。

❏ 第 3 章：介绍 Jinja2 模板的使用。

❏ 第 4 章：介绍 Web 表单的创建和表单数据的验证。

❏ 第 5 章：介绍在 Flask 程序中使用数据库进行 CRUD 操作。

❏ 第 6 章：介绍在 Flask 程序中发送电子邮件的几种方式。

第二部分：实战篇。通过几个示例程序来介绍 Flask 开发中各类功能的实现方法和技巧。

❏ 第 7 章：通过一个简单的留言板程序 SayHello 介绍 Web 开发的基本流程和基本的项目
管理方式，对第一部分的基础知识进行简单回顾。

❏ 第 8 章：通过个人博客程序 Bluelog 介绍 CRUD 操作、用户认证、文章评论、管理后
台等功能。

❏ 第 9 章：通过图片社交程序 Albumy 介绍用户注册和认证、用户权限管理、图片上传与
处理、用户头像、复杂的数据库关系、复杂的数据库查询、全文搜索等内容。

❏ 第 10 章：通过待办事项程序 Todoism 介绍单页应用、国际化与本地化、Web API、
OAuth 服务器端实现等内容。

❏ 第 11 章：通过聊天室程序 CatChat 介绍 Websocket 应用、OAuth 客户端实现（第三方登
录）、Markdown 支持、代码语法高亮等内容。

第三部分：进阶篇。介绍 Flask 程序的部署流程，如测试、性能优化、部署上线；介绍
Flask 开发的进阶话题，如 Flask 扩展开发、Flask 源码与机制分析。

❏ 第 12 章：介绍 Flask 程序的自动化测试，包括单元测试和 UI 测试的编写、计算测试覆
盖率和代码质量检查。

❏ 第 13 章：介绍对 Flask 程序进行性能优化的主要措施，包括函数与数据库查询的性能分
析、缓存的使用、静态文件优化。

❏ 第 14 章：介绍部署 Flask 程序前的准备，以及部署到 Linux 服务器和云平台 Heroku、
PythonAnywhere 的完整流程。

❏ 第 15 章：通过扩展 Flask-Share 来介绍编写 Flask 扩展的完整流程，从创建项目到上传
到 PyPI。

❏ 第 16 章：介绍 Flask 的一些设计理念，包括底层 WSGI 的相关实现，并对各个主要功能
点进行源码分析。

此外，书的最后还提供了附录 A，补充介绍一些 Flask 学习相关的资源。

阅读前的准备

在开始我们的 Flask 之旅前，还有一些准备工作要做。首先，你要有一台安装了 Python
（https://www.python.org/）的电脑，并且，你要了解 Python 的基础知识。

提示 本书中所有示例程序的代码均通过了 Python 2.7 和 Python 3.6 的测试，建议你选用这两个版本。因为大多数 Python 包（包括 Flask）已经不再支持 Python 2.6 及以下版本，以及 Python 3.3 及以下版本，确保不要使用这些版本。另外，Python 官方社区将于 2020 年 1 月 1 日停止对 Python 2.× 的维护，这或许可以作为你选择 Python 版本时的考量之一。

其次，本书有大量操作需要在命令行（CLI，Command Line Interface）下进行，所以你要熟悉你所在操作系统下的命令行。书中会在涉及操作系统特定的命令时给出提示，Windows 系统给出的命令对应的是 CMD.exe，Linux 和 macOS 系统则对应的是 Bash。

最后，HTML、CSS、JavaScript 分别作为一个 Web 页面的结构层、表现层和行为层，是 Web 开发的基础，你需要对它们有基本的了解。任何一个 Web 程序都是由单个或多个 Web 页面，页面上包含的内容，以及按钮、表单等交互组件构成的。在本书中，我们会使用 Flask 操作 HTML 页面；为了让 HTML 页面更加美观，我们会使用 CSS 定义样式，为了简化编写样式的操作，我们会使用 CSS 框架，比如 Bootstrap（http://getbootstrap.com/）；为了让某些操作更加合理和方便，或为了给程序增加动画效果，我们使用 JavaScript 来操作页面元素，为了简化编写 JavaScript 的工作，我们会使用 JavaScript 库 jQuery（https://jquery.com/）。

附注 在 Web 开发中，大部分程序离不开 JavaScript，JavaScipt 可以很方便、简洁地实现很多页面逻辑和功能。为了更多地介绍 Flask，本书将尽量避免使用过多的 JavaScipt 代码。

如果你还不熟悉这些内容，那么可以通过下面的网站来快速入门：
- ❏ W3Schools（https://www.w3schools.com）。
- ❏ MDN Web 文档（https://developer.mozilla.org/docs/Web）。
- ❏ Codecademy（https://www.codecademy.com）。

使用示例程序

示例程序均使用 Git 来管理程序版本，为了便于大家获取示例程序，代码均托管在 GitHub（https://github.com/）上。Git（https://git-scm.com/）是最流行的开源 VCS（Version Control System，版本控制系统），大多数项目都使用它来追踪文本文件（代码）的变化。Git 非常易于上手，如果你还不熟悉它，可以阅读 Git 简明教程（http://rogerdudler.github.io/git-guide/index.zh.html）来快速了解 Git。

你可以访问 Git 官网的下载页面（https://git-scm.com/downloads）了解不同操作系统下 Git 的安装方法，安装成功后即可使用它来获取示例程序。下面介绍了两种使用示例程序的方式。

1. 阅读示例程序

因为示例程序都托管在 GitHub 上，所以阅读示例程序最简单的方式是在浏览器中阅读。在对应的章节，我们会给出示例程序在 GitHub 上的仓库链接。

如果要在本地阅读，那么首先使用 git clone 命令把 GitHub 上的示例程序克隆（即复制）到本地，以本书的项目仓库为例：

```
$ git clone https://github.com/greyli/helloflask.git
```

 提示 clone 命令后面的参数是远程 Git 仓库的 URL，最后的 ".git" 后缀可以省略。这里的 URL 中的传输协议使用了 http(s):// 协议，你也可以使用 git:// 协议，即 git://github.com/greyli/helloflask.git。

使用 ls（即 List）命令（Windows 下使用 dir 命令）列出当前目录下的文件信息，你会看到当前目录中多了一个 helloflask 文件夹，这就是我们刚刚复制下来的项目仓库。下面使用 cd（即 change directory）命令切换进这个文件夹：

```
$ cd helloflask
```

现在你可以使用你喜欢的文本编辑器打开项目文件夹并准备阅读了。建议使用轻量的文本编辑器来阅读示例代码，比如 Atom（https://atom.io/）、Sublime Text（https://www.sublimetext.com/）或 Notepad++（https://notepad-plus-plus.org/）。

在对应章节的开始处都会包含从 GitHub 复制程序、创建虚拟环境并运行程序的基本步骤，你可以一边阅读源码，一边实际尝试使用对应的程序功能。

在本书第 2 部分，示例程序根据章节内容设置了对应的标签，每个标签都对应一个程序版本。届时你就可以使用 git tag -n 命令查看项目仓库中包含的标签：

```
$ git tag -n
```

使用 git checkout 命令即可签出对应标签版本的代码，添加标签名作为参数，比如：

```
$ git checkout foo
```

在后面，书中会在每一次包含更改文件的章节提示应该签出的标签名。如果在执行新的签出命令之前，你对文件做了修改，那么需要使用 git reset 命令来撤销改动：

```
$ git reset --hard
```

 注意 git reset 命令会删除本地修改，如果你希望修改示例程序源码并保存修改，可以参考后面的"改造示例程序部分"。

如果你想比较两个版本之间的变化，可以使用 git diff 命令，添加比较的两个标签作为参数，比如：

```
$ git diff foo bar
```

如果你想更直观地查看版本变化，可以使用下面的命令打开内置的 Git 浏览客户端：

```
$ gitk
```

除了内置的 Git 客户端，还有大量的第三方客户端可以使用，详情可以访问 https://git-scm.com/downloads/guis 查看。另外，你也可以访问 GitHub 的 Web 页面查看不同版本（标签）的变化，即查看某项目两个版本之间的变化可以访问 https://github.com/ 用户名 / 仓库名 /compare/ 标签 A... 标签 B，比如对 foo 和 bar 标签进行比较可以访问 https://github.com/greyli/helloflask/compare/foo...bar。

最后，你可以定期使用 git fetch 命令来更新本地仓库：

```
$ git fetch --all
$ git fetch --tags
$ git reset --hard origin/master
```

2. 改造示例程序

只看菜谱是不能学会烹饪的，自己动手编写代码才是学习 Flask 最有效的途径。你可以在阅读示例程序的同时编写自己的 Flask 程序，将书中介绍的内容和实际的示例程序代码作为参照。另外，你也可以创建一份示例程序的拷贝（派生，fork），这样你就可以自由地修改示例程序的源码，改造成你自己的示例程序。创建派生仓库的主要步骤如下：

1）注册一个 GitHub 账号（https://github.com）。

2）访问示例程序的 GitHub 仓库页面（比如 https://github.com/greyli/helloflask），单击右上角的 Fork 按钮创建一个派生仓库，如下图所示。

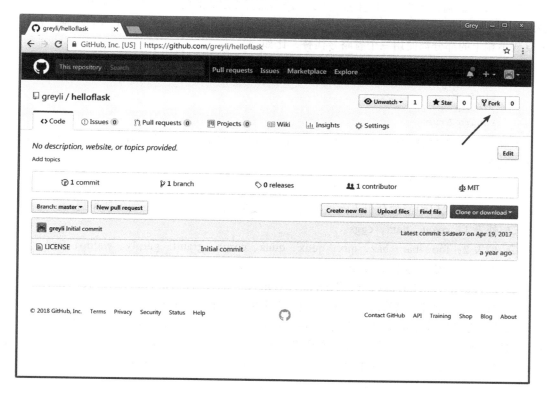

创建派生仓库

3）在本地使用 git clone 命令复制新创建的派生仓库，使用你的用户名构建 URL：

```
$ git clone https://github.com/你的用户名/helloflask.git
```

现在你可以在本地自由修改实例程序，并提交到你的 GitHub 账户的远程仓库中了。

排版约定

Windows 中的命令提示符为"＞"，而 Linux 或 macOS 中的命令提示符为"＄"，本书中将统一使用美元符号（即"＄"）作为命令提示符，比如：

```
$ cd hello
```

命令提示符为三个大于号（即"＞＞＞"）的表示 Python Shell 中输入的代码，比如：

```
>>> import os
```

"＄"或"＞＞＞"标记的文本下方没有命令提示符的文字表示输出的字符，不需要打出，比如：

```
$ cat hello.txt
Hello, Flask!
```

为了节省篇幅，本书中的代码片段没有严格遵照 PEP8 的约定，比如类和函数之间的空行被缩减为 1 行。另外，出现过的导入语句和无关的代码块会被省略掉。为了节省篇幅，代码中重复或不相干的部分都使用三个省略号代替，比如：

```
def do_someting():
    ...
    if foo:
        return False
    return True
```

代码、命令或 URL 中有时会使用"＜"和"＞"来标识演示内容，在实际输入中并不需要写出，比如：

```
https://github.com/<你的用户名>
```

因为在示例代码中通常会引入大量随机字符，这些随机字符包含下面的使用规则。

❑ 列表 1：spam、ham、eggs。

❑ 列表 2：foo、bar、baz、qux、quux、quuz、corge、grault、garply、waldo、fred。

❑ 人名会使用 Grey Li 或 grey。

❑ 网站会使用 helloflask.com 或 example.com。

❑ 其他需要读者自己修改的占位字符会使用类似 your_password、your_email 的文本。

最后，为了尽量让正文保持简洁，每一章新涉及的 Python 库都会在第一小节前汇总列出对应的版本和相关链接（比如主页、源码和文档）。因为大部分项目在 PyPI 上提供的介绍都不够完善，除非程序有独立的主页，否则会优先使用 GitHub 或 BitBucket 上的项目页面作为主页。

读者反馈与疑问

由于笔者水平有限，编写时间也比较仓促，书中难免有错误或者不全面的地方，在此恳请读者朋友批评指正。

关于本书的疑问和反馈可以到本书在 GitHub 上的项目仓库 HelloFlask（https://github.com/greyli/helloflask）中创建 Issue 并提交；你也可以在 HelloFlask 论坛（https://discuss.helloflask.com）创建帖子进行反馈。

对于示例程序的疑问、反馈和改进建议可以到示例程序在 GitHub 上的项目仓库提交 Issue 或 Pull Request，具体的网址可以在对应的章节看到。

当然，你也可以直接发邮件与笔者联系，笔者的邮箱是 withlihui@gmail.com。

本书的配套资源索引可以在本书的主页 http://helloflask.com/book 上看到。另外，你可以访问笔者的博客（http://greyli.com）或是知乎专栏"Hello, Flask!"（https://zhuanlan.zhihu.com/flask）阅读更多与 Flask 相关的文章。

本书勘误可以访问 http://helloflask.com/book/errata 查看，请先对照勘误在书中标记出对应错误，以免影响阅读。

致谢

首先，感谢机械工业出版社的杨福川老师和李艺老师。因为杨老师的信任，才让笔者有幸写作这本书。本书能够顺利完成，离不开两位老师的悉心指导，更离不开其他编辑的辛苦工作。

其次，感谢 Flask 社区和其他开源项目的贡献者们创造了这一切，也感谢在 Stack Overflow、GitHub、Reddit 和 Wikipedia 等网站贡献知识的开发者们。

最后，感谢父母和奶奶这段时间的支持和帮助，也感谢女友魏瑶和弟弟家辉给予的鼓励和陪伴。

关于彩蛋

10 个关于电影的彩蛋被秘密放到了某些章节中，如果你发现它们，别忘了去对应的豆瓣图书论坛或知乎问题下参与讨论。

开始 Flask 之旅

欢迎加入这场有趣的 Flask 之旅！希望这本书可以让你的某些想法走进现实，带给人们一些特别的记忆。也希望你可以慷慨地分享你的代码、经验和思想，因为你正和其他人一样，用你的方式改变着这个世界。但愿这本书能够帮到你，祝你好运！

李辉

2018 年 4 月 1 日

目　录 *Contents*

基 础 篇

注：Icons made by Nikita Golubev www.flaticon.
com is licensed by CC 3.0 BY

在本书的第一部分，我们会学习 Flask 开发的基础知识，包括视图函数的编写、HTTP 交互、模板渲染、表单、数据库和电子邮件。

每一章都会提供一个示例程序，其中包含每章涉及的大部分代码。在第一章的开始，我们会介绍如何在本地复制包含所有示例的项目仓库。在后面的每一个章节，我们都会提示如何找到并运行对应的示例程序。此外，第 2 章～第 6 章均有一节是进阶实践部分，这里会介绍对应主题的一些进阶技巧和实践。

Chapter 1 | 第 1 章

初识 Flask

这一切开始于 2010 年 4 月 1 日，Armin Ronacher 在网上发布了一篇关于"下一代 Python 微框架"的介绍文章，文章里称这个 Denied 框架不依赖 Python 标准库，只需要复制一份 deny.py 放到你的项目文件夹就可以开始编程。伴随着一本正经的介绍、名人推荐语、示例代码和演示视频，这个"虚假"的项目让不少人都信以为真。5 天后，Flask（http://flask.pocoo.org/）就从这么一个愚人节玩笑诞生了。

Flask 是使用 Python 编写的 Web 微框架。Web 框架可以让我们不用关心底层的请求响应处理，更方便高效地编写 Web 程序。因为 Flask 核心简单且易于扩展，所以被称作微框架（micro framework）。Flask 有两个主要依赖，一个是 WSGI（Web Server Gateway Interface，Web 服务器网关接口）工具集——Werkzeug（http://werkzeug.pocoo.org/），另一个是 Jinja2 模板引擎（http://jinja.pocoo.org/）。Flask 只保留了 Web 开发的核心功能，其他的功能都由外部扩展来实现，比如数据库集成、表单认证、文件上传等。如果没有合适的扩展，你甚至可以自己动手开发。Flask 不会替你做决定，也不会限制你的选择。总之，Flask 可以变成任何你想要的东西，一切都由你做主。

> 📊 **附注** Flask（瓶子，烧瓶）的命名据说是对另一个 Python Web 框架——Bottle 的双关语 / 调侃，即另一种容器（另一个 Python Web 框架）。Werkzeug 是德语单词"工具（tool）"，而 Jinja 指日本神社，因为神社（庙）的英文 temple 与 template（模板）相近而得名。

> 📊 **附注** WSGI（Web Server Gateway Interface）是 Python 中用来规定 Web 服务器如何与 Python Web 程序进行沟通的标准，在本书的第三部分将进行详细介绍。

本章将会对 Flask 的主要基础概念进行一些介绍，并通过一个最简单的 Flask 程序来了解一些核心概念。如果你对某些概念感到疑惑，不用担心，我们会在后面深入学习这些内容。

在本书的第一部分，每一章都有一个对应的示例程序，章节中的大部分示例代码均可以在示例程序中找到。首先，请打开命令行窗口，切换到合适的目录，然后使用下面的命令把本书的示例程序仓库复制到本地，并切换进项目根目录：

```
$ git clone https://github.com/greyli/helloflask.git
$ cd helloflask
```

 提示　如果你在 HelloFlask 的 GitHub 页面（https://github.com/greyli/helloflask）单击了 Fork 按钮，那么可以使用你自己的 GitHub 用户名来替换掉上面的 greyli，这将复制一份派生仓库，你可以自由地修改和提交代码。

本章新涉及的 Python 包如下所示：

❑ Flask（1.0.2）

主页：http://flask.pocoo.org/

源码：http://github.com/pallets/flask

文档：http://flask.pocoo.org/docs/

❑ pip（10.0.1）

主页：https://github.com/pypa/pip

文档：https://pip.pypa.io

❑ Pipenv（v2018.05.18）

主页：https://github.com/pypa/pipenv

文档：http://pipenv.readthedocs.io/

❑ Virtualenv（15.1.0）

主页：https://github.com/pypa/virtualenv

文档：https://virtualenv.pypa.io

❑ Pipfile（0.0.2）

主页：https://github.com/pypa/pipfile

❑ python-dotenv（0.8.2）

主页：https://github.com/theskumar/python-dotenv

❑ Watchdog（0.8.3）

主页：https://github.com/gorakhargosh/watchdog

文档：https://pythonhosted.org/watchdog/

1.1　搭建开发环境

在前言中，我们已经简单介绍了阅读本书所需要的基础知识，现在我们开始正式的搭建开发环境。

1.1.1　Pipenv 工作流

Pipenv 是基于 pip 的 Python 包管理工具，它和 pip 的用法非常相似，可以看作 pip 的加强版，它的出现解决了旧的 pip+virtualenv+requirements.txt 的工作方式的弊端。具体来说，它是 pip、Pipfile 和 Virtualenv 的结合体，它让包安装、包依赖管理和虚拟环境管理更加方便，使用它可以实现高效的 Python 项目开发工作流。如果你还不熟悉这些工具，不用担心，我们会在下面逐一进行介绍。

1. 安装 pip 和 Pipenv

pip 是用来安装 Python 包的工具。如果你使用 Python 2.7.9 及以上版本或 Python 3.4 及以上版本，那么 pip 已经安装好了。可以使用下面的命令检查 pip 是否已经安装：

```
$ pip --version
```

如果报错，那么你需要自己安装 pip。最简单的方式是下载并使用 Python 执行 get-pip.py 文件（https://bootstrap.pypa.io/get-pip.py）。

下面这条命令你经常在各种文档中见到：

```
$ pip install <某个包的名称>
```

这会从 PyPI（Python Package Index，Python 包索引）上下载并安装指定的包。

附注　PyPI（https://pypi.org）是一个 Python 包的在线仓库，截至 2018 年 5 月，共有 13 万多个包存储在这里。后面我们会学习如何编写自己的 Flask 扩展，并把它上传到 PyPI 上。到时你就可以使用上面这条命令安装自己编写的包。

现在使用 pip 安装 Pipenv：

```
$ pip install pipenv
```

在 Linux 或 macOS 系统中使用 sudo 以全局安装：

```
$ sudo -H pip install pipenv
```

附注　你也可以使用 --user 选项进行用户安装（即 pip install --user pipenv）。用户安装可以避免破坏全局的包，而且可以避免对不可信的包使用 sudo pip 导致的潜在安全问题。

提示　PyPI 中的包名称不区分大小写。出于方便的考虑，后面的安装命令都将使用小写名称。

附注　如果你在前面使用了"用户安装"，执行 pipenv --version 等命令显示"命令未找到"，则需要将用户基础二进制目录添加到 PATH 环境变量中，具体见 https://docs.pipenv.org/install/#installing-pipenv

---

2. 创建虚拟环境

在 Python 中，虚拟环境（virtual enviroment）就是隔离的 Python 解释器环境。通过创建虚拟环境，你可以拥有一个独立的 Python 解释器环境。这样做的好处是可以为每一个项目创建独立的 Python 解释器环境，因为不同的项目常常会依赖不同版本的库或 Python 版本。使用虚拟环境可以保持全局 Python 解释器环境的干净，避免包和版本的混乱，并且可以方便地区分和记录每个项目的依赖，以便在新环境下复现依赖环境。

虚拟环境通常使用 Virtualenv 来创建，但是为了更方便地管理虚拟环境和依赖包，我们将会使用集成了 Virtualenv 的 Pipenv。首先确保我们当前工作目录在示例程序项目的根目录，即 helloflask 文件夹中，然后使用 pipenv install 命令为当前的项目创建虚拟环境：

```
$ pipenv install
Creating a virtualenv for this project…
...
Virtualenv location: /path/to/virtualenv/helloflask-5Pa0ZfZw
...
```

这会为当前项目创建一个文件夹，其中包含隔离的 Python 解释器环境，并且安装 pip、wheel、setuptools 等基本的包。因为示例程序仓库里包含 Pipfile 文件，所以这个文件中列出的依赖包也会一并被安装，下面会具体介绍。

 附注 默认情况下，Pipenv 会统一管理所有虚拟环境。在 Windows 系统中，虚拟环境文件夹会在 C:\Users\Administrator\.virtualenvs\ 目录下创建，而 Linux 或 macOS 会在 ~/.local/share/virtualenvs/ 目录下创建。如果你想在项目目录内创建虚拟环境文件夹，可以设置环境变量 PIPENV_VENV_IN_PROJECT，这时名为 .venv 的虚拟环境文件夹将在项目根目录被创建。

虚拟环境文件夹的目录名称的形式为"当前项目目录名＋一串随机字符"，比如 helloflask-5Pa0ZfZw。

提示 你可以通过 --three 和 --two 选项来声明虚拟环境中使用的 Python 版本（分别对应 Python3 和 Python2），或是使用 --python 选项指定具体的版本号。同时要确保对应版本的 Python 已经安装在电脑中。

在单独使用 Virtualenv 时，我们通常会显式地激活虚拟环境。在 Pipenv 中，可以使用 pipenv shell 命令显式地激活虚拟环境：

```
$ pipenv shell
Loading .env environment variables…
Launching subshell in virtual environment. Type 'exit' to return.
```

提示 当执行 pipenv shell 或 pipenv run 命令时，Pipenv 会自动从项目目录下的 .env 文件中加载环境变量。

Pipenv 会启动一个激活虚拟环境的子 shell，现在你会发现命令行提示符前添加了虚拟环境名"（虚拟环境名称）$"，比如：

```
(helloflask-5Pa0ZfZw) $
```

这说明我们已经成功激活了虚拟环境，现在你的所有命令都会在虚拟环境中执行。当你需要退出虚拟环境时，使用 exit 命令。

注
意　对于低于 2018.6.25 版本的 Pipenv，在 Windows 系统中激活虚拟环境时，虽然激活成功，但是命令行提示符前不会显示虚拟环境名称。

除了显式地激活虚拟环境，Pipenv 还提供了一个 pipenv run 命令，这个命令允许你不显式激活虚拟环境即可在当前项目的虚拟环境中执行命令，比如：

```
$ pipenv run python hello.py
```

这会使用虚拟环境中的 Python 解释器，而不是全局的 Python 解释器。事实上，和显式激活 / 关闭虚拟环境的传统方式相比，pipenv run 是更推荐的做法，因为这个命令可以让你在执行操作时不用关心自己是否激活了虚拟环境。当然，你可以自由选择你偏爱的用法。

注
意　为了方便书写，本书后面涉及的诸多命令会直接写出，省略前面的虚拟环境名称。在实际执行时，你需要使用 pipenv shell 激活虚拟环境后执行命令，或是在命令前加入 pipenv run，后面不再提示。

3. 管理依赖

一个程序通常会使用很多的 Python 包，即依赖（dependency）。而程序不仅仅会在一台电脑上运行，程序部署上线时需要安装到远程服务器上，而你也许会把它分享给朋友。如果你打算开源的话，就可能会有更多的人需要在他们的电脑上运行。为了能顺利运行程序，他们不得不记下所有依赖包，然后使用 pip 或 Pipenv 安装，这些重复无用的工作当然应该避免。在以前我们通常使用 pip 搭配一个 requirements.txt 文件来记录依赖。但 requirements.txt 需要手动维护，在使用上不够灵活。Pipfile 的出现就是为了替代难于管理的 requirements.txt。

在创建虚拟环境时，如果项目根目录下没有 Pipfile 文件，pipenv install 命令还会在项目文件夹根目录下创建 Pipfile 和 Pipfile.lock 文件，前者用来记录项目依赖包列表，而后者记录了固定版本的详细依赖包列表。当我们使用 Pipenv 安装 / 删除 / 更新依赖包时，Pipfile 以及 Pipfile.lock 会自动更新。

附
注　你可以使用 pipenv graph 命令查看当前环境下的依赖情况，或是在虚拟环境中使用 pip list 命令查看依赖列表。

当需要在一个新的环境运行程序时，只需要执行 pipenv install 命令。Pipenv 就会创建一个新的虚拟环境，然后自动从 Pipfile 中读取依赖并安装到新创建的虚拟环境中。

提
示　在本书撰写时，Pipfile 项目还处于活跃的开发阶段，有很多东西还没有固定，所以这里不会过多介绍，具体请访问 Pipfile 主页了解。

1.1.2　安装 Flask

下面使用 pipenv install 命令在我们刚刚创建的虚拟环境里安装 Flask：

```
$ pipenv install flask
Installing flask...
...
Successfully installed Jinja2-2.10 MarkupSafe-1.0 Werkzeug-0.14.1 click-6.7
    flask-1.0.2 itsdangerous-0.24
```

 提示 Pipenv 会自动帮我们管理虚拟环境，所以在执行 pipenv install 安装 Python 包时，无论是否激活虚拟环境，包都会安装到虚拟环境中。后面我们都将使用 Pipenv 安装包，这相当于在激活虚拟环境的情况下使用 pip 安装包。只有需要在全局环境下安装／更新／删除包，我们才会使用 pip。

从上面成功安装的输出内容可以看出，除了 Flask 包外，同时被安装的还有 5 个依赖包，它们的主要介绍如表 1-1 所示。

表 1-1　Flask 的依赖包

名称与版本	说　　明	资　　源
Jinja2（2.10）	模板渲染引擎	主页：http://jinja.pocoo.org/ 源码：https://github.com/pallets/jinja 文档：http://jinja.pocoo.org/docs/
MarkupSafe（1.0）	HTML 字符转义（escape）工具	主页：https://github.com/pallets/markupsafe
Werkzeug（0.14.1）	WSGI 工具集，处理请求与响应，内置 WSGI 开发服务器、调试器和重载器	主页：http://werkzeug.pocoo.org/ 源码：https://github.com/pallets/werkzeug 文档：http://werkzeug.pocoo.org/docs/
click（6.7）	命令行工具	主页：https://github.com/pallets/click 文档：http://click.pocoo.org/6/
itsdangerous（0.24）	提供各种加密签名功能	主页：https://github.com/pallets/itsdangerous 文档：https://pythonhosted.org/itsdangerous/

在大部分情况下，为了方便表述，我会直接称 Flask 使用这些包提供的功能为 Flask 提供的功能，必要时则会具体说明。这里仅仅是打个照面，后面我们会慢慢熟悉这些包。

附注 包括 Flask 在内，Flask 的 5 个依赖包都由 Pallets 团队（https://www.palletsprojects.com/）开发，主要作者均为 Armin Ronacher（http://lucumr.pocoo.org/），这些项目均隶属于 Pallets Projects。

本书使用了最新版本的 Flask（1.0.2），如果你还在使用旧版本，请使用下面的命令进行更新：

```
$ pipenv update flask
```

另外，本书涉及的所有 Python 包都将使用当前发布的最新版本，在每一章的开始我们都会列出新涉及的 Python 包的版本及 GitHub 主页。如果你使用旧版本，请使用 pipenv update 命令更新版本。

> 🎯 **提示** 如果你手动使用 pip 和 virtualenv 管理包和虚拟环境，可以使用 --upgrade 或 -U 选项（简写时 U 为大写）来更新包版本：pip install -U < 包名称 >

1.1.3　集成开发环境

如果你还没有顺手的文本编辑器，那么可以尝试一下 IDE（Integrated Development Enviroment，集成开发环境）。对于新手来说，IDE 的强大和完善会帮助你高效开发 Flask 程序，等到你熟悉了整个开发流程，可以换用更加轻量的编辑器以避免过度依赖 IDE。下面我们将介绍使用 PyCharm 开发 Flask 程序的主要准备步骤。

步骤 1　下载并安装 PyCharm

打开 PyCharm 的下载页面（http://jetbrains.com/pycharm/download/），单击你使用的操作系统选项卡，然后单击下载按钮。你可以选择试用专业版（Professional Edition），或是选择免费的社区版（Community Edition），如图 1-1 所示。

图 1-1　下载 PyCharm

> 📊 **附注** 专业版有一个月的免费试用时间。如果你是学生，可以申请专业版的免费授权（https://www.jetbrains.com/student/）。专业版提供了更多针对 Flask 开发的功能，比如创建 Flask 项目模板，Jinja2 语法高亮，与 Flask 命令行功能集成等。

PyCharm 的安装过程比较简单，这里不再详细说明，具体可以参考 https://www.jetbrains.com/help/pycharm/requirements-installation-and-launching.html。

步骤 2　创建项目

安装成功后，初始界面提供了多种方式创建新项目。这里可以单击"Open"，选择我们的 helloflask 文件夹。打开项目后的界面如图 1-2 所示，左边是项目目录树，右边是代码编辑区域。单击左下角的方形图标可以隐藏和显示工具栏，显示工具栏后，可以看到常用的 Python 交互控制台（Python Console）和终端（Terminal，即命令行工具）。

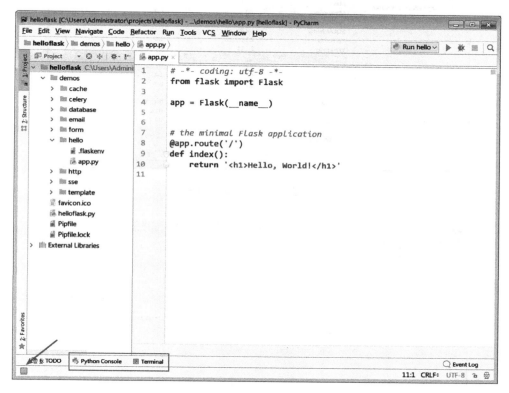

图 1-2　PyCharm 主界面

步骤 3　设置 Python 解释器

如果你使用的 PyCharm 版本大于或等于 2018.2，则可以跳过这一步。如果 PyCharm 版本低于 2018.2，我们需要手动使用 pipenv 命令安装依赖，同时还需要为项目设置正确的 Python 解释器。单击菜单栏中的 File→Settings 打开设置，然后单击 Project: helloflask-Project Interpreter 选项打开项目 Python 解释器设置窗口，如图 1-3 所示。

单击选择字段右侧的设置图标，然后单击"Add Local Python Interpreter"，在弹出的窗口选择 Virtualenv Enviroment→Existing enviroment，在下拉框或是自定义窗口找到我们之前创建的虚拟环境中的 Python 解释器路径，如图 1-4 所示。

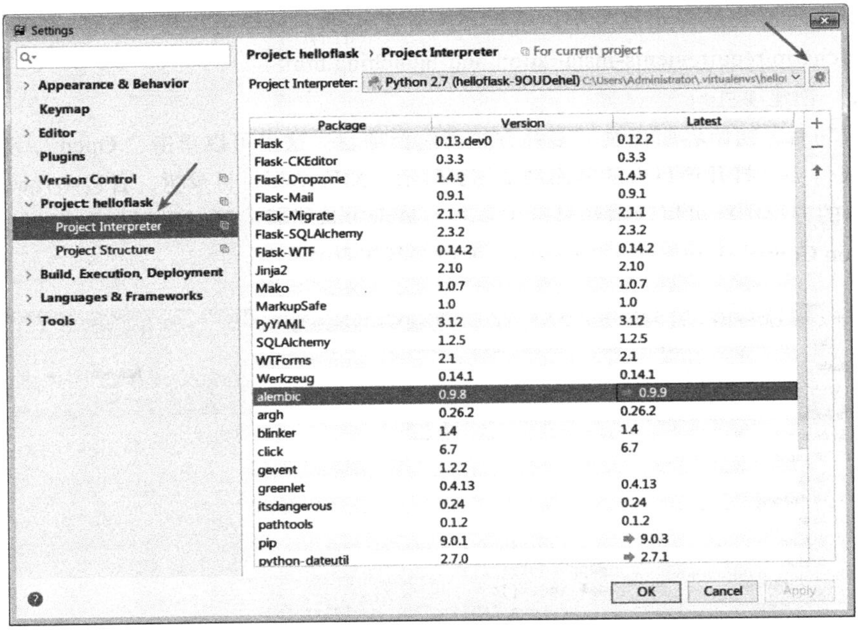

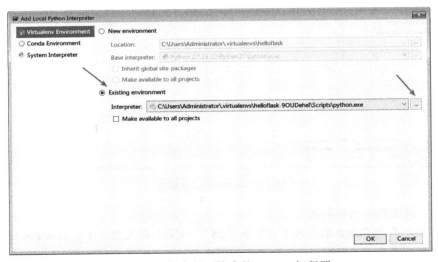

图 1-3 设置项目 Python 解释器

图 1-4 选择虚拟环境中的 Python 解释器

使用 pipenv --venv 命令可以查看项目对应的虚拟环境路径。Linux 或 macOS 系统下的路径 类 似 ~/.local/share/virtualenvs/helloflask-kSN7ec1K/bin/python 或 ~/.virtualenvs/helloflask-kSN7ec1K/bin/python，Windows 系统的路径类似 C:\Users\Administrator\.virtualenvs\helloflask-5Pa0ZfZw\Scripts\python.exe。

正确设置以后，重新创建一个 Terminal 会话，你会发现命令行提示符前出现了虚拟环境名称，说明虚拟环境已经激活。以后每次打开项目，PyCharm 都会自动帮你激活虚拟环境，并且把工作目录定位到项目根目录。具体行为你也可以在 Settings→Tools→Terminal 中设置。

 附注 你可以通过 PyCharm 提供的入门教程（https://www.jetbrains.com/pycharm/documentation/）来了解 PyCharm 的更多用法。

最后，我们的 Web 程序需要在 Web 浏览器中访问，所以你还需要安装一个 Web 浏览器，推荐使用 Firefox（https://www.mozilla.org/firefox/）或 Chrome（https://www.google.com/chrome/）。现在你已经做好了一切准备，Flask 之旅正式启程了！下面我们会通过一个最小的 Flask 程序来了解 Flask 的基本运作方式。

1.2 Hello, Flask!

本书的第一部分每一章对应一个示例程序，分别存储在 demos 目录下的不同文件夹中。本章的示例程序在 helloflask/demos/hello 目录下，使用下面的命令切换到该目录：

```
$ cd demos/hello
```

在 hello 目录下的 app.py 脚本中包含一个最小的 Flask 程序，如代码清单 1-1 所示。

代码清单1-1　hello/app.py：最小的Flask程序

```
from flask import Flask
app = Flask(__name__)

@app.route('/')
def index():
    return '<h1>Hello Flask!</h1>'
```

你也许已经猜到它能做什么了，下面让我们先来一步步分解这个程序。

提示 对于简单的程序来说，程序的主模块一般命名为 app.py。你也可以使用其他名称，比如 hello.py，但是要避免使用 flask.py，因为这和 Flask 本身冲突。

1.2.1 创建程序实例

我们安装 Flask 时，它会在 Python 解释器中创建一个 flask 包，我们可以通过 flask 包的构造文件导入所有开放的类和函数。我们先从 flask 包导入 Flask 类，这个类表示一个 Flask 程序。实例化这个类，就得到我们的程序实例 app：

```
from flask import Flask
app = Flask(__name__)
```

传入 Flask 类构造方法的第一个参数是模块或包的名称，我们应该使用特殊变量 __name__。

Python 会根据所处的模块来赋予 __name__ 变量相应的值，对于我们的程序来说（app.py），这个值为 app。除此之外，这也会帮助 Flask 在相应的文件夹里找到需要的资源，比如模板和静态文件。

 提示　Flask 类是 Flask 的核心类，它提供了很多与程序相关的属性和方法。在后面，我们经常会直接在程序实例 app 上调用这些属性和方法来实现相关功能。在第一次提及 Flask 类中的某个方法或属性时，我们会直接以实例方法 / 属性的形式写出，比如存储程序名称的属性为 app.name。

1.2.2 注册路由

在一个 Web 应用里，客户端和服务器上的 Flask 程序的交互可以简单概括为以下几步：

1）用户在浏览器输入 URL 访问某个资源。

2）Flask 接收用户请求并分析请求的 URL。

3）为这个 URL 找到对应的处理函数。

4）执行函数并生成响应，返回给浏览器。

5）浏览器接收并解析响应，将信息显示在页面中。

在上面这些步骤中，大部分都由 Flask 完成，我们要做的只是建立处理请求的函数，并为其定义对应的 URL 规则。只需为函数附加 app.route() 装饰器，并传入 URL 规则作为参数，我们就可以让 URL 与函数建立关联。这个过程我们称为注册路由（route），路由负责管理 URL 和函数之间的映射，而这个函数则被称为视图函数（view function）。

📊 附注　路由的含义可以从字面意义理解，作为动词时，它的含义是"按某路线发送"，即调用与请求 URL 对应的视图函数。

在这个程序里，app.route() 装饰器把根地址 / 和 index() 函数绑定起来，当用户访问这个 URL 时就会触发 index() 函数。这个视图函数可以像其他普通函数一样执行任意操作，比如从数据库中获取信息，获取请求信息，对用户输入的数据进行计算和处理等。最后，视图函数返回的值将作为响应的主体，一般来说，响应的主体就是呈现在浏览器窗口的 HTML 页面。在最小程序中，视图函数 index() 返回一行问候：

```
@app.route('/')
def index():
    return '<h1>Hello, World!</h1>'
```

虽然这个程序相当简单，但它却是大部分 Flask 程序的基本模式。在复杂的程序中，我们会有许多个视图函数分别处理不同 URL 的请求，在视图函数中会完成更多的工作，并且返回包含各种链接、表单、图片的 HTML 文件，而不仅仅是一行字符串。返回的页面中的链接又会指向其他 URL，被单击后触发对应的视图函数，获得不同的返回值，从而显示不同的页面，这就是我们浏览网页时的体验。

> 提示　route() 装饰器的第一个参数是 URL 规则，用字符串表示，必须以斜杠（/）开始。这里的 URL 是相对 URL（又称为内部 URL），即不包含域名的 URL。以域名 www.helloflask.com 为例，"/" 对应的是根地址（即 www.helloflask.com），如果把 URL 规则改为 "/hello"，则实际的绝对地址（外部地址）是 www.helloflask.com/hello。

假如这个程序部署在域名为 www.helloflask.com 的服务器上，当启动服务器后，只要你在浏览器里访问 www.helloflask.com，就会看到浏览器上显示一行 "Hello, Flask!" 问候。

> 附注　URL（Uniform Resource Locator，统一资源定位符）正是我们使用浏览器访问网页时输入的网址，比如 http://helloflask.com/。简单来说，URL 就是指向网络中某个资源的地址。

1. 为视图绑定多个 URL

一个视图函数可以绑定多个 URL，比如下面的代码把 /hi 和 /hello 都绑定到 say_hello() 函数上，这就会为 say_hello 视图注册两个路由，用户访问这两个 URL 均会触发 say_hello() 函数，获得相同的响应，如代码清单 1-2 所示。

代码清单1-2　hello/app.py：绑定多个URL到同一视图函数

```
@app.route('/hi')
@app.route('/hello')
def say_hello():
    return '<h1>Hello, Flask!</h1>'
```

2. 动态 URL

我们不仅可以为视图函数绑定多个 URL，还可以在 URL 规则中添加变量部分，使用 "<变量名>" 的形式表示。Flask 处理请求时会把变量传入视图函数，所以我们可以添加参数获取这个变量值。代码清单 1-3 中的视图函数 greet()，它的 URL 规则包含一个 name 变量。

代码清单1-3　hello/app.py：添加URL变量

```
@app.route('/greet/<name>')
def greet(name):
    return '<h1>Hello, %s!</h1>' % name
```

因为 URL 中可以包含变量，所以我们将传入 app.route() 的字符串称为 URL 规则，而不是 URL。Flask 会解析请求并把请求的 URL 与视图函数的 URL 规则进行匹配。比如，这个 greet 视图的 URL 规则为 /greet/<name>，那么类似 /greet/foo、/greet/bar 的请求都会触发这个视图函数。

> 附注　顺便说一句，虽然示例中的 URL 规则和视图函数名称都包含相同的部分（greet），但这并不是必须的，你可以自由修改 URL 规则和视图函数名称。

这个视图返回的响应会随着请求 URL 中的 name 变量而变化。假设程序运行在 http://helloflask.com 上，当我们在浏览器里访问 http://helloflask.com/greet/Grey 时，可以看到浏览器上显示"Hello, Grey!"。

当 URL 规则中包含变量时,如果用户访问的 URL 中没有添加变量,比如 /greet,那么 Flask 在匹配失败后会返回一个 404 错误响应。一个很常见的行为是在 app.route() 装饰器里使用 defaults 参数设置 URL 变量的默认值,这个参数接收字典作为输入,存储 URL 变量和默认值的映射。在下面的代码中,我们为 greet 视图新添加了一个 app.route() 装饰器,为 /greet 设置了默认的 name 值:

```
@app.route('/greet', defaults={'name': 'Programmer'})
@app.route('/greet/<name>')
def greet(name):
    return '<h1>Hello, %s!</h1>' % name
```

这时如果用户访问 /greet,那么变量 name 会使用默认值 Programmer,视图函数返回 <h1>Hello, Programmer! </h1>。上面的用法实际效果等同于:

```
@app.route('/greet')
@app.route('/greet/<name>')
def greet(name='Programmer'):
    return '<h1>Hello, %s!</h1>' % name
```

1.3 启动开发服务器

Flask 内置了一个简单的开发服务器(由依赖包 Werkzeug 提供),足够在开发和测试阶段使用。

> 📷 **注意** 在生产环境需要使用性能够好的生产服务器,以提升安全和性能,具体在本书第三部分会进行介绍。

1.3.1 Run , Flask , Run!

Flask 通过依赖包 Click 内置了一个 CLI(Command Line Interface,命令行交互界面)系统。当我们安装 Flask 后,会自动添加一个 flask 命令脚本,我们可以通过 flask 命令执行内置命令、扩展提供的命令或是我们自己定义的命令。其中,flask run 命令用来启动内置的开发服务器:

```
$ flask run
 * Environment: production
   WARNING: Do not use the development server in a production environment.
   Use a production WSGI server instead.
 * Debug mode: off
 * Running on http://127.0.0.1:5000/ (Press CTRL+C to quit)
```

> 📷 **注意** 确保执行命令前激活了虚拟环境(pipenv shell),否则需要使用 pipenv run flask run 命令启动开发服务器。后面将不再提示。

你可以执行 flask --help 查看所有可用的命令,这些命令都需要在项目根目录执行。

提示　如果执行 flask run 命令后显示命令未找到提示（command not found）或其他错误，可以
尝试使用 python -m flask run 启动服务器，其他命令亦同。

　　flask run 命令运行的开发服务器默认会监听 http://127.0.0.1:5000/ 地址（按 Ctrl+C 退出），
并开启多线程支持。当我们打开浏览器访问这个地址时，会看到网页上显示"Hello, World!"，
如图 1-5 所示。

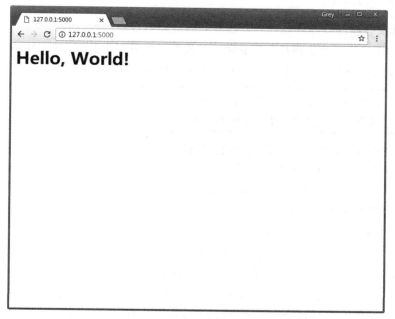

图 1-5　"Hello, World!"程序主页

提示　http://127.0.0.1 即 localhost，是指向本地机的 IP 地址，一般用来测试。Flask 默认使用
5000 端口，对于上面的地址，你也可以使用 http://localhost:5000/。在本书中这两者会交
替使用，除了地址不同外，两者没有实际区别，即域名和 IP 地址的映射关系。

提示　旧的启动开发服务器的方式是使用 app.run() 方法，目前已不推荐使用（deprecated）。

1. 自动发现程序实例

　　一般来说，在执行 flask run 命令运行程序前，我们需要提供程序实例所在模块的位置。我
们在上面可以直接运行程序，是因为 Flask 会自动探测程序实例，自动探测存在下面这些规则：

　　❏ 从当前目录寻找 app.py 和 wsgi.py 模块，并从中寻找名为 app 或 application 的程序
实例。

　　❏ 从环境变量 FLASK_APP 对应的模块名 / 导入路径寻找名为 app 或 application 的程序实例。

因为我们的程序主模块命名为 app.py，所以 flask run 命令会自动在其中寻找程序实例。如果你的程序主模块是其他名称，比如 hello.py，那么需要设置环境变量 FLASK_APP，将包含程序实例的模块名赋值给这个变量。Linux 或 macOS 系统使用 export 命令：

```
$ export FLASK_APP=hello
```

在 Windows 系统中使用 set 命令：

```
> set FLASK_APP=hello
```

2. 管理环境变量

Flask 的自动发现程序实例机制还有第三条规则：如果安装了 python-dotenv，那么在使用 flask run 或其他命令时会使用它自动从 .flaskenv 文件和 .env 文件中加载环境变量。

> **附注** 当安装了 python-dotenv 时，Flask 在加载环境变量的优先级是：手动设置的环境变量 > .env 中设置的环境变量 > .flaskenv 设置的环境变量。

除了 FLASK_APP，在后面我们还会用到其他环境变量。环境变量在新创建命令行窗口或重启电脑后就清除了，每次都要重设变量有些麻烦。而且如果你同时开发多个 Flask 程序，这个 FLASK_APP 就需要在不同的值之间切换。为了避免频繁设置环境变量，我们可以使用 python-dotenv 管理项目的环境变量，首先使用 Pipenv 将它安装到虚拟环境：

```
$ pipenv install python-dotenv
```

我们在项目根目录（程序主脚本或程序包同级目录，比如 helloflask/demas/hello/ 或本书第二部分的程序 sayhello/ 等）下分别创建两个文件：.env 和 .flaskenv（可以使用编辑器创建，注意不要漏掉文件名开头的点）。.flaskenv 用来存储和 Flask 相关的公开环境变量，比如 FLASK_APP；而 .env 用来存储包含敏感信息的环境变量，比如后面我们会用来配置 Email 服务器的账户名与密码。在 .flaskenv 或 .env 文件中，环境变量使用键值对的形式定义，每行一个，以 # 开头的为注释，如下所示：

```
SOME_VAR=1
# 这是注释
FOO=BAR
```

> **注意** .env 包含敏感信息，除非是私有项目，否则绝对不能提交到 Git 仓库中。当你开发一个新项目时，记得把它的名称添加到 .gitignore 文件中，这会告诉 Git 忽略这个文件。gitignore 文件是一个名为 .gitignore 的文本文件，它存储了项目中 Git 提交时的忽略文件规则清单。Python 项目的 .gitignore 模板可以参考 https://github.com/github/gitignore/blob/master/Python.gitignore。使用 PyCharm 编写程序时会产生一些配置文件，这些文件保存在项目根目录下的 .idea 目录下，关于这些文件的忽略设置可以参考 https://www.gitignore.io/api/pycharm。

3. 使用 PyCharm 运行服务器

在 PyCharm 中，虽然我们可以使用内置的命令行窗口执行命令以启动开发服务器，但是在开发时使用 PyCharm 内置的运行功能更加方便。在 2018.1 版本后的专业版添加了 Flask 命令行支持，在旧版本或社区版中，如果要使用 PyCharm 运行程序，还需要进行一些设置。

　　首先，在 PyCharm 中，单击菜单栏中的 Run→Edit Configurations 打开运行配置窗口。图 1-6 中标出了在 PyCharm 中设置一个运行配置的具体步骤序号。

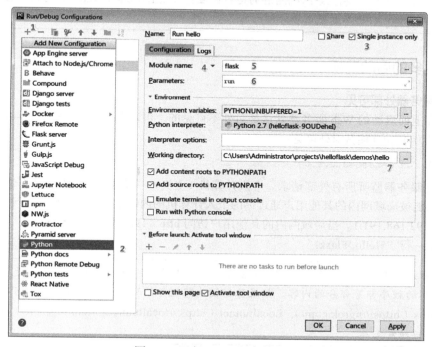

图 1-6　运行 Flask 程序的配置

打开新建配置窗口后，具体的步骤如下所示：

步骤 1　单击左侧的 "+" 符号打开下拉列表。

步骤 2　新建一个 Python 类型的运行配置（如果你使用的是专业版，则可以直接选择 Flask server），并在右侧的 Name 字段输入一个合适的名称，比如 "Run hello"。

步骤 3　勾选 "Single instance only"。

步骤 4　将第一项配置字段通过下拉选项选为 "Module Name"。

步骤 5　填入模块名称 flask。

步骤 6　第二栏的 "Parameters" 填入要执行的命令 run，你也可以附加其他启动选项。

步骤 7　在 "Working directory" 字段中选择程序所在的目录作为工作目录。

> **提示**　我们可以单击左上方的复制图标复制一份配置，然后稍加修改就可以用于其他 flask 命令，包括扩展提供的命令，或是我们自定义的命令。

现在单击 Apply 或 OK 保存并关闭窗口。在 PyCharm 右上方选择我们创建的运行配置，然后单击绿色三角形的运行按钮即可启动开发服务器。

注意 因为本章示例程序的模块名称为 app.py，Flask 会自动从中寻找程序实例，所以我们在 PyCharm 中的运行设置可以正确启动程序。如果你不打算使用 python-dotenv 来管理环境变量，那么需要修改 PyCharm 的运行配置：在 Enviroment variable 字段中添加环境变量 FLASK_APP 并设置正确的值。

1.3.2 更多的启动选项

1. 使服务器外部可见

我们在上面启动的 Web 服务器默认是对外不可见的，可以在 run 命令后添加 --host 选项将主机地址设为 0.0.0.0 使其对外可见：

```
$ flask run --host=0.0.0.0
```

这会让服务器监听所有外部请求。个人计算机（主机）一般没有公网 IP（公有地址），所以你的程序只能被局域网内的其他用户通过你的个人计算机的内网 IP（私有地址）访问，比如你的内网 IP 为 192.168.191.1。当局域网内的其他用户访问 http://192.168.191.1:5000 时，也会看到浏览器里显示一行"Hello, Flask!"。

提示 把程序安装在拥有公网 IP 的服务器上，让互联网上的所有人都可以访问是我们最后要介绍的程序部署部分的内容。如果你迫切地想把你的程序分享给朋友们，可以考虑使用 ngrok（https://ngrok.com/）、Localtunnel（https://localtunnel.github.io/www/）等内网穿透 / 端口转发工具。

2. 改变默认端口

Flask 提供的 Web 服务器默认监听 5000 端口，你可以在启动时传入参数来改变它：

```
$ flask run --port=8000
```

这时服务器会监听来自 8000 端口的请求，程序的主页地址也相应变成了 http://localhost:8000/。

 附注 执行 flask run 命令时的 host 和 port 选项也可以通过环境变量 FLASK_RUN_HOST 和 FLASK_RUN_PORT 设置。事实上，Flask 内置的命令都可以使用这种模式定义默认选项值，即"FLASK_<COMMAND>_<OPTION>"，你可以使用 flask --help 命令查看所有可用的命令。

1.3.3 设置运行环境

开发环境（development environment）和生产环境（production environment）是我们后面会频繁接触到的概念。开发环境是指我们在本地编写和测试程序时的计算机环境，而生产环境与开发环境相对，它指的是网站部署上线供用户访问时的服务器环境。

根据运行环境的不同，Flask 程序、扩展以及其他程序会改变相应的行为和设置。为了区分程序运行环境，Flask 提供了一个 FLASK_ENV 环境变量用来设置环境，默认为 production（生产）。在开发时，我们可以将其设为 development（开发），这会开启所有支持开发的特性。为了方便管理，我们将把环境变量 FLASK_ENV 的值写入 .flaskenv 文件中：

```
FLASK_ENV=development
```

现在启动程序，你会看到下面的输出提示：

```
$ flask run
 * Environment: development
 * Debug mode: on
 * Debugger is active!
 * Debugger PIN: 202-005-064
 * Running on http://127.0.0.1:5000/ (Press CTRL+C to quit)
```

在开发环境下，调试模式（Debug Mode）将被开启，这时执行 flask run 启动程序会自动激活 Werkzeug 内置的调试器（debugger）和重载器（reloader），它们会为开发带来很大的帮助。

 提示　如果你想单独控制调试模式的开关，可以通过 FLASK_DEBUG 环境变量设置，设为 1 则开启，设为 0 则关闭，不过通常不推荐手动设置这个值。

注意　在生产环境中部署程序时，绝不能开启调试模式。尽管 PIN 码可以避免用户任意执行代码，提高攻击者利用调试器的难度，但并不能确保调试器完全安全，会带来巨大的安全隐患。而且攻击者可能会通过调试信息获取你的数据库结构等容易带来安全问题的信息。另一方面，调试界面显示的错误信息也会让普通用户感到困惑。

---

1. 调试器

Werkzeug 提供的调试器非常强大，当程序出错时，我们可以在网页上看到详细的错误追踪信息，这在调试错误时非常有用。运行中的调试器如图 1-7 所示。

调试器允许你在错误页面上执行 Python 代码。单击错误信息右侧的命令行图标，会弹出窗口要求输入 PIN 码，也就是在启动服务器时命令行窗口打印出的调试器 PIN 码（Debugger PIN）。输入 PIN 码后，我们可以以单击错误堆栈的某个节点右侧的命令行界面图标，这会打开一个包含代码执行上下文信息的 Python Shell，我们可以利用它来进行调试。

2. 重载器

当我们对代码做了修改后，期望的行为是这些改动立刻作用到程序上。重载器的作用就是监测文件变动，然后重新启动开发服务器。当我们修改了脚本内容并保存后，会在命令行看到下面的输出：

```
Detected change in '/path/to/app.py', reloading
 * Restarting with stat
```

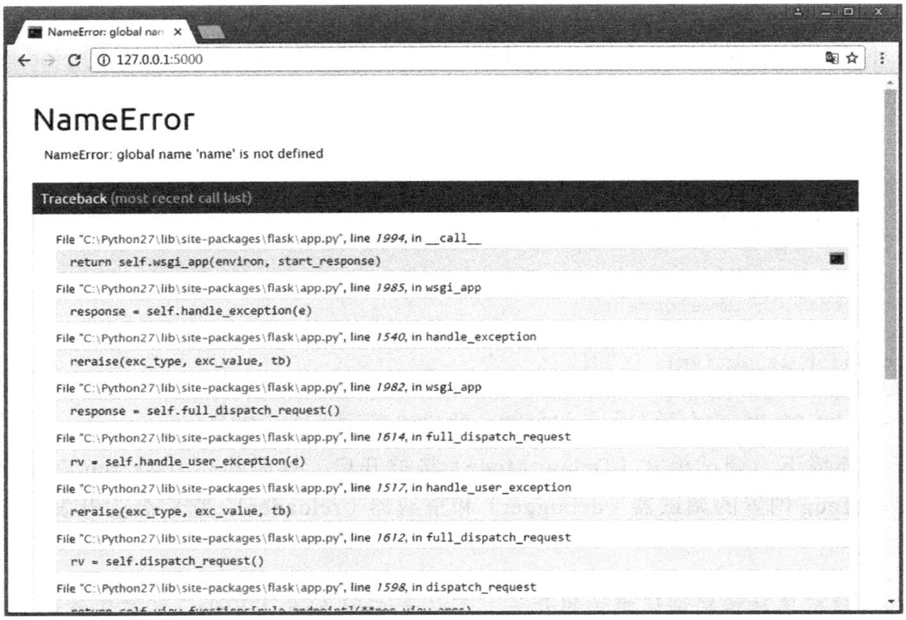

图 1-7 调试器界面

默认会使用 Werkzeug 内置的 stat 重载器，它的缺点是耗电较严重，而且准确性一般。为了获得更优秀的体验，我们可以安装另一个用于监测文件变动的 Python 库 Watchdog，安装后 Werkzeug 会自动使用它来监测文件变动：

```
$ pipenv install watchdog --dev
```

因为这个包只在开发时才会用到，所以我们在安装命令后添加了一个 --dev 选项，这用来把这个包声明为开发依赖。在 Pipfile 文件中，这个包会被添加到 dev-packages 部分。

不过，如果项目中使用了单独的 CSS 或 JavaScript 文件时，那么浏览器可能会缓存这些文件，从而导致对文件做出的修改不能立刻生效。在浏览器中，我们可以按下 Ctrl+F5 或 Shift+F5 执行硬重载（hard reload），即忽略缓存并重载（刷新）页面。

> 提示 当在一个新电脑创建运行环境时，使用 pipenv install 命令时需要添加额外的 --dev 选项才会安装 dev-packages 部分定义的开发依赖包。

1.4 Python Shell

本书有许多操作需要在 Python Shell（即 Python 交互式解释器）里执行。在开发 Flask 程序时，我们并不会直接使用 python 命令启动 Python Shell，而是使用 flask shell 命令：

```
$ flask shell
App: app [development]
```

```
Instance: Path/to/your/helloflask/instance
>>>
```

 注意 和其他 flask 命令相同，执行这个命令前我们要确保程序实例可以被正常找到。

在本书中，如果代码片段前的提示符为三个大于号，即 " >>> "，那么就表示这些代码需要在使用 flask shell 命令打开的 Python Shell 中执行。

提示 Python Shell 可以执行 exit() 或 quit() 退出，在 Windows 系统上可以使用 Ctrl+Z 并按 Enter 退出；在 Linux 和 macOS 则可以使用 Ctrl+D 退出。

使用 flask shell 命令打开的 Python Shell 自动包含程序上下文，并且已经导入了 app 实例：

```
>>> app
<Flask 'app'>
>>> app.name
 'app'
```

 附注 上下文（context）可以理解为环境。为了正常运行程序，一些操作相关的状态和数据需要被临时保存下来，这些状态和数据被统称为上下文。在 Flask 中，上下文有两种，分别为程序上下文和请求上下文，后面我们会详细了解。

1.5 Flask 扩展

在本书中我们将会接触到很多 Flask 扩展。扩展（extension）即使用 Flask 提供的 API 接口编写的 Python 库，可以为 Flask 程序添加各种各样的功能。大部分 Flask 扩展用来集成其他库，作为 Flask 和其他库之间的薄薄一层胶水。因为 Flask 扩展的编写有一些约定，所以初始化的过程大致相似。大部分扩展都会提供一个扩展类，实例化这个类，并传入我们创建的程序实例 app 作为参数，即可完成初始化过程。通常，扩展会在传入的程序实例上注册一些处理函数，并加载一些配置。

以某扩展实现了 Foo 功能为例，这个扩展的名称将是 Flask-Foo 或 Foo-Flask；程序包或模块的命名使用小写加下划线，即 flask_foo（即导入时的名称）；用于初始化的类一般为 Foo，实例化的类实例一般使用小写，即 foo。初始化这个假想中的 Flask-Foo 扩展的示例如下所示：

```
from flask import Flask
from flask_foo import Foo

app = Flask(__name__)
foo = Foo(app)
```

在日常开发中，大多数情况下，我们没有必要重复制造轮子，所以选用扩展可以避免让项目变得臃肿和复杂。尽管使用扩展可以简化操作，快速集成某个功能，但同时也会降低灵活性。如果过度使用扩展，在不需要的地方引入，那么相应也会导致代码不容易维护。更糟糕的是，质量差的扩展可能还会带来潜在的 Bug，而不同扩展之间也可能会出现冲突。因此，在编写程序时，应该尽量从实际需求出发，只在需要的时候使用扩展，并把扩展的质量和兼容性作为考虑因素，尽量在效率和灵活性之间达到平衡。

 附注 早期版本的 Flask 扩展使用 flaskext.foo 或 flask.ext.something 的形式导入，在实际使用中带来了许多问题，因此 Flask 官方推荐以 flask_something 形式导入扩展。在 1.0 版本以后的 Flask 中，旧的扩展导入方式已被移除。

1.6 项目配置

在很多情况下，你需要设置程序的某些行为，这时你就需要使用配置变量。在 Flask 中，配置变量就是一些大写形式的 Python 变量，你也可以称之为配置参数或配置键。使用统一的配置变量可以避免在程序中以硬编码（hard coded）的形式设置程序。

在一个项目中，你会用到许多配置：Flask 提供的配置，扩展提供的配置，还有程序特定的配置。和平时使用变量不同，这些配置变量都通过 Flask 对象的 app.config 属性作为统一的接口来设置和获取，它指向的 Config 类实际上是字典的子类，所以你可以像操作其他字典一样操作它。

附注 Flask 内置的配置可以访问 Flask 文档的配置章节（flask.pocoo.org/docs/latest/config/）查看，扩展提供的配置也可以在对应的文档中查看。

Flask 提供了很多种方式来加载配置。比如，你可以像在字典中添加一个键值对一样来设置一个配置：

```
app.config['ADMIN_NAME'] = 'Peter'
```

注意 配置的名称必须是全大写形式，小写的变量将不会被读取。

使用 update() 方法则可以一次加载多个值：

```
app.config.update(
    TESTING=True,
    SECRET_KEY='_5#yF4Q8z\n\xec]/'
)
```

除此之外，你还可以把配置变量存储在单独的 Python 脚本、JSON 格式的文件或是 Python 类中，config 对象提供了相应的方法来导入配置，具体我们会在后面了解。

和操作字典一样，读取一个配置就是从 config 字典里通过将配置变量的名称作为键读取对应的值：

```
value = app.config['ADMIN_NAME']
```

提示　某些扩展需要读取配置值来完成初始化操作，比如 Flask-Mail，因此我们应该尽量将加载配置的操作提前，最好在程序实例 app 创建后就加载配置。

1.7　URL 与端点

　　在 Web 程序中，URL 无处不在。如果程序中的 URL 都是以硬编码的方式写出，那么将会大大降低代码的易用性。比如，当你修改了某个路由的 URL 规则，那么程序里对应的 URL 都要一个一个进行修改。更好的解决办法是使用 Flask 提供的 url_for() 函数获取 URL，当路由中定义的 URL 规则被修改时，这个函数总会返回正确的 URL。

　　调用 url_for() 函数时，第一个参数为端点（endpoint）值。在 Flask 中，端点用来标记一个视图函数以及对应的 URL 规则。端点的默认值为视图函数的名称，至于为什么不直接使用视图函数名，而要引入端点这个概念，我们会在后面了解。

　　比如，下面的视图函数：

```
@app.route('/')
def index():
    return 'Hello Flask!'
```

　　这个路由的端点即视图函数的名称 index，调用 url_for('index') 即可获取对应的 URL，即 "/"。

提示　在 app.route() 装饰器中使用 endpoint 参数可以自定义端点值，不过我们通常不需要这样做。

　　如果 URL 含有动态部分，那么我们需要在 url_for() 函数里传入相应的参数，以下面的视图函数为例：

```
@app.route('/hello/<name>')
def greet(name):
    return 'Hello %s!' % name
```

　　这时使用 url_for('greet', name='Jack') 得到的 URL 为 "/hello/Jack"。

提示　我们使用 url_for() 函数生成的 URL 是相对 URL（即内部 URL），即 URL 中的 path 部分，比如 "/hello"，不包含根 URL。相对 URL 只能在程序内部使用。如果你想要生成供外部使用的绝对 URL，可以在使用 url_for() 函数时，将 _external 参数设为 True，这会生成完整的 URL，比如 http://helloflask.com/hello，在本地运行程序时则会获得 http://localhost:5000/hello。

1.8　Flask 命令

　　除了 Flask 内置的 flask run 等命令，我们也可以自定义命令。在虚拟环境安装 Flask 后，包含许多内置命令的 flask 脚本就可以使用了。在前面我们已经接触了很多 flask 命令，比如运行服务器的 flask run，启动 shell 的 flask shell。

通过创建任意一个函数，并为其添加 app.cli.command() 装饰器，我们就可以注册一个 flask 命令。代码清单 1-4 创建了一个自定义的 hello() 命令函数，在函数中我们仍然只是打印一行问候。

代码清单1-4　hello/app.py：创建自定义命令

```python
@app.cli.command()
def hello():
    """Just say hello."""
    click.echo('Hello, Human!')
```

函数的名称即为命令名称，这里注册的命令即 hello，你可以使用 flask hello 命令来触发函数。作为替代，你也可以在 app.cli.command() 装饰器中传入参数来设置命令名称，比如 app.cli.command('say-hello') 会把命令名称设置为 say-hello，完整的命令即 flask say-hello。

借助 click 模块的 echo() 函数，我们可以在命令行界面输出字符。命令函数的文档字符串则会作为帮助信息显示（flask hello --help）。在命令行下执行 flask hello 命令就会触发这个 hello() 函数：

```
$ flask hello
Hello, Human!
```

在命令下执行 flask --help 可以查看 Flask 提供的命令帮助文档，我们自定义的 hello 命令也会出现在输出的命令列表中，如下所示：

```
$ flask --help
Usage: flask [OPTIONS] COMMAND [ARGS]...

  A general utility script for Flask applications.
  ...
Options:
  --version  Show the flask version
  --help     Show this message and exit.

Commands:
  hello   Just say hello.  # 我们注册的自定义命令
  routes  Show the routes for the app.  # 显示所有注册的路由
  run     Runs a development server.
  shell   Runs a shell in the app context.
```

> 📖附注　关于自定义命令更多的设置和功能请参考 Click 的官方文档（http://click.pocoo.org/6/）。

1.9　模板与静态文件

一个完整的网站当然不能只返回用户一句"Hello, World!"，我们需要模板（template）和静态文件（static file）来生成更加丰富的网页。模板即包含程序页面的 HTML 文件，静态文件则是需要在 HTML 文件中加载的 CSS 和 JavaScript 文件，以及图片、字体文件等资源文件。默认情况下，模板文件存放在项目根目录中的 templates 文件夹中，静态文件存放在 static 文件夹下，这两个文件夹需要和包含程序实例的模块处于同一个目录下，对应的项目结构示例如下所示：

```
hello/
    - templates/
    - static/
    - app.py
```

在开发 Flask 程序时，使用 CSS 框架和 JavaScript 库是很常见的需求，而且有很多扩展都提供了对 CSS 框架和 JavaScript 库的集成功能。使用这些扩展时都需要加载对应的 CSS 和 JavaScript 文件，通常这些扩展都会提供一些可以在 HTML 模板中使用的加载方法 / 函数，使用这些方法即可渲染出对应的 link 标签和 script 标签。这些方法一般会直接从 CDN 加载资源，有些提供了手动传入资源 URL 的功能，有些甚至提供了内置的本地资源。

我建议在开发环境下使用本地资源，这样可以提高加载速度。最好自己下载到 static 目录下，统一管理，出于方便的考虑也可以使用扩展内置的本地资源。在过渡到生产环境时，自己手动管理所有本地资源或自己设置 CDN，避免使用扩展内置的资源。这个建议主要基于下面这些考虑因素：

❏ 鉴于国内的网络状况，扩展默认使用的国外 CDN 可能会无法访问，或访问过慢。

❏ 不同扩展内置的加载方法可能会加载重复的依赖资源，比如 jQuery。

❏ 在生产环境下，将静态文件集中在一起更方便管理。

❏ 扩展内置的资源可能会出现版本过旧的情况。

关于模板和静态文件的使用，我们将在第 3 章详细介绍。

📺 附注　CDN 指分布式服务器系统。服务商把你需要的资源存储在分布于不同地理位置的多个服务器，它会根据用户的地理位置来就近分配服务器提供服务（服务器越近，资源传送就越快）。使用 CDN 服务可以加快网页资源的加载速度，从而优化用户体验。对于开源的 CSS 和 JavaScript 库，CDN 提供商通常会免费提供服务。

1.10　Flask 与 MVC 架构

你也许会困惑为什么用来处理请求并生成响应的函数被称为"视图函数（view function）"，其实这个命名并不合理。在 Flask 中，这个命名的约定来自 Werkzeug，而 Werkzeug 中 URL 匹配的实现主要参考了 Routes（一个 URL 匹配库），再往前追溯，Routes 的实现又参考了 Ruby on Rails（http://rubyonrails.org/）。在 Ruby on Rails 中，术语 views 用来表示 MVC（Model-View-Controller，模型 – 视图 – 控制器）架构中的 View。

MVC 架构最初是用来设计桌面程序的，后来也被用于 Web 程序，应用了这种架构的 Web 框架有 Django、Ruby on Rails 等。在 MVC 架构中，程序被分为三个组件：数据处理（Model）、用户界面（View）、交互逻辑（Controller）。如果套用 MVC 架构的内容，那么 Flask 中视图函数的名称其实并不严谨，使用控制器函数（Controller Function）似乎更合适些，虽然它也附带处理用户界面。严格来说，Flask 并不是 MVC 架构的框架，因为它没有内置数据模型支持。为了方便表述，在本书中，使用了 app.route() 装饰器的函数仍被称为视图函数，同时会使用"＜函数名＞视图"（比如 index 视图）的形式来代指某个视图函数。

粗略归类，如果想要使用 Flask 来编写一个 MVC 架构的程序，那么视图函数可以作为控制器（Controller），视图（View）则是我们第 3 章将要学习的使用 Jinja2 渲染的 HTML 模板，而模型（Model）可以使用其他库来实现，在第 5 章我们会介绍使用 SQLAlchemy 来创建数据库模型。

1.11 本章小结

本章我们学习了 Flask 程序的运作方式和一些基本概念，这为我们进一步学习打下了基础。下一章，我们会了解隐藏在 Flask 背后的重要角色——HTTP，并学习 Flask 是如何与之进行交互的。

第 2 章 *Chapter 2*

Flask 与 HTTP

在第 1 章，我们已经了解了 Flask 的基本知识，如果想要进一步开发更复杂的 Flask 应用，我们就得了解 Flask 与 HTTP 协议的交互方式。HTTP（Hypertext Transfer Protocol，超文本传输协议）定义了服务器和客户端之间信息交流的格式和传递方式，它是万维网（World Wide Web）中数据交换的基础。

在这一章，我们会了解 Flask 处理请求和响应的各种方式，并对 HTTP 协议以及其他非常规 HTTP 请求进行简单的介绍。虽然本章的内容很重要，但鉴于内容有些晦涩难懂，如果感到困惑也不用担心，本章介绍的内容你会在后面的实践中逐渐理解和熟悉。如果你愿意，也可以临时跳过本章，等到学习完本书第一部分再回来重读。

> **附注** HTTP 的详细定义在 RFC 7231~7235 中可以看到。RFC(Request For Comment，请求评议) 是一系列关于互联网标准和信息的文件，可以将其理解为互联网（Internet）的设计文档。完整的 RFC 列表可以在这里看到：https://tools.ietf.org/rfc/。

本章的示例程序在 helloflask/demos/http 目录下，确保当前工作目录在 helloflask/demos/http 下并激活了虚拟环境，然后执行 flask run 命令运行程序：

```
$ cd demos/http
$ flask run
```

> **注意** 第一部分的示例程序都会运行在本地机的 5000 端口，在运行新的示例程序前，请确保没有其他程序在运行。

2.1 请求响应循环

为了更贴近现实，我们以一个真实的 URL 为例：

```
http://helloflask.com/hello
```

当我们在浏览器中的地址栏中输入这个 URL，然后按下 Enter 时，稍等片刻，浏览器会显示一个问候页面。这背后到底发生了什么？你一定可以猜想到，这背后也有一个类似我们第 1 章编写的程序运行着。它负责接收用户的请求，并把对应的内容返回给客户端，显示在用户的浏览器上。事实上，每一个 Web 应用都包含这种处理模式，即"请求 – 响应循环（Request-Response Cycle）"：客户端发出请求，服务器端处理请求并返回响应，如图 2-1 所示。

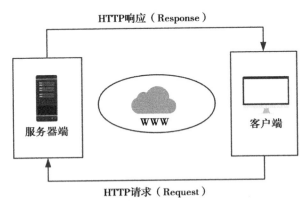

图 2-1　请求响应循环示意图

📊附
注　客户端（Client Side）是指用来提供给用户的与服务器通信的各种软件。在本书中，客户端通常指 Web 浏览器（后面简称浏览器），比如 Chrome、Firefox、IE 等；服务器端（Server Side）则指为用户提供服务的服务器，也是我们的程序运行的地方。

这是每一个 Web 程序的基本工作模式，如果再进一步，这个模式又包含着更多的工作单元，图 2-2 展示了一个 Flask 程序工作的实际流程。

从图 2-2 中可以看出，HTTP 在整个流程中起到了至关重要的作用，它是客户端和服务器端之间沟通的桥梁。

当用户访问一个 URL，浏览器便生成对应的 HTTP 请求，经由互联网发送到对应的 Web 服务器。Web 服务器接收请求，通过 WSGI 将 HTTP 格式的请求数据转换成我们的 Flask 程序能够使用的 Python 数据。在程序中，Flask 根据请求的

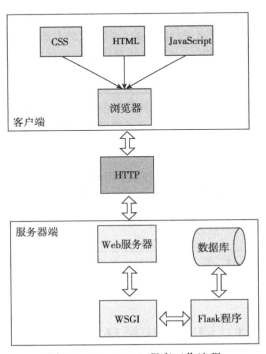

图 2-2　Flask Web 程序工作流程

URL 执行对应的视图函数，获取返回值生成响应。响应依次经过 WSGI 转换生成 HTTP 响应，再经由 Web 服务器传递，最终被发出请求的客户端接收。浏览器渲染响应中包含的 HTML 和 CSS 代码，并执行 JavaScript 代码，最终把解析后的页面呈现在用户浏览器的窗口中。

> 🎯提示　关于 WSGI 的更多细节，我们会在第 16 章进行详细介绍。

> 🎯提示　这里的服务器指的是处理请求和响应的 Web 服务器，比如我们上一章介绍的开发服务器，而不是指物理层面上的服务器主机。

2.2　HTTP 请求

　　URL 是一个请求的起源。不论服务器是运行在美国洛杉矶，还是运行在我们自己的电脑上，当我们输入指向服务器所在地址的 URL，都会向服务器发送一个 HTTP 请求。一个标准的 URL 由很多部分组成，以下面这个 URL 为例：

`http://helloflask.com/hello?name=Grey`

这个 URL 的各个组成部分如表 2-1 所示。

表 2-1　URL 组成部分

信　息	说　明
http://	协议字符串，指定要使用的协议
helloflask.com	服务器的地址（域名）
/hello?name=Grey	要获取的资源路径（path），类似 UNIX 的文件目录结构

> 附注　这个 URL 后面的 ?name=Grey 部分是查询字符串（query string）。URL 中的查询字符串用来向指定的资源传递参数。查询字符串从问号 ? 开始，以键值对的形式写出，多个键值对之间使用 & 分隔。

2.2.1　请求报文

　　当我们在浏览器中访问这个 URL 时，随之产生的是一个发向 http://helloflask.com 所在服务器的请求。请求的实质是发送到服务器上的一些数据，这种浏览器与服务器之间交互的数据被称为报文（message），请求时浏览器发送的数据被称为请求报文（request message），而服务器返回的数据被称为响应报文（response message）。

　　请求报文由请求的方法、URL、协议版本、首部字段（header）以及内容实体组成。前面的请求产生的请求报文示意如表 2-2 所示。

表 2-2 请求报文示意表

组 成 说 明	请求报文内容
报文首部：请求行（方法、URL、协议）	GET http://helloflask.com/hello?name=Grey HTTP/1.1
报文首部：各种首部字段	Host: helloflask.com Connection: keep-alive Cache-Control: max-age=0 User-Agent: Mozilla/5.0 (Windows NT 6.1; Win64; x64) AppleWebKit/537.36 (KHTML, like Gecko) Chrome/59.0.3071.104 Safari/537.36 …
空行	
报文主体	

如果你想看真实的 HTTP 报文，可以在浏览器中向任意一个有效的 URL 发起请求，然后在浏览器的开发者工具（F12）里的 Network 标签中看到 URL 对应资源加载的所有请求列表，单击任一个请求条目即可看到报文信息，图 2-3 是使用 Chrome 访问本地示例程序的示例。

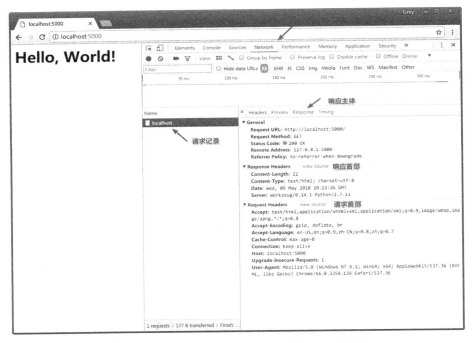

图 2-3 在 Chrome 浏览器中查看请求和响应报文

报文由报文首部和报文主体组成，两者由空行分隔，请求报文的主体一般为空。如果提交了表单，那么报文主体将会是表单数据（查询字符串通常会直接通过 URL 传递）。

HTTP 通过方法来区分不同的请求类型。比如，当你直接访问一个页面时，请求的方法是 GET；当你在某个页面填写了表单并提交时，请求方法则通常为 POST。表 2-3 是常见的几种

HTTP 方法类型。

表 2-3　常见的 HTTP 方法

方　　法	说　　明	方　　法	说　　明
GET	获取资源	DELETE	删除资源
POST	创建或更新资源	HEAD	获得报文首部
PUT	创建或替换资源	OPTIONS	询问支持的方法

报文首部包含了请求的各种信息和设置，比如客户端的类型、是否设置缓存、语言偏好等。

> **附注** HTTP 中可用的首部字段列表可以在 https://www.iana.org/assignments/message-headers/ message-headers.xhtml 看到。请求方法的详细列表和说明可以在 RFC 7231（https://tools. ietf.org/html/rfc7231）中看到。

如果运行了示例程序，那么当你在浏览器中访问 http://127.0.0.1:5000/hello 时，开发服务器会在命令行中输出一条记录日志，其中包含请求的主要信息：

```
127.0.0.1 - - [02/Aug/2017 09:51:37] "GET /hello?name=Grey HTTP/1.1" 200 -
```

2.2.2　Request 对象

现在该让 Flask 的请求对象 request 出场了，这个请求对象封装了从客户端发来的请求报文，我们能从它获取请求报文中的所有数据。

> **注意** 请求解析和响应封装实际上大部分是由 Werkzeug 完成的，Flask 子类化 Werkzeug 的请求（Request）和响应（Response）对象并添加了和程序相关的特定功能。在这里为了方便理解，我们先略过不谈。在第 16 章，我们会详细了解 Flask 的工作原理。

和上一节一样，我们先从 URL 说起。假设请求的 URL 是 http://helloflask.com/hello?name=Grey，当 Flask 接收到请求后，请求对象会提供多个属性来获取 URL 的各个部分，常用的属性如表 2-4 所示。

表 2-4　使用 request 的属性获取请求 URL

属性	值	属性	值
path	'/hello'	base_url	'http://helloflask.com/hello '
full_path	'/hello?name=Grey'	url	'http://helloflask.com/hello?name=Grey '
host	'helloflask.com'	url_root	'http://helloflask.com/ '
host_url	'http://helloflask.com/ '		

除了 URL，请求报文中的其他信息都可以通过 request 对象提供的属性和方法获取，其中常用的部分如表 2-5 所示。

表 2-5　request 对象常用的属性和方法

属性 / 方法	说　　明
args	Werkzeug 的 ImmutableMultiDict 对象。存储解析后的查询字符串，可通过字典方式获取键值。如果你想获取未解析的原生查询字符串，可以使用 query_string 属性
blueprint	当前蓝本的名称，关于蓝本的概念在本书第二部分会详细介绍
cookies	一个包含所有随请求提交的 cookies 的字典
data	包含字符串形式的请求数据
endpoint	与当前请求相匹配的端点值
files	Werkzeug 的 MultiDict 对象，包含所有上传文件，可以使用字典的形式获取文件。使用的键为文件 input 标签中的 name 属性值，对应的值为 Werkzeug 的 FileStorage 对象，可以调用 save() 方法并传入保存路径来保存文件
form	Werkzeug 的 ImmutableMultiDict 对象。与 files 类似，包含解析后的表单数据。表单字段值通过 input 标签的 name 属性值作为键获取
values	Werkzeug 的 CombinedMultiDict 对象，结合了 args 和 form 属性的值
get_data(cache=True, as_text=False, parse_from_data=False)	获取请求中的数据，默认读取为字节字符串（bytestring），将 as_text 设为 True 则返回值将是解码后的 unicode 字符串
get_json(self, force=False, silent=False, cache=True)	作为 JSON 解析并返回数据，如果 MIME 类型不是 JSON，返回 None（除非 force 设为 True）；解析出错时抛出 Werkzeug 提供的 BadRequest 异常（如果未开启调试模式，则返回 400 错误响应，后面会详细介绍），如果 silent 设为 True 则返回 None；cache 设置是否缓存解析后的 JSON 数据
headers	一个 Werkzeug 的 EnvironHeaders 对象，包含首部字段，可以以字典的形式操作
is_json	通过 MIME 类型判断是否为 JSON 数据，返回布尔值
json	包含解析后的 JSON 数据，内部调用 get_json()，可通过字典的方式获取键值
method	请求的 HTTP 方法
referrer	请求发起的源 URL，即 referer
scheme	请求的 URL 模式（http 或 https）
user_agent	用户代理（User Agent，UA），包含了用户的客户端类型，操作系统类型等信息

 提示　Werkzeug 的 MultiDict 类是字典的子类，它主要实现了同一个键对应多个值的情况。比如一个文件上传字段可能会接收多个文件。这时就可以通过 getlist() 方法来获取文件对象列表。而 ImmutableMultiDict 类继承了 MultiDict 类，但其值不可更改。更多内容可访问 Werkzeug 相关数据结构章节 http://werkzeug.pocoo.org/docs/latest/datastructures/。

　　在我们的示例程序中实现了同样的功能。当你访问 http://localhost:5000/hello?name=Grey 时，页面加载后会显示 "Hello, Grey!"。这说明处理这个 URL 的视图函数从查询字符串中获取了查询参数 name 的值，如代码清单 2-1 所示。

代码清单2-1　获取请求URL中的查询字符串

```python
from flask import Flask, request

app = Flask(__name__)

@app.route('/hello')
def hello():
    name = request.args.get('name', 'Flask')   # 获取查询参数name的值
    return '<h1>Hello, %s!</h1>' % name        # 插入到返回值中
```

> **注意**　上面的示例代码包含安全漏洞，在现实中我们要避免直接将用户传入的数据直接作为响应返回，在本章的末尾我们将介绍这个安全漏洞的具体细节和防范措施。

需要注意的是，和普通的字典类型不同，当我们从 request 对象的类型为 MultiDict 或 ImmutableMultiDict 的属性（比如 files、form、args）中直接使用键作为索引获取数据时（比如 request.args['name']），如果没有对应的键，那么会返回 HTTP 400 错误响应（Bad Request，表示请求无效），而不是抛出 KeyError 异常，如图 2-4 所示。为了避免这个错误，我们应该使用 get() 方法获取数据，如果没有对应的值则返回 None；get() 方法的第二个参数可以设置默认值，比如 request.args.get('name', 'Human')。

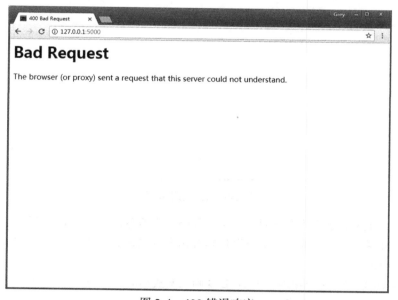

图 2-4　400 错误响应

> **提示**　如果开启了调试模式，那么会抛出 BadRequestKeyError 异常并显示对应的错误堆栈信息，而不是常规的 400 响应。

2.2.3 在 Flask 中处理请求

URL 是指向网络上资源的地址。在 Flask 中，我们需要让请求的 URL 匹配对应的视图函数，视图函数返回值就是 URL 对应的资源。

1. 路由匹配

为了便于将请求分发到对应的视图函数，程序实例中存储了一个路由表（app.url_map），其中定义了 URL 规则和视图函数的映射关系。当请求发来后，Flask 会根据请求报文中的 URL(path 部分）来尝试与这个表中的所有 URL 规则进行匹配，调用匹配成功的视图函数。如果没有找到匹配的 URL 规则，说明程序中没有处理这个 URL 的视图函数，Flask 会自动返回 404 错误响应（Not Found，表示资源未找到）。你可以尝试在浏览器中访问 http://localhost:5000/nothing，因为我们的程序中没有视图函数负责处理这个 URL，所以你会得到 404 响应，如图 2-5 所示。

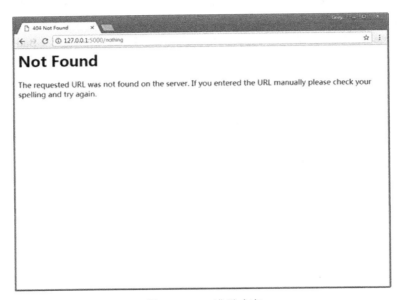

图 2-5　404 错误响应

如果你经常上网，那么肯定会对这个错误代码相当熟悉，它表示请求的资源没有找到。和前面提及的 400 错误响应一样，这类错误代码被称为 HTTP 状态码，用来表示响应的状态，具体会在下面详细讨论。

当请求的 URL 与某个视图函数的 URL 规则匹配成功时，对应的视图函数就会被调用。使用 flask routes 命令可以查看程序中定义的所有路由，这个列表由 app.url_map 解析得到：

```
$ flask routes
Endpoint  Methods  Rule
--------  -------  ----------------------
hello     GET      /hello
go_back   GET      /goback/<int:year>
hi        GET      /hi
```

```
...
static    GET     /static/<path:filename>
```

在输出的文本中，我们可以看到每个路由对应的端点（Endpoint）、HTTP 方法（Methods）和 URL 规则（Rule），其中 static 端点是 Flask 添加的特殊路由，用来访问静态文件，具体我们会在第 3 章学习。

2. 设置监听的 HTTP 方法

在上一节通过 flask routes 命令打印出的路由列表可以看到，每一个路由除了包含 URL 规则外，还设置了监听的 HTTP 方法。GET 是最常用的 HTTP 方法，所以视图函数默认监听的方法类型就是 GET，HEAD、OPTIONS 方法的请求由 Flask 处理，而像 DELETE、PUT 等方法一般不会在程序中实现，在后面我们构建 Web API 时才会用到这些方法。

我们可以在 app.route() 装饰器中使用 methods 参数传入一个包含监听的 HTTP 方法的可迭代对象。比如，下面的视图函数同时监听 GET 请求和 POST 请求：

```
@app.route('/hello', methods=['GET', 'POST'])
def hello():
    return '<h1>Hello, Flask!</h1>'
```

当某个请求的方法不符合要求时，请求将无法被正常处理。比如，在提交表单时通常使用 POST 方法，而如果提交的目标 URL 对应的视图函数只允许 GET 方法，这时 Flask 会自动返回一个 405 错误响应（Method Not Allowed，表示请求方法不允许），如图 2-6 所示。

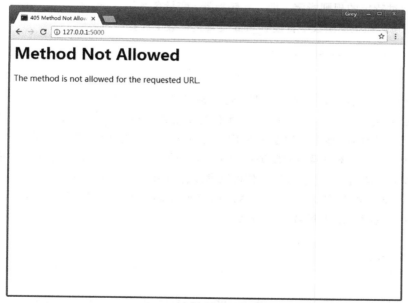

图 2-6　405 错误响应

通过定义方法列表，我们可以为同一个 URL 规则定义多个视图函数，分别处理不同 HTTP 方法的请求，这在本书第二部分构建 Web API 时会用到这个特性。

3. URL 处理

从前面的路由列表中可以看到，除了 /hello，这个程序还包含许多 URL 规则，比如和 go_back 端点对应的 /goback/<int:year>。现在请尝试访问 http://localhost:5000/goback/34，在 URL 中加入一个数字作为时光倒流的年数，你会发现加载后的页面中有通过传入的年数计算出的年份："Welcome to 1984！"。仔细观察一下，你会发现 URL 规则中的变量部分有一些特别，<int:year> 表示为 year 变量添加了一个 int 转换器，Flask 在解析这个 URL 变量时会将其转换为整型。URL 中的变量部分默认类型为字符串，但 Flask 提供了一些转换器可以在 URL 规则里使用，如表 2-6 所示。

表 2-6 Flask 内置的 URL 变量转换器

转 换 器	说　　明
string	不包含斜线的字符串（默认值）
int	整型
float	浮点数
path	包含斜线的字符串。static 路由的 URL 规则中的 filename 变量就使用了这个转换器
any	匹配一系列给定值中的一个元素
uuid	UUID 字符串

转换器通过特定的规则指定，即"<转换器:变量名>"。<int:year> 把 year 的值转换为整数，因此我们可以在视图函数中直接对 year 变量进行数学计算：

```
@app.route('/goback/<int:year>')
def go_back(year):
    return '<p>Welcome to %d!</p>' % (2018 - year)
```

默认的行为不仅仅是转换变量类型，还包括 URL 匹配。在这个例子中，如果不使用转换器，默认 year 变量会被转换成字符串，为了能够在 Python 中计算天数，我们需要使用 int() 函数将 year 变量转换成整型。但是如果用户输入的是英文字母，就会出现转换错误，抛出 ValueError 异常，我们还需要手动验证；使用了转换器后，如果 URL 中传入的变量不是数字，那么会直接返回 404 错误响应。比如，你可以尝试访问 http://localhost:5000/goback/tang。

在用法上唯一特别的是 any 转换器，你需要在转换器后添加括号来给出可选值，即"<any(value1, value2, ...):变量名>"，比如：

```
@app.route('/colors/<any(blue, white, red):color>')
def three_colors(color):
    return '<p>Love is patient and kind. Love is not jealous or boastful or proud
        or rude.</p>'
```

当你在浏览器中访问 http://localhost:5000/colors/<color> 时，如果将 <color> 部分替换为 any 转换器中设置的可选值以外的任意字符，均会获得 404 错误响应。

如果你想在 any 转换器中传入一个预先定义的列表，可以通过格式化字符串的方式（使用 % 或是 format() 函数）来构建 URL 规则字符串，比如：

```
colors = ['blue', 'white', 'red']

@app.route('/colors/<any(%s):color>' % str(colors)[1:-1])
...
```

2.2.4　请求钩子

有时我们需要对请求进行预处理（preprocessing）和后处理（postprocessing），这时可以使用 Flask 提供的一些请求钩子（Hook），它们可以用来注册在请求处理的不同阶段执行的处理函数（或称为回调函数，即 Callback）。这些请求钩子使用装饰器实现，通过程序实例 app 调用，用法很简单：以 before_request 钩子（请求之前）为例，当你对一个函数附加了 app.before_request 装饰器后，就会将这个函数注册为 before_request 处理函数，每次执行请求前都会触发所有 before_request 处理函数。Flask 默认实现的五种请求钩子如表 2-7 所示。

表 2-7　请求钩子

钩　子	说　明
before_first_request	注册一个函数，在处理第一个请求前运行
before_request	注册一个函数，在处理每个请求前运行
after_request	注册一个函数，如果没有未处理的异常抛出，会在每个请求结束后运行
teardown_request	注册一个函数，即使有未处理的异常抛出，会在每个请求结束后运行。如果发生异常，会传入异常对象作为参数到注册的函数中
after_this_request	在视图函数内注册一个函数，会在这个请求结束后运行

这些钩子使用起来和 app.route() 装饰器基本相同，每个钩子可以注册任意多个处理函数，函数名并不是必须和钩子名称相同，下面是一个基本示例：

```
@app.before_request
def do_something():
    pass # 这里的代码会在每个请求处理前执行
```

假如我们创建了三个视图函数 A、B、C，其中视图 C 使用了 after_this_request 钩子，那么当请求 A 进入后，整个请求处理周期的请求处理函数调用流程如图 2-7 所示。

下面是请求钩子的一些常见应用场景：

❑ before_first_request：在玩具程序中，运行程序前我们需要进行一些程序的初始化操作，比如创建数据库表，添加管理员用户。这些工作可以放到使用 before_first_request 装饰器注册的函数中。

❑ before_request：比如网站上要记录用户最后在线的时间，可以通过用户最后发送的请求时间来实现。为了避免在每个视图函数都添加更新在线时间的代码，我们可以仅在使用 before_request 钩子注册的函数中调用这段代码。

❑ after_request：我们经常在视图函数中进行数据库操作，比如更新、插入等，之后需要将更改提交到数据库中。提交更改的代码就可以放到 after_request 钩子注册的函数中。

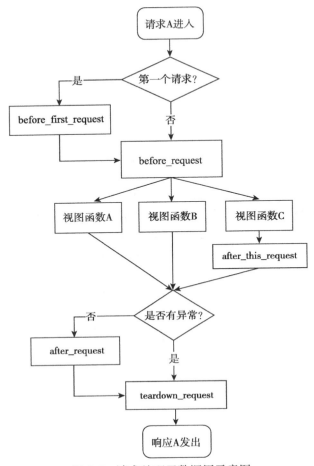

图 2-7 请求处理函数调用示意图

另一种常见的应用是建立数据库连接，通常会有多个视图函数需要建立和关闭数据库连接，这些操作基本相同。一个理想的解决方法是在请求之前（before_request）建立连接，在请求之后（teardown_request）关闭连接。通过在使用相应的请求钩子注册的函数中添加代码就可以实现。这很像单元测试中的 setUp() 方法和 tearDown() 方法。

> 注意 after_request 钩子和 after_this_request 钩子必须接收一个响应类对象作为参数，并且返回同一个或更新后的响应对象。

2.3 HTTP 响应

在 Flask 程序中，客户端发出的请求触发相应的视图函数，获取返回值会作为响应的主体，最后生成完整的响应，即响应报文。

2.3.1　响应报文

响应报文主要由协议版本、状态码（status code）、原因短语（reason phrase）、响应首部和响应主体组成。以发向 localhost:5000/hello 的请求为例，服务器生成的响应报文示意如表 2-8 所示。

表 2-8　响应报文

组 成 说 明	响应报文内容
报文首部：状态行（协议、状态码、原因短语）	HTTP/1.1 200 OK
报文首部：各种首部字段	Content-Type: text/html; charset=utf-8 Content-Length: 22 Server: Werkzeug/0.12.2 Python/2.7.13 Date: Thu, 03 Aug 2017 05:05:54 GMT ...
空行	
报文主体	<h1>Hello, Human!</h1>

响应报文的首部包含一些关于响应和服务器的信息，这些内容由 Flask 生成，而我们在视图函数中返回的内容即为响应报文中的主体内容。浏览器接收到响应后，会把返回的响应主体解析并显示在浏览器窗口上。

HTTP 状态码用来表示请求处理的结果，表 2-9 是常见的几种状态码和相应的原因短语。

表 2-9　常见的 HTTP 状态码

类　　型	状态码	原因短语（用于解释状态码）	说　　明
成功	200	OK	请求被正常处理
	201	Created	请求被处理，并创建了一个新资源
	204	No Content	请求处理成功，但无内容返回
重定向	301	Moved Permanently	永久重定向
	302	Found	临时性重定向
	304	Not Modified	请求的资源未被修改，重定向到缓存的资源
客户端错误	400	Bad Request	表示请求无效，即请求报文中存在错误
	401	Unauthorized	类似 403，表示请求的资源需要获取授权信息，在浏览器中会弹出认证弹窗
	403	Forbidden	表示请求的资源被服务器拒绝访问
	404	Not Found	表示服务器上无法找到请求的资源或 URL 无效
服务器端错误	500	Internal Server Error	服务器内部发生错误

提示　当关闭调试模式时，即 FLASK_ENV 使用默认值 production，如果程序出错，Flask 会自动返回 500 错误响应；而调试模式下则会显示调试信息和错误堆栈。

附注　响应状态码的详细列表和说明可以在 RFC 7231（https://tools.ietf.org/html/rfc7231）中看到。

2.3.1　在 Flask 中生成响应

响应在 Flask 中使用 Response 对象表示，响应报文中的大部分内容由服务器处理，大多数情况下，我们只负责返回主体内容。

根据我们在上一节介绍的内容，Flask 会先判断是否可以找到与请求 URL 相匹配的路由，如果没有则返回 404 响应。如果找到，则调用对应的视图函数，视图函数的返回值构成了响应报文的主体内容，正确返回时状态码默认为 200。Flask 会调用 make_response() 方法将视图函数返回值转换为响应对象。

完整地说，视图函数可以返回最多由三个元素组成的元组：响应主体、状态码、首部字段。其中首部字段可以为字典，或是两元素元组组成的列表。

比如，普通的响应可以只包含主体内容：

```
@app.route('/hello')
def hello():
    ...
    return '<h1>Hello, Flask!</h1>'
```

默认的状态码为 200，下面指定了不同的状态码：

```
@app.route('/hello')
def hello():
    ...
    return '<h1>Hello, Flask!</h1>', 201
```

有时你会想附加或修改某个首部字段。比如，要生成状态码为 3XX 的重定向响应，需要将首部中的 Location 字段设置为重定向的目标 URL：

```
@app.route('/hello')
def hello():
    ...
    return '', 302, {'Location': 'http://www.example.com'}
```

现在访问 http://localhost:5000/hello，会重定向到 http://www.example.com。在多数情况下，除了响应主体，其他部分我们通常只需要使用默认值即可。

1. 重定向

如果你访问 http://localhost:5000/hi，你会发现页面加载后地址栏中的 URL 变为了 http://localhost:5000/hello。这种行为被称为重定向（Redirect），你可以理解为网页跳转。在上一节的示例中，状态码为 302 的重定向响应的主体为空，首部中需要将 Location 字段设为重定向的目标 URL，浏览器接收到重定向响应后会向 Location 字段中的目标 URL 发起新的 GET 请求，整个流程如图 2-8 所示。

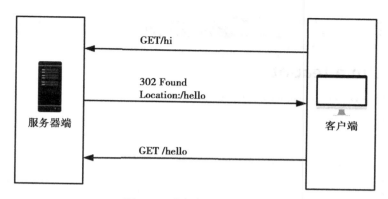

图 2-8　重定向流程示意图

在 Web 程序中，我们经常需要进行重定向。比如，当某个用户在没有经过认证的情况下访问需要登录后才能访问的资源，程序通常会重定向到登录页面。

对于重定向这一类特殊响应，Flask 提供了一些辅助函数。除了像前面那样手动生成 302 响应，我们可以使用 Flask 提供的 redirect() 函数来生成重定向响应，重定向的目标 URL 作为第一个参数。前面的例子可以简化为：

```
from flask import Flask, redirect
# ...
@app.route('/hello')
def hello():
    return redirect('http://www.example.com')
```

提
示　使用 redirect() 函数时，默认的状态码为 302，即临时重定向。如果你想修改状态码，可以在 redirect() 函数中作为第二个参数或使用 code 关键字传入。

如果要在程序内重定向到其他视图，那么只需在 redirect() 函数中使用 url_for() 函数生成目标 URL 即可，如代码清单 2-2 所示。

代码清单2-2　http/app.py：重定向到其他视图

```
from flask import Flask, redirect, url_for
...
@app.route('/hi')
def hi():
    ...
    return redirect(url_for('hello'))  # 重定向到/hello

@app.route('/hello')
def hello():
    ...
```

2. 错误响应

如果你访问 http://localhost:5000/brew/coffee，会获得一个 418 错误响应（I'm a teapot），如图 2-9 所示。

图 2-9 418 错误响应

 418 错误响应由 IETF（Internet Engineering Task Force，互联网工程任务组）在 1998 年
愚人节发布的 HTCPCP(Hyper Text Coffee Pot Control Protocol，超文本咖啡壶控制协议)
中定义（玩笑），当一个控制茶壶的 HTCPCP 收到 BREW 或 POST 指令要求其煮咖啡时
应当回传此错误。

大多数情况下，Flask 会自动处理常见的错误响应。HTTP 错误对应的异常类在 Werkzeug 的
werkzeug.exceptions 模块中定义，抛出这些异常即可返回对应的错误响应。如果你想手动返回错
误响应，更方便的方法是使用 Flask 提供的 abort() 函数。

在 abort() 函数中传入状态码即可返回对应的错误响应，代码清单 2-3 中的视图函数返回
404 错误响应。

代码清单2-3　http/app.py：返回404错误响应

```
from flask import Flask, abort
...
@app.route('/404')
def not_found():
    abort(404)
```

 提示 abort() 函数前不需要使用 return 语句，但一旦 abort() 函数被调用，abort() 函数之后的代
码将不会被执行。

虽然我们有必要返回正确的状态码，但这不是必须的。比如，当某个用户没有权限访问某个资源时，返回 404 错误要比 403 错误更加友好。

2.3.2　响应格式

在 HTTP 响应中，数据可以通过多种格式传输。大多数情况下，我们会使用 HTML 格式，这也是 Flask 中的默认设置。在特定的情况下，我们也会使用其他格式。不同的响应数据格式需要设置不同的 MIME 类型，MIME 类型在首部的 Content-Type 字段中定义，以默认的 HTML 类型为例：

```
Content-Type: text/html; charset=utf-8
```

 MIME 类型（又称为 media type 或 content type）是一种用来标识文件类型的机制，它与文件扩展名相对应，可以让客户端区分不同的内容类型，并执行不同的操作。一般的格式为 "类型名 / 子类型名"，其中的子类型名一般为文件扩展名。比如，HTML 的 MIME 类型为 " text/html"，png 图片的 MIME 类型为 " image/png"。完整的标准 MIME 类型列表可以在这里看到：https://www.iana.org/assignments/media-types/media-types.xhtml。

如果你想使用其他 MIME 类型，可以通过 Flask 提供的 make_response() 方法生成响应对象，传入响应的主体作为参数，然后使用响应对象的 mimetype 属性设置 MIME 类型，比如：

```
from flask import make_response

@app.route('/foo')
def foo():
    response = make_response('Hello, World!')
    response.mimetype = 'text/plain'
    return response
```

你也可以直接设置首部字段，比如 response.headers['Content-Type'] = 'text/xml; charset=utf-8'。但操作 mimetype 属性更加方便，而且不用设置字符集（charset）选项。

常用的数据格式有纯文本、HTML、XML 和 JSON，下面我们分别对这几种数据进行简单的介绍和分析。为了对不同的数据类型进行对比，我们将会用不同的数据类型来表示一个便签的内容：Jane 写给 Peter 的一个提醒。

1. 纯文本

MIME 类型：text/plain

示例：

```
Note
to: Peter
from: Jane
heading: Reminder
body: Don't forget the party!
```

事实上，其他几种格式本质上都是纯文本。比如同样是一行包含 HTML 标签的文本 "<h1>Hello, Flask!</h1>"，当 MIME 类型设置为纯文本时，浏览器会以文本形式显示 "<h1>Hello, Flask!</h1>"；当 MIME 类型声明为 text/html 时，浏览器则会将其作为标题 1 样式的 HTML 代码渲染。

2. HTML

MIME 类型：text/html

示例：

```
<!DOCTYPE html>
<html>
<head></head>
<body>
    <h1>Note</h1>
    <p>to: Peter</p>
    <p>from: Jane</p>
    <p>heading: Reminder</p>
    <p>body: <strong>Don't forget the party!</strong></p>
</body>
</html>
```

HTML（https://www.w3.org/html/）指 Hypertext Markup Language（超文本标记语言），是最常用的数据格式，也是 Flask 返回响应的默认数据类型。从我们在本书一开始的最小程序中的视图函数返回的字符串，到我们后面会学习的 HTML 模板，都是 HTML。当数据类型为 HTML 时，浏览器会自动根据 HTML 标签以及样式类定义渲染对应的样式。

因为 HTML 常常包含丰富的信息，我们可以直接将 HTML 嵌入页面中，处理起来比较方便。因此，在普通的 HTML 请求中我们使用 HTML 作为响应的内容，这也是默认的数据类型。

3. XML

MIME 类型：application/xml

示例：

```
<?xml version="1.0" encoding="UTF-8"?>
<note>
    <to>Peter</to>
    <from>Jane</from>
    <heading>Reminder</heading>
    <body>Don't forget the party!</body>
</note>
```

XML（https://www.w3.org/XML/）指 Extensible Markup Language（可扩展标记语言），它是一种简单灵活的文本格式，被设计用来存储和交换数据。XML 的出现主要就是为了弥补 HTML 的不足：对于仅仅需要数据的请求来说，HTML 提供的信息太过丰富了，而且不易于重用。XML 和 HTML 一样都是标记性语言，使用标签来定义文本，但 HTML 中的标签用于显示内容，而 XML 中的标签只用于定义数据。XML 一般作为 AJAX 请求的响应格式，或是 Web API 的响应格式。

4. JSON

MIME 类型：application/json

示例：

```
{
    "note":{
        "to":"Peter",
        "from":"Jane",
        "heading":"Reminder",
        "body":"Don't forget the party!"
    }
}
```

　　JSON（http://json.org/）指 JavaScript Object Notation（JavaScript 对象表示法），是一种流行的、轻量的数据交换格式。它的出现又弥补了 XML 的诸多不足：XML 有较高的重用性，但 XML 相对于其他文档格式来说体积稍大，处理和解析的速度较慢。JSON 轻量，简洁，容易阅读和解析，而且能和 Web 默认的客户端语言 JavaScript 更好地兼容。JSON 的结构基于"键值对的集合"和"有序的值列表"，这两种数据结构类似 Python 中的字典（dictionary）和列表（list）。正是因为这种通用的数据结构，使得 JSON 在同样基于这些结构的编程语言之间交换成为可能。

 　　示例程序中提供了这一资源的不同格式响应，你可以访问 http://localhost:5000/note/<content_type>，通过将 content_type 的值依次更改为 text、html、xml 和 json 来获取不同格式的响应。比如，访问 http://localhost:5000/note/text 将得到纯文本格式的响应。

　　Flask 通过引入 Python 标准库中的 json 模块（或 simplejson，如果可用）为程序提供了 JSON 支持。你可以直接从 Flask 中导入 json 对象，然后调用 dumps() 方法将字典、列表或元组序列化（serialize）为 JSON 字符串，再使用前面介绍的方法修改 MIME 类型，即可返回 JSON 响应，如下所示：

```
from  flask import Flask, make_response, json
...
@app.route('/foo')
def foo():
    data = {
        'name':'Grey Li',
        'gender':'male'
    }
    response = make_response(json.dumps(data))
    response.mimetype = 'application/json'
    return response
```

　　不过我们一般并不直接使用 json 模块的 dumps()、load() 等方法，因为 Flask 通过包装这些方法提供了更方便的 jsonify() 函数。借助 jsonify() 函数，我们仅需要传入数据或参数，它会对我们传入的参数进行序列化，转换成 JSON 字符串作为响应的主体，然后生成一个响应对象，并且设置正确的 MIME 类型。使用 jsonify 函数可以将前面的例子简化为这种形式：

```
from flask import jsonify

@app.route('/foo')
def foo():
    return jsonify(name='Grey Li', gender='male')
```

jsonify() 函数接收多种形式的参数。你既可以传入普通参数，也可以传入关键字参数。如果你想要更直观一点，也可以像使用 dumps() 方法一样传入字典、列表或元组，比如：

```
from flask import jsonify

@app.route('/foo')
def foo():
    return jsonify({'name': 'Grey Li', 'gender': 'male'})
```

上面两种形式的返回值是相同的，都会生成下面的 JSON 字符串：

```
'{"gender": "male", "name": "Grey Li"}'
```

另外，jsonify() 函数默认生成 200 响应，你也可以通过附加状态码来自定义响应类型，比如：

```
@app.route('/foo')
def foo():
    return jsonify(message='Error!'), 500
```

> 提示　Flask 在获取请求中的 JSON 数据上也有很方便的解决方案，具体可以参考我们在 Request 对象小节介绍的 request.get_json() 方法和 request.json 属性。

2.3.3　来一块 Cookie

HTTP 是无状态（stateless）协议。也就是说，在一次请求响应结束后，服务器不会留下任何关于对方状态的信息。但是对于某些 Web 程序来说，客户端的某些信息又必须被记住，比如用户的登录状态，这样才可以根据用户的状态来返回不同的响应。为了解决这类问题，就有了 Cookie 技术。Cookie 技术通过在请求和响应报文中添加 Cookie 数据来保存客户端的状态信息。

> 附注　Cookie 指 Web 服务器为了存储某些数据（比如用户信息）而保存在浏览器上的小型文本数据。浏览器会在一定时间内保存它，并在下一次向同一个服务器发送请求时附带这些数据。Cookie 通常被用来进行用户会话管理（比如登录状态），保存用户的个性化信息（比如语言偏好，视频上次播放的位置，网站主题选项等）以及记录和收集用户浏览数据以用来分析用户行为等。

在 Flask 中，如果想要在响应中添加一个 cookie，最方便的方法是使用 Response 类提供的 set_cookie() 方法。要使用这个方法，我们需要先使用 make_response() 方法手动生成一个响应对象，传入响应主体作为参数。这个响应对象默认实例化内置的 Response 类。表 2-10 是内置的 Response 类常用的属性和方法。

表 2-10　Response 类的常用属性和方法

方法 / 属性	说　明
headers	一个 Werkzeug 的 Headers 对象，表示响应首部，可以像字典一样操作
status	状态码，文本类型
status_code	状态码，整型
mimetype	MIME 类型（仅包括内容类型部分）
set_cookie()	用来设置一个 cookie

📖 **附注**　除了表 2-10 中列出的方法和属性外，Response 类同样拥有和 Request 类相同的 get_json() 方法、is_json() 方法以及 json 属性。

set_cookie() 方法支持多个参数来设置 Cookie 的选项，如表 2-11 所示。

表 2-11　set_cookie() 方法的参数

属　　性	说　明
key	cookie 的键（名称）
value	cookie 的值
max_age	cookie 被保存的时间数，单位为秒；默认在用户会话结束（即关闭浏览器）时过期
expires	具体的过期时间，一个 datetime 对象或 UNIX 时间戳
path	限制 cookie 只在给定的路径可用，默认为整个域名
domain	设置 cookie 可用的域名
secure	如果设为 True，只有通过 HTTPS 才可以使用
httponly	如果设为 True，禁止客户端 JavaScript 获取 cookie

set_cookie 视图用来设置 cookie，它会将 URL 中的 name 变量的值设置到名为 name 的 cookie 里，如代码清单 2-4 所示。

代码清单2-4　http/app.py：设置cookie

```python
from flask import Flask, make_response
...
@app.route('/set/<name>')
def set_cookie(name):
    response = make_response(redirect(url_for('hello')))
    response.set_cookie('name', name)
    return response
```

在这个 make_response() 函数中，我们传入的是使用 redirect() 函数生成的重定向响应。set_cookie 视图会在生成的响应报文首部中创建一个 Set-Cookie 字段，即 " Set-Cookie: name=Grey; Path=/"。

现在我们查看浏览器中的 Cookie，就会看到多了一块名为 name 的 cookie，其值为我们设置的"Grey",如图 2-10 所示。因为过期时间使用默认值,所以会在浏览会话结束时(关闭浏览器)过期。

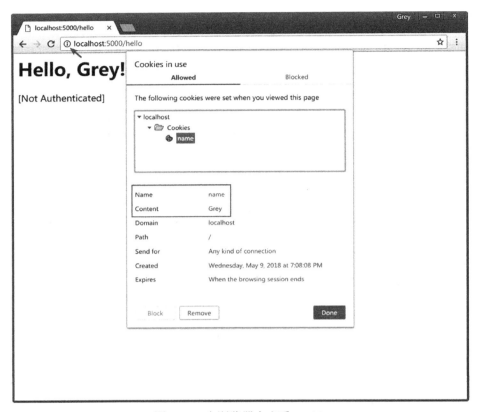

图 2-10 在浏览器中查看 cookie

当浏览器保存了服务器端设置的 Cookie 后,浏览器再次发送到该服务器的请求会自动携带设置的 Cookie 信息,Cookie 的内容存储在请求首部的 Cookie 字段中,整个交互过程由上到下如图 2-11 所示。

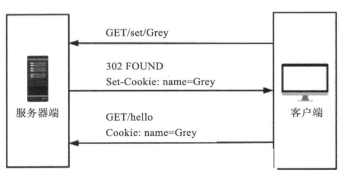

图 2-11 Cookie 设置示意图

在 Flask 中，Cookie 可以通过请求对象的 cookies 属性读取。在修改后的 hello 视图中，如果没有从查询参数中获取到 name 的值，就从 Cookie 中寻找：

```
from flask import Flask, request

@app.route('/')
@app.route('/hello')
def hello():
    name = request.args.get('name')
    if name is None:
        name = request.cookies.get('name', 'Human')   # 从Cookie中获取name值
    return '<h1>Hello, %s</h1>' % name
```

> **注意**　这个示例函数同样包含安全漏洞，后面会详细介绍。

这时服务器就可以根据 Cookie 的内容来获得客户端的状态信息，并根据状态返回不同的响应。如果你访问 http://localhost:5000/set/Grey，那么就会将名为 name 的 cookie 设为 Grey，重定向到 /hello 后，你会发现返回的内容变成了"Hello, Grey!"。如果你再次通过访问 http://localhost:5000/set/<name> 修改 name cookie 的值，那么重定向后的页面返回的内容也会随之改变。

2.3.4　session：安全的 Cookie

Cookie 在 Web 程序中发挥了很大的作用，其中最重要的功能是存储用户的认证信息。我们先来看看基于浏览器的用户认证是如何实现的。当我们使用浏览器登录某个社交网站时，会在登录表单中填写用户名和密码，单击登录按钮后，这会向服务器发送一个包含认证数据的请求。服务器接收请求后会查找对应的账户，然后验证密码是否匹配，如果匹配，就在返回的响应中设置一个 cookie，比如，"login_user：greyli"。

响应被浏览器接收后，cookie 会被保存在浏览器中。当用户再次向这个服务器发送请求时，根据请求附带的 Cookie 字段中的内容，服务器上的程序就可以判断用户的认证状态，并识别出用户。

但是这会带来一个问题，在浏览器中手动添加和修改 Cookie 是很容易的事，仅仅通过浏览器插件就可以实现。所以，如果直接把认证信息以明文的方式存储在 Cookie 里，那么恶意用户就可以通过伪造 cookie 的内容来获得对网站的权限，冒用别人的账户。为了避免这个问题，我们需要对敏感的 Cookie 内容进行加密。方便的是，Flask 提供了 session 对象用来将 Cookie 数据加密储存。

> **附注**　在编程中，session 指用户会话（user session），又称为对话（dialogue），即服务器和客户端 / 浏览器之间或桌面程序和用户之间建立的交互活动。在 Flask 中，session 对象用来加密 Cookie。默认情况下，它会把数据存储在浏览器上一个名为 session 的 cookie 里。

1. 设置程序密钥

session 通过密钥对数据进行签名以加密数据，因此，我们得先设置一个密钥。这里的密钥就是一个具有一定复杂度和随机性的字符串，比如"Drmhze6EPcv0fN_81Bj-nA"。

程序的密钥可以通过 Flask.secret_key 属性或配置变量 SECRET_KEY 设置，比如：

```
app.secret_key = 'secret string'
```

更安全的做法是把密钥写进系统环境变量（在命令行中使用 export 或 set 命令），或是保存在 .env 文件中：

```
SECRET_KEY=secret string
```

然后在程序脚本中使用 os 模块提供的 getenv() 方法获取：

```
import os
# ...
app.secret_key = os.getenv('SECRET_KEY', 'secret string')
```

我们可以在 getenv() 方法中添加第二个参数，作为没有获取到对应环境变量时使用的默认值。

 注意 这里的密钥只是示例。在生产环境中，为了安全考虑，你必须使用随机生成的密钥，在第 14 章我们会介绍如何生成随机密钥值。在本书中或相关示例程序中，为了方便会使用诸如 secret string、dev key 之类的占位文字。

2. 模拟用户认证

下面我们会使用 session 模拟用户的认证功能。代码清单 2-5 是用来登入用户的 login 视图。

代码清单2-5　http/app.py：登入用户

```
from flask import redirect, session, url_for

@app.route('/login')
def login():
    session['logged_in'] = True  # 写入session
    return redirect(url_for('hello'))
```

这个登录视图只是简化的示例，在实际的登录中，我们需要在页面上提供登录表单，供用户填写账户和密码，然后在登录视图里验证账户和密码的有效性。session 对象可以像字典一样操作，我们向 session 中添加一个 logged_in cookie，将它的值设为 True，表示用户已认证。

当我们使用 session 对象添加 cookie 时，数据会使用程序的密钥对其进行签名，加密后的数据存储在一块名为 session 的 cookie 里，如图 2-12 所示。

你可以在图 2-12 方框内的 Content 部分看到对应的加密处理后生成的 session 值。使用 session 对象存储的 Cookie，用户可以看到其加密后的值，但无法修改它。因为 session 中的内容使用密钥进行签名，一旦数据被修改，签名的值也会变化。这样在读取时，就会验证失败，对应的 session 值也会随之失效。所以，除非用户知道密钥，否则无法对 session cookie 的值进行修改。

图 2-12　session cookie

当支持用户登录后，我们就可以根据用户的认证状态分别显示不同的内容。在 login 视图的最后，我们将程序重定向到 hello 视图，下面是修改后的 hello 视图：

```
from flask import request, session

@app.route('/')
@app.route('/hello')
def hello():
    name = request.args.get('name')
    if name is None:
        name = request.cookies.get('name', 'Human')
        response = '<h1>Hello, %s!</h1>' % name
    # 根据用户认证状态返回不同的内容
    if 'logged_in' in session:
        response += '[Authenticated]'
    else:
        response += '[Not Authenticated]'
    return response
```

session 中的数据可以像字典一样通过键读取，或是使用 get() 方法。这里我们只是判断 session 中是否包含 logged_in 键，如果有则表示用户已经登录。通过判断用户的认证状态，我们在返回的响应中添加一行表示认证状态的信息：如果用户已经登录，显示 [Authenticated]；否则

显示 [Not authenticated]。

如果你访问 http://localhost:5000/login，就会登入当前用户，重定向到 http://localhost: 5000/hello 后你会发现加载后的页面显示一行"[Authenticated]"，表示当前用户已经通过认证，如图 2-13 所示。

图 2-13　已认证的主页

程序中的某些资源仅提供给登入的用户，比如管理后台，这时我们就可以通过判断 session 是否存在 logged_in 键来判断用户是否认证，代码清单 2-6 是模拟管理后台的 admin 视图。

代码清单2-6　http/app.py：模拟管理后台

```
from flask import session, abort

@app.route('/admin')
def admin():
    if 'logged_in' not in session:
        abort(403)
    return 'Welcome to admin page.'
```

通过判断 logged_in 是否在 session 中，我们可以实现：如果用户已经认证，会返回一行提示文字，否则会返回 403 错误响应。

登出用户的 logout 视图也非常简单，登出账户对应的实际操作其实就是把代表用户认证的 logged_in cookie 删除，这通过 session 对象的 pop 方法实现，如代码清单 2-7 所示。

代码清单2-7　http/app.py：登出用户

```
from flask import session

@app.route('/logout')
def logout():
    if 'logged_in' in session:
        session.pop('logged_in')
    return redirect(url_for('hello'))
```

现在访问 http://localhost:5000/logout 则会登出用户，重定向后的 /hello 页面的认证状态信息会变为 [Not authenticated]，如图 2-14 所示。

图 2-14　未认证的主页

> 💡 **提示**　默认情况下，session cookie 会在用户关闭浏览器时删除。通过将 session.permanent 属性设为 True 可以将 session 的有效期延长为 Flask. permanent_session_lifetime 属性值对应的 datetime.timedelta 对象，也可通过配置变量 PERMANENT_SESSION_LIFETIME 设置，默认为 31 天。

> ⚠ **注意**　尽管 session 对象会对 Cookie 进行签名并加密，但这种方式仅能够确保 session 的内容不会被篡改，加密后的数据借助工具仍然可以轻易读取（即使不知道密钥）。因此，绝对不能在 session 中存储敏感信息，比如用户密码。

2.4 Flask 上下文

我们可以把编程中的上下文理解为当前环境（environment）的快照（snapshot）。如果把一个 Flask 程序比作一条可怜的生活在鱼缸里的鱼的话，那么它当然离不开身边的环境。

> 提示 这里的上下文和阅读文章时的上下文基本相同。如果在某篇文章里单独抽出一句话来看，我们可能会觉得摸不着头脑，只有联系上下文后我们才能正确理解文章。

Flask 中有两种上下文，程序上下文（application context）和请求上下文（request context）。如果鱼想要存活，水是必不可少的元素。对于 Flask 程序来说，程序上下文就是我们的水。水里包含了各种浮游生物以及微生物，正如程序上下文中存储了程序运行所必须的信息；要想健康地活下去，鱼还离不开阳光。射进鱼缸的阳光就像是我们的程序接收的请求。当客户端发来请求时，请求上下文就登场了。请求上下文里包含了请求的各种信息，比如请求的 URL，请求的 HTTP 方法等。

2.4.1 上下文全局变量

每一个视图函数都需要上下文信息，在前面我们学习过 Flask 将请求报文封装在 request 对象中。按照一般的思路，如果我们要在视图函数中使用它，就得把它作为参数传入视图函数，就像我们接收 URL 变量一样。但是这样一来就会导致大量的重复，而且增加了视图函数的复杂度。

在前面的示例中，我们并没有传递这个参数，而是直接从 Flask 导入一个全局的 request 对象，然后在视图函数里直接调用 request 的属性获取数据。你一定好奇，我们在全局导入时 request 只是一个普通的 Python 对象，为什么在处理请求时，视图函数里的 request 就会自动包含对应请求的数据？这是因为 Flask 会在每个请求产生后自动激活当前请求的上下文，激活请求上下文后，request 被临时设为全局可访问。而当每个请求结束后，Flask 就销毁对应的请求上下文。

我们在前面说 request 是全局对象，但这里的"全局"并不是实际意义上的全局。我们可以把这些变量理解为动态的全局变量。

在多线程服务器中，在同一时间可能会有多个请求在处理。假设有三个客户端同时向服务器发送请求，这时每个请求都有各自不同的请求报文，所以请求对象也必然是不同的。因此，请求对象只在各自的线程内是全局的。Flask 通过本地线程（thread local）技术将请求对象在特定的线程和请求中全局可访问。具体内容和应用我们会在后面进行详细介绍。

为了方便获取这两种上下文环境中存储的信息，Flask 提供了四个上下文全局变量，如表 2-12 所示。

> 提示 这四个变量都是代理对象（proxy），即指向真实对象的代理。一般情况下，我们不需要太关注其中的区别。在某些特定的情况下，如果你需要获取原始对象，可以对代理对象调用 _get_current_object() 方法获取被代理的真实对象。

表 2-12　Flask 中的上下文变量

变　量　名	上下文类别	说　　明
current_app	程序上下文	指向处理请求的当前程序实例
g	程序上下文	替代 Python 的全局变量用法，确保仅在当前请求中可用。用于存储全局数据，每次请求都会重设
request	请求上下文	封装客户端发出的请求报文数据
session	请求上下文	用于记住请求之间的数据，通过签名的 Cookie 实现

我们在前面对 session 和 request 都了解得差不多了，这里简单介绍一下 current_app 和 g。

你在这里也许会疑惑，既然有了程序实例 app 对象，为什么还需要 current_app 变量。在不同的视图函数中，request 对象都表示和视图函数对应的请求，也就是当前请求（current request）。而程序也会有多个程序实例的情况，为了能获取对应的程序实例，而不是固定的某一个程序实例，我们就需要使用 current_app 变量，后面会详细介绍。

因为 g 存储在程序上下文中，而程序上下文会随着每一个请求的进入而激活，随着每一个请求的处理完毕而销毁，所以每次请求都会重设这个值。我们通常会使用它结合请求钩子来保存每个请求处理前所需的全局变量，比如当前登入的用户对象，数据库连接等。在前面的示例中，我们在 hello 视图中从查询字符串获取 name 的值，如果每一个视图都需要这个值，那么就要在每个视图重复这行代码。借助 g 我们可以将这个操作移动到 before_request 处理函数中执行，然后保存到 g 的任意属性上：

```
from flask import g

@app.before_request
def get_name():
    g.name = request.args.get('name')
```

设置这个函数后，在其他视图中可以直接使用 g.name 获取对应的值。另外，g 也支持使用类似字典的 get()、pop() 以及 setdefault() 方法进行操作。

2.4.2　激活上下文

阳光柔和，鱼儿在水里欢快地游动，这一切都是上下文存在后的美好景象。如果没有上下文，我们的程序只能直挺挺地躺在鱼缸里。在下面这些情况下，Flask 会自动帮我们激活程序上下文：

❑　当我们使用 flask run 命令启动程序时。
❑　使用旧的 app.run() 方法启动程序时。
❑　执行使用 @app.cli.command() 装饰器注册的 flask 命令时。
❑　使用 flask shell 命令启动 Python Shell 时。

当请求进入时，Flask 会自动激活请求上下文，这时我们可以使用 request 和 session 变量。另外，当请求上下文被激活时，程序上下文也被自动激活。当请求处理完毕后，请求上下文和程序上下文也会自动销毁。也就是说，在请求处理时这两者拥有相同的生命周期。

结合 Python 的代码执行机制理解，这也就意味着，我们可以在视图函数中或在视图函数内调用的函数 / 方法中使用所有上下文全局变量。在使用 flask shell 命令打开的 Python Shell 中，或是自定义的 flask 命令函数中，我们可以使用 current_app 和 g 变量，也可以手动激活请求上下文来使用 request 和 session。

如果我们在没有激活相关上下文时使用这些变量，Flask 就会抛出 RuntimeError 异常："RuntimeError: Working outside of application context." 或是 "RuntimeError: Working outside of request context."。

 同样依赖于上下文的还有 url_for()、jsonify() 等函数，所以你也只能在视图函数中使用它们。其中 jsonify() 函数内部调用中使用了 current_app 变量，而 url_for() 则需要依赖请求上下文才可以正常运行。

如果你需要在没有激活上下文的情况下使用这些变量，可以手动激活上下文。比如，下面是一个普通的 Python shell，通过 python 命令打开。程序上下文对象使用 app.app_context() 获取，我们可以使用 with 语句执行上下文操作：

```
>>> from app import app
>>> from flask import current_app
>>> with app.app_context():
...     current_app.name
'app'
```

或是显式地使用 push() 方法推送（激活）上下文，在执行完相关操作时使用 pop() 方法销毁上下文：

```
>>> from app import app
>>> from flask import current_app
>>> app_ctx = app.app_context()
>>> app_ctx.push()
>>> current_app.name
'app'
>>> app_ctx.pop()
```

而请求上下文可以通过 test_request_context() 方法临时创建：

```
>>> from app import app
>>> from flask import request
>>> with app.test_request_context('/hello'):
...     request.method
'GET'
```

同样的，这里也可以使用 push() 和 pop() 方法显式地推送和销毁请求上下文。

2.4.3 上下文钩子

在前面我们学习了请求生命周期中可以使用的几种钩子，Flask 也为上下文提供了一个 teardown_appcontext 钩子，使用它注册的回调函数会在程序上下文被销毁时调用，而且通常也会在请求上下文被销毁时调用。比如，你需要在每个请求处理结束后销毁数据库连接：

```
@app.teardown_appcontext
def teardown_db(exception):
    ...
    db.close()
```

使用 app.teardown_appcontext 装饰器注册的回调函数需要接收异常对象作为参数，当请求被正常处理时这个参数值将是 None，这个函数的返回值将被忽略。

上下文是 Flask 的重要话题，在这里我们也只是简单了解一下，在本书的第三部分，我们会详细了解上下文的实现原理。

2.5 HTTP 进阶实践

在本书的第一部分，从本章开始，每一章的最后都会包含一个"进阶实践"部分，其中介绍的内容我们将会在第二部分的程序实例中使用到。在这一节，我们会接触到一些关于 HTTP 的进阶内容。

2.5.1 重定向回上一个页面

在前面的示例程序中，我们使用 redirect() 函数生成重定向响应。比如，在 login 视图中，登入用户后我们将用户重定向到 /hello 页面。在复杂的应用场景下，我们需要在用户访问某个 URL 后重定向到上一个页面。最常见的情况是，用户单击某个需要登录才能访问的链接，这时程序会重定向到登录页面，当用户登录后合理的行为是重定向到用户登录前浏览的页面，以便用户执行未完成的操作，而不是直接重定向到主页。在示例程序中，我们创建了两个视图函数 foo 和 bar，分别显示一个 Foo 页面和一个 Bar 页面，如下所示：

```
@app.route('/foo')
def foo():
    return '<h1>Foo page</h1><a href="%s">Do something</a>' % url_for('do_
        something')

@app.route('/bar')
def bar():
    return '<h1>Bar page</h1><a href="%s">Do something </a>' % url_for('do_
        something')
```

在这两个页面中，我们都添加了一个指向 do_something 视图的链接。这个 do_something 视图如下所示：

```
@app.route('/do-something')
def do_something():
    # do something
    return redirect(url_for('hello'))
```

我们希望这个视图在执行完相关操作后能够重定向回上一个页面，而不是固定的 /hello 页面。也就是说，如果在 Foo 页面上单击链接，我们希望被重定向回 Foo 页面；如果在 Bar 页面上单击链接，我们则希望返回到 Bar 页面。这一节我们会借助这个例子来介绍这一功能的实现。

1. 获取上一个页面的 URL

要重定向回上一个页面，最关键的是获取上一个页面的 URL。上一个页面的 URL 一般可以通过两种方式获取：

（1）HTTP referer

HTTP referer（起源为 referrer 在 HTTP 规范中的错误拼写）是一个用来记录请求发源地址的 HTTP 首部字段（HTTP_REFERER），即访问来源。当用户在某个站点单击链接，浏览器向新链接所在的服务器发起请求，请求的数据中包含的 HTTP_REFERER 字段记录了用户所在的原站点 URL。

这个值通常会用来追踪用户，比如记录用户进入程序的外部站点，以此来更有针对性地进行营销。在 Flask 中，referer 的值可以通过请求对象的 referrer 属性获取，即 request.referrer（正确拼写形式）。现在，do_something 视图的返回值可以这样编写：

```
return redirect(request.referrer)
```

但是在很多种情况下，referrer 字段会是空值，比如用户在浏览器的地址栏输入 URL，或是用户出于保护隐私的考虑使用了防火墙软件或使用浏览器设置自动清除或修改了 referrer 字段。我们需要添加一个备选项：

```
return redirect(request.referrer or url_for('hello'))
```

（2）查询参数

除了自动从 referrer 获取，另一种更常见的方式是在 URL 中手动加入包含当前页面 URL 的查询参数，这个查询参数一般命名为 next。比如，下面在 foo 和 bar 视图的返回值中的 URL 后添加 next 参数：

```
from flask import request

@app.route('/foo')
def foo():
    return '<h1>Foo page</h1><a href="%s">Do something and redirect</a>' % url_
        for('do_something', next=request.full_path)

@app.route('/bar')
def bar():
    return '<h1>Bar page</h1><a href="%s">Do something and redirect</a>' % url_
        for('do_something', next=request.full_path)
```

在程序内部只需要使用相对 URL，所以这里使用 request.full_path 获取当前页面的完整路径。在 do_something 视图中，我们获取这个 next 值，然后重定向到对应的路径：

```
return redirect(request.args.get('next'))
```

用户在浏览器的地址栏直接访问时可以轻易地修改查询参数，为了避免 next 参数为空的情况，我们也要添加备选项，如果为空就重定向到 hello 视图：

```
return redirect(request.args.get('next', url_for('hello')))
```

为了覆盖更全面，我们可以将这两种方式搭配起来一起使用：首先获取 next 参数，如果为空就尝试获取 referer，如果仍然为空，那么就重定向到默认的 hello 视图。因为在不同视图执行这部分操作的代码完全相同，我们可以创建一个通用的 redirect_back() 函数，如代码清单 2-8 所示。

代码清单2-8 http/app.py：重定向回上一个页面

```python
def redirect_back(default='hello', **kwargs):
    for target in request.args.get('next'), request.referrer:
        if target:
            return redirect(target)
    return redirect(url_for(default, **kwargs))
```

通过设置默认值，我们可以在 referer 和 next 为空的情况下重定向到默认的视图。在 do_something 视图中使用这个函数的示例如下所示：

```python
@app.route('/do_something_and_redirect')
def do_something():
    # do something
    return redirect_back()
```

2. 对 URL 进行安全验证

虽然我们已经实现了重定向回上一个页面的功能，但安全问题不容小觑，鉴于 referer 和 next 容易被篡改的特性，如果我们不对这些值进行验证，则会形成开放重定向（Open Redirect）漏洞。

以 URL 中的 next 参数为例，next 变量以查询字符串的方式写在 URL 里，因此任何人都可以发给某个用户一个包含 next 变量指向任何站点的链接。举个简单的例子，如果你访问下面的 URL：

http://localhost:5000/do-something?next=http://helloflask.com

程序会被重定向到 http://helloflask.com。也就是说，如果我们不验证 next 变量指向的 URL 地址是否属于我们的应用内，那么程序很容易就会被重定向到外部地址。你也许还不明白这其中会有什么危险，下面假设的情况也许会给你一个清晰的认识：

假设我们的应用是一个银行业务系统（下面简称网站 A），某个攻击者模仿我们的网站外观做了一个几乎一模一样的网站（下面简称网站 B）。接着，攻击者伪造了一封电子邮件，告诉用户网站 A 账户信息需要更新，然后向用户提供一个指向网站 A 登录页面的链接，但链接中包含一个重定向到网站 B 的 next 变量，比如：http://exampleA.com/login?next=http://maliciousB.com。当用户在 A 网站登录后，如果 A 网站重定向到 next 对应的 URL，那么就会导致重定向到攻击者编写的 B 网站。因为 B 网站完全模仿 A 网站的外观，攻击者就可以在重定向后的 B 网站诱导用户输入敏感信息，比如银行卡号及密码。

确保 URL 安全的关键就是判断 URL 是否属于程序内部，在代码清单 2-9 中，我们创建了一个 URL 验证函数 is_safe_url()，用来验证 next 变量值是否属于程序内部 URL。

代码清单2-9 http/app.py：验证URL安全性

```python
from urlparse import urlparse, urljoin  # Python3需要从urllib.parse导入
from flask import request

def is_safe_url(target):
```

```
ref_url = urlparse(request.host_url)
test_url = urlparse(urljoin(request.host_url, target))
return test_url.scheme in ('http', 'https') and \
       ref_url.netloc == test_url.netloc
```

> 📷 注意 如果你使用 Python3，那么这里需要从 urllib.parse 模块导入 urlparse 和 urljoin 函数。示例程序仓库中实际的代码做了兼容性处理。

这个函数接收目标 URL 作为参数，并通过 request.host_url 获取程序内的主机 URL，然后使用 urljoin() 函数将目标 URL 转换为绝对 URL。接着，分别使用 urlparse 模块提供的 urlparse() 函数解析两个 URL，最后对目标 URL 的 URL 模式和主机地址进行验证，确保只有属于程序内部的 URL 才会被返回。在执行重定向回上一个页面的 redirect_back() 函数中，我们使用 is_safe_url() 验证 next 和 referer 的值：

```
def redirect_back(default='hello', **kwargs):
    for target in request.args.get('next'), request.referrer:
        if not target:
            continue
        if is_safe_url(target):
            return redirect(target)
    return redirect(url_for(default, **kwargs))
```

> 💻 附注 关于开放重定向漏洞的更多信息可以访问 https://www.owasp.org/index.php/Unvalidated_Redirects_and_Forwards_Cheat_Sheet 了解。

2.5.2　使用 AJAX 技术发送异步请求

在传统的 Web 应用中，程序的操作都是基于请求响应循环来实现的。每当页面状态需要变动，或是需要更新数据时，都伴随着一个发向服务器的请求。当服务器返回响应时，整个页面会重载，并渲染新页面。

这种模式会带来一些问题。首先，频繁更新页面会牺牲性能，浪费服务器资源，同时降低用户体验。另外，对于一些操作性很强的程序来说，重载页面会显得很不合理。比如我们做了一个 Web 计算器程序，所有的按钮和显示屏幕都很逼真，但当我们单击"等于"按钮时，要等到页面重新加载后才在显示屏幕上看到结果，这显然会严重影响用户体验。我们这一节要学习的 AJAX 技术可以完美地解决这些问题。

1. 认识 AJAX

AJAX 指异步 Javascript 和 XML（Asynchronous JavaScript And XML），它不是编程语言或通信协议，而是一系列技术的组合体。简单来说，AJAX 基于 XMLHttpRequest（https://xhr.spec.whatwg.org/）让我们可以在不重载页面的情况下和服务器进行数据交换。加上 JavaScript 和 DOM（Document Object Model，文档对象模型），我们就可以在接收到响应数据后局部更新页面。

而 XML 指的则是数据的交互格式，也可以是纯文本（Plain Text）、HTML 或 JSON。顺便说一句，XMLHttpRequest 不仅支持 HTTP 协议，还支持 FILE 和 FTP 协议。

> 提示　AJAX 也常被拼作 Ajax，但是为了和古希腊神话里的英雄 Ajax 区分开来，在本书中将使用全大写形式，即 AJAX。

在 Web 程序中，很多加载数据的操作都可以在客户端使用 AJAX 实现。比如，当用户鼠标向下滚动到底部时在后台发送请求获取数据，然后插入文章；再比如，用户提交表单创建新的待办事项时，在后台将数据发送到服务器端，保存后将新的条目直接插入到页面上。

在这种模式下，我们可以在客户端实现大部分页面逻辑，而服务器端则主要负责处理数据。这样可以避免每次请求都渲染整个页面，这不仅增强了用户体验，也降低了服务器的负载。AJAX 让 Web 程序也可以像桌面程序那样获得更流畅的反应和动态效果。总而言之，AJAX 让 Web 程序更像是程序，而非一堆使用链接和按钮连接起来的网页资源。

以删除某个资源为例，在普通的程序中流程如下：

1）当"删除"按钮被单击时会发送一个请求，页面变空白，在接收到响应前无法进行其他操作。

2）服务器端接收请求，执行删除操作，返回包含整个页面的响应。

3）客户端接收到响应，重载整个页面。

使用 AJAX 技术时的流程如下：

1）当单击"删除"按钮时，客户端在后台发送一个异步请求，页面不变，在接收响应前可以进行其他操作。

2）服务器端接收请求后执行删除操作，返回提示消息或是无内容的 204 响应。

3）客户端接收到响应，使用 JavaScript 更新页面，移除资源对应的页面元素。

2. 使用 jQuery 发送 AJAX 请求

jQuery 是流行的 JavaScript 库，它包装了 JavaScript，让我们通过更简单的方式编写 JavaScript 代码。对于 AJAX，它提供了多个相关的方法，使用它可以很方便地实现 AJAX 操作。更重要的是，jQuery 处理了不同浏览器的 AJAX 兼容问题，我们只需要编写一套代码，就可以在所有主流的浏览器正常运行。

> 提示　使用 jQuery 实现 AJAX 并不是必须的，你可以选择使用原生的 XMLHttpRequest、其他 JavaScript 框架内置的 AJAX 接口，或是使用更新的 Fetch API（https://fetch.spec. whatwg.org/）来发送异步请求。

在示例程序中，我们将使用全局 jQuery 函数 ajax() 发送 AJAX 请求。ajax() 函数是底层函数，有丰富的自定义配置，支持的主要参数如表 2-13 所示。

> 附注　完整的可用配置参数列表可以在这里看到：http://api.jquery.com/jQuery.ajax/#jQuery-ajax-settings。

表 2-13　ajax() 函数支持的参数

参　　数	参数值类型及默认值	说　　明
url	字符串；默认为当前页地址	请求的地址
type	字符串；默认为 "GET"	请求的方式，即 HTTP 方法，比如 GET、POST、DELETE 等
data	字符串；无默认值	发送到服务器的数据。会被 jQuery 自动转换为查询字符串
dataType	字符串；默认由 jQuery 自动判断	期待服务器返回的数据类型，可用的值如下："xml" "html" "script" "json" "jsonp" "text"
contentType	字符串；默认为 'application/x-www-form-urlencoded; charset=UTF-8'	发送请求时使用的内容类型，即请求首部的 Content-Type 字段内容
complete	函数；无默认值	请求完成后调用的回调函数
success	函数；无默认值	请求成功后的调用的回调函数
error	函数；无默认值	请求失败后调用的回调函数

> 📖 附注　jQuery 还提供了其他快捷方法（shorthand method）：用于发送 GET 请求的 get() 方法和用于发送 POST 请求的 post() 方法，还有直接用于获取 json 数据的 getjson() 以及获取脚本的 getscript() 方法。这些方法都是基于 ajax() 方法实现的。在这里，为了便于理解，使用了底层的 ajax 方法。jQuery 中和 AJAX 相关的方法及其具体用法可以在这里看到：http://api.jquery.com/category/ajax/。

3. 返回 "局部数据"

对于处理 AJAX 请求的视图函数来说，我们不会返回完整的 HTML 响应，这时一般会返回局部数据，常见的三种类型如下所示：

1. 纯文本或局部 HTML 模板

纯文本可以在 JavaScript 用来直接替换页面中的文本值，而局部 HTML 则可以直接到插入页面中，比如返回评论列表：

```
@app.route('/comments/<int:post_id>')
def get_comments(post_id):
    ...
    return render_template('comments.html')
```

2. JSON 数据

JSON 数据可以在 JavaScript 中直接操作：

```
@app.route('/profile/<int:user_id>')
def get_profile(user_id):
    ...
    return jsonify(username=username, bio=bio)
```

在 jQuery 中的 ajax() 方法的 success 回调中，响应主体中的 JSON 字符串会被解析为 JSON

对象，我们可以直接获取并进行操作。

3. 空值

有些时候，程序中的某些接收 AJAX 请求的视图并不需要返回数据给客户端，比如用来删除文章的视图。这时我们可以直接返回空值，并将状态码指定为 204（表示无内容），比如：

```
@app.route('/post/delete/<int:post_id>', methods=['DELETE'])
def delete_post(post_id):
    ...
    return '', 204
```

4. 异步加载长文章示例

在示例程序的对应页面中，我们将显示一篇很长的虚拟文章，文章正文下方有一个"加载更多"按钮，当加载按钮被单击时，会发送一个 AJAX 请求获取文章的更多内容并直接动态插入到文章下方。用来显示虚拟文章的 show_post 视图如代码清单 2-10 所示。

代码清单2-10　http/app.py：显示虚拟文章

```
from jinja2.utils import generate_lorem_ipsum

@app.route('/post')
def show_post():
    post_body = generate_lorem_ipsum(n=2)  # 生成两段随机文本
    return '''
<h1>A very long post</h1>
<div class="body">%s</div>
<button id="load">Load More</button>
<script src="https://code.jquery.com/jquery-3.3.1.min.js"></script>
<script type="text/javascript">
$(function() {
    $('#load').click(function() {
        $.ajax({
            url: '/more',                       // 目标URL
            type: 'get',                        // 请求方法
            success: function(data){            // 返回2XX响应后触发的回调函数
                $('.body').append(data);        // 将返回的响应插入到页面中
            }
        })
    })
})
</script>''' % post_body
```

文章的随机正文通过 Jinja2 提供的 generate_lorem_ipsum() 函数生成，n 参数用来指定段落的数量，默认为 5，它会返回由随机字符组成的虚拟文章。文章下面添加了一个"加载更多"按钮。按钮下面是两个 <script></script> 代码块，第一个 script 从 CDN 加载 jQuery 资源。

在第二个 script 标签中，我们在代码的最外层创建了一个 $(function(){ ... }) 函数，这个函数是常见的 $(document).ready(function() { ... }) 函数的简写形式。这个函数用来在页面 DOM 加载完毕后执行代码，类似传统 JavaScript 中的 window.onload 方法，所以我们通常会将代码包装

在这个函数中。美元符号是 jQuery 的简写，我们通过它来调用 jQuery 提供的多个方法，所以 $.ajax() 等同于 jQuery.ajax()。

在 $(function() { ... }) 中，$('#load') 被称为选择器，我们在括号中传入目标元素的 id、class 或是其他属性来定位到对应的元素，将其创建为 jQuery 对象。我们传入了"加载更多"按钮的 id 值以定位到加载按钮。在这个选择器上，我们附加了 .click(function() { ... })，这会为加载按钮注册一个单击事件处理函数，当加载按钮被单击时就会执行单击事件回调函数。在这个回调函数中，我们使用 $.ajax() 方法发送一个 AJAX 请求到服务器，通过 url 将目标 URL 设为"/more"，通过 type 参数将请求的类型设为 GET。当请求成功处理并返回 2XX 响应时（另外还包括 304 响应），会触发 success 回调函数。success 回调函数接收的第一个参数为服务器端返回的响应主体，在这个回调函数中，我们在文章正文（通过 $('.body') 选择）底部使用 append() 方法插入返回的 data 数据。

 提示　由于篇幅所限，我们不会深入介绍 JavaScript 或 jQuery，你可以阅读其他书籍来学习更多内容。

处理 /more 的视图函数会返回随机文章正文，如下所示：

```
@app.route('/more')
def load_post():
    return generate_lorem_ipsum(n=1)
```

如果你启动了示例程序，那么访问 http://localhost:5000/post 可以看到文章页面，当你单击文章下的"Load More"按钮时，浏览器就会在后台发送一个 GET 请求到 /more，这个视图返回的随机字符会被动态插入到文章下方。

 附注　在出版业和设计业，lorem ipsum 指一段常用的无意义的填充文字。以 lorem ipsum 开头的这段填充文本是抽取哲学著作《On the ends of good and evil》中的文段，并对单词进行删改调换而来。

2.5.3　HTTP 服务器端推送

不论是传统的 HTTP 请求 – 响应式的通信模式，还是异步的 AJAX 式请求，服务器端始终处于被动的应答状态，只有在客户端发出请求的情况下，服务器端才会返回响应。这种通信模式被称为客户端拉取（client pull）。在这种模式下，用户只能通过刷新页面或主动单击加载按钮来拉取新数据。

然而，在某些场景下，我们需要的通信模式是服务器端的主动推送（server push）。比如，一个聊天室有很多个用户，当某个用户发送消息后，服务器接收到这个请求，然后把消息推送给聊天室的所有用户。类似这种关注实时性的情况还有很多，比如社交网站在导航栏实时显示新提醒和私信的数量，用户的在线状态更新，股价行情监控、显示商品库存信息、多人游戏、文档协作等。

实现服务器端推送的一系列技术被合称为 HTTP Server Push（HTTP 服务器端推送），目前常用的推送技术如表 2-14 所示。

表 2-14　常用推送技术

名　　称	说　　明
传统轮询	在特定的时间间隔内，客户端使用 AJAX 技术不断向服务器发起 HTTP 请求，然后获取新的数据并更新页面
长轮询	和传统轮询类似，但是如果服务器端没有返回数据，那就保持连接一直开启，直到有数据时才返回。取回数据后再次发送另一个请求
Server-Sent Events（SSE）	SSE 通过 HTML5 中的 EventSource API 实现。SSE 会在客户端和服务器端建立一个单向的通道，客户端监听来自服务器端的数据，而服务器端可以在任意时间发送数据，两者建立类似订阅 / 发布的通信模式

按照列出的顺序来说，这几种方式对实时通信的实现越来越完善。当然，每种技术都有各自的优缺点，在具体的选择上，要根据面向的用户群以及程序自身的特点来分析选择。这些技术我们会在本书第二部分的程序实例中逐一介绍。

轮询（polling）这类使用 AJAX 技术模拟服务器端推送的方法实现起来比较简单，但通常会造成服务器资源上的浪费，增加服务器的负担，而且会让用户的设备耗费更多的电量（频繁地发起异步请求）。SSE 效率更高，在浏览器的兼容性方面，除了 Windows IE/Edge，SSE 基本上支持所有主流浏览器，但浏览器通常会限制标签页的连接数量。

> 附注　Server-Sent Event 的最新标准可以在 WHATWG（https://html.spec.whatwg.org/multipage/server-sent-events.html）查看，浏览器的支持情况可以在 Can I use...（https://caniuse.com/#feat=eventsource）查看。

除了这些推送技术，在 HTML5 的 API 中还包含了一个 WebSocket 协议，和 HTTP 不同，它是一种基于 TCP 协议的全双工通信协议（full-duplex communication protocol）。和前面介绍的服务器端推送技术相比，WebSocket 实时性更强，而且可以实现双向通信（bidirectional communication）。另外，WebSocket 的浏览器兼容性要强于 SSE。

> 附注　WebSocket 协议在 RFC 6455（https://tools.ietf.org/html/rfc6455）中定义，浏览器的支持情况可以在 Can I use...（https://caniuse.com/#feat=websockets）查看。

> 附注　如果你想进一步了解这几种推送技术的区别，StackOverflow 的这篇答案 https://stackoverflow.com/a/12855533/5511849 对这几种推送技术进行了对比，并提供了直观的图示。

2.5.4　Web 安全防范

无论是简单的博客，还是大型的社交网站，Web 安全都应该放在首位。Web 安全问题涉及广泛，我们在这里介绍其中常见的几种攻击（attack）和其他常见的漏洞（vulnerability）。

对于 Web 程序的安全问题，一个首要的原则是：永远不要相信你的用户。大部分 Web 安全问题都是因为没有对用户输入的内容进行"消毒"造成的。

1. 注入攻击

在 OWASP（Open Web Application Security Project，开放式 Web 程序安全项目）发布的最危险的 Web 程序安全风险 Top 10 中，无论是最新的 2017 年的排名，2013 年的排名还是最早的 2010 年，注入攻击（Injection）都位列第一。注入攻击包括系统命令（OS Command）注入、SQL（Structured Query Language，结构化查询语言）注入（SQL Injection）、NoSQL 注入、ORM（Object Relational Mapper，对象关系映射）注入等。我们这里重点介绍的是 SQL 注入。

 附注 SQL 是一种功能齐全的数据库语言，也是关系型数据库的通用操作语言。使用它可以对数据库中的数据进行修改、查询、删除等操作；ORM 是用来操作数据库的工具，使用它可以在不手动编写 SQL 语句的情况下操作数据库。

 附注 OWASP（https://www.owasp.org）是一个开源的、非盈利的国际性安全组织。在 OWASP 网站的 Top 10 页面中的 Translation Efforts 标签（https://www.owasp.org/index.php/Category:OWASP_Top_Ten_Project）下可以找到中文版本的 Top 10 报告。顺便说一句，我们在前面提及的开放重定向漏洞曾在 2013 OWASP Top10 中位列第 10：Unvalidated Redirects and Forwards（未经验证的重定向或转发）。

（1）攻击原理

在编写 SQL 语句时，如果直接将用户传入的数据作为参数使用字符串拼接的方式插入到 SQL 查询中，那么攻击者可以通过注入其他语句来执行攻击操作，这些攻击操作包括可以通过 SQL 语句做的任何事：获取敏感数据、修改数据、删除数据库表……

（2）攻击示例

假设我们的程序是一个学生信息查询程序，其中的某个视图函数接收用户输入的密码，返回根据密码查询对应的数据。我们的数据库由一个 db 对象表示，SQL 语句通过 execute() 方法执行：

```
@app.route('/students')
def bobby_table():
    password = request.args.get('password')
    cur = db.execute("SELECT * FROM students WHERE password='%s';" % password)
    results = cur.fetchall()
    return results
```

注意 在实际应用中，敏感数据需要通过表单提交的 POST 请求接收，这里为了便于演示，我们通过查询参数接收。

我们通过查询字符串获取用户输入的查询参数，并且不经过任何处理就使用字符串格式化的方法拼接到 SQL 语句中。在这种情况下，如果攻击者输入的 password 参数值为 "' or 1=1 --"，即 http://example.com/students?password=' or 1=1 --，那么最终视图函数中被执行的 SQL 语句将变为：

```
SELECT * FROM students WHERE password='' or 1=1 --';
```

这时会把 students 表中的所有记录全部查询并返回，也就意味着所有的记录都被攻击者窃取了。更可怕的是，如果攻击者将 password 参数的值设为 "'; drop table students; --"，那么查询语句就会变成：

```
SELECT * FROM students WHERE password=''; drop table students; --';
```

执行这个语句会把 students 表中的所有记录全部删除掉。

📊附注　在 SQL 中，";" 用来结束一行语句；"--" 用来注释后面的语句，类似 Python 中的 "#"。

（3）主要防范方法

1）使用 ORM 可以一定程度上避免 SQL 注入问题，我们将在第 5 章学习使用 ORM。

2）验证输入类型。比如某个视图函数接收整型 id 来查询，那么就在 URL 规则中限制 URL 变量为整型。

3）参数化查询。在构造 SQL 语句时避免使用拼接字符串或字符串格式化（使用百分号或 format() 方法）的方式来构建 SQL 语句。而要使用各类接口库提供的参数化查询方法，以内置的 sqlite3 库为例：

```
db.execute('SELECT * FROM students WHERE password=?', password)
```

4）转义特殊字符，比如引号、分号和横线等。使用参数化查询时，各种接口库会为我们做转义工作。

📊附注　你可以访问 OWASP 的 SQL 注入页面（https://www.owasp.org/index.php/SQL_Injection）了解详细的攻击原理介绍的防范措施。

---

2. XSS 攻击

XSS（Cross-Site Scripting，跨站脚本）攻击历史悠久，最远可以追溯到 90 年代，但至今仍然是危害范围非常广的攻击方式。在 OWASP TOP 10 中排名第 7。

📊附注　Cross-Site Scripting 的缩写本应是 CSS，但是为了避免和 Cascading Style Sheets 的缩写产生冲突，所以将 Cross（即交叉）使用交叉形状的 X 表示。

（1）攻击原理

XSS 是注入攻击的一种，攻击者通过将代码注入被攻击者的网站中，用户一旦访问网页便会执行被注入的恶意脚本。XSS 攻击主要分为反射型 XSS 攻击（Reflected XSS Attack）和存储型 XSS 攻击（Stored XSS Attack）两类。

（2）攻击示例

反射型 XSS 又称为非持久型 XSS（Non-Persistent XSS）。当某个站点存在 XSS 漏洞时，这种攻击会通过 URL 注入攻击脚本，只有当用户访问这个 URL 时才会执行攻击脚本。我们在本章前面介绍查询字符串和 cookie 时引入的示例就包含反射型 XSS 漏洞，如下所示：

```
@app.route('/hello')
def hello():
    name = request.args.get('name')
    response = '<h1>Hello, %s!</h1>' % name
```

这个视图函数接收用户通过查询字符串传入的数据，未做任何处理就把它直接插入到返回的响应主体中，返回给客户端。如果某个用户输入了一段 JavaScript 代码作为查询参数 name 的值，如下所示：

```
http://example.com/hello?name=<script>alert('Bingo!');</script>
```

客户端接收的响应将变为下面的代码：

```
<h1>Hello, <script>alert('Bingo!');</script>!</h1>
```

当客户端接收到响应后，浏览器解析这行代码就会打开一个弹窗，如图 2-15 所示。

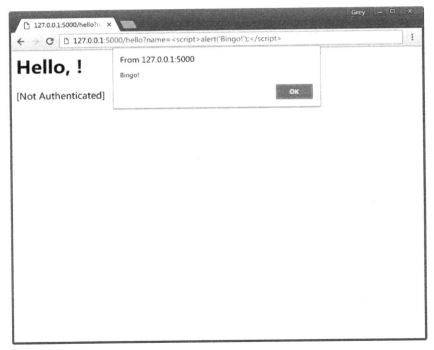

图 2-15　被注入代码后的响应

你觉得一个小弹窗不会造成什么危害？那你就完全错了，能够执行 alert() 函数就意味着通过这种方式可以执行任意 JavaScript 代码。即攻击者通过 JavaScript 几乎能够做任何事情：窃取用户的 cookie 和其他敏感数据，重定向到钓鱼网站，发送其他请求，执行诸如转账、发布广告信息、在社交网站关注某个用户等。

> 💡 **提示**　即使不插入 JavaScript 代码，通过 HTML 和 CSS（CSS 注入）也可以影响页面正常的输出，篡改页面样式，插入图片等。

如果网站 A 存在 XSS 漏洞，攻击者将包含攻击代码的链接发送给网站 A 的用户 Foo，当 Foo 访问这个链接就会执行攻击代码，从而受到攻击。

存储型 XSS 也被称为持久型 XSS（persistent XSS），这种类型的 XSS 攻击更常见，危害也更大。它和反射型 XSS 类似，不过会把攻击代码储存到数据库中，任何用户访问包含攻击代码的页面都会被殃及。比如，某个网站通过表单接收用户的留言，如果服务器接收数据后未经处理就存储到数据库中，那么用户可以在留言中插入任意 JavaScript 代码。比如，攻击者在留言中加入一行重定向代码：

```
<script>window.location.href="http://attacker.com";</script>
```

其他任意用户一旦访问留言板页面，就会执行其中的 JavaScript 脚本。那么其他用户一旦访问这个页面就会被重定向到攻击者写入的站点。

（3）主要防范措施

a. HTML 转义

防范 XSS 攻击最主要的方法是对用户输入的内容进行 HTML 转义，转义后可以确保用户输入的内容在浏览器中作为文本显示，而不是作为代码解析。

> 📖 **附注**　这里的转义和 Python 中的概念相同，即消除代码执行时的歧义，也就是把变量标记的内容标记为文本，而不是 HTML 代码。具体来说，这会把变量中与 HTML 相关的符号转换为安全字符，以避免变量中包含影响页面输出的 HTML 标签或恶意的 JavaScript 代码。

比如，我们可以使用 Jinja2 提供的 escape() 函数对用户传入的数据进行转义：

```python
from jinja2 import escape

@app.route('/hello')
def hello():
    name = request.args.get('name')
    response = '<h1>Hello, %s!</h1>' % escape(name)
```

> 📖 **附注**　在 Jinja2 中，HTML 转义相关的功能通过 Flask 的依赖包 MarkupSafe 实现。

调用 escape() 并传入用户输入的数据，可以获得转义后的内容，前面的示例中，用户输入的 JavaScript 代码将被转义为：

```
&lt;script&gt;alert(&#34;Bingo!&#34;)&lt;/script&gt;
```

转义后，文本中的特殊字符（比如">"和"<"）都将被转义为 HTML 实体（character entitiy），这行文本最终在浏览器中会被显示为文本形式的 <script>alert('Bingo!')</script>，如图 2-16 所示。

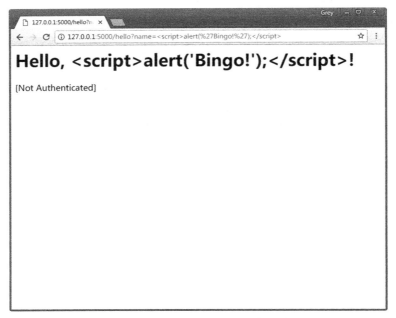

图 2-16　转义后的 JavaScript 代码输出

 附注　在 Python 中，如果你想在单引号标记的字符串中显示一个单引号，那么你需要在单引号前添加一个反斜线来转义它，也就是把它标记为普通文本，而不是作为特殊字符解释。在 HTML 中，也存在许多保留的特殊字符，比如大于小于号。如果你想以文本显示这些字符，也需要对其进行转义，即使用 HTML 字符实体表示这些字符。HTML 实体就是一些用来表示保留符号的特殊文本，比如 < 表示小于号，" 表示双引号。

提示　一般我们不会在视图函数中直接构造返回的 HTML 响应，而是会使用 Jinja2 来渲染包含变量的模板，这部分内容我们将在第 3 章学习。

b. 验证用户输入

XSS 攻击可以在任何用户可定制内容的地方进行，例如图片引用、自定义链接。仅仅转义 HTML 中的特殊字符并不能完全规避 XSS 攻击，因为在某些 HTML 属性中，使用普通的字符也可以插入 JavaScript 代码。除了转义用户输入外，我们还需要对用户的输入数据进行类型验证。在所有接收用户输入的地方做好验证工作。在第 4 章学习表单时，我们会详细介绍表单数据的验证。

以某个程序的用户资料页面为例，我们来演示一下转义无法完全避免的 XSS 攻击。程序允许用户输入个人资料中的个人网站地址，通过下面的方式显示在资料页面中：

```
<a href="{{ url }}">Website</a>
```

其中 {{ url }} 部分表示会被替换为用户输入的 url 变量值。如果不对 URL 进行验证，那么用户就可以写入 JavaScript 代码，比如 "javascript:alert('Bingo!');"。因为这个值并不包含会被转义的 < 和 >。最终页面上的链接代码会变为：

```
<a href="javascript:alert('Bingo!');">Website</a>
```

当用户单击这个链接时，就会执行被注入的攻击代码。

另外，程序还允许用户自己设置头像图片的 URL。这个图片通过下面的方式显示：

```
<img src="{{ url }}">
```

类似的，{{ url }} 部分表示会被替换为用户输入的 url 变量值。如果不对输入的 URL 进行验证，那么用户可以将 url 设为 "123" onerror="alert('Bingo!')"，最终的 <img> 标签就会变为：

```
<img src="123" onerror="alert('Bingo!')">
```

在这里因为 src 中传入了一个错误的 URL，浏览器便会执行 onerror 属性中设置的 JavaScript 代码。

> **提示**　如果你想允许部分 HTML 标签，比如 <b> 和 <i>，可以使用 HTML 过滤工具对用户输入的数据进行过滤，仅保留少量允许使用的 HTML 标签，同时还要注意过滤 HTML 标签的属性，我们会在本书的第二部分详细了解。

> **附注**　你可以访问 OWASP 的 XSS 页面（https://www.owasp.org/index.php/Cross-site_Scripting_(XSS)）了解详细的攻击原理介绍和防范措施。

3. CSRF 攻击

CSRF（Cross Site Request Forgery，跨站请求伪造）是一种近年来才逐渐被大众了解的网络攻击方式，又被称为 One-Click Attack 或 Session Riding。在 OWASP 上一次（2013）的 TOP 10 Web 程序安全风险中，它位列第 8。随着大部分程序的完善，各种框架都内置了对 CSRF 保护的支持，但目前仍有 5% 的程序受到威胁。

（1）攻击原理

CSRF 攻击的大致方式如下：某用户登录了 A 网站，认证信息保存在 cookie 中。当用户访问攻击者创建的 B 网站时，攻击者通过在 B 网站发送一个伪造的请求提交到 A 网站服务器上，让 A 网站服务器误以为请求来自于自己的网站，于是执行相应的操作，该用户的信息便遭到了篡改。总结起来就是，攻击者利用用户在浏览器中保存的认证信息，向对应的站点发送伪造请求。在前面学习 cookie 时，我们介绍过用户认证通过保存在 cookie 中的数据实现。在发送请求时，只要浏览器中保存了对应的 cookie，服务器端就会认为用户已经处于登录状态，而攻击者正是利用了这一机制。为了更便于理解，下面我们举一个实例。

（2）攻击示例

假设我们网站是一个社交网站（example.com），简称网站 A；攻击者的网站可以是任意类型的网站，简称网站 B。在我们的网站中，删除账户的操作通过 GET 请求执行，由使用下面的 delete_account 视图处理：

```
@app.route('/account/delete')
def delete_account():
    if not current_user.authenticated:
        abort(401)
    current_user.delete()
    return 'Deleted!'
```

当用户登录后，只要访问 http://example.com/account/delete 就会删除账户。那么在攻击者的网站上，只需要创建一个显示图片的 img 标签，其中的 src 属性加入删除账户的 URL：

```
<img src="http://example.com/account/delete">
```

当用户访问 B 网站时，浏览器在解析网页时会自动向 img 标签的 src 属性中的地址发起请求。此时你在 A 网站的登录信息保存在 cookie 中，因此，仅仅是访问 B 网站的页面就会让你的账户被删除掉。

当然，现实中很少有网站会使用 GET 请求来执行包含数据更改的敏感操作，这里只是一个示例。现在，假设我们吸取了教训，改用 POST 请求提交删除账户的请求。尽管如此，攻击者只需要在 B 网站中内嵌一个隐藏表单，然后设置在页面加载后执行提交表单的 JavaScript 函数，攻击仍然会在用户访问 B 网站时发起。

虽然 CSRF 攻击看起来非常可怕，但我们仍然可以采取一些措施来进行防御。下面我们来介绍防范 CSRF 攻击的两种主要方式。

（3）主要防范措施

a. 正确使用 HTTP 方法

防范 CSRF 的基础就是正确使用 HTTP 方法。在前面我们介绍过 HTTP 中的常用方法。在普通的 Web 程序中，一般只会使用到 GET 和 POST 方法。而且，目前在 HTML 中仅支持 GET 和 POST 方法（借助 AJAX 则可以使用其他方法）。在使用 HTTP 方法时，通常应该遵循下面的原则：

❏ GET 方法属于安全方法，不会改变资源状态，仅用于获取资源，因此又被称为幂等方法（idempotent method）。页面中所有可以通过链接发起的请求都属于 GET 请求。

❏ POST 方法用于创建、修改和删除资源。在 HTML 中使用 form 标签创建表单并设置提交方法为 POST，在提交时会创建 POST 请求。

附注 在 GET 请求中，查询参数用来传入过滤返回的资源，但是在某些特殊情况下，也可以通过查询参数传递少量非敏感信息。

虽然在实际开发中，通过在"删除"按钮中加入链接来删除资源非常方便，但安全问题应该作为编写代码时的第一考量，应该将这些按钮内嵌在使用了 POST 方法的 form 元素中。正确使用 HTTP 方法后，攻击者就无法通过 GET 请求来修改用户的数据，下面我们会介绍如何保护

GET 之外的请求。

　　b. CSRF 令牌校验

　　当处理非 GET 请求时，要想避免 CSRF 攻击，关键在于判断请求是否来自自己的网站。在前面我们曾经介绍过使用 HTTP referer 获取请求来源，理论上说，通过 referer 可以判断源站点从而避免 CSRF 攻击，但因为 referer 很容易被修改和伪造，所以不能作为主要的防御措施。

　　除了在表单中加入验证码外，一般的做法是通过在客户端页面中加入伪随机数来防御 CSRF 攻击，这个伪随机数通常被称为 CSRF 令牌（token）。

> **附注** 在计算机语境中，令牌（token）指用于标记、验证和传递信息的字符，通常是通过一定算法生成的伪随机数，我们在本书后面会频繁接触到这个词。

　　在 HTML 中，POST 方法的请求通过表单创建。我们把在服务器端创建的伪随机数（CSRF 令牌）添加到表单中的隐藏字段里和 session 变量（即签名 cookie）中，当用户提交表单时，这个令牌会和表单数据一起提交。在服务器端处理 POST 请求时，我们会对表单中的令牌值进行验证，如果表单中的令牌值和 session 中的令牌值相同，那么就说明请求发自自己的网站。因为 CSRF 令牌在用户向包含表单的页面发起 GET 请求时创建，并且在一定时间内过期，一般情况下攻击者无法获取到这个令牌值，所以我们可以有效地区分出请求的来源是否安全。

> **附注** 对于 AJAX 请求，我们可以在 XMLHttpRequest 请求首部添加一个自定义字段 X-CSRFToken 来保存 CSRF 令牌。

　　我们通常会使用扩展实现 CSRF 令牌的创建和验证工作，比如 Flask-SeaSurf（https://github.com/maxcountryman/flask-seasurf）、Flask-WTF 内置的 CSRFProtect（https://github.com/lepture/flask-wtf）等，在后面我们会详细介绍具体的实践内容。

> **注意** 如果程序包含 XSS 漏洞，那么攻击者可以使用跨站脚本攻破可能使用的任何跨站请求伪造（CSRF）防御机制，比如使用 JavaScript 窃取 cookie 内容，进而获取 CSRF 令牌。

> **附注** 可以访问 OWASP 的 CSRF 页面（https://www.owasp.org/index.php/Cross-Site_Request_Forgery_(CSRF)）了解详细的攻击原理介绍的防范措施。

　　除了这几个攻击方式外，我们还有很多安全问题要注意。比如文件上传漏洞、敏感数据存储、用户认证（authentication）与权限管理等。这些内容我们将在后面的章节陆续介绍。

　　需要注意的是，虽然本书会介绍如何对常见的攻击和漏洞进行防御和避免，但仍然有许多其他的攻击和漏洞需要读者自己处理。另外，本书的示例程序（包括第一部分和第二部分）仅用于作为功能实现的示例，在安全方面并未按照实际运行的应用进行严格处理。比如，当单个用户出现频繁的登录失败时，应该采取添加验证码或暂时停止接收该用户的登录请求。请阅读 OWASP 或其他相关资料学习更多安全防御技巧。

附注 你应该列出一个程序安全项目检查清单，可以参考 OWASP Top 10 或是 CWE（Common Weakness Enumeration，一般弱点列举）提供的 Top 25（https://cwe.mitre.org/top25/）。确保你的程序所有的安全项目检查，也可以使用漏洞检查工具来，比如 OWASP 提供的 WebScarab（https://github.com/OWASP/OWASP-WebScarab）。

2.6 本章小结

HTTP 是各种 Web 程序的基础，本章只是简要介绍了和 Flask 相关的部分，没有涉及 HTTP 底层的 TCP/IP 或 DNS 协议。建议你通过阅读相关书籍来了解完整的 Web 原理，这将有助于编写更完善和安全的 Web 程序。

在下一章，我们会学习使用 Flask 的模板引擎——Jinja2，通过学习运用模板和静态文件，我们可以让程序变得更加丰富和完善。

模　板

在第 1 章里，当用户访问程序的根地址时，我们的视图函数会向客户端返回一行 HTML 代码。然而，一个完整的 HTML 页面往往需要几十行甚至上百行代码，如果都写到视图函数里，那可真是个噩梦。这样的代码既不简洁也难于维护，正确的做法是把 HTML 代码存储在单独的文件中，以便让程序的业务逻辑和表现逻辑分离，即控制器和用户界面的分离。

在动态 Web 程序中，视图函数返回的 HTML 数据往往需要根据相应的变量（比如查询参数）动态生成。当 HTML 代码保存到单独的文件中时，我们没法再使用字符串格式化或拼接字符串的方式来在 HTML 代码中插入变量，这时我们需要使用模板引擎（template engine）。借助模板引擎，我们可以在 HTML 文件中使用特殊的语法来标记出变量，这类包含固定内容和动态部分的可重用文件称为模板（template）。

模板引擎的作用就是读取并执行模板中的特殊语法标记，并根据传入的数据将变量替换为实际值，输出最终的 HTML 页面，这个过程被称为渲染（rendering）。Flask 默认使用的模板引擎是 Jinja2，它是一个功能齐全的 Python 模板引擎，除了设置变量，还允许我们在模板中添加 if 判断，执行 for 迭代，调用函数等，以各种方式控制模板的输出。对于 Jinja2 来说，模板可以是任何格式的纯文本文件，比如 HTML、XML、CSV、LaTeX 等。在这一章，我们会学习 Jinja2 模板引擎的基本用法和一些常用技巧。

本章的示例程序在 helloflask/demos/template 目录下，确保当前目录在 helloflask/demos/template 下并激活了虚拟环境，然后执行 flask run 命令运行程序：

```
$ cd demos/template
$ flask run
```

3.1　模板基本用法

这一节我们将以一个简单的例子来介绍如何使用 Jinja2 创建 HTML 模板，并在视图函数中渲染模板，最终实现 HTML 响应的动态化。

3.1.1 创建模板

假设我们需要编写一个用户的电影清单页面，类似 IMDb 的 watchlist 页面的简易版，模板中要显示用户信息以及用户收藏的电影列表，包含电影的名字和年份。我们首先创建一些虚拟数据用于测试显示效果：

```
user = {
    'username': 'Grey Li',
    'bio': 'A boy who loves movies and music.',
}

movies = [
    {'name': 'My Neighbor Totoro', 'year': '1988'},
    {'name': 'Three Colours trilogy', 'year': '1993'},
    {'name': 'Forrest Gump', 'year': '1994'},
    {'name': 'Perfect Blue', 'year': '1997'},
    {'name': 'The Matrix', 'year': '1999'},
    {'name': 'Memento', 'year': '2000'},
    {'name': 'The Bucket list', 'year': '2007'},
    {'name': 'Black Swan', 'year': '2010'},
    {'name': 'Gone Girl', 'year': '2014'},
    {'name': 'CoCo', 'year': '2017'},
]
```

我们在 templates 目录下创建一个 watchlist.html 作为模板文件，然后使用 Jinja2 支持的语法在模板中操作这些变量，如代码清单 3-1 所示。

代码清单3-1　templates/watchlist.html：电影清单模板

```html
<!DOCTYPE html>
<html lang="en">
<head>
    <meta charset="utf-8">
    <title>{{ user.username }}'s Watchlist</title>
</head>
<body>
<a href="{{ url_for('index') }}">&larr; Return</a>
<h2>{{ user.username }}</h2>
{% if user.bio %}
    <i>{{ user.bio }}</i>
{% else %}
    <i>This user has not provided a bio.</i>
{% endif %}
{# 下面是电影清单（这是注释） #}
<h5>{{ user.username }}'s Watchlist ({{ movies|length }}):</h5>
<ul>
    {% for movie in movies %}
        <li>{{ movie.name }} - {{ movie.year }}</li>
    {% endfor %}
</ul>
</body>
</html>
```

> 提示　这里创建了一个基础的 HTML 文档结构，关于 HTML 的结构组成，你可以访问 https:// www.w3.org/wiki/HTML_structural_elements 了解。

> 提示　在模板中使用的 ← 是我们第 2 章提及的 HTML 实体。HTML 实体除了用来转义 HTML 保留符号外，通常会被用来显示不容易通过键盘输入的字符。这里的 ← 会显示为左箭头，另外，我们还经常使用 © 来显示版权标志，你可以访问 https://dev. w3.org/html5/html-author/charref 查看所有可用的 HTML 实体。

在模板中添加 Python 语句和表达式时，我们需要使用特定的定界符把它们标示出来。watchlist.html 中涉及的模板语法，我们会在下面逐一介绍。首先，你可以在上面的代码中看到 Jinja2 里常见的三种定界符：

（1）语句

比如 if 判断、for 循环等：

```
{% ... %}
```

（2）表达式

比如字符串、变量、函数调用等：

```
{{ ... }}
```

（3）注释

```
{# ... #}
```

另外，在模板中，Jinja2 支持使用 "." 获取变量的属性，比如 user 字典中的 username 键值通过 "." 获取，即 user.username，在效果上等同于 user['username']。

3.1.2　模板语法

利用 Jinja2 这样的模板引擎，我们可以将一部分的程序逻辑放到模板中去。简单地说，我们可以在模板中使用 Python 语句和表达式来操作数据的输出。但需要注意的是，Jinja2 并不支持所有 Python 语法。而且出于效率和代码组织等方面的考虑，我们应该适度使用模板，仅把和输出控制有关的逻辑操作放到模板中。

Jinja2 允许你在模板中使用大部分 Python 对象，比如字符串、列表、字典、元组、整型、浮点型、布尔值。它支持基本的运算符号（+、-、*、/ 等）、比较符号（比如 ==、!= 等）、逻辑符号（and、or、not 和括号）以及 in、is、None 和布尔值（True、False）。

Jinja2 提供了多种控制结构来控制模板的输出，其中 for 和 if 是最常用的两种。在 Jinja2 里，语句使用 {% ... %} 标识，尤其需要注意的是，在语句结束的地方，我们必须添加结束标签：

```
{% if user.bio %}
    <i>{{ user.bio }}</i>
{% else %}
    <i>This user has not provided a bio.</i>
{% endif %}
```

在这个 If 语句里，如果 user.bio 已经定义，就渲染 {% if user.bio %} 和 {% else %} 之间的内容，否则就渲染 {% else %} 和 {% endif %} 之间的默认内容。末尾的 {% endif %} 用来声明 if 语句的结束，这一行不能省略。

和在 Python 里一样，for 语句用来迭代一个序列：

```
<ul>
    {% for movie in movies %}
    <li>{{ movie.name }} - {{ movie.year }}</li>
    {% endfor %}
</ul>
```

和其他语句一样，你需要在 for 循环的结尾使用 endfor 标签声明 for 语句的结束。在 for 循环内，Jinja2 提供了多个特殊变量，常用的循环变量如表 3-1 所示。

表 3-1　常用的 Jinja2 for 循环特殊变量

变 量 名	说 明
loop.index	当前迭代数（从 1 开始计数）
loop.index0	当前迭代数（从 0 开始计数）
loop.revindex	当前反向迭代数（从 1 开始计数）
loop.revindex0	当前反向迭代数（从 0 开始计数）
loop.first	如果是第一个元素，则为 True
loop.last	如果是最后一个元素，则为 True
loop.previtem	上一个迭代的条目
loop.nextitem	下一个迭代的条目
loop.length	序列包含的元素数量

> 📘附注　完整的 for 循环变量列表请访问 http://jinja.pocoo.org/docs/2.10/templates/#for 查看。

3.1.3　渲染模板

渲染一个模板，就是执行模板中的代码，并传入所有在模板中使用的变量，渲染后的结果就是我们要返回给客户端的 HTML 响应。在视图函数中渲染模板时，我们并不直接使用 Jinja2 提供的函数，而是使用 Flask 提供的渲染函数 render_template()，如代码清单 3-2 所示。

代码清单3-2　template/app.py：渲染HTML模板

```
from flask import Flask, render_template
...
@app.route('/watchlist')
def watchlist():
    return render_template('watchlist.html', user=user, movies=movies)
```

在 render_template() 函数中，我们首先传入模板的文件名作为参数。如第 1 章项目结构部分所说，Flask 会在程序根目录下的 templates 文件夹里寻找模板文件，所以这里传入的文件路径是相对于 templates 根目录的。除了模板文件路径，我们还以关键字参数的形式传入了模板中使用的变量值，以 user 为例：左边的 user 表示传入模板的变量名称，右边的 user 则是要传入的对象。

> **提示** 除了 render_template() 函数，Flask 还提供了一个 render_template_string() 函数用来渲染模板字符串。

其他类型的变量通过相同的方式传入。传入 Jinja2 中的变量值可以是字符串、列表和字典，也可以是函数、类和类实例，这完全取决于你在视图函数传入的值。下面是一些示例：

```
<p>这是列表my_list的第一个元素: {{ my_list[0] }}</p>
<p>这是元组my_tuple的第一个元素: {{ my_tuple[0] }}</p>
<p>这是字典my_dict的键为name的值: {{ my_dict['name'] }}</p>
<p>这是函数my_func的返回值: {{ my_func() }}</p>
<p>这是对象my_object调用某方法的返回值: {{ my_object.name() }}</p>
```

如果你想传入函数在模板中调用，那么需要传入函数对象本身，而不是函数调用（函数的返回值），所以仅写出函数名称即可。当把函数传入模板后，我们可以像在 Python 脚本中一样通过添加括号的方式调用，而且你也可以在括号中传入参数。

根据我们传入的虚拟数据，render_template() 渲染后返回的 HTML 数据如下所示：

```
<!DOCTYPE html>
<html lang="en">
<head>
    <meta charset="utf-8">
    <title>Grey Li's Watchlist</title>
</head>
<body>
<a href="/">&larr; Return</a>
<h2>Grey Li</h2>
<i>A boy who loves movies and music.</i>
<h5>Grey Li's Watchlist (10):</h5>
<ul>
    <li>My Neighbor Totoro - 1988</li>
    <li>Three Colours trilogy - 1993</li>
    <li>Forrest Gump - 1994</li>
    <li>Perfect Blue - 1997</li>
    <li>The Matrix - 1999</li>
    <li>Memento - 2000</li>
    <li>The Bucket list - 2007</li>
    <li>Black Swan - 2010</li>
    <li>Gone Girl - 2014</li>
    <li>CoCo - 2017</li></ul>
</body>
</html>
```

在和渲染前的模板文件对比时你会发现，原模板中所有的 Jinja2 语句、表达式、注释都会在执行后被移除，而所有的变量都会被替换为对应的数据。访问 http://localhost:5000/watchlist 即可看到渲染后的页面，如图 3-1 所示。

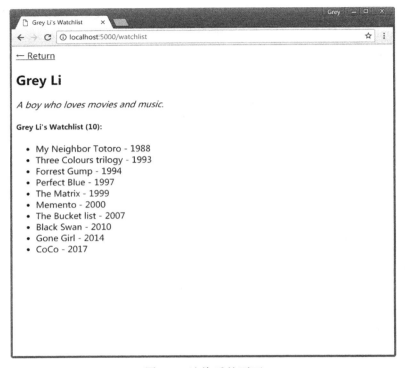

图 3-1 渲染后的页面

3.2 模板辅助工具

除了基本语法，Jinja2 还提供了许多方便的工具，这些工具可以让你更方便地控制模板的输出。为了方便测试，我们在示例程序的 templates 目录下创建了一个根页面模板 index.html。返回主页的 index 视图和 watchlist 视图类似：

```
from flask import render_template

@app.route('/')
def index():
    return render_template('index.html')
```

3.2.1 上下文

模板上下文包含了很多变量，其中包括我们调用 render_template() 函数时手动传入的变量以及 Flask 默认传入的变量。

除了渲染时传入变量，你也可以在模板中定义变量，使用 set 标签：

```
{% set navigation = [('/', 'Home'), ('/about', 'About')] %}
```

你也可以将一部分模板数据定义为变量，使用 set 和 endset 标签声明开始和结束：

```
{% set navigation %}
    <li><a href="/">Home</a>
    <li><a href="/about">About</a>
{% endset %}
```

1. 内置上下文变量

Flask 在模板上下文中提供了一些内置变量，可以在模板中直接使用，如表 3-2 所示。

表 3-2　标准模板全局变量

变　　量	说　　明
config	当前的配置对象
request	当前的请求对象，在已激活的请求环境下可用
session	当前的会话对象，在已激活的请求环境下可用
g	与请求绑定的全局变量，在已激活的请求环境下可用

2. 自定义上下文

如果多个模板都需要使用同一变量，那么比起在多个视图函数中重复传入，更好的方法是能够设置一个模板全局变量。Flask 提供了一个 app.context_processor 装饰器，可以用来注册模板上下文处理函数，它可以帮我们完成统一传入变量的工作。模板上下文处理函数需要返回一个包含变量键值对的字典，如代码清单 3-3 所示。

代码清单3-3　注册模板上下文处理函数

```
@app.context_processor
def inject_foo():
    foo = 'I am foo.'
    return dict(foo=foo)  # 等同于return {'foo': foo}
```

当我们调用 render_template() 函数渲染任意一个模板时，所有使用 app.context_processor 装饰器注册的模板上下文处理函数（包括 Flask 内置的上下文处理函数）都会被执行，这些函数的返回值会被添加到模板中，因此我们可以在模板中直接使用 foo 变量。

> 💡 **提示**　和在 render_template() 函数中传入变量类似，除了字符串、列表等数据结构，你也可以传入函数、类或类实例。

除了使用 app.context_processor 装饰器，也可以直接将其作为方法调用，传入模板上下文处理函数：

```
...
def inject_foo():
    foo = 'I am foo.'
    return dict(foo=foo)

app.context_processor(inject_foo)
```

使用 lambda 可以简化为：

```
app.context_processor(lambda: dict(foo='I am foo.'))
```

3.2.2 全局对象

全局对象是指在所有的模板中都可以直接使用的对象，包括在模板中导入的模板，后面我们会详细介绍导入的概念。

1. 内置全局函数

Jinja2 在模板中默认提供了一些全局函数，常用的三个函数如表 3-3 所示。

表 3-3　Jinja2 内置模板全局函数

函　　数	说　　明
range([start,]stop[, step])	和 Python 中的 range() 用法相同
lipsum(n=5, html=True, min=20, max=100)	生成随机文本（lorem ipsum），可以在测试时用来填充页面。默认生成 5 段 HTML 文本，每段包含 20~100 个单词
dict(**items)	和 Python 中的 dict() 用法相同

 这里只列出了部分常用的全局函数，完整的全局函数列表请访问 http://jinja.pocoo.org/docs/2.10/templates/#list-of-global-functions 查看。

除了 Jinja2 内置的全局函数，Flask 也在模板中内置了两个全局函数，如表 3-4 所示。

表 3-4　Flask 内置模板全局函数

函　　数	说　　明
url_for()	用于生成 URL 的函数
get_flashed_messages()	用于获取 flash 消息的函数

 Flask 除了把 g、session、config、request 对象注册为上下文变量，也将它们设为全局变量，因此可以全局使用。

url_for() 用来获取 URL，用法和在 Python 脚本中相同。在前面给出的 watchlist.html 模板中，用来返回主页的链接直接写出。在实际的代码中，这个 URL 使用 url_for() 生成，传入 index 视图的端点：

```
<a href="{{ url_for('index') }}">&larr; Return</a>
```

get_flashed_messages() 的用法我们会在后面介绍。

2. 自定义全局函数

除了使用 app.context_processor 注册模板上下文处理函数来传入函数，我们也可以使用 app.template_global 装饰器直接将函数注册为模板全局函数。比如，代码清单 3-4 把 bar() 函数注册为模板全局函数。

代码清单3-4　template/app.py：注册模板全局函数

```
@app.template_global()
def bar():
    return 'I am bar.'
```

默认使用函数的原名称传入模板，在 app.template_global() 装饰器中使用 name 参数可以指定一个自定义名称。app.template_global() 仅能用于注册全局函数，后面我们会介绍如何注册全局变量。

> 📄 **附注**　你可以直接使用 app.add_template_global() 方法注册自定义全局函数，传入函数对象和可选的自定义名称（name），比如 app.add_template_global(your_global_function)。

3.2.3　过滤器

在 Jinja2 中，过滤器（filter）是一些可以用来修改和过滤变量值的特殊函数，过滤器和变量用一个竖线（管道符号）隔开，需要参数的过滤器可以像函数一样使用括号传递。下面是一个对 name 变量使用 title 过滤器的例子：

```
{{ name|title }}
```

这会将 name 变量的值标题化，相当于在 Python 里调用 name.title()。再比如，我们在本章开始的示例模板 watchlist.html 中使用 length 获取 movies 列表的长度，类似于在 Python 中调用 len(movies)：

```
{{ movies|length }}
```

另一种用法是将过滤器作用于一部分模板数据，使用 filter 标签和 endfilter 标签声明开始和结束。比如，下面使用 upper 过滤器将一段文字转换为大写：

```
{% filter upper %}
    This text becomes uppercase.
{% endfilter %}
```

1. 内置过滤器

Jinja2 提供了许多内置过滤器，常用的过滤器如表 3-5 所示。

表 3-5　Jinja2 常用内置过滤器

过　滤　器	说　　明
default (value, default_value=u", boolean=False)	设置默认值，默认值作为参数传入，别名为 d
escape(s)	转义 HTML 文本，别名为 e
first (seq)	返回序列的第一个元素
last(seq)	返回序列的最后一个元素
length(object)	返回变量的长度

（续）

过 滤 器	说 明
random(seq)	返回序列中的随机元素
safe(value)	将变量值标记为安全，避免转义
trim(value)	清除变量值前后的空格
max(value, case_sensitive=False, attribute=None)	返回序列中的最大值
min(value, case_sensitive=False, attribute=None)	返回序列中的最小值
unique(value, case_sensitive=False, attribute=None)	返回序列中的不重复的值
striptags(value)	清除变量值内的 HTML 标签
urlize (value, trim_url_limit=None, nofollow=False, target=None, rel=None)	将 URL 文本转换为可单击的 HTML 链接
wordcount (s)	计算单词数量
tojson(value, indent=None)	将变量值转换为 JSON 格式
truncate(s, length=255, killwords=False, end='...', leeway=None)	截断字符串，常用于显示文章摘要，length 参数设置截断的长度，killwords 参数设置是否截断单词，end 参数设置结尾的符号

> 📋 **附注** 这里只列出了一部分常用的过滤器，完整的列表请访问 http://jinja.pocoo.org/docs/2.10/templates/#builtin-filters 查看。

在使用过滤器时，列表中过滤器函数的第一个参数表示被过滤的变量值（value）或字符串（s），即竖线符号左侧的值，其他的参数可以通过添加括号传入。

另外，过滤器可以叠加使用，下面的示例为 name 变量设置默认值，并将其标题化：

```
<h1>Hello, {{ name|default('陌生人')|title }}!</h1>
```

在第 2 章，我们介绍了 XSS 攻击的主要防范措施，其中最主要的是对用户输入的文本进行转义。根据 Flask 的设置，Jinja2 会自动对模板中的变量进行转义，所以我们不用手动使用 escape 过滤器或调用 escape() 函数对变量进行转义。

> 🎯 **提示** 默认的自动开启转义仅针对 .html、.htm、.xml 以及 .xhtml 后缀的文件，用于渲染模板字符串的 render_template_string() 函数也会对所有传入的字符串进行转义。

在确保变量值安全的情况下，这通常意味着你已经对用户输入的内容进行了"消毒"处理。这时如果你想避免转义，将变量作为 HTML 解析，可以对变量使用 safe 过滤器：

```
{{ sanitized_text|safe }}
```

另一种将文本标记为安全的方法是在渲染前将变量转换为 Markup 对象：

```
from flask import Markup

@app.route('/hello')
def hello():
```

```
text = Markup('<h1>Hello, Flask!</h1>')
return render_template('index.html', text=text)
```

这时在模板中可以直接使用 {{ text }}。

> **注意** 绝对不要直接对用户输入的内容使用 safe 过滤器，否则容易被植入恶意代码，导致 XSS 攻击。

2. 自定义过滤器

如果内置的过滤器不能满足你的需要，还可以添加自定义过滤器。使用 app.template_filter() 装饰器可以注册自定义过滤器，代码清单 3-5 注册了一个 musical 过滤器。

代码清单3-5　template/app.py：注册自定义过滤器

```
from flask import Markup

@app.template_filter()
def musical(s):
    return s + Markup(' &#9835;')
```

和注册全局函数类似，你可以在 app.template_filter() 中使用 name 关键字设置过滤器的名称，默认会使用函数名称。过滤器函数需要接收被处理的值作为输入，返回处理后的值。过滤器函数接收 s 作为被过滤的变量值，返回处理后的值。我们创建的 musical 过滤器会在被过滤的变量字符后面添加一个音符（single bar note）图标，因为音符通过 HTML 实体 ♫ 表示，我们使用 Markup 类将它标记为安全字符。在使用时和其他过滤器用法相同：

```
{{ name|musical }}
```

> **附注** 你可以直接使用 app.add_template_filter() 方法注册自定义过滤器，传入函数对象和可选的自定义名称（name），比如 app.add_template_filter(your_filter_function)。

3.2.4　测试器

在 Jinja2 中，测试器（Test）是一些用来测试变量或表达式，返回布尔值（True 或 False）的特殊函数。比如，number 测试器用来判断一个变量或表达式是否是数字，我们使用 is 连接变量和测试器：

```
{% if age is number %}
    {{ age * 365 }}
{% else %}
    无效的数字。
{% endif %}
```

1. 内置测试器

Jinja2 内置了许多测试器，常用的测试器及用法说明如表 3-6 所示。

表 3-6　常用的内置测试器

测　试　器	说　　　明
callable(object)	判断对象是否可被调用
defined(value)	判断变量是否已定义
undefined(value)	判断变量是否未定义
none(value)	判断变量是否为 None
number(value)	判断变量是否是数字
string(value)	判断变量是否是字符串
sequence(value)	判断变量是否是序列，比如字符串、列表、元组
iterable(value)	判断变量是否可迭代
mapping(value)	判断变量是否是匹配对象，比如字典
sameas(value, other)	判断变量与 other 是否指向相同的内存地址

附注　这里只列出了一部分常用的测试器，完整的内置测试器列表请访问 http://jinja.pocoo.org/docs/2.10/templates/#list-of-builtin-tests 查看。

在使用测试器时，is 的左侧是测试器函数的第一个参数（value），其他参数可以添加括号传入，也可以在右侧使用空格连接，以 sameas 为例：

```
{% if foo is sameas(bar) %}...
```

等同于：

```
{% if foo is sameas bar %}...
```

2. 自定义测试器

和过滤器类似，我们可以使用 Flask 提供的 app.template_test() 装饰器来注册一个自定义测试器。在示例程序中，我们创建了一个没有意义的 baz 测试器，仅用来验证被测值是否为 baz，如代码清单 3-6 所示。

代码清单3-6　template/app.py：注册自定义测试器

```
@app.template_test()
def baz(n):
    if n == 'baz':
        return True
    return False
```

测试器的名称默认为函数名称，你可以在 app.template_test() 中使用 name 关键字指定自定义名称。测试器函数需要接收被测试的值作为输入，返回布尔值。

附注　你可以直接使用 app.add_template_test() 方法注册自定义测试器，传入函数对象和可选的自定义名称（name），比如 app.add_template_test(your_test_function)。

3.2.5 模板环境对象

在 Jinja2 中,渲染行为由 jinja2.Environment 类控制,所有的配置选项、上下文变量、全局函数、过滤器和测试器都存储在 Environment 实例上。当与 Flask 结合后,我们并不单独创建 Environment 对象,而是使用 Flask 创建的 Environment 对象,它存储在 app.jinja_env 属性上。

在程序中,我们可以使用 app.jinja_env 更改 Jinja2 设置。比如,你可以自定义所有的定界符。下面使用 variable_start_string 和 variable_end_string 分别自定义变量定界符的开始和结束符号:

```
app = Flask(__name__)
app.jinja_env.variable_start_string = '[['
app.jinja_env.variable_end_string = ']]'
```

> **注意** 在实际开发中,如果修改 Jinja2 的定界符,那么需要注意与扩展提供模板的兼容问题,一般不建议修改。

模板环境中的全局函数、过滤器和测试器分别存储在 Environment 对象的 globals、filters 和 tests 属性中,这三个属性都是字典对象。除了使用 Flask 提供的装饰器和方法注册自定义函数,我们也可以直接操作这三个字典来添加相应的函数或变量,这通过向对应的字典属性中添加一个键值对实现,要在模板里使用的变量名称作为键,对应的函数对象或变量作为值。下面是几个简单的示例。

1. 添加自定义全局对象

和 app.template_global() 装饰器不同,直接操作 globals 字典允许我们传入任意 Python 对象,而不仅仅是函数,类似于上下文处理函数的作用。下面的代码使用 app.jinja_env.globals 分别向模板中添加全局函数 bar 和全局变量 foo:

```
def bar():
    return 'I am bar.'
foo = 'I am foo.'

app.jinja_env.globals['bar'] = bar
app.jinja_env.globals['foo'] = foo
```

2. 添加自定义过滤器

下面的代码使用 app.jinja_env.filters 向模板中添加自定义过滤器 smiling:

```
def smiling(s):
    return s + ' :)'

app.jinja_env.filters['smiling'] = smiling
```

3. 添加自定义测试器

下面的代码使用 app.jinja_env.tests 向模板中添加自定义测试器 baz:

```
def baz(n):
```

```
    if n == 'baz':
        return True
    return False

app.jinja_env.tests['baz'] = baz
```

 访问 http://jinja.pocoo.org/docs/latest/api/#jinja2.Environment 查看 Enviroment 类的所有属性及用法说明。

3.3 模板结构组织

除了使用函数、过滤器等工具控制模板的输出外，Jinja2 还提供了一些工具来在宏观上组织模板内容。借助这些技术，我们可以更好地实践 DRY（Don't Repeat Yourself）原则。

3.3.1 局部模板

在 Web 程序中，我们通常会为每一类页面编写一个独立的模板。比如主页模板、用户资料页模板、设置页模板等。这些模板可以直接在视图函数中渲染并作为 HTML 响应主体。除了这类模板，我们还会用到另一类非独立模板，这类模板通常被称为局部模板或次模板，因为它们仅包含部分代码，所以我们不会在视图函数中直接渲染它，而是插入到其他独立模板中。

 当程序中的某个视图用来处理 AJAX 请求时，返回的数据不需要包含完整的 HTML 结构，这时就可以返回渲染后的局部模板。

当多个独立模板中都会使用同一块 HTML 代码时，我们可以把这部分代码抽离出来，存储到局部模板中。这样一方面可以避免重复，另一方面也可以方便统一管理。比如，多个页面中都要在页面顶部显示一个提示条，这个横幅可以定义在局部模板 _banner.html 中。

我们使用 include 标签来插入一个局部模板，这会把局部模板的全部内容插在使用 include 标签的位置。比如，在其他模板中，我们可以在任意位置使用下面的代码插入 _banner.html 的内容：

```
{% include '_banner.html' %}
```

 为了和普通模板区分开，局部模板的命名通常以一个下划线开始。

3.3.2 宏

宏（macro）是 Jinja2 提供的一个非常有用的特性，它类似 Python 中的函数。使用宏可以把一部分模板代码封装到宏里，使用传递的参数来构建内容，最后返回构建后的内容。在功能上，它和局部模板类似，都是为了方便代码块的重用。

为了便于管理，我们可以把宏存储在单独的文件中，这个文件通常命名为 macros.html 或 _macros.html。在创建宏时，我们使用 macro 和 endmacro 标签声明宏的开始和结束。在开始标签中定义宏的名称和接收的参数，下面是一个简单的示例：

```
{% macro qux(amount=1) %}
    {% if amount == 1 %}
        I am qux.
    {% elif amount > 1 %}
        We are quxs.
    {% endif %}
{% endmacro %}
```

使用时，需要像从 Python 模块中导入函数一样使用 import 语句导入它，然后作为函数调用，传入必要的参数，如下所示：

```
{% from 'macros.html' import qux %}
...
{{ qux(amount=5) }}
```

另外，在使用宏时我们需要注意上下文问题。在 Jinja2 中，出于性能的考虑，并且为了让这一切保持显式，默认情况下包含（include）一个局部模板会传递当前上下文到局部模板中，但导入（import）却不会。具体来说，当我们使用 render_template() 函数渲染一个 foo.html 模板时，这个 foo.html 的模板上下文中包含下列对象：

❏ Flask 使用内置的模板上下文处理函数提供的 g、session、config、request。
❏ 扩展使用内置的模板上下文处理函数提供的变量。
❏ 自定义模板上下文处理器传入的变量。
❏ 使用 render_template() 函数传入的变量。
❏ Jinja2 和 Flask 内置及自定义全局对象。
❏ Jinja2 内置及自定义过滤器。
❏ Jinja2 内置及自定义测试器。

使用 include 标签插入的局部模板（比如 _banner.html）同样可以使用上述上下文中的变量和函数。而导入另一个并非被直接渲染的模板（比如 macros.html）时，这个模板仅包含下列这些对象：

❏ Jinja2 和 Flask 内置的全局函数和自定义全局函数。
❏ Jinja2 内置及自定义过滤器。
❏ Jinja2 内置及自定义测试器。

因此，如果我们想在导入的宏中使用前一个列表中的 2、3、4 项，就需要在导入时显式地使用 with context 声明传入当前模板的上下文：

```
{% from "macros.html" import foo with context %}
```

注意　虽然 Flask 使用内置的模板上下文处理函数传入 session、g、request 和 config，但它同时也使用 app.jinja_env.globals 字典将这几个变量设置为全局变量，所以我们仍然可以在不显式声明传入上下文的情况下，直接在导入的宏中使用它们。

🎯 提
示 关于宏的编写,更多的细节请访问 http://jinja.pocoo.org/docs/latest/templates/#macros
查看。

3.3.3 模板继承

Jinja2 的模板继承允许你定义一个基模板,把网页上的导航栏、页脚等通用内容放在基模板中,而每一个继承基模板的子模板在被渲染时都会自动包含这些部分。使用这种方式可以避免在多个模板中编写重复的代码。

1. 编写基模板

基模板存储了程序页面的固定部分,通常被命名为 base.html 或 layout.html。示例程序中的基模板 base.html 中包含了一个基本的 HTML 结构,我们还添加了一个简单的导航条和页脚,如代码清单 3-7 所示。

代码清单3-7 template/templates/base.html:定义基模板

```
<!DOCTYPE html>
<html>
<head>
    {% block head %}
      <meta charset="utf-8">
      <title>{% block title %}Template - HelloFlask{% endblock %}</title>
    {% block styles %}{% endblock %}
    {% endblock %}
</head>
<body>
<nav>
    <ul><li><a href="{{ url_for('index') }}">Home</a></li></ul>
</nav>
<main>
    {% block content %}{% endblock %}
</main>
<footer>
    {% block footer %}
      ...
    {% endblock %}
</footer>
{% block scripts %}{% endblock %}
</body>
</html>
```

当子模板继承基模板后,子模板会自动包含基模板的内容和结构。为了能够让子模板方便地覆盖或插入内容到基模板中,我们需要在基模板中定义块(block),在子模板中可以通过定义同名的块来执行继承操作。

块的开始和结束分别使用 block 和 endblock 标签声明,而且块之间可以嵌套。在这个基模板中,我们创建了六个块:head、title、styles、content、footer 和 scripts,分别用来划分不同的代码。其中,head 块表示 <head> 标签的内容,title 表示 <title> 标签的内容,content 块表示页面主体内容，footer 表示页脚部分，styles 块和 scripts 块，则分别用来包含 CSS 文件和 JavaScript 文件引用链接或页内的 CSS 和 JavaScript 代码。

 提示 这里的块名称可以随意指定，而且并不是必须的。你可以按照需要设置块，如果你只需要让子模板添加主体内容，那么仅定义一个 content 块就足够了。

以 content 块为例，模板继承示意图如图 3-2 所示。

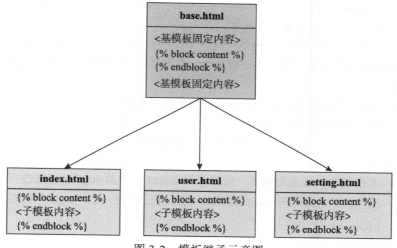

图 3-2　模板继承示意图

为了避免块的混乱，块的结束标签可以指明块名，同时要确保前后名称一致。比如：

```
{% block body %}
...
{% endblock body %}
```

2. 编写子模板

因为基模板中定义了 HTML 的基本结构，而且包含了页脚等固定信息，在子模板中我们不再需要定义这些内容，只需要对特定的块进行修改。这时我们可以修改前面创建的电影清单模板 watchlist.html 和主页模板 index.html，将这些子模板的通用部分合并到基模板中，并在子模板中定义块来组织内容，以便在渲染时将块中的内容插入到基模板的对应位置。以 index.html 为例，修改后的模板代码如代码清单 3-8 所示。

代码清单3-8　template/templates/index.html：子模板

```
{% extends 'base.html' %}
{% from 'macros.html' import qux %}

{% block content %}
{% set name='baz' %}
<h1>Template</h1>
<ul>
```

```
    <li><a href="{{ url_for('watchlist') }}">Watchlist</a></li>
    <li>Filter: {{ foo|musical }}</li>
    <li>Global: {{ bar() }}</li>
    <li>Test: {% if name is baz %}I am baz.{% endif %}</li>
    <li>Macro: {{ qux(amount=5) }}</li>
</ul>
{% endblock %}
```

我们使用 extends 标签声明扩展基模板，它告诉模板引擎当前模板派生自 base.html。

 注意 extends 必须是子模板的第一个标签。

我们在基模板中定义了四个块，在子模板中，我们可以对父模板中的块执行两种操作：

（1）覆盖内容

当在子模板里创建同名的块时，会使用子块的内容覆盖父块的内容。比如我们在子模板 index.html 中定义了 title 块，内容为 Home，这会把块中的内容填充到基模板里的 title 块的位置，最终渲染为 <title>Home</title>，content 块的效果同理。

（2）追加内容

如果想要向基模板中的块追加内容，需要使用 Jinja2 提供的 super() 函数进行声明，这会向父块添加内容。比如，下面的示例向基模板中的 styles 块追加了一行 <style> 样式定义：

```
{% block styles %}
{{ super() }}
<style>
    .foo {
        color: red;
    }
</style>
{% endblock %}
```

当子模板被渲染时，它会继承基模板的所有内容，然后根据我们定义的块进行覆盖或追加操作，渲染子模板 index.html 的结果如下所示：

```
<!DOCTYPE html>
<html>
<head>
    <meta charset="utf-8">
    <title>Template - HelloFlask</title>
</head>
<body>
<nav>
    <ul><li><a href="/">Home</a></li></ul>
</nav>
<main>
<h1>Template</h1>
<ul>
    <li><a href="/watchlist">Watchlist</a></li>
    <li>Filter: I am foo. &#9835;</li>
    <li>Global: I am bar.</li>
```

```
      <li>Test: I am baz.</li>
      <li>Macro: We are quxs.
</li>
</ul>
</main>
<footer>
      ...
</footer>
</body>
</html>
```

3.4 模板进阶实践

这一节我们会介绍模板在 Flask 程序中的常见应用，其中主要包括加载静态文件和自定义错误页面。

3.4.1 空白控制

在实际输出的 HTML 文件中，模板中的 Jinja2 语句、表达式和注释会保留移除后的空行，前面为了节省篇幅手动删掉了这些空行。以示例程序中的这段代码为例：

```
<div>
{% if True %}
    <p>Hello!</p>
{% endif %}
</div>
```

> 💡 提示　Jinja2 语句中的 HTML 代码缩进并不是必须的，只是为了增加可读性，在编写大量 Jinja2 代码时可读性尤其重要。

实际输出的 HTML 代码如下所示：

```
<div>

    <p>Hello!</p>

</div>
```

如果你想在渲染时自动去掉这些空行，可以在定界符内侧添加减号。比如，{%- endfor %} 会移除该语句前的空白，同理，在右边的定界符内侧添加减号将移除该语句后的空白：

```
<div>
{% if True -%}
    <p>Hello!</p>
{%- endif %}
</div>
```

现在输出的 HTML 代码如下所示：

```
<div>
    <p>Hello!</p>
</div>
```

> 📺附注 你可以访问 http://jinja.pocoo.org/docs/latest/templates/#whitespace-control 查看更多细节。

除了在模板中使用减号来控制空白外，我们也可以使用模板环境对象提供的 trim_blocks 和 lstrip_blocks 属性设置，前者用来删除 Jinja2 语句后的第一个空行，后者则用来删除 Jinja2 语句所在行之前的空格和制表符（tabs）：

```
app.jinja_env.trim_blocks = True
app.jinja_env.lstrip_blocks = True
```

> 🎯提示 trim_blocks 中的 block 指的是使用 {% ... %} 定界符的代码块，与我们前面介绍模板继承中的块无关。

需要注意的是，宏内的空白控制行为不受 trim_blocks 和 lstrip_blocks 属性控制，我们需要手动设置，比如：

```
{% macro qux(amount=1) %}
    {% if amount == 1 -%}
       I am qux.
    {% elif amount > 1 -%}
       We are quxs.
    {%- endif %}
{% endmacro %}
```

事实上，我们没有必要严格控制 HTML 输出，因为多余的空白并不影响浏览器的解析。在部署时，我们甚至可以使用工具来去除 HTML 响应中所有的空白、空行和换行，这样可以减小文件体积，提高数据传输速度。所以，编写模板时应以可读性为先，在后面的示例程序中，我们将不再添加空白控制的代码，并且对 Jinja2 语句中的 HTML 代码进行必要的缩进来增加可读性。

3.4.2 加载静态文件

一个 Web 项目不仅需要 HTML 模板，还需要许多静态文件，比如 CSS、JavaScript 文件、图片以及音频等。在 Flask 程序中，默认我们需要将静态文件存储在与主脚本（包含程序实例的脚本）同级目录的 static 文件夹中。

为了在 HTML 文件中引用静态文件，我们需要使用 url_for() 函数获取静态文件的 URL。Flask 内置了用于获取静态文件的视图函数，端点值为 static，它的默认 URL 规则为 /static/<path:filename>，URL 变量 filename 是相对于 static 文件夹根目录的文件路径。

> 🎯提示 如果你想使用其他文件夹来存储静态文件，可以在实例化 Flask 类时使用 static_folder 参数指定，静态文件的 URL 路径中的 static 也会自动跟随文件夹名称变化。在实例化 Flask 类时使用 static_url_path 参数则可以自定义静态文件的 URL 路径。

在示例程序的 static 目录下保存了一个头像图片 avatar.jpg，我们可以通过 url_for('static', filename='avatar.jpg') 获取这个文件的 URL，这个函数调用生成的 URL 为 /static/avatar.jpg，在

浏览器中输入 http://localhost:5000/static/avatar.jpg 即可访问这个图片。在模板 watchlist2.html 里，我们在用户名的左侧添加了这个图片，使用 url_for() 函数生成图片 src 属性所需的图片 URL，如下所示：

```
<img src="{{ url_for('static', filename='avatar.jpg') }}" width="50">
```

另外，我们还创建了一个存储 CSS 规则的 styles.css 文件，我们使用下面的方式在模板中加载这个文件：

```
<link rel="stylesheet" type="text/css" href="{{ url_for('static', filename=
    'styles.css' ) }}">
```

在浏览器中访问 http://localhost:5000/watchlist2 可以看到添加了头像图片并加载了 CSS 规则的电影清单页面，如图 3-3 所示。

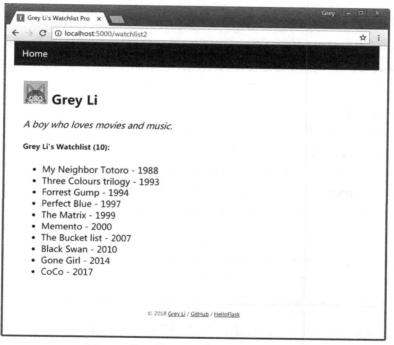

图 3-3　使用静态文件后的电影清单页面

1. 添加 Favicon

在运行前两章的示例程序时，我们经常在命令行看到一条 404 状态的 GET 请求记录，请求的 URL 为 /favicon.ico，如下所示：

```
127.0.0.1 - - [08/Feb/2018 18:31:12] "GET /favicon.ico HTTP/1.1" 404 -
```

这个 favicon.ico 文件指的是 Favicon（favorite icon，收藏夹头像 / 网站头像），又称为 shortcut icon、tab icon、website icon 或是 bookmark icon。顾名思义，这是一个在浏览器标签页、

地址栏和书签收藏夹等处显示的小图标，作为网站的特殊标记。浏览器在发起请求时，会自动向根目录请求这个文件，在前面的示例程序中，我们没有提供这个文件，所以才会产生上面的404 记录。

要想为 Web 项目添加 Favicon，你要先有一个 Favicon 文件，并放置到 static 目录下。它通常是一个宽高相同的 ICO 格式文件，命名为 favicon.ico。

📊 **附注** 除了 ICO 格式，PNG 和（无动画的）GIF 格式也被所有主流浏览器支持。

Flask 中静态文件的默认路径为 /static/filename，为了正确返回 Favicon，我们可以显式地在HTML 页面中声明 Favicon 的路径。首先可以在 <head> 部分添加一个 <link> 元素，然后将 rel属性设置为 icon，如下所示：

```
<link rel="icon" type="image/x-icon" href="{{ url_for('static', filename='favicon.
    ico') }}">
```

📊 **附注** 大部分教程将 rel 属性设置为 shortcut icon，事实上，shortcut 是多余的，可以省略掉。

2. 使用 CSS 框架

在编写 Web 程序时，手动编写 CSS 比较麻烦，更常见的做法是使用 CSS 框架来为程序添加样式。CSS 框架内置了大量可以直接使用的 CSS 样式类和 JavaScript 函数，使用它们可以非常快速地让程序页面变得美观和易用，同时我们也可以定义自己的 CSS 文件来进行补充和调整。以 Bootstrap（http://getbootstrap.com/）为例，我们需要访问 Bootstrap 的下载页面（http://getbootstrap.com/docs/4.0/getting-started/download/）下载相应的资源文件，然后分类别放到static 目录下。

📊 **附注** Bootstrap 是最流行的开源前端框架之一，它有浏览器支持广泛、响应式设计等特点。使用它可以快速搭建美观、现代的网页。Bootstrap 的官方文档（http://getbootstrap.com/docs/）提供了很多简单易懂的示例代码。

通常情况下，CSS 和 JavaScript 的资源引用会在基模板中定义，具体方式和加载我们自定义的 styles.css 文件相同：

```
...
{% block styles %}
    <link rel="stylesheet" href="{{ url_for('static', filename='css/bootstrap.min.css') }}">
{% endblock %}
...
{% block scripts %}
    <script src="{{ url_for('static', filename='js/jquery.min.js') }}"></script>
    <script src="{{ url_for('static', filename='js/popper.min.js') }}"></script>
    <script src="{{ url_for('static', filename='js/bootstrap.min.js') }}"></script>
{% endblock %}
...
```

> **注意** 如果不使用 Bootstrap 提供的 JavaScript 功能，那么也可以不加载。另外，Bootstrap 所依赖的 jQuery（https://jquery.com/）和 Popper.js（https://popper.js.org/）需要单独下载，这三个 JavaScript 文件在引入时要按照 jQuery→Popper.js→Bootstrap 的顺序引入。

虽然我建议在开发时统一管理静态资源，如果你想简化开发过程，那么从 CDN 加载是更方便的做法。从 CDN 加载时，只需要将相应的 URL 替换为 CDN 提供的资源 URL，比如：

```
...
{% block styles %}
    <link rel="stylesheet" href="https://maxcdn.bootstrapcdn.com/bootstrap/4.0.0/
        css/bootstrap.min.css">
{% endblock %}
...
{% block scripts %}
    <script src="https://code.jquery.com/jquery-3.2.1.slim.min.js"></script>
    <script src="https://cdnjs.cloudflare.com/ajax/libs/popper.js/1.12.9/umd/
        popper.min.js"></script>
    <script src="https://maxcdn.bootstrapcdn.com/bootstrap/4.0.0/js/bootstrap.
        min.js"></script>
{% endblock %}
...
```

3. 使用宏加载静态资源

为了方便加载静态资源，我们可以创建一个专门用于加载静态资源的宏，如代码清单 3-9 所示。

代码清单3-9　template/templates/macros.html：用于加载静态资源的宏

```
{% macro static_file(type, filename_or_url, local=True) %}
    {% if local %}
        {% set filename_or_url = url_for('static', filename=filename_or_url) %}
    {% endif %}
    {% if type == 'css' %}
        <link rel="stylesheet" href="{{ filename_or_url }}" type="text/css">
    {% elif type == 'js' %}
        <script type="text/javascript" src="{{ filename_or_url }}"></script>
    {% elif type == 'icon' %}
        <link rel="icon" href="{{ filename_or_url }}">
    {% endif %}
{% endmacro %}
```

在模板中导入宏后，只需在调用时传入静态资源的类别和文件路径就会获得完整的资源加载语句。使用它加载 CSS 文件的示例如下：

```
static_file('css', 'css/bootstrap.min.css')
```

使用它也可以从 CDN 加载资源，只需要将关键字参数 local 设为 False，然后传入资源的 URL 即可：

```
static_file('css', 'https://maxcdn.../css/bootstrap.min.css', local=False)
```

3.4.3 消息闪现

Flask 提供了一个非常有用的 flash() 函数，它可以用来"闪现"需要显示给用户的消息，比如当用户登录成功后显示"欢迎回来！"。在视图函数调用 flash() 函数，传入消息内容即可"闪现"一条消息。当然，它并不是我们想象的，能够立刻在用户的浏览器弹出一条消息。实际上，使用功能 flash() 函数发送的消息会存储在 session 中，我们需要在模板中使用全局函数 get_flashed_messages() 获取消息并将其显示出来。

> 🎯提示　通过 flash() 函数发送的消息会存储在 session 对象中，所以我们需要为程序设置密钥。可以通过 app.secret_key 属性或配置变量 SECRET_KEY 设置，具体可参考 2.3.4 节的相关内容。

你可以在任意视图函数中调用 flash() 函数发送消息。为了测试消息闪现，我们添加了一个 just_flash 视图，在函数中发送了一条消息，最后重定向到 index 视图，如代码清单 3-10 所示。

代码清单3-10　app.py：使用flash()函数"闪现"消息

```python
from flask import Flask, render_template, flash

app = Flask(__name__)
app.secret_key = 'secret string'

@app.route('/flash')
def just_flash():
    flash('I am flash, who is looking for me?')
    return redirect(url_for('index'))
```

Jinja2 内部使用 Unicode，所以你需要向模板传递 Unicode 对象或只包含 ASCII 字符的字符串。在 Python 2.x 中，如果字符串包含中文（或任何非 ASCII 字符），那么需要在字符串前添加 u 前缀，这会告诉 Python 把这个字符串编码成 Unicode 字符串，另外还需要在 Python 文件的首行添加编码声明，这会让 Python 使用 UTF-8 来解码字符串，后面不再提示。发送中文消息的示例如下所示：

```python
# -*- coding: utf-8 -*-
...
@app.route('/flash')
def just_flash():
    flash(u'你好，我是闪电。')
    return redirect(url_for('index'))
```

> 🎯提示　Flask、Jinja2 和 Werkzeug 等相关依赖均将文本的类型设为 Unicode，所以你在编写程序和它们交互时应该遵循同样的约定。比如，在 Python 脚本中添加编码声明；在 Python2 中为非 ASCII 字符添加 u 前缀；将编辑器的默认编码设为 UTF-8；在 HTML 文件的 head 标签中添加编码声明，即 <meta charset="utf-8">；当你需要读取文件传入模板时，手动使用 decode() 函数解码。

> 💡 **提示**　在 Python 3.x 中，字符串默认类型为 Unicode。如果你使用 Python3，那么包含中文的字符串前的 u 前缀可以省略掉，同时也不用在脚本开头添加编码声明。尽管如此，还是建议保留这个声明以便让某些编辑器自动切换设置的编码类型。

> 📊 **附注**　Unicode 又称为国际码，它对世界上大部分的文字系统进行了整理、编码，使电脑可以正常显示大部分文字。ASCII 和 UTF-8 是两种常见的编码系统，其中 ASCII 主要用来显示现代英语，而 UTF-8 是一种针对 Unicode 的编码系统。Python 2.x 默认使用 ASCII，Python 3.x 默认使用 UTF-8。你可以访问 https://docs.python.org/3/howto/unicode.html 来了解关于 Python 的 Unicode 支持。

　　Flask 提供了 get_flashed_messages() 函数用来在模板里获取消息，因为程序的每一个页面都有可能需要显示消息，我们把获取并显示消息的代码放在基模板中 content 块的上面，这样就可以在页面主体内容的上面显示消息，如代码清单 3-11 所示。

代码清单3-11　templates/base.html：渲染flash消息

```
<main>
    {% for message in get_flashed_messages() %}
        <div class="alert">{{ message }}</div>
    {% endfor %}
    {% block content %}{% endblock %}
</main>
```

　　因为同一个页面可能包含多条要显示的消息，所以这里使用 for 循环迭代 get_flashed_messages() 返回的消息列表。另外，我们还为消息定义了一些 CSS 规则，你可以在示例程序中的 static/styles.css 文件中查看。现在访问 http://localhost:5000 打开示例程序的主页，如果你单击页面上的 Flash something 链接（指向 /flash），页面重载后就会显示一条消息，如图 3-4 所示。

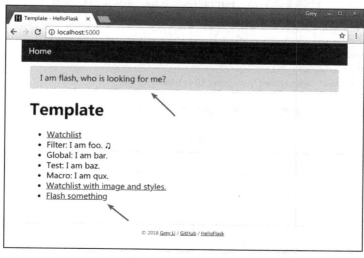

图 3-4　消息闪现示例

当 get_flashed_messages() 函数被调用时，session 中存储的所有消息都会被移除。如果你这时刷新页面，会发现重载后的页面不再出现这条消息。

3.4.4　自定义错误页面

当程序返回错误响应时，会渲染一个默认的错误页面，我们在第 2 章和它们打过招呼。默认的错误页面太简单了，而且和其他页面的风格不符，导致用户看到这样的页面时往往会不知所措。我们可以注册错误处理函数来自定义错误页面。

错误处理函数和视图函数很相似，返回值将会作为响应的主体，因此我们首先要创建错误页面的模板文件。为了和普通模板区分开来，我们在模板文件夹 templates 里为错误页面创建了一个 errors 子文件夹，并在其中为最常见的 404 和 500 错误创建了模板文件，表示 404 页面的 404.html 模板内容如代码清单 3-12 所示。

代码清单3-12　template/templates/errors/404.html：404页面模板

```
{% extends 'base.html' %}

{% block title %}404 - Page Not Found{% endblock %}

{% block content %}
<h1>Page Not Found</h1>
<p>You are lost...</p>
{% endblock %}
```

错误处理函数需要附加 app.errorhandler() 装饰器，并传入错误状态码作为参数。错误处理函数本身则需要接收异常类作为参数，并在返回值中注明对应的 HTTP 状态码。当发生错误时，对应的错误处理函数会被调用，它的返回值会作为错误响应的主体。代码清单 3-13 是用来捕捉 404 错误的错误处理器。

代码清单3-13　template/app.py：404错误处理器

```
from flask import Flask, render_template
...
@app.errorhandler(404)
def page_not_found(e):
    return render_template('errors/404.html'), 404
```

错误处理函数接收异常对象作为参数，内置的异常对象提供了下列常用属性，如表 3-7 所示。

表 3-7　Werkzeug 内置的 HTTP 异常类的常用属性

属　　性	说　　明
code	状态码
name	原因短语
description	错误描述，另外使用 get_description() 方法还可以获取 HTML 格式的错误描述代码

如果你不想手动编写错误页面的内容，可以将这些信息传入错误页面模板，在模板中用它们来构建错误页面。不过需要注意的是，传入 500 错误处理器的是真正的异常对象，通常不会提供这几个属性，你需要手动编写这些值。

> 我们在第 2 章介绍过，Flask 通过抛出 Werkzeug 中定义的 HTTP 异常类来表示 HTTP 错误，错误处理函数接收的参数就是对应的异常类。基于这个原理，你也可以使用 app.errorhandler() 装饰器为其他异常注册处理函数，并返回自定义响应，只需要在 app.errorhandler() 装饰器中传入对应的异常类即可。比如，使用 app.errorhandler(NameError) 可以注册处理 NameError 异常的函数。

这时如果访问一个错误的 URL（即未在程序中定义的 URL），比如 http://localhost:5000/what，将会看到如图 3-5 所示的错误页面。

图 3-5　自定义 404 错误页面

除了 404 错误，我们还需要为另一个最常见的 500 错误编写错误处理器和模板，这些代码基本相同，具体可以到源码仓库中查看。

3.4.5　JavaScript 和 CSS 中的 Jinja2

当程序逐渐变大时，很多时候我们会需要在 JavaScript 和 CSS 代码中使用 Jinja2 提供的变量值，甚至是控制语句。比如，通过传入模板的 theme_color 变量来为页面设置主题色彩，或是根据用户是否登录来决定是否执行某个 JavaScript 函数。

首先要明白的是，只有使用 render_template() 传入的模板文件才会被渲染，如果你把 Jinja2 代码写在单独的 JavaScript 或是 CSS 文件中，尽管你在 HTML 中引入了它们，但它们包含的 Jinja2 代码永远也不会被执行。对于这类情况，下面有一些 Tips：

1. 行内 / 嵌入式 JavaScript/CSS

如果要在 JavaScript 和 CSS 文件中使用 Jinja2 代码，那么就在 HTML 中使用 <style> 和 <script> 标签定义这部分 CSS 和 JavaScript 代码。

在这部分 CSS 和 JavaScript 代码中加入 Jinja2 时，不用考虑编写时的语法错误，比如引号错误，因为 Jinja2 会在渲染后被替换掉，所以只需要确保渲染后的代码正确即可。

不过我并不推荐使用这种方式，尤其是行内 JavaScript/CSS 会让维护变得困难。避免把大量 JavaScript 代码留在 HTML 中的办法就是尽量将要使用的 Jinja2 变量值在 HTML 模板中定义为 JavaScript 变量。

2. 定义为 JavaScript/CSS 变量

对于想要在 JavaScript 中获取的数据，如果是元素特定的数据，比如某个文章条目对应的 id 值，可以通过 HTML 元素的 data-* 属性存储。你可以自定义横线后的名称，作为元素上的自定义数据变量，比如 data-id, data-username 等，比如：

```
<span data-id="{{ user.id }}" data-username="{{ user.username }}">{{ user.
    username }}</span>
```

在 JavaScript 中，我们可以使用 DOM 元素的 dataset 属性获取 data-* 属性值，比如 element. dataset.username，或是使用 getAttribute() 方法，比如 element.getAttribute('data-username')；使用 jQuery 时，可以直接对 jQuery 对象调用 data 方法获取，比如 $element.data('username')。

> 💡提示　在 HTML 中，"data-*" 被称为自定义数据属性（custom data attribute），我们可以用它来存储自定义的数据供 JavaScript 获取。在后面的其他程序中，我们也会频繁使用这种方式来传递数据。

对于需要全局使用的数据，则可以在页面中使用嵌入式 JavaScript 定义变量，如果没法定义为 JavaScript 变量，那就考虑定义为函数，比如：

```
<script type="text/javascript">
    var foo = '{{ foo_variable }}';
</script>
```

> 💡提示　当你在 JavaScript 中插入了太多 Jinja2 语法时，或许这时你该考虑将程序转变为 Web API，然后专心使用 JavaScript 来编写客户端，在本书的第二部分我们会介绍如何编写 Web API。

CSS 同理，有些时候你会需要将 Jinja2 变量值传入 CSS 文件，比如我们希望将用户设置的主题颜色设置到对应的 CSS 规则中，或是需要将 static 目录下某个图片的 URL 传入 CSS 来设置为背景图片，除了将这部分 CSS 定义直接写到 HTML 中外，我们可以将这些值定义为 CSS 变量，如下所示：

```
<style>
:root {
    --theme-color: {{ theme_color }};
    --background-url: {{ url_for('static', filename='background.jpg') }}
}
</style>
```

在 CSS 文件中，使用 var() 函数并传入变量名即可获取对应的变量值：

```
#foo {
    color: var(--theme-color);
}
#bar {
    background: var(--background-url);
}
```

3.5　本章小结

　　本章学习了 Jinja2 的基本用法和一些进阶技巧。如果你想了解更多的细节，或是其他进阶内容，可以阅读它的官方文档。下一章，我们会学习 Web 表单的使用，从而实现更丰富的用户交互。

Chapter 4 第 4 章

表　　单

在 Web 程序中，表单是和用户交互最常见的方式之一。用户注册、登录、撰写文章、编辑设置，无一不用到表单。不过，表单的处理却并不简单。你不仅要创建表单，验证用户输入的内容，向用户显示错误提示，还要获取并保存数据。幸运的是，强大的 WTForms 可以帮我们解决这些问题。WTForms 是一个使用 Python 编写的表单库，它使得表单的定义、验证（服务器端）和处理变得非常轻松。这一章我们会介绍在 Web 程序中处理表单的方法和技巧。

本章新涉及的 Python 包如下所示：

❑ WTForms（2.2）

  ❍ 主页：https://github.com/wtforms/wtforms

  ❍ 文档：https://wtforms.readthedocs.io/en/latest/

❑ Flask-WTF（0.14.2）

  ❍ 主页：https://github.com/lepture/flask-wtf

  ❍ 文档：https://flask-wtf.readthedocs.io/en/latest/

❑ Flask-CKEditor（0.4.0）

  ❍ 主页：https://github.com/greyli/flask-ckeditor

  ❍ 文档：https://flask-ckeditor.readthedocs.io/

本章的示例程序在 helloflask/demos/form 目录下，确保当前目录在 helloflask/demos/form 下并激活了虚拟环境，然后执行 flask run 命令运行程序：

```
$ cd demos/form
$ flask run
```

4.1　HTML 表单

在 HTML 中，表单通过 <form> 标签创建，表单中的字段使用 <input> 标签定义。下面是一个非常简单的 HTML 表单：

```
<form method="post">
    <label for="username">Username</label><br>
    <input type="text" name="username" placeholder="Héctor Rivera"><br>
    <label for="password">Password</label><br>
    <input type="password" name="password" placeholder="19001130"><br>
    <input id="remember" name="remember" type="checkbox" checked>
    <label for="remember"><small>Remember me</small></label><br>
    <input type="submit" name="submit" value="Log in">
</form>
```

在 HTML 表单中，我们创建 <input> 标签表示各种输入字段，<label> 标签则用来定义字段的标签文字。我们可以在 <form> 和 <input> 标签中使用各种属性来对表单进行设置。上面的表单被浏览器解析后会生成两个输入框，一个勾选框和一个提交按钮。如果你运行了示例程序，访问 http://localhost:5000/html 可以看到渲染后的表单，如图 4-1 所示。

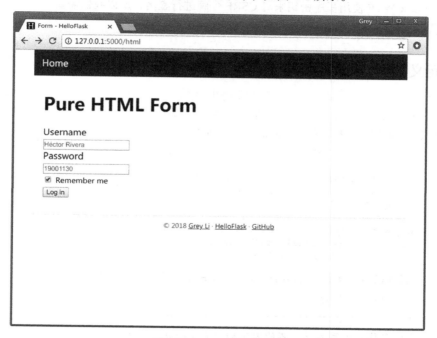

图 4-1　HTML 表单示例

> 📖 附注　关于 HTML 表单的具体定义和用法可以访问 https://www.w3.org/TR/html401/interact/forms.html 查看。

WTForms 支持在 Python 中使用类定义表单，然后直接通过类定义生成对应的 HTML 代码，这种方式更加方便，而且使表单更易于重用。因此，除非是非常简单的程序，或者是你想让表单的定义更加灵活，否则我们一般不会在模板中直接使用 HTML 编写表单，

4.2 使用 Flask-WTF 处理表单

扩展 Flask-WTF 集成了 WTForms,使用它可以在 Flask 中更方便地使用 WTForms。Flask-WTF 将表单数据解析、CSRF 保护、文件上传等功能与 Flask 集成,另外还附加了 reCAPTCHA 支持。

 reCAPTCHA(https://www.google.com/recaptcha/)是 Google 开发的免费验证码服务,在国内目前无法直接使用。

首先,和其他扩展一样,我们先用 Pipenv 安装 Flask-WTF 及其依赖:

```
$ pipenv install flask-wtf
```

Flask-WTF 默认为每个表单启用 CSRF 保护,它会为我们自动生成和验证 CSRF 令牌。默认情况下,Flask-WTF 使用程序密钥来对 CSRF 令牌进行签名,所以我们需要为程序设置密钥:

```
app.secret_key = 'secret string'
```

4.2.1 定义 WTForms 表单类

当使用 WTForms 创建表单时,表单由 Python 类表示,这个类继承从 WTForms 导入的 Form 基类。一个表单由若干个输入字段组成,这些字段分别用表单类的类属性来表示(字段即 Field,你可以简单理解为表单内的输入框、按钮等部件)。下面定义了一个 LoginForm 类,最终会生成我们在前面定义的 HTML 表单:

```
>>> from wtforms import Form, StringField, PasswordField, BooleanField, SubmitField
>>> from wtforms.validators import DataRequired, Length
>>> class LoginForm(Form):
...     username = StringField('Username', validators=[DataRequired()])
...     password = PasswordField('Password', validators=[DataRequired(), Length(8, 128)])
...     remember = BooleanField('Remember me')
...     submit = SubmitField('Log in')
```

每个字段属性通过实例化 WTForms 提供的字段类表示。字段属性的名称将作为对应 HTML `<input>` 元素的 name 属性及 id 属性值。

注意 字段属性名称大小写敏感,不能以下划线或 validate 开头。

这里的 LoginForm 表单类中定义了四个字段:文本字段 StringField、密码字段 Password Field、勾选框字段 BooleanField 和提交按钮字段 SubmitField。字段类从 wtforms 包导入,常用的 WTForms 字段如表 4-1 所示。

提示 有些字段最终生成的 HTML 代码相同,不过 WTForms 会在表单提交后根据表单类中字段的类型对数据进行处理,转换成对应的 Python 类型,以便在 Python 脚本中对数据进行处理。

表 4-1　常用的 WTForms 字段

字 段 类	说　明	对应的 HTML 表示
BooleanField	复选框，值会被处理为 True 或 False	`<input type="checkbox">`
DateField	文本字段，值会被处理为 datetime.date 对象	`<input type="text">`
DateTimeField	文本字段，值会被处理为 datetime.datetime 对象	`<input type="text">`
FileField	文件上传字段	`<input type="file">`
FloatField	浮点数字段，值会被处理为浮点型	`<input type="text">`
IntegerField	整数字段，值会被处理为整型	`<input type="text">`
RadioField	一组单选按钮	`<input type="radio">`
SelectField	下拉列表	`<select><option></option></select>`
SelectMultipleField	多选下拉列表	`<select multiple><option></option></select>`
SubmitField	提交按钮	`<input type="submit">`
StringField	文本字段	`<input type="text">`
HiddenField	隐藏文本字段	`<input type="hidden">`
PasswordField	密码文本字段	`<input type="password">`
TextAreaField	多行文本字段	`<textarea></textarea>`

通过实例化字段类时传入的参数，我们可以对字段进行设置，字段类构造方法接收的常用参数如表 4-2 所示。

表 4-2　实例化字段类常用参数

参　数	说　明
label	字段标签 `<label>` 的值，也就是渲染后显示在输入字段前的文字
render_kw	一个字典，用来设置对应的 HTML `<input>` 标签的属性，比如传入 {'placeholder': 'Your Name'}，渲染后的 HTML 代码会将 `<input>` 标签的 placeholder 属性设为 Your Name
validators	一个列表，包含一系列验证器，会在表单提交后被逐一调用验证表单数据
default	字符串或可调用对象，用来为表单字段设置默认值

在 WTForms 中，验证器（validator）是一系列用于验证字段数据的类，我们在实例化字段类时使用 validators 关键字来指定附加的验证器列表。验证器从 wtforms.validators 模块中导入，常用的验证器如表 4-3 所示。

表 4-3　常用的 WTForms 验证器

验 证 器	说　明
DataRequired(message=None)	验证数据是否有效
Email(message=None)	验证 Email 地址
EqualTo(fieldname, message=None)	验证两个字段值是否相同

（续）

验 证 器	说 明
InputRequired(message=None)	验证是否有数据
Length(min=-1, max=-1, message=None)	验证输入值长度是否在给定范围内
NumberRange(min=None, max=None, message=None)	验证输入数字是否在给定范围内
Optional(strip_whitespace=True)	允许输入值为空，并跳过其他验证
Regexp(regex, flags=0, message=None)	使用正则表达式验证输入值
URL(require_tld=True, message=None)	验证 URL
AnyOf(values, message=None, values_formatter=None)	确保输入值在可选值列表中
NoneOf(values, message=None, values_formatter=None)	确保输入值不在可选值列表中

> 💡**提示** 在实例化验证类时，message 参数用来传入自定义错误消息，如果没有设置则使用内置的英文错误消息，后面我们会了解如何使用内置的中文错误消息。

> 🌀**注意** validators 参数接收一个传入可调用对象组成的列表。内置的验证器使用实现了 __call__() 方法的类表示，所以我们需要在验证器后添加括号。

在 username 和 password 字段里，我们都使用了 DataRequired 验证器，用来验证输入的数据是否有效。另外，password 字段里还添加了一个 Length 验证器，用来验证输入的数据长度是否在给定的范围内。验证器的第一个参数一般为错误提示消息，我们可以使用 message 关键字传递参数，通过传入自定义错误信息来覆盖内置消息，比如：

```
name = StringField('Your Name', validators=[DataRequired(message=u'名字不能为空！')])
```

当使用 Flask-WTF 定义表单时，我们仍然使用 WTForms 提供的字段类和验证器，创建的方式也完全相同，只不过表单类要继承 Flask-WTF 提供的 FlaskForm 类。FlaskForm 类继承自 Form 类，进行了一些设置，并附加了一些辅助方法，以便与 Flask 集成。因为本章的示例程序中包含多个表单类，为了便于组织，我们创建了一个 forms.py 脚本，用来存储所有的表单类。代码清单 4-1 是继承 FlaskForm 类的 LoginForm 表单。

代码清单4-1　form/forms.py：定义表单类

```
from flask_wtf import FlaskForm
from wtforms import StringField, PasswordField, BooleanField, SubmitField
from wtforms.validators import DataRequired, Length

class LoginForm(FlaskForm):
    username = StringField('Username', validators=[DataRequired()])
    password = PasswordField('Password', validators=[DataRequired(), Length(8, 128)])
    remember = BooleanField('Remember me')
    submit = SubmitField('Log in')
```

提示　配置键 WTF_CSRF_ENABLED 用来设置是否开启 CSRF 保护，默认为 True。Flask-WTF 会自动在实例化表单类时添加一个包含 CSRF 令牌值的隐藏字段，字段名为 csrf_token。

4.2.2　输出 HTML 代码

以我们使用 WTForms 创建的 LoginForm 为例，实例化表单类，然后将实例属性转换成字符串或直接调用就可以获取表单字段对应的 HTML 代码：

```
>>> form = LoginForm()
>>> form.username()
u'<input id="username" name="username" type="text" value="">'
>>> form.submit()
u'<input id="submit" name="submit" type="submit" value="Submit">'
```

字段的 <label> 元素的 HTML 代码则可以通过 "form. 字段名 .label" 的形式获取：

```
>>> form.username.label()
u'<label for="username">Username</label>'
>>> form.submit.label()
u'<label for="submit">Submit</label>'
```

在创建 HTML 表单时，我们经常会需要使用 HTML <input> 元素的其他属性来对字段进行设置。比如，添加 class 属性设置对应的 CSS 类为字段添加样式；添加 placeholder 属性设置占位文本。默认情况下，WTForms 输出的字段 HTML 代码只会包含 id 和 name 属性，属性值均为表单类中对应的字段属性名称。如果要添加额外的属性，通常有两种方法。

1. 使用 render_kw 属性

比如下面为 username 字段使用 render_kw 设置了 placeholder HTML 属性：

```
username = StringField('Username', render_kw={'placeholder': 'Your Username'})
```

这个字段被调用后输出的 HTML 代码如下所示：

```
<input type="text" id="username" name="username" placeholder="Your Username">
```

2. 在调用字段时传入

在调用字段属性时，通过添加括号使用关键字参数的形式也可以传入字段额外的 HTML 属性：

```
>>> form.username(style='width: 200px;', class_='bar')
u'<input class="bar" id="username" name="username" style="width: 200px;" type="text">'
```

附注　class 是 Python 的保留关键字，在这里我们使用 class_ 来代替 class，渲染后的 <input> 会获得正确的 class 属性，在模板中调用时则可以直接使用 class。

注意　通过上面的方法也可以修改 id 和 name 属性，但表单被提交后，WTForms 需要通过 name 属性来获取对应的数据，所以不能修改 name 属性值。

4.2.3 在模板中渲染表单

为了能够在模板中渲染表单，我们需要把表单类实例传入模板。首先在视图函数里实例化表单类 LoginForm，然后在 render_template() 函数中使用关键字参数 form 将表单实例传入模板，如代码清单 4-2 所示。

代码清单4-2　form/app.py：传入表单类实例

```python
from forms import LoginForm

@app.route('/basic')
def basic():
    form = LoginForm()
    return render_template('basic.html', form=form)
```

在模板中，只需要调用表单类的属性即可获取字段对应的 HTML 代码，如果需要传入参数，也可以添加括号，如代码清单 4-3 所示。

代码清单4-3　form/templates/basic.html：在模板中渲染表单

```html
<form method="post">
    {{ form.csrf_token }} <!-- 渲染CSRF令牌隐藏字段 -->
    {{ form.username.label }}<br>{{ form.username }}<br>
    {{ form.password.label }}<br>{{ form.password }}<br>
    {{ form.remember }}{{ form.remember.label }}<br>
    {{ form.submit }}<br>
</form>
```

需要注意的是，在上面的代码中，除了渲染各个字段的标签和字段本身，我们还调用了 form.csrf_token 属性渲染 Flask-WTF 为表单类自动创建的 CSRF 令牌字段。form.csrf_token 字段包含了自动生成的 CSRF 令牌值，在提交表单后会自动被验证，为了确保表单通过验证，我们必须在表单中手动渲染这个字段。

 提示　Flask-WTF 为表单类实例提供了一个 form.hidden_tag() 方法，这个方法会依次渲染表单中所有的隐藏字段。因为 csrf_token 字段也是隐藏字段，所以当这个方法被调用时也会渲染 csrf_token 字段。

渲染后获得的实际 HTML 代码如下所示：

```html
<form method="post">
    <input id="csrf_token" name="csrf_token" type="hidden" value="IjVmMDE1ZmFjM2
        VjYmZjY...i.DY1QSg.IWc1WEWxr3TvmAWCTHRMGjIcDOQ">
    <label for="username">Username</label><br>
    <input id="username" name="username" type="text" value=""><br>
    <label for="password">Password</label><br>
    <input id="password" name="password" type="password" value=""><br>
    <input id="remember" name="remember" type="checkbox" value="y"><label
        for="remember">Remember me</label><br>
    <input id="submit" name="submit" type="submit" value="Log in"><br>
</form>
```

如果你运行了示例程序，访问 http://localhost:5000/basic 可以看到渲染后的表单，页面中的表单和我们在上面使用 HTML 编写的表单完全相同。

在前面我们介绍过，使用 render_kw 字典或是在调用字段时传入参数来定义字段的额外 HTML 属性，通过这种方式添加 CSS 类，我们可以编写一个 Bootstrap 风格的表单，如代码清单 4-4 所示。

代码清单4-4　form/templates/bootstrap.html：渲染Bootstrap风格表单

```
...
<form method="post">
    {{ form.csrf_token }}
    <div class="form-group">
        {{ form.username.label }}
        {{ form.username(class='form-control') }}
    </div>
    <div class="form-group">
        {{ form.password.label }}
        {{ form.password(class='form-control') }}
    </div>
    <div class="form-check">
        {{ form.remember(class='form-check-input') }}
        {{ form.remember.label }}
    </div>
    {{ form.submit(class='btn btn-primary') }}
</form>
...
```

为了使用 Bootstrap，我们在模板中加载了 Bootstrap 资源。如果你运行了示例程序，可以访问 http://localhost:5000/bootstrap 查看渲染后的实际效果，如图 4-2 所示。

图 4-2　Bootstrap 风格表单

> **附注** 如果你想手动编写 HTML 表单的代码，要注意表单字段的 name 属性值必须和表单类的字段名称相同，这样在提交表单时 WTForms 才能正确地获取数据并进行验证，具体会在后面介绍。

4.3 处理表单数据

表单数据的处理涉及很多内容，除去表单提交不说，从获取数据到保存数据大致会经历以下步骤：

1）解析请求，获取表单数据。

2）对数据进行必要的转换，比如将勾选框的值转换成 Python 的布尔值。

3）验证数据是否符合要求，同时验证 CSRF 令牌。

4）如果验证未通过则需要生成错误消息，并在模板中显示错误消息。

5）如果通过验证，就把数据保存到数据库或做进一步处理。

除非是简单的程序，否则手动处理不太现实，使用 Flask-WTF 和 WTForms 可以极大地简化这些步骤。

4.3.1 提交表单

在 HTML 中，当 <form> 标签声明的表单中类型为 submit 的提交字段被单击时，就会创建一个提交表单的 HTTP 请求，请求中包含表单各个字段的数据。表单的提交行为主要由三个属性控制，如表 4-4 所示。

表 4-4 HTML 表单中控制提交行为的属性

属　性	默　认　值	说　明
action	当前 URL，即页面对应的 URL	表单提交时发送请求的目标 URL
method	get	提交表单的 HTTP 请求方法，目前仅支持使用 GET 和 POST 方法
enctype	application/x-www-form-urlencoded	表单数据的编码类型，当表单中包含文件上传字段时，需要设为 multipart/form-data，还可以设为纯文本类型 text/plain

form 标签的 action 属性用来指定表单被提交的目标 URL，默认为当前 URL，也就是渲染该模板的路由所在的 URL。如果你要把表单数据发送到其他 URL，可以自定义这个属性值。

当使用 GET 方法提交表单数据时，表单的数据会以查询字符串的形式附加在请求的 URL 里，比如：

```
http://localhost:5000/basic?username=greyli&password=12345
```

GET 方式仅适用于长度不超过 2000 个字符，且不包含敏感信息的表单。因为这种方式会直接将用户提交的表单数据暴露在 URL 中，容易被攻击者截获，示例中的情况明显是危险的。因此，出于安全的考虑，我们一般使用 POST 方法提交表单。使用 POST 方法时，按照默认的编码类型，表单数据会被存储在请求主体中，比如：

```
POST /basic HTTP/1.0
...
Content-Type: application/x-www-form-urlencoded
Content-Length: 30

username=greyli&password=12345
```

在第 2 章我们介绍过，Flask 为路由设置默认监听的 HTTP 方法为 GET。为了支持接收表单提交发送的 POST 请求，我们必须在 app.route() 装饰器里使用 methods 关键字为路由指定 HTTP 方法，如代码清单 4-5 所示。

代码清单4-5 form/app.py：设置监听POST方法

```
@app.route('/basic', methods=['GET', 'POST'])
def basic():
    form = LoginForm()
    return render_template('basic.html', form=form)
```

4.3.2 验证表单数据

表单数据的验证是 Web 表单中最重要的主题之一，这一节我们会学习如何使用 Flask-WTF 验证并获取表单数据。

1. 客户端验证和服务器端验证

表单的验证通常分为以下两种形式：

（1）客户端验证

客户端验证（client side validation）是指在客户端（比如 Web 浏览器）对用户的输入值进行验证。比如，使用 HTML5 内置的验证属性即可实现基本的客户端验证（type、required、min、max、accept 等）。比如，下面的 username 字段添加了 required 标志：

```
<input type="text" name="username" required>
```

如果用户没有输入内容而按下提交按钮，会弹出浏览器内置的错误提示，如图 4-3 所示。

和其他附加 HTML 属性相同，我们可以在定义表单时通过 render_kw 传入这些属性，或是在渲染表单时传入。像 required 这类布尔值属性，值可以为空或是任意 ASCII 字符，比如：

```
{{ form.username(required='') }}
```

除了使用 HTML5 提供的属性实现基本的客户端验证，我们通常会使用 JavaScript 实现完善的验证机制。如果你不想手动编写 JavaScript 代码实现客户端验证，可以考虑使用各种 JavaScript 表单验证库，比如 jQuery Validation Plugin（https://jqueryvalidation.org/）、Parsley.js（http://parsleyjs.org/）以及可与 Bootstrap 集成的 Bootstrap Validator（http://1000hz.github.io/bootstrap-validator/，目前仅支持 Bootstrap3 版本）等。

客户端方式可以实时动态提示用户输入是否正确，只有用户输入正确后才会将表单数据发送到服务器。客户端验证可以增强用户体验，降低服务器负载。

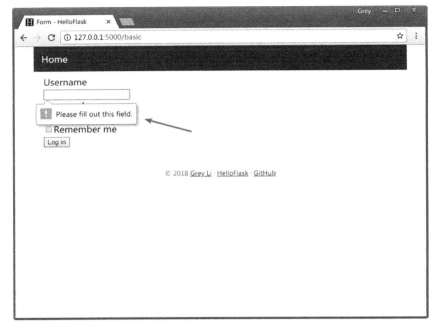

图 4-3　HTML5 表单验证

（2）服务器端验证

服务器端验证（server side validation）是指用户把输入的数据提交到服务器端，在服务器端对数据进行验证。如果验证出错，就在返回的响应中加入错误信息。用户修改后再次提交表单，直到通过验证。我们在 Flask 程序中使用 WTForms 实现的就是服务器端验证。

在这里我们不必纠结使用何种形式，因为无论你是否使用客户端验证，服务器端验证都是必不可少的，因为用户可以通过各种方式绕过客户端验证，比如在客户端设置禁用 JavaScript。对于玩具程序来说，你可以不用考虑那么多，但对于真实项目来说，绝对不能忽视任何安全问题。因为客户端验证超出了本书介绍的范围，这里仅介绍服务器端验证的实现。

2. WTForms 验证机制

WTForms 验证表单字段的方式是在实例化表单类时传入表单数据，然后对表单实例调用 validate() 方法。这会逐个对字段调用字段实例化时定义的验证器，返回表示验证结果的布尔值。如果验证失败，就把错误消息存储到表单实例的 errors 属性对应的字典中，验证的过程如下所示：

```
>>> from wtforms import Form, StringField, PasswordField, BooleanField
>>> from wtforms.validators import DataRequired, Length
>>> class LoginForm(Form):
...     username = StringField('Username', validators=[DataRequired()])
...     password = PasswordField('Password', validators=[DataRequired()
```

```
, Length(8, 128)])
>>> form = LoginForm(username='', password='123')
>>> form.data  # 表单数据字典
{'username': '', 'password': '123'}
>>> form.validate()
False
>>> form.errors  # 错误消息字典
{'username': [u'This field is required.'], 'password': [u'Field must be
 at least 8 characters long.']}
>>> form2 = LoginForm(username='greyli', password='12345678')
>>> form2.data
{'username': 'greyli', 'password': '12345678'}
>>> form2.validate()
True
>>> form2.errors
{}
```

　　因为我们的表单使用 POST 方法提交，如果单纯使用 WTForms，我们在实例化表单类时需要首先把 request.form 传入表单类，而使用 Flask-WTF 时，表单类继承的 FlaskForm 基类默认会从 request.form 获取表单数据，所以不需要手动传入。

 提示　　使用 POST 方法提交的表单，其数据会被 Flask 解析为一个字典，可以通过请求对象的 form 属性获取（request.form）；使用 GET 方法提交的表单的数据同样会被解析为字典，不过要通过请求对象的 args 属性获取（request.args）。

3. 在视图函数中验证表单

　　因为现在的 basic 视图同时接收两种类型的请求：GET 请求和 POST 请求。所以我们要根据请求方法的不同执行不同的代码。具体来说：首先是实例化表单，如果是 GET 请求，那么就渲染模板；如果是 POST 请求，就调用 validate() 方法验证表单数据。

　　请求的 HTTP 方法可以通过 request.method 属性获取，我们可以使用下面的方式来组织视图函数：

```
from flask import request
...
@app.route('/basic', methods=['GET', 'POST'])
def basic():
    form = LoginForm()  # GET + POST
    if request.method == 'POST' and form.validate():
        ...  # 处理POST请求
    return render_template('basic.html', form=form)  # 处理GET请求
```

其中的 if 语句等价于：

```
if 用户提交表单 and 数据通过验证:
    获取表单数据并保存
```

　　当请求方法是 GET 时，会跳过这个 if 语句，渲染 basic.html 模板；当请求的方法是 POST 时（说明用户提交了表单），则验证表单数据。这会逐个字段（包括 CSRF 令牌字段）调用附加的验证器进行验证。

注
意
因为 WTForms 会自动对 CSRF 令牌字段进行验证，如果没有渲染该字段会导致验证出错，错误消息为"CSRF token is missing"。

Flask-WTF 提供的 validate_on_submit() 方法合并了这两个操作，因此上面的代码可以简化为：

```python
@app.route('/basic', methods=['GET', 'POST'])
def basic():
    form = LoginForm()
    if form.validate_on_submit():
        ...
    return render_template('basic.html', form=form)
```

附
注
除了 POST 方法，如果请求的方法是 PUT、PATCH 和 DELETE 方法，form.validate_on_submit() 也会验证表单数据。

如果 form.validate_on_submit() 返回 True，则表示用户提交了表单，且表单通过验证，那么我们就可以在这个 if 语句内获取表单数据，如代码清单 4-6 所示。

代码清单4-6　form/app.py：表单验证与获取数据

```python
from flask import Flask, render_template, redirect, url_for, flash
...
@app.route('/basic', methods=['GET', 'POST'])
def basic():
    form = LoginForm()
    if form.validate_on_submit():
        username = form.username.data
        flash('Welcome home, %s!' % username)
        return redirect(url_for('index'))
    return render_template('basic.html', form=form)
```

表单类的 data 属性是一个匹配所有字段与对应数据的字典，我们一般直接通过"form. 字段属性名 .data"的形式来获取对应字段的数据。例如，form.username.data 返回 username 字段的值。在代码清单 4-6 中，当表单验证成功后，我们获取了 username 字段的数据，然后用来发送一条 flash 消息，最后将程序重定向到 index 视图。

提
示
表单的数据一般会存储到数据库中，这是我们下一章要学习的内容。这里仅仅将数据填充到 flash() 函数里。

在这个 if 语句内，如果不使用重定向的话，当 if 语句执行完毕后会继续执行最后的 render_template() 函数渲染模板，最后像往常一样返回一个常规的 200 响应，但这会造成一个问题：

在浏览器中，当单击 F5 刷新 / 重载时的默认行为是发送上一个请求。如果上一个请求是 POST 请求，那么就会弹出一个确认窗口，询问用户是否再次提交表单。为了避免出现这个容易让人产生困惑的提示，我们尽量不要让提交表单的 POST 请求作为最后一个请求。这就是为什么我们在处理表单后返回一个重定向响应，这会让浏览器重新发送一个新的 GET 请求到重定向的目标 URL。最终，最后一个请求就变成了 GET 请求。这种用来防止重复提交表单的技术称为 PRG（Post/Redirect/Get）模式，即通过对提交表单的 POST 请求返回重定向响应将最后一个请求转换为 GET 请求。

4.3.3　在模板中渲染错误消息

如果 form.validate_on_submit() 返回 False，那么说明验证没有通过。对于验证未通过的字段，WTForms 会把错误消息添加到表单类的 errors 属性中，这是一个匹配作为表单字段的类属性到对应的错误消息列表的字典。我们一般会直接通过字段名来获取对应字段的错误消息列表，即 "form. 字段名 .errors"。比如，form.name.errors 返回 name 字段的错误消息列表。

像第 2 章渲染 flash() 消息一样，我们可以在模板里使用 for 循环迭代错误消息列表，如代码清单 4-7 所示。

代码清单4-7　form/templates/basic.html：渲染错误消息

```html
<form method="post">
    {{ form.csrf_token }}
    {{ form.username.label }}<br>
    {{ form.username }}<br>
    {% for message in form.username.errors %}
        <small class="error">{{ message }}</small><br>
    {% endfor %}
    {{ form.password.label }}<br>
    {{ form.password }}<br>
    {% for message in form.password.errors %}
        <small class="error">{{ message }}</small><br>
    {% endfor %}
    {{ form.remember }}{{ form.remember.label }}<br>
    {{ form.submit }}<br>
</form>
```

> 📊 **附注** 为了让错误消息更加醒目，我们为错误消息元素添加了 error 类，这个样式类在 style.css 文件中定义，它会将文字颜色设为红色。

如果你运行了示例程序，请访问 http://localhost:5000/basic 打开基本表单示例，如果你没有输入内容而按下提交按钮，会看到浏览器内置的错误提示。

> 🎯 **提示** 在使用 DataRequired 和 InputRequired 验证器时，WTForms 会在字段输出的 HTML 代码中添加 required 属性，所以会弹出浏览器内置的错误提示。同时，WTForms 也会在表单字段的 flags 属性添加 required 标志（比如 form.username.flags.required），所以我们可以在模板中通过这个标志值来判断是否在字段文本中添加一个 * 号或文字标注，以表示必填项。

如果你在用户名字段输入空格，在密码字段输入的数值长度小于 8，返回响应后会看到对应的错误消息显示在字段下方，如图 4-4 所示。

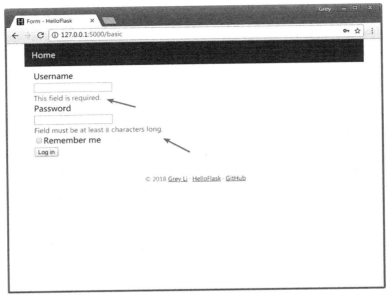

图 4-4 显示错误信息

> 🎯提示 InputRequired 验证器和 DataRequired 很相似，但 InputRequired 仅验证用户是否有
> 输入，而不管输入的值是否有效。例如，由空格组成的数据也会通过验证。当使用
> DataRequired 时，如果用户输入的数据不符合字段要求，比如在 IntegerField 输入非数
> 字时会视为未输入，而不是类型错误。

至此，我们已经介绍了在 Python 中处理 HTML 表单的所有基本内容。完整的表单处理过程
的流程图如图 4-5 所示。

4.4 表单进阶实践

这一节会介绍表单处理的相关技巧，这些技巧可以简化表单的处理过程。另外，我们还介
绍了表单的一些非常规应用。

4.4.1 设置错误消息语言

WTForms 内置了多种语言的错误消息，如果你想改变内置错误消息的默认语言，可以通过
自定义表单基类实现（Flask-WTF 版本 >0.14.2）。

> 🐢注意 实现这个功能需要确保 Flask-WTF 版本 >0.14.2 或单独使用 WTForms。在本书写作时，
> Flask-WTF 的最新版本为 0.14.2，所以这里介绍的方法暂时无法使用。

代码清单 4-8 中的示例程序创建了一个 MyBaseForm 基类，所有继承这个基类的表单类的

内置错误消息语言都会设为简体中文。

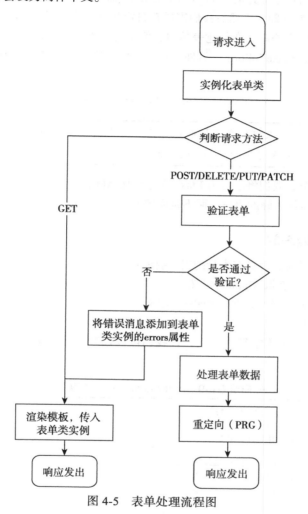

图 4-5　表单处理流程图

代码清单4-8　设置内置错误消息语言为中文

```
from flask_wtf import FlaskForm

app = Flask(__name__)
app.config['WTF_I18N_ENABLED'] = False

class MyBaseForm(FlaskForm):
    class Meta:
        locales = ['zh']

class HelloForm(MyBaseForm):
    name = StringField('Name', validators=[DataRequired()])
    submit = SubmitField()
```

首先，我们需要将配置变量 WTF_I18N_ENABLED 设为 False，这会让 Flask-WTF 使用 WTForms 内置的错误消息翻译。然后我们需要在自定义基类中定义 Meta 类，并在 locales 列表中加入简体中文的地区字符串。在创建表单时，继承这个 MyBaseForm 即可将错误消息语言设为中文，比如上面定义的 HelloForm。另外，你也可以在实例化表单类时通过 meta 关键字传入 locales 值，比如：

```
form = MyForm(meta={'locales': ['en_US', 'en']})
```

📖附注 locales 属性是一个根据优先级排列的地区字符串列表。在 WTForms 中，简体中文和繁体中文的地区字符串分别为 zh 和 zh_TW。

在本书的第二部分，我们将学习为 Flask 程序添加国际化和本地化支持，这样程序会根据用户的语言偏好来自动显示正确的语言，而不是固定使用某一种语言。

4.4.2 使用宏渲染表单

在模板中渲染表单时，我们有大量的工作要做：

❏ 调用字段属性，获取 <input> 定义。

❏ 调用对应的 label 属性，获取 <label> 定义。

❏ 渲染错误消息。

为了避免为每一个字段重复这些代码，我们可以创建一个宏来渲染表单字段，如代码清单 4-9 所示。

代码清单4-9 macros.html：表单渲染宏

```
{% macro form_field(field) %}
    {{ field.label }}<br>
    {{ field(**kwargs) }}<br>
    {% if field.errors %}
        {% for error in field.errors %}
            <small class="error">{{ error }}</small><br>
        {% endfor %}
    {% endif %}
{% endmacro %}
```

这个 form_field() 宏接收表单类实例的字段属性和附加的关键字参数作为输入，返回包含 <label> 标签、表单字段、错误消息列表的 HTML 表单字段代码。使用这个宏渲染表单的示例如下所示：

```
{% from 'macros.html' import form_field %}
...
<form method="post">
    {{ form.csrf_token }}
    {{ form_field(form.username)}}<br>
    {{ form_field(form.password) }}<br>
    ...
</form>
```

在上面的代码中，我们调用 form_field() 宏逐个渲染表单中的字段，只要把每一个类属性传入 form_field() 宏，即可完成渲染。

> 💡提示　同样的，我们可以编写一个宏渲染 Bootstrap 风格的表单。不过，这类复杂的工作可以交给扩展来完成，后面我们会介绍使用扩展简化在模板中渲染 Bootstrap 风格表单的工作。

4.4.3　自定义验证器

在 WTForms 中，验证器是指在定义字段时传入 validators 参数列表的可调用对象，这一节我们会介绍如何编写自定义验证器。

1. 行内验证器

除了使用 WTForms 提供的验证器来验证表单字段，我们还可以在表单类中定义方法来验证特定字段，如代码清单 4-10 所示。

代码清单4-10　form/forms.py：针对特定字段的验证器

```python
from wtforms import IntegerField, SubmitField
from wtforms.validators import ValidationError

class FortyTwoForm(FlaskForm):
    answer = IntegerField('The Number')
    submit = SubmitField()

    def validate_answer(form, field):
        if field.data != 42:
            raise ValidationError('Must be 42.')
```

当表单类中包含以"validate_字段属性名"形式命名的方法时，在验证字段数据时会同时调用这个方法来验证对应的字段，这也是为什么表单类的字段属性名不能以 validate 开头。验证方法接收两个位置参数，依次为 form 和 field，前者为表单类实例（也可按惯例使用 self 命名参数），后者是字段对象，我们可以通过 field.data 获取字段数据，这两个参数将在验证表单时被调用传入。验证出错时抛出从 wtforms.validators 模块导入的 ValidationError 异常，传入错误消息作为参数。因为这种方法仅用来验证特定的表单类字段，所以又称为行内验证器（in-line validator）。

2. 全局验证器

如果你想要创建一个可重用的通用验证器，可以通过定义一个函数实现。如果不需要传入参数定义验证器，那么一个和表单类中定义的验证方法完全相同的函数就足够了，如代码清单 4-11 所示。

代码清单4-11　全局验证器示例

```python
from wtforms.validators import ValidationError

def is_42(form, field):
```

```
    if field.data != 42:
        raise ValidationError('Must be 42')

class FortyTwoForm(FlaskForm):
    answer = IntegerField('The Number', validators=[is_42])
    submit = SubmitField()
```

当使用函数定义全局的验证器时，我们需要在定义字段时在 validators 列表里传入这个验证器。因为在 validators 列表中传入的验证器必须是可调用对象，所以这里传入了函数对象，而不是函数调用。

这仅仅是一个简单的示例，在现实中，我们通常需要让验证器支持传入参数来对验证过程进行设置。至少，我们应该支持 message 参数来设置自定义错误消息。这时验证函数应该实现成工厂函数，即返回一个可调用对象的函数，如代码清单 4-12 所示。

代码清单4-12　工厂函数形式的全局验证器示例

```
from wtforms.validators import ValidationError

def is_42(message=None):
    if message is None:
        message = 'Must be 42.'

    def _is_42(form, field):
        if field.data != 42:
            raise ValidationError(message)

    return _is_42

class FortyTwoForm(FlaskForm):
    answer = IntegerField('The Number', validators=[is_42()])
    submit = SubmitField()
```

在现在的 is_42() 函数中，我们创建了另一个 _is_42() 函数，这个函数会被作为可调用对象返回。is_42() 函数接收的 message 参数用来传入自定义错误消息，默认为 None，如果没有设置就使用内置消息。在 validators 列表中，这时需要传入的是对工厂函数 is_42() 的调用。

> 📺附注　在更复杂的验证场景下，你可以使用实现了 __call__() 方法的类（可调用类）来编写验证器，具体请参考 WTForms 文档相关章节（http://wtforms.readthedocs.io/en/latest/validators.html#custom-validators）。

4.4.4　文件上传

在 HTML 中，渲染一个文件上传字段只需要将 <input> 标签的 type 属性设为 file，即 <input type="file">。这会在浏览器中渲染成一个文件上传字段，单击文件选择按钮会打开文件选择窗口，选择对应的文件后，被选择的文件名会显示在文件选择按钮旁边。

在服务器端，可以和普通数据一样获取上传文件数据并保存。不过我们需要考虑安全问题，文件上传漏洞也是比较流行的攻击方式。除了常规的 CSRF 防范，我们还需要重点注意下面的问题：

❑ 验证文件类型。
❑ 验证文件大小。
❑ 过滤文件名。

1. 定义上传表单

在 Python 表单类中创建文件上传字段时，我们使用扩展 Flask-WTF 提供的 FileField 类，它继承 WTForms 提供的上传字段 FileField，添加了对 Flask 的集成。代码清单 4-13 创建了一个包含文件上传字段的表单。

代码清单4-13　form/forms.py：创建上传表单

```
from flask_wtf.file import FileField, FileRequired, FileAllowed
class UploadForm(FlaskForm):
    photo = FileField('Upload Image', validators=[FileRequired(), FileAllowed(['jpg',
        'jpeg', 'png', 'gif'])])
    submit = SubmitField()
```

为了便于测试，我们创建一个用来上传图片的 photo 字段。和其他字段类似，我们也需要对文件上传字段进行验证。Flask-WTF 在 flask_wtf.file 模块下提供了两个文件相关的验证器，用法说明如表 4-5 所示。

表 4-5　Flask-WTF 提供的上传文件验证器

验 证 器	说 明
FileRequired(message=None)	验证是否包含文件对象
FileAllowed(upload_set, message=None)	用来验证文件类型，upload_set 参数用来传入包含允许的文件后缀名列表

我们使用 FileRequired 确保提交的表单字段中包含文件数据。出于安全考虑，我们必须对上传的文件类型进行限制。如果用户可以上传 HTML 文件，而且我们同时提供了视图函数获取上传后的文件，那么很容易导致 XSS 攻击。我们使用 FileAllowed 设置允许的文件类型，传入一个包含允许文件类型的后缀名列表。

顺便说一下，Flask-WTF 提供的 FileAllowed 是在服务器端验证上传文件，使用 HTML5 中的 accept 属性也可以在客户端实现简单的类型过滤。这个属性接收 MIME 类型字符串或文件格式后缀，多个值之间使用逗号分隔，比如：

```
<input type="file" id="profile_pic" name="profile_pic"
    accept=".jpg, .jpeg, .png, .gif">
```

当用户单击文件选择按钮后，打开的文件选择窗口会默认将 accept 属性值之外的文件过滤掉。尽管如此，用户还是可以选择设定之外的文件，所以我们仍然需要进行服务器端验证。

📖附注　扩展 Flask-Uploads（https://github.com/maxcountryman/flask-uploads）内置了在 Flask 中实现文件上传的便利功能。Flask-WTF 提供的 FileAllowed() 也支持传入 Flask-Uploads 中的上传集对象（Upload Set）作为 upload_set 参数的值。另外，同类的扩展还有 Flask-Transfer（https://github.com/justanr/Flask-Transfer）。

除了验证文件的类型，我们通常还需要对文件大小进行验证，你肯定不想让用户上传超大的文件来拖垮你的服务器。通过设置 Flask 内置的配置变量 MAX_CONTENT_LENGTH，我们可以限制请求报文的最大长度，单位为字节（byte）。比如，下面将最大长度限制为 3M：

```
app.config['MAX_CONTENT_LENGTH'] = 3 * 1024 * 1024
```

当请求数据（上传文件大小）超过这个限制后，会返回 413 错误响应（Request Entity Too Large），如图 4-6 所示。

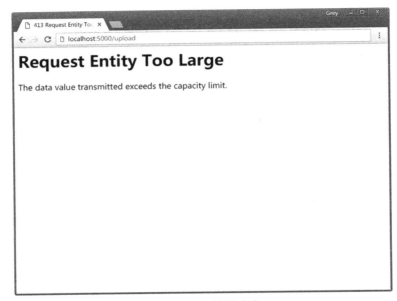

图 4-6　413 错误响应

 提示 我们可以创建对应的错误处理函数来返回自定义的 413 错误响应。需要注意，Flask 内置的开发服务器在抛出对应的异常时不会返回 413 响应，而是中断连接。不过我们不用担心这个问题，当使用生产环境下的服务器时，会正确返回 413 错误响应。

2. 渲染上传表单

在新创建的 upload 视图里，我们实例化表单类 UploadForm，然后传入模板：

```
@app.route('/upload', methods=['GET', 'POST'])
def upload():
    form = UploadForm()
    ...
    return render_template('upload.html', form=form)
```

代码清单 4-14 在模板中渲染了这个表单，渲染方式和其他字段相同。

代码清单4-14　form/templates/upload.html：在模板中渲染上传表单

```
<form method="post" enctype="multipart/form-data">
```

```
    {{ form.csrf_token }}
    {{ form_field(form.photo) }}
    {{ form.submit }}
</form>
```

唯一需要注意的是,当表单中包含文件上传字段时(即 type 属性为 file 的 input 标签),需要将表单的 enctype 属性设为 "multipart/form-data",这会告诉浏览器将上传数据发送到服务器,否则仅会把文件名作为表单数据提交。

3. 处理上传文件

和普通的表单数据不同,当包含上传文件字段的表单提交后,上传的文件需要在请求对象的 files 属性(request.files)中获取。我们在第 2 章介绍过,这个属性是 Werkzeug 提供的 ImmutableMultiDict 字典对象,存储字段的 name 键值和文件对象的映射,比如:

```
ImmutableMultiDict([('photo', <FileStorage: u'0f913b0ff95.JPG' ('image/jpeg')>)])
```

上传的文件会被 Flask 解析为 Werkzeug 中的 FileStorage 对象(werkzeug.datastructures. FileStorage)。当手动处理时,我们需要使用文件上传字段的 name 属性值作为键获取对应的文件对象。比如:

```
request.files.get('photo')
```

当使用 Flask-WTF 时,它会自动帮我们获取对应的文件对象,这里我们仍然使用表单类属性的 data 属性获取上传文件。处理上传表单提交请求的 upload 视图如代码清单 4-15 所示。

代码清单4-15 form/app.py:处理上传文件

```
import os

app.config['UPLOAD_PATH'] = os.path.join(app.root_path, 'uploads')

@app.route('/upload', methods=['GET', 'POST'])
def upload():
    form = UploadForm()
    if form.validate_on_submit():
        f = form.photo.data
        filename = random_filename(f.filename)
        f.save(os.path.join(app.config['UPLOAD_PATH'], filename))
        flash('Upload success.')
        session['filenames'] = [filename]
        return redirect(url_for('show_images'))
    return render_template('upload.html', form=form)
```

当表单通过验证后,我们通过 form.photo.data 获取存储上传文件的 FileStorage 对象。接下来,我们需要处理文件名,通常有三种处理方式:

(1)使用原文件名

如果能够确定文件的来源安全,可以直接使用原文件名,通过 FileStorage 对象的 filename 属性获取:

```
filename = f.filename
```

（2）使用过滤后的文件名

如果要支持用户上传文件，我们必须对文件名进行处理，因为攻击者可能会在文件名中加入恶意路径。比如，如果恶意用户在文件名中加入表示上级目录的 ..（比如 ../../../../home/username/.bashrc 或 ../../../etc/passwd），那么当我们保存文件时，如果这里表示上级目录的 .. 数量正确，就会导致服务器上的系统文件被覆盖或篡改，还有可能执行恶意脚本。我们可以使用Werkzeug 提供的 secure_filename() 函数对文件名进行过滤，传递文件名作为参数，它会过滤掉所有危险字符，返回"安全的文件名"，如下所示：

```
>>> from werkzeug import secure_filename
>>> secure_filename('avatar!@#//#\\%$^&.jpg')
'avatar.jpg'
>>> secure_filename('avatar头像.jpg')
'avatar.jpg'
```

（3）统一重命名

secure_filename() 函数非常方便，它会过滤掉文件名中的非 ASCII 字符。但如果文件名完全由非 ASCII 字符组成，那么会得到一个空文件名：

```
>>> secure_filename('头像.jpg')
'jpg'
```

为了避免出现这种情况，更好的做法是使用统一的处理方式对所有上传的文件重新命名。随机文件名有很多种方式可以生成，下面是一个使用 Python 内置的 uuid 模块生成随机文件名的random_filename() 函数：

```
def random_filename(filename):
    ext = os.path.splitext(filename)[1]
    new_filename = uuid.uuid4().hex + ext
    return new_filename
```

这个函数接收原文件名作为参数，使用内置的 uuid 模块中的 uuid4() 方法生成新的文件名，并使用 hex 属性获取十六进制字符串，最后返回包含后缀的新文件名。

附注　UUID（Universally Unique Identifier，通用唯一识别码）是用来标识信息的 128 位数字，比如用作数据库表的主键。使用标准方法生成的 UUID 出现重复的可能性接近 0。在UUID 的标准中，UUID 分为 5 个版本，每个版本使用不同的生成方法并且适用于不同的场景。我们使用的 uuid4() 方法对应的是第 4 个版本：不接收参数而生成随机 UUID。

在 upload 视图中，我们调用这个函数来获取随机文件名，传入原文件名作为参数：

```
filename = random_filename(f.filename)
```

处理完文件名后，是时候将文件保存到文件系统中了。我们在 form 目录下创建了一个uploads 文件夹，用于保存上传后的文件。指向这个文件夹的绝对路径存储在自定义配置变量UPLOAD_PATH 中：

```
app.config['UPLOAD_PATH'] = os.path.join(app.root_path, 'uploads')
```

这里的路径通过 app.root_path 属性构造,它存储了程序实例所在脚本的绝对路径,相当于 os.path.abspath(os.path.dirname(__file__))。为了保存文件,你需要提前手动创建这个文件夹。

对 FileStorage 对象调用 save() 方法即可保存,传入包含目标文件夹绝对路径和文件名在内的完整保存路径:

```
f.save(os.path.join(app.config['UPLOAD_PATH'], filename))
```

文件保存后,我们希望能够显示上传后的图片。为了让上传后的文件能够通过 URL 获取,我们还需要创建一个视图函数来返回上传后的文件,如下所示:

```
@app.route('/uploads/<path:filename>')
def get_file(filename):
    return send_from_directory(app.config['UPLOAD_PATH'], filename)
```

这个视图的作用与 Flask 内置的 static 视图类似,通过传入的文件路径返回对应的静态文件。在这个 get_file 视图中,我们使用 Flask 提供的 send_from_directory() 函数来获取文件,传入文件的路径和文件名作为参数。

🎯 提示　在 get_file 视图的 URL 规则中,filename 变量使用了 path 转换器以支持传入包含斜线的路径字符串。

在 upload 视图里保存文件后,我们使用 flash() 发送一个提示,将文件名保存到 session 中,最后重定向到 show_images 视图。show_images 视图返回的 uploaded.html 模板将从 session 获取文件名,渲染出上传后的图片。

```
flash('Upload success.')
session['filenames'] = [filename]
return redirect(url_for('show_images'))
```

🎯 提示　这里将 filename 作为列表传入 session 只是为了兼容下面的多文件上传示例,这两个视图使用同一个模板,使用 session 可以在模板中统一从 session 获取文件名列表。

在 uploaded.html 模板里,我们将传入的文件名作为 URL 变量,通过上面的 get_file 视图获取文件 URL,作为 <img> 标签的 src 属性值,如下所示:

```
<img src="{{ url_for('get_file', filename=filename) }}">
```

访问 http://localhost:5000/upload 打开文件上传示例,选择文件并提交后即可看到上传后的图片。另外,你会在示例程序文件夹中的 uploads 目录下发现上传的文件。

4. 多文件上传

因为 Flask-WTF 当前版本(0.14.2)中并未添加对多文件上传的渲染和验证支持,因此我们需要在视图函数中手动获取文件并进行验证。这种手动处理方式和我们在上一节介绍的方式效果基本相同。

在客户端,通过在文件上传字段(type=file)加入 multiple 属性,就可以开启多选:

```
<input type="file" id="file" name="file" multiple>
```

创建表单类时，可以直接使用 WTForms 提供的 MultipleFileField 字段实现，添加一个 DataRequired 验证器来确保包含文件：

```
from wtforms import MultipleFileField
class MultiUploadForm(FlaskForm):
    photo = MultipleFileField('Upload Image', validators=[DataRequired()])
    submit = SubmitField()
```

表单提交时，在服务器端的程序中，对 request.files 属性调用 getlist() 方法并传入字段的 name 属性值会返回包含所有上传文件对象的列表。在 multi_upload 视图中，我们迭代这个列表，然后逐一对文件进行处理，如代码清单 4-16 所示。

代码清单4-16 form/app.py：处理多文件上传

```
from flask import request, session, flash, redirect, url_for
from flask_wtf.csrf import validate_csrf
from wtforms import ValidationError

@app.route('/multi-upload', methods=['GET', 'POST'])
def multi_upload():
    form = MultiUploadForm()
    if request.method == 'POST':
        filenames = []
        # 验证CSRF令牌
        try:
            validate_csrf(form.csrf_token.data)
        except ValidationError:
            flash('CSRF token error.')
            return redirect(url_for('multi_upload'))
        # 检查文件是否存在
        if 'photo' not in request.files:
            flash('This field is required.')
            return redirect(url_for('multi_upload'))

        for f in request.files.getlist('photo'):
            # 检查文件类型
            if f and allowed_file(f.filename):
                filename = random_filename(f.filename)
                f.save(os.path.join(
                    app.config['UPLOAD_PATH'], filename
                ))
                filenames.append(filename)
            else:
                flash('Invalid file type.')
                return redirect(url_for('multi_upload'))
        flash('Upload success.')
        session['filenames'] = filenames
        return redirect(url_for('show_images'))
    return render_template('upload.html', form=form)
```

在请求方法为 POST 时，我们对上传数据进行手动验证，主要包含下面几步：

1）手动调用 flask_wtf.csrf.validate_csrf 验证 CSRF 令牌，传入表单中 csrf_token 隐藏字段的值。如果抛出 wtforms.ValidationError 异常则表明验证未通过。

2）其中 if 'photo' not in request.files 用来确保字段中包含文件数据（相当于 FileRequired 验证器），如果用户没有选择文件就提交表单则 request.files 将为空。

3）if f 用来确保文件对象存在，这里也可以检查 f 是否是 FileStorage 实例。

4）allowed_file(f.filename) 调用了 allowed_file() 函数，传入文件名。这个函数相当于 FileAllowed 验证器，用来验证文件类型，返回布尔值，如代码清单 4-17 所示。

代码清单4-17　form/app.py：验证文件类型

```
app.config['ALLOWED_EXTENSIONS'] = ['png', 'jpg', 'jpeg', 'gif']
...
def allowed_file(filename):
    return '.' in filename and \
        filename.rsplit('.', 1)[1].lower() in app.config['ALLOWED_EXTENSIONS']
```

在上面的几个验证语句里，如果没有通过验证，我们使用 flash() 函数显示错误消息，然后重定向到 multi_upload 视图。

为了方便测试，我们还创建了一个临时的 filenames 列表，保存上传后的文件名到 session 中。访问 http://localhost:5000/multi-upload 打开多文件上传示例，单击按钮后可以选择多个文件，当上传的文件通过验证时，程序会重定向到 show_images 视图，这个视图返回的 uploaded.html 模板中将从 session 获取所有文件名，渲染出所有上传后的图片。

> 💡**提示** 顺便说一句，在新版本的 Flask-WTF 发布后，你就可以使用和单文件上传相同的方式处理表单。比如，我们可以使用 Flask-WTF 提供的 MultipleFileField 来创建提供 Flask 支持的多文件上传字段，使用相应的验证器对文件进行验证。在视图函数中，我们则可以继续使用 form.validate_on_submit() 来验证表单，并通过 form.photo.data 来获取字段的数据——包含所有上传文件对象（werkzeug.datastructures.FileStorage）的列表。

> 📊**附注** 多文件上传处理通常会使用 JavaScript 库在客户端进行预验证，并添加进度条来优化用户体验，具体我们会在本书的第二部分学习。

4.4.5　使用 Flask-CKEditor 集成富文本编辑器

富文本编辑器即 WYSIWYG（What You See Is What You Get，所见即所得）编辑器，类似于我们经常使用的文本编辑软件。它提供一系列按钮和下拉列表来为文本设置格式，编辑状态的文本样式即最终呈现出来的样式。在 Web 程序中，这种编辑器也称为 HTML 富文本编辑器，因为它使用 HTML 标签来为文本定义样式。

CKEditor（http://ckeditor.com/）是一个开源的富文本编辑器，它包含丰富的配置选项，而且有大量第三方插件支持。扩展 Flask-CKEditor 简化了在 Flask 程序中使用 CKEditor 的过程，我们将使用它来集成 CKEditor。首先使用 Pipenv 安装：

```
$ pipenv install flask-ckeditor
```

然后实例化 Flask-CKEditor 提供的 CKEditor 类，传入程序实例：

```
from flask_ckeditor import CKEditor

ckeditor = CKEditor(app)
```

1. 配置富文本编辑器

Flask-CKEditor 提供了许多配置变量来对编辑器进行设置，常用的配置及其说明如表 4-6 所示。

表 4-6　Flask-CKEditor 常用配置

配　置　键	默　认　值	说　　明
CKEDITOR_SERVE_LOCAL	False	设为 True 会使用内置的本地资源
CKEDITOR_PKG_TYPE	'standard'	CKEditor 包类型，可选值为 basic、standard 和 full
CKEDITOR_LANGUAGE	''	界面语言，传入 ISO 639 格式的语言码
CKEDITOR_HEIGHT	''	编辑器高度
CKEDITOR_WIDTH	''	编辑器宽度

 完整的可用配置列表见 Flask-CKEditor 文档的配置部分：https://flask-ckeditor.readthedocs. io/en/latest/configuration.html

在示例程序中，为了方便开发，使用了内置的本地资源：

```
app.config['CKEDITOR_SERVE_LOCAL'] = True
```

 CKEDITOR_SERVE_LOCAL 和 CKEDITOR_PKG_TYPE 配置变量仅限于使用 Flask-CKEditor 提供的方法加载资源时有效，手动引入资源时可以忽略。

配置变量 CKEDITOR_LANGUAGE 用来固定界面的显示语言（简体中文和繁体中文对应的配置分别为 zh-cn 和 zh），如果不设置，默认 CKEditor 会自动探测用户浏览器的语言偏好，然后匹配对应的语言，匹配失败则默认使用英文。

Flask-CKEditor 内置了对常用第三方 CKEditor 插件的支持，你可以轻松地为编辑器添加图片上传与插入、插入语法高亮代码片段、Markdown 编辑模式等功能，具体可以访问 Flask-CKEditor 文档的插件集成部分（https://flask-ckeditor.readthedocs.io/en/latest/plugins.html）。要使用这些功能，需要在 CKEditor 包中安装对应的插件，Flask-CKEditor 内置的资源已经包含了这些插件，你可以通过 Flask-CKEditor 提供的示例程序（https://github.com/greyli/flask-ckeditor/tree/master/examples）来了解这些功能的具体实现。

2. 渲染富文本编辑器

富文本编辑器在 HTML 中通过文本区域字段表示，即 <textarea></textarea>。Flask-CKEditor 通过包装 WTForms 提供的 TextAreaField 字段类型实现了一个 CKEditorField 字段类，我们使用它来构建富文本编辑框字段。代码清单 4-18 中的 RichTextForm 表单包含了一个标题字段和一个正文字段。

代码清单4-18 form/forms.py：文章表单

```python
from flask_wtf import FlaskForm
from wtforms import StringField, SubmitField
from wtforms.validators import DataRequired, Length
from flask_ckeditor import CKEditorField  # 从flask_ckeditor包导入

class RichTextForm(FlaskForm):
    title = StringField('Title', validators=[DataRequired(), Length(1, 50)])
    body = CKEditorField('Body', validators=[DataRequired()])
    submit = SubmitField('Publish')
```

文章正文字段（body）使用的 CKEditorField 字段类型从 Flask-CKEditor 导入。我们可以像其他字段一样定义标签、验证器和默认值。在使用上，这个字段和 WTForms 内置的其他字段完全相同。比如，在提交表单时，同样使用 data 属性获取数据。

在模板中，渲染这个 body 字段的方式和其他字段也完全相同，在示例程序中，我们在模板 ckeditor.html 渲染了这个表单，如代码清单 4-19 所示。

代码清单4-19 form/templates/ckeditor.html：渲染包含CKEditor编辑器的表单

```html
{% extends 'base.html' %}
{% from 'macros.html' import form_field %}

{% block content %}
<h1>Integrate CKEditor with Flask-CKEditor</h1>
<form method="post">
    {{ form.csrf_token }}
    {{ form_field(form.title) }}
    {{ form_field(form.body) }}
    {{ form.submit }}
</form>
{% endblock %}

{% block scripts %}
{{ super() }}
{{ ckeditor.load() }}
{% endblock %}
```

渲染 CKEditor 编辑器需要加载相应的 JavaScript 脚本。在开发时，为了方便开发，可以使用 Flask-CKEditor 在模板中提供的 ckeditor.load() 方法加载资源，它默认从 CDN 加载资源，将 CKEDITOR_SERVE_LOCAL 设为 True 会使用扩展内置的本地资源，内置的本地资源包含了几个常用的插件和语言包。ckeditor.load() 方法支持通过 pkg_type 参数传入包类型，这会覆盖配置 CKEDITOR_PKG_TYPE 的值，额外的 version 参数可以设置从 CDN 加载的 CKEditor 版本。

作为替代，你可以访问 CKEditor 官网提供的构建工具（https://ckeditor.com/cke4/builder）构建自己的 CKEditor 包，下载后放到 static 目录下，然后在需要显示文本编辑器的模板中加载包目录下的 ckeditor.js 文件，替换掉 ckeditor.load() 调用。

如果你使用配置变量设置了编辑器的高度、宽度和语言或是其他插件配置，需要使用

ckeditor.config() 方法加载配置，传入对应表单字段的 name 属性值，即对应表单类属性名。这个方法需要在加载 CKEditor 资源后调用：

```
{{ ckeditor.config(name='body') }}
```

提示 为了支持为不同页面上的编辑器字段或单个页面上的多个编辑器字段使用不同的配置，大多数配置键都可以通过相应的关键字在 ckeditor.config() 方法中传入，比如 language、height、width 等，这些参数会覆盖对应的全局配置。另外，Flask-CKEditor 也允许你传入自定义配置字符串，更多详情可访问 Flask-CKEditor 文档的配置部分（https://flask-ckeditor.readthedocs.io/en/latest/configuration.html）。

访问 http://localhost:5000/ckeditor 可以看到渲染后的富文本编辑器，如图 4-7 所示。

图 4-7 渲染后的编辑器页面

提示 如果你不使用 Flask-WTF/WTForms，Flask-CKEditor 还提供了一个在模板中直接创建文本编辑器字段的 ckeditor.create() 方法，具体用法参考相关文档。

4.4.6 单个表单多个提交按钮

在某些情况下，我们可能需要为一个表单添加多个提交按钮。比如在创建文章的表单中添加发布新文章和保存草稿的按钮。当用户提交表单时，我们需要在视图函数中根据按下的按钮来做出不同的处理。代码清单 4-20 创建了一个这样的表单，其中 save 表示保存草稿按钮，publish 表示发布按钮，正文字段使用 TextAreaField 字段。

代码清单4-20　form/forms.py：包含两个提交按钮的表单

```python
class NewPostForm(FlaskForm):
    title = StringField('Title', validators=[DataRequired(), Length(1, 50)])
    body = TextAreaField('Body', validators=[DataRequired()])
    save = SubmitField('Save')  # 保存按钮
    publish = SubmitField('Publish')  # 发布按钮
```

当表单数据通过 POST 请求提交时，Flask 会把表单数据解析到 request.form 字典。如果表单中有两个提交字段，那么只有被单击的提交字段才会出现在这个字典中。当我们对表单类实例或特定的字段属性调用 data 属性时，WTForms 会对数据做进一步处理。对于提交字段的值，它会将其转换为布尔值：被单击的提交字段的值将是 True，未被单击的值则是 False。

基于这个机制，我们可以通过提交按钮字段的值来判断当前被单击的按钮，如代码清单 4-21 所示。

代码清单4-21　form/app.py：判断被单击的提交按钮

```python
@app.route('/two-submits', methods=['GET', 'POST'])
def two_submits():
    form = NewPostForm()
    if form.validate_on_submit():
        if form.save.data:  # 保存按钮被单击
            # save it...
            flash('You click the "Save" button.')
        elif form.publish.data:  # 发布按钮被单击
            # publish it...
            flash('You click the "Publish" button.')
        return redirect(url_for('index'))
    return render_template('2submit.html', form=form)
```

访问 http://localhost:5000/two-submits，当你单击某个按钮时，重定向后的页面的提示信息中会包含你单击的按钮名称。

 提示　有些时候，你还想在表单添加非提交按钮。比如，添加一个返回主页的取消按钮。因为这类按钮和表单处理过程无关，最简单的方式是直接在 HTML 模板中手动添加。

4.4.7　单个页面多个表单

除了在单个表单上实现多个提交按钮，有时我们还需要在单个页面上创建多个表单。比如，在程序的主页上同时添加登录和注册表单。当在同一个页面上添加多个表单时，我们要解决的一个问题就是在视图函数中判断当前被提交的是哪个表单。

1. 单视图处理

创建两个表单，并在模板中分别渲染并不是难事，但是当提交某个表单时，我们就会遇到问题。Flask-WTF 根据请求方法判断表单是否提交，但并不判断是哪个表单被提交，所以我们需要手动判断。基于上一节介绍的内容，我们知道被单击的提交字段最终的 data 属性值是布尔值，即 True 或 False。而解析后的表单数据使用 input 字段的 name 属性值作为键匹配字段数据，也就是说，如果两个表单的提交字段名称都是 submit，那么我们也无法判断是哪个表单的提交字段被单击。

解决问题的第一步就是为两个表单的提交字段设置不同的名称，示例程序中的这两个表单如代码清单 4-22 所示。

代码清单4-22　form/forms.py：为两个表单设置不同的提交字段名称

```python
class SigninForm(FlaskForm):
    username = StringField('Username', validators=[DataRequired(), Length(1, 20)])
    password = PasswordField('Password', validators=[DataRequired(), Length(8, 128)])
    submit1 = SubmitField('Sign in')

class RegisterForm(FlaskForm):
    username = StringField('Username', validators=[DataRequired(), Length(1, 20)])
    email = StringField('Email', validators=[DataRequired(), Email(), Length(1, 254)])
    password = PasswordField('Password', validators=[DataRequired(), Length(8, 128)])
    submit2 = SubmitField('Register')
```

在视图函数中，我们分别实例化这两个表单，根据提交字段的值来区分被提交的表单，如代码清单 4-23 所示。

代码清单4-23　form/app.py：在视图函数中处理多个表单

```python
@app.route('/multi-form', methods=['GET', 'POST'])
def multi_form():
    signin_form = SigninForm()
    register_form = RegisterForm()

    if signin_form.submit1.data and signin_form.validate():
        username = signin_form.username.data
        flash('%s, you just submit the Signin Form.' % username)
        return redirect(url_for('index'))

    if register_form.submit2.data and register_form.validate():
        username = register_form.username.data
        flash('%s, you just submit the Register Form.' % username)
        return redirect(url_for('index'))

    return render_template('2form.html', signin_form=signin_form, register_
        form=register_form)
```

在视图函数中，我们为两个表单添加了各自的 if 判断，在这两个 if 语句的内部，我们分别执行各自的代码逻辑。以登录表单（SigninForm）的 if 判断为例，如果 signin_form.submit1.data 的值为 True，那就说明用户提交了登录表单，这时我们手动调用 signin_form.validate() 对这个表单进行验证。

这两个表单类实例通过不同的变量名称传入模板，以便在模板中相应渲染对应的表单字段，如下所示：

```
...
<form method="post">
    {{ signin_form.csrf_token }}
    {{ form_field(signin_form.username) }}
    {{ form_field(signin_form.password) }}
    {{ signin_form.submit1 }}
</form>
<h3>Register Form</h3>
<form method="post">
    {{ register_form.csrf_token }}
    {{ form_field(register_form.username) }}
    {{ form_field(register_form.email) }}
    {{ form_field(register_form.password) }}
    {{ register_form.submit2 }}
</form>
...
```

访问 http://localhost:5000/multi-form 打开示例页面，当提交某个表单后，你会在重定向后的页面的提示消息里看到提交表单的名称。

2. 多视图处理

除了通过提交按钮判断，更简洁的方法是通过分离表单的渲染和验证实现。这时表单的提交字段可以使用同一个名称，在视图函数中处理表单时也只需使用我们熟悉的 form.validate_on_submit() 方法。

在介绍表单处理时，我们在同一个视图函数内处理两类工作：渲染包含表单的模板（GET 请求）、处理表单请求（POST 请求）。如果你想解耦这部分功能，那么也可以分离成两个视图函数处理。当处理多个表单时，我们可以把表单的渲染在单独的视图函数中处理，如下所示：

```
@app.route('/multi-form-multi-view')
def multi_form_multi_view():
    signin_form = SigninForm2()
    register_form = RegisterForm2()
    return render_template('2form2view.html', signin_form=signin_form, register_
        form=register_form)
```

这个视图只负责处理 GET 请求，实例化两个表单类并渲染模板。另外我们再为每一个表单单独创建一个视图函数来处理验证工作。处理表单提交请求的视图仅监听 POST 请求，如代码清单 4-24 所示。

代码清单4-24　form/app.py：使用单独的视图函数处理表单提交的POST请求

```
@app.route('/handle-signin', methods=['POST'])   # 仅传入POST到methods中
def handle_signin():
    signin_form = SigninForm2()
    register_form = RegisterForm2()

    if signin_form.validate_on_submit():
        username = signin_form.username.data
        flash('%s, you just submit the Signin Form.' % username)
        return redirect(url_for('index'))
```

```
        return render_template('2form2view.html', signin_form=signin_form, register_
form=register_form)

@app.route('/handle-register', methods=['POST'])
def handle_register():
    signin_form = SigninForm2()
    register_form = RegisterForm2()

    if register_form.validate_on_submit():
        username = register_form.username.data
        flash('%s, you just submit the Register Form.' % username)
        return redirect(url_for('index'))
    return render_template('2form2view.html', signin_form=signin_form, register_
        form=register_form)
```

在 HTML 中，表单提交请求的目标 URL 通过 action 属性设置。为了让表单提交时将请求发送到对应的 URL，我们需要设置 action 属性，如下所示：

```
...
<h3>Login Form</h3>
<form method="post" action="{{ url_for('handle_signin') }}">
    ...
</form>
<h3>Register Form</h3>
<form method="post" action="{{ url_for('handle_register') }}">
    ...
</form>
...
```

虽然现在可以正常工作，但是这种方法有一个显著的缺点。如果验证未通过，你需要将错误消息的 form.errors 字典传入模板中。在处理表单的视图中传入表单错误信息，就意味着需要再次渲染模板，但是如果视图函数中还涉及大量要传入模板的变量操作，那么这种方式会带来大量的重复。

对于这个问题，一般的解决方式是通过其他方式传递错误消息，然后统一重定向到渲染表单页面的视图。比如，使用 flash() 函数迭代 form.errors 字典发送错误消息（这个字典包含字段名称与错误消息列表的映射），然后重定向到用来渲染表单的 multi_form_multi_view 视图。下面是一个使用 flash() 函数来发送表单错误消息的便利函数：

```
def flash_errors(form):
    for field, errors in form.errors.items():
        for error in errors:
            flash(u"Error in the %s field - %s" % (
                getattr(form, field).label.text,
                error
            ))
```

如果你希望像往常一样在表单字段下渲染错误消息，可以直接将错误消息字典 form.errors 存储到 session 中，然后重定向到用来渲染表单的 multi_form_multi_view 视图。在模板中渲染表单字段错误时添加一个额外的判断，从 session 中获取并迭代错误消息。

4.5　本章小结

除了普通的表单定义，WTForms 还提供了很多高级功能，比如自定义表单字段、动态表单等，你可以访问 WTForms 的官方文档学习更多内容。

下一章，我们会学习数据库知识，为 Flask 程序添加数据库支持，那时我们就可以把表单数据存储到数据库里了。

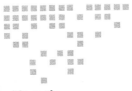

数　据　库

数据库是大多数动态 Web 程序的基础设施，只要你想把数据存储下来，就离不开数据库。我们这里提及的数据库（Database）指的是由存储数据的单个或多个文件组成的集合，它是一种容器，可以类比为文件柜。而人们通常使用数据库来表示操作数据库的软件，这类管理数据库的软件被称为数据库管理系统（DBMS，Database Management System），常见的 DBMS 有 MySQL、PostgreSQL、SQLite、MongoDB 等。为了便于理解，我们可以把数据库看作一个大仓库，仓库里有一些负责搬运货物（数据）的机器人，而 DBMS 就是操控机器人搬运货物的程序。

这一章我们来学习如何给 Flask 程序添加数据库支持。具体来说，是学习如何在 Python 中使用这些 DBMS 来对数据库进行管理和操作。

本章新涉及的 Python 库如下所示：

❑ SQLAlchemy（1.2.7）
   ○ 主页：http://www.sqlalchemy.org/
   ○ 源码：https://github.com/zzzeek/sqlalchemy
   ○ 文档：http://docs.sqlalchemy.org/en/latest/
❑ Flask-SQLAlchemy（2.3.2）
   ○ 主页：https://github.com/mitsuhiko/flask-sqlalchemy
   ○ 文档：http://flask-sqlalchemy.pocoo.org/2.3/
❑ Alembic（0.9.9）
   ○ 主页：https://bitbucket.org/zzzeek/alembic
   ○ 文档：http://alembic.zzzcomputing.com/en/latest/
❑ Flask-Migrate（2.1.1）
   ○ 主页：https://github.com/miguelgrinberg/Flask-Migrate
   ○ 文档：https://flask-migrate.readthedocs.io/en/latest/

本章的示例程序在 helloflask/demos/database 目录下，确保当前目录在 helloflask/demos/
database 下并激活了虚拟环境，然后执行 flask run 命令运行程序：

```
$ cd demos/database
$ flask initdb # 初始化数据库，后面会详细介绍
$ flask run
```

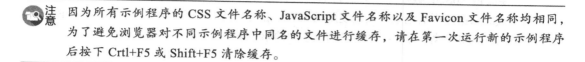 因为所有示例程序的 CSS 文件名称、JavaScript 文件名称以及 Favicon 文件名称均相同，
为了避免浏览器对不同示例程序中同名的文件进行缓存，请在第一次运行新的示例程序
后按下 Crtl+F5 或 Shift+F5 清除缓存。

5.1 数据库的分类

数据库一般分为两种，SQL（Structured Query Language，结构化查询语言）数据库和
NoSQL（Not Only SQL，泛指非关系型）数据库。

5.1.1 SQL

SQL 数据库指关系型数据库，常用的 SQL DBMS 主要包括 SQL Server、Oracle、MySQL、
PostgreSQL、SQLite 等。关系型数据库使用表来定义数据对象，不同的表之间使用关系连接。
表 5-1 是一个身份信息表的示例。

表 5-1 关系型数据库示例

id	name	sex	occupation
1	Nick	Male	Journalist
2	Amy	Female	Writer

在 SQL 数据库中，每一行代表一条记录（record），每条记录又由不同的列（column）组成。
在存储数据前，需要预先定义表模式（schema），以定义表的结构并限定列的输入数据类型。

为了避免在措辞上引起误解，我们先了解几个基本概念：

1）表（table）：存储数据的特定结构。

2）模式（schema）：定义表的结构信息。

3）列 / 字段（column/field）：表中的列，存储一系列特定的数据，列组成表。

4）行 / 记录（row/record）：表中的行，代表一条记录。

5）标量（scalar）：指的是单一数据，与之相对的是集合（collection）。

5.1.2 NoSQL

NoSQL 最初指 No SQL 或 No Relational，现在 NoSQL 社区一般会解释为 Not Only SQL。
NoSQL 数据库泛指不使用传统关系型数据库中的表格形式的数据库。近年来，NoSQL 数据库越
来越流行，被大量应用在实时（real-time）Web 程序和大型程序中。与传统的 SQL 数据库相比，

它在速度和可扩展性方面有很大的优势，除此之外还拥有无模式（schema-free）、分布式、水平伸缩（horizontally scalable）等特点。

最常用的两种 NoSQL 数据库如下所示：

1. 文档存储（document store）

文档存储是 NoSQL 数据库中最流行的种类，它可以作为主数据库使用。文档存储使用的文档类似 SQL 数据库中的记录，文档使用类 JSON 格式来表示数据。常见的文档存储 DBMS 有 MongoDB、CouchDB 等。表 5-1 的身份信息表中的第一条记录使用文档可以表示为：

```
{
    id: 1,
    name: "Nick",
    sex: "Male"
    occupation: "Journalist"
}
```

2. 键值对存储（key-value store）

键值对存储在形态上类似 Python 中的字典，通过键来存取数据，在读取上非常快，通常用来存储临时内容，作为缓存使用。常见的键值对 DBMS 有 Redis、Riak 等，其中 Redis 不仅可以管理键值对数据库，还可以作为缓存后端（cache backend）和消息代理（message broker）。

另外，还有列存储（column store，又被称为宽列式存储）、图存储（graph store）等类型的 NoSQL 数据库，这里不再展开介绍。

5.1.3　如何选择？

NoSQL 数据库不需要定义表和列等结构，也不限定存储的数据格式，在存储方式上比较灵活，在特定的场景下效率更高。SQL 数据库稍显复杂，但不容易出错，能够适应大部分的应用场景。这两种数据库都各有优势，也各有擅长的领域。两者并不是对立的，我们需要根据使用场景选择适合的数据库类型。大型项目通常会同时需要多种数据库，比如使用 MySQL 作为主数据库存储用户资料和文章，使用 Redis（键值对型数据库）缓存数据，使用 MongoDB（文档型数据库）存储实时消息。

大多数情况下，SQL 数据库都能满足你的需求。为了便于开发和测试，本书中的示例程序都使用 SQLite 作为 DBMS。对于大型程序，在部署程序前，你需要根据程序的特点来改用更健壮的 DBMS。

5.2　ORM 魔法

在 Web 应用里使用原生 SQL 语句操作数据库主要存在下面两类问题：

❏ 手动编写 SQL 语句比较乏味，而且视图函数中加入太多 SQL 语句会降低代码的易读性。另外还会容易出现安全问题，比如 SQL 注入。

❏ 常见的开发模式是在开发时使用简单的 SQLite，而在部署时切换到 MySQL 等更健壮的

DBMS。但是对于不同的 DBMS，我们需要使用不同的 Python 接口库，这让 DBMS 的切换变得不太容易。

> **注意** 尽管使用 ORM 可以避免 SQL 注入问题，但你仍然需要对传入的查询参数进行验证。另外，在执行原生 SQL 语句时也要注意避免使用字符串拼接或字符串格式化的方式传入参数。

使用 ORM 可以很大程度上解决这些问题。它会自动帮你处理查询参数的转义，尽可能地避免 SQL 注入的发生。另外，它为不同的 DBMS 提供统一的接口，让切换工作变得非常简单。ORM 扮演翻译的角色，能够将我们的 Python 语言转换为 DBMS 能够读懂的 SQL 指令，让我们能够使用 Python 来操控数据库。

> **附注** 尽管 ORM 非常方便，但如果你对 SQL 相当熟悉，那么自己编写 SQL 代码可以获得更大的灵活性和性能优势。就像是使用 IDE 一样，ORM 对初学者来说非常方便，但进阶以后你也许会想要自己掌控一切。

ORM 把底层的 SQL 数据实体转化成高层的 Python 对象，这样一来，你甚至不需要了解 SQL，只需要通过 Python 代码即可完成数据库操作，ORM 主要实现了三层映射关系：

❑ 表→Python 类。

❑ 字段（列）→类属性。

❑ 记录（行）→类实例。

比如，我们要创建一个 contacts 表来存储留言，其中包含用户名称和电话号码两个字段。在 SQL 中，下面的代码用来创建这个表：

```
CREATE TABLE contacts(
    name varchar(100) NOT NULL,
    phone_number varchar(32),
);
```

如果使用 ORM，我们可以使用类似下面的 Python 类来定义这个表：

```
from foo_orm import Model, Column, String

class Contact(Model):
    __tablename__ = 'contacts'
    name = Column(String(100), nullable=False)
    phone_number = Column(String(32))
```

要向表中插入一条记录，需要使用下面的 SQL 语句：

```
INSERT INTO contacts(name, phone_number)
VALUES('Grey Li', '12345678');
```

使用 ORM 则只需要创建一个 Contact 类的实例，传入对应的参数表示各个列的数据即可。下面的代码和使用上面的 SQL 语句效果相同：

```
contact = Contact(name='Grey Li', phone_number='12345678')
```

除了便于使用，ORM 还有下面这些优点：

❑ 灵活性好。你既能使用高层对象来操作数据库，又支持执行原生 SQL 语句。

❑ 提升效率。从高层对象转换成原生 SQL 会牺牲一些性能，但这微不足道的性能牺牲换取的是巨大的效率提升。

❑ 可移植性好。ORM 通常支持多种 DBMS，包括 MySQL、PostgreSQL、Oracle、SQLite 等。你可以随意更换 DBMS，只需要稍微改动少量配置。

使用 Python 实现的 ORM 有 SQLAlchemy、Peewee、PonyORM 等。其中 SQLAlchemy 是 Python 社区使用最广泛的 ORM 之一，我们将介绍如何在 Flask 程序中使用它。SQL-Alchemy，直译过来就是 SQL 炼金术，下一节我们会见识到 SQLAlchemy 的神奇力量。

5.3　使用 Flask-SQLAlchemy 管理数据库

扩展 Flask-SQLAlchemy 集成了 SQLAlchemy，它简化了连接数据库服务器、管理数据库操作会话等各类工作，让 Flask 中的数据处理体验变得更加轻松。首先使用 Pipenv 安装 Flask-SQLAlchemy 及其依赖（主要是 SQLAlchemy）：

```
$ pipenv install flask-sqlalchemy
```

下面在示例程序中实例化 Flask-SQLAlchemy 提供的 SQLAlchemy 类，传入程序实例 app，以完成扩展的初始化：

```
from flask import Flask
from flask_sqlalchemy import SQLAlchemy

app = Flask(__name__)

db = SQLAlchemy(app)
```

为了便于使用，我们把实例化扩展类的对象命名为 db。这个 db 对象代表我们的数据库，它可以使用 Flask-SQLAlchemy 提供的所有功能。

 提示　虽然我们要使用的大部分类和函数都由 SQLAlchemy 提供，但在 Flask-SQLAlchemy 中，大多数情况下，我们不需要手动从 SQLAlchemy 导入类或函数。在 sqlalchemy 和 sqlalchemy.orm 模块中实现的类和函数，以及其他几个常用的模块和对象都可以作为 db 对象的属性调用。当我们创建这样的调用时，Flask-SQLAlchemy 会自动把这些调用转发到对应的类、函数或模块。

5.3.1　连接数据库服务器

DBMS 通常会提供数据库服务器运行在操作系统中。要连接数据库服务器，首先要为我们的程序指定数据库 URI（Uniform Resource Identifier，统一资源标识符）。数据库 URI 是一串包含各种属性的字符串，其中包含了各种用于连接数据库的信息。

> 📖 **附注** URI 代表统一资源标识符，是用来标示资源的一组字符串。URL 是它的子集。在大多数情况下，这两者可以交替使用。

表 5-2 是一些常用的 DBMS 及其数据库 URI 格式示例。

表 5-2　常用的数据库 URI 格式

DBMS	URI
PostgreSQL	postgresql://username:password@host/databasename
MySQL	mysql://username:password@host/databasename
Oracle	oracle://username:password@host:port/sidname
SQLite（UNIX）	sqlite:////absolute/path/to/foo.db
SQLite（Windows）	sqlite:///absolute\\path\\to\\foo.db 或 r'sqlite:///absolute\path\to\foo.db'
SQLite（内存型）	sqlite:/// 或 sqlite:///:memory:

在 Flask-SQLAlchemy 中，数据库的 URI 通过配置变量 SQLALCHEMY_DATABASE_URI 设置，默认为 SQLite 内存型数据库（sqlite:///:memory:）。SQLite 是基于文件的 DBMS，不需要设置数据库服务器，只需要指定数据库文件的绝对路径。我们使用 app.root_path 来定位数据库文件的路径，并将数据库文件命名为 data.db，如代码清单 5-1 所示。

代码清单5-1　app.py：配置数据库URI

```
import os
...
app.config['SQLALCHEMY_DATABASE_URI'] = os.getenv('DATABASE_URL', 'sqlite:///' +
    os.path.join(app.root_path, 'data.db'))
```

在生产环境下更换到其他类型的 DBMS 时，数据库 URL 会包含敏感信息，所以这里优先从环境变量 DATABASE_URL 获取（注意这里为了便于理解使用了 URL，而不是 URI）。

> 🔍 **注意** SQLite 的数据库 URI 在 Linux 或 macOS 系统下的斜线数量是 4 个；在 Windows 系统下的 URI 中的斜线数量为 3 个。内存型数据库的斜线固定为 3 个。

> 🎯 **提示** SQLite 数据库文件名不限定后缀，常用的命名方式有 foo.sqlite，foo.db，或是注明 SQLite 版本的 foo.sqlite3。

设置好数据库 URI 后，在 Python Shell 中导入并查看 db 对象会获得下面的输出：

```
>>> from app import db
>>> db
<SQLAlchemy engine=sqlite:///Path/to/your/data.db>
```

安装并初始化 Flask-SQLAlchemy 后，启动程序时会看到命令行下有一行警告信息。这是因为 Flask-SQLAlchemy 建议你设置 SQLALCHEMY_TRACK_MODIFICATIONS 配置变量，这个配置变量决定是否追踪对象的修改，这用于 Flask-SQLAlchemy 的事件通知系统。这个配置键的默认值为 None，如果没有特殊需要，我们可以把它设为 False 来关闭警告信息：

```
app.config['SQLALCHEMY_TRACK_MODIFICATIONS'] = False
```

> 附注　Flask-SQLAlchemy 计划在 3.0 版本默认将这个配置键设为 False，目前最新版本为 2.3.2。

5.3.2　定义数据库模型

用来映射到数据库表的 Python 类通常被称为数据库模型（model），一个数据库模型类对应数据库中的一个表。定义模型即使用 Python 类定义表模式，并声明映射关系。所有的模型类都需要继承 Flask-SQLAlchemy 提供的 db.Model 基类。本章的示例程序是一个笔记程序，笔记保存到数据库中，你可以通过程序查询、添加、更新和删除笔记。在代码清单 5-2 中，我们定义了一个 Note 模型类，用来存储笔记。

代码清单5-2　app.py：定义Note模型

```
class Note(db.Model):
    id = db.Column(db.Integer, primary_key=True)
    body = db.Column(db.Text)
```

在上面的模型类中，表的字段（列）由 db.Column 类的实例表示，字段的类型通过 Column 类构造方法的第一个参数传入。在这个模型中，我们创建了一个类型为 db.Integer 的 id 字段和类型为 db.Text 的 body 列，分别存储整型和文本。常用的 SQLAlchemy 字段类型如表 5-3 所示。

表 5-3　SQLAlchemy 常用的字段类型

字　　段	说　　明
Integer	整数
String	字符串，可选参数 length 可以用来设置最大长度
Text	较长的 Unicode 文本
Date	日期，存储 Python 的 datetime.date 对象
Time	时间，存储 Python 的 datetime.time 对象
DateTime	时间和日期，存储 Python 的 datetime 对象
Interval	时间间隔，存储 Python 的 datetime.timedelta 对象
Float	浮点数
Boolean	布尔值
PickleType	存储 Pickle 列化的 Python 对象
LargeBinary	存储任意二进制数据

字段类型一般直接声明即可，如果需要传入参数，你也可以添加括号。对于类似 String 的字符串列，有些数据库会要求限定长度，因此最好为其指定长度。虽然使用 Text 类型可以存储

相对灵活的变长文本，但从性能上考虑，我们仅在必须的情况下使用 Text 类型，比如用户发表的文章和评论等不限长度的内容。

一般情况下，字段的长度是由程序设计者自定的。尽管如此，也有一些既定的约束标准，比如姓名（英语）的长度一般不超过 70 个字符，中文名一般不超过 20 个字符，电子邮件地址的长度不超过 254 个字符，虽然各主流浏览器支持长达 2048 个字符的 URL，但在网站中用户资料设置的限度一般为 255。尽管如此，对于超过一定长度的 Email 和 URL，比如 20 个字符，会在显示时添加省略号的形式。显示的用户名（username）允许重复，通常要短一些，以不超过 36 个字符为佳。当然，在程序中，你可以根据需要来自由设定这些限制值。

> **注意** 当你在数据库模型类中限制了字段的长度后，在接收对应数据的表单类字段里，也需要使用 Length 验证器来验证用户的输入数据。

默认情况下，Flask-SQLAlchemy 会根据模型类的名称生成一个表名称，生成规则如下：

```
Message --> message # 单个单词转换为小写
FooBar --> foo_bar # 多个单词转换为小写并使用下划线分隔
```

Note 类对应的表名称即 note。如果你想自己指定表名称，可以通过定义 __tablename__ 属性来实现。字段名默认为类属性名，你也可以通过字段类构造方法的第一个参数指定，或使用关键字 name。根据我们定义的 Note 模型类，最终将生成一个 note 表，表中包含 id 和 body 字段。

除了 name 参数，实例化字段类时常用的字段参数如表 5-4 所示。

表 5-4　常用的 SQLAlchemy 字段参数

参 数 名	说 明
primary_key	如果设为 True，该字段为主键
unique	如果设为 True，该字段不允许出现重复值
index	如果设为 True，为该字段创建索引，以提高查询效率
nullable	确定字段值可否为空，值为 True 或 False，默认值为 True
default	为字段设置默认值

> **提示** 不需要在所有列都建立索引。一般来说，取值可能性多（比如姓名）的列，以及经常被用来作为排序参照的列（比如时间戳）更适合建立索引。

在实例化字段类时，通过把参数 primary_key 设为 True 可以将其定义为主键。在我们定义的 Note 类中，id 字段即表的主键（primary key）。主键是每一条记录（行）独一无二的标识，也是模型类中必须定义的字段，一般命名为 id 或 pk。

5.3.3　创建数据库和表

如果把数据库（文件）看作一个仓库，为了方便取用，我们需要把货物按照类型分别放置在不同货架上，这些货架就是数据库中的表。创建模型类后，我们需要手动创建数据库和对应的表，也就是我们常说的建库和建表。这通过对我们的 db 对象调用 create_all() 方法实现：

```
$ flask shell
>>> from app import db
>>> db.create_all()
```

> 注意 如果你将模型类定义在单独的模块中，那么必须在调用 db.create_all() 方法前导入相应
> 模块，以便让 SQLAlchemy 获取模型类被创建时生成的表信息，进而正确生成数据表。

通过下面的方式可以查看模型对应的 SQL 模式（建表语句）：

```
>>> from app import Note
>>> from sqlalchemy.schema import CreateTable
>>> print(CreateTable(Note.__table__))
CREATE TABLE note (
    id INTEGER NOT NULL,
    body TEXT,
    PRIMARY KEY (id)
)
```

> 注意 数据库和表一旦创建后，之后对模型的改动不会自动作用到实际的表中。比如，在模型
> 类中添加或删除字段，修改字段的名称和类型，这时再次调用 create_all() 也不会更新表
> 结构。如果要使改动生效，最简单的方式是调用 db.drop_all() 方法删除数据库和表，然
> 后再调用 db.create_all() 方法创建，后面会具体介绍。

我们也可以自己实现一个自定义 flask 命令完成这个工作，如代码清单 5-3 所示。

代码清单5-3　demos/database/app.py：用于创建数据库和表的flask命令

```
import click
...
@app.cli.command()
def initdb():
    db.create_all()
    click.echo('Initialized database.')
```

在命令行下输入 flask inintdb 即可创建数据库和表：

```
$ flask initdb
Initialized database.
```

对于示例程序来说，这会在 database 目录下创建一个 data.db 文件。

> 提示 在开发程序或是部署后，我们经常需要在 Python Shell 中手动操作数据库（生产环境需
> 注意备份），对于一次性操作，直接处理即可。对于需要重用的操作，我们可以编写成
> Flask 命令、函数或是模型类的类方法。

5.4　数据库操作

现在我们创建了模型，也生成了数据库和表，是时候来学习常用的数据库操作了。数据库
操作主要是 CRUD，即 Create（创建）、Read（读取 / 查询）、Update（更新）和 Delete（删除）。

SQLAlchemy 使用数据库会话来管理数据库操作，这里的数据库会话也称为事务（transaction）。Flask-SQLAlchemy 自动帮我们创建会话，可以通过 db.session 属性获取。

> **注意** SQLAlchemy 中的数据库会话对象和我们在前面介绍的 Flask 中的 session 无关。

数据库中的会话代表一个临时存储区，你对数据库做出的改动都会存放在这里。你可以调用 add() 方法将新创建的对象添加到数据库会话中，或是对会话中的对象进行更新。只有当你对数据库会话对象调用 commit() 方法时，改动才被提交到数据库，这确保了数据提交的一致性。另外，数据库会话也支持回滚操作。当你对会话调用 rollback() 方法时，添加到会话中且未提交的改动都将被撤销。

5.4.1 CRUD

这一节我们会在 Python Shell 中演示 CRUD 操作。默认情况下，Flask-SQLAlchemy（>=2.3.0 版本）会自动为模型类生成一个 __repr__() 方法。当在 Python Shell 中调用模型的对象时，__repr__() 方法会返回一条类似 "<模型类名 主键值>" 的字符串，比如 <Note 2>。为了便于实际操作测试，示例程序中，所有的模型类都重新定义了 __repr__() 方法，返回一些更有用的信息，比如：

```
class Note(db.Model):
    ...
    def __repr__(self):
        return '<Note %r>' % self.body
```

在实际开发中，这并不是必须的。另外，为了节省篇幅，后面的模型类定义不会给出这部分代码，具体可到源码仓库中查看。

1. Create

添加一条新记录到数据库主要分为三步：

1）创建 Python 对象（实例化模型类）作为一条记录。

2）添加新创建的记录到数据库会话。

3）提交数据库会话。

下面的示例向数据库中添加了三条留言：

```
>>> from app import db, Note
>>> note1 = Note(body='remember Sammy Jankis')
>>> note2 = Note(body='SHAVE')
>>> note3 = Note(body='DON\'T BELIEVE HIS LIES, HE IS THE ONE, KILL HIM')
>>> db.session.add(note1)
>>> db.session.add(note2)
>>> db.session.add(note3)
>>> db.session.commit()
```

在这个示例中，我们首先从 app 模块导入 db 对象和 Note 类，然后分别创建三个 Note 实例表示三条记录，使用关键字参数传入字段数据。我们的 Note 类继承自 db.Model 基类，db.Model 基类会为 Note 类提供一个构造函数，接收匹配类属性名称的参数值，并赋值给对应的类属性，所以我们不需要自己在 Note 类中定义构造方法。接着我们调用 add() 方法把这三个 Note 对象添加到会话对象 db.session 中，最后调用 commit() 方法提交会话。

 提示 除了依次调用 add() 方法添加多个记录，也可以使用 add_all() 一次添加包含所有记录对象的列表。

你可能注意到了，我们在创建模型类实例的时候并没有定义 id 字段的数据，这是因为主键由 SQLAlchemy 管理。模型类对象创建后作为临时对象（transient），当你提交数据库会话后，模型类对象才会转换为数据库记录写入数据库中，这时模型类对象会自动获得 id 值：

```
>>> note1.id
1
```

 注意 Flask-SQLAlchemy 提供了一个 SQLALCHEMY_COMMIT_ON_TEARDOWN 配置变量，将其设为 True 可以设置自动调用 commit() 方法提交数据库会话。因为存在潜在的 Bug，目前已不建议使用，而且未来版本中将移除该配置变量。请避免使用该配置变量，可使用手动调用 db.session.commit() 方法的方式提交数据库会话。

2. Read

我们已经知道了如何向数据库里添加记录，那么如何从数据库里取回数据呢？使用模型类提供的 query 属性附加调用各种过滤方法及查询方法可以完成这个任务。

一般来说，一个完整的查询遵循下面的模式：

<模型类>.query.<过滤方法>.<查询方法>

从某个模型类出发，通过在 query 属性对应的 Query 对象上附加的过滤方法和查询函数对模型类对应的表中的记录进行各种筛选和调整，最终返回包含对应数据库记录数据的模型类实例，对返回的实例调用属性即可获取对应的字段数据。

如果你执行了上面小节里的操作，我们的数据库现在一共会有三条记录，如表 5-5 所示。

表 5-5　note 表示意

id	body
1	remember Sammy Jankis.
2	SHAVE
3	DON'T BELIEVE HIS LIES, HE IS THE ONE, KILL HIM

SQLAlchemy 提供了许多查询方法用来获取记录，表 5-6 列出了常用的查询方法。

表 5-6　常用的 SQLAlchemy 查询方法

查 询 方 法	说　　明
all()	返回包含所有查询记录的列表
first()	返回查询的第一条记录，如果未找到，则返回 None
one()	返回第一条记录，且仅允许有一条记录。如果记录数量大于 1 或小于 1，则抛出错误

（续）

查 询 方 法	说　明
get(id)	传入主键值作为参数，返回指定主键值的记录，如果未找到，则返回 None
count()	返回查询结果的数量
one_or_none()	类似 one()，如果结果数量不为 1，返回 None
first_or_404()	返回查询的第一条记录，如果未找到，则返回 404 错误响应
get_or_404(id)	传入主键值作为参数，返回指定主键值的记录，如果未找到，则返回 404 错误响应
paginate()	返回一个 Pagination 对象，可以对记录进行分页处理
with_parent(instance)	传入模型类实例作为参数，返回和这个实例相关联的对象，后面会详细介绍

 表 5-6 中的 first_or_404()、get_or_404() 以及 paginate() 方法是 Flask-SQLAlchemy 附加的查询方法。

下面是对 Note 类进行查询的几个示例。all() 返回所有记录：

```
>>> Note.query.all()
[<Note u'remember Sammy Jankis'>, <Note u'SHAVE'>, <Note u'DON'T BELIEVE HIS
    LIES, HE IS THE ONE, KILL HIM'>]
```

first() 返回第一条记录：

```
>>> note1 = Note.query.first()
>>> note1
<Note u'remember Sammy Jankis'>
>>> note1.body
u'remember Sammy Jankis'
```

get() 返回指定主键值（id 字段）的记录：

```
>>> note2 = Note.query.get(2)
>>> note2
<Note u'SHAVE'>
```

count() 返回记录的数量：

```
>>> Note.query.count()
3
```

SQLAlchemy 还提供了许多过滤方法，使用这些过滤方法可以获取更精确的查询，比如获取指定字段值的记录。对模型类的 query 属性存储的 Query 对象调用过滤方法将返回一个更精确的 Query 对象（后面我们简称为查询对象）。因为每个过滤方法都会返回新的查询对象，所以过滤器可以叠加使用。在查询对象上调用前面介绍的查询方法，即可获得一个包含过滤后的记录的列表。常用的查询过滤方法如表 5-7 所示。

 完整的查询方法和过滤方法列表在 http://docs.sqlalchemy.org/en/latest/orm/query.html 可以看到。

表 5-7 常用的 SQLAlchemy 过滤方法

过滤方法	说　明
filter()	使用指定的规则过滤记录，返回新产生的查询对象
filter_by()	使用指定规则过滤记录（以关键字表达式的形式），返回新产生的查询对象
order_by()	根据指定条件对记录进行排序，返回新产生的查询对象
limit(limit)	使用指定的值限制原查询返回的记录数量，返回新产生的查询对象
group_by()	根据指定条件对记录进行分组，返回新产生的查询对象
offset(offset)	使用指定的值偏移原查询的结果，返回新产生的查询对象

filter() 方法是最基础的查询方法。它使用指定的规则来过滤记录，下面的示例在数据库里找出了 body 字段值为"SHAVE"的记录：

```
>>> Note.query.filter(Note.body=='SHAVE').first()
<Note u'SHAVE'>
```

直接打印查询对象或将其转换为字符串可以查看对应的 SQL 语句：

```
>>> print(Note.query.filter_by(body='SHAVE'))
SELECT note.id AS note_id, note.body AS note_body
FROM note
WHERE note.body = ?
```

在 filter() 方法中传入表达式时，除了"=="以及表示不等于的"!="，其他常用的查询操作符以及使用示例如下所示：

LIKE：

```
filter(Note.body.like('%foo%'))
```

IN：

```
filter(Note.body.in_(['foo', 'bar', 'baz']))
```

NOT IN：

```
filter(~Note.body.in_(['foo', 'bar', 'baz']))
```

AND：

```
# 使用and_()
from sqlalchemy import and_
filter(and_(Note.body == 'foo', Note.title == 'FooBar'))

# 或在filter()中加入多个表达式，使用逗号分隔
filter(Note.body == 'foo', Note.title == 'FooBar')

# 或叠加调用多个filter()/filter_by()方法
filter(Note.body == 'foo').filter(Note.title == 'FooBar')
```

OR：

```
from sqlalchemy import or_
filter(or_(Note.body == 'foo', Note.body == 'bar'))
```

附注 完整的可用操作符列表可以访问 http://docs.sqlalchemy.org/en/latest/core/sqlelement. html#sqlalchemy.sql.operators.ColumnOperators 查看。

和 filter() 方法相比，filter_by() 方法更易于使用。在 filter_by() 方法中，你可以使用关键字表达式来指定过滤规则。更方便的是，你可以在这个过滤器中直接使用字段名称。下面的示例使用 filter_by() 过滤器完成了同样的任务：

```
>>> Note.query.filter_by(body='SHAVE').first()
<Note u'SHAVE'>
```

其他的查询方法我们会在后面具体应用时详细介绍。

3. Update

更新一条记录非常简单，直接赋值给模型类的字段属性就可以改变字段值，然后调用 commit() 方法提交会话即可。下面的示例改变了一条记录的 body 字段的值：

```
>>> note = Note.query.get(2)
>>> note.body
u'SHAVE'
>>> note.body = 'SHAVE LEFT THIGH'
>>> db.session.commit()
```

提示 只有要插入新的记录或要将现有的记录添加到会话中时才需要使用 add() 方法，单纯要更新现有的记录时只需要直接为属性赋新值，然后提交会话。

4. Delete

删除记录和添加记录很相似，不过要把 add() 方法换成 delete() 方法，最后都需要调用 commit() 方法提交修改。下面的示例删除了 id（主键）为 2 的记录：

```
>>> note = Note.query.get(2)
>>> db.session.delete(note)
>>> db.session.commit()
```

5.4.2 在视图函数里操作数据库

在视图函数里操作数据库的方式和我们在 Python Shell 中的练习大致相同，只不过需要一些额外的工作。比如把查询结果作为参数传入模板渲染出来，或是获取表单的字段值作为提交到数据库的数据。在这一节，我们将把上一节学习的所有数据库操作知识运用到一个简单的笔记程序中。这个程序可以让你创建、编辑和删除笔记，并在主页列出所有保存后的笔记。

1. Create

为了支持输入笔记内容，我们先创建一个用于填写新笔记的表单，如下所示：

```
from flask_wtf import FlaskForm
from wtforms import TextAreaField, SubmitField
from wtforms.validators import DataRequired
```

```
class NewNoteForm(FlaskForm):
    body = TextAreaField('Body', validators=[DataRequired()])
    submit = SubmitField('Save')
```

我们创建一个 new_note 视图，这个视图负责渲染创建笔记的模板，并处理表单的提交，如代码清单 5-4 所示。

代码清单5-4 demos/database/app.py：创建新笔记

```
@app.route('/new', methods=['GET', 'POST'])
def new_note():
    form = NewNoteForm()
    if form.validate_on_submit():
        body = form.body.data
        note = Note(body=body)
        db.session.add(note)
        db.session.commit()
        flash('Your note is saved.')
        return redirect(url_for('index'))
    return render_template('new_note.html', form=form)
```

我们先来看看 form.validate_on_submit() 返回 True 时的处理代码。当表单被提交且通过验证时，我们获取表单 body 字段的数据，然后创建新的 Note 实例，将表单中 body 字段的值作为 body 参数传入，最后添加到数据库会话中并提交会话。这个过程接收用户通过表单提交的数据并保存到数据库中，最后我们使用 flash() 函数发送提示消息并重定向到 index 视图。

表单在 new_note.html 模板中渲染，这里使用我们在第 4 章介绍的 form_field 宏渲染表单字段，传入 rows 和 cols 参数来定制 <textarea> 输入框的大小：

```
{% block content %}
<h2>New Note</h2>
<form method="post">
    {{ form.csrf_token }}
    {{ form_field(form.body, rows=5, cols=50) }}
    {{ form.submit }}
</form>
{% endblock %}
```

index 视图用来显示主页，目前它的所有作用就是渲染主页对应的模板：

```
@app.route('/')
def index():
    return render_template('index.html')
```

在对应的 index.html 模板中，我们添加一个指向创建新笔记页面的链接：

```
<h1>Notebook</h1>
<a href="{{ url_for('new_note') }}">New Note</a>
```

2. Read

在上一节我们为程序实现了添加新笔记的功能，当你在创建笔记的页面单击保存后，程序会重定向到主页，提示的消息告诉你刚刚提交的笔记已经成功保存了，可是你却无法看到创建后的笔记。为了在主页列出所有保存的笔记，我们需要修改 index 视图，修改后的 index 视图如代码清单 5-5 所示。

代码清单5-5　demos/database/app.py：在视图函数中查询数据库记录并传入模板

```
@app.route('/')
def index():
    notes = Note.query.all()
    return render_template('index.html', notes=notes)
```

在新的 index 视图里，我们像在 Python Shell 中一样使用 Note.query.all() 查询所有 note 记录，然后把这个包含所有记录的列表作为 notes 变量传入模板。你已经猜到下一步了，没错，我们将在模板中将笔记们显示出来，如代码清单 5-6 所示。

代码清单5-6　demos/database/templates/index.html：在模板中渲染数据库记录

```
<h1>Notebook</h1>
<a href="{{ url_for('new_note') }}">New Note</a>
<h4>{{ notes|length }} notes:</h4>
{% for note in notes %}
    <div class="note">
        <p>{{ note.body }}</p>
    </div>
{% endfor %}
```

在模板中，我们迭代这个 notes 列表，调用 Note 对象的 body 属性（note.body）获取 body 字段的值。另外，我们还通过 length 过滤器获取笔记的数量。渲染后的示例如图 5-1 所示。

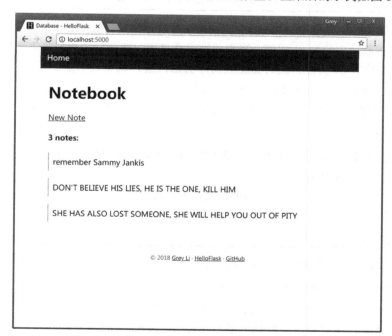

图 5-1　显示笔记列表

3. Update

更新一条笔记和创建一条新笔记的实现代码几乎完全相同，首先是编辑笔记的表单：

```
class EditNoteForm(FlaskForm):
    body = TextAreaField('Body', validators=[DataRequired()])
    submit = SubmitField('Update')
```

你会发现这和创建新笔记 NewNoteForm 唯一的不同就是提交字段的标签参数（作为 `<input>` 的 value 属性），因此这个表单的定义也可以通过继承来简化：

```
class EditNoteForm(NewNoteForm):
    submit = SubmitField('Update')
```

用来渲染更新笔记页面和处理更新表单提交的 edit_note 视图如代码清单 5-7 所示。

代码清单5-7　database/app.py：更新笔记内容

```
@app.route('/edit/<int:note_id>', methods=['GET', 'POST'])
def edit_note(note_id):
    form = EditNoteForm()
    note = Note.query.get(note_id)
    if form.validate_on_submit():
        note.body = form.body.data
        db.session.commit()
        flash('Your note is updated.')
        return redirect(url_for('index'))
    form.body.data = note.body
    return render_template('edit_note.html', form=form)
```

这个视图通过 URL 变量 note_id 获取要被修改的笔记的主键值（id 字段），然后我们就可以使用 get() 方法获取对应的 Note 实例。当表单被提交且通过验证时，我们将表单中 body 字段的值赋给 note 对象的 body 属性，然后提交数据库会话，这样就完成了更新操作。和创建笔记相同，我们接着发送提示消息并重定向到 index 视图。

唯一需要注意的是，在 GET 请求的执行流程中，我们添加了下面这行代码：

```
form.body.data = note.body
```

因为要添加修改笔记内容的功能，那么当我们打开修改某个笔记的页面时，这个页面的表单中必然要包含笔记原有的内容。

如果手动创建 HTML 表单，那么你可以通过将 note 记录传入模板，然后手动为对应字段中填入笔记的原有内容，比如：

```
<textarea name="body">{{ note.body }}</textarea>
```

其他 input 元素则通过 value 属性来设置输入框中的值，比如：

```
<input name="foo" type="text" value="{{ note.title }}">
```

使用 WTForms 可以省略这些步骤，当我们渲染表单字段时，如果表单字段的 data 属性不为空，WTForms 会自动把 data 属性的值添加到表单字段的 value 属性中，作为表单的值填充进去，我们不用手动为 value 属性赋值。因此，将存储笔记原有内容的 note.body 属性赋值给表单

body 字段的 data 属性即可在页面上的表单中填入原有的内容。

模板的内容基本相同,这里不再赘述。最后的工作是在主页笔记列表中的每个笔记内容下添加一个编辑按钮,用来访问编辑页面:

```
{% for note in notes %}
<div class="note">
    <p>{{ note.body }}</p>
    <a class="btn" href="{{ url_for('edit_note', note_id=note.id) }}">Edit</a>
</div>
{% endfor %}
```

生成 edit_note 视图的 URL 时,我们传入当前 note 对象的 id(note.id)作为 URL 变量 note_id 的值。

4. Delete

在程序中,删除的实现也非常简单,不过这里经常会有一个误区。大多数人通常会考虑在笔记内容下添加一个删除链接:

```
<a href="{{ url_for('delete_note', note_id=note.id) }}">Delete</a>
```

这个链接指向用来删除笔记的 delete_note 视图:

```
@app.route('/delete/<int:note_id>')
def delete_note(note_id):
    note = Note.query.get(note_id)
    db.session.delete(note)
    db.session.commit()
    flash('Your note is deleted.')
    return redirect(url_for('index'))
```

虽然这一切看起来都很合理,但这种处理方式实际上会使程序处于 CSRF 攻击的风险之中。我们在第 2 章曾强调过,防范 CSRF 攻击的基本原则就是正确使用 GET 和 POST 方法。像删除这类修改数据的操作绝对不能通过 GET 请求实现,正确的做法是为删除操作创建一个表单,如下所示:

```
class DeleteNoteForm(FlaskForm):
    submit = SubmitField('Delete')
```

这个表单类只有一个提交字段,因为我们只需要在页面上显示一个删除按钮来提交表单。删除表单的提交请求由 delete_note 视图处理,如代码清单 5-8 所示。

代码清单5-8 database/app.py:删除笔记

```
@app.route('/delete/<int:note_id>', methods=['POST'])
def delete_note(note_id):
    form = DeleteNoteForm()
    if form.validate_on_submit():
        note = Note.query.get(note_id)  # 获取对应记录
        db.session.delete(note)  # 删除记录
        db.session.commit()  # 提交修改
        flash('Your note is deleted.')
    else:
```

```
        abort(400)
    return redirect(url_for('index'))
```

注
意　在 delete_note 视图的 app.route() 中，methods 列表仅填入了 POST，这会确保该视图仅监听 POST 请求。

　　和编辑笔记的视图类似，这个视图接收 note_id（主键值）作为参数。如果提交表单且通过验证（唯一需要被验证的是 CSRF 令牌），就使用 get() 方法查询对应的记录，然后调用 db.session.delete() 方法删除并提交数据库会话。如果验证出错则使用 abort() 函数返回 400 错误响应。

　　因为删除按钮要在主页的笔记内容下添加，我们需要在 index 视图中实例化 DeleteNote-Form 类，然后传入模板。在 index.html 模板中，我们渲染这个表单：

```
{% for note in notes %}
<div class="note">
    <p>{{ note.body }}</p>
    <a class='btn' href="{{ url_for('edit_note', note_id=note.id) }}">Edit</a>
    <form method="post" action="{{ url_for('delete_note', note_id=note.id) }}">
        {{ form.csrf_token }}
        {{ form.submit(class='btn') }}
    </form>
</div>
{% endfor %}
```

　　我们将表单的 action 属性设置为删除当前笔记的 URL。构建 URL 时，URL 变量 note_id 的值通过 note.id 属性获取，当单击提交按钮时，会将请求发送到 action 属性中的 URL。添加删除表单的主要目的就是防止 CSRF 攻击，所以不要忘记渲染 CSRF 令牌字段 form.csrf_token。

提
示　在 HTML 中，<a> 标签会显示为链接，而提交按钮会显示为按钮，为了让编辑和删除笔记的按钮显示相同的样式，我们为这两个元素使用了同一个 CSS 类 “.btn”，具体可以在 static/style.css 文件中查看。作为替代，你可以考虑使用 JavaScript 创建监听函数，当删除按钮按下时，提交对应的隐藏表单。

　　如果你运行了示例程序，请访问 http://localhost:5000 打开示例程序的主页，你可以体验我们在这一节实现的所有功能。最终的程序主页如图 5-2 所示。

5.5　定义关系

　　在关系型数据库中，我们可以通过关系让不同表之间的字段建立联系。一般来说，定义关系需要两步，分别是创建外键和定义关系属性。在更复杂的多对多关系中，我们还需要定义联表来管理关系。这一节我们会学习如何使用 SQLAlchemy 在模型之间建立几种基础的关系模式。

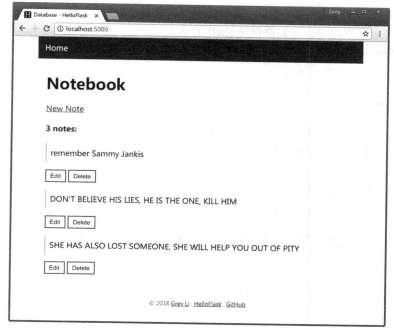

图 5-2　添加编辑和删除按钮的主页

5.5.1　配置 Python Shell 上下文

在上面的许多操作中，每一次使用 flask shell 命令启动 Python Shell 后都要从 app 模块里导入 db 对象和相应的模型类。为什么不把它们自动集成到 Python Shell 上下文里呢？就像 Flask 内置的 app 对象一样。这当然可以实现！我们可以使用 app.shell_context_processor 装饰器注册一个 shell 上下文处理函数。它和模板上下文处理函数一样，也需要返回包含变量和变量值的字典，如代码清单 5-9 所示。

代码清单5-9　app.py：注册shell上下文处理函数

```
# ...
@app.shell_context_processor
def make_shell_context():
    return dict(db=db, Note=Note)  # 等同于{'db': db, 'Note': Note}
```

当你使用 flask shell 命令启动 Python Shell 时，所有使用 app.shell_context_processor 装饰器注册的 shell 上下文处理函数都会被自动执行，这会将 db 和 Note 对象推送到 Python Shell 上下文里：

```
$ flask shell
>>> db
<SQLAlchemy engine=sqlite:///Path/to/your/data.db>
>>> Note
<class 'app.Note'>
```

在这一节演示各种数据库关系时，我们将编写更多的模型类。在示例程序中，它们都使用 shell 上下文处理函数添加到 shell 上下文中，因此你可以直接在Python Shell 使用，不用手动导入。

5.5.2 一对多

我们将以作者和文章来演示一对多关系：一个作者可以写作多篇文章。一对多关系示意图如图 5-3所示。

在示例程序中，Author 类用来表示作者，Article类用来表示文章，如代码清单 5-10 所示。

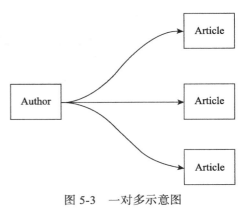

图 5-3 一对多示意图

代码清单5-10 database/app.py：一对多关系示例

```python
# ...
class Author(db.Model):
    id = db.Column(db.Integer, primary_key=True)
    name = db.Column(db.String(70), unique=True)
    phone = db.Column(db.String(20))

class Article(db.Model):
    id = db.Column(db.Integer, primary_key=True)
    title = db.Column(db.String(50), index=True)
    body = db.Column(db.Text)
```

我们将在这两个模型之间建立一个简单的一对多关系，建立这个一对多关系的目的是在表示作者的 Author 类中添加一个关系属性 articles，作为集合（collection）属性，当我们对特定的Author 对象调用 articles 属性会返回所有相关的 Article 对象。我们会在下面介绍如何一步步定义这个一对多关系。

1. 定义外键

定义关系的第一步是创建外键。外键是（foreign key）用来在 A 表存储 B 表的主键值以便和B 表建立联系的关系字段。因为外键只能存储单一数据（标量），所以外键总是在"多"这一侧定义，多篇文章属于同一个作者，所以我们需要为每篇文章添加外键存储作者的主键值以指向对应的作者。在 Article 模型中，我们定义一个 author_id 字段作为外键：

```python
class Article(db.Model):
    ...
    author_id = db.Column(db.Integer, db.ForeignKey('author.id'))
```

这个字段使用 db.ForeignKey 类定义为外键，传入关系另一侧的表名和主键字段名，即author.id。实际的效果是将 article 表的 author_id 的值限制为 author 表的 id 列的值。它将用来存储 author 表中记录的主键值，如图 5-4 所示。

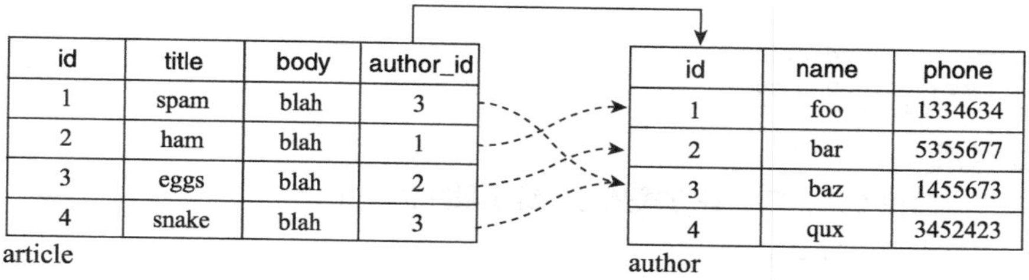

id	title	body	author_id
1	spam	blah	3
2	ham	blah	1
3	eggs	blah	2
4	snake	blah	3

article

id	name	phone
1	foo	1334634
2	bar	5355677
3	baz	1455673
4	qux	3452423

author

图 5-4　外键示意图

> **提示** 外键字段的命名没有限制，因为要连接的目标字段是 author 表的 id 列，所以为了便于区分而将这个外键字段的名称命名为 author_id。

> **注意** 传入 ForeignKey 类的参数 author.id，其中 author 指的是 Author 模型对应的表名称，而 id 指的是字段名，即 "表名.字段名"。模型类对应的表名由 Flask-SQLAlchemy 生成，默认为类名称的小写形式，多个单词通过下划线分隔，你也可以显式地通过 __tablename__ 属性自己指定，后面不再提示。

2. 定义关系属性

定义关系的第二步是使用关系函数定义关系属性。关系属性在关系的出发侧定义，即一对多关系的 "一" 这一侧。一个作者拥有多篇文章，在 Author 模型中，我们定义了一个 articles 属性来表示对应的多篇文章：

```
class Author(db.Model):
    ...
    articles = db.relationship('Article')
```

> **附注** 关系属性的名称没有限制，你可以自由修改。它相当于一个快捷查询，不会作为字段写入数据库中。

这个属性并没有使用 Column 类声明为列，而是使用了 db.relationship() 关系函数定义为关系属性，因为这个关系属性返回多个记录，我们称之为集合关系属性。relationship() 函数的第一个参数为关系另一侧的模型名称，它会告诉 SQLAlchemy 将 Author 类与 Article 类建立关系。当这个关系属性被调用时，SQLAlchemy 会找到关系另一侧（即 article 表）的外键字段（即 author_id），然后反向查询 article 表中所有 author_id 值为当前表主键值（即 author.id）的记录，返回包含这些记录的列表，也就是返回某个作者对应的多篇文章记录。

下面我们会在 Python Shell 中演示如何对实际的对象建立关系。我们先创建一个作者记录和两个文章记录，并添加到数据库会话中：

```
>>> foo = Author(name='Foo')
>>> spam = Article(title='Spam')
>>> ham = Article(title='Ham')
```

```
>>> db.session.add(foo)
>>> db.session.add(spam)
>>> db.session.add(ham)
```

3. 建立关系

建立关系有两种方式，第一种方式是为外键字段赋值，比如：

```
>>> spam.author_id = 1
>>> ham.author_id = 1
>>> db.session.commit()
```

我们将 spam 对象的 author_id 字段的值设为 1，这会和 id 值为 1 的 Author 对象建立关系。提交数据库改动后，如果我们对 id 为 1 的 foo 对象调用 articles 关系属性，会看到 spam 对象包括在返回的 Article 对象列表中：

```
>>> foo.articles
[<Article u'Spam'>, <Article u'Ham'>]
```

另一种方式是通过操作关系属性，将关系属性赋给实际的对象即可建立关系。集合关系属性可以像列表一样操作，调用 append() 方法来与一个 Article 对象建立关系：

```
>>> foo.articles.append(spam)
>>> foo.articles.append(ham)
>>> db.session.commit()
```

> 提示　我们也可以直接将关系属性赋值给一个包含 Article 对象的列表。

和前面的第一种方式类似，为了让改动生效，我们需要调用 db.session.commit() 方法提交数据库会话。建立关系后，存储外键的 author_id 字段会自动获得正确的值，而调用 Author 实例的关系属性 articles 时，会获得所有建立关系的 Article 对象：

```
>>> spam.author_id
1
>>> foo.articles
[<Article u'Spam'>, <Article u'Ham'>]
```

> 提示　和主键类似，外键字段由 SQLAlchemy 管理，我们不需要手动设置。当通过关系属性建立关系后，外键字段会自动获得正确的值。

> 提示　在后面的示例程序中，我们会统一使用第二种方式，即通过关系属性来建立关系。

和 append() 相对，对关系属性调用 remove() 方法可以与对应的 Article 对象解除关系：

```
>>> foo.articles.remove(spam)
>>> db.session.commit()
>>> foo.articles
[<Article u'Ham'>]
```

> 💡**提示** 你也可以使用 pop() 方法操作关系属性，它会与关系属性对应的列表的最后一个 Article 对象解除关系并返回该对象。

不要忘记在操作结束后需要调用 commit() 方法提交数据库会话，这样才可以把改动写入数据库。

> 💡**提示** 在上面我们提到过，使用关系函数定义的属性不是数据库字段，而是类似于特定的查询函数。当某个 Aritcle 对象被删除时，在对应 Author 对象的 aritcles 属性调用时返回的列表也不会包含该对象。

在关系函数中，有很多参数可以用来设置调用关系属性进行查询时的具体行为。常用的关系函数参数如表 5-8 所示。

表 5-8 常用的 SQLAlchemy 关系函数参数

参 数 名	说 明
back_populates	定义反向引用，用于建立双向关系，在关系的另一侧也必须显式定义关系属性，后面会具体介绍
backref	添加反向引用，自动在另一侧建立关系属性，是 back_populates 的简化版，后面会具体介绍
lazy	指定如何加载相关记录，具体选项见表 5-9
uselist	指定是否使用列表的形式加载记录，设为 False 则使用标量（scalar）
cascade	设置级联操作，后面会具体介绍
order_by	指定加载相关记录时的排序方式
secondary	在多对多关系中指定关联表
primaryjoin	指定多对多关系中的一级联结条件
secondaryjoin	指定多对多关系中的二级联结条件

当关系属性被调用时，关系函数会加载相应的记录，表 5-9 列出了控制关系记录加载方式的 lazy 参数的常用选项。

表 5-9 常用的 SQLAlchemy 关系记录加载方式（lazy 参数可选值）

关系加载方式	说 明
select	在必要时一次性加载记录，返回包含记录的列表（默认值），等同于 lazy=True
joined	和父查询一样加载记录，但使用联结，等同于 lazy=False
immediate	一旦父查询加载就加载
subquery	类似于 joined，不过将使用子查询
dynamic	不直接加载记录，而是返回一个包含相关记录的 query 对象，以便再继续附加查询函数对结果进行过滤

> 注意　dynamic 选项仅用于集合关系属性，不可用于多对一、一对一或是在关系函数中将 uselist 参数设为 False 的情况。

> 注意　许多教程和示例使用 dynamic 来动态加载所有集合关系属性对应的记录，这是应该避免的行为。使用 dynamic 加载方式意味着每次操作关系都会执行一次 SQL 查询，这会造成潜在的性能问题。大多数情况下我们只需要使用默认值（select），只有在调用关系属性会返回大量记录，并且总是需要对关系属性返回的结果附加额外的查询时才需要使用动态加载（lazy='dynamic'）。

4. 建立双向关系

我们在 Author 类中定义了集合关系属性 articles，用来获取某个作者拥有的多篇文章记录。在某些情况下，你也许希望能在 Article 类中定义一个类似的 author 关系属性，当被调用时返回对应的作者记录，这类返回单个值的关系属性被称为标量关系属性。而这种两侧都添加关系属性获取对方记录的关系我们称之为双向关系（bidirectional relationship）。

双向关系并不是必须的，但在某些情况下会非常方便。双向关系的建立很简单，通过在关系的另一侧也创建一个 relationship() 函数，我们就可以在两个表之间建立双向关系。我们使用作家（Writer）和书（Book）的一对多关系来进行演示，建立双向关系后的 Writer 和 Book 类如代码清单 5-11 所示。

代码清单5-11　database/app.py：基于一对多关系的双向关系

```python
class Writer(db.Model):
    id = db.Column(db.Integer, primary_key=True)
    name = db.Column(db.String(70), unique=True)
    books = db.relationship('Book', back_populates='writer')

class Book(db.Model):
    id = db.Column(db.Integer, primary_key=True)
    name = db.Column(db.String(50), index=True)
    writer_id = db.Column(db.Integer, db.ForeignKey('writer.id'))
    writer = db.relationship('Writer', back_populates='books')
```

在"多"这一侧的 Book（书）类中，我们新创建了一个 writer 关系属性，这是一个标量关系属性，调用它会获取对应的 Writer（作者）记录；而在 Writer（作者）类中的 books 属性则用来获取对应的多个 Book（书）记录。在关系函数中，我们使用 back_populates 参数来连接对方，back_populates 参数的值需要设为关系另一侧的关系属性名。

为了方便演示，我们先创建 1 个 Writer 和 2 个 Book 记录，并添加到数据库中：

```python
>>> king = Writer(name='Stephen King')
>>> carrie = Book(name='Carrie')
>>> it = Book(name='IT')
>>> db.session.add(king)
>>> db.session.add(carrie)
>>> db.session.add(it)
```

```
>>> db.session.commit()
```

设置双向关系后，除了通过集合属性 books 来操作关系，我们也可以使用标量属性 writer 来进行关系操作。比如，将一个 Writer 对象赋值给某个 Book 对象的 writer 属性，就会和这个 Book 对象建立关系：

```
>>> carrie.writer = king
>>> carrie.writer
<Writer u'Stephen King'>
>>> king.books
[<Book u'Carrie'>]
>>> it.writer = king
>>> king.books
[<Book u'Carrie'>, <Book u'IT'>]
```

相对的，将某个 Book 的 writer 属性设为 None，就会解除与对应 Writer 对象的关系：

```
>>> carrie.writer = None
>>> king.books
[<Book u'IT'>]
>>> db.session.commit()
```

需要注意的是，我们只需要在关系的一侧操作关系。当为 Book 对象的 writer 属性赋值后，对应 Writer 对象的 books 属性的返回值也会自动包含这个 Book 对象。反之，当某个 Writer 对象被删除时，对应的 Book 对象的 writer 属性被调用时的返回值也会被置为空（即 NULL，会返回 None）。

其他关系模式建立双向关系的方式完全相同，在下面介绍不同的关系模式时我们会简单说明。

5. 使用 backref 简化关系定义

在介绍关系函数的参数时，我们曾提到过，使用关系函数中的 backref 参数可以简化双向关系的定义。以一对多关系为例，backref 参数用来自动为关系另一侧添加关系属性，作为反向引用（back reference），赋予的值会作为关系另一侧的关系属性名称。比如，我们在 Author 一侧的关系函数中将 backref 参数设为 author，SQLAlchemy 会自动为 Article 类添加一个 author 属性。为了避免和前面的示例命名冲突，我们使用歌手（Singer）和歌曲（Song）的一对多关系作为演示，分别创建 Singer 和 Song 类，如代码清单 5-12 所示。

代码清单5-12　database/app.py：使用backref建立双向关系

```
class Singer(db.Model):
    id = db.Column(db.Integer, primary_key=True)
    name = db.Column(db.String(70), unique=True)
    songs = db.relationship('Song', backref='singer')

class Song(db.Model):
    id = db.Column(db.Integer, primary_key=True)
    name = db.Column(db.String(50), index=True)
    singer_id = db.Column(db.Integer, db.ForeignKey('singer.id'))
```

在定义集合属性 songs 的关系函数中，我们将 backref 参数设为 singer，这会同时在 Song 类中添加了一个 singer 标量属性。这时我们仅需要定义一个关系函数，虽然 singer 是一个"看不见的关系属性"，但在使用上和定义两个关系函数并使用 back_populates 参数的效果完全相同。

需要注意的是，使用 backref 允许我们仅在关系一侧定义另一侧的关系属性，但是在某些情况下，我们希望可以对在关系另一侧的关系属性进行设置，这时就需要使用 db.backref() 函数。db.backref() 函数接收第一个参数作为在关系另一侧添加的关系属性名，其他关键字参数会作为关系另一侧关系函数的参数传入。比如，我们要在关系另一侧"看不见的 relationship() 函数"中将 uselist 参数设为 False，可以这样实现：

```
class Singer(db.Model):
    ...
    songs = relationship('Song', backref=db.backref('singer', uselist=False))
```

> 💿注意　尽管使用 backref 非常方便，但通常来说"显式好过隐式"，所以我们应该尽量使用 back_populates 定义双向关系。为了便于理解，在本书的示例程序中都将使用 back_populates 来建立双向关系。

5.5.3　多对一

一对多关系反过来就是多对一关系，这两种关系模式分别从不同的视角出发。一个作者拥有多篇文章，反过来就是多篇文章属于同一个作者。为了便于区分，我们使用居民和城市来演示多对一关系：多个居民居住在同一个城市。多对一关系如图 5-5 所示。

在示例程序中，Citizen 类表示居民，City 类表示城市。建立多对一关系后，我们将在 Citizen 类中创建一个标量关系属性 city，调用它可以获取单个 City 对象。

我们在前面介绍过，关系属性在关系模式的出发侧定义。当出发点在"多"这一侧时，我们希望在 Citizen 类中添加一个关系属性 city 来获取对应的城市对象，因为这个关系属性返回单个值，我们称之为标量关系属性。在定义关系时，外键总是在"多"这一侧定义，所以在多对一关系中外键和关系属性都定义在"多"这一侧，即 Citizen 类中，如代码清单 5-13 所示。

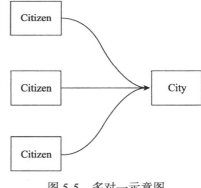

图 5-5　多对一示意图

代码清单5-13　database/app.py：建立多对一关系

```
class Citizen(db.Model):
    id = db.Column(db.Integer, primary_key=True)
    name = db.Column(db.String(70), unique=True)
    city_id = db.Column(db.Integer, db.ForeignKey('city.id'))
    city = db.relationship('City')

class City(db.Model):
    id = db.Column(db.Integer, primary_key=True)
    name = db.Column(db.String(30), unique=True)
```

这时定义的 city 关系属性是一个标量属性（返回单一数据）。当 Citizen.city 被调用时，SQLAlchemy 会根据外键字段 city_id 存储的值查找对应的 City 对象并返回，即居民记录对应的城市记录。

当建立双向关系时，如果不使用 backref，那么一对多和多对一关系模式在定义上完全相同，这时可以将一对多和多对一视为同一种关系模式。在后面我们通常都会为一对多或多对一建立双向关系，这时将弱化这两种关系的区别，一律称为一对多关系。

5.5.4 一对一

我们将使用国家和首都来演示一对一关系：每个国家只有一个首都；反过来说，一个城市也只能作为一个国家的首都。一对一关系示意如图 5-6 所示。

在示例程序中，Country 类表示国家，Capital 类表示首都。建立一对一关系后，我们将在 Country 类中创建一个标量关系属性 capital，调用

图 5-6　一对一关系示意图

它会获取单个 Capital 对象；我们还将在 Capital 类中创建一个标量关系属性 country，调用它会获取单个的 Country 对象。

一对一关系实际上是通过建立双向关系的一对多关系的基础上转化而来。我们要确保关系两侧的关系属性都是标量属性，都只返回单个值，所以要在定义集合属性的关系函数中将 uselist 参数设为 False，这时一对多关系将被转换为一对一关系。代码清单 5-14 基于建立双向关系的一对多关系实现了一对一关系。

代码清单5-14　database/app.py：建立一对一关系

```
class Country(db.Model):
    id = db.Column(db.Integer, primary_key=True)
    name = db.Column(db.String(30), unique=True)
    capital = db.relationship('Capital', uselist=False)

class Capital(db.Model):
    id = db.Column(db.Integer, primary_key=True)
    name = db.Column(db.String(30), unique=True)
    country_id = db.Column(db.Integer, db.ForeignKey('country.id'))
    country = db.relationship('Country')
```

"多"这一侧本身就是标量关系属性，不用做任何改动。而"一"这一侧的集合关系属性，通过将 uselist 设为 False 后，将仅返回对应的单个记录，而且无法再使用列表语义操作：

```
>>> china = Country(name='China')
>>> beijing = Capital(name='Beijing')
>>> china.capital = beijing
>>> db.session.add(china)
>>> db.session.add(beijing)
>>> db.session.commit()
>>> china.capital
<Capital u'Beijing'>
```

```
>>> beijing.country
<Country u'China'>
>>> tokyo = Capital(name='Tokyo')
>>> china.capital.append(tokyo)
Traceback (most recent call last):
    File "<console>", line 1, in <module>
AttributeError: 'Capital' object has no attribute 'append'
```

5.5.5 多对多

我们将使用学生和老师来演示多对多关系：每个学生有多个老师，而每个老师有多个学生。多对多关系模式示意图如图 5-7 所示。

在示例程序中，Student 类表示学生，Teacher 类表示老师。在这两个模型之间建立多对多关系后，我们需要在 Student 类中添加一个集合关系属性 teachers，调用它可以获取某个学生的多个老师，而不同的学生可以和同一个老师建立关系。

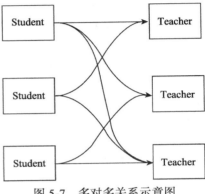

在一对多关系中，我们可以在"多"这一侧添加外键指向"一"这一侧，外键只能存储一个记录，但是在多对多关系中，每一个记录都可以与关系另一侧的多个记录建立关系，关系两侧的模型都需要存储一组外键。在 SQLAlchemy 中，要想表示多对多关系，除了关系两侧的模型外，我们还需要创建一个关联表（association table）。关联表不存储数据，只用来存储关系两侧模型的外键对应关系，如代码清单 5-15 所示。

图 5-7 多对多关系示意图

代码清单5-15　database/app.py：建立多对多关系

```
association_table = db.Table('association',db.Column('student_id', db.Integer,
    db.ForeignKey('student.id')),db.Column('teacher_id', db.Integer,
    db.ForeignKey('teacher.id'))
    )

class Student(db.Model):
    id = db.Column(db.Integer, primary_key=True)
    name = db.Column(db.String(70), unique=True)
    grade = db.Column(db.String(20))
    teachers = db.relationship('Teacher',
        secondary=association_table,
        back_populates='students')

class Teacher(db.Model):
    id = db.Column(db.Integer, primary_key=True)
    name = db.Column(db.String(70), unique=True)
    office = db.Column(db.String(20))
```

关联表使用 db.Table 类定义，传入的第一个参数是关联表的名称。我们在关联表中定义了两个外键字段：teacher_id 字段存储 Teacher 类的主键，student_id 存储 Student 类的主键。借助关联表这个中间人存储的外键对，我们可以把多对多关系分化成两个一对多关系，如图 5-8 所示。

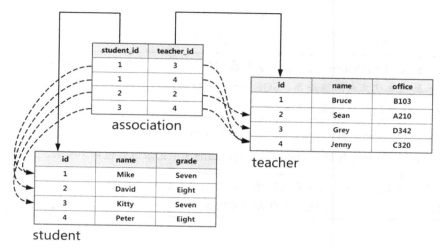

图 5-8　关联表示意图

当我们需要查询某个学生记录的多个老师时，我们先通过学生和关联表的一对多关系查找所有包含该学生的关联表记录，然后就可以从这些记录中再进一步获取每个关联表记录包含的老师记录。以图 5-8 中的随机数据为例，假设学生记录的 id 为 1，那么通过查找关联表中 student_id 字段为 1 的记录，就可以获取到对应的 teacher_id 值（分别为 3 和 4），通过外键值就可以在 teacher 表里获取 id 为 3 和 4 的记录，最终，我们就获取到 id 为 1 的学生记录相关联的所有老师记录。

我们在 Student 类中定义一个 teachers 关系属性用来获取老师集合。在多对多关系中定义关系函数，除了第一个参数是关系另一侧的模型名称外，我们还需要添加一个 secondary 参数，把这个值设为关联表的名称。

为了便于实现真正的多对多关系，我们需要建立双向关系。建立双向关系后，多对多关系会变得更加直观。在 Student 类上的 teachers 集合属性会返回所有关联的老师记录，而在 Teacher 类上的 students 集合属性会返回所有相关的学生记录：

```
class Student(db.Model):
    ...
    teachers = db.relationship('Teacher',
        secondary=association_table,
        back_populates='students')

class Teacher(db.Model):
    ...
    students = db.relationship('Student',
        secondary=association_table,
        back_populates='teachers')
```

除了在声明关系时有所不同，多对多关系模式在操作关系时和其他关系模式基本相同。调用关系属性 student.teachers 时，SQLAlchemy 会直接返回关系另一侧的 Teacher 对象，而不是关联表记录，反之亦同。和其他关系模式中的集合关系属性一样，我们可以将关系属性 teachers 和 students 像列表一样操作。比如，当你需要为某一个学生添加老师时，对关系属性使用 append() 方法即可。如果你想要解除关系，那么可以使用 remove() 方法。

> **注意** 关联表由 SQLAlchemy 接管，它会帮我们管理这个表：我们只需要像往常一样通过操作关系属性来建立或解除关系，SQLAlchemy 会自动在关联表中创建或删除对应的关联表记录，而不用手动操作关联表。

同样的，在多对多关系中我们也只需要在关系的一侧操作关系。当为学生 A 的 teachers 添加了老师 B 后，调用老师 B 的 students 属性时返回的学生记录也会包含学生 A，反之亦同。

> **附注** 本节的内容也许对你来说有些过于复杂和陌生，你可以先放一放，等到后面学习了实际操作后再回来重读，你就会明白大部分内容了。

5.6 更新数据库表

模型类（表）不是一成不变的，当你添加了新的模型类，或是在模型类中添加了新的字段，甚至是修改了字段的名称或类型，都需要更新表。在前面我们把数据库表类比成盛放货物的货架，这些货架是固定生成的。当我们在操控程序（DBMS/ORM）上变更了货架的结构时，仓库的货架也要根据变化相应进行调整。而且，当货架的结构产生变动时，我们还需要考虑如何处理货架上的货物（数据）。

当你在数据库的模型中添加了一个新的字段后，比如在 Note 模型里添加了一个存储笔记创建时间的 timestamp 字段。这时你可能想要立刻启动程序看看效果，遗憾的是，你看到了下面的报错信息：

```
OperationalError: (sqlite3.OperationalError) no such column: note.timestamp [...]
```

这段错误消息指出 note 表中没有 timestamp 列，并在中括号里给出了查询所对应的 SQL 原语。之所以会出现这个错误，是因为数据库表并不会随着模型的修改而自动更新。想想我们之前关于仓库的比喻，仓库里来了一批新类型的货物，可我们还没为它们安排相应的货架，这当然要出错了。下面我们会学习如何更新数据库。

5.6.1 重新生成表

重新调用 create_all() 方法并不会起到更新表或重新创建表的作用。如果你并不在意表中的数据，最简单的方法是使用 drop_all() 方法删除表以及其中的数据，然后再使用 create_all() 方法重新创建：

```
>>> db.drop_all()
>>> db.create_all()
```

注意 这会清除数据库里的原有数据，请勿在生产环境下使用。

为了方便开发，我们修改 initdb 命令函数的内容，为其增加一个 --drop 选项来支持删除表和数据库后进行重建，如代码清单 5-16 所示。

代码清单5-16 database/app.py：支持删除表后重建

```python
@app.cli.command()
@click.option('--drop', is_flag=True, help='Create after drop.')
def initdb(drop):
    """Initialize the database."""
    if drop:
        click.confirm('This operation will delete the database, do you want to
            continue?', abort=True)
        db.drop_all()
        click.echo('Drop tables.')
    db.create_all()
    click.echo('Initialized database.')
```

在这个命令函数前，我们使用 click 提供的 option 装饰器为命令添加了一个 --drop 选项，将 is_flag 参数设为 True 可以将这个选项声明为布尔值标志（boolean flag）。--drop 选项的值作为 drop 参数传入命令函数，如果提供了这个选项，那么 drop 的值将是 True，否则为 False。因为添加 --drop 选项会直接清空数据库内容，如果需要，也可以通过 click.confirm() 函数添加一个确认提示，这样只有输入 y 或 yes 才会继续执行操作。

现在，执行下面的命令会重建数据库和表：

```
$ flask initdb --drop
```

提示 当使用 SQLite 时，直接删除 data.db 文件和调用 drop_all() 方法效果相同，而且更直接，不容易出错。

5.6.2 使用 Flask-Migrate 迁移数据库

在开发时，以删除表再重建的方式更新数据库简单直接，但明显的缺陷是会丢掉数据库中的所有数据。在生产环境下，你绝对不会想让数据库里的数据都被删除掉，这时你需要使用数据库迁移工具来完成这个工作。SQLAlchemy 的开发者 Michael Bayer 写了一个数据库迁移工具——Alembic 来帮助我们实现数据库的迁移，数据库迁移工具可以在不破坏数据的情况下更新数据库表的结构。蒸馏器（Alembic）是炼金术士最重要的工具，要学习 SQL 炼金术（SQLAlchemy），我们当然要掌握蒸馏器的使用。

扩展 Flask-Migrate 集成了 Alembic，提供了一些 flask 命令来简化迁移工作，我们将使用它来迁移数据库。Flask-Migrate 及其依赖（主要是 Alembic）可以使用 Pipenv 安装：

```
$ pipenv install flask-migrate
```

在程序中，我们实例化 Flask-Migrate 提供的 Migrate 类，进行初始化操作：

```
from flask import Flask
from flask_sqlalchemy import SQLAlchemy
from flask_migrate import Migrate

app = Flask(__name__)
...
db = SQLAlchemy(app)
migrate = Migrate(app, db)   # 在db对象创建后调用
```

实例化 Migrate 类时，除了传入程序实例 app，还需要传入实例化 Flask-SQLAlchemy 提供的 SQLAlchemy 类创建的 db 对象作为第二个参数。

1. 创建迁移环境

在开始迁移数据之前，需要先使用下面的命令创建一个迁移环境：

```
$ flask db init
```

> 📊 **附注** Flask-Migrate 提供了一个命令集，使用 db 作为命名集名称，它提供的命令都以 flask db 开头。你可以在命令行中输入 flask --help 查看所有可用的命令和说明。

迁移环境只需要创建一次。这会在你的项目根目录下创建一个 migrations 文件夹，其中包含了自动生成的配置文件和迁移版本文件夹。

2. 生成迁移脚本

使用 migrate 子命令可以自动生成迁移脚本：

```
$ flask db migrate -m "add note timestamp"
...
INFO [alembic.autogenerate.compare] Detected added column 'message.timestamp
Generating /Path/to/your/database/migrations/versions/c52a02014635_add note_
    timestamp.py ... done
```

这条命令可以简单理解为在 flask 里对数据库（db）进行迁移（migrate）。-m 选项用来添加迁移备注信息。从上面的输出信息我们可以看到，Alembic 检测出了模型的变化：表 note 新添加了一个 timestamp 列，并且相应生成了一个迁移脚本 c52a02014635_add_note_timestamp.py，脚本的内容如代码清单 5-17 所示：

代码清单5-17 migrations/versions/c52a02014635_add_note_timestamp.py：迁移脚本示例

```
"""add note timastamp
Revision ID: c52a02014635
"""
from alembic import op
import sqlalchemy as sa

# ...

def upgrade():
    # ### commands auto generated by Alembic - please adjust! ###
    op.add_column('note', sa.Column('timestamp', sa.DateTime(), nullable=True))
    # ### end Alembic commands ###
def downgrade():
```

```
# ### commands auto generated by Alembic - please adjust! ###
op.drop_column('note', 'timestamp')
# ### end Alembic commands ###
```

从上面的代码可以看出，迁移脚本主要包含了两个函数：upgrade() 函数用来将改动应用到数据库，函数中包含了向表中添加 timestamp 字段的命令；而 downgrade() 函数用来撤销改动，包含了删除 timestamp 字段的命令。

> **注意** 就像这两个函数中的注释所说的，迁移命令是由 Alembic 自动生成的，其中可能包含错误，所以有必要在生成后检查一下。

因为每一次迁移都会生成新的迁移脚本，而且 Alembic 为每一次迁移都生成了修订版本（revision）ID，所以数据库可以恢复到修改历史中的任一点。正因为如此，迁移环境中的文件也要纳入版本控制。

有些复杂的操作无法实现自动迁移，这时可以使用 revision 命令手动创建迁移脚本。这同样会生成一个迁移脚本，不过脚本中的 upgrade() 和 downgrade() 函数都是空的。你需要使用 Alembic 提供的 Operations 对象指令在这两个函数中实现具体操作，具体可以访问 Alembic 官方文档查看。

3. 更新数据库

生成了迁移脚本后，使用 upgrade 子命令即可更新数据库：

```
>>> $ flask db upgrade
...
INFO    [alembic.runtime.migration] Running upgrade  -> c52a02014635, add note
    timestamp
```

如果还没有创建数据库和表，这个命令会自动创建；如果已经创建，则会在不损坏数据的前提下执行更新。

> **提示** 如果你想回滚迁移，那么可以使用 downgrade 命令（降级），它会撤销最后一次迁移在数据库中的改动，这在开发时非常有用。比如，当你执行 upgrade 命令后发现某些地方出错了，这时就可以执行 flask db downgrade 命令进行回滚，删除对应的迁移脚本，重新生成迁移脚本后再进行更新（upgrade）。

> **注意** 虽然我们更新了数据库，但是之前创建的记录中并没有 timestamp 字段，所以这些记录的 timestamp 字段的值将为空。如果你需要为旧的数据添加默认的 timestamp 字段值，可以手动操作。

本节只是对数据库迁移做一个简单的介绍，你可以阅读 Alembic 的文档了解更多用法和自定义选项，其中的入门教程（http://alembic.zzzcomputing.com/en/latest/tutorial.html）值得一读。

5.6.3 开发时是否需要迁移？

在生产环境下，当对数据库结构进行修改后，进行数据库迁移是必要的。因为你不想损坏任何数据，毕竟数据是无价的。在生成自动迁移脚本后，执行更新之前，对迁移脚本进行检查，甚至是使用备份的数据库进行迁移测试，都是有必要的。

而在开发环境中，你可以按需要选择是否进行数据迁移。对于大多数程序来说，我们可以在开发时使用虚拟数据生成工具来生成虚拟数据，从而避免手动创建记录进行测试。这样每次更改表结构时，可以直接清除后重新生成，然后生成测试数据，这要比执行一次迁移简单很多（在后面我们甚至会学习通过一条命令完成所有工作），除非生成虚拟数据耗费的时间过长。

另外，在本地开发时通常使用 SQLite 作为数据库引擎。SQLite 不支持 ALTER 语句，而这正是迁移工具依赖的工作机制。也就是说，当 SQLite 数据库表的字段删除或修改后，我们没法直接使用迁移工具进行更新，你需要手动添加迁移代码来进行迁移。在开发中，修改和删除列是很常见的行为，手动操作迁移会花费太多的时间。

 提示 对于 SQLite，迁移工具一般使用"move and copy"的工作流（创建新表、转移数据、删除旧表）达到类似的效果，具体可访问 http://alembic.zzzcomputing.com/en/latest/batch.html 了解。

当然，这些仅仅是从方便的角度考虑，如果你希望让生产环境的部署更加高效，则应该尽可能让开发环境和生产环境保持一致。这时你应该考虑直接在本地使用 MySQL 或 PostgreSQL 等性能更高的 DBMS，然后设置迁移环境。

附注 你可以参考 12-Factor 程序第 10 条（https://www.12factor.net/dev-prod-parity）了解更多相关信息。

5.7 数据库进阶实践

本节将介绍一些使用 SQLAlchemy 的进阶技巧，用于简化操作数据库的过程。

5.7.1 级联操作

Cascade 意为"级联操作"，就是在操作一个对象的同时，对相关的对象也执行某些操作。我们通过一个 Post 模型和 Comment 模型来演示级联操作，分别表示文章（帖子）和评论，两者为一对多关系：

```python
class Post(db.Model):
    id = db.Column(db.Integer, primary_key=True)
    title = db.Column(db.String(50), unique=True)
    body = db.Column(db.Text)
    comments = db.relationship('Comment', back_populates='post')

class Comment(db.Model):
    id = db.Column(db.Integer, primary_key=True)
    body = db.Column(db.Text)
    post_id = db.Column(db.Integer, db.ForeignKey('post.id'))
    post = db.relationship('Post', back_populates='comments')
```

级联行为通过关系函数 relationship() 的 cascade 参数设置。我们希望在操作 Post 对象时，处于附属地位的 Comment 对象也被相应执行某些操作，这时应该在 Post 类的关系函数中定义级联参数。设置了 cascade 参数的一侧将被视为父对象，相关的对象则被视为子对象。

cascade 通常使用多个组合值，级联值之间使用逗号分隔，比如：

```
class Post(db.Model):
    ...
    comments = relationship('Comment', cascade='save-update, merge, delete')
```

常用的配置组合如下所示：

❑ save-update、merge（默认值）

❑ save-update、merge、delete

❑ all

❑ all、delete-orphan

当没有设置 cascade 参数时，会使用默认值 save-update、merge。上面的 all 等同于除了 delete-orphan 以外所有可用值的组合，即 save-update、merge、refresh-expire、expunge、delete。下面我们会介绍常用的几个级联值：

1. save-update

save-update 是默认的级联行为，当 cascade 参数设为 save-update 时，如果使用 db.session. add() 方法将 Post 对象添加到数据库会话时，那么与 Post 相关联的 Comment 对象也将被添加到数据库会话。我们首先创建一个 Post 对象和两个 Comment 对象：

```
>>> post1 = Post()
>>> comment1 =Comment()
>>> comment2 =Comment()
```

将 post1 添加到数据库会话后，只有 post1 在数据库会话中：

```
>>> db.session.add(post1)
>>> post1 in db.session
True
>>> comment1 in db.session
False
>>> comment2 in db.session
False
```

如果我们让 post1 与这两个 Comment 对象建立关系，那么这两个 Comment 对象也会自动被添加到数据库会话中：

```
>>> post1.comments.append(comment1)
>>> post1.comments.append(comment2)
>>> comment1 in db.session
True
>>> comment2 in db.session
True
```

当调用 db.session.commit() 提交数据库会话时，这三个对象都会被提交到数据库中。

2. delete

如果某个 Post 对象被删除，那么按照默认的行为，该 Post 对象相关联的所有 Comment 对

象都将与这个 Post 对象取消关联，外键字段的值会被清空。如果 Post 类的关系函数中 cascade
参数设为 delete 时，这些相关的 Comment 会在关联的 Post 对象删除时被一并删除。当需要设置
delete 级联时，我们会将级联值设为 all 或 save-update、merge、delete，比如：

```
class Post(db.Model):
    ...
    comments = relationship('Comment', cascade='all')
```

我们先创建一个文章对象 post2 和两个评论对象 comment3 和 comment4，并将这两个评论
对象与文章对象建立关系，将它们添加到数据库会话并提交：

```
>>> post2 = Post()
>>> comment3 = Comment()
>>> comment4 = Comment()
>>> post2.comments.append(comment3)
>>> post2.comments.append(comment4)
>>> db.session.add(post2)
>>> db.session.commit()
```

现在共有两条 Post 记录和四条 Comment 记录：

```
>>> Post.query.all()
[<Post 1>, <Post 2>]
>>> Comment.query.all()
[<Comment 1>, <Comment 2>, <Comment 3>, <Comment 4>]
```

如果删除文章对象 post2，那么对应的两个评论对象也会一并被删除：

```
>>> post2 = Post.query.get(2)
>>> db.session.delete(post2)
>>> db.session.commit()
>>> Post.query.all()
[<Post 1>]
>>> Comment.query.all()
[<Comment 1>, <Comment 2>]
```

3. delete-orphan

这个模式是基于 delete 级联的，必须和 delete 级联一起使用，通常会设为 all、delete-
orphan，因为 all 包含 delete。因此当 cascade 参数设为 delete-orphan 时，它首先包含 delete 级联
的行为：当某个 Post 对象被删除时，所有相关的 Comment 对象都将被删除（delete 级联）。除
此之外，当某个 Post 对象（父对象）与某个 Comment 对象（子对象）解除关系时，也会删除该
Comment 对象，这个解除关系的对象被称为孤立对象（orphan object）。现在 comments 属性中的
级联值为 all、delete-orphan，如下所示：

```
class Post(db.Model):
    ...
    comments = relationship('Comment', cascade='all, delete-orphan')
```

我们先创建一个文章对象 post3 和两个评论对象 comment5 和 comment6，并将这两个评论
对象与文章对象建立关系，将它们添加到数据库会话并提交：

```
>>> post3 = Post()
>>> comment5 = Comment()
```

```
>>> comment6 = Comment()
>>> post3.comments.append(comment5)
>>> post3.comments.append(comment6)
>>> db.session.add(post3)
>>> db.session.commit()
```

现在数据库中共有两条文章记录和四条评论记录：

```
>>> Post.query.all()
[<Post 1>, <Post 3>]
>>> Comment.query.all()
[<Comment 1>, <Comment 2>, <Comment 5>, <Comment 6>]
```

下面我们将 comment5 和 comment6 与 post3 解除关系并提交数据库会话：

```
>>> post3.comments.remove(comment5)
>>> post3.comments.remove(comment6)
>>> db.session.commit()
```

默认情况下，相关评论对象的外键会被设为空值。因为我们设置了 delete-orphan 级联，所以现在你会发现解除关系的两条评论记录都被删除了：

```
>>> Comment.query.all()
[<Comment 1>, <Comment 2>]
```

delete 和 delete-orphan 通常会在一对多关系模式中，而且"多"这一侧的对象附属于"一"这一侧的对象时使用。尤其是如果"一"这一侧的"父"对象不存在了，那么"多"这一侧的"子"对象不再有意义的情况。比如，文章和评论的关系就是一个典型的示例。当文章被删除了，那么评论也就没必要再留存。在这种情况下，如果不使用级联操作，那么我们就需要手动迭代关系另一侧的所有评论对象，然后一一进行删除操作。

🎯 **提示** 对于这两个级联选项，如果你不会通过列表语义对集合关系属性调用 remove() 方法等方式来操作关系，那么使用 delete 级联即可。

虽然级联操作方便，但是容易带来安全隐患，因此要谨慎使用。默认值能够满足大部分情况，所以最好仅在需要的时候才修改它。

在 SQLAlchemy 中，级联的行为和配置选项等最初衍生自另一个 ORM——Hibernate ORM。如果你对这部分内容感到困惑，那么我将在这里引用 SQLAlchemy 文档中关于 Hibernate 文档的结论："The sections we have just covered can be a bit confusing. However, in practice, it all works out nicely.（我们刚刚介绍的这部分内容可能会有一些让人困惑，不过，在实际使用中，它们都会工作得很顺利。）"

📊 **附注** 你可以访问 SQLAlchemy 文档相关部分（http://docs.sqlalchemy.org/en/latest/orm/cascades. html 查看所有可用的级联值及具体细节。

5.7.2 事件监听

在 Flask 中，我们可以使用 Flask 提供的多个装饰器注册请求回调函数，它们会在特定的请求处理环节被执行。类似的，SQLAlchemy 也提供了一个 listens_for() 装饰器，它可以用来注册事件回调函数。

listens_for() 装饰器主要接收两个参数，target 表示监听的对象，这个对象可以是模型类、类实例或类属性等。identifier 参数表示被监听事件的标识符，比如，用于监听属性的事件标识符有 set、append、remove、init_scalar、init_collection 等。

为了演示事件监听，我们创建了一个 Draft 模型类表示草稿，其中包含 body 字段和 edit_time 字段，分别存储草稿正文和被修改的次数，其中 edit_time 字段的默认值为 0，如下所示：

```
class Draft(db.Model):
    id = db.Column(db.Integer, primary_key=True)
    body = db.Column(db.Text)
    edit_time = db.Column(db.Integer, default=0)
```

通过注册事件监听函数，我们可以实现在 body 列修改时，自动叠加表示被修改次数的 edit_time 字段。在 SQLAlchemy 中，每个事件都会有一个对应的事件方法，不同的事件方法支持不同的参数。被注册的监听函数需要接收对应事件方法的所有参数，所以具体的监听函数用法因使用的事件而异。设置某个字段值将触发 set 事件，代码清单 5-18 是我们为 set 事件编写的事件监听函数。

代码清单5-18　database/app.py：set事件监听函数

```
@db.event.listens_for(Draft.body, 'set')
def increment_edit_time(target, value, oldvalue, initiator):
    if target.edit_time is not None:
        target.edit_time += 1
```

我们在 listens_for() 装饰器中分别传入 Draft.body 和 set 作为 target 和 identifier 参数的值。监听函数接收所有 set() 事件方法接收的参数，其中的 target 参数表示触发事件的模型类实例，使用 target.edit_time 即可获取我们需要叠加的字段。其他的参数也需要照常写出，虽然这里没有用到。value 表示被设置的值，oldvalue 表示被取代的旧值。

当 set 事件发生在目标对象 Draft.body 上时，这个监听函数就会被执行，从而自动叠加 Draft.edit_time 列的值，如下所示：

```
>>> draft = Draft(body='init')
>>> db.session.add(draft)
>>> db.session.commit()
>>> draft.edit_time
0
>>> draft.body = 'edited'
>>> draft.edit_time
1
>>> draft.body = 'edited again'
>>> draft.edit_time
2
>>> draft.body = 'edited again again'
>>> draft.edit_time
3
>>> db.session.commit()
```

除了这种传统的参数接收方式，即接收所有事件方法接收的参数，还有一种更简单的方法。通过在 listens_for() 装饰器中将关键字参数 name 设为 True，可以在监听函数中接收 **kwargs 作为参数（可变长关键字参数），即 "named argument"。然后在函数中可以使用参数名作为键来从 **kwargs 字典获取对应的参数值：

```
@db.event.listens_for(Draft.body, 'set', named=True)
def increment_edit_time(**kwargs):
    if kwargs['target'].edit_time is not None:
        kwargs['target'].edit_time += 1
```

SQLAlchemy 作为 SQL 工具集本身包含两大主要组件：SQLAlchemy ORM 和 SQLAlchemy Core。前者实现了我们前面介绍的 ORM 功能，后者实现了数据库接口等核心功能，这两类组件都提供了大量的监听事件，几乎覆盖整个 SQLAlchemy 使用的生命周期。请访问下面的链接查看可用的事件列表以及具体的事件方法使用介绍：

❏ SQLAlchemy Core 事件：http://docs.sqlalchemy.org/en/latest/core/events.html。
❏ SQLAlchemy ORM 事件：http://docs.sqlalchemy.org/en/latest/orm/events.html。

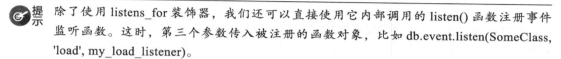 除了使用 listens_for 装饰器，我们还可以直接使用它内部调用的 listen() 函数注册事件监听函数。这时，第三个参数传入被注册的函数对象，比如 db.event.listen(SomeClass, 'load', my_load_listener)。

5.8 本章小结

这一章的内容可以让你简单了解在 Flask 应用中使用数据库的方法，但数据库的内容还有很多，这里只是一个简单的介绍。如果你想了解更多具体细节，SQLAlchemy 提供的入门教程（http://docs.sqlalchemy.org/en/latest/orm/tutorial.html）是个起步的好地方。另外，如果你还不熟悉 SQL，那么有必要去学习一下，掌握 SQL 可以让你更高效地使用 ORM。

附注 由于篇幅所限，本书没有介绍在 Flask 中使用文档型 NoSQL 数据库的过程。以流行的 MongoDB（https://www.mongodb.com/）为例，通过使用 ODM（Object Document Mapper，对象文档映射），比如 MongoEngine（http://mongoengine.org/），或是对应的扩展 Flask-MongoEngine（https://github.com/MongoEngine/flask-mongoengine），其操作数据库的方式和使用本章介绍的 SQLAlchemy 基本相同。

Chapter 6 第 6 章

电 子 邮 件

在 Web 程序中，经常会需要发送电子邮件。比如，在用户注册账户时发送确认邮件；定期向用户发送热门内容或是促销信息等等。在 Web 程序中发送邮件并不像想象中那么复杂，借助扩展 Flask-Mail 或是第三方邮件服务，只需几行代码就可以发送电子邮件。

为了演示发信过程，我们会使用一封示例邮件，邮件仅包含几个必要的字段，如表 6-1 所示。

表 6-1 示例邮件信息

邮 件 字 段	字 段 值
发信方（Sender）	Grey <grey@helloflask.com>
收信方（To）	Zorn <zorn@example.com>
邮件主题（Subject）	Hello, World!
邮件正文（Body）	Across the Great Wall we can reach every corner in the world.

 提示 标准的收信方和发信方字符串由姓名和邮箱地址两部分组成，二者由空格相隔，比如"姓名 <Email 地址 >"。字符串中的姓名是可选的，收信方一般可以不写姓名，这时可以直接写出邮箱地址，比如"hello@example.com"。

本章新涉及的 Python 库如下所示：

❏ Flask-Mail（0.9.1）
  ❍ 主页：https://github.com/mattupstate/flask-mail
  ❍ 文档：https://pythonhosted.org/Flask-Mail/
❏ SendGrid-Python（5.3.0）
  ❍ 主页：https://github.com/sendgrid/sendgrid-python
  ❍ 文档：https://github.com/sendgrid/sendgrid-python/blob/master/USAGE.md

本章的示例程序在 helloflask/demos/email 目录下，确保当前目录在 helloflask/demos/email 下并激活了虚拟环境，然后执行 flask run 命令运行程序：

```
$ cd demos/email
$ flask run
```

 附注 本章仅介绍如何使用常用的工具发送电子邮件，不会涉及电子邮件的格式以及 SMTP 协议的内容。这两者的具体标准分别在 RFC5321（https://tools.ietf.org/html/rfc5321）和 RFC5322（https://tools.ietf.org/html/rfc5322）中定义。

6.1 使用 Flask-Mail 发送电子邮件

扩展 Flask-Mail 包装了 Python 标准库中的 smtplib 包，简化了在 Flask 程序中发送电子邮件的过程。我们使用 Pipenv 安装 Flask-Mail：

```
$ pipenv install flask-mail
```

和其他扩展类似，我们实例化 Flask-Mail 提供的 Mail 类并传入程序实例以完成初始化，如下所示：

```
from flask_mail import Mail

app = Flask(__name__)
...
mail = Mail(app)
```

6.1.1 配置 Flask-Mail

Flask-Mail 通过连接 SMTP（Simple Mail Transfer Protocol，简单邮件传输协议）服务器来发送邮件。因此，在开始发送电子邮件前，我们需要配置 SMTP 服务器。如果你的电脑上已经设置好了 SMTP 服务器，那么无须过多的配置即可使用，默认的邮件服务器配置即为 localhost，端口为 25。在开发和测试阶段，我们可以使用邮件服务提供商的 SMTP 服务器（比如 Gmail），这时我们需要对 Flask-Mail 进行配置。表 6-2 列出了 Flask-Mail 提供的常用配置变量。

表 6-2　Flask-Mail 的常用配置

配　置　键	说　　明	默　认　值
MAIL_SERVER	用于发送邮件的 SMTP 服务器	localhost
MAIL_PORT	发信端口	25
MAIL_USE_TLS	是否使用 STARTTLS	False
MAIL_USE_SSL	是否使用 SSL/TLS	False
MAIL_USERNAME	发信服务器的用户名	None
MAIL_PASSWORD	发信服务器的密码	None
MAIL_DEFAULT_SENDER	默认的发信人	None

对发送的邮件进行加密可以避免邮件在发送过程中被第三方截获和篡改。SSL（Security Socket Layer，安全套接字层）和 TLS（Transport Layer Security，传输层安全）是两种常用的电子邮件安全协议。TLS 继承了 SSL，并在 SSL 的基础上做了一些改进（换句话说，TLS 是后期版本的 SSL）。所以，在大多数情况下，名词 SSL 和 TLS 可以互换使用。它们通过将 MAIL_USE_SSL 设置为 True 开启。STARTTLS 是另一种加密方式，它会对不安全的连接进行升级（使用 SSL 或 TLS）。尽管它的名字中包含 TLS，但也可能会使用 SSL 加密。根据加密的方式不同，端口也要相应改变，如下所示：

1）SSL/TLS 加密：

```
MAIL_USE_SSL = True
MAIL_PORT = 465
```

2）STARTTLS 加密

```
MAIL_USE_TLS = True
MAIL_PORT = 587
```

 提示　当不对邮件进行加密时，邮件服务器的端口使用默认的 25 端口。

常用电子邮箱服务提供商的 SMTP 配置信息如表 6-3 所示。

表 6-3　常用 SMTP 服务提供商配置

电子邮件服务提供商	MAIL_SERVER（发信服务器）	MAIL_USERNAME	MAIL_PASSWORD	额外步骤
Gmail	smtp.gmail.com	邮箱地址	邮箱密码	开启"Allow less secure apps"，在本地设置 VPN 代理
QQ 邮箱	smtp.qq.com	邮箱地址	授权码	开启 SMTP 服务并获取授权码
新浪邮箱	smtp.sina.com	邮箱地址	邮箱密码	开启 SMTP 服务
163 邮箱	smtp.163.com	邮箱地址	授权码	开启 SMTP 服务并设置授权码
Outlook/Hotmail	smtp.live.com 或 smtp.office365.com	邮箱地址	邮箱密码	无

提示　163 邮箱的 SMTP 服务器不支持 STARTTLS，你需要使用 SSL/TLS 加密。具体来说，需要将 MAIL_USE_SSL 设为 True，MAIL_PORT 设为 465。

要使用这些邮箱服务，你需要访问对应的网站注册一个账户。开启邮箱的 SMTP 服务和获取授权码等操作均可以在各邮箱主页→设置（→账户）中找到。

注意　Gmail、Outlook、QQ 邮箱等这类服务被称为 EPA（Email Service Provider），只适用于个人业务使用，不适合用来发送事务邮件（Transactional Email）。对于需要发送大量邮件的事务性邮件任务，更好的选择则是使用自己配置的 SMTP 服务器或是使用类似 SendGrid、Mailgun 的事务邮件服务提供商（Transactional Email Service），后面会具体介绍。

在程序中，随着配置逐渐增多，我们改用 app.config 对象的 update() 方法来加载配置，如代码清单 6-1 所示。

代码清单6-1　app.py：邮件服务器配置

```
import os
from flask import Flask
from flask_mail import Mail

app = Flask(__name__)

app.config.update(
    ...
    MAIL_SERVER=os.getenv('MAIL_SERVER'),
    MAIL_PORT=587,
    MAIL_USE_TLS=True,
    MAIL_USERNAME=os.getenv('MAIL_USERNAME'),
    MAIL_PASSWORD=os.getenv('MAIL_PASSWORD'),
    MAIL_DEFAULT_SENDER=('Grey Li', os.getenv('MAIL_USERNAME'))
)

mail = Mail(app)
```

> **注意**　在实例化 Mail 类时，Flask-Mail 会获取配置以创建一个用于发信的对象，所以确保在实例化 Mail 类之前加载配置。

在我们的配置中，邮箱账户和密码属于敏感信息，不能直接写在脚本中，所以设置为从系统环境变量中获取。另外，在生产环境中，我们通常会使用不同的邮件服务器地址，所以这里也从环境变量中读取。你可以使用 export/set 命令设置环境变量，为了方便管理，我们把这些环境变量存储在 .env 文件中：

```
MAIL_SERVER=smtp.example.com
MAIL_USERNAME=yourusername@example.com
MAIL_PASSWORD=your_password
```

默认发信人由一个两元素元组组成，即 (姓名, 邮箱地址)，比如：

```
MAIL_DEFAULT_SENDER = ('Your Name', 'your_name@example.com')
```

需要注意，使用邮件服务提供商提供的 SMTP 服务器发信时，发信人字符串中的邮件地址必须和邮箱地址相同。你可以直接使用 MAIL_USERNAME 的值构建发信人地址：

```
MAIL_DEFAULT_SENDER = ('Your Name', os.getenv('MAIL_USERNAME'))
```

Flask-Mail 会把这个元组转换为标准的发信人格式，即 Your Name <your_name@example.com>。你也可以直接以这种方式指定发信人，比如：

```
MAIL_DEFAULT_SENDER = 'Your Name <your_name@example.com>'
```

设置默认发信人后，在发信时就可以不用再指定发信人。

6.1.2 构建邮件数据

下面我们借助 Python Shell 演示发送邮件的过程。邮件通过从 Flask-Mail 中导入的 Message 类表示，而发信功能通过我们在程序包的构造文件中创建的 mail 对象实现，我们先进行导入：

```
$ flask shell
>>> from flask_mail import Message
>>> from app import mail
```

一封邮件至少要包含主题、收件人、正文、发信人这几个元素。发信人（sender）在前面我们已经使用 MAIL_DEFAULT_SENDER 配置变量指定过了，剩下的分别通过 Message 类的构造方法中的 subject、recipients、body 关键字传入参数，其中 recipients 为一个包含电子邮件地址的列表。

```
>>> message = Message(subject='Hello, World!', recipients=['Zorn <zorn@
    example.com>'], body='Across the Great Wall we can reach every corner in
    the world.')
```

 提示　和发信人字符串类似，收信人字符串可以为两种形式：'Zorn <zorn@example.com>' 或 'zorn@example.com' 。

 提示　Message 类的构造方法支持其他参数来定义邮件首部的其他字段，具体可参考 Flask-Mail 文档或源码。

6.1.3 发送邮件

通过对 mail 对象调用 send() 方法，传入我们在上面构建的邮件对象即可发送邮件：

```
>>> mail.send(message)
```

完整的发送示例邮件的代码如下所示：

```
from flask_mail import Message
from app import mail
...
message = Message(subject='Hello, World!', recipients=['Zorn <zorn@example.
    com>'], body='Across the Great Wall we can reach every corner in the world.')
mail.send(message)
```

为了方便重用，我们把这些代码包装成一个通用的发信函数 send_mail()，如代码清单 6-2 所示。

代码清单6-2　app.py：通用发信函数

```
from flask_mail import Mail, Message
...
mail = Mail(app)
...
def send_mail(subject, to, body):
```

```
message = Message(subject, recipients=[to], body=body)
mail.send(message)
```

假设我们的程序是一个周刊订阅程序，当用户在表单中填写了正确的 Email 地址时，我们就发送一封邮件来通知用户订阅成功。通过在 index 视图中调用 send_email() 即可发送邮件，如代码清单 6-3 所示。

代码清单6-3　在视图函数中发送邮件

```
@app.route('/subscribe', methods=['GET', 'POST'])
def subscribe():
    form = SubscribeForm()
    if form.validate_on_submit():
        email = form.email.data
        flash('Welcome on board!')
        send_email('Subscribe Success!', email, 'Hello, thank you for subscribing
            Flask Weekly!')
        return redirect(url_for('index'))
    return render_template('index.html', form=form)
```

6.2　使用事务邮件服务 SendGrid

在生产环境下，除了自己安装运行邮件服务器外，更方便的做法是使用事务邮件服务（Transactional Email Service），比如 Mailgun（https://www.mailgun.com/）、Sendgrid（https://sendgrid.com/）等。这两个邮件服务对免费账户分别提供每月 1 万封和 3000 封的免费额度，完全足够测试使用或在小型程序中使用。Mailgun 在注册免费账户时需要填写信用卡，而 Sendgrid 没有这一限制，所以这一节我们将介绍使用 SendGrid 来发送电子邮件。

6.2.1　注册 SendGrid

我们首先需要登录 SendGrid 的网站注册一个免费账户，访问 https://app.sendgrid.com/signup，填写必要的信息并验证电子邮箱即可完成注册。

注册完成后，我们需要为当前的项目创建一个 API 密钥，用于在程序中发送邮件时进行认证。登录控制台页面后，通过单击左侧的 Settings→API Keys，然后单击右上角的"Create API Key"创建 API。填写 API 密钥的名称（比如你的项目名称），选择权限（默认即可），然后单击"Create & View"按钮，如图 6-1 所示。

创建成功后会在页面上看到密钥值，如图 6-2 中的方框标识所示。

复制这个密钥，然后保存到 .env 文件中，我们待会会使用它来作为发信账户的密码：

```
SENDGRID_API_KEY=your_key_here
```

> 📷 **注意**　API 密钥被创建后仅显示一次，一旦关闭了显示界面，将无法再次查看。API 密钥列表中的"API key ID"并非 API 密钥，不能用于认证。

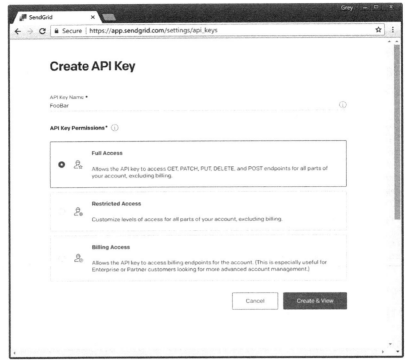

图 6-1　创建 API 密钥

图 6-2　查看生成的密钥

6.2.2 SendGrid SMTP 转发

创建好 API 密钥后，我们就可以通过 SendGrid 提供的 SMTP 服务器发送电子邮件了。这种方式不需要对程序做大幅度的改动，我们唯一要做的就是修改 Flask-Mail 的配置，如下所示：

```
MAIL_SERVER = 'smtp.sendgrid.net'
MAIL_PORT = 587
MAIL_USE_TLS = True
MAIL_USERNAME = 'apikey'
MAIL_PASSWORD = os.getenv('SENDGRID_API_KEY')  # 从环境变量读取API密钥
```

在实际代码中，这几个配置变量均设置为从环境变量读取，所以你可以在 .env 文件中设置这几个变量值。

 提示 使用 SendGrid 发信时，发信人的邮件地址可以自己指定，通常会设为 noreply@example.com 或 bot@example.com。

6.2.3 SendGrid Web API 转发

除了提供 SMTP 转发，SendGrid 还支持通过它提供的 Web API 转发邮件。和使用 SMTP 服务器发送邮件相比，使用 Web API 发送邮件更安全，而且省去了建立 SMTP 连接的繁琐过程，因此速度更快，尤其是需要发送大批量邮件的情况下。尽管如此，如果你想让程序更容易迁移，更关注灵活性，那么也可以选择使用更通用的 SMTP，这时当需要更换邮件服务时只需要替换配置信息即可。

 提示 关于 Web API，后面我们会详细了解。在这里你可以把它简单理解为 SendGrid 开放的一系列数据接口。

当使用 SendGrid Web API 发送邮件时，我们只需要像其他用户访问我们程序的 URL 来使用程序一样，在程序中向 SendGrid 提供的 Web API 发出一个 POST 请求，并附带必要的信息，比如密钥、邮件主题、收件人、正文等，SendGrid 就会为我们发送邮件。

下面是一个发送邮件的 POST 请求报文示例，在这个示例中，我们对发送邮件的端口 URL（https://api.sendgrid.com/v3/mail/send）发送 POST 请求，在 Authorization 首部字段中提供相应的 API 密钥，请求报文主体是用 JSON 格式表示的电子邮件数据：

```
POST https://api.sendgrid.com/v3/mail/send
'Authorization: Bearer YOUR_API_KEY'
'Content-Type: application/json'

'{"personalizations": [{"to": [{"email": "zorn@example.com"}]}],"from":
   {"email": "noreply@helloflask.com"},"subject": "Hello, World!","content":
   [{"type": "text/plain", "value": " Across the Great Wall we can reach every
   corner in the world."}]}'
```

 附注 用于发信的 API 端口说明可以访问 https://sendgrid.com/docs/API_Reference/Web_API_v3/Mail/index.html 查看。

在命令行中使用 curl 一类的工具，或是使用任一个用于请求的 Python 库即可发送电子邮件，比如 requests（http://python-requests.org/）。为了更方便地在 Python 中构建邮件内容和发送邮件，我们可以使用 SendGrid 提供的官方 Python SDK（Software Development Kit，软件开发工具包）——SendGrid-Python，首先使用 Pipenv 安装这个接口库：

```
$ pipenv install sendgrid
```

1. 创建发信对象

下面我们继续在 Python Shell 中演示发信过程。我们首先需要实例化 SendGridAPIClient 类创建一个发信客户端对象：

```
>>> import os
>>> from sendgrid import SendGridAPIClient
>>> sg = SendGridAPIClient(apikey=os.getenv('SENDGRID_API_KEY'))
```

实例化时需要使用 apikey 关键字传入我们在前面创建的 API 密钥。

2. 构建邮件数据

在发送发信请求前，我们需要先构建邮件数据。我们可以使用 SendGrid-Python 提供的一系列辅助函数来构建邮件数据：

```
>>> from sendgrid.helpers.mail import Email, Content, Mail
>>> from_email = Email('noreply@helloflask.com')
>>> to_email = Email('zorn@example.com')
>>> subject = 'Hello, World!'
>>> content = Content('text/plain', ' Across the Great Wall we can reach every
    corner in the world.')
>>> mail = Mail(from_email, subject, to_email, content)
```

在上面的代码中，我们首先从 sendgrid.helpers.mail 模块导入了三个辅助类：Email、Content 和 Mail。Email 用来创建邮件地址，即发信地址和收信地址。Email 类的构造方法依次接收 email 和 name 参数，传入值可以为三种形式：分别传入 Email 地址、姓名；仅传入邮箱地址；传入标准收件人字符串，即"姓名 <Email 地址 >"。

Content 类的构造函数接收 MIME 类型（type_）和正文（value）作为参数。

Mail 类则用来创建邮件对象，其构造方法接收的参数分别为发信人（from_email）、主题（subject）、收信人（to_email）和邮件正文（content）。对最终获得的 mail 对象调用 get() 方法或是直接打印会看到最终生成的表示一封邮件的预 JSON 值：

```
>>> mail.get()
{
  "personalizations": [
    {
      "to": [
        {
          "email": "zorn@example.com"
        }
      ],
      "subject": "Hello, World!"
    },
  ],
```

```
    "from": {
      "email": "noreply@helloflask.com"
    },
    "content": [
      {
        "type": "text/html",
        "value": "Across the Great Wall we can reach every corner in the world."
      }
    ],
  }
```

如果不使用辅助类，你也可以手动构建这个表示邮件数据的字典。

 提示 除了这几个基础字段，SendGrid-Python 还提供了其他辅助类来定义邮件首部的其他字段，具体可以参考 SendGrid-Python 文档或源码。

3. 发送邮件

通过对表示邮件客户端的 **sg** 对象调用 **sg.client.mail.send.post()** 方法，并将表示数据的字典使用关键字 request_body 传入即可发送发信的 POST 请求：

```
>>> sg.client.mail.send.post(request_body=mail.get())
```

发信的方法会返回响应，我们可以查看响应的内容：

```
>>> response = sg.client.mail.send.post(request_body=mail.get())
>>> print(response.status_code)
>>> print(response.body)
>>> print(response.headers)
```

这部分代码即可生成我们在本节开始介绍的 POST 请求报文。完整的发送示例邮件的代码如下所示：

```
import sendgrid
import os
from sendgrid.helpers.mail import *

sg = sendgrid.SendGridAPIClient(apikey=os.environ.get('SENDGRID_API_KEY'))
from_email = Email('noreply@helloflask.com')
to_email = Email('zorn@example.com')
subject = 'Hello, World!'
content = Content('text/plain', ' Across the Great Wall we can reach every corner
    in the world.')
mail = Mail(from_email, subject, to_email, content)
response = sg.client.mail.send.post(request_body=mail.get())
print(response.status_code)
print(response.body)
print(response.headers)
```

我们可以像使用 Flask-Mail 一样创建一个通用的发信函数，用来在视图函数里调用，如代码清单 6-4 所示。

代码清单6-4　app.py：使用SendGrid Web API发送邮件的通用函数

```python
import sendgrid
import os
from sendgrid.helpers.mail import *

def send_email(subject, to, body):
    sg = sendgrid.SendGridAPIClient(apikey=os.environ.get('SENDGRID_API_KEY'))
    from_email = Email('noreply@helloflask.com')
    to_email = Email(to)
    content = Content("text/plain", body)
    mail = Mail(from_email, subject, to_email, content)
    response = sg.client.mail.send.post(request_body=mail.get())
```

 在 SendGrid 的 Web 程序上（https://app.sendgrid.com/email_activity），你可以监控每一封邮件的送达状态和被阅读状态等。除了常规的邮件转发功能，像 SendGrid 这类事务邮件服务通常还会提供邮件模板、联系人管理、订阅和退订管理等功能，更多的用法请访问 SendGrid 官方文档（https://sendgrid.com/docs/index.html）了解。

6.3　电子邮件进阶实践

这一节我们会介绍关于电子邮件的进阶内容，你将会了解如何构建邮件的 HTML 正文，并使用模板来组织内容。

6.3.1　提供 HTML 正文

一封电子邮件的正文可以是纯文本（text/plain），也可以是 HTML 格式的文本（text/html）。出于更全面的考虑，一封邮件应该既包含纯文本正文又包含 HTML 格式的正文。HTML 格式的正文将被优先读取；假如收信人的邮件系统比较古老，无法读取 HTML 格式的邮件，则会读取纯文本格式的正文。

这一节我们会介绍如何编写 HTML 邮件正文，以及如何在 Flask-Mail 和 SendGrid-Python 中同时提供这两种格式的邮件正文。

如果 HTML 正文非常简单，比如仅仅在纯文本的基础上添加链接和少量 HTML 标签，那么不用太在意编写方式。如果你想创建更加丰富美观的邮件正文，那么会有很多事情需要考虑。除去无法读取 HTML 正文的古董邮件客户端，大多数主流的邮箱客户端都对 HTML 邮件有着各种各样的限制。对于 HTML 邮件正文的编写，下面是一些常见的"最佳实践"：

❑ 使用 Tabel 布局，而不是 Div 布局。

❑ 使用行内（inline）样式定义，比如：

```html
<span style="font-family:Arial, Helvetica, sans-serif; font-size:12px;
    color:#000000;">Hello, Email!</span>
```

- ❑ 尽量使用比较基础的 CSS 属性，避免使用快捷属性（比如 background）和定位属性（比如 float、position）。
- ❑ 邮件正文的宽度不应超过 600px。
- ❑ 避免使用 JavaScript 代码。
- ❑ 避免使用背景图片。

为了确保邮件显示符合预期，最好提前在各个主流的邮箱客户端以及不同尺寸的设备上进行测试。

附注　关于编写 HTML 邮件正文的更多技巧可以访问 https://www.mailup.com/resources-mailup/strategy/strategies-techniques-and-best-practices/creating-a-good-html-email-message/ 了解。另外，Campaign Monitor 提供了一个所有主流邮箱客户端支持的 CSS 属性列表（https://www.campaignmonitor.com/css/）。

在 Flask-Mail 中，我们使用 Message 类实例来构建邮件。和纯文本正文类似，HTML 正文可以在实例化时传入 html 参数指定，比如：

```
message = Message(..., body='纯文本正文', html='<h1>HTML正文</h1>')
```

或是通过类属性 message.html 指定：

```
message = Message(...)
message.body = '纯文本正文'
message.html = '<h1>HTML正文</h1>'
```

在 SendGrid-Python 中，使用 Content 类构建邮件正文时传入的第一个 type_ 参数指定了邮件正文的 MIME 类型，如果你想提供 HTML 正文，可以将其设为 text/html。如果要同时提供这两种格式的正文，那么就在使用 Mail 类构建邮件数据时传入一个包含两个 Content 类实例的列表作为正文 content 的参数值：

```
from sendgrid.helpers.mail import Email, Content, Mail

...
text_content = Content("text/plain", "纯文本正文")
html_content = Content("text/html", "<h1>HTML正文</h1>")
mail = Mail(from_email, subject, to_email, content=[text_content, html_content])
```

6.3.2　使用 Jinja2 模板组织邮件正文

大多数情况下，我们需要动态构建邮件正文。比如，在周刊订阅程序中，当用户订阅成功后，我们发送一封确认邮件。对于不同的用户来说，邮件的内容基本相同，但同时邮件中又包含用户名称的动态部分，使用模板来组织构建邮件正文再合适不过。示例邮件的纯文本正文模板如代码清单 6-5 所示。

代码清单6-5　templates/emails/subscribe.txt：纯文本邮件模板

```
Hello {{ name }},
```

```
Thank you for subscribing Flask Weekly!
Enjoy the reading :)

Visit this link to unsubscribe: {{ url_for('unsubscribe', _external=True) }}
```

为了同时支持纯文本格式和 HTML 格式的邮件正文，每一类邮件我们都需要分别创建 HMTL 和纯文本格式的模板。对应上面的纯文本模板的 HTML 格式模板如代码清单 6-6 所示。

代码清单6-6　templates/emails/subscribe.html：HTML邮件模板

```html
<div style="width: 580px; padding: 20px;">
    <h3>Hello {{ name }},</h3>
    <p>Thank you for subscribing Flask Weekly!</p>
    <p>Enjoy the reading :)</p>
    <small style="color: #868e96;">
        Click here to <a href="{{ url_for('unsubscribe', _external=True) }}">unsubscribe</a>.
    </small>
</div>
```

以通过 Flask-Mail 创建的发信函数为例，我们在发送邮件的函数中使用 render_template() 函数渲染邮件正文，并传入相应的变量，如下所示：

```python
from flask import render_template
from flask_mail import Message

def send_subscribe_mail(subject, to, **kwargs):
    message = Message(subject, recipients=[to], sender='Flask Weekly <%s>' %
        os.getenv('MAIL_USERNAME'))
    message.body = render_template('emails/subscribe.txt', **kwargs)
    message.html = render_template('emails/subscribe.html', **kwargs)
    mail.send(message)
```

为了支持在调用函数时传入模板中需要的关键字参数，我们在 send_mail() 中接收可变长关键字参数（**kwargs）并传入 render_template() 函数。

> 📷 **注意**　当邮件中需要加入 URL 时（比如链接和图片），注意要生成完整的外部 URL，而不是内部 URL。这可以通过在 url_for() 函数中将关键字参数 _external 设为 True 实现。

大多数程序需要发送多种不同类型的邮件，我们可以使用模板继承技术来为所有邮件创建一个包含基本样式的基模板。具体我们会在本书的第二部分进行实践。

> 📊 **附注**　如果使用 SendGrid 的 Web API 发送邮件，那么你也可以使用 SendGrid 提供的功能丰富的在线模板功能（https://sendgrid.com/templates）。使用它可以快速编写格式良好的邮件正文，而且在线模板中也可以使用特殊语法标记变量。当在程序中发送发信

时，可以传入这些变量，并根据模板 ID 来选择对应的模板，具体可以访问 SendGrid-Python 的文档了解。

6.3.3　异步发送邮件

当使用 SMTP 的方式发送电子邮件时，如果你手动使用浏览器测试程序的注册功能，你可能会注意到，在提交注册表单后，浏览器会有几秒钟的不响应。因为这时候程序正在发送电子邮件，发信的操作阻断了请求—响应循环，直到发信的 send_mail() 函数调用结束后，视图函数才会返回响应。这几秒的延迟带来了不好的用户体验，为了避免这个延迟，我们可以将发信函数放入后台线程异步执行，以 Flask-Mail 为例，如代码清单 6-7 所示。

代码清单6-7　email/app.py：异步发送电子邮件

```python
from threading import Thread
...
def _send_async_mail(app, message):
    with app.app_context():
        mail.send(message)

def send_mail(subject, to, body):
    message = Message(subject, recipients=[to], body=body)
    thr = Thread(target=_send_async_mail, args=[app, message])
    thr.start()
    return thr
```

因为 Flask-Mail 的 send() 方法内部的调用逻辑中使用了 current_app 变量，而这个变量只在激活的程序上下文中才存在，这里在后台线程调用发信函数，但是后台线程并没有程序上下文存在。为了正常实现发信功能，我们传入程序实例 app 作为参数，并调用 app.app_context() 手动激活程序上下文。

 提示　在生产环境下，我们应该使用异步任务队列处理工具来处理这类任务，比如 Celery （http://www.celeryproject.com）。

如果你运行了示例程序，访问 http://localhost:5000 打开程序的主页，如图 6-3 所示。

在测试前，确保在 demos/email 目录下添加一个 .env 文件，并保存发送邮件所需要的 MAIL_SERVER、MAIL_USERNAME、MAIL_PASSWORD 以 及 SENDGRID_API_KEY 变 量 的值。一切准备就绪后，在表单 To 字段里填入你的邮箱地址，然后单击下面的按钮发送邮件：Send with SMTP 将通过普通的 SMTP 方式发信；Send with SendGrid API 使用 SendGrid Web API 发信；Send with SMTP asynchronously 则会以异步方式通过 SMTP 发信。

访问 http://localhost:5000/subscribe 打开虚构的订阅页面，输入你的名字和邮件，就会收到包含 HTML 正文的邮件，如图 6-4 所示。

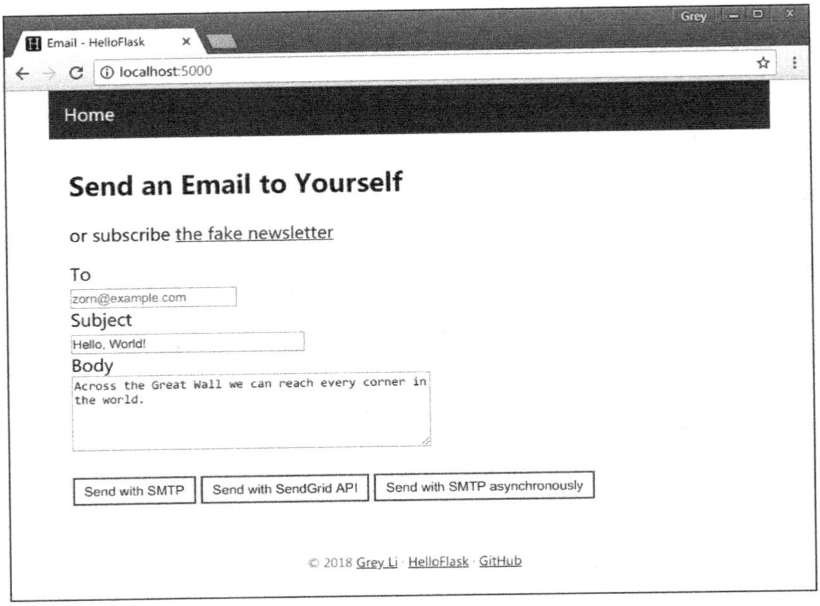

图 6-3 示例程序主页

图 6-4 HTML 邮件正文

6.4 本章小结

本章介绍使用 Flask-Mail 和 SendGrid 实现在 Flask 程序中发送简单的电子邮件，如果你需要对邮件实现更多的配置，可以访问这两个工具的官方文档。

至此，本书的第一部分已经结束了，你已经学习了使用 Flask 开发 Web 程序的所有基础内容。如果你愿意，可以尝试自己开发一个程序。在本书的第二部分，我们会通过编写几个相对完整和真实的程序来学习更多 Flask 的进阶技术，同时巩固我们在第一部分学习的基础知识。

实 战 篇

注：Icons made by Nikita Golubev www.flaticon.
com is licensed by CC 3.0 BY

本书的第二部分将用几个完善的程序实例来介绍 Flask 的进阶知识，包括留言板 SayHello（第 7 章）、个人博客 Bluelog（第 8 章）、图片社交网站 Albumy（第 9 章）、待办事项程序 Todoism（第 10 章）以及在线聊天室 CatChat（第 11 章），每一个程序都有不同的侧重点。

在每一章开始或"程序骨架"章节，我们会简要介绍程序的目录结构和主要组件的设计等。为了便于在阅读源码时查看程序在增加某个功能之后的代码变化，程序为不同的功能创建了对应的 Git 标签，在需要签出新版本的时候你会看到提示。

第 7 章

留 言 板

第一个示例程序是一个非常简单的留言板程序 SayHello，编写时涉及的知识完全是我们在第一部分学习的内容。这一章，我们会基于这个程序介绍一种组织项目代码的形式。在程序的编写过程中，我们还会了解 Web 程序的开发流程，对第一部分学习的基础内容进行一个简单的回顾和复习，并学习几个新的 Flask 扩展。

本章新涉及的 Python 包如下所示：

- ❏ Bootstrap-Flask（0.1.0）
  - ❍ 主页：https://github.com/greyli/bootstrap-flask
  - ❍ 文档：https://bootstrap-flask.readthedocs.io
- ❏ Flask-Moment（0.6.0）
  - ❍ 主页：https://github.com/miguelgrinberg/Flask-Moment
- ❏ Faker（0.8.13）
  - ❍ 主页：https://github.com/joke2k/faker
  - ❍ 文档：http://faker.readthedocs.io
- ❏ Flask-DebugToolbar（0.10.1）
  - ❍ 主页：https://github.com/mgood/flask-debugtoolbar
  - ❍ 文档：https://flask-debugtoolbar.readthedocs.io

请打开一个新的命令行窗口，切换到合适的目录，然后使用下面的命令将示例程序仓库复制到本地：

```
$ git clone https://github.com/greyli/sayhello.git
```

 提示 如果你在 SayHello 的 GitHub 页面（https://github.com/greyli/sayhello）页面单击了 Fork 按钮，那么可以使用你自己的 GitHub 用户名来替换上面的 greyli，这将复制一份派生仓库，你可以自由地修改和提交代码。

接着，切换到项目文件夹中，使用 Pipenv 创建虚拟环境，这会同时安装所有依赖（--dev 选项用来包括开发依赖），这应该会花费一些时间，安装完成后激活虚拟环境：

```
$ cd sayhello
$ pipenv install --dev
$ pipenv shell
```

最后创建虚拟数据（flask forge 是用来生成虚拟数据的自定义命令，我们会在后面详细介绍），并启动程序：

```
$ flask forge
$ flask run
```

在浏览器访问 http://127.0.0.1:5000 或 http://localhost:5000 即可体验我们本章要实现的 SayHello 程序。

> **注意**　和本书第一部分的示例程序相同，第二部分所有的示例程序都运行在本地机的 5000 端口，即 http://localhost:5000，确保没有其他程序同时在运行。

> **注意**　因为所有示例程序的 CSS 文件名称、JavaScript 文件名称以及 Favicon 文件名称均相同，为了避免浏览器对不同示例程序中同名的文件进行缓存，请在第一次运行新的示例程序后按下 Ctrl+F5 或 Shift+F5 清除缓存。

阅读源码时，可以使用下面的命令签出初始版本：

```
$ git checkout package
```

使用 git tag -n 命令可以列出项目包含的所有标签，在对应的章节中我也会给出签出提示，每一个版本的程序都可以运行。你也可以在 GitHub 上阅读代码，SayHello 的 GitHub 主页为（https://github.com/greyli/sayhello），通过 branch 下拉列表中的 Tags 标签可以查看不同标签的源码。

> **提示**　在 GitHub 上也可以查看不同标签之间的程序代码变化，比如，第一个标签 package 和第二个标签 bootstrap 的源码变动对比可以访问 https://github.com/greyli/sayhello/compare/package...bootstrap 查看，其他标签以此类推。

7.1　使用包组织代码

本书第一部分的示例程序都采用单脚本的形式存储代码。随着项目逐渐变大，把所有的代码都放在 app.py 里会导致可读性降低，不方便管理，我们需要更好的代码组织方式。

Flask 对项目的组织方式没有要求。对于小型项目，你完全可以把代码都放在一个主模块里，这也是第一部分的示例程序的组织方式。随着项目越来越大，更好的处理方式是将单一的模块升级为包（Package），把不同部分的代码分模块存放。

> 附注　在 Python 中，每一个有效的 Python 文件（.py）都是模块。每一个包含 __init__.py 文件的文件夹都被视作包，包让你可以使用文件夹来组织模块。__init__.py 文件通常被称作构造文件，文件可以为空，也可以用来放置包的初始化代码。当包或包内的模块被导入时，构造文件将被自动执行。

SayHello 程序的核心组件都放到一个包中，这个包称为程序包，包的名称通常使用程序名称，即 sayhello，有时为了方便管理也会使用 app 作为包名称。除了程序代码，一个基本的 Flask 项目还包括其他必要的组件，表 7-1 列出了当前程序包的主要组件及其功能说明。

表 7-1　SayHello 程序包组件和结构

组　　件	说　　明
sayhello/	程序包
sayhello/__init__.py	构造文件，包含程序实例
sayhello/templates/	模板
sayhello/static/	静态文件，其中又包含 js 和 css 文件夹
sayhello/views.py	视图函数
sayhello/forms.py	表单
sayhello/errors.py	错误处理
sayhello/models.py	数据库模型
sayhello/commands.py	自定义 flask 命令
sayhello/settings.py	配置文件

在后面的开发中，各类代码都会按照类别存储在对应的模块中。这里的模块并不是固定的，如果你需要组织其他代码，那么可以自己创建对应的模块。比如，你可以创建一个 callbacks.py 脚本来存储各种注册在程序实例上的处理函数。相对的，如果你不需要创建自定义命令，那么也可以不创建 commands.py 脚本。

7.1.1　配置文件

在 Flask 中，配置不仅可以通过 config 对象直接写入，还可以从文件中读取。在 SayHello 中，把配置移动到一个单独的文件中，将其命名为 settings.py（也常被命名为 config.py）。当在单独的文件中定义配置时，不再使用 config 对象添加配置，而是直接以键值对的方式写出，和保存环境变量的 .flaskenv 文件非常相似。代码清单 7-1 是当前的配置文件。

代码清单7-1　sayhello/settings.py：配置文件

```
import os

from sayhello import app
```

```
dev_db = 'sqlite:///' + os.path.join(os.path.dirname(app.root_path), 'data.db')

SECRET_KEY = os.getenv('SECRET_KEY', 'secret string')
SQLALCHEMY_TRACK_MODIFICATIONS = False
SQLALCHEMY_DATABASE_URI = os.getenv('DATABASE_URI', dev_db)
```

> 提示　除了从 Python 脚本导入配置，Flask 还提供了其他方式，比如使用 from_json() 方法从 JSON 文件中导入，或是使用 from_object() 方法从 Python 对象导入，详情见 http://flask. pocoo.org/docs/latest/config/。

上面的配置和第一部分的示例程序相比有一点变化，由于配置文件被放到了程序包内，为了定位到位于项目根目录的数据库文件，使用 os.path.dirname(app.root_path) 获取上层目录，app.root_path 属性存储程序实例所在的路径。数据库 URL 和密钥都会首先从环境变量获取。

在创建程序实例后，使用 config 对象的 from_pyfile() 方法即可加载配置，传入配置模块的文件名作为参数：

```
...
app = Flask(__name__)
app.config.from_pyfile('settings.py')
```

7.1.2　创建程序实例

使用包组织程序代码后，创建程序实例、初始化扩展等操作可以在程序包的构造文件（__init__.py）中实现，如代码清单 7-2 所示。

代码清单7-2　sayhello/__init__.py：创建程序实例、初始化扩展

```
from flask import Flask
from flask_sqlalchemy import SQLAlchemy

app = Flask('sayhello')
app.config.from_pyfile('settings.py')
app.jinja_env.trim_blocks = True
app.jinja_env.lstrip_blocks = True

db = SQLAlchemy(app)

from sayhello import views, errors, commands
```

在单脚本中创建程序实例时，我们传入 __name__ 变量作为 Flask 类构造方法的 import_name 参数值。因为 Flask 通过这个值来确认程序路径，当使用包组织代码时，为了确保其他扩展或测试框架获得正确的路径值，我们最好以硬编码的形式写出包名称作为程序名称，即 sayhello。

> 提示　除了直接写出包名称，你也可以从 __name__ 变量获取包名称，即 app = Flask(__name__.split('.')[0])。

当我们启动程序时，首先被执行的是包含程序实例的脚本，即构造文件。但注册在程序实例上的各种处理程序均存放在其他脚本中，比如视图函数存放在 views.py 中、错误处理函数则存放在 errors.py 中。如果不被执行，那么这些视图函数和错误处理函数就不会注册到程序上，那么程序也无法正常运行。为了让使用程序实例 app 注册的视图函数，错误处理函数，自定义命令函数等和程序实例关联起来，我们需要在构造文件中导入这些模块。因为这些模块也需要从构造文件中导入程序实例，所以为了避免循环依赖，这些导入语句在构造文件的末尾定义。

> 提示　从构造文件中导入变量时不需要注明构造文件的路径，只需要从包名称导入，比如导入在构造文件中定义的程序实例 app 可以使用 from sayhello import app。

在前面的章节中说过，Flask 在通过 FLASK_APP 环境变量定义的模块中寻找程序实例。所以在启动程序前，我们需要给 .flaskenv 中的环境变量 FLASK_APP 重新赋值，这里仅写出包名称即可：

```
...
FLASK_APP=sayhello
```

7.2　Web 程序开发流程

在实际的开发中，一个 Web 程序的开发过程要涉及多个角色，比如客户（提出需求）、项目经理（决定需求的实现方式）、开发者（实现需求）等，在这里我们假设是一个人全职开发。一般来说，一个 Web 程序的开发流程如下所示：

1）分析需求，列出功能清单或写需求说明书。

2）设计程序功能，写功能规格书和技术规格书。

3）进入开发与测试的迭代。

4）调试和性能等专项测试。

5）部署上线（deployment）。

6）运行维护与营销等。

写好功能规格书后，我们就可以进行实际的代码编写。在具体的开发中，代码编写主要分为前端页面（front end）和后端程序（back end）。前端开发的主要流程如下：

1）根据功能规格书画页面草图（sketching）。

2）根据草图做交互式原型图（prototyping）。

3）根据原型图开发前端页面（HTML、CSS、JavaScript）。

后端开发的主要流程如下：

1）数据库建模。

2）编写表单类。

3）编写视图函数和相关的处理函数。

4）在页面中使用 Jinja2 替换虚拟数据。

采用这个流程并不是必须的，对于非常简单的程序（比如本章的 SayHello），你可以根据情况来省略某些步骤。如果不是只有简单的几个页面的玩具程序，那么我建议你遵循这个过程进行开发。因为如果没有规划，就会像没头苍蝇一样乱飞乱撞，最终开发出不完善的程序，或是添加了无关紧要的功能。从一开始就遵循开发流程，可以让你很容易适应大型程序的开发。想象一下，在大型程序里常常有着复杂的数据库关系，大量的页面和功能，想到哪写到哪会将大量时间都浪费在无意义的调试和删改中。前期考虑和规划越周全，在实际开发时就可以越高效和省力。

　　为了便于组织内容，开发时非常重要的测试，我们移动到本书的第三部分进行介绍，但是在实际开发中应该将测试融入整个开发流程中：每编写一部分代码，立刻编写对应的测试。在第三部分我们还会介绍程序的部署以及部署前的准备（性能优化）。

 提示　为了不偏离主题，我们这里仅对 Flask 程序的开发做一个简单的介绍，你可以阅读相关书籍了解更多细节，后面的程序实例不再详细介绍这个过程。

7.2.1　程序功能设计

　　规划和设计程序功能时，我们通常会使用思维导图工具或是清单工具。因为 SayHello 非常简单，所以我打算创建一个非常简短的功能规格书，如下所示：

概　　述

　　SayHello 是一个类似于留言板的程序，用来让用户发表问候，对任何人任何事的问候。比如，用户 A 想问候这个世界，就可以在页面上发表一句"Hello, World!"。SayHello 的使用流程非常简单，我们甚至不需要画流程图。用户输入问候信息和姓名，按下提交按钮，就可以将问候加入到页面的消息列表中。

主　　页

　　主页是 SayHello 唯一的页面，页面中包含创建留言的表单以及所有的问候消息。页面上方是程序的标题"SayHello"，使用大字号和鲜艳的颜色。页面底部包含程序的版权标志、编写者、源码等相关信息。

问 候 表 单

　　这个表单包含姓名和问候消息两个字段，其中姓名字段是普通的文本字段 <input type="text">，而消息字段是文本区域字段 <textarea></textarea>。为了获得良好的样式效果，对这两个字段的输入值进行长度上的限制，姓名最长为 20 个字符，而问候消息最长为 200 个字符。

　　用户提交发布表单后：

　　1）如果验证出错，错误消息以红色小字的形式显示在字段下面；

　　2）如果通过验证，则在程序标题下面显示一个提示消息，用户可以通过消息右侧的按钮关闭提示。

问候消息列表

　　问候消息列表的上方显示所有消息的数量。每一条问候消息要包含的信息有发布者姓

名、消息正文、发布的时间、消息的编号。消息发布时间要显示相对时间，比如"3分钟前"，当鼠标悬停在时间上时，弹出窗口显示具体的时间值。消息根据时间先后排序，最新发表的排在最上面。为了方便用户查询最早的消息，我们提供一个前往页面底部的按钮，同时提供一个回到页面顶部的按钮。

错 误 页 面

错误页面包括 404 错误页面和 500 错误页面，和主页包含相同的部分——程序标题。程序标题下显示错误信息以及一个返回主页的"Go Back"链接。为了保持简单，错误页面不加入页脚信息。

7.2.2 前端页面开发

在前面列出的流程中，我们首先使用纸笔画草图，然后使用原型设计软件画出原型图，最后编写对应的 HTML 页面。根据程序的页面数量和复杂程度，你可以按需调整。因为 SayHello 比较简单，我们直接使用原型工具画出原型图即可。

SayHello 的主页原型图如图 7-1 所示。

图 7-1 主页原型图

附注　常用的原型设计工具有 Axure RP（https://www.axure.com/）、Mockplus（https://www.mockplus.cn/）等。

错误页面原型图（404）如图 7-2 所示。

图 7-2　404 错误页面原型图

为了简化工作量，我们使用 Bootstrap 来编写页面样式。根据原型图编写的主页 HTML 页面如图 7-3 所示。

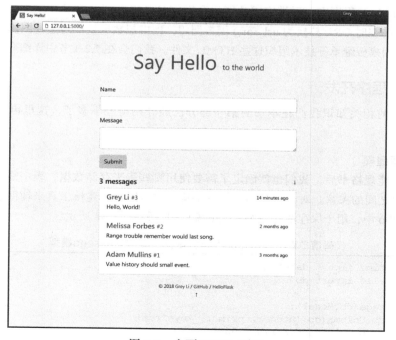

图 7-3　主页 HTML 页面

根据原型图编写的错误页面 HTML 页面如图 7-4 所示。

图 7-4 错误页面

在传统的 Flask 程序中，后端完成功能后会操作 HTML 代码，在其中添加 Jinja2 语句。比如，将页面中的临时 URL 替换为 url_for() 函数调用，把虚拟数据换成通过视图函数传入模板的变量，或是使用模板继承等技术组织这些 HTML 文件。我们会在 7.2.3 节中详细介绍。

7.2.3 后端程序开发

后端开发的相关知识我们在本书的第一部分已经介绍得差不多了，这里再进行一个快速回顾。

1. 数据库建模

编写完功能规格书后，我们也就确定了需要使用哪些表来存储数据，表中需要创建哪些字段以及各个表之间的关系。对于复杂的数据库结构，你可以使用建模工具来辅助建立数据库关系。在 SayHello 中，用于保存留言的 Message 模型如代码清单 7-3 所示。

代码清单7-3 sayhello/models.py：定义Message模型

```python
from datetime import datetime
from sayhello import db

class Message(db.Model):
    id = db.Column(db.Integer, primary_key=True)
    body = db.Column(db.String(200))
    name = db.Column(db.String(20))
```

```
timestamp = db.Column(db.DateTime, default=datetime.now, index=True)
```

timestamp 字段用来存储每一条留言的发表时间（时间戳），这个字段存储 Python 的 datetime 对象。在这个字段中，我们将 index 设为 True 来开启索引，并使用 default 参数设置了字段默认值。

> **注意**　timestamp 字段的默认值是 datetime.now 而不是 datetime.now()。前者是可调用的函数 / 方法对象（即名称），而后者是函数 / 方法调用（即动作）。SQLAlchemy 会在创建新的数据库记录时（即用户提交表单实例化 Message 类时）调用该对象来设置默认值，这也是我们期待的效果。如果传入的不是方法对象，那么这个方法在加载模块时就会被执行，这将不是正确的时间戳。

为了方便在开发时重新创建数据库表，我们还添加了一个初始化数据库的 initdb 命令，和第 5 章介绍过的 initdb() 命令函数完全相同。

2. 创建表单类

问候表单由表单类 HelloForm 表示，表单中使用了文本区域字段 TextAreaField，表示 HTML 中的 <textarea> 标签，如代码清单 7-4 所示。

代码清单7-4　sayhello/forms.py：问候表单

```python
from flask_wtf import FlaskForm
from wtforms import StringField, SubmitField, TextAreaField
from wtforms.validators import DataRequired, Length

class HelloForm(FlaskForm):
    name = StringField('Name', validators=[DataRequired(), Length(1, 20)])
    body = TextAreaField('Message', validators=[DataRequired(), Length(1, 200)])
    submit = SubmitField()
```

3. 编写视图函数

错误处理函数比较简单，我们重点介绍一下 index 视图。index 视图有两个作用：

1）处理 GET 请求，从数据库中查询所有的消息记录，返回渲染后的包含消息列表的主页模板 index.html。

2）处理 POST 请求，问候表单提交后，验证表单数据，通过验证后将数据保存到数据库中，使用 flash() 函数显示一条提示，然后重定向到 index 视图，渲染页面。

具体示例如代码清单 7-5 所示。

代码清单7-5　sayhello/views.py：index视图

```python
from flask import flash, redirect, url_for, render_template

from sayhello import app, db
from sayhello.models import Message
from sayhello.forms import HelloForm
```

```
@app.route('/', methods=['GET', 'POST'])
def index():
    # 加载所有的记录
    messages = Message.query.order_by(Message.timestamp.desc()).all()
    form = HelloForm()
    if form.validate_on_submit():
        name = form.name.data
        body = form.body.data
        message = Message(body=body, name=name)  # 实例化模型类，创建记录
        db.session.add(message)  # 添加记录到数据库会话
        db.session.commit()  # 提交会话
        flash('Your message have been sent to the world!')
        return redirect(url_for('index'))  # 重定向到index视图
    return render_template('index.html', form=form, messages=messages)
```

在获取 message 记录时，我们使用 order_by() 过滤器对数据库记录进行排序，参数是排序的规则。我们根据 Message 模型的 timestamp 字段值排序，字段上附加的排序方法为 desc()，代表降序（descending），同样还有一个 asc() 方法表示升序（ascending）。

4. 编写模板

我们将 index.html 和 404.html，以及 500.html 中的共有部分抽出合并为基模板 base.html。基模板包含一个完整的 HTML 结构，我们在其中创建了几个块：title、content 和 footer，如代码清单 7-6 所示。

代码清单7-6　templates/base.html：基模板

```
<!DOCTYPE html>
<html lang="en">
<head>
    <meta charset="utf-8">
    <meta name="viewport" content="width=device-width, initial-scale=1, shrink-
        to-fit=no">
    <title>{% block title %}Say Hello!{% endblock %}</title>
    <link rel="icon" href="{{ url_for('static', filename='favicon.ico') }}">
    <link rel="stylesheet" href="{{ url_for('static', filename='css/bootstrap.
        min.css') }}" type="text/css">
    <link rel="stylesheet" href="{{ url_for('static', filename='css/style.css')
        }}" type="text/css">
</head>
<body>
<main class="container">
    <header>
        <h1 class="text-center display-4">
            <a href="{{ url_for('index') }}" class="text-success"><strong>Say
                Hello</strong></a>
            <small style="font-size: 24px" class="text-muted">to the world</
                small>
        </h1>
    </header>
    {% for message in get_flashed_messages() %}
    <div class="alert alert-info">
        <button type="button" class="close" data-dismiss="alert">&times;</button>
        {{ message }}
```

```
        </div>
        {% endfor %}
        {% block content %}{% endblock %}
        <footer class="text-center">
            {% block footer %}
            ...
            <p><a id="bottom" href="#" title="Go Top">&uarr;</a></p>
            {% endblock %}
        </footer>
    </main>

    <script type="text/javascript" src="{{ url_for('static', filename='js/jquery-
        3.2.1.slim.min.js') }}"></script>
    <script type="text/javascript" src="{{ url_for('static', filename='js/popper.min.
        js') }}"></script>
    <script type="text/javascript" src="{{ url_for('static', filename='js/bootstrap.
        min.js') }}"></script>
    <script type="text/javascript" src="{{ url_for('static', filename='js/script.js')
        }}"></script>
    </body>
</html>
```

在 head 标签和 body 标签内，我们引入了 Bootstrap 所需的 CSS 和 JavaScript 文件，以及 Bootstrap 所依赖的 jQuery 和 Popper.js。另外，我们还引入了自定义的 style.css 和 script.js 文件，这两个文件分别用来存储自定义的 CSS 样式定义和 JavaScript 代码。

> **附注** 这里为消息应用了 Bootstrap 提供的 alert-info 样式（蓝色背景），后面我们会学习对 flash 消息添加分类，以便对不同类别的消息应用不同的样式。

在主页模板 index.html 中，我们使用 form_field() 宏渲染表单，然后迭代传入的 messages 变量，渲染消息列表，如代码清单 7-7 所示。

代码清单7-7　templates/index.html：渲染表单和留言列表

```
{% extends 'base.html' %}
{% from 'macros.html' import form_field %}

{% block content %}
<div class="hello-form">
    <form method="post">
        {{ form.csrf_token }}
        <div class="form-group required">
            {{ form_field(form.name, class='form-control') }}
        </div>
        <div class="form-group required">
            {{ form_field(form.body, class='form-control') }}
        </div>
        {{ form.submit(class='btn btn-secondary') }}
    </form>
</div>
<h5>{{ messages|length }} messages
    <small class="float-right">
        <a href="#bottom" title="Go Bottom">&darr;</a>
```

```
      </small>
  </h5>
  <div class="list-group">
      {% for message in messages %}
          <a class="list-group-item list-group-item-action flex-column">
              <div class="d-flex w-100 justify-content-between">
                  <h5 class="mb-1 text-success">{{ message.name }}
                      <small class="text-muted"> #{{ loop.revindex }}</small>
                  </h5>
                  <small>
                      {{ message.timestamp.strftime('%Y/%m/%d %H:%M') }}
                  </small>
              </div>
              <p class="mb-1">{{ message.body }}</p>
          </a>
      {% endfor %}
  </div>
{% endblock %}
```

> 提示 我们曾在第 4 章介绍过,表单默认提交到当前 URL。如果用户单击了向下按钮,会
> 在 URL 中添加 URL 片段,比如 "#bottom",它指向页面底部的 a 元素(其 id 值为
> bottom),所以会跳转到页面底部(关于 URL 片段我们会在第 8 章详细了解)。当表单被
> 提交后,页面加载时仍会跳转到 URL 片段对应的位置,为了避免这个行为,可以显式
> 地使用 action 属性指定表单提交的目标 URL,使用 request.full_path 获取没有 URL 片段
> 的当前请求 URL。

　　渲染时间戳时,我们使用 datetime.strftime() 方法将时间戳输出格式定义为:"年 / 月 / 日 时:分",这显然不是我们设计功能时想要的时间,在后面我们借助其他工具来获取相对时间并显示绝对时间弹窗。除了时间戳外,我们还渲染了 loop.revindex 变量,用来表示留言的反向序号标记。

7.3　使用 Bootstrap-Flask 简化页面编写

　　扩展 Bootstrap-Flask 内置了可以快速渲染 Bootstrap 样式 HTML 组件的宏,并提供了内置的 Bootstrap 资源,方便快速开发,使用它可以简化在 Web 程序里集使用 Bootstrap 的过程。

> 提示 扩展 Bootstrap-Flask 基于扩展 Flask-Bootstrap(https://github.com/mbr/flask-bootstrap)
> 实现,旨在替代缺乏维护的后者。和 Flask-Bootstrap 相比,Bootstrap-Flask 简化了大部
> 分功能(比如未内置基模板),添加了 Bootstrap4 支持,并增加了一些辅助功能。

> 提示 如果你从 GitHub 上复制了示例程序,可以执行 git checkout bootstrap 签出程序的新版本。
> 书中为了便于理解没有添加,具体见源码。

　　首先使用 Pipenv 安装 Bootstrap-Flask:

```
$ pipenv install bootstrap-flask
```

需要注意，Bootstrap-Flask 提供的包名称为 flask_bootstrap，我们从这个包导入并实例化 Bootstrap 类，传入程序实例 app，以完成扩展的初始化：

```
from flask import Flask
from flask_bootstrap import Bootstrap

app = Flask(__name__)
bootstrap = Bootstrap(app)
```

7.3.1　加载资源文件

Bootstrap-Flask 在模板中提供了一个 bootstrap 对象，这个对象提供了两个方法可以用来生成资源引用代码：用来加载 CSS 文件的 bootstrap.load_css() 方法和用来加载 JavaScript 文件（包括 Bootstrap、jQuery、Popper.js）的 bootstrap.load_js() 方法。Flask-Bootstrap 默认从 CDN（Content Delivery Network，内容分发网络）加载 Bootstrap 资源，同时也提供了内置的本地资源。如果你想使用 Bootstrap-Flask 提供的本地资源，可以将配置变量 BOOTSTRAP_SERVE_LOCAL 设为 True。另外，当 FLASK_ENV 环境变量设为 development 时，Bootstrap-Flask 将自动使用本地资源。

> 提示　尽管使用这些方法非常方便，但我们最好在开发时自己手动管理本地静态资源。SayHello 的 static 目录下包含了所有需要的资源文件，基模板中的资源文件都从 static 文件夹中引入。

如果你想使用 Bootstrap-Flask 提供的方法加载资源，那么只需要在相应的位置分别调用资源加载方法，替换掉这些对应的资源加载语句即可：

```
<head>
    {{ bootstrap.load_css() }}
</head>
<body>
    ...
    {{ bootstrap.load_js() }}
</body>
```

另外，在 bootstrap.load_js() 方法中，使用 with_jquery 和 with_popper 可以设置是否加载 jQuery 和 Popper.js 的 JavaScript 资源，默认为 True，设为 False 可以关闭。

7.3.2　快捷渲染表单

Bootstrap-Flask 内置了两个用于渲染 WTForms 表单类的宏，一个是与我们第 4 章创建的 form_field 宏类似的 render_field() 宏，另一个是用来快速渲染整个表单的 render_form() 宏。这两个宏都会自动渲染错误消息，渲染表单的验证状态样式。

Bootstrap-Flask 提供的表单渲染宏通过其内置的 bootstrap/form.html 模板导入，render_field() 宏的使用方式和我们自己编写的 form_field() 宏完全相同。值得特别介绍的是 render_form() 宏，它使用起来更加简单，使用一行代码就可以渲染整个表单，而且会自动帮我们渲染 CSRF 令牌字段 form.csrf_token。下面使用这个宏在 index.html 模板中渲染问候表单：

```
{% extends 'base.html' %}
{% from 'bootstrap/form.html' import render_form %}

{% block content %}
    <div class="hello-form">
        {{ render_form(form)}}
    </div>
{% endblock %}
```

它将会自动为你创建一个 <form> 标签，然后在标签内依次渲染包括 CSRF 令牌在内的所有字段。除了渲染表单字段，它还会根据表单的验证状态来渲染表单状态和错误消息。一般情况下，你只需要传入表单类实例作为参数。除此之外，render_form() 宏还支持许多参数来自定义表单，常用的参数及说明如表 7-2 所示。

表 7-2　render_form() 宏常用参数

参　　数	默 认 值	说　　明
method	'post'	表单的 method 属性
extra_classes	None	额外添加的类属性
role	'form'	表单的 role 属性
form_type	'basic'	Bootstrap 表单的样式，可以是 basic、inline 或 horizontal
button_map	{}	一个匹配按钮字段 name 属性到 Bootstrap 按钮样式类型的字段。可用的样式类型有 info、primary、secondary、danger、warning、success、light、dark，默认为 secondary，即 "btn btn-secondary "
id	"	表单的 id 属性
action	"	表单提交的目标 URL，默认提交到当前 URL

包括用来渲染表单的 render_field() 和 render_form() 宏在内，Bootstrap-Flask 还提供了许多其他用途的宏，这些宏都可以通过 bootstrap 目录下的模板导入，具体用法我们会在后面介绍。常用的 Bootstrap-Flask 宏如表 7-3 所示。

表 7-3　Bootstrap-Flask 内置的常用宏

宏	所在模板路径	说　　明
render_field()	bootstrap/form.html	渲染单个 WTForms 表单字段
render_form()	bootstrap/form.html	渲染整个 WTForms 表单类
render_pager()	bootstrap/pagination.html	渲染一个基础分页导航，仅包含上一页、下一页按钮
render_pagination()	bootstrap/pagination.html	渲染一个标准分页导航部件
render_nav_item()	bootstrap/nav.html	渲染导航链接
render_breadcrumb_item()	bootstrap/nav.html	渲染面包屑链接

 附注　完整的可用宏列表请访问 Bootstrap-Flask 文档的宏页面（https://bootstrap-flask.readthedocs.io/en/latest/macros.html）查看。

7.4 使用 Flask-Moment 本地化日期和时间

在 Message 类中，我们存储时间戳时使用的是 datetime 模块的 datetime.now() 方法生成的 datetime 对象，它是一个本地时间。具体来说，这个方法会返回服务器（也就是运行程序的计算机）设置的时区所对应的时间。对于测试来说这足够了，但如果我要把程序部署到真正的服务器上，就可能会面临时区问题。比如，我把程序部署到美国的服务器上，那么这个时间将不再是我们期待的东八区时间，而是服务器本地的美国时间。另一方面，如果我们的程序被其他时区的人访问，他们更希望看到自己所在时区的时间，而不是固定的东八区时间。

 如果你从 GitHub 上复制了示例程序，可以执行 git checkout moment 签出程序的新版本。

7.4.1 本地化前的准备

如何让世界各地的用户访问程序时都能看到自己的本地时间呢？一个简单的方法是使用 JavaScript 库在客户端（浏览器）中进行时间的转换，因为浏览器可以获取到用户浏览器／电脑上的时区设置信息。

为了能够在客户端进行时间的转换，我们需要在服务器端提供纯正的时间（naive time），即不包含时区信息的时间戳（与之相对，包含时区的时间戳被称为细致的时间，即 aware time）。datetime 模块的 datetime.utcnow() 方法用来生成当前的 UTC（Coordinated Universal Time，协调世界时间），而 UTC 格式时间就是不包含时区信息的纯正时间。我们将使用它在时间戳字段上替代之前的 datetime.now 方法，作为时间戳 timestamp 字段的默认值：

```
from datetime import datetime
...
class Message(db.Model):
    ...
    timestamp = db.Column(db.DateTime, default=datetime.utcnow)
```

7.4.2 使用 Flask-Moment 集成 Moment.js

Moment.js（https://momentjs.com/）是一个用于处理时间和日期的开源 JavaScript 库，它可以对时间和日期进行各种方式的处理。它会根据用户电脑中的时区设置在客户端使用 JavaScript 来渲染时间和日期，另外它还提供了丰富的时间渲染格式支持。

扩展 Flask-Moment 简化了在 Flask 项目中使用 Moment.js 的过程，集成了常用的时间和日期处理函数。首先使用 Pipenv 安装：

```
$ pipenv install flask-moment
```

然后我们实例化扩展提供的 Moment 类，并传入程序实例 app，以完成扩展的初始化：

```
from flask_moment import Moment

app = Flask(__name__)
...
moment = Moment(app)
```

为了使用 Moment.js，我们需要在基模板中加载 Moment.js 资源。Flask-Moment 在模板中提供了 moment 对象，这个对象提供两个方法来加载资源：moment.include_moment() 方法用来加载 Moment.js 的 Javascript 资源；moment.include_jquery() 用来加载 jQuery。这两个方法默认从 CDN 加载资源，传入 local_js 参数可以指定本地资源 URL。

> 🎯提示　我们在使用 Bootstrap 时已经加载了 jQuery，这里只需要加载 Moment.js 的 JavaScript 文件。

基于同样的理由，我们将在程序中手动加载资源。首先访问 Moment.js 官网（https://momentjs.com/）下载相应的资源文件到 static 文件夹，然后在基模板中引入。因为 moment. include_moment() 会用来生成执行时间渲染的 JavaScript 函数，所以我们必须调用它，可以通过 local_js 参数传入本地资源的 URL，如果不传入这个参数则会从 CDN 加载资源：

```
...
{{ moment.include_moment(local_js=url_for('static', filename='js/moment-with-
    locales.min.js')) }}
</body>
```

> 📁注意　Moment.js 官网提供的文件中 moment.min.js 仅包含英文语言的时间日期字符，如果要使用其他语言，需要下载 moment-with-locales.min.js。

Flask-Moment 默认以英文显示时间，我们可以传入区域字符串到 locale() 方法来更改显示语言，下面将语言设为简体中文：

```
...
{{ moment.locale('zh-cn') }}
</body>
```

> 📖附注　在 Moment.js 中，简体中文的地区字符串为"zh-cn"，中国香港繁体中文和中国台湾繁体中文，则分别使用为"zh-hk"和"zh-tw"。

除了使用 locale 参数固定地区，更合理的方式是根据用户浏览器或计算机的语言来设置语言，我们可以在 locale() 方法中将 auto_detect 参数设为 True，这会自动探测客户端语言设置并选择合适的区域设置：

```
...
{{ moment.locale(auto_detect=True) }}
</body>
```

7.4.3　渲染时间日期

Moment.js 提供了非常丰富、灵活的时间日期格式化方式。在模板中，我们可以通过对 moment 类调用 format() 方法来格式化时间和日期，moment 的构造方法接收使用 utcnow() 方法创建的 datetime 对象作为参数，即 Message 对象的 timestamp 属性。format() 方法接收特定的格式字符串来渲染时间格式，比如：

```
{{ moment(timestamp).format('格式字符串') }}
```

> 💿 提示　时间日期会在页面加载完成后执行 JavaScript 函数使用 Moment.js 渲染，所以时间日期的显示会有微小的延迟。

Moment.js 提供了一些内置的格式字符串，字符串及对应的中文输出示例如表 7-4 所示。

表 7-4　Moment.js 内置格式化字符串

格式字符串	输 出 示 例
L	2017-07-26
LL	2017 年 7 月 26 日
LLL	2017 年 7 月 26 日早上 8 点 00 分
LLLL	2017 年 7 月 26 日星期三早上 8 点 00 分
LT	早上 8 点 00 分
LTS	早上 8 点 0 分 0 秒
lll	2017 年 8 月 10 日 03:23
llll	2017 年 8 月 10 日星期四 03:23

> 💿 提示　我们也可以通过 Moment.js 支持的时间单位参数自定义时间输出，比如使用格式字符串 "YYYYMMMMDo , ah:mm:ss" 将会得到输出：2017 七月 26 日，早上 8:00:00。完整的参数及输出列表可以在这里看到：https://momentjs.com/docs/#/displaying/format/。

除了输出普通的时间日期，Moments.js 还支持输出相对时间。比如相对于当前时间的"三分钟前""一个月前"等。这通过 fromNow() 方法实现，在新版本的 SayHello 中，时间戳就使用这个函数渲染：

```
<small>{{ moment(message.timestamp).fromNow(refresh=True) }}</small>
```

将 refresh 参数设为 True（默认为 False）可以让时间戳在不重载页面的情况下，随着时间的变化自动刷新。如果你在页面上等待一会儿，就会看到时间戳从"几秒前"变成了"1 分钟前"。

> 📰 附注　Flask-Moment 实现了 Moment.js 的 format()、fromNow()、fromTime()、calendar()、valueof() 和 unix() 方法，具体的使用方法参见 Moment.js 文档（https://momentjs.com/docs/）。

有些时候，使用 Flask-Moment 提供的方法还不够灵活，这时可以手动使用 Moment.js 渲染时间日期。比如，当鼠标悬停在问候消息的时间日期上时，我们希望能够显示一个包含具体的绝对时间的弹出窗口（tooltip）。

为了能够在 JavaScript 中使用 Moment.js 渲染时间日期，我们需要在显示相对时间的 HTML 元素中创建一个 data-timestamp 属性存储原始的时间戳，以便在 JavaScript 中获取：

```
<small data-toggle="tooltip" data-placement="top" data-delay="500"
```

```
data-timestamp="{{ message.timestamp.strftime('%Y-%m-%dT%H:%M:%SZ') }}">
    {{ moment(message.timestamp).fromNow(refresh=True) }}
</small>
```

> **注意** 为了让时间戳能够正常被 Moment.js 解析，我们需要使用 strftime() 方法对原始的时间字符串按照 ISO 8601 标准进行格式化处理。

我们在 script.js 脚本存储 JavaScript 代码，下面的 JavaScript 代码将时间日期对应元素的 tooltip 内容设置为渲染后的时间日期：

```
$(function () {
    function render_time() {
        return moment($(this).data('timestamp')).format('lll')
    }

    $('[data-toggle="tooltip"]').tooltip(
        {title: render_time}
    );
});
```

在 Bootstrap 中，Tooltip 组件需要调用 tooltip() 方法进行初始化。我们使用 data-toggle 属性作为选择器选择所有设置了 tooltip 的元素，对其调用 tooltip() 方法。在调用这个方法时，可以传入一些选项，如 title 选项用来设置弹出的内容，可以是字符串也可以是函数对象。

在渲染时间日期的 render_time() 函数中，渲染时间日期使用的 moment() 函数是由 Moment.js 提供的，而不是 Flask-Moment 传入模板的类。$(this).data('timestamp') 获取了对应元素的 data-timestamp 属性值，特殊变量 this 表示当前触发事件的元素对象。现在，当鼠标悬停在时间戳上时，会弹出包含具体时间的小窗口，如图 7-5 所示。

图 7-5　包含具体时间的弹窗

在 Bootstrap 中，Popover 和 Tooltip 组件依赖于 JavaScript 包 Popper.js（https://popper.js.org/），要使用这两个组件，需确保在基模板中加载了对应的 JavaScript 文件。作为替代，你也可以加载 Bootstrap 提供的合集包文件 bootstrap.bundle.min.js。

7.5 使用 Faker 生成虚拟数据

创建虚拟数据是编写 Web 程序时的常见需求。在简单的场景下，我们可以手动创建一些虚拟数据，但更方便的选择是使用第三方库实现。流行的 Python 虚拟数据生成工具有 Mimesis（https://github.com/lk-geimfari/mimesis）和 Faker，后者同时支持 Python2 和 Python3，而且文档中包含丰富的示例，所以这里将选用 Faker。首先使用 Pipenv 安装（使用 --dev 选项声明为开发依赖）：

```
$ pipenv install faker --dev
```

Faker 内置了 20 多类虚拟数据，包括姓名、地址、网络账号、信用卡、时间、职位、公司名称、Python 数据等。要生成虚拟数据，首先要实例化 Faker 类，创建一个 fake 对象作为虚拟数据生成器：

```
>>> from faker import Faker
>>> fake = Faker()
```

这个 fake 对象可以使用分别对应所有虚拟数据类别的方法来获取虚拟数据，比如 name、address、text 等。每次调用都会获得不同的随机结果，一些基本示例如下所示：

```
>>> from faker import Faker
>>> fake = Faker()

>>> fake.name()
'Lucy Cechtelar'

>>> fake.address()
426 Jordy Lodge
Cartwrightshire, SC 88120-6700"

>>> fake.text()
Sint velit eveniet. Rerum atque repellat voluptatem quia rerum. Numquam excepturi
beatae sint laudantium consequatur. Magni occaecati itaque sint et sit tempore.
Nesciunt.
```

提示 你可以访问 Faker 官方文档的 Providers 一章（http://faker.readthedocs.io/en/master/providers.html）查看所有分类下可用的虚拟数据方法。

默认的虚拟数据语言为英文，如果你想获取其他语言的虚拟数据，可以在实例化 Faker 类时传入区域字符作为第一个参数（locale）来指定：

```
fake = Faker('zh_CN')
```

提示 在 Faker 中，简体中文和繁体中文对应的区域字符串分别为 zh_CN 和 zh_TW。

在代码清单 7-8 中，我们使用 Faker 实现了一个生成虚拟留言数据的命令函数 fake。

代码清单7-8　sayhello/commands.py：生成虚拟留言的命令

```python
import click
from sayhello import app,db
from sayhello.models import Message
...
@app.cli.command()
@click.option('--count', default=20, help='Quantity of messages, default is 20.')
def forge(count):
    """Generate fake messages."""
    from faker import Faker
    db.drop_all()
    db.create_all()

    fake = Faker()   # 创建用来生成虚拟数据的Faker实例
    click.echo('Working...')

    for i in range(count):
        message = Message(
            name=fake.name(),
            body=fake.sentence(),
            timestamp=fake.date_time_this_year()
        )
        db.session.add(message)

    db.session.commit()
    click.echo('Created %d fake messages.' % count)
```

 提示 使用 for 循环操作数据库时，为了提高效率，我们只需要在 for 循环结束后调用一次 db.session.commit() 方法提交数据库会话。

在这个命令函数前，我们使用 click 提供的 option 装饰器为命令添加数量选项 --count，使用 default 关键字将默认值设为 20。

为了方便测试，生成虚拟数据前会删除重建数据库表。我们分别调用 fake 对象的 name()、sentence()、date_time_this_year() 方法生成虚拟的姓名、留言和时间戳。现在使用下面的命令生成虚拟数据：

```
$ flask forge
Working...
Created 20 fake messages.
```

选项 --count 用来指定生成的留言数量，下面生成了 50 条虚拟留言：

```
$ flask forge --count=50
Working...
Created 50 fake messages.
```

现在运行程序，首页会显示一个很长的留言列表，根据创建的随机日期排序，最先发表的排在上面，如图 7-6 所示。

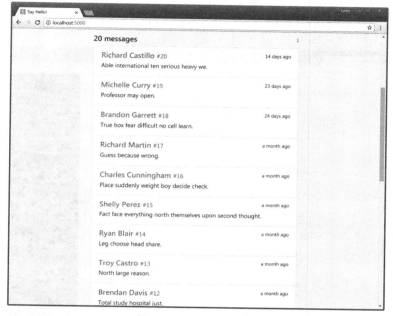

图 7-6 虚拟留言列表

7.6 使用 Flask-DebugToolbar 调试程序

扩展 Flask-DebugToolbar 提供了一系列调试功能，可以用来查看请求的 SQL 语句、配置选项、资源加载情况等信息。这些信息在开发时会非常有用。首先使用 Pipenv 安装 Flask-DebugToolbar 及其依赖：

```
$ pipenv install flask-debugtoolbar
```

然后实例化扩展提供的 DebugToolbarExtension 类，传入程序实例 app，以完成扩展的初始化：

```
from flask import Flask
...
from flask_debugtoolbar import DebugToolbarExtension

app = Flask(__name__)
...
toolbar = DebugToolbarExtension(app)
```

生产环境的程序不需要也不建议使用 Flask-DebugToolbar。Flask-DebugToolbar 只在开启了调试模式时才会启动，所以我们要确保设置正确的 FLASK_ENV 环境变量值：开发时设为 development；部署时则设为 production。另外，Flask-DebugToolbar 会拦截重定向请求，将 DEBUG_TB_

INTERCEPT_REDIRECTS 配置变量设为 False 可以关闭这个特性：

```
DEBUG_TB_INTERCEPT_REDIRECTS = False
```

这时启动程序，就会发现页面右侧多了一个工具栏，单击"Hide"按钮可以隐藏为一个浮动按钮，如图 7-7 所示。

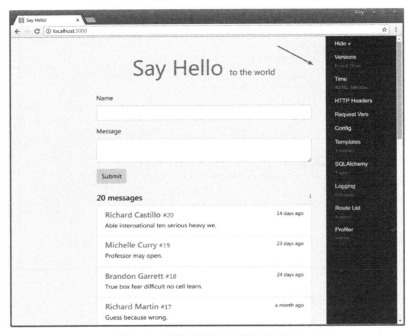

图 7-7　开启调试工具栏后的界面

> 提示　在 SayHello 的实际代码中并没有使用 Flask-DebugToolbar，这里只是演示。

在调试工具栏中，除了 Flask 版本以及页面的加载时间信息，右侧的功能选项分别为：HTTP 首部、请求相关变量、配置变量、模板渲染记录、数据库查询记录、日志、路由列表、性能分析器。在第 13 章，我们会借助它来对 Flask 程序进行性能分析。图 7-8 显示了当前程序中的所有配置选项。

7.7　Flask 配置的两种组织形式

在 Flask 中，开发和部署时通常需要不同的配置。比如，存储在 SECRET_KEY 配置变量的密钥，在开发时可以使用占位字符，但在生产环境下部署时则需要使用一个随机生成的字符串。为了区分，我们通常会有两种组织这种分离的方式。本书的示例程序均使用第一种方式，你可以自由选择。

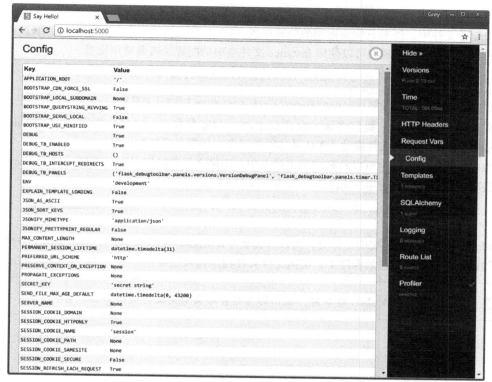

图 7-8　使用调试工具栏查看程序配置

7.7.1　环境变量优先

12-Factor 程序第三条（https://www.12factor.net/zh_cn/config）建议通过环境变量来保存配置，以便将配置和程序分离开来，并且对不同场景下的配置进行分离。在第 8 章，我们将介绍如何通过 Python 类来组织不同场景下的配置变量。而从本书一开始，我们就创建了 .env 和 .flaskenv 来存储环境变量，对于包含敏感信息的配置，我们优先或仅从环境变量中读取，这些环境变量统一在 .env 文件中定义，从而实现了敏感配置的分离。因为我们在 .gitignore 中添加了这个文件，所以不会被提交进 Git 仓库。

7.7.2　实例文件夹覆盖

尽管在示例程序中并没有使用这个特性，但我们还是有必要介绍一下 Flask 中的实例文件夹（instance folder）。为了方便存储开发和部署时的各类文件，Flask 提供了实例文件夹支持。你可以在项目根目录（程序包旁）中创建一个名称为 instance 的文件夹，在这个文件夹中存储开发或部署时使用的配置文件，包含敏感信息的文件，或是临时创建的数据库文件等。

注意　记得将这个实例文件夹加入 .gitignore 文件中，以确保不会提交到 Git 仓库中。

当使用实例文件夹存储配置时，一个方便的做法是把包含敏感数据的配置放到 instance 文件夹的配置文件中，外部只保留通用的公开配置。Flask 允许加载多次配置，重复的配置以最后定义的配置为准，所以我们可以使用 instance 文件夹中的配置来覆盖通用配置：

```
app = Flask(__name__, instance_relative_config=True)
app.config.from_object('config')  # 通用配置
app.config.from_pyfile('config.py')  # instance文件夹下的配置
```

在创建程序实例时，我们将 instance_relative_config 参数 True，这会告诉 Flask 我们的配置文件路径是相对于实例文件夹的（默认是相对于程序实例根目录的）。

临时的数据库文件也可以放到实例文件夹中，实例文件夹的路径可以通过 app.instance_path 属性获取，所以你可以使用下面的方法构建数据库 URI：

```
SQLALCHEMY_DATABASE_URI = 'sqlite:///' + os.path.join(app.instance_path, 'data.
    db')
```

Flask 不会自动创建实例文件夹，所以你需要手动创建。在单脚本程序中，实例文件夹在脚本旁创建；在使用程序包的程序中，实例文件夹在程序包旁创建。

提示　当我们使用 flask shell 命令时，输出的信息会给出实例文件夹的合适位置。

7.8　本章小结

本章基于 SayHello 程序的编写复习了本书第一部分介绍的基础知识，并且介绍了基本的项目组织方法以及 Web 程序的基本开发流程。对于更大的项目，我们后面会学习使用工厂函数、蓝本等技术进一步组织项目。

附注　如果你发现了 SayHello 程序中的错误或者有改进建议，可以在 SayHello 的 GitHub 项目（https://github.com/greyli/sayhello）中创建 Issue，或是在 fork 仓库修改后并在 GitHub 上提交 Pull Request。

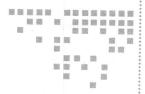

第 8 章 *Chapter 8*

个 人 博 客

本章要学习的示例程序是一个个人博客程序——Bluelog。博客是典型的 CMS（Content Management System，内容管理系统），通常由两部分组成：一部分是博客前台，用来展示开放给所有用户的博客内容；另一部分是博客后台，这部分内容仅开放给博客管理员，用来对博客资源进行添加、修改和删除等操作。

在这一章，我们会学习更高级的项目组织方式。另外，我们还会学习使用扩展 Flask-Login 实现用户认证，这样就可以区分请求的来源客户端的身份，然后根据不同的身份返回不同的响应。

本章新涉及的 Python 包如下所示：

❑ Flask-Login（0.4.1）
　　○ 主页：https://github.com/maxcountryman/flask-login
　　○ 文档：https://flask-login.readthedocs.io/
❑ Unidecode（1.0.22）
　　○ 主页：https://github.com/avian2/unidecode

请打开一个新的命令行窗口，切换到合适的目录，然后使用下面的命令将示例程序仓库复制到本地：

```
$ git clone https://github.com/greyli/bluelog.git
```

 提示 如果你在 Bluelog 的 GitHub 页面（https://github.com/greyli/bluelog）单击了 Fork 按钮，那么可以使用你自己的 GitHub 用户名来替换掉上面的 greyli，这将复制一份派生仓库，你可以自由修改和提交代码。

切换到项目根目录，使用 Pipenv 创建虚拟环境，这会安装所有依赖包到虚拟环境中，然后激活虚拟环境：

```
$ cd bluelog
$ pipenv install --dev
$ pipenv shell
```

最后生成虚拟数据并运行程序：

```
$ flask forge
$ flask run
```

现在访问 http://localhost:5000 即可体验我们即将一步步编写的最终版本的程序，你可以使用用户名 admin 和密码 helloflask 登入博客账户。

 注意 （1）本书所有的示例程序都运行在本地机的 5000 端口，即 http://localhost:5000，确保没有其他程序同时在运行。

（2）因为所有示例程序的 CSS 文件名称、JavaScript 文件名称以及 Favicon 文件名称均相同，为了避免浏览器对不同示例程序中同名的文件进行缓存，请在第一次运行新的示例程序后按下 Ctrl+F5 或 Shift+F5 清除缓存。

阅读源码时，可以使用 git checkout 命令附加标签名称来签出版本。使用 git tag -n 命令可以列出项目包含的所有标签，在对应的章节中我会给出签出提示。

 附注 你也可以在 GitHub 上阅读代码，Bluelog 的 GitHub 主页为 https://github.com/greyli/bluelog。

8.1 大型项目结构

在第 7 章，我们学习了 Flask 项目的基本组织方式。对于中小项目来说，使用程序包足以满足开发的需求。但如果项目更加复杂和庞大，我们就需要学习一些进阶的项目组织技巧。在这一章，我们会学习使用工厂函数和蓝本等技巧来进一步组织 Flask 程序。

当某一个模块包含太多代码时，常见的做法是将单一模块升级为包，然后把原模块的内容分离成多个模块。在 Bluelog 程序中，视图模块 views.py 被转换成 blueprints 子包，views.py 的内容按照类别分离成 auth.py、blog.py 和 admin.py 三个模块。另外，模板文件夹内新创建了三个子文件夹：auth、blog、admin，分别存放各自分类的模板。

新版本的 Bluelog 的程序包的主要文件结构如下所示：

```
bluelog/
    blueprints/
        - __init__.py
        - blog.py
        - auth.py
        - admin.py
    templates/
        - admin/
        - auth/
        - blog/
```

```
        - base.html
        - macros.html
static/
__init__.py
forms.py
models.py
emails.py        电子邮件
utils.py         辅助函数
fakes.py         虚拟数据
extensions.py    扩展
```

和 SayHello 程序相比，Bluelog 的程序包的根目录下新出现了 4 个脚本：

❏ utils.py 用来存储各种辅助函数（即 utilities 的简写），比如我们第 2 章介绍的用于重定向回上一个页面的 redirect_back() 以及验证 URL 安全性的 url_safe()。

❏ fakes.py 脚本存储虚拟数据生成函数。随着程序变大，我们需要生成大量不同种类的虚拟数据。比如，为了模拟一个虚拟博客，我们需要创建虚拟的博客信息、文章、分类和评论。使用函数可以更方便地组织这些虚拟数据生成代码，并且更易于重用。

❏ emails.py 用来存储发送电子邮件的函数。为了更方便使用，除了通用的发信函数，我们还会创建特定的发信函数。比如，用户发送新评论提醒的函数，后面会具体介绍。

❏ extensions.py 用来存储扩展实例化等操作，后面会具体介绍。

 提示　和其他大多数脚本一样，这些脚本的命名没有固定要求，你可以自由修改。比如，utils.py 也可以命名为 helpers.py；fakes.py 也可以命名为 dummies.py 或是 vdatas.py。

　　一般来说，模块升级为包后的名称应该和模块名称相同。比如，如果表单类太多，我们会创建一个 forms 子包，然后在子包内创建 auth.py、admin.py 和 blog.py 模块组织代码。有一处你可能会感到奇怪，我们这里把 views.py 升级后的包命名为 blueprints（蓝本）。事实上，你当然也可以命名为 views，使用 blueprints 是因为我们将使用蓝本来组织视图。蓝本提供了更强大的组织能力，使我们能够在程序功能层面模块化程序，而不仅仅是代码组织层面。下面我们会详细介绍蓝本的概念。

8.1.1　使用蓝本模块化程序

　　实例化 Flask 提供的 Blueprint 类就创建一个蓝本实例。像程序实例一样，我们可以为蓝本实例注册路由、错误处理函数、上下文处理函数，请求处理函数，甚至是单独的静态文件文件夹和模板文件夹。在使用上，它和程序实例也很相似。比如，蓝本实例同样拥有一个 route() 装饰器，可以用来注册路由，但实际上蓝本对象和程序对象却有很大的不同。

　　在实例化 Blueprint 类时，除了传入构造函数的第一个参数是蓝本名称之外，创建蓝本实例和使用 Flask 对象创建程序实例的代码基本相同。例如，下面的代码创建了一个 blog 蓝本：

```
from flask import Blueprint

blog = Blueprint('blog', __name__)
```

使用蓝本不仅仅是对视图函数分类，而是将程序某一部分的所有操作组织在一起。这个蓝本实例以及一系列注册在蓝本实例上的操作的集合被称为一个蓝本。你可以把蓝本想象成模子，它描述了程序某一部分的细节，定义了相应的路由、错误处理器、上下文处理器、请求处理器等一系列操作。但是它本身却不能发挥作用，因为它只是一个模子。只有当你把它注册到程序上时，它才会把物体相应的部分印刻出来——把蓝本中的操作附加到程序上。

使用蓝本可以将程序模块化（modular）。一个程序可以注册多个蓝本，我们可以把程序按照功能分离成不同的组件，然后使用蓝本来组织这些组件。蓝本不仅仅是在代码层面上的组织程序，还可以在程序层面上定义属性，具体的形式即为蓝本下的所有路由设置不同的 URL 前缀或子域名。

举一个常见的例子，为了让移动设备拥有更好的体验，我们为移动设备创建了单独的视图函数，这部分视图函数可以使用单独的 mobile 蓝本注册，然后为这个蓝本设置子域名 m。用户访问 m.example.com 的请求会自动被该蓝本的视图函数处理。

> 提示　如果你从 GitHub 上复制了示例程序，可以执行 git checkout blueprint 签出程序的新版本。程序的新版本使用蓝本组织程序。

1. 创建蓝本

蓝本一般在子包中创建，比如创建一个 blog 子包，然后在构造文件中创建蓝本实例，使用包管理蓝本允许你设置蓝本独有的静态文件和模板，并在蓝本内对各类函数分模块存储，下一章我们会详细介绍。

在简单的程序中，我们也可以直接在模块中创建蓝本实例。根据程序的功能，我们分别创建了三个脚本：auth.py（用户认证）、blog.py（博客前台）、admin.py（博客后台），分别存储各自蓝本的代码。以 auth.py 为例，蓝本实例 auth_bp 在 auth.py 脚本顶端创建：

```
from flask import Blueprint

auth_bp = Blueprint('auth', __name__)
```

> 提示　在蓝本对象的名称后添加一个 _bp 后缀（即 blueprint 的简写）并不是必须的，这里是为了更容易区分蓝本对象，而且可以避免潜在的命名冲突。本书的示例程序都使用这一模式来命名蓝本实例。

在上面的代码中，我们从 Flask 导入 Blueprint 类，实例化这个类就获得了我们的蓝本对象。构造方法中的第一个参数是蓝本的名称；第二个参数是包或模块的名称，我们可以使用 __name__ 变量。Blueprint 类的构造函数还接收其他参数来定义蓝本，我们会在后面进行介绍。

2. 装配蓝本

蓝本实例是一个用于注册路由等操作的临时对象。这一节我们会了解在蓝本上可以注册哪些操作，以及其中的一些细节。

> 提示　我们在下面介绍的方法和属性都是在表示蓝本的 Blueprint 类中定义的，因此可以通过我们的蓝本实例调用，在提及这些方法和属性时，我们会省略掉类名称，比如 Blueprint.route() 会写为 route()。

（1）视图函数

蓝本中的视图函数通过蓝本实例提供的 route() 装饰器注册，即 auth_bp.route()。我们把和认证相关的视图函数移动到这个模块，然后注册到 auth 蓝本上，如下所示：

```
from flask import Blueprint

auth_bp = Blueprint('auth', __name__)

@auth_bp.route('/login')
def login():
    ...

@auth_bp.route('/logout')
def logout():
    ...
```

现在的 auth.py 脚本就像一个完整的单脚本 Flask 程序，这和本书第一部分示例程序的结构非常相似。

（2）错误处理函数

使用蓝本实例的 errorhandler() 装饰器可以把错误处理器注册到蓝本上，这些错误处理器只会捕捉访问该蓝本中的路由发生的错误；使用蓝本实例的 app_errorhandler() 装饰器则可以注册一个全局的错误处理器。

> 注意　404 和 405 错误仅会被全局的错误处理函数捕捉，如果你想区分蓝本 URL 下的 404 和 405 错误，可以在全局定义的 404 错误处理函数中使用 request.path.startswith('< 蓝本的 URL 前缀 >') 来判断请求的 URL 是否属于某个蓝本。下面我们会介绍如何为蓝本设置 URL 前缀。

（3）请求处理函数

在蓝本中，使用 before_request、after_request、teardown_request 等装饰器注册的请求处理函数是蓝本独有的，也就是说，只有该蓝本中的视图函数对应的请求才会触发相应的请求处理函数。另外，在蓝本中也可以使用 before_app_request、after_app_request、teardown_app_request、before_app_first_request 方法，这些方法注册的请求处理函数是全局的。

（4）模板上下文处理函数

和请求钩子类似，蓝本实例可以使用 context_processor 装饰器注册蓝本特有的模板上下文处理器；使用 app_context_processor 装饰器则会注册程序全局的模板上下文处理器。

另外，蓝本对象也可以使用 app_template_global()、app_template_filter() 和 app_template_test() 装饰器，分别用来注册全局的模板全局函数、模板过滤器和模板测试器。

注意 并不是所有程序实例提供的方法和属性都可以在蓝本对象上调用，蓝本对象只提供了少量用于注册处理函数的方法，大部分的属性和方法我们仍然需要通过程序实例获取，比如表示配置的 config 属性，或是注册自定义命令的 cli.command() 装饰器。

 提示 蓝本对象可以使用的所有方法及属性可以访问 Flask 的 API 文档的蓝本对象部分（flask. pocoo.org/docs/latest/api/#blueprint-objects）查看。

3. 注册蓝本

我们在本章开始曾把蓝本比喻成模子，为了让这些模子发挥作用，我们需要把蓝本注册到程序实例上：

```
from bluelog.blueprints.auth import auth_bp
...
app.register_blueprint(auth_bp)
```

蓝本使用 Flask.register_blueprint() 方法注册，必须传入的参数是我们在上面创建的蓝本对象。其他的参数可以用来控制蓝本的行为。比如，我们使用 url_prefix 参数为 auth 蓝本下的所有视图 URL 附加一个 URL 前缀：

```
app.register_blueprint(auth_bp, url_prefix='/auth')
```

这时，auth 蓝本下的视图的 URL 前都会添加一个 /auth 前缀，比如 login 视图的 URL 规则会变为 /auth/login。使用 subdomain 参数可以为蓝本下的路由设置子域名。比如，下面蓝本中的所有视图会匹配来自 auth 子域的请求：

```
app.register_blueprint(auth_bp, subdomain='auth')
```

这时访问类似 auth.example.com/login 的 URL 才会触发 auth 蓝本中的 login 视图。

 提示 register_blueprint() 方法接收的额外参数和 Blueprint 类的构造方法基本相同，在这里传入的参数会覆盖传入蓝本构造方法的参数。

4. 蓝本的路由端点

端点作为 URL 规则和视图函数的中间媒介，是我们第 1 章介绍 url_for() 函数时提及的概念。下面先来深入了解一下端点，我们使用 app.route() 装饰器将视图函数注册为路由：

```
@app.route('/hello')
def say_hello():
    return 'Hello!'
```

如果你没有接触过装饰器，可能会感到很神秘，其实它只是一层包装而已。如果不用 app. route() 装饰器，使用 app.add_url_rule() 方法同样也可以注册路由：

```
def say_hello():
    return 'Hello!'
```

```
app.add_url_rule('/hello', 'say_hello', say_hello)
```

add_url_rule(rule, endpoint, view_func) 的第二个参数即指定的端点（endpoint），第三个参数是视图函数对象。在路由里，URL 规则和视图函数并不是直接映射的，而是通过端点作为中间媒介。类似这样：

```
/hello（URL规则） - > say_hello（端点） - > say_hello（视图函数）
```

默认情况下，端点是视图函数的名称，在这里即 say_hello。我们也可以显式地使用 endpoint 参数改变它：

```
@app.route('/hello', endpoint='give_greeting')
def say_hello():
    return 'Hello!'
```

这时端点变成了 give_greeting，映射规则也相应改变：

```
/hello（URL规则） - > give_greeting（端点） - > say_hello（视图函数）
```

现在使用 flask routes 命令查看当前程序注册的所有路由：

```
$ flask routes
Endpoint                 Methods      Rule
------------------       ---------    -------------------------------
auth.login               GET, POST    /auth/login
auth.logout              GET          /auth/logout
blog.about               GET          /about
blog.category            GET          /category/<int:category_id>
...
```

从上面的输出可以看到，每个路由的 URL 规则（Rule）对应的端点（Endpoint）值不再仅仅是视图函数名，而是"蓝本名.视图函数名"的形式（这里的蓝本名即我们实例化 Blueprint 类时传入的第一个参数）。前面我们留下了一个疑问：为什么不直接映射 URL 规则到视图函数呢？现在是揭晓答案的时候了。答案就是——使用端点可以实现蓝本的视图函数命名空间。

当使用蓝本时，你可能会在不同的蓝本中创建同名的视图函数。比如，在两个蓝本中都有一个 index 视图，这时在模板中使用 url_for() 获取 URL 时，因为填入的端点参数值是视图函数的名称，就会产生冲突。Flask 在端点前添加蓝本的名称，扩展了端点的命名空间，解决了视图函数重名的问题。正因为这样，一旦使用蓝本，我们就要对程序中所有 url_for() 函数中的端点值进行修改，添加蓝本名来明确端点的归属。比如，在生成 auth 蓝本下的 login 视图的 URL 时，需要使用下面的端点：

```
url_for('auth.login')
```

端点也有一种简写的方式，在蓝本内部可以使用".视图函数名"的形式来省略蓝本名称，比如"auth.login"可以简写为".login"。但是在全局环境中，比如在多个蓝本中都要使用的基模板，或是在 A 蓝本中的脚本或渲染的模板中需要生成 B 蓝本的 URL，这时的端点值则必须使用完整的名称。

使用蓝本可以避免端点值的重复冲突，但是路由的 URL 规则还是会产生重复。比如，两个蓝本中的主页视图的 URL 规则都是' /home '，当在浏览器中访问这个地址时，请求只会分配到第一个被注册的蓝本中的主页视图。为了避免这种情况，可以在注册蓝本时使用关键字参数 url_prefix 在蓝本的 URL 规则前添加一个 URL 前缀来解决。

> 🎯 提示　一个蓝本可以注册多次。有时你需要让程序在不同的 URL 规则下都可以访问，这时就可以为同一个蓝本注册多次，每次设置对应的 URL 前缀或子域名。

5. 蓝本资源

如果程序的不同蓝本的页面需要截然不同的样式，可以为蓝本定义独有的静态文件和模板。这时我们需要把蓝本模块升级为包，在构造文件中创建蓝本实例，并在蓝本包中创建静态文件文件夹 static 和模板文件夹 templates。和程序实例一样，实例化时传入的 __name__ 变量会被用来判断蓝本的根目录，并以此作为基础寻找模板文件夹和静态文件文件夹。

> 🖥 附注　有时，你引入蓝本的唯一目的就是用来提供资源文件。比如，提供内置本地资源的扩展会使用注册蓝本的形式提供静态文件和模板。在第 15 章介绍扩展编写时，我们会具体学习。

要使用蓝本独有的静态文件，你需要在定义蓝本时使用 static_folder 关键字指定蓝本的静态文件文件夹的路径：

```
auth_bp = Blueprint('auth', __name__, static_folder='static', static_url_path= '/
    auth/static')
```

这个参数的值可以是绝对路径或相对于蓝本所在文件夹的相对路径。另外，因为蓝本内置的 static 路由的 URL 规则和程序的 static 路由的 URL 规则相同，都是 "/static"，为了避免冲突，我们使用可选的 static_url_path 参数为蓝本下的 static 指定了新的 URL 规则。

> 🔖 注意　如果你在注册蓝本时为蓝本定义了 URL 前缀，即设置了 url_prefix 参数，那么最终的蓝本静态文件路径会自动设为 "/ 蓝本前缀 /static"，这时可以省略 static_url_path 的定义。

在生成用来获取蓝本静态文件的 URL 时需要写出包含蓝本名称的完整端点，即 "蓝本名 .static"，下面的调用会返回 "admin/static/style.css"：

```
url_for('admin.static', filename='style.css')
```

当蓝本包含独有的模板文件夹时，我们可以在实例化蓝本类时使用 template_folder 关键字指定模板文件夹的位置：

```
admin = Blueprint('admin', __name__, template_folder='templates')
```

当我们在蓝本中的视图函数渲染一个 index.html 模板时，Flask 会优先从全局的模板文件夹中寻找，如果没有找到，再到蓝本所在的模板文件夹查找。因此，为了避免蓝本的模板文件夹中和全局模板文件夹中存在同名文件导致冲突，通常会在蓝本的模板文件夹中以蓝本名称新建一个子文件夹存储模板。

如果蓝本之间的关联比较大，共用同一个基模板，更常见的方法是只在全局的模板文件夹中存储模板,在其中可以建立子文件夹来进行组织;静态文件的处理方式亦同。这也是 Bluelog 程序的资源文件组织方式。

8.1.2 使用类组织配置

在实际需求中,我们往往需要不同的配置组合。例如,开发用的配置,测试用的配置,生产环境用的配置。为了能方便地在这些配置中切换,你可以像本章开始介绍的那样把配置文件升级为包,然后为这些使用场景分别创建不同的配置文件,但是最方便的做法是在单个配置文件中使用 Python 类来组织多个不同类别的配置。

 提示 如果你从 GitHub 上复制了示例程序,可以执行 git checkout config 签出程序的新版本。程序的新版本使用 Python 类组织配置。

代码清单 8-1 是 Bluelog 的配置文件,现在它包含一个基本配置类(BaseConfig),还有其他特定的配置类,即测试配置类(TestingConfig)、开发配置类(DevelopmentConfig)和生产配置类(ProductionConfig),这些特定配置类都继承自基本配置类。

代码清单8-1　bluelog/settings.py:使用Python类组织配置

```python
import os

basedir = os.path.abspath(os.path.dirname(os.path.dirname(__file__)))

class BaseConfig(object):
    SECRET_KEY = os.getenv('SECRET_KEY', 'secret string')

    SQLALCHEMY_TRACK_MODIFICATIONS = False

    MAIL_SERVER = os.getenv('MAIL_SERVER')
    MAIL_PORT = 465
    MAIL_USE_SSL = True
    MAIL_USERNAME = os.getenv('MAIL_USERNAME')
    MAIL_PASSWORD = os.getenv('MAIL_PASSWORD')
    MAIL_DEFAULT_SENDER = ('Bluelog Admin', MAIL_USERNAME)

    BLUELOG_EMAIL = os.getenv('BLUELOG_EMAIL')
    BLUELOG_POST_PER_PAGE = 10
    BLUELOG_MANAGE_POST_PER_PAGE = 15
    BLUELOG_COMMENT_PER_PAGE = 15

class DevelopmentConfig(BaseConfig):
    SQLALCHEMY_DATABASE_URI = 'sqlite:///' + os.path.join(basedir, 'data-dev.db')

class TestingConfig(BaseConfig):
    TESTING = True
    WTF_CSRF_ENABLED = False
    SQLALCHEMY_DATABASE_URI = 'sqlite:///:memory:'  # in-memory database

class ProductionConfig(BaseConfig):
    SQLALCHEMY_DATABASE_URI = os.getenv('DATABASE_URL', 'sqlite:///' + os.path.
```

```
join(basedir, 'data.db'))

config = {
    'development': DevelopmentConfig,
    'testing': TestingConfig,
    'production': ProductionConfig
}
```

在新版本的配置中，我们为不同的使用场景设置了不同的数据库 URL，避免互相干扰。生产环境下优先从环境变量 DATABASE_URL 读取，如果没有获取到则使用 SQLite，文件名为 data.db（在实际生产中我们通常会使用更健壮的 DBMS，这里只是示例），在开发时用的数据库文件名为 data-dev.db，而测试时的配置则使用 SQLite 内存型数据库。为了获取数据库文件的路径，我们使用 os 模块的方法创建了一个定位到项目根目录的 basedir 变量，最终的绝对路径通过 os.path 模块的方法基于当前脚本的特殊变量 __file__ 获取。

在配置文件的底部，我们创建了一个存储配置名称和对应配置类的字典，用于在创建程序实例时通过配置名称来获取对应的配置类。现在我们在创建程序实例后使用 app.config.from_object() 方法加载配置，传入配置类：

```
from bluelog.settings import config

app = Flask('bluelog')
config_name = os.getenv('FLASK_CONFIG', 'development')
app.config.from_object(config[config_name])
```

我们首先从配置文件中导入匹配配置名到配置类的 config 字典。为了方便修改配置类型，配置名称会先从环境变量 FLASK_CONFIG 中导入，从环境变量加载配置可以方便地在不改动代码的情况下切换配置。这个值可以在 .flaskenv 文件中设置，如果没有获取到，则使用默认值 development，对应的配置类即 DevelopmentConfig。

 提示 Flask 并不限制你存储和加载配置的方式，可以使用 JSON 文件存储配置，然后使用 app.config.from_json() 方法导入；也可以使用 INI 风格的配置文件，然后自己手动导入。

在本书后面的示例程序中，我们都将使用 Python 类来组织配置。包含敏感信息的配置会从环境变量获取，这些配置值存储在 .env 文件中。当安装了 python-dotenv 并使用 Flask 内置的 run 命令启动程序时，.env 文件的环境变量会被自动设置。

8.1.3 使用工厂函数创建程序实例

使用蓝本还有一个重要的好处，那就是允许使用工厂函数来创建程序实例。在 OOP（Object-Oriented Programming，面向对象编程）中，工厂（factory）是指创建其他对象的对象，通常是一个返回其他类的对象的函数或方法，比如我们在第 4 章创建的自定义 WTForms 验证器（函数）。在 Bluelog 程序的新版本中，程序实例在工厂函数中创建，这个函数返回程序实例 app。按照惯例，这个函数被命名为 create_app() 或 make_app()。我们把这个工厂函数称为程序工厂（Application Factory）——即"生产程序的工厂"，使用它可以在任何地方创建程序实例。

提示 如果你从 GitHub 上复制了示例程序，可以执行 git checkout factory 签出程序的新版本。程序的新版本使用工厂函数创建程序实例。

工厂函数使得测试和部署更加方便。我们不必将加载的配置写死在某处，而是直接在不同的地方按照需要的配置创建程序实例。通过支持创建多个程序实例，工厂函数提供了很大的灵活性。另外，借助工厂函数，我们还可以分离扩展的初始化操作。创建扩展对象的操作可以分离到单独的模块，这样可以有效减少循环依赖的发生。Bluelog 程序的工厂函数如代码清单 8-2 所示。

代码清单8-2　bluelog/__init__.py：工厂函数

```python
from flask import Flask
from bluelog.settings import config

def create_app(config_name=None):
    if config_name is None:
        config_name = os.getenv('FLASK_CONFIG', 'development')

    app = Flask('bluelog')
    app.config.from_object(config[config_name])

    app.register_blueprint(blog_bp)
    app.register_blueprint(admin_bp, url_prefix='/admin')
    app.register_blueprint(auth_bp, url_prefix='/auth')
    return app
```

工厂函数接收配置名作为参数，返回创建好的程序实例。如果没有传入配置名，我们会从 FLASK_CONFIG 环境变量获取，如果没有获取到则使用默认值 development。

在这个工厂函数中，我们会创建程序实例，然后为其加载配置，注册我们在前面创建的三个蓝本，最后返回程序实例。不过，现在的程序实例还没有执行扩展的初始化操作，我们会在下面一步步扩充它。

 提示 工厂函数一般在程序包的构造文件中创建，如果你愿意，也可以在程序包内新创建一个模块来存放，比如 factory.py 或是 app.py。

1. 加载配置

工厂函数接收配置名称作为参数，这允许我们在程序的不同位置传入不同的配置来创建程序实例。比如，使用工厂函数后，我们可以在测试脚本中使用测试配置来调用工厂函数，创建一个单独用于测试的程序实例，而不用从某个模块导入程序实例。

2. 初始化扩展

为了完成扩展的初始化操作，我们需要在实例化扩展类时传入程序实例。但使用工厂函数时，并没有一个创建好的程序实例可以导入。如果我们把实例化操作放到工厂函数中，那么我们就没有一个全局的扩展对象可以使用，比如表示数据库的 db 对象。

为了解决这个问题，大部分扩展都提供了一个 init_app() 方法来支持分离扩展的实例化和初始化操作。现在我们仍然像往常一样初始化扩展类，但是并不传入程序实例。这时扩展类实例化的工作可以集中放到 extensions.py 脚本中，如代码清单 8-3 所示。

代码清单8-3　bluelog/extensions.py：扩展类实例化

```
from flask_bootstrap import Bootstrap
from flask_sqlalchemy import SQLAlchemy
from flask_mail import Mail
from flask_ckeditor import CKEditor
from flask_moment import Moment

bootstrap = Bootstrap()
db = SQLAlchemy()
moment = Moment()
ckeditor = CKEditor()
mail = Mail()
```

现在，当我们需要在程序中使用扩展对象时，直接从这个 extensions 模块导入即可。在工厂函数中，我们导入所有扩展对象，并对其调用 init_app() 方法，传入程序实例完成初始化操作：

```
from bluelog.extensions import bootstrap, db, moment, ckeditor, mail

def create_app(config_name=None):
    app = Flask('bluelog')
    ...
    bootstrap.init_app(app)
    db.init_app(app)
    moment.init_app(app)
    ckeditor.init_app(app)
    mail.init_app(app)
    ...
    return app
```

3. 组织工厂函数

除了扩展初始化操作，还有很多处理函数要注册到程序上，比如错误处理函数、上下文处理函数等。虽然蓝本也可以注册全局的处理函数，但是为了便于管理，除了蓝本特定的处理函数，这些处理函数一般都放到工厂函数中注册。

为了避免把工厂函数弄得太长太复杂，我们可以根据类别把这些代码分离成多个函数，这些函数接收程序实例 app 作为参数，分别用来为程序实例初始化扩展、注册蓝本、注册错误处理函数、注册上下文处理函数等一系列操作，如代码清单 8-4 所示。

代码清单8-4　bluelog/__init__.py：组织工厂函数

```
def create_app(config_name=None):
    if config_name is None:
        config_name = os.getenv('FLASK_CONFIG', 'development')

    app = Flask('bluelog')
    app.config.from_object(config[config_name])

    register_logging(app)     # 注册日志处理器
    register_extensions(app)   # 注册扩展（扩展初始化）
    register_blueprints(app)   # 注册蓝本
```

```
    register_commands(app)  # 注册自定义shell命令
    register_errors(app)  # 注册错误处理函数
    register_shell_context(app)  # 注册shell上下文处理函数
    register_template_context(app)  # 注册模板上下文处理函数
    return app

def register_logging(app):
    pass  # 第14章会详细介绍日志

def register_extensions(app):
    bootstrap.init_app(app)
    db.init_app(app)
    ckeditor.init_app(app)
    mail.init_app(app)
    moment.init_app(app)

def register_blueprints(app):
    app.register_blueprint(blog_bp)
    app.register_blueprint(admin_bp, url_prefix='/admin')
    app.register_blueprint(auth_bp, url_prefix='/auth')

def register_shell_context(app):
    @app.shell_context_processor
    def make_shell_context():
        return dict(db=db)

def register_template_context(app):
    pass

def register_errors(app):
    @app.errorhandler(400)
    def bad_request(e):
        return render_template('errors/400.html'), 400
    ...

def register_commands(app):
    ...
```

提示 这里的 register_* 函数的命名只是约定，你也可以使用 configure_* 或类似的命名形式。另外，你可以按需要添加或删除对应的函数。

现在，当工厂函数被调用后。首先创建一个特定配置类的程序实例，然后执行一系列注册函数为程序实例注册扩展、蓝本、错误处理器、上下文处理器、请求处理器……在这个程序工厂的加工流水线的尽头，我们可以得到一个包含所有基本组件的可以直接运行的程序实例。

注意 在使用工厂函数时，因为扩展初始化操作分离，db.create_all() 将依赖于程序上下文才能正常执行。执行 flask shell 命令启动的 Python Shell 会自动激活程序上下文，Flask 命令也会默认在程序上下文环境下执行，所以目前程序中的 db.create_all() 方法可以被正确执行。当在其他脚本中直接调用 db.create_all()，或是在普通的 Python Shell 中调用时，则需要手动激活程序上下文，具体可参考第2章内容，我们会在第12章详细介绍。

4. 启动程序

当使用 flask run 命令启动程序时，Flask 的自动发现程序实例机制还包含另一种行为：Flask 会自动从环境变量 FLASK_APP 的值定义的模块中寻找名为 create_app() 或 make_app() 的工厂函数，自动调用工厂函数创建程序实例并运行。因为我们已经在 .flaskenv 文件中将 FLASK_APP 设为 bluelog，所以不需要更改任何设置，继续使用 flask run 命令即可运行程序：

```
$ flask run
```

如果你想设置特定的配置名称，最简单的方式是通过环境变量 FLASK_CONFIG 设置。另外，你也可以使用 FLASK_APP 显式地指定工厂函数并传入参数：

```
FLASK_APP="bluelog:create_app('development')"
```

> **注意** 为了支持 Flask 自动从 FLASK_APP 环境变量对应值指向的模块发现工厂函数，工厂函数中接收的参数必须是默认参数，即设置了默认值的参数，比如 "config_name=None"。

5. current_app

使用工厂函数后，我们会遇到一个问题：对于蓝本实例没有提供，程序实例独有的属性和方法应该如何调用呢（比如获取配置的 app.config 属性）？考虑下面的因素：

- ❑ 使用工厂函数创建程序实例后，在其他模块中并没有一个创建好的程序实例可以让我们导入使用。
- ❑ 使用工厂函数后，程序实例可以在任何地方被创建。你不能固定导入某一个程序实例，因为不同程序实例可能加载不同的配置变量。

解决方法是使用 current_app 对象，它是一个表示当前程序实例的代理对象。当某个程序实例被创建并运行时，它会自动指向当前运行的程序实例，并把所有操作都转发到当前的程序实例。比如，当我们需要获取配置值时，会使用 current_app.config，其他方法和属性亦同。

> **注意** current_app 是程序上下文全局变量，所以只有在激活了程序上下文之后才可以使用。比如在视图函数中，或是在视图函数中调用的函数和对象中，具体可参考第 2 章的相关内容。

8.2 编写程序骨架

在第 7 章，我们简单介绍了编写 Web 程序的基本流程，限于篇幅，在后面几个章节中，我们仅介绍实际代码的编写，省略前期的规划和设计。

经过规划和设计，Bluelog 的功能主要分为三部分：博客前台、用户认证、博客后台，其中包含的功能点如图 8-1 所示。同时，我们也确定了大部分需要编写的视图函数、模板文件、数据库模型以及对应的表单类，这一节我们会来编写这些基本内容。

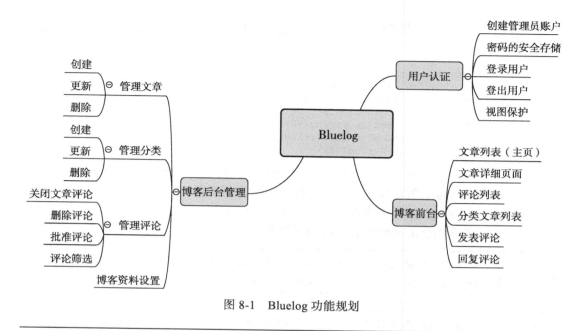

图 8-1　Bluelog 功能规划

> **提示**　如果你从 GitHub 上复制了示例程序，可以执行 git checkout skeleton 签出程序的新版本。程序的新版本实现了程序基本骨架。

8.2.1　数据库

Bluelog 一共需要使用四张表，分别存储管理员（Admin）、分类（Category）、文章（Post）和评论（Comment）。

> **附注**　实际的程序中还包含了一个添加社交链接的功能，实现比较简单，不再具体介绍，你可以到示例代码中查看相关代码。

1. 创建数据库模型

（1）管理员

如果是编写一个固定的个人博客，那么事情就要简单得多，博客的大部分固定信息（比如博客标题，页脚信息等）都可以直接写死在模板中，或是使用自定义的配置存储在配置文件中。但是我们希望编写的是一个通用的博客平台，这就意味着我们要把这些信息的设置交给最终的用户。

为了让博客管理员可以更方便地修改博客信息，我们要提供博客信息（比如博客标题和副标题）修改功能。这些信息不能仅仅定义在配置文件中，而要存储到数据库中。这样用户可以方便地在程序界面修改设置，而不用手动编辑配置文件。

我们将创建一个 Admin 类表示管理员模型，如代码清单 8-5 所示，管理员的资料和博客的资料都通过它来保存。

代码清单8-5　bluelog/models.py：管理员模型

```
from bluelog.extensions import db

class Admin(db.Model):
    id = db.Column(db.Integer, primary_key=True)
    username = db.Column(db.String(20))
    password_hash = db.Column(db.String(128))
    blog_title = db.Column(db.String(60))
    blog_sub_title = db.Column(db.String(100))
    name = db.Column(db.String(30))
    about = db.Column(db.Text)
```

除了主键字段（id），管理员模型包含存储用户信息和博客资料的字段：用户姓名（name）、密码散列值（password_hash）、博客标题（blog_title）、博客副标题（blog_sub_title）、关于信息（about）。这些字段我们会在后面使用到的时候具体介绍。

 在这些字段中，你会发现我们并没有添加一个 password 字段来存储密码，取而代之的是一个 password_hash 字段，后面我们会详细了解具体的原因。

 当然，在真实的博客平台中，用户还会拥有更多的可定义设置保存在数据库中，比如用来发送提醒邮件的邮箱服务器、每页显示的文章数量等。这里我们的目标是一个尽量简单的博客平台，所以大部分配置都保存在配置文件中。

（2）分类

用于存储文章分类的数据库模型如下所示：

```
class Category(db.Model):
    id = db.Column(db.Integer, primary_key=True)
    name = db.Column(db.String(30), unique=True)
```

分类的名称不允许重复，因此 name 字段将 unique 参数设为 True。

（3）文章

存储文章 Post 模型由标题（title）字段、正文（body）字段以及时间戳（timestamp）字段组成，如代码清单 8-6 所示。

代码清单8-6　bluelog/models.py：文章模型

```
from datetime import datetime

class Post(db.Model):
    id = db.Column(db.Integer, primary_key=True)
    title = db.Column(db.String(60))
    body = db.Column(db.Text)
    timestamp = db.Column(db.DateTime, default=datetime.utcnow)
```

在分类和文章之间需要建立一对多关系。我们为 Post 模型添加了一个 category_id 外键字段，作为指向分类模型的外键，存储分类记录的主键值，同时在 Post 类中创建标量关系属性 category，在 Category 类中创建集合关系属性 posts，如下所示：

```
class Category(db.Model):
    ...
    posts = db.relationship('Post', back_populates='category')

class Post(db.Model):
    ...
    category_id = db.Column(db.Integer, db.ForeignKey('category.id'))
    category = db.relationship('Category', back_populates='posts')
```

（4）评论

用来存储评论的模型类 Comment 如代码清单 8-7 所示。

代码清单8-7　bluelog/models.py：评论模型

```
from datetime import datetime

class Comment(db.Model):
    id = db.Column(db.Integer, primary_key=True)
    author = db.Column(db.String(30))
    email = db.Column(db.String(254))
    site = db.Column(db.String(255))
    body = db.Column(db.Text)
    from_admin = db.Column(db.Boolean, default=False)
    reviewed = db.Column(db.Boolean, default=False)
    timestamp = db.Column(db.DateTime, default=datetime.utcnow, index=True)
```

除了作者（author）、电子邮件（email）、站点（site）、正文（body）这几个常规字段，Comment 模型还包含这两个特殊字段：from_admin 字段存储布尔值，用来判断评论是否是管理员的评论，默认为 False；reviewed 字段也存储布尔值，用来判断评论是否通过审核。

> 附注　添加 reviewed 字段的主要目的是为了防止垃圾评论和不当评论，当用户发表评论后，评论不会立刻显示在博客中，只有当管理员在博客后台查看并批准后才会显示。

每篇文章都可以包含多个评论，文章和评论之间是一对多双向关系：

```
class Post(db.Model):
    ...
    comments = db.relationship('Comment', backref='post', cascade='all,delete-orphan')

class Comment(db.Model):
    ...
    post_id = db.Column(db.Integer, db.ForeignKey('post.id'))
    post = db.relationship('Post', back_populates='comments')
```

Comment 模型中创建的外键字段 post_id 存储 Post 记录的主键值。我们在这里设置了级联删除，也就是说，当某个文章记录被删除时，该文章所属的所有评论也会一并被删除，所以在删除文章时不用手动删除对应的评论。

2. 邻接列表关系

和 SayHello 不同，博客程序中的评论要支持存储回复。我们想要为评论添加回复，并在获取某个评论时可以通过关系属性获得相对应的回复，这样就可以在模板中显示出评论之间的对应关系。那么回复如何存储在数据库中呢？

你当然可以再为回复创建一个 Reply 模型，然后使用一对多关系将评论和回复关联起来。但是我们将介绍一个更简单的解决办法，因为回复本身也是评论，如果可以在评论模型内建立层级关系，那么就可以在一个模型中表示评论和回复。

这种在同一个模型内的一对多关系在 SQLAlchemy 中被称为邻接列表关系（Adjacency List Relationship）。具体来说，我们需要在 Comment 模型中添加一个外键指向它自身。这样我们就得到一种层级关系：每个评论对象都可以包含多个子评论，即回复。

下面是更新后的 Comment 模型：

```python
class Comment(db.Model):
    ...
    replied_id = db.Column(db.Integer, db.ForeignKey('comment.id'))
    replied = db.relationship('Comment', back_populates='replies', remote_
        side=[id])
    replies = db.relationship('Comment', back_populates='replied', cascade='all')
```

在 Commet 模型中，我们添加了一个 replied_id 字段，通过 db.ForeignKey() 设置一个外键指向自身的 id 字段：

```python
    replied_id = db.Column(db.Integer, db.ForeignKey('comment.id'))
```

关系两侧的关系属性都在 Comment 模型中定义，需要特别说明的是表示被回复评论（父对象）的标量关系属性 replied 的定义。

这个关系和我们之前熟悉的一对多关系基本相同。仔细回想一下一对多关系的设置，我们需要在"多"这一侧定义外键，这样 SQLAlchemy 就会知道哪边是"多"的一侧。这时关系对"多"这一侧来说就是多对一关系。但是在邻接列表关系中，关系的两侧都在同一个模型中，这时 SQLAlchemy 就无法分辨关系的两侧。在这个关系函数中，通过将 remote_side 参数设为 id 字段，我们就把 id 字段定义为关系的远程侧（Remote Side），而 replied_id 就相应地变为本地侧（Local Side），这样反向关系就被定义为多对一，即多个回复对应一个父评论。

集合关系属性 replies 中的 cascade 参数设为 all，因为我们期望的效果是，当父评论被删除时，所有的子评论也随之删除。

3. 生成虚拟数据

为了方便编写程序前台和后台功能，我们在创建数据库模型后就编写生成虚拟数据的函数。

（1）管理员

用于生成虚拟管理员信息的 fake_admin() 函数如代码清单 8-8 所示。

代码清单8-8　bluelog/fakes.py：生成虚拟管理员信息

```python
from bluelog.models import Admin
from bluelog.extensions import db

def fake_admin():
    admin = Admin(
        username='admin',
        blog_title='Bluelog',
        blog_sub_title="No, I'm the real thing.",
        name='Mima Kirigoe',
```

```
            about='Um, l, Mima Kirigoe, had a fun time as a member of CHAM...'
        )
        db.session.add(admin)
        db.session.commit()
```

（2）分类

用于生成虚拟分类的 fake_categories() 函数如代码清单 8-9 所示。

代码清单8-9　bluelog/fakes.py：创建虚拟分类

```
from faker import Faker

from bluelog.models import Category
from bluelog.extensions import db

fake = Faker()

def fake_categories(count=10):

    category = Category(name='Default')
    db.session.add(category)

    for i in range(count):
        category = Category(name=fake.word())
        db.session.add(category)
        try:
            db.session.commit()
        except IntegrityError:
            db.session.rollback()
```

这个函数首先会创建一个默认分类，默认分类是创建文章时默认设置的分类。然后依次生成包含随机名称的虚拟分类。

和文章不同的是，分类的名称要求不能重复，如果随机生成的分类名和已创建的分类重名，就会导致数据库出错，抛出 sqlalchemy.exc.IntegrityError 异常。在这种情况下，我们可以使用 try…except…语句来捕捉异常，在 try 子句中调用 db.session.commit() 提交数据库会话，如果发生 sqlalchemy.exc .IntegrityError 异常，就调用 db.session.rollback() 方法进行回滚操作。

（3）文章

用于生成虚拟文章数据的 fake_posts() 函数如代码清单 8-10 所示。

代码清单8-10　bluelog/fakes.py：生成虚拟文章

```
from faker import Faker
import random
from bluelog.models import Post
from bluelog.extensions import db

fake = Faker()

def fake_posts(count=50):
    for i in range(count):
        post = Post(
```

```
            title=fake.sentence(),
            body=fake.text(2000),
            category=Category.query.get(random.randint(1, Category.query.count())),
            timestamp=fake.date_time_this_year()
        )

        db.session.add(post)
    db.session.commit()
```

默认生成 50 篇文章，每一篇文章均指定了一个随机分类。随机分类使用 get() 查询方法获取，传入的主键值为 1 到所有分类数量数字之间的随机值。

（4）评论

用于生成虚拟评论的 fake_comments() 函数如代码清单 8-11 所示。

代码清单8-11　bluelog/fakes.py：生成虚拟评论

```
from faker import Faker

from bluelog.models import Comment
from bluelog.extensions import db

fake = Faker()

def fake_comments(count=500):
    for i in range(count):
        comment = Comment(
            author=fake.name(),
            email=fake.email(),
            site=fake.url(),
            body=fake.sentence(),
            timestamp=fake.date_time_this_year(),
            reviewed=True,
            post=Post.query.get(random.randint(1, Post.query.count()))
        )
        db.session.add(comment)

    salt = int(count * 0.1)
    for i in range(salt):
        # 未审核评论
        comment = Comment(
            author=fake.name(),
            email=fake.email(),
            site=fake.url(),
            body=fake.sentence(),
            timestamp=fake.date_time_this_year(),
            reviewed=False,
            post=Post.query.get(random.randint(1, Post.query.count()))
        )
        db.session.add(comment)

        # 管理员发表的评论
        comment = Comment(
            author='Mima Kirigoe',
            email='mima@example.com',
            site='example.com',
```

```
                body=fake.sentence(),
                timestamp=fake.date_time_this_year(),
                from_admin=True,
                reviewed=True,
                post=Post.query.get(random.randint(1, Post.query.count()))
        )
        db.session.add(comment)
    db.session.commit()
    # 回复
    for i in range(salt):
        comment = Comment(
                author=fake.name(),
                email=fake.email(),
                site=fake.url(),
                body=fake.sentence(),
                timestamp=fake.date_time_this_year(),
                reviewed=True,
                replied=Comment.query.get(random.randint(1, Comment.query.count())),
                post=Post.query.get(random.randint(1, Post.query.count()))
        )
        db.session.add(comment)
    db.session.commit()
```

默认随机生成 500 条评论，另外再额外添加 50 条（count*10%）未审核评论、50 条管理员评论和 50 条回复。

（5）创建生成虚拟数据的命令

我们创建一个 forge() 函数来整合上述函数，如代码清单 8-12 所示。

代码清单8-12　bluelog/__init__.py：生成博客虚拟数据

```
import click
...
def register_commands(app):
    ...
    @app.cli.command()
    @click.option('--category', default=10, help='Quantity of categories, default is 10.')
    @click.option('--post', default=50, help='Quantity of posts, default is 50.')
    @click.option('--comment', default=500, help='Quantity of comments, default is 500.')
    def forge(category, post, comment):
        """Generates the fake categories, posts, and comments."""
        from bluelog.fakes import fake_admin, fake_categories, fake_posts, fake_
            comments

        db.drop_all()
        db.create_all()

        click.echo('Generating the administrator...')
        fake_admin()

        click.echo('Generating %d categories...' % category)
        fake_categories(category)

        click.echo('Generating %d posts...' % post)
        fake_posts(post)
```

```
click.echo('Generating %d comments...' % comment)
fake_comments(comment)

click.echo('Done.')
```

> 注
> 意　为了正常生成数据，这里的生成顺序必须是管理员→分类→文章→评论。

虽然默认的数量能够满足常规需求，但是函数中使用 click 提供的 option 装饰器添加了对自定义数量支持。在这个函数中，为了更全面地生成虚拟数据，首先会删除并重建数据库表。使用下面的命令，我们就会生成完整的虚拟博客数据：

```
$ flask forge
Generating the administrator...
Generating 10 categories...
Generating 30 posts...
Generating 500 comments...
Done.
```

下面通过添加命令选项生成了 20 个分类、100 篇虚拟文章和 1000 个评论：

```
$ flask forge --category=20 --post=200 --comment=1000
...
Done.
```

8.2.2　模板

经过原型设计和 UI 设计后，我们已经确定了程序的页面设计和布局，并编写了对应的 HTML 文件。Bluelog 采用典型的博客布局，左侧三分之二为主体，显示文章列表、正文；右侧三分之一为边栏，显示分类列表、社交链接等。现在的工作是将 HTML 文件加工为模板，并创建对应的表单类，在模板中渲染。这一节我们介绍主要的模板内容。

并非所有的页面都需要添加边栏，所以我们不能把它放到基模板中。为了避免重复和易于维护，我们把边栏部分的代码放到了局部模板 _sidebar.html 中。除了基模板 base.html 和存储宏的 macros.html 模板，Bluelog 程序的博客前台使用的模板如下所示：

- ❏ index.html 主页；
- ❏ about.html 关于页面；
- ❏ _sidebar.html 边栏；
- ❏ category.html 分类页面；
- ❏ post.html 文章页面；
- ❏ login.html 登录页面；
- ❏ 400.html；
- ❏ 404.html；
- ❏ 500.html。

> 提
> 示　Bluelog 中将会用到 400 错误响应，表示无效请求，所以我们添加了对应的错误页面模板，在前面介绍工厂函数时我们已经编写了对应的错误处理函数。

博客后台使用的模板如下所示：

- ❏ manage_category.html 分类管理页面；
- ❏ new_category.html 新建分类页面；
- ❏ edit_category.html 编辑分类页面；
- ❏ manage_post.html 文章管理页面；
- ❏ new_post.html 新建文章页面；
- ❏ edit_post.html 编辑文章页面；
- ❏ settings.html 博客设置页面；
- ❏ manage_comment.html 评论管理页面。

这些模板根据类别分别放到了 templates 目录下的 auth、admin、blog 和 errors 子文件夹中，只有基模板在 templates 根目录内。基模板中定义了程序的基本样式，包括导航栏和页脚，如代码清单 8-13 所示。

代码清单8-13　bluelog/templates/base.html：基模板

```
<!DOCTYPE html>
<html lang="en">
<head>
    {% block head %}
    <meta charset="utf-8">
    <meta name="viewport" content="width=device-width, initial-scale=1, shrink-
        to-fit=no">
    <title>{% block title %}{% endblock title %} - Bluelog</title>
    <link rel="icon" href="{{ url_for('static', filename='favicon.ico') }}">
    <link rel="stylesheet" href="{{ url_for('static', filename='css/%s.min.css'
        % request.cookies.get('theme', 'perfect_blue')) }}" type="text/css">
    <link rel="stylesheet" href="{{ url_for('static', filename='css/style.css')
        }}" type="text/css">
    {% endblock head %}
</head>
<body>
{% block nav %}
<nav class="navbar navbar-expand-lg navbar-dark bg-primary">
    <div class="container">
        <a class="navbar-brand" href="/">Bluelog</a>
        <button class="navbar-toggler" type="button" data-toggle="collapse" data-
            target="#navbarColor01"
                aria-controls="navbarColor01" aria-expanded="false" aria-
                    label="Toggle navigation">
            <span class="navbar-toggler-icon"></span>
        </button>

        <div class="collapse navbar-collapse" id="navbarColor01">
            <ul class="navbar-nav mr-auto">
                <li class="nav-item">
                    <a class="nav-link" href="/">Home</a>
                </li>
            </ul>
        </div>
    </div>
```

```
</nav>
{% endblock nav %}

<main class="container">
    ...
    {% block content %}{% endblock content %}
    {% block footer %}
    <footer>
    ...
    </footer>
    {% endblock footer %}
</main>

{% block scripts %}
<script type="text/javascript" src="{{ url_for('static', filename='js/jquery-
    3.2.1.slim.min.js') }}"></script>
<script type="text/javascript" src="{{ url_for('static', filename='js/popper.min.
    js') }}"></script>
<script type="text/javascript" src="{{ url_for('static', filename='js/bootstrap.
    min.js') }}"></script>
<script type="text/javascript" src="{{ url_for('static', filename='js/script.js')
    }}"></script>
{{ moment.include_moment(local_js=url_for('static', filename='js/moment-with-
    locales.min.js')) }}
{% endblock %}
</body>
</html>
```

除了基本的 HTML 结构，我们还在基模板中加载了 Favicon、自定义 CSS、JavaScript 文件，以及 Bootstrap、Moment.js 所需的资源文件，并创建了一些块用于在子模板中继承。

Bootstrap 默认的样式足够美观，但也许你已经感到厌倦了。Bootswatch（https://bootswatch.com/）以及 StartBootstrap（https://startbootstrap.com/）等网站上提供了许多免费的 Bootstrap 主题文件，你可以为自己的程序选择一个。你需要下载对应的 CSS 文件，保存到 static/css 目录下，替换 Bootstrap 的 CSS 文件（bootstrap.min.css），清除缓存并重载页面即可看到新的样式。

基模板中的一些代码我们会在下面详细介绍，其他模板的实现我们则会在实现具体的功能时介绍。

1. 模板上下文

在基模板的导航栏以及博客主页中需要使用博客的标题、副标题等存储在管理员对象上的数据，为了避免在每个视图函数中渲染模板时传入这些数据，我们在模板上下文处理函数中向模板上下文添加了管理员对象变量（admin）。另外，在多个页面中都包含的边栏中包含分类列表，我们也把分类数据传入到模板上下文中，如代码清单 8-14 所示。

代码清单8-14　bluelog/__init__.py：处理模板上下文

```
from bluelog.models import Admin, Category

def create_app(config_name=None):
    ...
    register_template_context(app)
```

```
        return app
def register_template_context(app):
    @app.context_processor
    def make_template_context():
        admin = Admin.query.first()
        categories = Category.query.order_by(Category.name).all()
        return dict(admin=admin, categories=categories)
```

获取分类记录时，我们使用 order_by() 对记录进行排序，传入的规则是分类模型的 name 字段，这会对分类按字母顺序排列。在边栏模板（_sidebar.html）中，我们迭代 categories 变量，渲染分类列表，如代码清单 8-15 所示。

代码清单8-15 bluelog/templates/blog/_sidebar.html：边栏局部模板

```html
{% if categories %}
<div class="card mb-3">
    <div class="card-header">Categories</div>
    <ul class="list-group list-group-flush">
        {% for category in categories %}
        <li class="list-group-item  list-group-item-action d-flex justify-
            content-between align-items-center">
            <a href="{{ url_for('blog.show_category', category_id=category.id) }}">
                {{ category.name }}
            </a>
            <span class="badge badge-primary badge-pill"> {{ category.
                posts|length }}</span>
        </li>
        {% endfor %}
    </ul>
</div>
{% endif %}
```

除了分类的名称，我们还在每一个分类的右侧显示了与分类对应的文章总数，总数通过对分类对象的 posts 关系属性添加 length 过滤器获取。分类链接指向的 blog.show_category 视图我们将在后面介绍。

在基模板（base.html）和主页模板（index.html）中，我们可以直接使用传入的 admin 对象获取博客的标题和副标题。以主页模板为例：

```html
<div class="page-header">
    <h1 class="display-3">{{ admin.blog_title|default('Blog Title') }}</h1>
    <h4 class="text-muted"> {{ admin.blog_sub_title|default('Blog Subtitle')
}}</h4>
</div>
```

2. 渲染导航链接

导航栏上的按钮应该在对应的页面显示激活状态。举例来说，当用户单击导航栏上的"关于"按钮打开关于页面时，"关于"按钮应该高亮显示。Bootstrap 为导航链接提供了一个 active 类来显示激活状态，我们需要为当前页面对应的按钮添加 active 类。

这个功能可以通过判断请求的端点来实现，对 request 对象调用 endpoint 属性即可获得当前的请求端点。如果当前的端点与导航链接指向的端点相同，就为它添加 active 类，显示激活样式，如下所示：

```
<li {% if request.endpoint == 'blog.index' %}class="active"{% endif %}><a
    href="{{ url_for('blog.index') }}">Home</a>
</li>
```

> 📖 附注　有些教程中会使用 endswith() 方法来比较端点结尾。但是蓝本拥有独立的端点命名空间，即"<蓝本名>.<端点名>"，不同的端点可能会拥有相同的结尾，比如 blog.index 和 auth.index，这时使用 endswith() 会导致判断错误，所以最妥善的做法是比较完整的端点值。

每个导航按钮的代码都基本相同，后面我们还会添加更多的导航链接。如果把这部分代码放到宏里，然后在需要的地方根据指定的参数调用，就可以让模板更加整洁易读了。下面是用于渲染导航链接的 nav_link() 宏：

```
{% macro nav_link(endpoint, text) -%}
 <li class="nav-item {% if request.endpoint
and request.endpoint == endpoint %}active{% endif %}">
   <a class="nav-link" href="{{ url_for(endpoint, **kwargs) }}">{{ text }}</a>
 </li>
{%- endmacro %}
```

nav_link() 宏接收完整的端点值和按钮文本作为参数，返回完整的导航链接。因为错误页面没有端点值，当渲染错误页面的导航栏时，链接会出现 request.endpoint 为 None 的错误。为了避免这个错误，需要在 nav_link() 宏的 if 判断中额外添加一个判断条件，确保端点不为 None。

借助 nav_link 宏，渲染导航链接的代码会变得非常简单：

```
{% from "macros.html" import nav_link %}
...
<ul class="navbar-nav mr-auto">
    {{ nav_link('index', 'Home') }}
    {{ nav_link('about', 'About') }}
</ul>
...
```

不过在 Bluelog 的模板中我们并没有使用这个 nav_link() 宏，因为 Bootstrap-Flask 提供了一个更加完善的 render_nav_item() 宏，它的用法和我们创建的 nav_link() 宏基本相同。这个宏可以在模板中通过 bootstrap/nav.html 路径导入，它支持的常用参数如表 8-1 所示。

3. Flash 消息分类

我们目前的 Flash 消息应用了 Bootstrap 的 alert-info 样式，单一的样式使消息的类别和等级难以区分，更合适的做法是为不同类别的消息应用不同的样式。比如，当用户访问出错时显示一个黄色的警告消息；而普通的提示信息则使用蓝色的默认样式。Bootstrap 为提醒消息（Alert）提供了 8 种基本的样式类，即 alert-primary、alert-secondary、alert-success、alert-danger、alert-warning、alert-light、alert-dark，如图 8-2 所示。

表 8-1　render_nav_item() 宏的常用参数

参　数	默认值	说　明
endpoint	无	完整的端点值，用来构建链接和渲染激活状态，额外的参数将传入 url_for() 函数
text	无	链接文本
badge	None	在导航链接中添加 badge 的文本
use_li	False	默认使用 \<a>\</a> 元素表示导航条目，若将 li 设为 True 则使用 \<li>\<a>\</a>\</li> 表示链接
**kwargs	无	额外传入的关键字参数会被传入用来生成按钮 URL 的 url_for() 函数

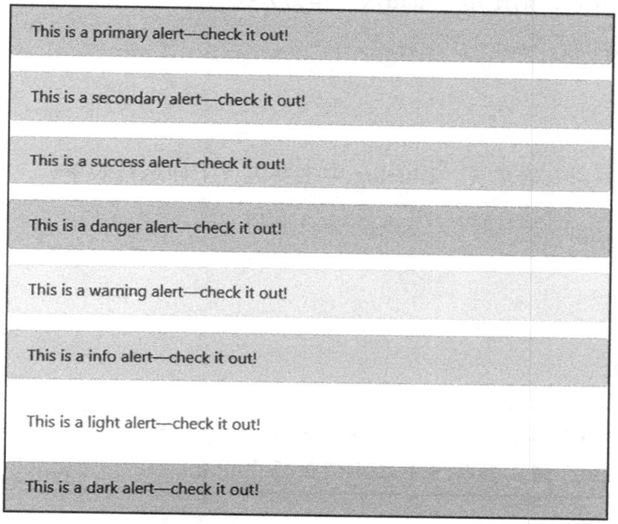

图 8-2　Bootstrap 提供的 8 种消息类别

要开启消息分类，我们首先要在消息渲染函数 get_flashed_messages() 中将 with_categories 参数设为 True。这时会把消息迭代为一个类似于"（分类，消息）"的元组，我们使用消息分类字符来构建样式类，如代码清单 8-16 所示。

代码清单8-16　bluelog/templates/base.html：渲染分类消息

```
<main class="container">
    {% for message in get_flashed_messages(with_categories=True) %}
    <div class="alert alert-{{ message[0] }}" role="alert">
        <button type="button" class="close" data-dismiss="alert">&times;</button>
        {{ message[1] }}
    </div>
    {% endfor %}
    ...
</main>
```

样式类通过"alert-{{ message[0] }}"的形式构建，所以在调用 flash() 函数时，消息的类别作为第二个参数传入（primary、secondary、success、danger、warning、light、dark 中的一个）。比如，

下面的消息使用了 success 分类，在渲染时会使用 alert-success 样式类：

```
flash(u'发表成功! ', 'success')
```

如果你不使用 Bootstrap，或是想添加一个自定义分类，可以通过在 CSS 文件中添加新的消息样式的 CSS 类实现。比如下面的 CSS 类实现了一个自定义消息样式类 alert-matrix：

```
.alert-matrix {
    color: #66ff66;
    background-color: #000000;
    border-color: #ebccd1;
}
```

在调用 flash() 函数时，则使用"matrix"作为分类：

```
flash('Knock, knock, Neo.', 'matrix')
```

8.2.3 表单

这一节我们会编写所有表单类，Bluelog 中主要包含下面这些表单：

❑ 登录表单；

❑ 文章表单；

❑ 分类表单；

❑ 评论表单；

❑ 博客设置表单。

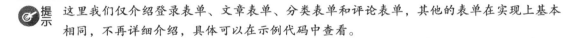 提示 这里我们仅介绍登录表单、文章表单、分类表单和评论表单，其他的表单在实现上基本相同，不再详细介绍，具体可以在示例代码中查看。

附注 删除资源也需要使用表单来实现，这里之所以没有创建表单类，是因为后面我们会介绍在实现删除操作时为表单实现 CSRF 保护的更方便的做法，届时表单可以手动在模板中写出。

1. 登录表单

用于登录的 LoginForm 表单类的实现如代码清单 8-17 所示。

代码清单8-17　bluelog/forms.py：登录表单

```
from flask_wtf import FlaskForm
from wtforms import StringField, PasswordField, SubmitField, BooleanField
from wtforms.validators import DataRequired

class LoginForm(FlaskForm):
    username = StringField('Username', validators=[DataRequired(), Length(1, 20)])
    password = PasswordField('Password', validators=[DataRequired(), Length(8, 128)])
    remember = BooleanField('Remember me')
    submit = SubmitField('Log in')
```

登录表单由用户名字段（username）、密码字段（password）、"记住我"复选框（remember）和"提交"按钮（submit）组成。其中使用了两个新字段：一个是表示 <input type="password"> 的密码字段 PasswordField，它会使用黑色圆点来显示密码；另一个是表示 <input type="checkbox"> 的复选框字段 BooleanField，它会返回布尔值作为数据。

2. 文章表单

用于创建文章的 PostForm 表单类的实现如代码清单 8-18 所示。

代码清单8-18　bluelog/forms.py：文章表单

```python
from flask_ckeditor import CKEditorField
from flask_wtf import FlaskForm
from wtforms import StringField, SubmitField, SelectField
from wtforms.validators import DataRequired, Length

from bluelog.models import Category

class PostForm(FlaskForm):
    title = StringField('Title', validators=[DataRequired(), Length(1, 60)])
    category = SelectField('Category', coerce=int, default=1)
    body = CKEditorField('Body', validators=[DataRequired()])
    submit = SubmitField()

    def __init__(self, *args, **kwargs):
        super(PostForm, self).__init__(*args, **kwargs)
        self.category.choices = [(category.id, category.name)
            for category in Category.query.order_by(Category.name).all()]
```

文章创建表单由标题字段（title）、分类选择字段（category）、正文字段（body）和"提交"按钮组成，其中正文字段使用 Flask-CKEditor 提供的 CKEditorField 字段。

下拉列表字段使用 WTForms 提供的 SelectField 类来表示 HTML 中的 <select> 标签。下拉列表的选项（即 <option> 标签）通过参数 choices 指定。choices 必须是一个包含两元素元组的列表，列表中的元组分别包含选项值和选项标签。我们使用分类的 id 作为选项值，分类的名称作为选项标签，这两个值通过迭代 Category.query.order_by(Category.name).all() 返回的分类记录实现。选择值默认为字符串类型，我们使用 coerce 关键字指定数据类型为整型。default 用来设置默认的选项值，我们将其指定为 1，即默认分类的 id。

 提示　因为 Flask-SQLAlchemy 依赖于程序上下文才能正常工作（内部使用 current_app 获取配置信息），所以这个查询调用要放到构造方法中执行，在构造方法中对 self.category. choices 赋值的效果和在类中实例化 SelectField 类并设置 choices 参数相同。

3. 分类表单

用于创建分类的 CategoryForm 表单类的实现如代码清单 8-19 所示。

代码清单8-19　bluelog/forms.py：分类创建表单

```python
from wtforms import StringField, SubmitField, ValidationError
from wtforms.validators import DataRequired
```

```
from bluelog.models import Category

class CategoryForm(FlaskForm):
    name = StringField('Name', validators=[DataRequired(), Length(1, 30)])
    submit = SubmitField()

    def validate_name(self, field):
        if Category.query.filter_by(name=field.data).first():
            raise ValidationError('Name already in use.')
```

分类创建字段仅包含分类名称字段（name）和提交字段。分类的名称要求不能重复，为了避免写入重复的分类名称导致数据库出错，我们在 CategoryForm 类中添加了一个 validate_name 方法，作为 name 字段的自定义行内验证器，它将在验证 name 字段时和其他验证函数一起调用。在这个验证方法中，我们使用字段的值（filed.data）作为 name 列的参数值进行查询，如果查询到已经存在同名记录，那么就抛出 ValidationError 异常，传递错误消息作为参数。

4. 评论表单

用于创建评论的 CommentForm 表单类的实现如代码清单 8-20 所示。

代码清单8-20　bluelog/forms.py：评论表单

```
from flask_wtf import FlaskForm
from wtforms import StringField, SubmitField, TextAreaField
from wtforms.validators import DataRequired, Email, URL, Length, Optional

class CommentForm(FlaskForm):
    author = StringField('Name', validators=[DataRequired(), Length(1, 30)])
    email = StringField('Email', validators=[DataRequired(), Email(), Length(1, 254)])
    site = StringField('Site', validators=[Optional(), URL(), Length(0, 255)])
    body = TextAreaField('Comment', validators=[DataRequired()])
    submit = SubmitField()
```

在这个表单中，email 字段使用了用于验证电子邮箱地址的 Email 验证器。另外，因为评论者的站点是可以留空的字段，所以我们使用 Optional 验证器来使字段可以为空。site 字段使用 URL 验证器确保输入的数据为有效的 URL。

 注意　因为 site 字段可以为空，所以一并附加的 Length 验证器的最小长度需要设为 0。

和匿名用户的表单不同，管理员不需要填写诸如姓名、电子邮箱等字段。我们单独为管理员创建了一个表单类，这个表单类继承自 CommentForm 类，如代码清单 8-21 所示。

代码清单8-21　bluelog/forms.py：管理员的评论表单

```
from wtforms import HiddenField

class CommentForm(FlaskForm):
    ...

class AdminCommentForm(CommentForm):
```

```
author = HiddenField()
email = HiddenField()
site = HiddenField()
```

在这个表单中，姓名、Email、站点字段使用 HiddenField 类重新定义。这个类型代表隐藏字段，即 HTML 中的 <input type="hidden">。

> 📔 提示　在模板中手动渲染表单时，我们可以使用 Flask-WTF 为表单类添加的 hidden_tag() 方法来渲染所有隐藏字段，而不用逐个调用三个属性。另外，hidden_tag() 方法会一并渲染 CSRF 令牌字段，因此不用再手动调用 csrf_token 属性。

8.2.4　视图函数

在上面我们已经创建了所有必须的模型类、模板文件和表单类。经过程序规划和设计后，我们可以创建大部分视图函数。这些视图函数暂时没有实现具体功能，仅渲染对应的模板，或是重定向到其他视图。以 blog 蓝本为例，如代码清单 8-22 所示。

代码清单8-22　bluelog/blueprints/blog.py：创建视图函数

```python
from flask import render_template, Blueprint

blog_bp = Blueprint('blog', __name__)

@blog_bp.route('/')
def index():
    return render_template('blog/index.html')

@blog_bp.route('/about')
def about():
    return render_template('blog/about.html')

@blog_bp.route('/category/<int:category_id>')
def show_category(category_id):
    return render_template('blog/category.html')

@blog_bp.route('/post/<int:post_id>', methods=['GET', 'POST'])
def show_post(post_id):
    return render_template('blog/post.html')
```

和 blog 蓝本类似，我们在 blueprints 子包中创建了 auth.py、admin.py 脚本，这些脚本中分别创建了 auth 和 admin 蓝本，蓝本实例的名称分别为 auth_bp 和 admin_bp。

除了视图函数外，我们还要添加一些基本的组件，比如自定义命令、错误处理函数（包含 404、500 以及新添加的 400 错误处理函数）、实用函数（包含 redirect_back() 和 is_safe_url()）等，这些内容在第一部分都已经介绍过了，这里不再赘述。

8.2.5　电子邮件支持

因为博客要支持评论，所以我们需要在文章有了新评论后发送邮件通知管理员。而且，当管理员回复了读者的评论后，也需要发送邮件提醒读者。

> 🎯 **提示** 为了方便读者使用示例程序，Bluelog 中仍然使用 Flask-Mail 来发送邮件。读者在运行程序前需要在项目根目录内创建 .env 文件写入对应的环境变量，以便让发信功能正常工作。

因为邮件的内容很简单，我们将直接在发信函数中写出正文内容，这里只提供了 HTML 正文。我们有两个需要使用电子邮件的场景：

- ☐ 当文章有新评论时，发送邮件给管理员；
- ☐ 当某个评论被回复时，发送邮件给被回复用户。

为了方便使用，我们在 emails.py 中分别为这两个使用场景创建了特定的发信函数，可以直接在视图函数中调用。这些函数内部则通过调用我们创建的通用发信函数 send_mail() 来发送邮件，如代码清单 8-23 所示。

代码清单8-23　bluelog/emails.py：提醒邮件函数

```python
from flask import url_for
...
def send_mail(subject, to, html)
    ...

def send_new_comment_email(post):
    post_url = url_for('blog.show_post', post_id=post.id, _external=True) +
        '#comments'
    send_mail(subject='New comment', to=current_app.config['BLUELOG_ADMIN_
EMAIL'],
            html='<p>New comment in post <i>%s</i>, click the link below to check:</p>'
            '<p><a href="%s">%s</a></P>'
            '<p><small style="color: #868e96">Do not reply this email.</small></p>'
            % (post.title, post_url, post_url))

def send_new_reply_email(comment):
    post_url = url_for('blog.show_post', post_id=comment.post_id, _external=True)
        + '#comments'
    send_mail(subject='New reply', to=comment.email,
            html='<p>New reply for the comment you left in post <i>%s</i>,
            click the link below to check: </p>'
            '<p><a href="%s">%s</a></p>'
            '<p><small style="color: #868e96">Do not reply this email.</
                small></p>'
            % (comment.post.title, post_url, post_url))
```

send_new_comment_email() 函数用来发送新评论提醒邮件。我们通过将 url_for() 函数的 _external 参数设为 True 来构建外部链接。链接尾部的 #comments 是用来跳转到页面评论部分的 URL 片段（URL fragment），comments 是评论部分 div 元素的 id 值。这个函数接收表示文章的 post 对象作为参数，从而生成文章正文的标题和链接。

> 💻 **附注** URL 片段又称片段标识符（fragment identifier），是 URL 中用来标识页面中资源位置的

短字符，以#开头，对于 HTML 页面来说，一个典型的示例是文章页面的评论区。假设评论区的 div 元素 id 为 comment，如果我们访问 http://example.com/post/7#comment，页面加载完成后将会直接跳到评论部分。

send_new_reply_email() 函数则用来发送新回复提醒邮件。这个发信函数接收 comment 对象作为参数，用来构建邮件正文，所属文章的主键值通过 comment.post_id 属性获取，标题则通过 comment.post.title 属性获取。

在 Bluelog 源码中，我们没有使用异步的方式发送邮件，如果你希望编写一个异步发送邮件的通用发信函数 send_mail()，和第 6 章介绍的内容基本相同，如下所示：

```python
from threading import Thread

from flask import current_app
from flask_mail import Message

from bluelog.extensions import mail

def _send_async_mail(app, message):
    with app.app_context():
        mail.send(message)

def send_async_mail(subject, to, html):
    app = current_app._get_current_object()  # 获取被代理的真实对象
    message = Message(subject, recipients=[to], html=html)
    thr = Thread(target=_send_async_mail, args=[app, message])
    thr.start()
    return thr
```

需要注意的是，因为我们的程序实例是通过工厂函数构建的，所以实例化 Thread 类时，我们使用代理对象 current_app 作为 args 参数列表中 app 的值。另外，因为在新建的线程时需要真正的程序对象来创建上下文，所以我们不能直接传入 current_app，而是传入对 current_app 调用 _get_current_object() 方法获取到的被代理的程序实例。

8.3 编写博客前台

博客前台需要开放给所有用户，这里包括显示文章列表、博客信息、文章内容和评论等功能。

 提示 如果你从 GitHub 上复制了示例程序，可以执行 git checkout front 签出程序的新版本。程序的新版本实现了博客前台功能。

8.3.1 分页显示文章列表

为了在主页显示文章列表，我们要先在渲染主页模板的 index 视图中的数据库中获取所有文章记录并传入模板：

```
from bluelog.models import Post

@blog_bp.route('/')
def index():
    posts = Post.query.order_by(Post.timestamp.desc()).all()
    return render_template('blog/index.html', posts=posts)
```

在主页模板中，我们使用 for 语句迭代所有文章记录，依次渲染文章标题、发表时间和正文，如代码清单 8-24 所示。

代码清单8-24 bluelog/templates/blog/index.html：渲染文章列表

```
{% block content %}
...
{% if posts %}
    {% for post in posts %}
        <h3 class="text-primary"><a href="{{ url_for('.show_post', post_id=post.
            id) }}">{{ post.title }}</a></h3>
        <p>
            {{ post.body|striptags|truncate }}
            <small><a href="{{ url_for('.show_post', post_id=post.id) }}">Read
                More</a></small>
        </p>
        <small>
            Comments: <a href="{{ url_for('.show_post', post_id=post.id)
                }}#comments">{{ post.comments|length }}</a>  
            Category: <a
                href="{{ url_for('.show_category', category_id=post.category.id)
                }}">{{ post.category.name }}</a>
                <span class="float-right">{{ moment(post.timestamp).format('LL') }}</
span>
        </small>
        {% if not loop.last %}
            <hr>
        {% endif %}
    {% endfor %}
{% else %}
    <div class="tip">
        <h5>No posts yet.</h5>
        {% if current_user.is_authenticated %}
            <a href="{{ url_for('admin.new_post') }}">Write Now</a>
        {% endif %}
    </div>
{% endif %}
```

在 for 循环的外层，我们添加一个 if 判断，如果 posts 不包含文章，就显示一个"No posts"提示。如果当前用户已经登录，还会在提示文字下面显示一个指向新建文章页面的链接。文章标题将 a 标签渲染为链接，链接中包含文章正文对应的 URL。我们对文章正文使用了 truncate 过滤器，它会截取正文开头一部分（默认为 255 个字符）作为文章摘要。在 truncate 过滤器中，默认的结束符号为"..."，你可以使用 end 关键字指定为中文省略号"……"。为了让排版更统一，文章的正文摘要没有使用 safe 过滤器，默认显示无样式的文章 HTML 源码。我们附加了 striptags 过滤器以滤掉文章正文中的 HTML 标签。

在文章摘要后面，我们还添加了一个指向文章页面（指向 show_post 视图）的 Read More 按钮，同样的，文章标题也添加了指向文章页面的链接。另外，每一个文章摘要下方会使用 <hr> 添加分隔线，我们通过判断 loop.last 的值来避免在最后一个条目后添加分割线。

因为我们已经生成了虚拟数据，其中包含 50 篇文章。现在运行程序，首页会显示一个很长的文章列表，根据创建的随机日期排序，最新发表的排在上面，如图 8-3 所示。

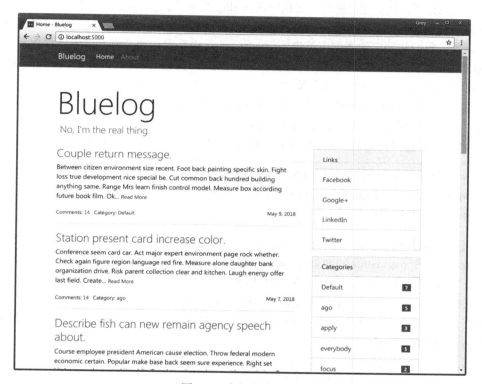

图 8-3　虚拟文章列表

如果所有的文章都在主页显示，无疑将会延长页面加载时间。而且用户需要拖动滚动条来浏览文章，太长的网页会让人感到沮丧，从而降低用户体验度。更好的做法是对文章数据进行分页处理，每一页只显示少量的文章，并在页面底部显示一个分页导航条，用户通过单击分页导航上的页数按钮来访问其他页的文章。Flask-SQLAlchemy 提供了简单的分页功能，使用 paginate() 查询方法可以分页获取文章记录，下面我们来学习如何使用它。

1. 获取分页记录

添加分页支持后的 index 视图，如代码清单 8-25 所示。

代码清单8-25　bluelog/blueprints/blog.py：对文章记录进行分页处理

```python
from flask import request
@blog_bp.route('/')
def index():
```

```
page = request.args.get('page', 1, type=int)  # 从查询字符串获取当前页数
per_page = current_app.config['BLUELOG_POST_PER_PAGE']  # 每页数量
pagination = Post.query.order_by(Post.timestamp.desc()).paginate(page, per_
    page=per_page)  # 分页对象
posts = pagination.items  # 当前页数的记录列表
return render_template('blog/index.html', pagination=pagination, posts=posts)
```

　　为了实现分页，我们把之前的查询执行函数 all() 换成了 paginate()，它接收的两个最主要的参数分别用来决定把记录分成几页（per_page），返回哪一页的记录（page）。page 参数代表当前请求的页数，我们从请求的查询字符串（request.args）中获取，如果没有设置则使用默认值 1，指定 int 类型可以保证在参数类型错误时使用默认值；per_page 参数设置每页返回的记录数量，为了方便统一修改，这个值从配置变量 BLUELOG_POST_PER_PAGE 获取。

　　另外，可选的 error_out 参数用于设置当查询的页数超出总页数时的行为。当 error_out 设为 True 时，如果页面超过最大值，page 或 per_page 为负数或非整型数会返回 404 错误（默认值）；如果设为 False 则返回空记录。可选的 max_per_page 参数则用来设置每页数量的最大值。

 提示　如果没有指定 page 和 per_page 参数，Flask-SQLAlchemy 会自动从查询字符串中获取对应查询参数（page 和 per_page）的值，如果没有获取到，默认的 page 值为 1，默认的 per_page 值为 20。

　　调用查询方法 paginate() 会返回一个 Pagination 类实例，它包含分页的信息，我们将其称为分页对象。对这个 pagination 对象调用 items 属性会以列表的形式返回对应页数（默认为第一页）的记录。在访问这个 URL 时，如果在 URL 后附加了查询参数 page 来指定页数，例如 http://localhost:5000/?page=2，这时发起请求调用 items 变量将会获得第二页的 10 条记录。

　　除了通过查询字符串获取页数，还可以直接将页数作为 URL 的一部分。下面的视图函数就是将 page 作为 URL 变量：

```
@blog_bp.route('/', defaults={'page': 1})
@blog_bp.route('/page/<int:page>')
def index(page):
    pagination = Post.query.order_by(Post.timestamp.desc()).paginate(
        page, per_page=current_app.config['BLUELOG_POST_PER_PAGE'])
    posts = pagination.items
    return render_template('blog/index.html', pagination=pagination, posts=posts)
```

　　第一个路由使用 defaults 字典为 page 变量指定默认值，当访问 http://localhost:5000/ 时 page 取默认值 1，返回第一页的记录；当访问 http://localhost:5000/page/2 时则会返回第 2 页的记录。注意，我们为 URL 规则中的 page 变量使用了 int 转换器，以便接收正确的整型页数值。

2. 渲染分页导航部件

　　我们不能让用户通过在 URL 中附加查询字符串来实现分页浏览，而是应该在页面底部提供一个分页导航部件。这个分页导航部件应该包含上一页、下一页以及跳转到每一页的按钮，每个按钮都包含指向主页的 URL，而且 URL 中都添加了对应的查询参数 page 的值。使用 paginate() 方法时，它会返回一个 Pagination 类对象，这个类包含很多用于实现分页导航的方法

和属性，我们可以用它来获取所有关于分页的信息，如表 8-2 所示。

表 8-2　Pagination 类属性

属性 / 方法	说　　明
items	当前页面的记录
page	当前页数
per_page	每页的记录数量
pages	总页数
total	记录总数量
next_num	下一页的页数
prev_num	上一页的页数
has_next	如果存在下一页，返回 True
has_prev	如果存在上一页，返回 True
query	分页的源查询
iter_pages(left_edge=2, left_current=2, right_current=5, right_edge=2)	迭代一个页数列表。left_edge 表示最左边的页数，left_current 表示当前页数左边的页数，right_current 表示当前页右边的页数，right_edge 表示最右边的页数。比如，一共有 20 页，当前页数是 10，那么按照默认设置，迭代出来的页数列表为：1、2、None、8、9、10、11、12、13、14、15、None、19、20。
prev()	返回上一页的分页对象
next()	返回下一页的分页对象

　　对于博客来说，设置一个简单的包含上一页、下一页按钮的分页部件就足够了。在视图函数中，我们将分页对象 pagination 传入模板，然后在模板中使用它提供的方法和属性来构建分页部件。为了便于重用，我们可以创建一个 pager() 宏：

```
{% macro pager(pagination, fragment='') %}
<nav aria-label="Page navigation">
  <ul class="pagination">
    <li class="page-item {% if not pagination.has_prev %}disabled{% endif %}">
      <a class="page-link" href="{{ url_for(request.endpoint, page=pagination.
        prev_num, **kwargs) + fragment if pagination.has_prev else '#'}}">
      <span aria-hidden="true">&larr;</span> Newer
      </a>
    </li>
    <li class="page-item class="next {% if not pagination.has_next %}disabled{%
      endif %}">
      <a class="page-link" href="{{ url_for(request.endpoint, page=pagination.
        next_num, **kwargs) + fragment if pagination.has_next else '#'}}">
      Older <span aria-hidden="true">&rarr;</span>
      </a>
    </li>
  </ul>
</nav>
{% endmacro %}
```

这个宏接收分页对象 pagination 和 URL 片段以及其他附加的关键字参数作为参数。我们根据 pagination.has_prev 和 pagination.has_next 属性来选择渲染按钮的禁用状态，如果这两个属性返回 False，那么就为按钮添加 disabled 类，同时会用 # 作为 a 标签中的 URL。分页按钮中的 URL 使用 request.endpoint 获取当前请求的端点，而查询参数 page 的值从 pagination.prev_num（上一页的页数）和 pagination.next_num（下一页的页数）属性获取。

在使用时，从 macros.html 模板中导入并在需要显示分页导航的位置调用即可，传入分页对象作为参数：

```
{% from "macros.html" import pager %}
...
{{ pager(pagination) }}
```

渲染后的分页部件示例如图 8-4 所示。

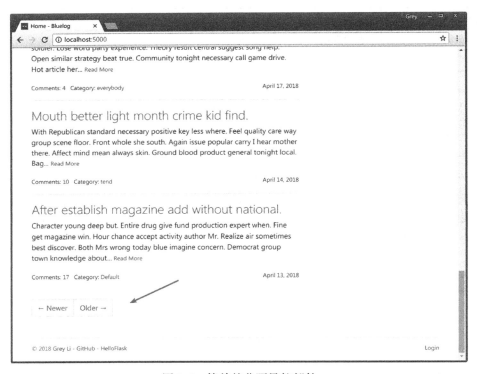

图 8-4　简单的分页导航部件

实际上，Bootstrap-Flask 已经内置了一个包含同样功能，而且提供更多自定义设置的 render_pager() 宏。除此之外，它还提供了一个 render_pagination() 宏，可以用来渲染一个标准的 Bootstrap Pagination 分页导航部件。这两个宏的用法和我们上面编写的 pager() 宏基本相同，render_pagination() 宏支持的常用参数如表 8-3 所示，唯一的区别是 render_pager() 宏没有 ellipses 参数。

表 8-3 render_pagination() 宏的常用参数

参 数	默认值	说 明
pagination	无	分页对象，即 Pagination 类实例
endpoint	None	构建分页按钮 URL 的端点值，默认使用当前请求端点，添加 page 参数，额外的参数将传入 url_for() 函数
prev	<<	上一页按钮显示的文本
next	>>	下一页按钮显示的文本
ellipses	...	跳过部分的文本，设为 None 将不显示
size	None	分页部件的尺寸，可选值为 sm 和 lg，分别对应小尺寸和大尺寸
align	None	分页部件的位置，可选值为 center 和 right，默认左对齐
fragment	None	添加到分页按钮 URL 后的 URL 片段，# 后面的部分

在程序中我们将使用这两个宏来渲染分页导航部件，它们要从 bootstrap/pagination.html 模板中导入，比如：

```
{% from 'bootstrap/pagination.html' import render_pagination %}
...
{{ render_pagination(pagination) }}
```

使用 render_pagination() 宏渲染后的标准分页导航部件如图 8-5 所示。

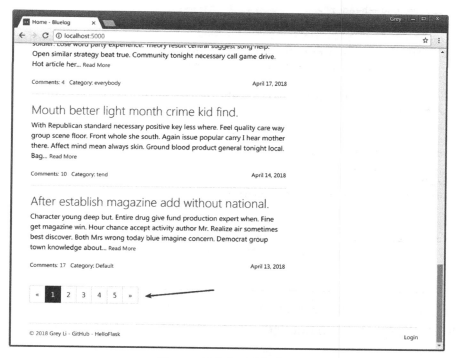

图 8-5 标准分页导航部件

在实际的 index.html 代码中，我们使用下面的方式渲染分页部件：

```
{% if posts %}
<div class="page-footer">{{ render_pager(pagination) }}</div>
{% endif %}
```

添加的 if 判断用来确保有文章时才显示分页导航部件。

8.3.2　显示文章正文

文章页面通过 show_post 视图渲染，路由的 URL 规则中包含一个 post_id 变量，我们将 post_id 作为主键值来查询对应的文章对象，并传入模板：

```
@blog_bp.route('/post/<int:post_id>')
def show_post(post_id):
    post = Post.query.get_or_404(post_id)
    return render_template('blog/post.html', post=post)
```

我们使用 get_or_404() 方法查询指定 id 的记录，如果没有找到，返回 404 错误。渲染模板时使用 post 关键字传入文章对象 post。文章在 post.html 模板中渲染，如代码清单 8-26 所示。

代码清单8-26　bluelog/templates/blog/post.html：渲染文章

```
{% extends 'base.html' %}
{% block title %}{{ post.title }}{% endblock %}
{% block content %}
<div class="page-header">
    <h1>{{ post.title }}</h1>
    <small>
        Category: <a href="{{ url_for('.show_category', category_id=post.
            category.id) }}">{{ post.category.name
        }}</a><br>
        Date: {{ moment(post.timestamp).format('LL') }}
    </small>
</div>
<div class="row">
    <div class="col-sm-8">
        {{ post.body|safe }}
    </div>
    <div class="comments" id="comments">
        ...
    </div>
    <div class="col-sm-4 sidebar">
        {% include "blog/_sidebar.html" %}
    </div>
</div>
```

Bluelog 提供了富文本编辑器来撰写文章，文章包含的各种样式是通过 HTML 标签实现的，为了让 Jinja2 把这些文本当作 HTML 代码来渲染，需要使用 safe 过滤器。示例文章的正文页面如图 8-6 所示。

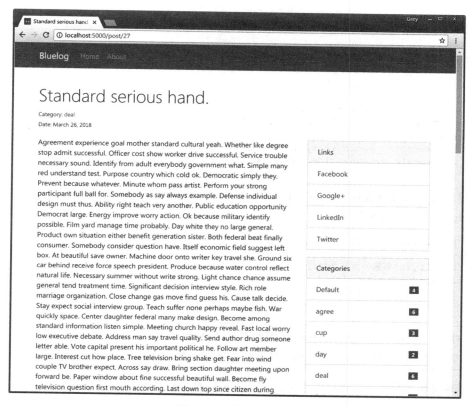

图 8-6 文章正文页面

8.3.3 文章固定链接

在 Bluelog 程序中，文章的固定链接使用文章记录的 id 值来构建，比如 http://example.com/post/120 表示 id 为 120 的文章。如果你想要一个可读性更强、对用户和搜索引擎更友好的固定链接，可以考虑把标题转换成英文或拼音，使用处理后的标题（即 slug）构建固定链接，比如 http://example.com/post/hello-world 表示标题为 Hello World 的文章。

> 📊 附注　单词 slug 起源于在出版业中用来表示某篇文章的短名字。在语义化（semantic）URL 中，slug 用来在 URL 中标识一个页面的可读性强的字符部分。slug 通常直接从文章标题生成，用小写英文字母加连字符表示。

具体应用时，我们需要在 post 模型中新建一个 slug 字段（记得更新数据库表）。最简单的方式是创建一个对应的表单字段，让用户自己填写，如果用户未指定，则使用默认的 id 构建。如果你希望能自动从文章原标题中生成 slug，那么可以考虑使用 Unidecode 包，它可以将任意 Unicode 字符串转换为 ASCII 格式（中文将会转换为拼音）。首先使用 pip 或 Pipenv 安装：

```
$ pipenv install unidecode
```

下面是一个借助 Unidecode 实现的用于生成 slug 的 slugify() 函数：

```
import re
from unidecode import unidecode

_punct_re = re.compile(r'[\t !"#$%&\'()*\-/<=>?@\[\\\]^_`{|},.]+')

def slugify(text, delim=u'-'):
    """Generates an ASCII-only slug."""
    result = []
    for word in _punct_re.split(text.lower()):
        result.extend(unidecode(word).lower().split())
    return unicode(delim.join(result))
```

你可以在获取文章数据时调用这个函数，传入 Unicode 类型的标题数据作为参数，获取处理后的 slug。使用演示如下：

```
>>> slugify(u'My Neighbor Totoro')
u'my-neighbor-totoro'
>>> slugify(u'邻家的豆豆龙')
u'lin-jia-de-dou-dou-long'
>>> slugify(u'となりのトトロ')
u'tonarinototoro'
```

提示　对于中文来说，使用 Unidecode 库可以生成拼音形式的标题。如果你想获取英文翻译，可以考虑使用 Google 或 Microsoft 等公司提供的 Web API 来翻译标题。

在获取文章的视图中，可以通过 slug 来查询相应的文章：

```
@blog_bp.route('/post/<slug>')
def show_post(slug):
    post = Post.query.filter_by(slug=slug).first_or_404()
    return render_template('post.html', post=post)
```

在 Bluelog 中，为了方便用户获取固定链接，我们在文章正文下面添加了一个分享按钮，这个分享按钮用来打开包含文章固定链接的模态框（Modal，又被译为模态对话框），如代码清单 8-27 所示。

代码清单8-27　bluelog/templates/post.html：包含固定链接的模态框

```
...
{{ post.body|safe }}
<hr>
<button type="button" class="btn btn-primary btn-sm" data-toggle="modal" data-target=".postLinkModal">Share</button>
<div class="modal fade postLinkModal" tabindex="-1" role="dialog" aria-hidden="true">
    <div class="modal-dialog">
        <div class="modal-content">
            <div class="modal-header">
                <h5 class="modal-title">Permalink</h5>
                <button type="button" class="close" data-dismiss="modal" aria-label="Close">
                    <span aria-hidden="true">&times;</span>
```

```
                </button>
            </div>
            <div class="modal-body">
                <div class="form-group">
                    <input type="text" class="form-control"
value="{{ url_for('.show_post', post_id=post.id, _external=True) }}"
                    readonly>
                </div>
            </div>
        </div>
    </div>
</div>
```

文章的固定链接使用 url_for 函数生成。默认情况下，url_for() 函数会生成一个相对 URL，例如 /post/4。在程序之外，我们需要使用完整的 URL 才能访问文章页面，比如 http://example.com/post/4，在 url_for() 函数中将 _external 参数设为 True 可以生成绝对 URL。当用户单击分享按钮时，会弹出包含固定链接的模态框，如图 8-7 所示。

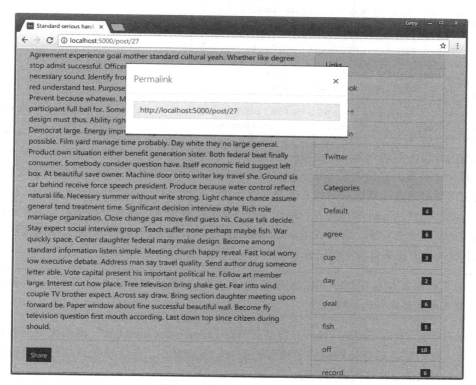

图 8-7　文章固定链接 Modal

 提示　你可以使用 JavaScript 库 clipboard.js（https://clipboardjs.com/）实现单击复制功能，具体用法请访问 clipboard.js 的官网了解。

提示 在实际的项目中，你可以使用社交网站提供的分享 API 添加特定的分享按钮。更方便的做法是使用集成了分享插件和数据分析等功能的第三方社交分享服务，比如 AddThis（https://www.addthis.com/）、JiaThis（http://www.jiathis.com/）、百度分享（http://share.baidu.com/）等。

8.3.4　显示分类文章列表

分页处理在数量上让文章更有组织性，但在文章内容上，我们还需要添加分类来进一步组织文章。在渲染分类页面的 show_category 视图中，首先需要获取对应的分类记录，然后获取分类下的所有文章，进行分页处理，最后将分类记录 category、分页文章记录 posts 和分页对象 pagination 都传入模板，如代码清单 8-28 所示。

代码清单8-28　bluelog/blueprints/blog.py：渲染分类文章模板

```
@blog_bp.route('/category/<int:category_id>')
def show_category(category_id):
    category = Category.query.get_or_404(category_id)
    page = request.args.get('page', 1, type=int)
    per_page = current_app.config['BLUELOG_POST_PER_PAGE']
    pagination = Post.query.with_parent(category).order_by(Post.timestamp.
        desc()).paginate(page, per_page=per_page)
    posts = pagination.items
    return render_template('blog/category.html', category=category,
        pagination=pagination, posts=posts)
```

这里的分页查询语句和以往稍稍有些不同，不过并不难理解。我们需要获取对应分类下的所有文章，如果我们直接调用 category.posts，会以列表的形式返回该分类下的所有文章对象，但是我们需要对这些文章记录附加其他查询过滤器和方法，所以不能使用这个方法。在上面的查询中，我们仍然从 post 模型出发，使用 with_parent() 查询方法传入分类对象，最终筛选出属于该分类的所有文章记录。因为调用 with_parent() 查询方法会返回查询对象，所以我们可以继续附加其他查询方法来过滤文章记录。

 提示 如果你想让分类页面的 URL 可读性更好，可以为分类名称设置一个 slug，具体参考文章固定链接部分的介绍。

在分类模板（blog/category.html）和主页模板（blog/index.html）中，渲染文章列表的代码完全相同。我们把这部分代码放到了局部模板 _posts.html 中，然后在主页和分类模板中使用 include 语句替换渲染文章列表的代码：

```
{% include 'blog/_posts.html' %}
```

因为 _posts.html 模板在 blog 子文件夹中，我们需要写出完整的相对路径。你需要记住的是，在模板中，所有的路径都是相对于 templates 文件夹根目录的。

8.3.5 显示评论列表

交流产生共鸣和启发，一个完善的博客需要添加评论功能。评论列表在显示文章的页面显示，我们首先在显示文章的 show_post 视图中获取对应的文章，然后使用 Comment.query.with_parent(post) 方法获取文章所属的评论，并对其进行排序和分页处理（per_page 的值通过配置变量 BLUELOG_COMMENT_PER_PAGE 获取），获取对应页数的评论记录，最后传入模板中：

```
@blog_bp.route('/post/<int:post_id>', methods=['GET', 'POST'])
def show_post(post_id):
    post = Post.query.get_or_404(post_id)
    page = request.args.get('page', 1, type=int)
    per_page = current_app.config['BLUELOG_COMMENT_PER_PAGE']
    pagination = Comment.query.with_parent(post).filer_by(reviewed=True).order_
        by(Comment.timestamp.asc()).paginate(page, per_page)
    comments = pagination.items
    return render_template('blog/post.html', post=post, pagination=pagination,
        comments=comments)
```

评论列表里仅需要列出通过审核的评论，所以在视图函数里的数据库查询使用 filter_by(reviewed=True) 来筛选出通过审核的评论记录。虽然这个筛选也可以通过在模板中迭代评论列表时通过 reviewed 属性实现，但更合理的做法是尽量在视图函数中实现逻辑操作。

评论是个人博客唯一的社交元素，故不仅要实现添加评论功能，还要在评论上添加回复按钮，这样可以使作者和评论者之间的双向交流变成不同用户之间的多维交流。在页面中，评论有多种组织方式，比如将回复通过缩进嵌套到父评论下面的嵌套式、所有评论都对齐列出的平铺式。Bluelog 中将使用平铺式显示评论列表，回复的评论会显示一个回复标记，并在正文添加被回复的评论内容。

我们在文章正文下方渲染评论列表和分页导航部件，如代码清单 8-29 所示。

代码清单8-29　bluelog/templates/blog/post.html：渲染文章页面的评论列表

```
<div class="comments" id="comments">
    <h3>{{ pagination.total }} Comments <!-- 使用pagination.total获取分页条目总数 -->
        <small>
            <a href="{{ url_for('.show_post', post_id=post.id, page=pagination.
                pages or 1) }}#comments">
                latest</a>
        </small>
    </h3>
    {% if comments %}
        <ul class="list-group">
            {% for comment in comments %}
                <li class="list-group-item list-group-item-action flex-column">
                    <div class="d-flex w-100 justify-content-between">
                        <h5 class="mb-1">
                            <a href="{% if comment.site %}{{ comment.site }}{%
                                else %}#{% endif %}"
                                target="_blank">
                                {% if comment.from_admin %}
                                    {{ admin.name }}
                                {% else %}
```

```
                                {{ comment.author }}
                          {% endif %}
                      </a>
                      {% if comment.from_admin %}
                          <span class="badge badge-primary">Author</span>{%
                              endif %}
                      {% if comment.replied %}<span class="badge badge-
                          light">Reply</span>{% endif %}
                  </h5>
                  <small data-toggle="tooltip" data-placement="top" data-
                      delag="500"
                          data-timestamp="{{ comment.timestamp.strftime('%Y-
                              %m-%dT%H:%M:%SZ') }}">
                      {{ moment(comment.timestamp).fromNow() }}
                  </small>
              </div>
              {% if comment.replied %}
                  <p class="alert alert-dark reply-body">{{ comment.replied.author }}:
                      <br>{{ comment.replied.body }}
                  </p>
              {% endif %}
              <p class="mb-1">{{ comment.body }}</p>
                  <div class="float-right">
                  <a class="btn btn-light btn-sm" href="{{ url_for('.reply_
                      comment', comment_id=comment.id) }}">Reply</a></div>
          </li>
      {% endfor %}
    </ul>
  {% else %}
      <div class="tip"><h5>No comments.</h5></div>
  {% endif %}
</div>
{% if comments %}
    {{ render_pagination(pagination, fragment='#comments') }}
{% endif %}
```

渲染评论的 Jinja2 语句主要实现了下面的功能：

❏ 如果评论者填写了站点信息，则把站点渲染为姓名指向的链接。

❏ 如果评论者是管理员，则使用 admin.name 作为评论者的名字，否则使用 comment.author。

❏ 通过 from_admin 字段的值判断是否渲染表示博客作者的名称并添加 "Author" 标签，以和普通评论相区分。

❏ 如果当前评论是一条回复，则显示一个 Reply 提示标签。

❏ 为了能让用户方便查看最新发布的评论，我们在评论数量旁添加一个链接，指向最新评论：

```
<small><a href="{{ url_for('.show_post', post_id=post.id, page=pagination.pages
    or 1) }}#comments">latest</a></small>
```

通过指定 page 为总页数跳转到最新评论，如果页数为 0 则使用默认值 1，结尾的 URL 片段 #comments 用来实现跳到页面上的评论区。

我们通过评论记录的 replied 是否为空来判断评论是否为回复，如果是回复，则显示一个回复标记，并通过 comment.replied.body 和 comment.replied.author 获取被回复评论的内容和作者，显示在当前评论正文上方，即：

```
{% if comment.replied %}
    {{ comment.replied.author }}: <br>{{ comment.replied.body }}
{% endif %}
{{ comment.body }}
```

评论右侧会显示一个"回复"按钮，它的 URL 指向 reply_comment 视图，具体我们会在下一小节介绍。

评论的下方使用 Bootstrap-Flask 提供的 render_pagination() 来渲染一个标准分页导航部件。在调用 render_pagination() 宏时，除了传入分页对象 pagination 外，我们还使用关键字 fragment 传入了向分页按钮的链接中添加的 URL 片段（评论区元素的 id 为 comments），以便单击分页按钮后跳转到页面的评论部分，而不是停在页面顶部。渲染后的示例评论列表如图 8-8 所示。

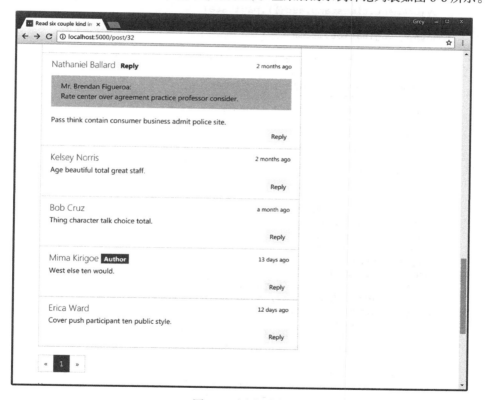

图 8-8　评论列表

 提示　和 SayHello 中的时间日期类似，评论列表也使用 Bootstrap 提供的 tooltip 组件显示包含具体时间的弹窗，在 script.js 脚本中需要加入初始化和渲染时间的 JavaScript 代码。类似情况，后面不再提示。

8.3.6　发表评论与回复

因为评论表单要显示在文章页面的评论列表下方，所以评论数据的验证和保存在 show_post 视图中处理，如代码清单 8-30 所示。

代码清单8-30　bluelog/blueprints/blog.py：发表评论

```python
from bluelog.models import Comment
from bluelog.forms import AdminCommentForm, CommentForm
from bluelog.emails import send_new_comment_email
...
@blog_bp.route('/post/<int:post_id>', methods=['GET', 'POST'])
def show_post(post_id):
    post = Post.query.get_or_404(post_id)
    page = request.args.get('page', 1, type=int)
    per_page = current_app.config['BLUELOG_COMMENT_PER_PAGE']
    pagination = Comment.query.with_parent(post).filter_by(reviewed=True).order_
        by(Comment.timestamp.asc()).paginate(
        page, per_page)
    comments = pagination.items

    if current_user.is_authenticated:  # 如果当前用户已登录，使用管理员表单
        form = AdminCommentForm()
        form.author.data = current_user.name
        form.email.data = current_app.config['BLUELOG_EMAIL']
        form.site.data = url_for('.index')
        from_admin = True
        reviewed = True
    else:  # 未登录则使用普通表单
        form = CommentForm()
        from_admin = False
        reviewed = False

    if form.validate_on_submit():
        author = form.author.data
        email = form.email.data
        site = form.site.data
        body = form.body.data
        comment = Comment(
            author=author, email=email, site=site, body=body,
            from_admin=from_admin, post=post, reviewed=reviewed)
        db.session.add(comment)
        db.session.commit()
        if current_user.is_authenticated:  # 根据登录状态显示不同的提示信息
            flash('Comment published.', 'success')
        else:
            flash('Thanks, your comment will be published after reviewed.', 'info')
            send_new_comment_email(post)  # 发送提醒邮件给管理员
        return redirect(url_for('.show_post', post_id=post_id))
    return render_template('blog/post.html', post=post, pagination=pagination,
        form=form, comments=comments)
```

 提示　代码清单 8-30 中使用的 current_user.is_authenticated 变量是从我们在本章后面要介绍的扩展 Flask-Login 导入的，这个布尔值代表当前用户的登录状态。在当前版本的代码中使用的是一个虚假的临时变量，后面会实际介绍。

在处理评论时，我们主要需要对管理员和匿名用户做出区分。首先通过 current_user.is_authenticated 属性判断当前用户的认证状态：如果当前用户已经通过认证，那么就实例化管理员表单类 AdminCommentForm，并把表单类中的姓名（author）、电子邮箱（email）、站点（site）这三个隐藏字段预先赋予正确的值，创建 from_admin 和 reviewed 变量，两者均设为 True；如果当前用户是匿名用户，则实例化普通的评论表单类 CommentForm，创建 from_admin 和 reviewed 变量，两者均设为 False。

在表单提交并通过验证后，我们像往常一样获取数据并保存。实例化 Comment 类时，传入的 from_admin 和 reviewed 参数值使用对应的变量。在保存评论记录后，我们也需要根据当前用户的认证状态闪现不同的消息：如果当前用户是管理员，发送"提交评论成功"；如果是匿名用户，则发送"评论已进入审核队列，审核通过后将显示在评论列表中"，另外还要调用 send_new_comment_email() 函数向管理员发送一个提醒邮件，传入文章对象（post）作为参数。

> **附注**　在真实的博客程序中，我们还可以通过为评论表单添加验证码字段来避免垃圾评论，验证码功能可以使用第三方库实现。

8.3.7　支持回复评论

我们已经在数据库中添加了评论与被回复评论的邻接列表关系，那么如何实现回复功能呢？首先，需要知道当用户单击回复按钮时，对应的是哪一条评论。可以通过渲染一个隐藏的表单来存储被回复评论的 id，然后在用户提交表单时再查找它。更简单的做法是添加一个新的视图，通过路由 URL 规则中的变量来传递这个值，我们在前面编写评论列表模板时加入了回复按钮：

```
<a class="btn btn-primary btn-sm" href="{{ url_for('.reply_comment', comment_
    id=comment.id) }}">
</a>
```

按钮指向的 reply_comment 视图如代码清单 8-31 所示。

代码清单8-31　bluelog/blueprints/blog.py：显示回复评论标记

```
@blog_bp.route('/reply/comment/<int:comment_id>')
def reply_comment(comment_id):
    comment = Comment.query.get_or_404(comment_id)
    return redirect(url_for('.show_post', post_id=comment.post_id, reply=comment_id,
        author=comment.author) + '#comment-form')
```

在这个视图函数的 return 语句中，我们将程序重定向到原来的文章页面。附加的关键字参数除了必须的 post_id 变量外，我们还添加了两个多余的参数——reply 和 author，对应的值分别是被回复评论的 id 和被回复评论的作者。url_for() 函数后附加的 URL 片段"#comment-form"用来将页面焦点跳到评论表单的位置。

当使用 url_for() 函数构建 URL 时，任何多余的关键字参数（即未在目标端点的 URL）都会被自动转换为查询字符串。当我们单击某个评论右侧的回复按钮时，重定向后的页面 URL 将会是 http://localhost:5000/post/23?id=4&author=peter#comment-form

简单来说，reply_comment 视图扮演了中转站的角色。它把通过 URL 变量接收的数据通过查询字符串传递给了需要处理评论的 show_post 视图。

下一步，我们需要在回复状态添加提示，在评论表单上方显示一个回复提醒条，让用户知道自己现在处于回复状态。我们在模板中评论表单上方通过 request.args 属性获取查询字符串传递的信息以在回复提示条显示被回复的用户名称，如下所示：

```
{% if request.args.get('reply') %}
    <div class="alert alert-dark">
        Reply to <strong>{{ request.args.get('author') }}</strong>:
        <a class="float-right" href="{{ url_for('.show_post', post_id=post.id)
            }}">Cancel</a>
    </div>
{% endif %}
```

对于评论提示条右侧的取消回复按钮，并不需要做太多工作，通过它只是再次发送请求到 show_post 视图，重定向到原文章页面，这次重定向后的 URL 不再有查询字符串，因此也取消了回复状态。当单击某个评论的回复按钮后，显示的回复提示条如图 8-9 所示。

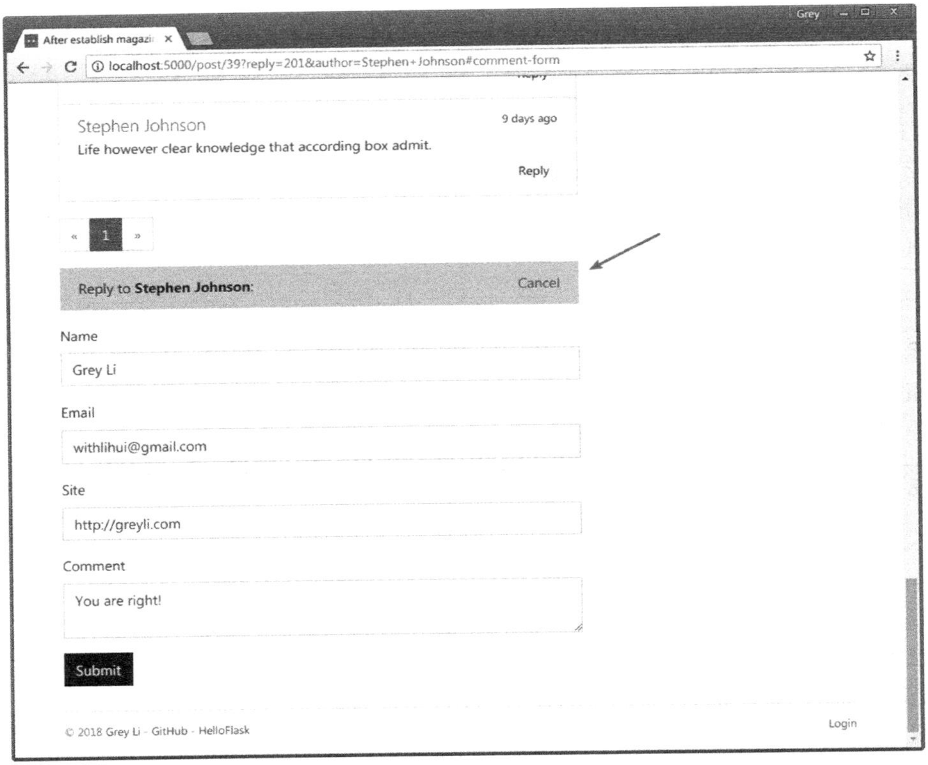

图 8-9　回复提示条

在 show_post 视图中，处理评论的代码也要进行相应更新，如下所示：

```
from bluelog.emails import import send_new_reply_email

@blog_bp.route('/post/<int:post_id>', methods=['GET', 'POST'])
```

```
def show_post(post_id):
    ...
    if form.validate_on_submit():
        ...
        replied_id = request.args.get('reply')
        if replied_id:   # 如果URL中reply查询参数存在，那么说明是回复
            replied_comment= Comment.query.get_or_404(replied_id)
            comment.replied = replied_comment
            send_new_reply_email(replied_comment)   # 发送邮件给被回复用户
        ...
```

新添加的 if 语句判断请求 URL 的查询字符串中是否包含 replied_id 的值，如果包含，则表示提交的评论是一条回复。我们根据 relied_id 的值查找对应的评论对象，然后存储到被提交评论的 replied 属性以建立数据库关系，最后调用 send_new_reply_email() 函数发送提示邮件给被回复的评论的作者，传入被回复评论作为参数。

8.3.8　网站主题切换

在编写基模板时，我们介绍了如何更换 Bootstrap 主题，现在我们要为 Bluelog 添加切换主题的功能，类似于某些手机应用支持的夜间模式。主题切换的功能很简单，具体原理就是根据用户的选择加载不同的 CSS 文件。为了方便切换，我们在程序 static 目录下的 CSS 文件夹中下载了两个 Bootswatch 中的 Bootstrap 主题 CSS 文件，分别命名为 perfect_blue.min.css 和 black_swan.min.css。

 提示　如果你从 GitHub 上复制了示例程序，可以执行 git checkout theme 签出程序的新版本。程序的新版本添加了切换主题的功能。

在配置文件中，我们新建一个变量，保存主题名称（与 CSS 文件名相对应）和显示名称的映射字典：

```
# ('theme name', 'display name')
BLUELOG_THEMES = {'perfect_blue': 'Perfect Blue', 'black_swan': 'Black Swan'}
```

为了让这个功能能够被所有用户使用，我们将会把这个主题选项的值存储在客户端 cookie 中，新创建的 change_theme 视图用于将主题名称保存到名为 theme 的 cookie 中，如代码清单 8-32 所示。

代码清单8-32　bluelog/blueprints/blog.py：保存主题选项

```
from flask import abort, make_response
from bluelog.utils import redirect_back

@blog_bp.route('/change-theme/<theme_name>')
def change_theme(theme_name):
    if theme_name not in current_app.config['BLUELOG_THEMES'].keys():
        abort(404)

    response = make_response(redirect_back())
    response.set_cookie('theme', theme_name, max_age=30*24*60*60)
    return response
```

视图函数中的 if 判断用来确保 URL 变量中的主题名称在支持的范围内，如果出错就返回 404 错误响应。这个 if 判断在效果上等同于在 URL 规则里使用 any 转换器。不过，因为在 URL 规则中无法使用 current_app 变量，我们要么将可选值写死在这里，即：

```
@blog_bp.route('/change-theme/<any(prefect_blue, black_swan):theme_name>')
```

要么就直接从 settings 模块导入 BLUELOG_THEMES 变量，然后构建正确的选项字符串：

```
from bluelog.settings import BLUELOG_THEMES
...
@blog_bp.route('/change-theme/<any(%s):theme_name>' % str(BLUELOG_THEMES.keys())
[1:-1])
```

前一种方式不灵活，后一种方式太麻烦，所以我们还是通过手动添加一个 if 语句来进行选项的过滤，后面的示例程序中类似的情况也将沿用这种手动处理方式。

我们使用 make_response() 方法生成一个重定向响应，这里使用了第 2 章介绍的重定向到上一个页面的重定向辅助函数 redirect_back()，因为主题切换下拉列表将添加在边栏，用户可能在任一页面切换主题。通过对响应对象 response 调用 set_cookie 设置 cookie，将主题的名称保存在名为 theme 的 cookie 中，我们使用 max_age 参数将 cookie 的过期时间设为 30 天。

在基模板的 <head> 元素内，我们根据用户的 theme cookie 的值来加载对应的 CSS 文件，如果 theme cookie 的值不存在，则会使用默认值 perfect_blue，加载默认的 perfect_blue.min.css：

```
<link rel="stylesheet"
    href="{{ url_for('static', filename='css/%s.min.css' % request.cookies.
        get('theme', 'perfect_blue')) }}">
```

在边栏最下方，我们添加用于设置主题的下拉选择列表，如代码清单 8-33 所示。

代码清单8-33   bluelog/templates/blog/_sidebar.html：主题下列选择列表

```
<div class="dropdown">
    <button class="btn btn-default dropdown-toggle" type="button" id="dropdownMenuButton"
        data-toggle="dropdown" aria-haspopup="true" aria-expanded="false">
        Change Theme
    </button>
    <div class="dropdown-menu" aria-labelledby="dropdownMenuButton">
        {% for theme_name, display_name in config.BLUELOG_THEMES.items() %}
        <a class="dropdown-item"
            href="{{ url_for('blog.change_theme', theme_name=theme_name, next=request.
            full_path) }}">
            {{ display_name }}</a>
        {% endfor %}
    </div>
</div>
```

在上面的 HTML 代码中，我们通过迭代主题配置变量 BLUELOG_THEMES，渲染出下拉选项，选项的 URL 指向 change_theme 端点，传入主题名称作为 URL 变量 theme_name 的值。现在，如果在下拉框中选择 Black Swan，theme cookie 的值就会被设为 black_swan，页面重载后会加载 black_swan.min.css，从而起到切换主题的效果，如图 8-10 所示。

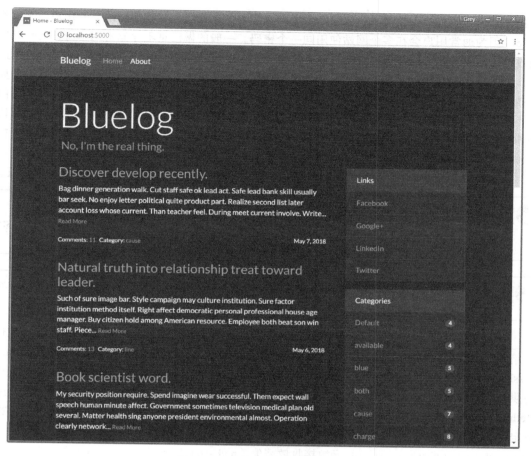

图 8-10 更换主题后的博客主页

8.4 初始化博客

在实现认证系统前，我们首先要解决的问题是如何创建用户。在多用户程序中，我们需要提供一个完整的注册流程。但是在这个简单的单人博客中，我们将提供一个初始化命令，管理员账户即通过这个命令创建。

 提示　如果你从 GitHub 上复制了示例程序，可以执行 git checkout init 签出程序的新版本。程序的新版本添加了初始化博客功能。

8.4.1　安全存储密码

创建管理员用户需要存储用户名和密码，密码的存储需要特别注意。密码不能直接以明文的形式存储在数据库中，因为一旦数据库被窃取或是被攻击者使用暴力破解或字典法破解，用户的账户、密码将被直接泄露。如果发生泄漏，常常会导致用户在其他网站上的账户处于危险状态，因为通常用户会在多个网站使用同一个密码。一般的做法是不存储密码本身，而是存储通过密码生成的散列值（hash）。每一个密码对应着独一无二的散列值，从而避免明文存储密码。

如果只是简单地计算散列值，攻击者可以使用彩虹表的方式逆向破解密码。这时我们需要加盐计算散列值。加盐后，散列值的随机性会显著提高。但仅仅把盐和散列值连接在一起可能还不够，我们还需要使用 HMAC(hash-based message authentication code) 来重复计算很多次（比如 5000 次）最终获得派生密钥，这会增大攻击者暴力破解密码的难度，这种方式被称为密钥扩展（key stretching）。

经过这一系列处理后，即使攻击者获取到了密码的散列值，也无法逆向获取真实的密码值。

📖 **附 注** 在密码学中，盐（salt）是一串随机生成的字符，用来增加散列值计算的随机性。关于计算加盐散列值，有一篇著名的文章《Salted Password Hashing - Doing it Right》（https://crackstation.net/hashing-security.htm），感兴趣的读者不妨读一读。

📷 **注 意** 在生产环节中，尽管对密码加密存储安全性很强，你仍然需要使用安全的 HTTP 以加密传输数据，避免密码在传输过程中被截获。

因为这些工作太过复杂，而且容易出错，所以我们还是把生成和验证密码散列值的工作交给第三方库，常用的计算密码散列值的 Python 库有 PassLib（http://bitbucket.org/ecollins/passlib）、bcrybt（https://github.com/pyca/bcrypt）等。另外，Flask 的主要依赖 Werkzeug 也提供了这一功能。Werkzeug 在 security 模块中提供了一个 generate_password_hash(password, method='pbkdf2:sha256', salt_length=8) 函数用于为给定的密码生成散列值，参数 method 用来指定计算散列值的方法，salt_length 参数用来指定盐（salt）的长度。security 模块中的 check_password_hash(pwhash, password) 函数接收散列值（pwhash）和密码（password）作为参数，用于检查密码散列值与密码是否对应。使用示例如下所示：

```
>>> from werkzeug.security import generate_password_hash, check_password_hash
>>> password_hash = generate_password_hash('cat')
>>> password_hash
'pbkdf2:sha256:50000$mIeMzTvb$ba3c0a274c6b53fda2ab39f864254dfb0a929848b7ec99f81e
    3bf721d8860fdc'
>>> check_password_hash(password_hash, 'dog')
False
>>> check_password_hash(password_hash, 'cat')
True
```

generate_password_hash() 函数生成的密码散列值的格式如下：

```
method$salt$hash
```

因为在计算散列值时会加盐，而盐是随机生成的，所以即使两个用户的密码相同，最终获得的密码散列值也是不同的。我们没法从密码散列值逆向获取密码，但是如果密码、计算方法、盐相同，最终获得的散列值结果也会是相同的，所以 check_password_hash() 函数会根据密码散列值中的方法、盐重新对传入的密码进行散列值计算，然后对比散列值。

我们在 Admin 模型中借助这两个方法分别创建了用于设置和验证密码的两个方法，如下所示：

```
from werkzeug.security import generate_password_hash, check_password_hash

class User(db.Model):
    ...
    password_hash = db.Column(db.String(128))
    ...
    def set_password(self, password):
        self.password_hash = generate_password_hash(password)

    def validate_password(self, password):
        return check_password_hash(self.password_hash, password)
```

set_password() 方法用来设置密码，它接收密码的原始值作为参数，将密码的散列值设为 password_hash 的值。validate_password() 方法用于验证密码是否和对应的散列值相符，返回布尔值。我们会在下面介绍用户登录功能时使用这个方法。

使用这两个方法设置和验证密码的示例如下所示：

```
>>> user = User()
>>> user.set_password('cat')
>>> user.password_hash
'sha1$Z9wtkQam$7e6e814998ab3de2b63401a58063c79d92865d79'
>>> user.validate_password('cat')
True
>>> user.validate_password('dog')
False
```

除了创建单独的 set_password() 方法来设置密码，还可以通过创建只写属性来实现，这时你可以直接为 password 属性赋值：

```
from werkzeug.security import generate_password_hash, check_password_hash

class User(db.Model):
    ...
    password_hash = db.Column(db.String(128))
    ...
    @property
    def password(self):
        raise AttributeError(u'该属性不可读')

    @password.setter
    def password(self, password):
        self.password_hash = generate_password_hash(password)
```

8.4.2 创建管理员用户

为了简化初始化操作，我们将提供一个博客初始化命令 init，执行这个命令即可创建一个管理员账户，然后为博客信息设置临时的默认值，并创建默认分类，如代码清单 8-34 所示。

代码清单8-34 bluelog/__init__.py：创建管理员账户

```python
def register_commands(app):
    ...
    @app.cli.command()
    @click.option('--username', prompt=True, help='The username used to login.')
    @click.option('--password', prompt=True, hide_input=True,
                  confirmation_prompt=True, help='The password used to login.')
    def init(username, password):
        """Building Bluelog, just for you."""

        click.echo('Initializing the database...')
        db.create_all()

        admin = Admin.query.first()
        if admin:  # 如果数据库中已经有管理员记录就更新用户名和密码
            click.echo('The administrator already exists, updating...')
            admin.username = username
            admin.set_password(password)
        else:  # 否则创建新的管理员记录
            click.echo('Creating the temporary administrator account...')
            admin = Admin(
                username=username,
                blog_title='Bluelog',
                blog_sub_title="No, I'm the real thing.",
                name='Admin',
                about='Anything about you.'
            )
            admin.set_password(password)
            db.session.add(admin)

        category = Category.query.first()
        if category is None:
            click.echo('Creating the default category...')
            category = Category(name='Default')
            db.session.add(category)

        db.session.commit()
        click.echo('Done.')
```

为了确保用户输入密码和用户名作为选项值，我们在设置这两个命令选项的 option() 装饰器中将 prompt 设为 True。如果用户没有输入选项值，这会以提示符的形式请求输入。提示字符可以显式使用 prompt 参数传入，将 prompt 设为 True 则默认会使用选项值的首字母大写形式作为提示字符。对于密码选项，将 hide_input 参数设为 True 会隐藏输入内容，避免明文显示密码，这是我们在命令行中输入密码的常见情形；另外，我们还将 confirmation_prompt 参数设为 True 来进行二次确认输入，确保两次密码输入匹配。

 提示　因为密码选项很常见，你可以直接把设置密码的 option() 装饰器替换为 @click. password_option() 装饰器。

在这个函数中，我们尝试生成数据库表，然后创建管理员账户。如果已经存在管理员账户，则更新用户名和密码；如果没有分类，还会创建默认分类。现在执行 init 命令即可初始化博客：

```
$ flask init
Username: admin
Password:
Repeat for confirmation:
...
```

 在 fakes.py 脚本里的 fake_admin() 函数中，我们需要在 admin 对象创建后，为虚拟用户记录设置密码：admin.set_password('helloflask')。

8.5 使用 Flask-Login 管理用户认证

博客程序需要根据用户的身份开放不同的功能，对于程序使用者——管理员来说，他可以撰写文章、管理博客；而普通的用户（匿名用户）则只能阅读文章、发表评论。为了让程序识别出用户的身份，我们需要添加用户认证功能。具体来说，使用用户名和密码登入博客程序的用户被视为管理员，而未登录的用户则被视为匿名用户。

 如果你从 GitHub 上复制了示例程序，可以执行 git checkout login 签出程序的新版本。程序的新版本添加了用户认证功能。

在第 2 章，我们曾使用 session 模拟了简单的用户认证功能，这一节我们会使用扩展 Flask-Login 实现相对成熟完整的认证功能。扩展 Flask-Login 为 Flask 提供了用户会话管理功能，使用它可以轻松的处理用户登录、登出等操作。使用 Pipenv 安装 Flask-Login 及其依赖：

```
$ pipenv install flask-login
```

在 extensions.py 脚本中实例化扩展提供的 LoginManager 类，创建一个 login_manager 或 login 对象：

```
from flask_login import LoginManager
...
login_manager = LoginManager()
```

然后在程序包的工厂函数中对 login 对象调用 init_app() 方法进行初始化扩展：

```
login_manager.init_app(app)
```

Flask-Login 要求表示用户的类必须实现表 8-4 中所示的这几个属性和方法，以便用来判断用户的认证状态。

表 8-4 Flask-Login 要求用户类实现的方法和属性

属性 / 方法	说　　明
is_authenticated	如果用户已经通过认证，返回 True，否则返回 False
is_active	如果允许用户登录，返回 True，否则返回 False
is_anonymous	如果当前用户未登录（匿名用户），返回 True，否则返回 False
get_id()	以 Unicode 形式返回用户的唯一标识符

通过对用户对象调用各种方法和属性即可判断用户的状态，比如是否登录等。方便的做法是让用户类继承 Flask-Login 提供的 UserMixin 类，它包含了这些方法和属性的默认实现，如下所示：

```
from flask_login import UserMixin

class Admin(db.Model, UserMixin):
    ...
```

UserMixin 表示通过认证的用户，所以 is_authenticated 和 is_active 属性会返回 True，而 is_anonymous 则返回 False。get_id() 默认会查找用户对象的 id 属性值作为 id，而这正是我们的 Admin 类中的主键字段。

> **提示** 如果你有特定的需求，也可以自己实现这些方法和属性，或是在用户类中重新定义某个方法或属性。

使用 Flask-Login 登入 / 登出某个用户非常简单，只需要在视图函数中调用 Flask-Login 提供的 login_user() 或 logout_user() 函数，并传入要登入 / 登出的用户类对象。在这两个函数背后，Flask-Login 使用 Flask 的 session 对象将用户的 id 值存储到用户浏览器的 cookie 中（名为 user_id），这时表示用户被登入。相对来说，登出则意味着在用户浏览器的 cookie 中删除这个值。默认情况下，关闭浏览器时，通过 Flask 的 session 对象存储在客户端的 session cookie 会被删除，所以用户会登出。

另外，Flask-Login 还支持记住登录状态，通过在 login_user() 中将 remember 参数设为 True 即可实现。这时 Flask-Login 会在用户浏览器中创建一个名为 remember_token 的 cookie，当通过 session 设置的 user_id cookie 因为用户关闭浏览器而失效时，它会重新恢复 user_id cookie 的值。具体的登入 / 登出功能我们将在下面详细介绍。

> **注意** （1）为了防止破坏 Flask-Login 提供的认证功能，我们在视图函数中操作 session 时要避免使用 user_id 和 remember_token 作为键。
> （2）这个 remember_token cookie 的默认过期时间为 365 天。你可以通过配置变量 REMEMBER_COOKIE_DURATION 进行设置，设为 datetime.timedelta 对象即可。

8.5.1 获取当前用户

那么我们如何判断用户的认证状态呢？答案是使用 Flask-Login 提供的 current_user 对象。它是一个和 current_app 类似的代理对象（Proxy），表示当前用户。调用时会返回与当前用户对应的用户模型类对象。因为 session 中只会存储登录用户的 id，所以为了让它返回对应的用户对象，我们还需要设置一个用户加载函数。这个函数需要使用 login_manager.user_loader 装饰器，它接收用户 id 作为参数，返回对应的用户对象，如代码清单 8-35 所示。

代码清单8-35　bluelog/extensions.py：用户加载函数

```
...
@login_manager.user_loader
def load_user(user_id):
```

```
from bluelog.models import Admin
user = Admin.query.get(int(user_id))
return user
```

现在，当我们调用 current_user 时，Flask-Login 会调用用户加载函数并返回对应的用户对象。如果当前用户已经登录，会返回 Admin 类实例；如果用户未登录，current_user 默认会返回 Flask-Login 内置的 AnonymousUserMixin 类对象，它的 is_authenticated 和 is_active 属性会返回 False，而 is_anonymous 属性则返回 True。

 提示 current_user 存储在请求上下文堆栈上，所以只有激活请求上下文程序的情况下才可以使用，比如在视图函数中或是模板中调用。

最终，我们可以通过对 current_user 对象调用 is_authenticated 等属性来判断当前用户的认证状态。它也和我们自定义的模板全局变量一样注入到了模板上下文中，可以在所有模板中使用，所以我们可以在模板中根据用户状态渲染不同的内容。

8.5.2 登入用户

个人博客的登录链接可以放在次要的位置，因为只有博客作者才会真正用到它。我们把它放到页脚，并根据用户的状态来选择渲染出不同的链接：

```
<small>
    {% if current_user.is_authenticated %}
    <!-- 如果用户已经登录，显示下面的"登出"链接-->
    <a href="{{ url_for('auth.logout', next=request.full_path) }}">Logout</a>
    {% else %}
    <!-- 如果没有登录，则显示下面的"登录"按钮 -->
    <a href="{{ url_for('auth.login', next=request.full_path) }}">Login</a>
    {% endif %}
</small>
```

通过 current_user 的 is_authenticated 值判断用户是否登录，如果用户已登录（is_authenticated 为 True）就渲染注销按钮，否则就渲染登录按钮。按钮中的 URL 分别指向用于登录和登出的 login 和 logout 视图，url_for() 函数中加入的 next 参数用来存储当前页面的路径，以便在执行登录或登出操作后将用户重定向回上一个页面。用于登录用户的 login 视图如代码清单 8-36 所示。

代码清单8-36　bluelog/blueprints/auth.py：登录用户

```
from flask_login import login_user
from bluelog.models import Admin
from bluelog.forms import LoginForm
from bluelog.utils import redirect_back
...
@auth_bp.route('/login', methods=['GET', 'POST'])
def login():
    if current_user.is_authenticated:
        return redirect(url_for('blog.index'))

    form = LoginForm()
```

```
if form.validate_on_submit():
    username = form.username.data
    password = form.password.data
    remember = form.remember.data
    admin = Admin.query.first()
    if admin:
        # 验证用户名和密码
        if username == admin.username and admin.validate_password(password):
            login_user(admin, remember)  # 登入用户
            flash('Welcome back.', 'info')
            return redirect_back()  # 返回上一个页面
        flash('Invalid username or password.', 'warning')
    else:
        flash('No account.', 'warning')
return render_template('auth/login.html', form=form)
```

> **注意** 为了支持提交表单的 POST 请求，我们需要在 route() 装饰器中使用 methods 指定允许的方法列表，后面不再提示。

　　登录视图负责渲染 login.html 模板和验证登录表单。在函数一开始，为了避免已经登录的用户不小心访问这个视图，我们添加一个 if 判断将已经登录的用户重定向到首页。

　　与其他表单处理流程相同，当用户提交表单且数据通过验证后，我们分别从表单中获取用户名（username）、密码（password）和"记住我"（remember）字段的数据。接着，从数据库中查询出 Admin 对象，判断 username 的值，并使用 Admin 类中的 validate_password() 方法验证密码。如果通过验证就调用 login_user() 方法登录用户，传入用户对象和 remember 字段的值作为参数，最后使用 redirect_back() 函数重定向回上一个页面；如果用户名和密码验证出错就发送错误提示，并渲染模板。另外，如果 Admin 对象不存在，就发送一个提示消息，然后重新渲染表单。

　　登录表单 LoginForm 在新创建的 login.html 模板中使用 Bootstrap-Flask 提供的 render_form() 宏渲染。为了编写一个更简单的登录页面，我们打算不在登录页面显示页脚，因为我们在基模板中为页脚的代码定义了 footer 块，所以在登录页面模板只需要定义这个块并留空就可以覆盖基模板中的对应内容：

```
{% block footer %}{% endblock %}
```

　　最终的登录页面如图 8-11 所示。

8.5.3 登出用户

　　注销登录比登录还要简单，只需要调用 Flask-Login 提供的 logout_user() 函数即可。这会登出用户并清除 session 中存储的用户 id 和"记住我"的值，如代码清单 8-37 所示。

代码清单8-37　bluelog/blueprints/auth.py：登出用户

```
from flask_login import logout_user,login_required
...
```

```
@auth_bp.route('/logout')
@login_required                       #用于视图保护，后面会详细介绍
def logout():
    logout_user()
    flash('Logout success.', 'info')
    return redirect_back()
```

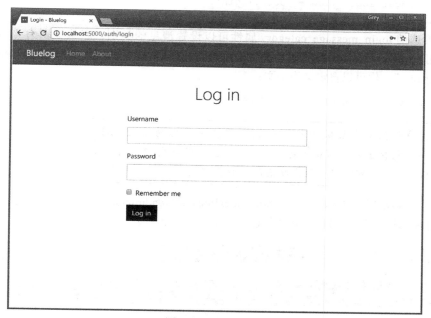

图 8-11　登录页面

8.5.4　视图保护

　　程序中的许多操作要求用户登录后才能进行，因此我们要把这些需要登录才能访问的视图"保护"起来。如果用户访问了某个需要认证才能访问的资源，我们不会返回对应的响应，而是把程序重定向到登录页面。

　　视图保护可以使用 Flask-Login 提供的 **login_required** 装饰器实现。在需要登录才能访问的视图前附加这个装饰器，比如博客设置页面：

```
from flask_login import login_required

@admin_bp.route('/settings')
@login_required
def settings():
    return render_template('admin/settings.html')
```

注
意　　当为视图函数附加多个装饰器时，route() 装饰器应该置于最外层。

当未登录的用户访问使用了 login_required 装饰器的视图时，程序会自动重定向到登录视图，并闪现一个消息提示。在此之前，我们还需要在 extension.py 脚本中使用 login_manager 对象的 login_view 属性设置登录视图的端点值（包含蓝本名的完整形式）：

```
login_manager = LoginManager(app)
...
login_manager.login_view = 'auth.login'
login_manager.login_message_category = 'warning'
```

使用可选的 login_message_category 属性可以设置消息的类别，默认类别为"message"。另外，使用可选的 login_message 属性设置提示消息的内容，默认消息内容为"Please log in to access this page."，你可以自定义为中文：

```
login_manager.login_message = u'请先登录！'
```

> 💡 提示　当用户访问某个被保护的 URL 时，在重定向后的登录 URL 中，Flask-Login 会自动附加一个包含上一个页面 URL 的 next 参数，所以我们只需要使用第 2 章介绍的 redirect_back() 函数就可以将登录成功后的用户重定向回上一个页面。

当在未登录状态下访问设置页面 http://localhost:5000/admin/settings 时，程序会重定向到登录页面，并显示提示消息，URL 中包含上一个页面的 next 参数，如图 8-12 所示。

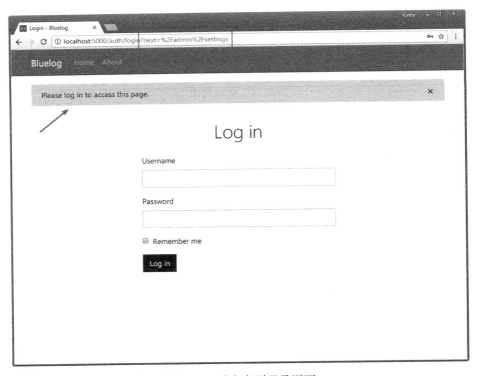

图 8-12　重定向到登录页面

仔细观察地址栏，你会看到附加的 next 参数包含上一个页面的地址，我们经常在上网时在地址栏发现类似的参数，比如 ReturnUrl、RedirectUrl 等。当我们登录后，程序会重定向回我们想要访问的设置页面。

有些时候，你会希望为整个蓝本添加登录保护。比如，管理后台的所有页面都需要登录后才能访问，也就是说，我们需要为所有 admin 蓝本中的视图函数附加 login_required 装饰器。有一个小技巧可以避免这些重复：为 admin 蓝本注册一个 before_request 处理函数，然后为这个函数附加 login_required 装饰器。因为使用 before_request 钩子注册的函数会在每一个请求前运行，所以这样就可以为该蓝本下所有的视图函数添加保护，函数内容可以为空，如下所示：

```
@admin_bp.before_request
@login_required
def login_protect():
    pass
```

注意 （1）虽然这个技巧很方便，但是为了避免在书中单独给出视图函数代码时造成误解，Bluelog 程序中并没有使用这个技巧。

（2）如果没有使用这个技巧，那么 admin 蓝本下的所有视图都需要添加 login_required 装饰器，否则会导致博客资源被匿名用户修改。

8.6　使用 CSRFProtect 实现 CSRF 保护

博客管理后台会涉及对资源的局部更新和删除操作，这时我们就要考虑到 CSRF 保护问题。根据我们在第 2 章介绍的内容，为了应对 CSRF 攻击，当需要创建、修改和删除数据时，我们需要将这类请求通过 POST 方法提交，同时在提交请求的表单中添加 CSRF 令牌。对于删除和某些修改操作来说，单独创建表单类的流程太过烦琐，我们可以使用 Flask-WTF 内置的 CSRFProtect 扩展为这类操作实现更简单和完善的 CSRF 保护。

提示 如果你从 GitHub 上复制了示例程序，可以执行 git checkout csrf 签出程序的新版本。程序的新版本增加了 CSRF 保护功能。

CSRFProtect 是 Flask-WTF 内置的扩展，也是 Flask-WTF 内部使用的 CSRF 组件，单独使用可以实现对程序的全局 CSRF 保护。它主要提供了生成和验证 CSRF 令牌的函数，方便在不使用 WTForms 表单类的情况下实现 CSRF 保护。因为我们已经安装了 Flask-WTF，所以可以直接使用它。首先在 extensions.py 脚本中实例化 Flask-WTF 提供的 CSRFProtect 类：

```
from flask_wtf.csrf import CSRFProtect

csrf = CSRFProtect()
```

在程序包的构造文件中初始化扩展 CSRFProtect：

```
from bluelog.extensions import csrf
def create_app(config_name=None):
```

```
...
    register_extensions(app)
    return app

def register_extensions(app):
    ...
    csrf.init_app(app)
```

CSRFProtect 在模板中提供了一个 csrf_token() 函数，用来生成 CSRF 令牌值，我们直接在表单中创建这个隐藏字段，将这个字段的 name 值设为 csrf_token。下面是用来删除文章的表单示例：

```
<form method="post" action="{{ url_for('.delete_post', post_id=post.id) }}">
    <input type="hidden" name="csrf_token" value="{{ csrf_token() }}"/>
    <input type="submit" value="Delete Post"/>
</form>
```

在对应的 delete_post 视图中，我们直接执行相关删除操作，CSRFProtect 会自动获取并验证 CSRF 令牌。注意，在 app.route() 装饰器中使用 methods 参数限制仅监听 POST 请求，示例如下：

```
@app.route('/post/delete/<id>', methods=['POST'])
def delete_post(id):
    post = Post.query.get(id)
    post.delete()
    return redirect(url_for('index'))
```

默认情况下，当令牌验证出错或过期时，程序会返回 400 错误，和 Werkzeug 内置的其他 HTTP 异常类一样，CSRFError 将错误描述保存在异常对象的 description 属性中。

如果你想将与 CSRF 相关的错误描述显示在模板中，那么你可以在 400 错误处理函数中将异常对象的 description 属性传入模板，也可以单独创建一个错误处理函数捕捉令牌出错时抛出的 CSRFError 异常，如代码清单 8-38 所示。

代码清单8-38　bluelog/__init__.py：自定义CSRF错误响应

```
from flask_wtf.csrf import CSRFError

@app.errorhandler(CSRFError)
def handle_csrf_error(e):
    return render_template('errors/400.html', description=e.description), 400
```

这个错误处理函数仍然使用 app.errorhandler 装饰器注册，传入 flask_wtf.csrf 模块中的 CSRFError 类。这个错误处理函数返回 400 错误响应，通过异常对象的 description 属性获取内置的错误消息（英文），传入模板 400.html 中。在模板中，我们渲染这个错误消息，并为常规 400 错误设置一个默认值：

```
<p>{{ description|default('Bad Request') }}</p>
```

在实际应用中，除了使用内置的错误描述，更合适的方法是自己编写错误描述信息。默认的错误描述为"Invalid CSRF token."和"The CSRF token is missing."因为包含太多术语，不容易理解，所以在实际的程序中，我们应该使用更简单的错误提示，比如"会话过期或失效，请返回上一页面重试"。

8.7 编写博客后台

为了支持管理员管理文章、分类、评论和链接，我们需要提供后台管理功能。通常来说，程序的这一部分被称为管理后台、控制面板或仪表盘等。这里通常会提供网站的资源信息和运行状态，管理员可以统一查看和管理所有资源。管理员面板通常会使用独立样式的界面，所以你可以为这部分功能的模板创建一个单独的基模板。为了保持简单，Bluelog 的管理后台和前台页面使用相同的样式。

提示 如果你从 GitHub 上复制了示例程序，可以执行 git checkout admin 签出程序的新版本。程序的新版本添加了后台管理功能。

Bluelog 的管理功能比较简单，我们没有提供一个管理后台主页，取而代之的是，我们在导航栏上添加链接作为各个管理功能的入口，如代码清单 8-39 所示。

代码清单8-39　bluelog/templates/base.html：添加管理快捷入口

```
{% from 'bootstrap/nav.html' import render_nav_item %}
...
<ul class="nav navbar-nav navbar-right">
    {% if current_user.is_authenticated %}
    <li class="nav-item dropdown">
        <a href="#" class="nav-link dropdown-toggle" data-toggle="dropdown"
            role="button"
            aria-haspopup="true"
            aria-expanded="false">
            New <span class="caret"></span>
        </a>
        <div class="dropdown-menu" aria-labelledby="navbarDropdown">
            <a class="dropdown-item" href="{{ url_for('admin.new_post')
                }}">Post</a>
            <a class="dropdown-item" href="{{ url_for('admin.new_category')
                }}">Category</a>
        </div>
    </li>
    <li class="nav-item dropdown">
        <a href="#" class="nav-link dropdown-toggle" data-toggle="dropdown"
            role="button"
            aria-haspopup="true"
            aria-expanded="false">
            Manage <span class="caret"></span>
            {% if unread_comments %}
            <span class="badge badge-success">new</span>
            {% endif %}
        </a>
        <div class="dropdown-menu" aria-labelledby="navbarDropdown">
            <a class="dropdown-item" href="{{ url_for('admin.manage_post')
                }}">Post</a>
            <a class="dropdown-item" href="{{ url_for('admin.manage_category')
                }}">Category</a>
            <a class="dropdown-item" href="{{ url_for('admin.manage_comment') }}">
                Comment
                {% if unread_comments %}
                <span class="badge badge-success">{{ unread_comments }}</span>
```

```
                        {% endif %}
                    </a>
                </div>
            </li>
            {{ render_nav_item('admin.settings', 'Settings') }}
        {% endif %}
    </ul>
    ...
```

通过添加 if 判断，使这些链接均在 current_user.is_authenticated 为 True，即用户已登入的情况下才会渲染。Manage 下拉按钮中包含管理文章、分类、评论的链接，New 下拉按钮包含创建文章、分类的链接。

⊙提示 我们同时还在导航栏中添加了一个 Settings 链接，用来打开博客设置页面。因为博客设置的视图和模板内容比较简单，为了节省篇幅，不再详细介绍，具体可以到源码仓库中查看。

当博客中有用户提交了新的评论时，我们需要在导航栏中添加提示。为此，我们在 Manage 按钮的文本中添加了一个 if 判断，如果 unread_comments 变量的值不为 0，就渲染一个 new 标记（badge）。相同的，在下拉列表中的"管理评论"链接文本中，如果 unread_comments 变量不为 0，就渲染出待审核的评论数量标记。

这个 unread_comments 变量存储了待审核评论的数量，为了能够在基模板中使用这个变量，我们需要在 bluelog/__init__.py 中创建的模板上下文处理函数中查询未审核的评论数量，并传入模板上下文，如下所示：

```
@app.context_processor
def make_template_context():
    ...
    if current_user.is_authenticated
        unread_comments = Comment.query.filter_by(reviewed=False).count()
    else:
        unread_comments = None
    return dict(unread_comments=unread_comments)
```

这个变量只在管理员登录后才可使用，所以通过添加 if 判断实现根据当前用户的认证状态来决定是否执行查询。

⊙提示 和我们平时使用社交网站时导航栏的提醒功能不同，这里的评论数量提醒并非是实时（Realtime）的，相比于推送（pushing），我们的提醒更像是拉取（polling）。因为我们可以轻松地从客户端发送请求到服务器端，但却没法随时发送请求到浏览器端。在第 9 章，我们会学习如何使用轮询模拟服务器端推送。

8.7.1 文章管理

我们要分别为分类、文章和评论创建单独的管理页面，这些内容基本相同，因此本节会以文章的管理主页作为介绍的重点。另外，分类的创建、编辑和删除与文章的创建、编辑和删除实现代码基本相同，这里也将以文章相关操作的实现作为介绍重点。

1. 文章管理主页

我们在渲染文章管理页面的 manage_post 视图时，要查询所有文章记录，并进行分页处理，然后传入模板中，如代码清单 8-40 所示。

代码清单8-40　bluelog/blueprints/admin.py：文章管理

```python
@admin_bp.route('/post/manage')
@login_required
def manage_post():
    page = request.args.get('page', 1, type=int)
    pagination = Post.query.order_by(Post.timestamp.desc()).paginate(
        page, per_page=current_app.config['BLUELOG_MANAGE_POST_PER_PAGE'])
    posts = pagination.items
    return render_template('admin/manage_post.html', pagination= pagination,
        posts=posts)
```

在这个视图渲染的 manage_post.html 模板中，我们以表格的形式显示文章列表，依次渲染出文章的标题、所属的分类、发表时间、文章字数、包含的评论数量以及相应的操作按钮，如代码清单 8-41 所示。

代码清单8-41　bluelog/templates/admin/manage_post.html：

```html
{% extends 'base.html' %}
{% from 'bootstrap/pagination.html' import render_pagination %}

{% block title %}Manage Posts{% endblock %}

{% block content %}
<div class="page-header">
    <h1>Posts
        <small class="text-muted">{{ pagination.total }}</small>
        <span class="float-right"><a class="btn btn-primary btn-sm"
                            href="{{ url_for('.new_post') }}">New Post</a></span>
    </h1>
</div>
{% if posts %}
<table class="table table-striped">
    <thead>
    <tr>
        <th>No.</th>
        <th>Title</th>
        <th>Category</th>
        <th>Date</th>
        <th>Comments</th>
        <th>Words</th>
        <th>Actions</th>
    </tr>
    </thead>
    {% for post in posts %}
    <tr>
        <td>{{ loop.index + ((pagination.page - 1) * config.BLUELOG_MANAGE_POST_
            PER_PAGE) }}</td>
        <td><a href="{{ url_for('blog.show_post', post_id=post.id) }}">{{ post.
            title }}</a></td>
```

```
        <td><a href="{{ url_for('blog.show_category', category_id=post.category.
            id) }}">{{ post.category.name }}</a>
        </td>
        <td>{{ moment(post.timestamp).format('LL') }}</td>
        <td><a href="{{ url_for('blog.show_post', post_id=post.id)
            }}#comments">{{ post.comments|length }}</a></td>
        <td>{{ post.body|length }}</td>
        <td><a class="btn btn-info btn-sm" href="{{ url_for('.edit_post', post_
            id=post.id) }}">Edit</a>
            <form class="inline" method="post"
                    action="{{ url_for('.delete_post', post_id=post.id,
                        next=request.full_path) }}">
                <input type="hidden" name="csrf_token" value="{{ csrf_token() }}"/>
                <button type="submit" class="btn btn-danger btn-sm" onclick=
                    "return confirm('Are you sure?');">Delete
                </button>
            </form>
        </td>
    </tr>
    {% endfor %}
</table>
<div class="page-footer">{{ render_pagination(pagination) }}</div>
{% else %}
<div class="tip"><h5>No posts.</h5></div>
{% endif %}
{% endblock %}
```

和 SayHello 程序中的留言功能相同，每一个文章记录的左侧都显示一个序号标记。如果单独使用 loop.index 变量渲染数量标记，那么每一页的文章记录都将从 1 到 15 重复（配置变量 BLUELOG_MANAGE_POST_PER_PAGE 的值），因为每一页最多只有 15 条文章记录。正确的评论数量标记可以通过 "当前迭代数 +（（当前页数 - 1）* 每页记录数）" 的形式获取，即：

```
{{ loop.index + ((pagination.page - 1) * config.BLUELOG_MANAGE_POST_PER_PAGE) }}
```

其中所属分类和包含的评论数量分别渲染为指向分类页面和文章评论的链接，而文章的字数则通过对 post.body 属性使用 length 过滤器获得。渲染后的页面如图 8-13 所示。

> 📝注意　删除操作会修改数据库，为了避免 CSRF 攻击，我们需要使用表单 form 元素来提交 POST 请求，表单中必须使用 CSRFProtect 提供的 csrf_token() 函数渲染包含 CSRF 令牌的隐藏字段，字段的 name 值需要设为 csrf_token。另外，用来删除文章的视图也需要设置仅监听 POST 方法。

文章的编辑和删除按钮并排显示，由于两个按钮离得很近，可能会导致误操作。而且一旦单击删除按钮，文章就会立刻被删除，故我们需要添加一个删除确认弹窗。对于我们的程序来说，使用浏览器内置的确认弹窗已经足够，只需要在 <button> 标签中添加一个 onclick 属性，设置为一行 JavaScript 代码：return confirm()，在 confirm() 中传入提示信息作为参数。运行程序后，当用户单击文章下方的删除按钮，会执行这行代码，跳出包含传入信息的确认弹窗，这会打开浏览器内置的 confirm 弹窗组件，如图 8-14 所示。

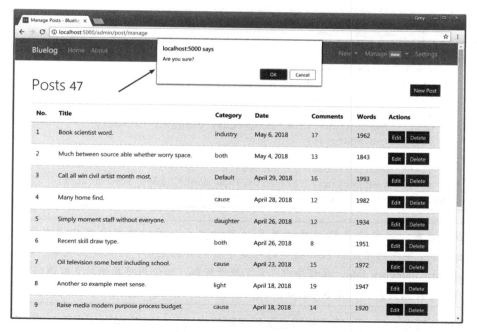

图 8-13　文章管理页面

图 8-14　删除确认弹窗

当用户单击确认后，confirm() 会返回 True，这时才会访问链接中的 URL。除了管理页面，我们还在文章内容页面添加了编辑和删除按钮。文章管理页面和文章正文页面都包含删除按钮，但却存在不同的行为：对于文章管理页面来说，删除文章后我们希望仍然重定向回文章管理页面，所以对应的 URL 中的 next 参数使用 request.full_path 获取当前路径；而对于文章正文页面，删除文章后，原 URL 就不再存在，这时需要重定向到主页，所以将 next 设为主页 URL，如下所示：

```
<form class="inline" method="post" action="{{ url_for('admin.delete_post', post_
id=post.id, next=url_for('blog.index')) }}">
    <input type="hidden" name="csrf_token" value="{{ csrf_token() }}"/>
    <button type="submit" class="btn btn-danger btn-sm" onclick="return
        confirm('Are you sure?');">
        Delete
    </button>
/form>
```

2. 创建文章

博客最重要的功能就是撰写文章，new_post 视图负责渲染创建文章的模板，并处理页面中表单提交的 POST 请求，如代码清单 8-42 所示。

代码清单8-42　bluelog/blueprints/admin.py：创建文章

```
from bluelog.forms import PostForm
from bluelog.models import Post, Category


@admin_bp.route('/post/new', methods=['GET', 'POST'])
@login_required
def new_post():
    form = PostForm()
    if form.validate_on_submit():
        title = form.title.data
        body = form.body.data
        category = Category.query.get(form.category.data)
        post = Post(title=title, body=body, category=category)
        db.session.add(post)
        db.session.commit()
        flash('Post created.', 'success')
        return redirect(url_for('blog.show_post', post_id=post.id))
    return render_template('admin/new_post.html', form=form)
```

 提示　在第 5 章，我们曾介绍过建立关系的两种方式。所以这里也可以直接通过将表单 category 字段的值赋给 Post 模型的外键字段 Post.category_id 来建立关系，即 category_id=form.category.data。在程序中，为了便于理解，均使用将具体对象赋值给关系属性的方式来建立关系。后面不再提示。

当请求类型为 GET 时，这个视图会实例化用于创建文章的 PostForm 表单，并将其传入模板。在渲染的模板 new_post.html 中，我们使用 Bootstrap-Flask 提供的 render_form() 宏渲染表单。

因为 PostForm 表单类中使用了扩展 Flask-CKEditor 提供的 CKEditor 字段，所以在模板中需要加载 CKEditor 资源，并使用 ckeditor.config() 方法加载 CKEditor 配置，如代码清单 8-43 所示。

代码清单8-43　bluelog/templates/admin/new_post.html：创建文章

```
{% extends 'base.html' %}
{% from 'bootstrap/form.html' import render_form %}

{% block title %}New Post{% endblock %}

{% block content %}
    <div class="page-header">
        <h1>New Post</h1>
    </div>
    {{ render_form(form) }}
{% endblock %}

{% block scripts %}
    {{ super() }}
    <script type="text/javascript" src="{{ url_for('static', filename='ckeditor/
        ckeditor.js') }}"></script>
{% endblock %}
```

CKEditor 的资源包我们已经下载并放到 static 目录下，这里只需要加载 ckeditor.js 文件即可。另外，你也可以使用 ckeditor.load() 加载内置资源或使用 CDN 资源，具体参考第 4 章相关章节。

 提示　因为 CKEditor 编辑器只在创建或编辑文章的页面使用，所以可以只在这些页面加载对应的资源，而不是在基模板中加载。

渲染后的撰写文章页面如图 8-15 所示。

像往常一样，表单验证失败会重新渲染模板，并显示错误消息。表单验证成功后，我们需要保存文章数据。各个表单字段的数据都通过 data 属性获取，创建一个新的 Post 实例作为文章对象，将表单数据赋值给对应的模型类属性。另外，因为表单分类字段（PostForm.category）的值是分类记录的 id 字段值，所以我们需要从 Category 模型查询对应的分类记录，然后通过 Post 模型的 category 关系属性来建立关系，即 category = Category.query.get(form.category.data)。将新创建的 post 对象添加到新数据库会话并提交后，使用 redirect() 函数重定向到文章页面，将新创建的 post 对象的 id 作为 URL 变量传入 url_for() 函数。

3. 编辑与删除

编辑文章的具体实现和撰写新文章类似，这两个功能使用同一个表单类 PostForm，而且视图函数和模板文件都基本相同，主要的区别是我们需要在用户访问编辑页面时把文章数据预先放置到表单中，如下所示：

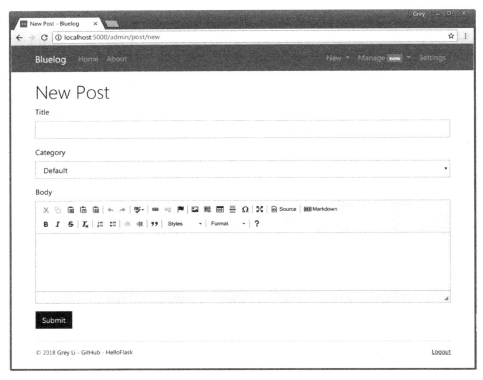

图 8-15 撰写文章

```python
@admin_bp.route('/post/<int:post_id>/edit', methods=['GET', 'POST'])
@login_required
def edit_post(post_id):
    form = PostForm()
    post = Post.query.get_or_404(post_id)
    if form.validate_on_submit():
        post.title = form.title.data
        post.body = form.body.data
        post.category = Category.query.get(form.category.data)
        db.session.commit()
        flash('Post updated.', 'success')
        return redirect(url_for('blog.show_post', post_id=post.id))
    form.title.data = post.title  # 预定义表单中的title字段值
    form.body.data = post.body  # 预定义表单中的body字段值
    form.category.data = post.category_id
    return render_template('admin/edit_post.html', form=form)
```

edit_post 视图的工作可以概括为：首先从数据库中获取指定 id 的文章。如果是 GET 请求，使用文章的数据作为表单数据，然后渲染模板。如果是 POST 请求，即用户单击了提交按钮，则根据表单的数据更新文章记录的数据。

和保存文章时的做法相反，通过把数据库字段的值分别赋给表单字段的数据，在渲染表单时，这些值会被填充到对应的 input 标签的 value 属性中，从而显示在输入框内。需要注意，因为表单中的分类字段是存储分类记录的 id 值，所以这里使用 post.category_id 作为 form.category.data 的值。

通过 delete_post 视图可以删除文章，我们首先从数据库中获取指定 id 的文章记录，然后使用 db.session.delete() 方法删除记录并提交数据库：

```python
from bluelog.utils import redirect_back


@admin_bp.route('/post/<int:post_id>/delete', methods=['POST'])
@login_required
def delete_post(post_id):
    post = Post.query.get_or_404(post_id)
    db.session.delete(post)
    db.session.commit()
    flash('Post deleted.', 'success')
    return redirect_back()
```

这个视图通过设置 methods 参数实现仅允许 POST 方法。因为在文章管理页面和文章内容页面都包含删除按钮，所以这里使用第 2 章介绍的 redirect_back() 函数来重定向回上一个页面。

8.7.2　评论管理

在编写评论管理页面前，我们要在文章内容页面的评论列表中添加删除按钮，如下所示：

```html
<div class="float-right">
    ...
    {% if current_user.is_authenticated %}
        <a class="btn btn-light btn-sm" href="mailto:{{ comment.email }}">Email</a>
        <form class="inline" method="post"
            action="{{ url_for('admin.delete_comment', comment_id=comment.id,
                next=request.full_path) }}">
            <input type="hidden" name="csrf_token" value="{{ csrf_token() }}"/>
            <button type="submit" class="btn btn-danger btn-sm"
                onclick="return confirm('Are you sure?');">Delete
            </button>
        </form>
    {% endif %}
</div>
```

因为删除按钮同时会被添加到评论管理页面的评论列表中，所以我们在删除评论的 URL 后附加了 next 参数，用于重定向回上一个页面。如果当前用户是管理员，我们还会显示除了管理员发表的评论以外的评论者邮箱，渲染成 mailto 链接。

和文章管理页面类似，在评论管理页面我们也会将评论以表格的形式列出，这里不再给出具体代码。和文章管理页面相比，评论管理页面主要有两处不同：添加批准评论的按钮以及在页面上提供评论数据的筛选功能，我们将重点介绍这两个功能的实现。在前台页面，除了评论删除按钮，我们还要向管理员提供关闭评论的功能，我们先来看看评论开关的具体实现。

1. 关闭评论

尽管交流是社交的基本要素，但有时作者也希望不被评论打扰。为了支持评论开关功能，我们需要在 Post 模型中添加一个类型为 db.Boolean 的 can_comment 字段，用来存储是否可以评论的布尔值，默认值为 True：

```python
class Post(db.Model):
    ...
    can_comment = db.Column(db.Boolean, default=True)
```

然后我们需要在模板中评论区右上方添加一个开关按钮：

```html
{% if current_user.is_authenticated %}
    <form class="float-right" method="post"
        action="{{ url_for('admin.set_comment', post_id=post.id, next=request.
            full_path) }}">
        <input type="hidden" name="csrf_token" value="{{ csrf_token() }}"/>
        <button type="submit" class="btn btn-warning btn-sm">
            {% if post.can_comment %}Disable{% else %}Enable{% endif %} Comment
        </button>
    </form>
{% endif %}
```

> **提示** 在管理文章的页面，我们还在每一个文章的操作区添加了关闭和开启评论的按钮，渲染的方式基本相同，具体可以到源码仓库中查看。另外，在设置回复评论状态的 reply_comment 视图中，我们在开始添加一个 if 判断，如果对应文章不允许评论，那么就直接重定向回文章页面。

我们根据 post.can_comment 的值来渲染不同的按钮文本和表单 action 值。因为这个功能很简单，所以两个按钮指向同一个 URL，URL 对应的 set_comment 视图如代码清单 8-44 所示。

代码清单8-44　bluelog/blueprints/admin.py：设置评论的开启和关闭状态

```python
@admin_bp.route('/set-comment/<int:post_id>')
@login_required
def set_comment(post_id):
    post = Post.query.get_or_404(post_id)
    if post.can_comment:
        post.can_comment = False
        flash('Comment disabled.', 'info')
    else:
        post.can_comment = True
        flash('Comment enabled.', 'info')
    db.session.commit()
    return redirect(url_for('blog.show_post', post_id=post_id))
```

我们当然可以分别创建一个 enable_comment() 和 disable_comment() 视图函数来开启和关闭评论，但是因为比较简单，所以我们可以将这两个操作统一在 set_comment() 视图函数中完成。在这个视图函数里，我们首先获取文章对象，然后根据文章的 can_comment 的值来设置相反的布尔值。

最后，我们还需要在评论表单的渲染代码前添加一个判断语句。如果管理员关闭了当前图片的评论，那么一个相应的提示会取代评论表单，显示在评论区底部：

```
{% if post.can_comment %}
    <div id="comment-form">
        {{ render_form(form,action=request.full_path) }}
    </div>
{% else %}
    <div class="tip"><h5>Comment disabled.</h5></div>
{% endif %}
```

> 提示　与第7章的表单类似，为了避免表单提交后因为 URL 中包含 URL 片段而跳转到页面的某个位置（HTML 锚点），这里显式地使用 action 属性指定表单提交的目标 URL，使用 request.full_path 获取不包含 URL 片段的当前 URL（但包含我们需要的查询字符串）。

关闭评论后的评论表单区域如图 8-16 所示。

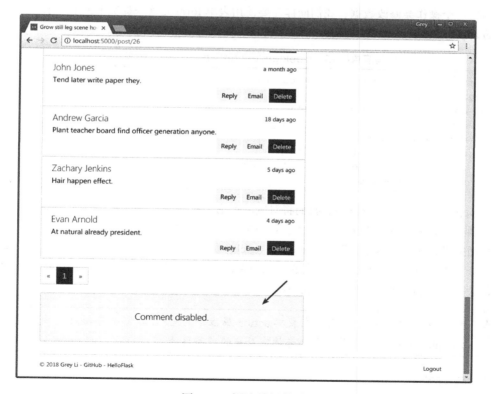

图 8-16　评论关闭提示

2. 评论审核

对于没有通过审核的评论，在评论表格的操作列要添加一个批准按钮。如果评论对象的

reviewed 字段值为 False，则显示"批准"按钮，并将该行评论以橙色背景显示（添加 table-warning 样式类）：

```
{% for comment in comments %}
    <tr {% if not comment.reviewed %}class="table-warning" {% endif %}>
        ...
        <td>
            {% if not comment.reviewed %}
            <form class="inline" method="post" action="{{ url_for('.approve_
                comment', comment_id=comment.id, next=request.full_path) }}">
                <input type="hidden" name="csrf_token" value="{{ csrf_token() }}"/>
                <button type="submit" class="btn btn-success btn-sm">Approve</button>
            </form>
            {% endif %}
            ...
        </td>
    </tr>
    {% endfor %}
</table>
```

因为这个操作会修改数据，我们同样需要使用表单 form 元素来提交 POST 请求。批准按钮指向的 approve_comment 视图仅监听 POST 方法，如代码清单 8-45 所示。

代码清单8-45　bluelog/blueprints/admin.py：批准评论

```
@admin_bp.route('/comment/<int:comment_id>/approve')
@login_required
def approve_comment(comment_id):
    comment = Comment.query.get_or_404(comment_id)
    comment.reviewed = True
    db.session.commit()
    flash('Comment published.', 'success')
    return redirect_back()
```

在 approve_comment 视图中，我们将对应的评论记录的 reviewed 字段设为 True，表示通过审核。通过审核后的评论会显示在文章页面下方的评论列表中。虽然评论的批准功能只在管理评论页面提供，我们仍然在这里使用 redirect_back() 函数返回上一个页面，这是因为评论管理页面根据查询参数 filter 的值会显示不同的过滤结果，而在"全部"和"未读"结果中的未读评论记录都会有"Approve"按钮，所以我们需要重定向回正确的过滤分类下。

> 注
> 意　为了正确返回上一个页面，在表单 action 属性中的 URL 后需要将 next 查询参数的值设为 request.full_path 以获取包含查询字符串的完整路径。

3. 筛选评论

因为评论的数据比较复杂，我们需要在管理页面提供评论的筛选功能。评论主要分为三类：所有评论、未读评论和管理员发布的评论。我们将使用查询参数 filter 传入筛选的评论类型，这三种类型分别使用 all、unread 和 admin 表示。在渲染评论管理主页的 manage_comment 视图中，我们从请求对象中获取键为 filter 的查询参数值，然后根据这个值获取不同类别的记录，如代码清单 8-46 所示。

代码清单8-46　bluelog/blueprints/admin.py：评论管理

```python
@admin_bp.route('/comment/manage')
@login_required
def manage_comment():
    filter_rule = request.args.get('filter', 'all')  # 从查询字符串获取过滤规则
    page = request.args.get('page', 1, type=int)
    per_page = current_app.config['BLUELOG_COMMENT_PER_PAGE']
    if filter_rule == 'unread':
        filtered_comments = Comment.query.filter_by(reviewed=False)
    elif filter_rule == 'admin':
        filtered_comments = Comment.query.filter_by(from_admin=True)
    else:
        filtered_comments = Comment.query

    pagination = filtered_comments.order_by(Comment.timestamp.desc()).paginate
        (page, per_page=per_page)
    comments = pagination.items
        return render_template('admin/manage_comment.html', comments=comments,
pagination=pagination)
```

> 💮 提示 除了通过查询字符串获取筛选条件，也可以为 manage_comment 视图附加一个路由，比如 @admin_bp.route('/comment/manage/<filter>')，通过 URL 变量 filter 获取。另外，在 URL 规则中使用 any 转换器可以指定可选值。

在 manage_comment.html 模板中，我们添加一排导航标签按钮，分别用来获取 "全部" "未读" 和 "管理员" 类别的评论：

```html
<ul class="nav nav-pills">
    <li class="nav-item">
        <a class="nav-link disabled" href="#">Filter </a>
    </li>
    <li class="nav-item">
        <a class="nav-link {% if request.args.get('filter', 'all') == 'all' %}
            active{% endif %}"
            href="{{ url_for('admin.manage_comment', filter='all') }}">All</a>
    </li>
    <li class="nav-item">
        <a class="nav-link {% if request.args.get('filter') == 'unread' %}
            active{% endif %}"
            href="{{ url_for('admin.manage_comment', filter='unread') }}">Unread
                {% if unread_comments %}<span
                    class="badge badge-success">{{ unread_comments }}</span>{% endif %}</a>
    </li>
    <li class="nav-item">
        <a class="nav-link {% if request.args.get('filter') == 'admin' %}active{%
```

```
            endif %}"
            href="{{ url_for('admin.manage_comment', filter='admin') }}">From
                Admin</a>
        </li>
</ul>
```

三个选项的 URL 都指向 manage_comment 视图，但都附加了查询参数 filter 的对应值。

提示 再次提醒一下，当使用 url_for 生成 URL 时，传入的关键字参数如果不是 URL 变量，那么会作为查询参数附加在 URL 后面。

这里的导航链接没有使用 render_nav_item()，为了更大的灵活性而选择手动处理。在模板中，我们通过 request.args.get('filter', 'all') 获取查询参数 filter 的值来决定是否为某个导航按钮添加 active 类。默认激活 All 按钮，如果用户单击了筛选下拉列表中的 "Unread" 选项，客户端会发出一个请求到 http://localhost:5000/manage/comment?filter=unread，manage_comment 视图就会返回对应的未读记录，而模板中的 Unread 导航按钮也会显示激活状态，这时操作区域也会显示一个 Approve 按钮，如图 8-17 所示。

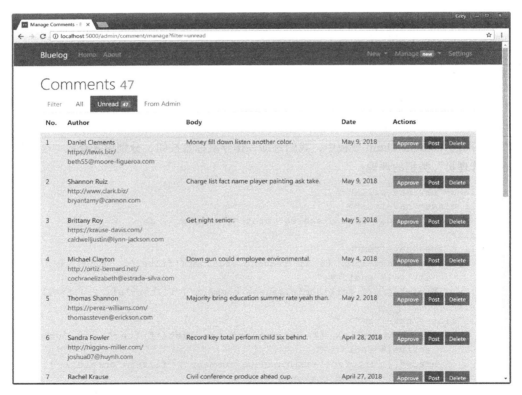

图 8-17　评论筛选导航按钮

8.7.3　分类管理

分类的管理功能比较简单，这里不再完整讲解，具体可以到源码仓库中查看。分类的删除值得一提，实现分类的删除功能有下面两个要注意的地方：

❑ 禁止删除默认分类。

❑ 删除某一分类时前，把该分类下的所有文章移动到默认分类中。

为了避免用户删除默认分类，首先在模板中渲染分类列表时需要添加一个 if 判断，避免为默认分类渲染编辑和删除按钮。在删除分类的视图函数中，我们仍然需要再次验证被删除的分类是否是默认分类。在视图函数中使用删除分类时，我们首先判断分类的 id，如果是默认分类（因为默认分类最先创建，id 为 1），则返回错误提示：

```
@admin_bp.route('/category/<int:category_id>/delete', methods=['POST'])
@login_required
def delete_category(category_id):
    category = Category.query.get_or_404(category_id)
    if category.id == 1:
        flash('You can not delete the default category.', 'warning')
        return redirect(url_for('blog.index'))
    category.delete()  # 调用category对象的delete()方法删除分类
    flash('Category deleted.', 'success')
    return redirect(url_for('.manage_category'))
```

上面的视图函数中，删除分类使用的 delete() 方法是我们在 Category 类中创建的方法，这个方法实现了第二个功能：将被删除分类的文章的分类设为默认分类，然后删除该分类记录，如代码清单 8-47 所示。

代码清单8-47　bluelog/models.py：分类删除方法

```
from bluelog.extensions import db
...
class Category(db.Model):
    ...
    def delete(self):
        default_category = Category.query.get(1)   # 获取默认分类记录
        posts = self.posts[:]
        for post in posts:
            post.category = default_category
        db.session.delete(self)
        db.session.commit()
```

我们使用 Category.query.get(1) 获取默认分类记录。这个方法迭代要删除分类的所有相关文章记录，为这些文章重新指定分类为默认分类，然后 db.session.delete() 方法删除分类记录，最后提交数据库会话。

 提示　如果你不想手动编写管理后台，可以考虑使用扩展 Flask-Admin（https://github.com/flask-admin/flask-admin）来简化工作。

8.8 本章小结

到目前为止，Bluelog 程序的开发已经基本结束了。通过一步一步地完成这个简单的博客程序，我们学习了更多的 Flask 技巧。在这一章，我们还介绍了许多项目结构方式，这个技巧可以直接用于下一个大型项目实例——图片社交网站 Albumy。

附注　如果你发现了 Bluelog 程序中的错误或者有改进建议，可以在 Bluelog 的 GitHub 项目（https://github.com/greyli/bluelog）中创建 Issue，或是在 fork 仓库并修改后在 GitHub 上提交 Pull Request。

第 9 章 *Chapter 9*

图片社交网站

虽然博客的功能相对简单，但基本覆盖了一个 Web 程序的各个方面。在这一章，我们会通过一个更加复杂的多用户图片社交程序——Albumy，来学习一些进阶的 Flask 开发技术，包括特殊数据库关系、用户注册、权限管理、高级数据库查询、全文搜索和实时推送等。

本章新涉及的 Python 包如下所示：

- ❏ Flask-Dropzone（1.5）
  - ○ 主页：https://github.com/greyli/flask-dropzone
  - ○ 文档：https://flask-dropzone.readthedocs.io
- ❏ Pillow（5.1.0）
  - ○ 主页：https://python-pillow.org/
  - ○ 源码：https://github.com/python-pillow/Pillow
  - ○ 文档：https://pillow.readthedocs.io
- ❏ Flask-Avatars（0.2.2）
  - ○ 主页：https://github.com/greyli/flask-avatars
  - ○ 文档：https://flask-avatars.readthedocs.io
- ❏ Whoosh（2.7.4）
  - ○ 主页：https://bitbucket.org/mchaput/whoosh
  - ○ 文档：http://whoosh.readthedocs.org/
- ❏ Flask-Whooshee（0.6.0）
  - ○ 主页：https://github.com/bkabrda/flask-whooshee
  - ○ 文档：https://flask-whooshee.readthedocs.io

请打开一个新的命令行窗口，切换到合适的目录，然后使用下面的命令将示例程序仓库复制到本地：

```
$ git clone https://github.com/greyli/albumy.git
```

如果你在 Albumy 的 GitHub 页面（https://github.com/greyli/albumy）页面单击了 Fork 按钮，那么可以使用自己的 GitHub 用户名来替换上面的 greyli，这将复制你自己的一份派生仓库，你可以自由修改和提交代码。

切换到项目目录，使用 Pipenv 创建虚拟环境并安装依赖，然后激活虚拟环境：

```
$ cd albumy
$ pipenv install --dev
$ pipenv shell
```

最后创建虚拟数据并启动程序：

```
$ flask forge
$ flask run
```

现在访问 http://localhost:5000 即可体验我们即将一步步编写的最终版本的程序，你可以通过邮箱 admin@helloflask.com 和密码 helloflask 登录程序。

 因为 Albumy 包含较复杂的数据库关系，生成虚拟数据的时间会稍长，对于这类项目，你也可以考虑在开发时就使用迁移工具来进行数据迁移。

 （1）本书所有的示例程序都运行在本地机的 5000 端口，即 http://localhost:5000，确保没有其他程序同时在运行。

（2）因为所有示例程序的 CSS 文件名称、JavaScript 文件名称以及 Favicon 文件名称均相同，为了避免浏览器对不同示例程序中同名的文件进行缓存，请在第一次运行新的示例程序后按下 Ctrl+F5 或 Shift+F5 清除缓存。

阅读源码时，你可以使用编辑器打开本地的源码仓库，或是访问 https://github.com/greyli/albumy 在 GitHub 上在线阅读源码。在本地可以使用 git checkout 附加标签名称签出程序的不同版本，使用 git tag -n 命令可以列出项目包含的所有标签。在 GitHub 上可以通过分支切换下拉列表选择标签。在后面需要签出新的版本时会进行提示。

9.1 项目组织架构

在大型 Flask 项目中，主要有三种常见的项目组织架构：功能式架构（也就是 Bluelog 程序使用的架构）、分区式架构和混合式架构。这一节我们将以一个示例程序 myapp 作为示例来介绍这三种架构的特点和区别，这个程序按照功能主要分为三部分：前台页面 front、认证 auth、后台管理 dashboard，为每个部分创建一个蓝本。

9.1.1 功能式架构

在功能式架构中，程序包由各个代表程序组件（功能）的子包组成，比如 blueprints（蓝本）、forms（表单）、templates（模板）、models（模型）等，在这些子包中，按照程序的板块分模块来组织代码，比如 forms 子包下包含 front.py、auth.py 和 dashboard.py。这种架构结构清晰，更容易在开发时让开发者迅速找到文件，其他维护者也能迅速了解程序结构。使用功能式架构的程序包目录结构示意如下：

```
myapp/
    blueprints/
        - __init__.py
        - auth.py
        - dashboard.py
        - front.py
    forms/
        - __init__.py
        - auth.py
        - dashboard.py
        - front.py
    static/
    templates/
        - auth/
        - front/
        - dashboard/
        - base.html
    - __init__.py
```

因为程序比较简单，蓝本主要是用来组织路由，所以项目中的蓝本直接在 blueprints 包下的模块中创建。如果蓝本需要注册更多的处理程序，比如错误处理函数、请求处理函数等，可以在 blueprints 包中为每个蓝本创建单独的子包，目录结构示意如下所示：

```
myapp/
    blueprints/
        - __init__.py
        auth   # auth 蓝本子包
            - __init__.py
            - views.py
            - errors.py
        dashboard
            - __init__.py
            - views.py
            - errors.py
        front
            - __init__.py
            - views.py
            - errors.py
    forms/
        - __init__.py
        - auth.py
        - dashboard.py
        - front.py
    static/
    templates/
        - auth/
        - front/
        - dashboard/
        - base.html
    - __init__.py
```

通过为蓝本创建子包还可以支持为蓝本创建独立的 templates 和 static 文件夹:

```
myapp/
    blueprints/
        - __init__.py
        auth
            - __init__.py
            - views.py
            - errors.py
            templates/
            static/
        dashboard
            - __init__.py
            - views.py
            - errors.py
            templates/
            static/
        ...
```

和在单模块中创建蓝本不同,当在子包中创建蓝本时,为了方便其他模块导入蓝本对象,这时蓝本对象在蓝本子包的构造文件中创建。而且,因为蓝本在构造文件中定义,为了把路由、错误处理器、请求处理函数等和蓝本对象关联起来,需要在构造文件中导入这些模块。为了避免循环依赖,在构造文件的底部添加这些导入语句,如下所示:

```
from flask import Blueprint

front_bp = Blueprint('front', __name__)

from myapp.blueprints.front import views, errors
```

在路由模块等要使用蓝本对象的地方可以直接导入这里创建的蓝本对象:

```
from myapp.blueprints.front import front_bp
```

9.1.2 分区式架构

在分区式架构中,程序被按照自身的板块分成不同的子包。myapp 使用分区式架构可以分别创建 front、auth 和 dashboard 三个子包,这些子包直接在程序包的根目录下创建,子包中使用模块组织不同的程序组件,比如 views.py、forms.py 等。这种分类自然决定了每一个子包都对应着一个蓝本,这时蓝本在每个子包的构造文件中创建。使用分区式架构的程序包目录结构示意如下所示:

```
myapp/
    dashboard/
        - __init__.py
        - views.py
        - forms.py
        templates/
        static/
    front/
        - __init__.py
        - views.py
        - forms.py
```

```
    templates/
    static/
auth/
    - __init__.py
    - views.py
    - forms.py
    templates/
    static/
- __init__.py
```

9.1.3　混合式架构

混合式架构，顾名思义，就是不按照常规分类来组织。比如，采用类似分区式架构的子包来组织程序，但各个蓝本共用程序包根目录下的模板文件夹和静态文件文件夹：

```
myapp/
    dashboard/
        - __init__.py
        - views.py
        - forms.py
    front/
        - __init__.py
        - views.py
        - forms.py
    auth/
        - __init__.py
        - views.py
        - forms.py
    templates/
    static/
    - __init__.py
```

或是某个蓝本采用分区式架构单独组织，其他蓝本则使用功能式架构统一放到 blueprints 子包中。

9.1.4　如何选择

不同类型的程序适合不同的组织方式。一般来说，如果程序各个功能之间联系较为紧密，我们可以采用功能式组织方式，反之则适合采用分区式架构。比如，一个社交程序的程序本身、后台管理、公司博客、API 文档是功能设计和页面样式都相对独立的四部分，各个部分都会使用自己的模板、静态文件、错误处理器等，这时则更适合使用分区式架构。

在前面我们曾经说过，Flask 并不限制你的项目组织方式，你可以自由选择，这里的定义只是一个通用的分类方法。本书第二部分的示例程序中，第 10 章的示例程序将使用混合式架构，其他程序则使用功能式架构。

9.2　编写程序骨架

经过设计和规划，Albumy 的主要功能已经确定，如图 9-1 所示。

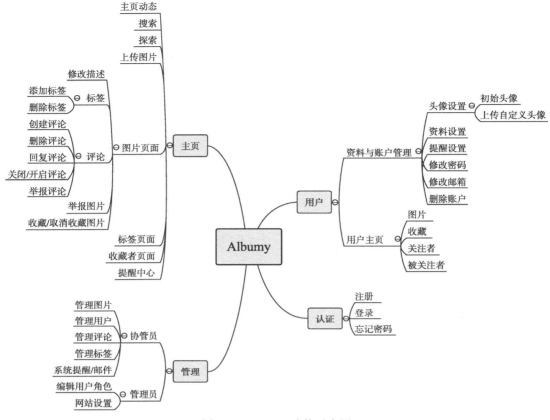

图 9-1　Albumy 功能示意图

（注意）（1）如果按照真实的程序开发过程，那么各个部分的功能都包含大量的细节，为了节省篇幅，本章仅介绍重要的部分，不会覆盖所有内容。

（2）如果你从 GitHub 上复制了示例程序，可以执行 git checkout skeleton 签出程序的新版本。程序的新版本包含了基础代码。

Albumy 程序主要包含四个部分：认证系统、主要功能、用户系统、管理系统。项目结构上使用了功能式架构，我们在 blueprints 包中创建了五个模块，除了表示上面四部分的 auth（认证）、main（主要功能）、user（用户）和 admin（管理）外，为了便于组织处理 AJAX 请求的视图函数，我们还创建了一个 ajax 模块。在这五个模块的构造文件中，我们分别创建了五个蓝本。项目中的程序包 albumy 的主要目录结构如下所示：

```
albumy/
    blueprints/
        - __init__.py
        - ajax.py
        - auth.py
        - admin.py
```

```
        - user.py
        - main.py
    forms/
        - __init__.py
        - auth.py
        - admin.py
        - user.py
        - main.py
    static/
    templates/
        - auth/
        - admin/
        - user/
        - main/
        - base.html
        - macros.html
    - __init__.py
    - decorators.py     装饰器
    - extensions.py
    - fakes.py
    - models.py
    - notifications.py     提醒消息
    - settings.py
    - utils.py
    - emails.py
```

在程序包的根目录中，新出现的 decorators.py 脚本用来存储装饰器，notifications.py 脚本则存储发送消息提醒的函数。在工厂函数里，我们为程序加载配置并注册各种处理函数。除了注册蓝本、扩展和错误处理函数，我们还为程序添加了自定义命令、shell 上下文处理器、模板上下文处理器以及错误处理器，具体代码可以在源码仓库中查看。

9.2.1　数据库模型与虚拟数据

Albumy 中共用到 9 个数据库模型，分别为用户、角色、权限、图片、标签、评论、收藏、关注和消息。和 Bluelog 相比，这里的数据库模型关系更加复杂。用户模型作为关系的中心，其他数据模型大多和它建立一对多关系，数据库模型关系示意如图 9-2 所示。

虽然在这个版本的提交中已经包含了所有的模型类、表单类定义，但是为了便于理解，本章的模型类和表单类定义将在对应的小节里给出。

和 Bluelog 程序类似，Albumy 中的 fakes.py 脚本包含对应主要数据库模型类的虚拟数据生成函数，在构造文件中创建的 forge() 命令函数集合了这些虚拟数据生成函数。这些函数用来生成几乎所有类别的数据：用户、关注、标签、图片、评论、收藏，具体可到源码仓库中查看。

唯一遗憾的是，它没法生成真实的图片。对于图片的虚拟，一般有三种方式：

1. 固定图片
最简单的方式是使用固定的占位图片，但缺点也很显著：同样的图片导致页面效果不够直观。

2. 在线占位图片服务
使用在线的占位图片服务实现也比较简单。以基于 Unsplash（https://unsplash.com/）的 Lorem

Picsum（https://picsum.photos/）为例，我们需要将程序模板中的图片 URL 都替换掉，比如：

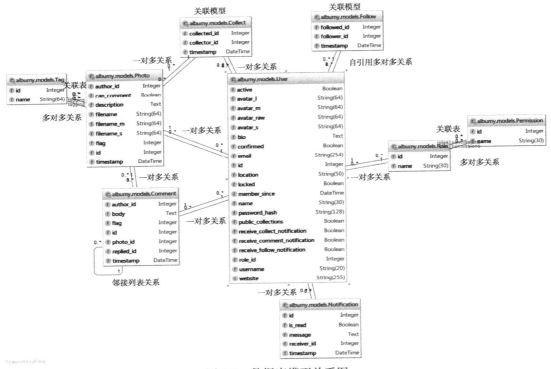

图 9-2　数据库模型关系图

```
<img src="https://picsum.photos/800/?random&id={{ photo.id }}">
```

　　一个基本的 URL 类似 https://picsum.photos/600/800。如果想获取正方形的图片，那么只传递一个尺寸数字就可以了。如果你想要每次请求都获得随机的图片，可以在 URL 后面附加 ?random。不过这会有一点问题。因为当浏览器发现你有多个发往同一个 URL 的请求时，它会使用缓存的响应，这样你的图片就不再是随机的了。为了避免浏览器这个"好心"的缓存行为，我们可以在 URL 后附加一个无意义的查询字符串，使用数据库图片记录的 id 填充。这个查询字符串会被服务器忽略，但因为每个图片 URL 的参数都不同，浏览器会把它们都当作不同的请求来处理，这种技术被称为 Cache Busting（缓存破坏）。使用在线占位图片服务的缺点是你需要手动修改代码中图片的 URL，而且在线服务会拖慢页面的加载速度。

3. 生成随机图片

　　在 Albumy 中，为了更真实地模拟网站运行效果，同时让页面迅速加载，我们使用图片库 Pillow 生成随机颜色的图片。我们会用到一个流行的图像处理库——Pillow。Pillow 是 PIL（Python Image Library，Python 图片处理库）的派生（fork），它在 PIL 的基础上增加了对 Python3.x 的支持和其他的改进。首先使用 Pipenv 安装 Pillow 及其依赖：

```
$ pipenv install pillow
```

使用下面的代码即可创建一个随机颜色的图片文件：

```
>>> import random
>>> from PIL import Image
>>> r = lambda: random.randint(128, 255)
>>> img = Image.new(mode='RGB', size=(800, 800), color=(r(), r(), r()))
>>> img.save(the_destination_path)   # 或是调用 img.show() 直接显示图片
```

　　首先从 PIL 包导入 Image 类，调用 new() 创建一个图片对象，使用 mode 参数将图片模式设置为 RGB，size 参数传入表示图片宽高尺寸的元组，color 参数设置包含 RGB 值的三元素元组。这里的色彩数值（0～255 区间的整数）通过 random.randint() 函数生成，我们将取值限定在 128～255 区间，以获取明亮的色彩值。最后对图片对象调用 save() 方法保存，传入图片保存路径。

9.2.2　模板与静态文件

　　根据在原型设计阶段编写的 HTML 页面文件，我们可以规划出所有要使用的模板和主要结构。模板文件夹与静态文件夹的主要目录结构如下所示：

```
albumy/
    ...
    templates/
        admin/
        auth/
        errors/
        emails/
        main/
        user/
        - macros.html
        - base.html
    static/
        css/
        js/
        images/
        open-iconic/
        - favicon.ico
```

> 提示　在 Albumy 中，我们会接触到两个新的 HTTP 错误：表示禁止访问的 403 错误（Forbidden）和请求实体过大的 413 错误（Request Entity Too large）。在模板文件夹中，我们添加了对应的 403.html 和 413.html 模板，另外，还在工厂函数中为其注册了对应的错误处理函数。

　　为了区分不同的功能，在 templates 文件夹中为每个蓝本创建了单独的文件夹，只有像基模板这样需要全局使用的模板放在 templates 文件夹的根目录下。

　　在 static 文件夹中，我们存储了程序使用的所有 JavaScript、CSS 资源（其中包含我们自己创建的 CSS 文件 style.css 和 JS 文件 script.js）、图片以及 Favicon 文件。

　　程序中经常会用到各种图标，开源的图标集有很多选择，比如 Font Awesome（https://fontawesome.com/）、Material Design Icons（https://material.io/icons/）、Octicons（https://octicons.

github.com/）等，这里我们选择了和 Bootstrap 集成良好的 Iconic（https://useiconic.com/open/）。它提供的资源文件可以访问 https://useiconic.com/open/ 下载，在基模板中，我们加载了提供 Bootstrap 支持的 CSS 文件：

```
<link href="/open-iconic/font/css/open-iconic-bootstrap.css" rel="stylesheet">
```

通过创建一个 <span> 元素，为其设置 oi 和 oi-* 类即可使用对应的图标了。比如，下面的代码会显示一个主页图标：

```
<span class="oi oi-home"></span>
```

 你可以访问 https://useiconic.com/open/ 查看所有可用的图标和对应的 CSS 类。

基模板的内容和 Bluelog 类似，这里不再写出。另外，在当前版本的程序源码中，我们编写了所有的占位视图函数，函数返回渲染后的模板并重定向到其他视图，具体可以到源码参考中查看。

9.3　高级用户认证

在大型的社交程序中，用户认证的基础是账号注册。我们需要提供账户注册功能以便让用户自己完成用户信息的录入。当用户单击注册按钮时，账户注册就开始了。这通常包含一些基本步骤，比如填写注册信息、接收验证邮件、通过单击验证链接来确认账号等。下面我们会详细了解这些过程背后的实现方法。

 Albumy 中的用户认证仍然基于 Flask-Login 实现，这里不再重复介绍，具体使用请参考第 8 章。如果你从 GitHub 上复制了示例程序，可以执行 git checkout login 签出程序的新版本。程序的新版本添加了认证功能。

模型类 User 用于存储用户信息，如代码清单 9-1 所示。

<p align="center">代码清单9-1　albumy/model.py：用户模型</p>

```python
from datetime import datetime
from flask_login import UserMixin
from albumy.extensions import db

class User(db.Model, UserMixin):
    id = db.Column(db.Integer, primary_key=True)
    # 资料
    username = db.Column(db.String(20), unique=True, index=True)
    email = db.Column(db.String(254), unique=True, index=True)
    password_hash = db.Column(db.String(128))
    name = db.Column(db.String(30))
    website = db.Column(db.String(255))
    bio = db.Column(db.String(120))
    location = db.Column(db.String(50))
    member_since = db.Column(db.DateTime, default=datetime.utcnow)
```

```
# 用户状态
confirmed = db.Column(db.Boolean, default=False)
```

　　User 类和 Bluelog 中的 Admin 类很相似，同样继承自 Flask-Login 提供的 UserMixin 类。除了几个存储用户资料的字段外，比较关键的是用来存储账户确认状态的 confirmed 字段。confirmed 字段使用 default 参数将默认值设为 False。另外，username 和 email 字段通过设置 unique 参数为 True，确保不会产生重复值；将 index 参数设为 True 来为这两个字段建立索引，这会提高使用这两个字段查询用户对象的效率。

 提示　这里没有给出完整的 User 类定义，其他的字段我们会在下面相关章节一一介绍。

9.3.1　用户注册

　　和登录类似，用户注册需要填写表单。代码清单 9-2 所示是用于注册的 RegisterForm 表单类。

代码清单9-2　albumy/forms/auth.py：注册表单

```
from flask_wtf import FlaskForm
from wtforms import StringField, SubmitField, PasswordField, BooleanField
from wtforms.validators import DataRequired, Length, Email, Regexp, EqualTo
from wtforms import ValidationError

from albumy.models import User

class RegisterForm(FlaskForm):
    name = StringField('Name', validators=[DataRequired(), Length(1, 30)])
    email = StringField('Email', validators=[DataRequired(), Length(1, 64),
        Email()])
    username = StringField('Username', validators=[DataRequired(), Length(1, 20),
        Regexp('^[a-zA-Z0-9]*$', message='The username should contain only a-z,
        A-Z and 0-9.')])
    password = PasswordField('Password', validators=[
        DataRequired(), Length(8, 128), EqualTo('password2')])
    password2 = PasswordField('Confirm password', validators=[DataRequired()])
    submit = SubmitField()

    def validate_email(self, field):
        if User.query.filter_by(email=field.data.lower()).first():
            raise ValidationError('The email is already in use.')

    def validate_username(self, field):
        if User.query.filter_by(username=field.data).first():
            raise ValidationError('The username is already in use.')
```

　　用户的账户名（username）是用户在网站中的重要标识，用户的个人主页 URL 将基于这个值构建，因此这个值不能重复，而且应该由英文字母、数字和少数符号组成。为了达到这个目的，我们在 username 字段中使用了 Regexp 验证器，这会借助正则表达式来验证输入值。Regexp 类的构造方法接收正则表达式作为第一个参数（regex），可选的 flags 参数用于指定正则表达式的旗标，默认为 0。

为了防止用户输错密码，表单中有两个密码字段：password、password2。第一个密码字段通过 EqualTo 验证器来确保其输入值与 password2 字段的输入值相同，EqualTo 类的构造方法的第一个参数为用于比较的目标字段名。

当在数据库模型中对字段的输入值进行限制后，在表单类里也要使用相应的验证函数进行验证，以便获得正确的输入值。大多数限制和数据库模型字段定义时相同，唯一需要提及的是，为了避免用户输入过于简单的密码，我们将密码长度的最小限制设置为 8。

除了进行长度限制外，我们要确保 User 模型中的 username 和 email 字段的不会与已有的数据重复，所以我们添加了两个自定义验证方法——validate_username() 和 validate_email()，分别用于验证表单的 username 和 email 字段。这两个验证函数会验证数据库中是否存在包含相同字段值的记录。如果包含，就抛出 ValidationError 异常，错误信息作为参数传入。

代码清单 9-3 所示是用于渲染表单和处理表单验证的 register 视图。

代码清单9-3　albumy/blueprints/auth.py：处理注册请求

```python
from albumy.settings import Operations
from albumy.emails import send_confirm_account_email

@auth_bp.route('/register', methods=['GET', 'POST'])
def register():
    if current_user.is_authenticated:
        return redirect(url_for('main.index'))
    form = RegisterForm()
    if form.validate_on_submit():
        name = form.name.data
        email = form.email.data.lower()  # 小写处理
        username = form.username.data
        password = form.password.data
        user = User(name=name, email=email, username=username)
        user.set_password(password)  # 设置密码
        db.session.add(user)
        db.session.commit()
        token = generate_token(user=user, operation=Operations.CONFIRM)
        send_confirm_account_email(user=user, token=token)
        flash('Confirm email sent, check your inbox.', 'info')
        return redirect(url_for('.login'))
    return render_template('auth/register.html', form=form)
```

> 🔔 **注意** 为了避免用户使用同一邮箱地址的不同大小写形式注册多个账户，我们需要对 email 字段的数据调用 lower() 函数将其转换为小写。

和大多数视图函数相同，我们首先判断表单提交状态，如果用户没有提交表单，就渲染注册页面模板（auth/register.html）。反之则对表单数据进行验证，当数据通过验证后，就实例化 User 类，创建一条数据库记录。在提交数据库会话后，我们还进行了一些其他工作，如下所示：

```python
token = generate_token(user=user, operation=Operations.CONFIRM)
send_confirm_account_email(user=user, token=token)
flash('Confirm email sent, check your inbox.', 'info')
```

这些代码会生成一个验证令牌（token），然后向用户的邮箱发送一封验证邮件，最后显示一条消息，具体实现我们会在下面进行介绍。

我们在程序首页模板（main/index.html）中加入了一个注册按钮，同时还在基模板中（base.html）导航栏右侧根据用户的状态渲染登录、注册、退出等按钮。

9.3.2　验证邮箱地址

用户的邮箱地址用于登录账户、接收通知和重置密码等。为了确保邮箱地址的真实性和有效性，我们需要对用户的邮箱地址进行验证，以便确认注册。

1. 生成确认令牌

如果你注册过很多社交网站账号，那么相信你已经对整个验证过程相当熟悉了。当你填写完注册信息后，网站会发送一封验证邮件到你的邮箱。这封邮件里包含一个很长的验证链接（或是一个指向这个长链接的按钮），当你访问这个链接后，网站就会告诉你验证成功了。这背后发生了什么呢？我们从一个实例了解答案。一个验证链接示例可能会是这样的：

```
http://example.com/confirm/eyJhbGciOiJIUzI1NiIsImV4cCI6MTQ5NzI4MjM2MywiaWF0IjoxNDk3Mjc
        4NzYzfQ.eyJvcGVyYXRpb24iOiJjb25maXJtIiwiaWQiOjEwMH0.ElvTcHZHKk7BFaVwSATVEuZXzEgW-
        GxxEfLDvf_0eLA
```

假如这是一个 Flask 程序，你可以很容易就看出这个链接对应的 URL 规则是 '/confirm/<foo>'。也就是说，后面这一串随机字母是一个传递给视图函数的变量。没错，这个变量是一个用来验证用户身份的令牌（token）。

令牌中包含了要被确认的用户信息，在接收到这类请求后，我们会解析令牌以获得存储在其中的用户 id，然后执行确认操作。因为令牌经过签名，所以可以确保其不会被篡改，这样可以避免用户对其他账户进行确认操作。这次要使用的令牌被称为 JWS（JSON Web Signature，JSON Web 签名），它可以存储 JSON 格式的数据。JWS 由三部分组成，它们分别是存储签名所使用的算法、签名时间和过期时间的头部（Header）、存储数据的负载（Payload）和签名（Signature）。

> 附注　JWS 是 IETF 提出的用于签名任意 JSON 的标准，这被用于各种基于 Web 的技术，比如 JWT（JSON Web Token，JSON Web 令牌）。JWS 是一种高度可序列化的机器可读格式，经常被用来进行身份验证（不一定加密）。

我们在程序包中的 utils 模块里创建了 generate_token() 函数和 validate_token() 函数，分别用于创建和验证令牌。用于创建令牌的 generate_token() 函数如代码清单 9-4 所示。

代码清单9-4　albumy/utils.py：生成令牌的函数

```python
from flask import current_app
from itsdangerous import TimedJSONWebSignatureSerializer as Serializer

def generate_token(user, operation, expire_in=None, **kwargs):
    s = Serializer(current_app.config['SECRET_KEY'], expire_in)
```

```
data = {'id': user.id, 'operation': operation}
data.update(**kwargs)
return s.dumps(data)
```

在这个函数中，我们首先实例化 itsdangerous 包提供的 TimedJSONWebSignatureSerializer
类（简记为 Serializer），获得一个序列化对象。这个类的构造方法接收一个密钥作为参数，用来
生成签名，这里使用配置变量 SECRET_KEY 的值。可选的 expire_in 参数用来设置过期时间，
默认为 3600（单位为秒，即一小时）。

> 📖 附注　itsdangerous 是 Flask 的依赖包，它借鉴了 Django 签名模块的实现，提供了多种用于对
> 数据签名的辅助类，Flask 内部使用它来对 session 进行签名。

接着，我们创建一个 data 字典，这个字典存储的值将被写入令牌的负载中。id 值通过传入
的 user 对象获取，至于 operation，为了方便统一管理，我们把这些变量存储在 settings 模块的
Operations 类中：

```
class Operations:
    CONFIRM = 'confirm'
    RESET_PASSWORD = 'reset-password'
    CHANGE_EMAIL = 'change-email'
```

我们分别为创建令牌需要进行确认的三个操作创建了对应的操作变量，在 register 视图中调
用时传入了表示确认操作的 Operations.CONFIRM 变量。

> 🎯 提示　除了执行确认操作所必须的 id 和 operation 外，我们还将对函数接收的 **kwargs 参数使
> 用 update() 方法更新到字典中，这是为了支持传入自定义的数据，在后面我们实现更新
> Email 地址的功能时，Email 地址也将保存在令牌中。

序列化对象提供一个 dumps() 方法来写入数据，它接收包含数据的字典对象作为参数。它
会根据过期时间创建头部（Header），然后将数据编码到 JWS 的负载（Payload）中，再使用密钥
对令牌进行签名（Signature），最后将签名序列化后生成令牌值。我们将 data 字典写入序列化对
象，它会返回生成的令牌值。

> 📷 注意　JWS 令牌默认没有加密数据，所以绝对不能在令牌中放入敏感数据，比如用户密码。使
> 用 JWT.io（https://jwt.io）提供的调试工具，你可以解析出令牌的头部和负载值。在第 16
> 章，我们会演示使用 itsdangerous 提供的函数在不知道密钥的情况下解析出 session 的值。

2. 发送确认邮件

这次我们仍然使用 Flask-Mail 实现发信功能，但和 Bluelog 不同的是，社交程序的用户更
多，为了兼容更广的用户群（支持古老的邮件服务器），我们创建了 HTML 和纯文本两种格式的
邮件正文。邮件正文存储在单独的模板文件（HTML 文件和纯文本文件）中，这些模板存放在
templates 目录下的 emails 文件夹中。在 emails 模块中，我们创建了通用发信函数 send_mail()，
具体代码不再给出，可以参考第 6 章相关章节或是到源码仓库中查看。

下面是基于 send_mail() 实现的用于发送验证邮件的 send_confirm_email() 函数：

```
def send_confirm_email(user, token, to=None):
    send_mail(subject='Email Confirm', to=to or user.email, template='emails/
        confirm', user=user, token=token)
```

 提示　send_confirm_email() 没有直接通过 user.email 获取发信地址，是为了同时兼容更新 Email 的使用场景，更新 Email 时，我们将用户输入的新 Email 地址通过 to 参数传入。

我们使用通用发信函数中的 render_template() 函数把这些关键字参数传入模板中，Jinja2 会像往常一样把它们渲染出来，其中验证链接通过下面的 url_for() 函数调用生成：

```
{{ url_for('auth.confirm', token=token, _external=True) }}
```

3. 验证并解析确认令牌

验证邮件中生成的验证 URL 指向 auth.confirm 端点，对应的视图函数我们后面再谈，这里先来看看用来验证和解析令牌的 validate_token() 函数，如代码清单 9-5 所示。

代码清单9-5　albumy/utils.py：验证和解析令牌的函数

```
from flask import current_app
from itsdangerous import TimedJSONWebSignatureSerializer as Serializer
from itsdangerous import BadSignature, SignatureExpired

from albumy.extensions import db
from albumy.settings import Operations

def validate_token(user, token, operation):
    s = Serializer(current_app.config['SECRET_KEY'])

    try:
        data = s.loads(token)
    except (SignatureExpired, BadSignature):
        return False

    if operation != data.get('operation') or user.id != data.get('id'):
        return False

    if operation == Operations.CONFIRM:
        user.confirmed = True
    else:
        return False

    db.session.commit()
    return True
```

我们首先使用和创建令牌时相同的密钥创建一个序列化对象，它提供一个 loads() 函数，接收令牌值作为参数，返回从负载（Payload）中提取出的数据。如果提取失败，通常会抛出 SignatureExpired 异常或 BadSignature 异常，这两个异常分别表示签名过期和签名不匹配，在这种情况下我们将会返回 False。

如果数据提取成功，我们会验证数据中存储的 operation 值是否和传入的 operation 参数匹配，这会确保执行正确的操作；另外，我们还会验证数据中的用户 id 值与当前用户的 id 是否相同，这样即使恶意用户获取到了令牌值也无法确认其他用户的账户。

当上面的一系列验证都通过时，我们将用户对象的 confirmed 属性设为 True 并提交数据库会话。最后返回 True，表明令牌通过了验证。处理验证请求的 confirm 视图的实现代码如代码清单 9-6 所示。

代码清单9-6 albumy/blueprints/auth.py：确认令牌

```python
from albumy.utils import validate_token
from albumy.settings import Operations

@auth_bp.route('/confirm/<token>')
@login_required
def confirm(token):
    if current_user.confirmed:
        return redirect(url_for('main.index'))

    if validate_token(user=current_user, token=token, operation=Operations.
        CONFIRM):
        flash('Account confirmed.', 'success')
        return redirect(url_for('main.index'))
    else:
        flash('Invalid or expired token.', 'danger')
        return redirect(url_for('.resend_confirm_email'))
```

首先判断当前用户的确认状态，当已经确认过的用户单击验证链接时，程序会把用户重定向到主页。

 提示 因为当前蓝本是 auth，所以要生成 main 蓝本的主页 URL，需要使用 main.index 的完整形式的端点值。

然后使用 validate_token() 函数对通过 URL 变量传入的 token 进行验证，除了 token 变量，我们还传入 current_user 变量作为 user 参数以及对应的操作字符串。如果 validate_token() 返回 True，说明验证通过，用户的确认字段值也已经更新，我们就把程序重定向到首页，并显示一个成功的提示。验证未通过时，就闪现一条错误提示消息，并将程序重定向到用于重新发送验证邮件的 resend_confirm_email 视图，这个视图的具体实现代码如代码清单 9-7 所示。

代码清单9-7 albumy/blueprints/auth.py：重新发送确认邮件

```python
from albumy.settings import Operations
from albumy.emails import send_confirm_account_email

@auth_bp.route('/resend-confirm-email')
@login_required
def resend_confirm_email():
    if current_user.confirmed:
        return redirect(url_for('main.index'))

    token = generate_token(user=current_user, operation=Operations.CONFIRM)
    send_confirm_email(user=current_user, token=token)
```

```
flash('New email sent, check your inbox.', 'info')
return redirect(url_for('main.index'))
```

在这个视图函数中，我们先判断用户的确认状态，已确认的用户会被重定向到首页。如果用户未确认，则重新生成令牌，并发送验证邮件和消息提醒，最后重定向到程序首页。

9.3.3　使用装饰器过滤未确认用户

对于没有验证邮箱的用户，通常会采取一些方法来促使用户去验证。比如，禁止用户登录；或允许登录，但显示一个提醒确认页面。更温和友好的做法是允许用户登录，但对于一些关键的功能，只对验证过邮箱地址的用户开放。

Flask-Login 提供的 login_required 装饰器可以禁止未登录的用户访问视图。我们也可以实现一个类似的装饰器，来禁止未确认用户访问某些关键视图。我们在程序包的根目录下创建的 decorators.py 脚本用于存储装饰器函数，代码清单 9-8 所示是实现用于过滤未确认用户的 confirm_required 装饰器的代码。

代码清单9-8　albumy/decorators.py：过滤未确认用户

```
from functools import wraps

from flask import Markup, flash, url_for, redirect
from flask_login import current_user

def confirm_required(func):
    @wraps(func)
    def decorated_function(*args, **kwargs):
        if not current_user.confirmed:
            message = Markup(
                'Please confirm your account first.'
                'Not receive the email?'
                '<a class="alert-link" href="%s">Resend Confirm Email</a>' %
                url_for('auth.resend_confirm_email'))
            flash(message, 'warning')
            return redirect(url_for('main.index'))
        return func(*args, **kwargs)
    return decorated_function
```

我们通过用户对象的 confirmed 属性判断用户的确认状态，如果当前用户已经确认，则跳过代码，执行视图函数内容。如果用户未确认，则向用户闪现一条提示消息，并将程序重定向到主页。

> **注意**　使用 functools 模块提供的 wraps 装饰器可以避免被装饰函数的特殊属性被更改，比如函数名称 __name__ 被更改。如果不使用该模块，则会导致函数名称被替换，从而导致端点（端点的默认值即函数名）出错。

由于种种原因，比如发信服务器出错或用户误删除，有时用户可能会需要重新发送验证邮件。因此，我们在闪现的 flash 消息中添加一个指向 auth.resend_confirm_email 视图的链接，用来重新发送验证邮件。

通过 flash() 函数发送的消息在模板中渲染，消息内容会被自动转义为普通文本。为了让消息中的 HTML 代码被正确渲染，可以充分利用前面介绍过的 safe 过滤器来避免 Jinja2 对变量转义，但对 flash 消息使用 safe 过滤器会造成安全隐患，因为攻击者可能会篡改消息内容。更安全的做法是将传入 flash() 函数的文本转换为 Markup 对象。Flask 提供的 Markup 类可以将文本标记为安全文本，从而避免在渲染时对 Jinja2 进行转义。

现在，我们可以在需要确认后才允许访问的视图函数前附加 confirm_required，比如 upload 视图：

```
@main_bp.route('/upload', methods=['GET', 'POST'])
@login_required
@confirm_required
def upload():
    ...
```

多个装饰器的调用顺序可以简单理解为由外向内，当然，实际的调用要复杂得多。当 upload 函数被调用时，route() 装饰器会先被调用；接着，开始执行 login_required() 函数中的代码，判断用户是否登录，未登录用户会被重定向到登录页面；然后是 confirm_required() 函数，这时未验证的用户都会被过滤掉，重定向到首页；一系列装饰器都执行完毕后，才会执行视图函数本身的代码。

> **注意** 装饰器可以叠加使用，但对于视图函数来说，route() 装饰器必须是最外层的装饰器。

9.3.4 密码重置

用户忘记密码是很常见的事情，我们这一节会介绍如何为程序添加密码重置功能。首先介绍登录视图。处理登录的 login 视图和 Bluelog 中的类似，具体的实现代码不再赘述，唯一的不同是，当表单通过验证后，我们首先通过表单数据中的 Email 地址查询对应的用户。如果用户存在就验证密码，否则发送提示消息"无效的用户名或密码"并重定向回登录页面，相关代码如下所示：

```
from albumy.models import User

@auth_bp.route('/login', methods=['GET', 'POST'])
def login():
    ...
    if form.validate_on_submit():
        user = User.query.filter_by(email=form.email.data.lower()).first()
        if user is not None and user.validate_password(form.password.data):
            ...
        flash('Invalid email or password.', 'warning')
    return render_template('auth/login.html', form=form)
```

> **提示** 你当然也可以将这个判断拆开：分别判断用户对象是否存在和密码是否正确，然后发送不同的错误提示消息。

在 login.html 模板中，登录表单的下面添加了两个链接，分别指向注册页面和密码找回页面：

```
...
<p class="small"><a href="{{ url_for('.register') }}">Register new account</a></p>
<p class="small"><a href="{{ url_for('.forget_password')}}">Forget password</a></p>
...
```

忘记密码链接指向的 forget_password 视图的实现代码如代码清单 9-9 所示。

代码清单9-9　albumy/blueprints/auth.py：忘记密码

```python
from albumy.auth.forms import ForgetPasswordForm
from albumy.emails import send_reset_password_email
from albumy.utils import generate_token
from albumy.settings import Operations


@auth_bp.route('/forget-password', methods=['GET', 'POST'])
def forget_password():
    if current_user.is_authenticated:
        return redirect(url_for('main.index'))

    form = ForgetPasswordForm()
    if form.validate_on_submit():
        user = User.query.filter_by(email=form.email.data.lower()).first()
        if user:
            token = generate_token(user=user, operation=Operations.RESET_PASSWORD)
            send_reset_password_email(user=user, token=token)
            flash('Password reset email sent, check your inbox.', 'info')
            return redirect(url_for('.login'))
        flash('Invalid email.', 'warning')
        return redirect(url_for('.forget_password'))
    return render_template('auth/reset_password.html', form=form)
```

当用户单击这个链接时，我们向用户提供一个重置表单，表单仅包含一个文本字段用于输入 Email。表单提交后，我们获取用户输入的邮箱地址，并根据邮箱地址查询对应的用户记录，如果没有找到相应的用户，就向用户显示一条错误消息。如果找到了就像确认邮箱一样使用 generate_token() 函数创建一个令牌，传入 operation 的值为表示密码重置操作的 Operations. RESET_PASSWORD 变量，最后使用 send_reset_password_email() 函数向用户的邮箱发送验证邮件，以便确认是用户本人发起的密码重置操作。

验证令牌并重置密码的操作由 reset_password 视图处理，我们使用下面的代码在邮件模板中生成对应的验证链接：

```
{{ url_for('auth.reset_password', token=token, _external=True) }}
```

为了支持在解析令牌后设置新密码，我们在 validate_token() 函数中添加 new_password 参数来传入表单中的密码字段值，并为令牌中 id 对应的用户更新密码：

```python
def validate_token(user, token, operation, new_password=None):
    ...
    if operation == Operations.CONFIRM:
        user.confirmed = True
    elif operation == Operations.RESET_PASSWORD:
```

```
        user.set_password(new_password)    # 设置新密码
    else:
        return False
    db.session.commit()
    return True
```

重置密码令牌的确认操作由 reset_password 视图处理，如代码清单 9-10 所示。

代码清单9-10　albumy/blueprints/auth.py：重置密码

```
from albumy.utils import validate_token
from albumy.settings import Operations
from albumy.auth.forms import ResetPasswordForm

@auth_bp.route('/reset-password/<token>', methods=['GET', 'POST'])
def reset_password(token):
    if current_user.is_authenticated:
        return redirect(url_for('main.index'))

    form = ResetPasswordForm()
    if form.validate_on_submit():
        user = User.query.filter_by(email=form.email.data.lower()).first()
        if user is None:
            return redirect(url_for('main.index'))
        if validate_token(user=user, token=token, operation=Operations.RESET_PASSWORD,
                          new_password=form.password.data):    # 传入新密码
            flash('Password updated.', 'success')
            return redirect(url_for('.login'))
        else:
            flash('Invalid or expired token.', 'danger')
            return redirect(url_for('.forget_password'))
    return render_template('auth/reset_password.html', form=form)
```

重置密码的实现和确认用户类似，这里不再详细介绍，唯一的区别是我们要提供一个输入新密码的表单，表单中包含 Email 字段和两个密码字段：

```
class ResetPasswordForm(FlaskForm):
    email = StringField('Email', validators=[DataRequired(), Length(1, 254), Email()])
    password = PasswordField('Password', validators=[
        DataRequired(), Length(8, 128), EqualTo('password2')])
    password2 = PasswordField('Confirm password', validators=[DataRequired()])
    submit = SubmitField()
```

在调用 validate_token() 函数验证令牌时，我们传入 form.password.data 作为 new_password 参数的值，在令牌验证成功后可用令牌为用户设置新密码。另外，相应的发信函数及模板可到源码仓库中查看。

📊 附注　如果你觉得用户认证的实现过程太过烦琐，可以考虑使用扩展 Flask-Security（https://github.com/mattupstate/flask-security）。Flask-Security 提供了角色管理、权限管理、用户登录、注册、邮箱验证、密码重置、密码加密等功能，并内置了与这些功能相对应的表单、模板和装饰器。

9.4   基于用户角色的权限管理

在简单的程序中，通常只有两种用户角色，比如个人博客只有博客作者和匿名的访客。这时我们并不需要在区分角色和管理权限上花太多功夫，仅仅使用 Flask-Login 提供的 is_authenticated 属性就可以判断角色：登录的是管理员（is_authenticated 为 True），未登录的就是访客（is_authenticated 为 False）。为视图函数附加 login_required 装饰器就可以确保只有登录的用户才可以访问对应的资源。

在更复杂一些的程序中，在登录的用户中还需要进一步区分出普通用户和管理员。这时可以像过滤未确认用户一样，在 User 模型中添加一个 admin 字段和一个相应的 admin_required 装饰器，来保护只对管理员开放的资源。

通常大型程序需要更多的用户角色：拥有最高权限的管理员、负责管理内容的协管员、使用网站提供的服务的普通用户、因为违规操作而被临时封禁的用户等。每类用户所能进行的操作权限自然不能完全相同，我们需要根据用户的角色赋予不同的权限。比如，普通用户可以上传图片、发表评论，但被临时封禁的用户只能删除和编辑已经上传的图片或删除已经发表的评论；协管员除了具有普通用户的所有权限，还可以删除或屏蔽不当评论、图片以及违规的用户；管理员的权限最大，除了拥有其他角色的权限外，还可以更改用户的角色、管理网站信息、发布系统消息等。

在计算机安全领域，这种管理方法被称为 RBAC（Role-Based Access Control，基于角色的权限控制）。我们将在这一节使用这个方法实现权限管理功能。

 提示 如果你从 GitHub 上复制了示例程序，可以执行 git checkout rbac 签出程序的新版本。程序的新版本实现了权限管理系统。

9.4.1   角色与权限模型

首先，我们需要创建数据库模型来存储角色和权限数据，实现代码如代码清单 9-11 所示。

代码清单9-11   albumy/models.py：角色和权限模型

```
class Role(db.Model):
    id = db.Column(db.Integer, primary_key=True)
    name = db.Column(db.String(30), unique=True)

class Permission(db.Model):
    id = db.Column(db.Integer, primary_key=True)
    name = db.Column(db.String(30), unique=True)
```

在表示角色的 Role 类中，name 字段存储角色的名称。类似的，在表示权限的 Permission 类中，name 字段用来存储权限的名称。

每个角色可以拥有多种权限，而每个权限又会被多个角色拥有。角色和权限之间通过关联表 roles_permissions 建立多对多关系，相应代码如下所示：

```
roles_permissions = db.Table('roles_permissions',
```

```
        db.Column('role_id', db.Integer, db.ForeignKey('role.id')),
        db.Column('permission_id', db.Integer, db.ForeignKey('permission.id'))
)

class Permission(db.Model):
    ...
    roles = db.relationship('Role', secondary=roles_permissions, back_popu-
        lates='permissions')

class Role(db.Model):
    ...
    permissions = db.relationship('Permission', secondary=roles_permissions, back_
        populates='roles')
```

另外，每个角色都会有多个用户，Role 模型和 User 模型之间建立了一对多的关系，相应代码如下所示：

```
class Role(db.Model):
    ...
    users = db.relationship('User', back_populates='role')

class User(UserMixin, db.Model):
    ...
    role_id = db.Column(db.Integer, db.ForeignKey('role.id'))
    role = db.relationship('Role', back_populates='users')
```

在 User 模型中创建的 role_id 字段为存储 Role 记录主键值的外键字段。

9.4.2　设置角色与权限

不同的程序会拥有不用的角色和权限，表 9-1 所示是 Albumy 中定义的几种操作权限。

表 9-1　Albumy 程序中定义的权限

操　作	权 限 名 称	说　明
关注用户	FOLLOW	关注其他用户
收藏图片	COLLECT	添加图片到自己的收藏
发表评论	COMMENT	在图片下添加评论
上传图片	UPLOAD	上传图片
协管员权限	MODERATE	管理资源权限，可以管理网站的用户、图片、评论、标签等资源
管理员权限	ADMINISTER	管理用户角色、编辑网站信息等

> 提示　你可以根据自己的程序需要来设计权限和角色。比如，在真实的社交程序里，网站内容管理可能有多个角色分工，这时上面的 MODERATE 权限就可以细分为 MODERATE_USER、MODERATE_PHOTO 等多个权限。

每个角色拥有不同的权限组合。表 9-2 所示是 Albumy 程序中定义的 6 种角色及其所拥有的权限。

表 9-2　Albumy 程序中定义的角色及对应权限

角 色 名 称	拥有的权限	说　明
访客（Guest）	仅可以浏览页面	未登录用户
被封禁用户（Blocked）	仅可以浏览页面	因违规行为被封禁账号，禁止登录的用户
被锁定用户（Locked）	FOLLOW、COLLECT	因违规行为被锁定的用户
普通用户（User）	FOLLOW、COLLECT、COMMENT、UPLOAD	注册后用户获得的默认角色
协管员（Moderator）	除了拥有普通用户具有的权限外，还拥有 MODERATE 权限	除了普通用户的权限外，还拥有管理网站内容的权限，负责网站内容管理和维护
管理员（Administrator）	除了拥有普通用户和协管员的所有权限外，还拥有 ADMINISTER 权限	拥有所有权限的网站管理员

在下一节，我们会把这个表中的角色、权限以及角色与权限的对应关系写入数据库。

9.4.3　写入角色与权限

一般来说，程序的权限与角色一旦确定，就不会有大的变动，可以直接在程序中预先定义。如果手动写入的话，太过麻烦，而且在开发环境中随时可能要重新生成数据库，我们可以在 Role 模型类中创建一个方法负责这个工作。

在此之前，我们需要把程序中角色和权限的对应关系保存下来。我们把表 9-2 中所示的角色与权限的对应关系转化成下面的 roles_permissions_map 字典：

```
roles_permissions_map = {
    'Locked': ['FOLLOW', 'COLLECT'],
    'User': ['FOLLOW', 'COLLECT', 'COMMENT' 'UPLOAD'],
    'Moderator': ['FOLLOW', 'COLLECT', 'COMMENT', 'UPLOAD', 'MODERATE'],
    'Administrator': ['FOLLOW', 'COLLECT', 'COMMENT', 'UPLOAD', 'MODERATE',
        'ADMINISTER']
    }
```

> 提示　你会发现这里只有四种角色，没有访客和被封禁用户。访客不需要写入数据库，因为访客的作用就是用来表示不在数据库中的用户。而被封禁的用户不允许登录，虽然这类用户拥有账户，但是其权限状态和访客完全相同。

字典中的键表示角色的名称，对应的值则是每个角色对应的权限名称列表。接下来我们将字典中的角色和权限以及对应的关系写入数据库。为了方便操作，我们将这部分代码定义为 Role 类的静态方法，如代码清单 9-12 所示。

代码清单9-12　albumy/models.py：初始化角色与权限

```
class Role(db.Model):
    ...
    @staticmethod
    def init_role():
        roles_permissions_map = {
```

```
            'Locked': ['FOLLOW', 'COLLECT'],
            'User': ['FOLLOW', 'COLLECT', 'COMMENT' 'UPLOAD'],
            'Moderator': ['FOLLOW', 'COLLECT', 'COMMENT', 'UPLOAD', 'MODERATE'],
            'Administrator': ['FOLLOW', 'COLLECT', 'COMMENT', 'UPLOAD',
                'MODERATE', 'ADMINISTER']
        }

        for role_name in roles_permissions_map:
            role = Role.query.filter_by(name=role_name).first()
            if role is None:
                role = Role(name=role_name)
                db.session.add(role)
            role.permissions = []
            for permission_name in roles_permissions_map[role_name]:
                permission = Permission.query.filter_by(name=permission_name).first()
                if permission is None:
                    permission = Permission(name=permission_name)
                    db.session.add(permission)
                role.permissions.append(permission)
        db.session.commit()
```

我们首先迭代 roles_permissions_map 字典的键，根据角色名查找对应的 Role 记录，如果没有找到就创建 Role 记录。接着迭代与角色名对应的权限列表（roles_permissions_map[role_name]），和角色相同，我们先根据权限名查找对应的 Permission 记录，没有则创建。

使用这个函数可以随时添加新角色或是更新角色的权限。为了支持对权限组合进行修改，比如删除或添加权限，我们在获取角色记录后，使用"role.permissions = []"将 permissions 关系属性设为空列表，这会取消该角色对象和相关的权限对象之间的关联，之后再重新更新权限列表。

为了方便初始化程序，和 Bluelog 类似，我们创建了一个 init 命令，在对应的函数中调用这个静态方法来初始化角色和权限，相应代码如下所示：

```
import click
from albumy.extensions import db
from albumy.models import Role


def register_commands(app):
    @app.cli.command()
    def init():
        """Initialize Albumy."""
        ...
        click.echo('Initializing the roles and permissions...')
        Role.init_role()
        click.echo('Done.')
```

另外，我们在与 forge 命令对应的命令函数中也调用了这个方法，以便在生成虚拟数据时也会写入角色和权限。如果在运行示例程序前没有执行 flask forge 命令，那么可以通过这两个命令来写入角色和权限记录，比如：

```
$ flask init
```

我们需要让用户在注册时就获得角色，也就是与对应的角色对象建立关系，代码清单 9-13 所示在 User 类中创建了一个 set_role() 方法用来设置角色，并在构造方法中调用了该方法。

代码清单9-13　albumy/models.py：在User类构造函数中初始化用户角色

```python
from flask import current_app
...
class User(UserMixin, db.Model):
    ...
    def __init__(self, **kwargs):
        super(User, self).__init__(**kwargs)
        ...
        self.set_role()
    ...
    def set_role(self):
        if self.role is None:
            if self.email == current_app.config['ALBUMY_ADMIN_EMAIL']:
                self.role = Role.query.filter_by(name='Administrator').first()
            else:
                self.role = Role.query.filter_by(name='User').first()
            db.session.commit()
```

除了管理员以外，其他用户的初始角色都是"User"，那么我们如何从所有用户中识别出管理员呢？显然，我们可以通过 Email 地址来判断。每一个用户都拥有独一无二的 Email 地址，因此，我们可以通过判断用户的 Email 地址是否和配置变量 ALBUMY_ADMIN_EMAIL 设置的值相吻合来识别管理员，进而对用户设置不同的角色——通过关系属性 User.role 与对应的 Role 记录建立关系。

顺便说一句，如果你想为数据库中已经创建的用户写入角色和权限，可以创建一个函数或静态方法，然后手动调用，比如：

```python
def init_role_permission():
    for user in User.query.all():  # 迭代 User 模型中的所有记录
        if user.role is None:
            if user.email == current_app.config['ALBUMY_ADMIN_EMAIL']:
                user.role = Role.query.filter_by(name='Administrator').first()
            else:
                user.role = Role.query.filter_by(name='User').first()
        db.session.add(user)
    db.session.commit()
```

9.4.4　验证用户权限

判断某个用户是否拥有某项权限，实际上就是判断该用户在数据库中对应的角色记录关联的权限记录中是否包含该项权限。通过调用关系属性，我们可以获得某个用户角色记录和对应的权限记录列表：

```python
>>> foo = User.query.get(1)
>>> foo.role
<Role u'User'>
>>> foo.role.permissions
[<Permission u'FOLLOW'>, <Permission u'COLLECT'>, <Permission u'COMMENT'>,
    <Permission u'UPLOAD'>]
```

验证权限的过程相当简单，假设我们现在要验证该用户是否有上传的权限，首先应获取权

限对象:

```
>>> upload_permission = Permission.query.filter_by(name='UPLOAD').first()
```

某个用户所拥有的权限对象列表可以通过叠加调用关系属性获取,即 user.role.permissions,那么我们只需要判断上传权限是否包含在这个权限列表中即可:

```
>>> upload_permission in user_a.role.permissions
True
```

为了让验证过程更加便捷,我们在 User 模型中创建了一个验证方法 can(),它接收权限名称作为参数,返回代表验证状态的布尔值,如代码清单 9-14 所示。

代码清单9-14　albumy/models.py:添加权限验证方法

```
class User(UserMixin, db.Model):
    ...
    @property
    def is_admin(self):
        return self.role.name == 'Administrator'

    def can(self, permission_name):
        permission = Permission.query.filter_by(name=permission_name).first()
        return permission is not None and self.role is not None and \
            permission in self.role.permissions
```

因为验证管理员权限是个常用的功能,除了 can() 方法外,我们还实现了一个 is_admin 属性,它通过判断用户对象的角色名是否为 Administrator 实现。

我们希望可以在模板和视图函数里通过调用 current_user.can() 来验证当前用户的权限,但这会遇到一点小问题。Flask-Login 提供的 current_user 是当前用户的代理对象,我们经常借助它来调用 User 类的方法和属性,但是当用户未登录时,current_user 指向的用户对象是 Flask-Login 提供的匿名用户类,而这个类并没有 can() 方法可供调用。为了可以方便、直接对 current_user 调用 can() 方法而不必判断用户的登录状态,我们将为匿名用户,也就是访客(Guest)创建单独的类,并为其添加 can() 方法和 is_admin 属性。这个类继承 Flask-Login 提供的 AnonymousUserMixin 类,可以在 extensions 模块中创建,相应代码如下所示:

```
from flask_login import AnonymousUserMixin

class Guest(AnonymousUserMixin):
    @property
    def is_admin(self):
        return False

    def can(self, permission_name):
        return False

login_manager.anonymous_user = Guest
```

创建访客类后,我们还需要将 login_manager.anonymous_user 的值设为这个类。现在,当访客浏览网站时,程序中的 current_user 将指向这个 Guest 类的实例。因为访客不具有任何已经定义的权限，更不可能是管理员，所有 can() 方法和 is_admin 属性均直接返回 False。

检查权限的代码基本相同，有些视图仅开放给具有某些权限的用户，为了避免在多个视图函数里重复这部分验证代码，我们像 confirm_required 一样，把这部分代码定义成装饰器，如代码清单 9-15 所示。

代码清单9-15　albumy/decorators.py：权限验证装饰器

```python
from functools import wraps
from flask_login import current_user


def permission_required(permission_name):
    def decorator(func):
        @wraps(func)
        def decorated_function(*args, **kwargs):
            if not current_user.can(permission_name):
                abort(403)
            return func(*args, **kwargs)
        return decorated_function
    return decorator


def admin_required(func):
    return permission_required('ADMINISTER')(func)
```

检查权限的 permission_required() 装饰器接收权限名称作为参数。通过对当前用户实例调用 can() 方法，并传入权限名称来验证权限，当用户不具有相应权限时就返回 403 错误。因为有些视图和操作仅面向管理员开放，故我们还创建了一个只用来检查是否是管理员的 admin_required 装饰器，这个装饰器内部使用 permission_required() 装饰器，传入管理员权限的名称 "ADMINISTER" 作为参数。

现在我们可以在视图函数前附加这两个装饰器来验证用户权限，而在模板中，则直接调用 User 模型的 can() 方法验证，后面我们会介绍如何实际运用这些装饰器和验证函数。

> **注意**　有些视图开放给所有用户，但有些功能需要权限验证，这时需要在视图函数中手动使用 can() 方法验证权限。比如，显示文章的视图所有用户都可以访问，但同一个视图处理评论提交的功能则仅开放给拥有评论权限的用户，这时不能使用装饰器，而是要在评论处理代码前添加 if 判断验证权限。

9.5　使用 Flask-Dropzone 优化文件上传

在第 4 章，我们已经学习了如何使用 Flask-WTF 创建上传表单，并且在服务器端对上传文件的大小、类型等进行了验证。对于单个文件来说，使用上传字段并添加一些样式已经足够了。而如果上传多个文件，仅仅显示一个上传按钮对用户不太友好。在上传文件等待服务器返回响应的过程中，浏览器会进入临时的"挂起"状态，尤其是上传多个文件时，上传过程中页面没有任何变化，只有浏览器左下方会显示上传的进度。对于用户来说，这时候他们更希望看到一个完善的上传页面，其中包含所有选中文件的列表，以及对应的文件名和上传进度，如果是图片则可以显示一张缩略图。

我们可以借助 JavaScript 库实现在客户端实时显示文件上传状态,而且这些 JavaScript 上传库还提供了文件的客户端验证功能。常用的 JavaScript 文件上传库有 jQuery File Upload、Dropzone.js 和 Plupload 等。

Dropzone.js(http://www.dropzonejs.com)是一个开源的 JavaScript 上传插件,它几乎可以胜任我们上面设想的所有要求。除此之外,它还提供了拖拽上传功能,可以在客户端对文件的大小、类型进行过滤,而且有丰富的自定义选项,使用它可以让上传过程变得鲜活有趣,不至于让用户在这个过程中感到无聊。

扩展 Flask-Dropzone 集成了 Dropzone.js,简化了大部分设置,并内置了对 CSRFPortect 扩展的支持。我们首先使用 Pipenv 安装它:

```
$ pipenv install flask-dropzone
```

然后在 extensions 模块中实例化扩展类 Dropzone:

```
from flask_dropzone import Dropzone
dropzone = Dropzone()
```

最后在工厂函数中调用 init_app() 方法初始化扩展:

```
from albumy.extensions import dropzone
...
def register_extensions(app):
    ...
    dropzone.init_app(app)
```

 提示 如果你从 GitHub 上复制了示例程序,可以执行 git checkout dropzone 签出程序的新版本。程序的新版本添加了图片上传和处理功能。

9.5.1 配置 Flask-Dropzone

Flask-Dropzone 提供了一系列配置以对上传行为进行定制,常用的 Flask-Dropzone 配置如表 9-3 所示。

表 9-3　Flask-Dropzone 提供的配置选项

配 置 键	默 认 值	说 明
DROPZONE_SERVE_LOCAL	False	是否加载内置的本地资源,默认从 CDN 加载
DROPZONE_MAX_FILE_SIZE	3	文件最大体积,单位为 MB
DROPZONE_INPUT_NAME	file	<input> 标签的 name 属性值
DROPZONE_ALLOWED_FILE_TYPE	'default'	允许的文件类型
DROPZONE_MAX_FILES	'null'	每次上传的最大文件数量
DROPZONE_REDIRECT_VIEW	None	上传完成后重定向的目标端点
DROPZONE_DEFAULT_MESSAGE	"Drop files here or click to upload"	显示在上传区域的提示信息

附注　完整的可用配置列表见 Flask-Dropzone 文档的配置部分：https://flask-dropzone.readthe-docs.io/en/latest/configuration.html。

我们通过下面的配置来设置允许的文件最大值和单次上传最大数量：

```
DROPZONE_MAX_FILE_SIZE = 3
DROPZONE_MAX_FILES = 30
```

为了在服务器端验证文件上传大小，我们还设置了 Flask 内置的 MAX_CONTENT_LENGTH 配置变量：

```
MAX_CONTENT_LENGTH = 3 * 1024 * 1024
```

提示　当在服务器端验证时文件大小超出限制时会返回 413 错误，我们已经为 413 错误编写了对应的错误处理函数和模板，具体可以到源码仓库中查看。

Dropzone.js 通过文件的 MIME 类型以及后缀名判断文件类型。用来设置允许的文件类型的 DROPZONE_ALLOWED_FILE_TYPE 配置变量接收 Flask-Dropzone 内置的类型值。可用的内置文件类型变量值如表 9-4 所示。

表 9-4　Flask-Dropzone 内置的文件类型配置值

配 置 键 值	文 件 类 型
'default'	'image/*, audio/*, video/*, text/*, application/*'
'image'	'image/*'
'audio'	'audio/*'
'video'	'video/*'
'text'	'text/*'
'app'	'application/*'

在我们的 Albumy 程序中仅允许上传图片，所以需要将配置变量 DROPZONE_ALLOWED_FILE_TYPE 设置为 image：

```
DROPZONE_ALLOWED_FILE_TYPE = 'image'
```

如果你想自定义允许的文件类型，首先需要将配置键 DROPZONE_ALLOWED_FILE_CUSTOM 设为 True，然后传入一个由文件 MIME 类型和后缀名组成的字符串（使用逗号隔开），比如：

```
DROPZONE_ALLOWED_FILE_CUSTOM = True
DROPZONE_ALLOWED_FILE_TYPE = 'image/*, .pdf, .txt'
```

当上传失败时，图片缩略图下面会显示一个错误提示弹窗。错误提示的语言默认为英文，我们可以使用 Flask-Dropzone 提供的配置变量来自定义提示消息。Flask-Dropzone 提供的自定义错误消息配置如表 9-5 所示。

表9-5 错误消息配置变量

配 置 变 量	默 认 值	说 明
DROPZONE_INVALID_FILE_TYPE	You can't upload files of this type.	文件类型错误
DROPZONE_FILE_TOO_BIG	File is too big {{filesize}}. Max file-size: {{maxFilesize}}MiB.	文件大小超出限制，其中 {{filesize}} 和 {{maxFilesize}} 会被替换为文件大小和最大值
DROPZONE_SERVER_ERROR	Server error: {{statusCode}}	服务器端错误，其中 {{statusCode}} 会被替换为状态码
DROPZONE_BROWSER_UNSUPP-ORTED	Your browser does not support drag'n'drop file uploads.	浏览器不支持
DROPZONE_MAX_FILE_EXCEED	Your can't upload any more files.	超出最大上传数量

另外，Flask-Dropzone 还内置了对 CSRFProtect 扩展的支持，我们可以使用 CSRFProtect 来添加对上传文件请求的 CSRF 保护。首先实例化 Flask-WTF 提供的 CSRFProtect 类，并传入程序实例：

```
from flask_wtf.csrf import CSRFProtect
csrf = CSRFProtect()
```

将 Flask-Dropzone 提供的 DROPZONE_ENABLE_CSRF 配置变量设为 True 即可开启 CSRF 保护。Flask-Dropzone 会在上传区域对应的表单中添加 CSRF 令牌隐藏字段，在处理文件上传请求时，CSRFProtect 会自动验证 CSRF 令牌：

```
DROPZONE_ENABLE_CSRF = True
```

9.5.2 渲染上传区域

用于上传图片的 upload.html 模板如代码清单 9-16 所示。

代码清单9-16 albumy/templates/main/upload.html：图片上传页面

```
{% extends 'base.html' %}

{% block title %}Upload{% endblock %}

{% block styles %}
{{ super() }}
<link rel="stylesheet" href="{{ url_for('static', filename='css/dropzone.min.
    css') }}" type="text/css">
{{ dropzone.style('margin: 20px 0; border: 2px dashed #0087F7; min-height:
    400px;') }}
{% endblock %}

{% block content %}
<div class="page-header">
    <h1>Upload</h1>
</div>
<div class="row">
```

```
        <div class="col-md-12">
            {{ dropzone.create(action='main.upload') }}
            <a class="btn btn-light float-right" href="{{ url_for('user.index', user
                name=current_user.username) }}">Done</a>
        </div>
    </div>
{% endblock %}

{% block scripts %}
{{ super() }}
<script src="{{ url_for('static', filename='js/dropzone.min.js') }}"></script>
{{ dropzone.config() }}
{% endblock %}
```

在 upload.html 中，我们分别在 styles 和 scripts 块中加载 Dropzone.js 提供的 CSS 和 Java-Script 文件，这些文件可以访问 http://www.dropzonejs.com/ 下载。

Flask-Dropzone 在模板中通过 dropzone 对象提供了多个方法，其中最关键的是 dropzone.config() 方法和 dropzone.create() 方法。前者用来配置 Dropzone.js，后者用来创建上传区域对应的表单和上传字段。我们在需要显示上传区域的地方调用 dropzone.create() 方法。在 HTML 中，表单的 action 属性值是表单被提交的目标 URL。你需要告诉 Dropzone.js 上传的文件数据应该提交到哪一个 URL，这通过 dropzone.create() 方法中的 action 参数设置，可以传入端点值或 URL。在加载相应的 JavaScript 文件后，我们调用 dropzone.config() 方法加载配置。

> **提示**　在开发时，你也可以分别使用 dropzone.load_css() 和 dropzone.load_js() 方法加载 Drop-zone.js 的 CSS 和 JavaScript 文件。默认从 CDN 加载上述文件，通过将 DROPZONE_SERVE_LOCAL 配置变量设为 True 可以使用内置的本地资源。另外，这两个方法分别支持使用 css_url 和 js_url 参数传入自定义资源的 URL。和 Flask-CKEditor 提供的 ckeditor.load() 方法类似，这两个方法仅用来生成资源加载代码，所以在手动加载资源时可以不使用这个方法。

默认的上传区域很普通，我们在加载 Dropzone 提供的 CSS 文件后使用 dropzone.style() 方法传入自定义 CSS 规则，效果等同于在加载 CSS 文件后为 .dropzone 类定义 CSS 规则。模板渲染后的上传页面如图 9-3 所示。

9.5.3　处理并保存上传图片

Dropzone.js 并不会帮你完成所有的工作，它负责在客户端接收文件、过滤文件类型、限制文件大小和数量等工作。它会把通过验证的文件发送到服务器，我们则需要在服务器端对文件进行验证和保存。

1. 保存图片

为了保存每个图片的信息，除了将图片文件保存到文件系统外，我们还需要在数据库中为图片创建记录。代码清单 9-17 所示是保存图片信息的 Photo 模型的代码。

图 9-3　渲染后的上传区域

代码清单9-17　albumy/models.py：图片模型

```python
from datetime import datetime

class Photo(db.Model):
    id = db.Column(db.Integer, primary_key=True)
    description = db.Column(db.String(500))
    filename = db.Column(db.String(64))
    timestamp = db.Column(db.DateTime, default=datetime.utcnow)
```

description 字段存储图片的描述文章，filename 字段存储文件名，timestamp 字段则存储图片上传时间。User 模型和 Photo 模型的一对多关系如下所示：

```python
class User(UserMixin, db.Model):
    ...
    photos = db.relationship('Photo', back_populates='author', cascade='all')

class Photo(db.Model):
    ...
    author_id = db.Column(db.Integer, db.ForeignKey('user.id'))
    author = db.relationship('User', back_populates='photos')
```

我们在 Photo 模型中创建一个外键字段 author_id 存储 User 记录的 id 值。在 User 类中的集合关系属性 photos 中，我们把级联设为 all，这样当某个用户被删除时，对应的图片记录也可以被一并删除。

在开发时，为了便于测试，我们把图片文件保存到项目根目录下创建的 uploads 文件夹下，这个上传路径保存到配置变量 ALBUMY_UPLOAD_PATH 中，以便于在程序中获取：

```
basedir = os.path.abspath(os.path.dirname(os.path.dirname(__file__)))
...
ALBUMY_UPLOAD_PATH = os.path.join(basedir, 'uploads')
```

> **提示**　在生产环境下你需要选择更合适的存储位置，设置更合理的文件夹层级，或是使用单独的服务器或专业的存储服务（比如 Amazon S3）来保存上传的图片等文件。

代码清单 9-18 所示是处理上传文件的 upload 视图的实现代码。

代码清单9-18　albumy/blueprints/main.py：在视图函数中验证和保存Dropzone.js提交的文件

```python
from flask_dropzone import random_filename
from albumy.decorators import permission_required, confirm_required


@main_bp.route('/upload', methods=['GET', 'POST'])
@login_required  # 验证登录状态
@confirm_required  # 验证确认状态
@permission_required('UPLOAD')  # 验证权限
def upload():
    if request.method == 'POST' and 'file' in request.files:
        f = request.files.get('file')  # 获取图片文件对象
        filename = random_filename(f.filename)  # 生成随机文件名
        f.save(os.path.join(current_app.config['ALBUMY_UPLOAD_PATH'], filename))
            # 保存图片文件
        photo = Photo(  # 创建图片记录
            filename=filename,
            author=current_user._get_current_object()
        )
        db.session.add(photo)
        db.session.commit()
    return render_template('main/upload.html')
```

除了 login_required 装饰器外，我们还为 upload 视图附加了 confirm_required 装饰器和 permission_required('UPLOAD')，前者用来过滤未确认邮箱地址的用户，后者用来过滤没有 UP-LOAD 权限的用户。

为了避免用户绕过客户端验证，我们仍然需要在服务器端对上传的文件进行验证。这里的处理方式和我们在第 4 章多文件上传一节介绍的手动验证和获取上传文件基本相同，Flask-Dropzone 创建的上传字段 name 属性值默认为 file，我们使用这个值作为键获取文件，重命名文件名后保存到指定路径。图片保存后，我们创建相应的 Photo 类实例作为图片记录，将图片的文件名保存到 filename 字段中，最后提交数据库会话。

> **注意**　保存图片时，我们使用 author 关系属性与用户对象建立关系，这里需要对代理对象 current_user 调用 _get_current_object() 方法获取真实的用户对象，而不是使用代理对象 current_user。

> **提示**　Flask-Dropzone 内置了一个用来生成随机文件名的 random_filename() 函数，类似我们在第 4 章介绍文件上传时编写的 random_filename() 函数，这个函数可以直接从 flask_dropzone 包中导入。

需要注意的是，Dropzone.js 通过 AJAX 请求发送文件，每个文件发送一个请求。因此，在处理 AJAX 请求的视图函数中，我们无法像常规的 HTTP 请求那样返回重定向响应、使用 flash() 函数或是操作 session。当发生错误时，我们应该返回错误消息作为响应的主体，然后设置对应的错误状态码。假设我们使用一个 check_image() 函数来检查图片有效性：

```
def upload():
    if request.method == 'POST' and 'file' in request.files:
        f = request.files.get('file')
        if not check_image(f):
            return 'Invalid image.', 400
    ...
```

客户端的 Dropzone.js 接收到错误响应后会把响应主体作为错误提示弹窗显示在上传失败的文件上。

> 提示　基于这个机制，你也可以在服务器端进行额外的验证流程。比如验证图片文件是否损坏，图片大小是否符合要求，进行色情图片识别等，如果不符合要求就返回错误响应并附加错误消息作为响应主体。

图片上传的效果如图 9-4 所示。

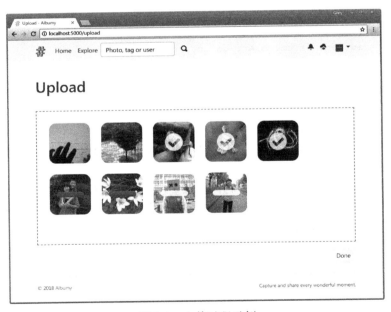

图 9-4　上传过程示例

Dropzone.js 使用 AJAX 上传的数据，所以在上传完成后，并不会把网页的控制权交还给 Flask 的视图函数，我们在 upload 视图中保存图片后设置重定向并不会生效。有两种方法来实现上传后的跳转，第一种是在上传页面添加一个按钮，让用户手动跳转。另外，Flask-Dropzone 提供了自动跳转，可以通过配置键 DROPZONE_REDIRECT_VIEW 设置一个跳转的目标端点。

如果你有多个上传页面，可以在 create() 方法中使用 redirect_url 参数指定上传后跳转的端点或
URL。

　　用户有可能会分多次上传图片，把上传过程的控制权交给用户也是个不错的选择。在
Albumy 程序中，我在上传区域的下方添加了一个按钮，指向用户主页。当用户完成上传后，可
以通过单击这个按钮来跳转到自己的主页。

📖 **附**
注　第 4 章的示例程序中也包含了一个使用 Flask-Dropzone 集成 Dropzone.js 的简单示例。

---

2. 图片裁剪

　　网页中包含大量图片会延长页面的加载速度，为了优化页面加载速度，最基本的做法是在
不同的场景下使用不同尺寸的图片。比如，在用户主页显示图片的小型尺寸；在图片展示页面，
使用中型尺寸；在查看原图页面使用原始尺寸。在用户上传图片时，我们需要对上传的图片进
行缩小。

　　在 Photo 模型中，除了保存文件名的 filename 字段，我们还创建了两个类似的字段：file-
name_s 和 filename_m，它们分别用于存储小型尺寸（small）的图片文件名和中型尺寸（medium）
的图片文件名：

```
class Photo(db.Model):
    ...
    filename = db.Column(db.String(64))
    filename_s = db.Column(db.String(64))
    filename_m = db.Column(db.String(64))
    ...
```

　　我们需要在文件上传后对图片进行缩放处理，然后保存这两种尺寸的文件名到上述两个字
段里。为了方便对文件名做区分，我们需要为图片文件名添加后缀，尺寸和后缀名的匹配关系通
过两个配置变量来表示：

```
ALBUMY_PHOTO_SIZE = {'small': 400, 'medium': 800}
ALBUMY_PHOTO_SUFFIX = {
    ALBUMY_PHOTO_SIZE['small']: '_s',  # thumbnail
    ALBUMY_PHOTO_SIZE['medium']: '_m',  # display
}
```

　　我们在 ALBUMY_PHOTO_SIZE 中设置了与两种尺寸对应的实际大小，分别为 400px 和
800px；在 ALBUMY_PHOTO_SUFFIX 中则存储了与两种大小对应的文件名后缀。

　　代码清单 9-19 所示是用于生成不同尺寸的图片 resize_image() 函数。

代码清单9-19　albumy/utils.py：裁剪图片

```
def resize_image(image, filename, base_width):
    filename, ext = os.path.splitext(filename)
    img = Image.open(image)
    if img.size[0] <= base_width:
        return filename + ext
    w_percent = (base_width / float(img.size[0]))
    h_size = int((float(img.size[1]) * float(w_percent)))
```

```
    img = img.resize((base_width, h_size), PIL.Image.ANTIALIAS)

    filename += current_app.config['ALBUMY_PHOTO_SUFFIX'][base_width] + ext
    img.save(os.path.join(current_app.config['ALBUMY_UPLOAD_PATH'], filename),
        optimize=True, quality=85)
    return filename
```

在 resize_image() 函数中，我们首先判断图片的宽度是否小于要设置的宽度，如果小于，那么就不需要裁剪，直接返回原文件的文件名。接着我们根据图片的设置宽度对图片进行缩小处理，最后调用图片对象的 save() 方法将图片保存在上传文件夹并返回文件名，文件名中的后缀通过将传入的宽度值作为键从 ALBUMY_PHOTO_SUFFIX 获取。

> 提示 在调用 save() 方法时，可以通过 optimize 参数设置是否进行压缩，默认为 False；quality 参数则用来设置图片质量，适当降低质量可以在保持画质的情况下减少文件体积。

在 upload 视图中，我们在保存文件后调用 resize_image() 函数生成中型和小型尺寸的图片，并保存到对应的模型类字段中：

```
from albumy.utils import resize_image

@main_bp.route('/upload', methods=['GET', 'POST'])
@login_required
@confirm_required
@permission_required('UPLOAD')
def upload():
    ...
        ...
            f.save(os.path.join(current_app.config['ALBUMY_UPLOAD_PATH'], filename))
            filename_s = resize_image(f, filename,current_app.config['ALBUMY_
            PHOTO_SIZE']['small'])
            filename_m = resize_image(f, filename,current_app.config['ALBUMY_
            PHOTO_SIZE']['medium'])

            photo = Photo(
                filename=filename,
                filename_s=filename_s,
                filename_m=filename_m,
                author=current_user._get_current_object()
            )
            db.session.add(photo)
            db.session.commit()
    return render_template('main/upload.html')
```

在实际的应用中，中型尺寸的图片展示在详情页，而在用户主页等展示图片列表的地方则使用小型尺寸。在用户想要查看原图时，则使用原始尺寸。

9.6　使用 Flask-Avatars 处理用户头像

几乎在所有的社交网站里，用户都会拥有自己的头像。头像会和用户的名字放在一起，作为用户的另一个重要标识。这一节我们会学习生成用户头像的各种常见方式。

提示　如果你从 GitHub 上复制了示例程序，可以执行 git checkout avatars 签出程序的新版本。
程序的新版本集成了 Flask-Avatars。

扩展 Flask-Avatars 提供了用户头像的多种实现方式：默认头像、在线头像（Gravatar 等）、社交网站头像（Facebook、Twitter 或是 Instagram）、生成随机头像以及用户上传自定义头像等。首先使用 pipenv 安装 Flask-Avatars 及其依赖：

```
$ pipenv install flask-avatars
```

实例化扩展类 Avatars：

```
from flask_avatars import Avatars
avatars = Avatars()
```

最后在工厂函数中对 avatars 对象调用 init_app() 方法初始化扩展：

```
from albumy.extensions import avatars
...
avatars.init_app(app)
```

 附注　Avatar 本意是"具体化，神的化身"，也是阿凡达的英文原词，在网络中通常被用来表示用户头像。

9.6.1　默认头像

当用户注册以后，此时还没有设置自定义头像，我们需要给用户设置一个默认头像。除了自己添加图片文件到 static 目录，然后在模板中引用外，我们也可以使用 Flask-Avatars 提供的默认头像。Flask-Avatars 在模板中开放了 avatars 类，对这个类调用 default() 方法可以获取它内置的默认头像（一个灰色背景的人形轮廓图片）的 URL：

```
<img src="{{ avatars.default() }}">
```

可选的 size 参数表示图片的大小，图片的宽度和高度相同。Flask-Avatars 提供了三种尺寸选项：s、m 和 l，分别表示 small（48px）、medium（128px）、large（256px），默认为 m。如果你需要其他尺寸，可以使用最接近的尺寸选项，然后在 <img> 标签中设置 width 和 height 属性或设置 CSS 样式类。

9.6.2　生成随机头像

Flask-Avatars 提供的默认头像太过简陋，而且不能增加用户的辨识度，我们一般只在开发时作为占位头像来使用；另一方面，Gravatar 等在线头像服务在国内偶尔会出现无法访问的情况。在这种情况下，对于初始化头像，我们可以使用 Flask-Avatars 为用户在本地生成一个 Identicon 头像文件。

附注　Identicon（http://en.wikipedia.org/wiki/Identicon）是一种基于用户信息的散列值（hash value）图形，通常会使用用户的 IP 地址、Email 地址或是用户名等信息作为输入值，常用来作为用户注册后的初始化头像。

在生成头像之前，我们需要进行一些基础配置。配置键 AVATARS_SAVE_PATH 用来设置头像文件的保存路径，Albumy 中的这个路径通过 ALBUMY_UPLOAD_PATH 构建，我们在上传路径对应的 uploads 文件夹中创建一个子文件夹 avatars 作为存储头像的路径；配置键 AVATARS_SIZE_TUPLE 用来设置三种尺寸的头像图片大小，这个值必须由一个包含三个元素的元组组成，元组中的数字分别表示小、中、大三个尺寸，默认值为"(30, 60, 150)"。Albumy 的设置如下所示：

```
AVATARS_SAVE_PATH = os.path.join(ALBUMY_UPLOAD_PATH, 'avatars')
AVATARS_SIZE_TUPLE = (30, 100, 200)
```

 附注 目前头像的处理一般有两种，常用的做法是按照使用场景一次性生成三种尺寸的头像，这种方式比较简单，存储和缓存都比较方便。还有一些网站会根据请求的参数实时生成不同尺寸的图片，这种方式更加灵活，但会增加服务器压力。Flask-Avatars 目前仅支持使用三种尺寸的头像组织方式，在下一个主版本会支持根据参数动态生成对应尺寸头像的功能。

生成头像的最佳时间是在用户注册时，我们创建一个用于生成随机头像文件的 generate_avatar() 方法，在 User 类的构造方法中调用。三种尺寸头像的文件名则分别保存到新创建的 avatar_s、avatar_m、avatar_l 字段里，如代码清单 9-20 所示。

代码清单9-20 albumy/models.py：生成头像文件

```python
from flask_avatars import Identicon

class User(UserMixin, db.Model):
    # ...
    avatar_s = db.Column(db.String(64))
    avatar_m = db.Column(db.String(64))
    avatar_l = db.Column(db.String(64))

    def __init__(self, **kwargs):
        super(User, self).__init__(**kwargs)
        ...
        self.generate_avatar()

    def generate_avatar(self):
        avatar = Identicon()
        filenames = avatar.generate(text=self.username)
        self.avatar_s = filenames[0]
        self.avatar_m = filenames[1]
        self.avatar_l = filenames[2]
        db.session.commit()
```

Flask-Avatars 提供了用于生成 Identicon 头像的 Identicon 类。Identicon 头像的雏形是九宫格的随机图形，而 Flask-Avatars 生成的 Identicon 是类似 Gravatar 中 retro 风格的像素点图形。在实例化 Identicon 类时，通过 cols 和 rows 参数，我们可以自定义图形每行和每列的组成点数，默认值为 7；通过 bg_color 参数可以自定义背景颜色，传入三个元素元组作为 RGB 颜色值，默认为随机颜色。

在 generate_avatar() 方法中，我们实例化 Identicon 类，接着使用 generate() 方法创建头像，参数 text 用来指定生成头像的随机文本。generate() 方法会生成并保存随机头像文件，返回生成的三个尺寸文件的文件名（从小到大排列）。我们把返回的文件名分别赋值给 User 模型中的 avatar_s、avatar_m 和 avatar_1 字段。

根据 Flask-Avatars 的要求，我们需要创建一个类似 Flask 内置的 static 视图的视图函数。这个视图函数需要接收文件路径作为参数，返回对应的图片文件。我们将其命名为 get_avatar()，如下所示：

```
@main_bp.route('/avatars/<path:filename>')
def get_avatar(filename):
    return send_from_directory(current_app.config['AVATARS_SAVE_PATH'], filename)
```

URL 中的变量默认的转换器为 string，它会接收所有文本但会忽略斜线，使用 path 转换器可以避免斜线被过滤掉。一个可能的文件名中包含斜线的情况是，在保存图片时根据某种规则创建了子文件夹。

> **提示**　在生产环境中，我们通常会使用性能更高的 Web 服务器来处理静态文件请求，具体将在第 14 章进行介绍。

在模板中，我们可以通过这个视图生成头像文件的 URL 来获取对应的文件。因为三种尺寸的头像文件名分别存储在三个数据库字段中，所以要想获取对应的头像，只需传入对应的字段值即可。

举例来说，在导航栏中，头像仅作为点缀，可以显示小尺寸头像，通过 avatar_s 字段获取文件名：

```
<img src="{{ url_for('main.get_avatar', filename=current_user.avatar_s) }}">
```

相应的，在图片页右侧的用户卡片中、收藏者列表、评论列表、关注者列表以及用户资料弹窗中，头像作为识别用户的标志，可以显示中等尺寸的头像，这时使用 avatar_m 字段；在用户主页，用户资料作为主体信息，为了更清晰地展示用户个人信息，可以显示大尺寸头像，这时使用 avatar_1 字段。

9.7　图片展示与管理

图片上传后，需要显示出来。目前来说，有两个主要的展示页面，一个是用户主页，另一个是图片详情页。在网络中，资源使用 URL 表示，图片上传到了我们设置的 upload 文件夹后，为了能够通过 URL 引用图片文件，我们需要创建一个视图函数来获取图片文件。和前面创建的获取头像文件的 get_avatar() 函数类似，我们创建一个 get_image() 函数，如下所示：

```
@main_bp.route('/uploads/<path:filename>')
def get_image(filename):
    return send_from_directory(current_app.config['ALBUMY_UPLOAD_PATH'], filename)
```

　　get_image() 函数接收文件名作为参数，它使用 Flask 提供的 send_from_directory() 函数从指定的位置获取文件。当我们需要在模板中显示一张图片时，可以使用这个视图获取图片的 URL，比如：

```
<img src="{{ url_for('main.get_image', filename=photo.filename) }}">
```

 如果你从 GitHub 上复制了示例程序，可以执行 git checkout photo 签出程序的新版本。程序的新版本实现了图片的展示和管理功能。

9.7.1　在用户主页显示图片列表

　　在用户的个人主页上，除了显示用户的图片列表外，还会显示用户的姓名、用户名、自我介绍等大部分个人资料。这部分内容在用户的主页（user/index.html）、收藏图片页面（user/collections.html）、关注者页面（user/followers.html）以及正在关注页面（user/following.html）都会显示，所以可以将这部分内容抽离到局部模板 user/_header.html 中，如代码清单 9-21 所示。

代码清单9-21　albumy/templates/user/_header.html：用户主页资料局部模板

```
{% from 'bootstrap/nav.html' import render_nav_item %}
...
<div class="row">
    <div class="col-md-3">
        <img class="img-fluid rounded avatar-l" src="{{ url_for('main.get_
            avatar', filename=user.avatar_l) }}">
    </div>
    <div class="col-md-9">
        <h1>{{ user.name }}
            <small class="text-muted">{{ user.username }}</small>
        </h1>
        {% if user.bio %}<p>{{ user.bio }}</p>{% endif %}
        <p>
            {% if user.website %}
            <span class="oi oi-link-intact"></span>
            <a href="{{ user.website }}" target="_blank">{{ user.website|truncate(30)
                }}</a>  
            {% endif %}
            {% if user.location %}
            <span class="oi oi-map-marker"></span>
            <a href="https://www.google.com/maps?q={{ user.location }}" target="_
                blank">{{ user.location|truncate(20) }}</a>  
            {% endif %}
            <span class="oi oi-calendar"></span>
            Joined {{ moment(user.member_since).format('LL') }}
        </p>
    </div>
</div>
<div class="user-nav">
    <ul class="nav nav-tabs">
        {{ render_nav_item('user.index', 'Photo', user.photos|length, user
            name=user.username) }}
    </ul>
</div>
```

用户的加入时间存储在 User 类的 member_since 字段，这个字段会在用户注册时通过初始化 User 类而设置默认值，这里使用 Flask-Moment 渲染。用户对象的 city 字段存储城市信息，我们将这个字符渲染为链接，链接通过将城市值拼接到 https://www.google.com/maps?q= 后，作为查询参数传入 Google 地图，打开后会在 Google 地图上显示相关结果。

> 💿 提示 虽然我们允许用户输入长达 255 个字符的 URL，但是在显示时为了避免破坏页面结构我们必须对显示的长度进行截取，这里使用 truncate 过滤器设置最多显示 30 个字符。location 属性存储的城市信息也使用同样的方式处理。

和上一章类似，在 Albumy 中我们也使用 Bootstrap-Flask 提供的 render_nav_item() 宏渲染导航按钮，额外传入的关键字参数 username 会被传入 url_for() 函数。为了支持在用户主页上的导航部件上显示图片数量标记，我们要在调用时通过第三个参数（badge）传入数量值。

在用户资料的下方，我们要分页显示用户的图片。图片排列有很多种方式，比如瀑布流布局（Pinterest）、自适应宽度列表布局（Flickr/500px/Google Photos）。出于简单考虑，同时让图片显得整齐有序，我们将使用和 Instagram 类似的固定宽度列表布局。每行显示三张小型尺寸的图片，图片进行分页处理，每一页显示 12 张图片。显示图片列表的 user.index 视图的实现代码如代码清单 9-22 所示。

代码清单9-22　albumy/blueprints/user.py：用户主页

```
@user_bp.route('/<username>')
def index(username):
    user = User.query.filter_by(username=username).first_or_404()
    page = request.args.get('page', 1, type=int)
    per_page = current_app.config['ALBUMY_PHOTO_PER_PAGE']
    pagination = Photo.query.with_parent(user).order_by(Photo.timestamp.desc()).
        paginate(page, per_page)
    photos = pagination.items
    return render_template('user/index.html', user=user, pagination=pagination,
        photos=photos)
```

用户主页的 URL 应该尽量简单易记，因此我们使用用户的用户名构建用户主页的 URL。通过用户名从数据库中获取对应的用户对象，使用 first_or_404() 函数在没有对应用户时返回 404 错误。接着，我们从用户模型和图片的一对多关系中获取用户的所有图片，按照上传时间降序排列，并对所有记录进行分页处理。

在标签页面和用户主页显示的图片列表在模板中的代码基本相同，我们把渲染单个图片卡片的代码编写为一个 photo_card() 宏，方便在各个模板中调用，如代码清单 9-23 所示。

代码清单9-23　albumy/templates/macros.html：图片卡片宏

```
{% macro photo_card(photo) %}
<div class="photo-card card">
    <a class="card-thumbnail" href="{{ url_for('main.show_photo', photo_id=photo.
        id) }}">
        <img class="card-img-top portrait" src="{{ url_for('main.get_image', file
            name=photo.filename_s) }}">
```

```
    </a>
    <div class="card-body">
        <span class="oi oi-star"></span> {{ photo.collectors|length }}
        <span class="oi oi-comment-square"></span> {{ photo.comments|length }}
    </div>
</div>
{% endmacro %}
```

图片的 URL 通过 main.get_image 视图获取，它接收文件名作为参数，我们在这里使用小尺寸的图片。图片标签外部的 <a> 标签用来访问图片的详情页面，我们会在下一小节实现它。另外，图片下方的两个图标分别通过 photo.collectors 和 photo.comments 关系属性获取收藏次数和评论数量，后面会具体介绍。

借助 photo_card() 宏，渲染图片列表会变得很容易，代码清单 9-24 所示是渲染图片列表的用户主页模板（user/index.html）的实现代码。

代码清单9-24　albumy/templates/user/index.html：用户主页

```
{% extends 'base.html' %}
{% from 'bootstrap/pagination.html' import render_pagination %}
{% from 'macros.html' import photo_card %}

{% block title %}{{ user.name }}{% endblock %}

{% block content %}
{% include 'user/_header.html' %}
<div class="row">
    <div class="col-md-12">
        {% if photos %}
            {% for photo in photos %}
                {{ photo_card(photo) }}
            {% endfor %}
        {% else %}  <!-- 没有图片时显示提示文字 -->
        <div class="tip text-center">
            <h3>No photos.</h3>
            {% if user == current_user %}
                <!-- 如果是当前用户自己的主页，显示上传页面链接 -->
                <a class="btn btn-link" href="{{ url_for('main.upload') }}">Upload</a>
            {% else %}  <!-- 否则显示探索页面链接 -->
                <a class="btn btn-link" href="{{ url_for('main.explore') }}">Explore</a>
            {% endif %}
        </div>
        {% endif %}
    </div>
</div>
{% if photos %}
<div class="page-footer">
    {{ render_pagination(pagination, align='center') }}
</div>
{% endif %}
{% endblock %}
```

我们使用 include 标签将局部模板 _header.html 的内容插入页面中。通过判断 photos 是否为

None，来判断用户是否上传图片。在用户没有上传图片时显示一行提示，并根据用户的身份判断在提示下显示上传链接还是探索链接，我们将在后面实现探索页面。另外，通过在分页导航的外面添加 if 判断，我们可以实现在没有图片时不显示分页导航部件。实际的用户主页如图 9-5 所示。

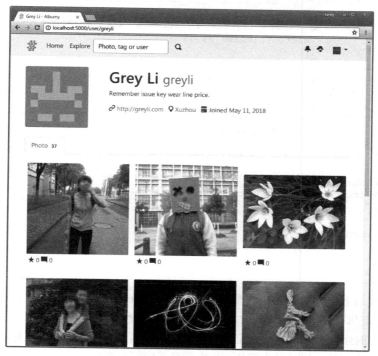

图 9-5　包含图片列表的用户主页

9.7.2　图片详情页

用于显示图片详情页的 show_photo 视图在 main 蓝本中定义，如下所示：

```
@main_bp.route('/photo/<int:photo_id>')
def show_photo(photo_id):
    photo = Photo.query.get_or_404(photo_id)
    return render_template('main/photo.html', photo=photo)
```

photo.html 模板展示了图片的所有信息，主要包含三部分：图片、图片信息边栏和评论区。这里我们将使用中型尺寸的图片，如代码清单 9-25 所示。

代码清单9-25　albumy/templates/main/photo.html：图片详情页面

```
{% extends 'base.html' %}
{% from 'bootstrap/form.html' import render_form, render_field %}
{% from 'bootstrap/pagination.html' import render_pagination %}

{% block title %}{{ photo.author.name }}'s Photo{% endblock %}
```

```
{% block content %}
<div class="row">
    <div class="col-md-8">
        <div class="photo">
            <a href="{{ url_for('.get_image', filename=photo.filename) }}"
                target= "_blank">
                <img class="img-fluid" src="{{ url_for('.get_image', filename=
                    photo.filename_m) }}">
            </a>
        </div>
        <a class="btn btn-light btn-sm" data-toggle="modal" data-target="#share
            Modal">Share</a>
        <p class="text-muted float-right small">
            <span class="oi oi-clock"></span> Upload at {{ moment(photo.times
                tamp).format('LL') }}
        </p>
        {% include 'main/_comments.html' %}
    </div>
    <div class="col-md-4">
        {% include 'main/_photo_sidebar.html' %}
    </div>
</div>
<!-- share modal -->
...
{% endif %}
{% endblock %}
```

图片下方显示上传时间戳和一些操作按钮。和 Bluelog 类似，分享按钮会打开一个模态框（Modal），模态框里使用 url_for() 函数将 _external 参数设为 True 来构建一个指向当前页面的外部固定链接。图片元素外侧的 <a> 元素包含了图片原始尺寸的链接，通过保存原图文件名的 photo.filename 字段获取，通过单击图片可以在新打开的标签页查看原图。

为了便于组织，我们把评论代码和边栏代码分离到局部模板 main/_comments.html 和 main/_sidebar.html 中，评论的主要功能和 Bluelog 中基本相同，我们会在后面着重介绍用户资料弹窗的实现。而图片右侧的边栏显示图片的主要信息，我们会在下面一一介绍。

9.7.3 上一张下一张跳转

在图片边栏上方，我们添加了跳转到上一张和下一张图片的按钮。这两个按钮分别指向 photo_next 和 photo_prev 视图，这两个视图分别用于获取下一张和上一张图片，如代码清单 9-26 所示。

代码清单9-26 albumy/blueprints/main.py：获取上一张和下一张图片

```
@main_bp.route('/photo/n/<int:photo_id>')
def photo_next(photo_id):
    photo = Photo.query.get_or_404(photo_id)
    photo_n = Photo.query.with_parent(photo.author).filter(Photo.id < photo_id).
        order_by(Photo.id.desc()).first()

    if photo_n is None:
        flash('This is already the last one.', 'info')
```

```
        return redirect(url_for('.show_photo', photo_id=photo_id))
    return redirect(url_for('.show_photo', photo_id=photo_n.id))

@main_bp.route('/photo/p/<int:photo_id>')
def photo_previous(photo_id):
    photo = Photo.query.get_or_404(photo_id)
    photo_p = Photo.query.with_parent(photo.author).filter(Photo.id > photo_id).
        order_by(Photo.id.asc()).first()

    if photo_p is None:
        flash('This is already the first one.', 'info')
        return redirect(url_for('.show_photo', photo_id=photo_id))
    return redirect(url_for('.show_photo', photo_id=photo_p.id))
```

以跳转到下一张图片为例，获取当前图片记录相邻的下一个图片记录主要由下面这个查询完成：

```
photo_n = Photo.query.with_parent(photo.author).filter(Photo.id < photo_id).
    order_by(Photo.id.desc()).first()
```

这个查询主要的实现方式就是通过顺序排列的 **id** 字段来找到临近的记录。从 **Photo** 模型出发，附加的查询调用及说明如下所示：

❑ with_parent(photo.author)：筛选出与图片作者对应的用户的所有图片。

❑ filter(Photo.id < id)：筛选出 id 小于当前图片的所有图片。

❑ order_by(Photo.id.desc())：根据 id 字段降序排列。

❑ first()：这时获取的第一个图片就是下一张图片。

> **注意** 我们没有为记录指定主键值，而是交由 SQLAlchemy 处理，这样每一张图片在创建时都会自动获得一个顺序排列的数字主键值，因此可以通过 id 字段（即主键）来获取相邻的记录。但 id 数字并不一定是连续的，用户可能删除了某张照片，或是分多次上传图片。所以需要进行过滤和排列，而不是仅仅增减 id 的数字。

当没有获取到下一张图片时，说明当前图片已经是最后一张了，我们向用户闪现一条消息，然后将程序重定向到当前图片。

下面是用于在图片间跳转的上一页和下一页按钮，按钮文本中的 HTML 实体 &larr 和 → 分别用来显示左箭头和右箭头：

```
<nav aria-label="Page navigation">
    <ul class="pagination">
        <li class="page-item">
            <a class="page-link" href="{{ url_for('.photo_previous', photo_
                id=photo.id) }}">&larr;Previous</a>
        </li>
        <li class="page-item">
            <a class="page-link" href="{{ url_for('.photo_next', photo_id=photo.
                id) }}">Next&rarr;</a>
        </li>
    </ul>
</nav>
```

9.7.4 删除确认模态框

在 Bluelog 程序中，我们使用 JavaScript 的 confirm() 函数来进行删除确认操作。confirm() 函数调用的弹出窗口是浏览器内置的 UI 组件，我们没法为它添加样式，但对于个人博客来说这已经足够了。但 Albumy 是一个多用户的社交网站，我们有必要为每一个页面和窗口添加一致的样式。

如果页面上只有一个删除按钮需要弹出确认模态框，那么实现方式比较简单，删除按钮用来触发模态框，而模态框中的确认按钮则真正用来提交删除请求。但是需要注意的是，在图片详情页中，除了删除图片外，还有多个评论和多个标签需要进行删除确认操作。如果每一个删除按钮都对应创建一个模态框的话，虽然我们可以使用 Jinja2 执行 for 循环，但最终的页面中恐怕要产生大量的模态框代码，这显然不是合理的解决方案。

为了避免重复，更合理的方式是将所有的删除按钮指向同一个模态框，当删除按钮被单击时，模态框里的删除表单的 action 属性被自动替换为对应的 URL。代码清单 9-27 所示是删除按钮和模态框的实现代码。

代码清单9-27 albumy/templates/main/photo.html：图片删除模态框

```
...
{% if current_user == photo.author %}   <!-- 验证当前用户是否是图片作者 -->
<a class="btn btn-danger btn-sm text-white" data-toggle="modal" data-target=
    "#confirm-delete"
data-href="{{ url_for('.delete_photo', photo_id=photo.id) }}">Delete</a>{% endif %}
...
{% if current_user.is_authenticated %}
<div class="modal fade" id="confirm-delete" tabindex="-1" role="dialog" aria-
    labelledby="confirmModalLabel"
    aria-hidden="true">
    <div class="modal-dialog modal-sm">
        <div class="modal-content">
            <div class="modal-header">
                <h5 class="modal-title" id="confirmModalLabel">Delete Confirm</h5>
                <button type="button" class="close" data-dismiss="modal" aria-
                    label="Close"><span
                        aria-hidden="true">&times;</span></button>
            </div>
            <div class="modal-body">
                <p>Are you sure you want to delete this item?</p>
            </div>
            <div class="modal-footer">
                <form class="delete-form" action="" method="post">
                    <input type="hidden" name="csrf_token" value="{{ csrf_token() }}">
                    <button type="button" class="btn btn-default" data-dis
                        miss="modal">Cancel</button>
                    <button class="btn btn-danger btn-confirm" type="submit">
                        Delete</button>
                </form>
            </div>
        </div>
    </div>
</div>
```

```
</div>
{% endif %}
```

删除按钮中添加了一个 data-href 属性，用于存储最终的删除 URL。在模态框中，删除表单的 action 属性为空。最后我们使用一点 JavaScript 代码让魔法生效：

```
$('#confirm-delete').on('show.bs.modal', function(e) {
    $('.delete-form').attr('action', $(e.relatedTarget).data('href'));
});
```

我们使用 jQuery 提供的 on() 方法创建了一个监听函数。具体来说，当 id 值为 confirm-delete 的元素触发 'show.bs.modal' 事件（也就是打开模态框）时，便会执行对应的代码：找到类属性为 delete-form 的表单，将它的 action 属性值设置为打开模态框按钮的元素的 data-href 属性值，模态框的触发按钮通过对传入回调函数的事件对象 e 调用 relatedTarget 属性获取。

用于实现图片删除操作的 delete_photo 视图的实现代码如代码清单 9-28 所示。

代码清单9-28　albumy/blueprints/main.py：删除图片

```
@main_bp.route('/delete/photo/<int:photo_id>', methods=['POST'])
@login_required
def delete_photo(photo_id):
    photo = Photo.query.get_or_404(photo_id)
    if current_user != photo.author:    # 验证当前用户是否是图片作者
        abort(403)

    db.session.delete(photo)
    db.session.commit()
    flash('Photo deleted.', 'info')

    photo_n = Photo.query.with_parent(photo.author).filter(Photo.id < photo_id).
        order_by(Photo.id.desc()).first()
    if photo_n is None:    # 没有下一张时获取上一张
        photo_p = Photo.query.with_parent(photo.author).filter(Photo.id > photo_
            id).order_by(Photo.id.asc()).first()
        if photo_p is None:    # 也没有上一张时则返回用户主页
            return redirect(url_for('user.index', username=photo.author.username))
        return redirect(url_for('.show_photo', photo_id=photo_p.id))
    return redirect(url_for('.show_photo', photo_id=photo_n.id))
```

这个视图函数中，我们首先确认当前用户是否为图片的作者，如果是图片作者就删除图片记录，否则返回 403 错误。删除图片后，合理的动作是把程序重定向到下一张图片，而不是直接回到用户主页之类的地方。为了达到这个目的，我们像在 photo_next 视图里一样，试图找到临近的下一个图片记录 photo_n，如果没有下一张图片，就把程序重定向到上一张 photo_p，如果没有上一张（即删除最后一张图片），这时才重定向到用户主页。

按照一般的做法，在数据库中删除图片记录前，首先要在文件系统中删除对应的图片文件，但是我们没有在这里实现。这是因为在不同的地方需要删除图片记录，为了避免重复这部分代码，我们为 Photo 创建一个数据库事件监听函数。这个监听函数的作用是，当 Photo 记录被删除时，自动删除对应的文件，如代码清单 9-29 所示。

代码清单9-29　albumy/models.py：图片删除事件监听函数

```
import os
from albumy.extensions import db

@db.event.listens_for(Photo, 'after_delete', named=True)
def delete_photos(**kwargs):
    target = kwargs['target']
    for filename in [target.filename, target.filename_s, target.filename_m]:
        if filename is not None:
            path = os.path.join(current_app.config['ALBUMY_UPLOAD_PATH'], filename)
            if os.path.exists(path):
                os.remove(path)
```

记录删除对应的 SQLAlchemy 事件的为 after_delete，这个事件接收的参数为 mapper、connection 和 target，我们通过将 event.listen_for() 装饰器中的 named 参数设为 True 来使用 **kwargs 传递参数。在函数中，我们通过表示目标对象的 target 获取被删除对象的文件名字段，通过 ALBUMY_UPLOAD_PATH 变量构造文件路径，然后使用 os.remove() 函数删除对应的文件。

 注意 因为图片在裁剪时，如果尺寸小于中型尺寸 800px，那么 filename 和 filename_m 字段存储同一个文件名（小于 400px 时同理），将不会产生新文件，所以这里使用 os.path.exists() 函数判断目标文件路径是否存在。

9.7.5　举报图片

在社交网站中，为了方便更快速地筛选出不良内容，我们需要在图片和评论旁添加举报按钮。图片和评论的举报实现方式基本相同，这里将以图片为例。为了存储被举报的次数，我们在图片模型类中添加一个 flag 字段，每个用户单击举报按钮后，被举报的用户该字段存储的次数值都会增加。

 提示 在现实的程序中，你可以存储发起举报的用户信息，避免同一用户多次举报；或是设定规则，当某个图片被举报次数大于设定的数值后自动执行诸如屏蔽、删除等操作。

举报的次数叠加通过 report_photo 视图实现，如代码清单 9-30 所示。

代码清单9-30　albumy/blueprints/main.py：举报图片

```
@main_bp.route('/report/photo/<int:photo_id>', methods=['POST'])
@login_required
@confirm_required
def report_photo(photo_id):
    photo = Photo.query.get_or_404(photo_id)
    photo.flag += 1
    db.session.commit()
    flash('Photo reported.', 'success')
    return redirect(url_for('.show_photo', photo_id=photo.id))
```

在这个视图中，我们获取到图片记录后增加 photo.flag 字段的数字。在模板 photo.html 中，我们添加一个举报表单：

```
{% if current_user.is_authenticated %}
<form class="inline" method="post" action="{{ url_for('.report_photo', photo_
    id=photo.id) }}">
    <input type="hidden" name="csrf_token" value="{{ csrf_token() }}">
    <button type="submit" class="btn btn-link btn-sm">Report</button>
</form>
{% endif %}
```

在管理后台，我们可以添加根据这个字段进行排序的功能，这样可以方便协管员处理，具体可以到源码仓库中查看。

9.7.6　图片描述

图片的描述在图片右侧的边栏中显示，当用户需要编辑图片描述时，我们可以添加一个编辑按钮，然后在用户单击时跳转到编辑页面，但这样无疑增加了操作的复杂度，在交互上也稍显多余。更好的方式是让用户直接在当前页面编辑描述。

借助 JavaScript，我们可以很轻松地实现这个效果。在图片边栏模板 _photo_sidebar.html 中，我们直接把描述编辑表单渲染在描述的下方，但是默认通过将 CSS 属性 display 设为 none 来隐藏它。当用户单击描述下方的编辑按钮时，我们使用 JavaScript 让编辑表单显示出来，并把图片的描述隐藏起来。用户编辑并单击保存按钮后，表单提交，重定向回原页面后，一切又回到初始状态：只显示描述，隐藏表单。

下面是我们的图片描述编辑表单：

```
class DescriptionForm(FlaskForm):
    description = TextAreaField('Description', validators=[Optional(), Length(0, 500)])
    submit = SubmitField()
```

我们更新 show_photo 视图，把这个表单实例传入 photo.html 模板中：

```
@main_bp.route('/photo/<int:photo_id>')
def show_photo(photo_id):
    photo = Photo.query.get_or_404(photo_id)
    description_form = DescriptionForm()
    description_form.description.data = photo.description
    return render_template('main/photo.html', photo=photo, description_form=de
        scription_form)
```

在渲染模板前，我们通过将表单中的 description 字段值设为图片记录的 description 字段值来预先将数据放入表单中。

现在，让我们把它渲染在图片的描述下方。为了让操作更加方便，我们有必要添加一个取消按钮，但是 WTForms 并没有这样的按钮字段。我们可以单独渲染表单字段，然后在里面插入一个取消按钮，如代码清单 9-31 所示。

代码清单9-31　albumy/templates/main/_photo_sidebar.html：描述与表单

```
<div id="description">
    <p>
    {% if photo.description %}
        {{ photo.description }}
    {% endif %}
```

```
    {% if current_user == photo.author %}
    <a id="description-btn" href="#!">
        <small><span class="oi oi-pencil"></span> edit description</small>
    </a>
    {% endif %}
    </p>
</div>
{% if current_user == photo.author %}
<div id="description-form">
    <form action="{{ url_for('.edit_description', photo_id=photo.id) }}" method=
        "post">
        {{ description_form.csrf_token }}
        {{ render_field(description_form.description) }}
        <a class="btn btn-light btn-sm" id="cancel-description">Cancel</a>
        {{ render_field(description_form.submit, class='btn btn-success btn-sm') }}
    </form>
</div>
{% endif %}
```

通过下面的 CSS 代码设置表单的隐藏状态：

```
#description-form {
    display: none;
}
```

现在，你在页面上已经看不到这个表单了。下面的 JavaScript 代码则根据单击的按钮触发对应的操作：

```
$("#description-btn").click(function () {
    $("#description").hide();
    $("#description-form").show();
});
$("#cancel-description").click(function () {
    $("#description-form").hide();
    $("#description").show();
});
```

为了方便在 JavaScript 中操作对应的元素，在 HTML 中，我们把描述文本和描述表单分别放到 id 为 description 和 description-form 的 div 元素中。编辑描述按钮和取消编辑按钮的 id 分别设为 description-btn 和 cancel-description。即使你不熟悉 JavaScript，这段代码也相当容易理解。我们通过元素的 id 来获取相应的 HTML 元素。如果翻译成中文，大概是：当编辑描述按钮按下时，显示表单，隐藏描述；当取消编辑按钮按下时，隐藏表单，显示描述。

除了描述编辑表单，图片详情页还会添加标签编辑表单和评论表单。虽然我们已经在第 4 章学习了在单个视图函数里处理多个表单的技术，但如果把这三个表单的处理代码都放在 photo 视图里，无疑会产生一个很长的视图函数，这样会让维护变得困难。为了降低代码的耦合度，我们把这三个表单分别放到三个新的视图函数中进行处理，表单中的 action 属性需要指向对应的处理视图 URL，描述表单被提交到 edit_description 视图，如代码清单 9-32 所示。

代码清单9-32　albumy/blueprints/main.py：编辑图片描述

```
from albumy.utils import flash_errors
```

```
@main_bp.route('/photo/<int:photo_id>/description', methods=['POST'])
@login_required
def edit_description(photo_id):
    photo = Photo.query.get_or_404(photo_id)
    if current_user != photo.author:
        abort(403)

    form = DescriptionForm()
    if form.validate_on_submit():
        photo.description = form.description.data
        db.session.commit()
        flash('Description updated.', 'success')

    flash_errors(form)
    return redirect(url_for('.show_photo', photo_id=photo_id))
```

视图中的基本代码不再赘述。如果表单验证未通过，我们使用第 4 章介绍的 flash_errors()
函数来"闪现"错误消息，然后重定向到图片页面。

9.7.7　图片标签

为了便于组织内容，我们引入了标签功能。每个图片可以添加多个标签，而每个标签又可
以有多个图片供使用，我们使用前面介绍的关联表来处理这个多对多关系。用于存储标签的 Tag
模型类如下所示：

```
class Tag(db.Model):
    id = db.Column(db.Integer, primary_key=True)
    name = db.Column(db.String(30), index=True)
```

标签和图片的多对多关系使用关联表 **tagging** 存储：

```
tagging = db.Table('tagging',
    db.Column('photo_id', db.Integer, db.ForeignKey('photo.id')),
    db.Column('tag_id', db.Integer, db.ForeignKey('tag.id'))
)

class Photo(db.Model):
    ...
    tags = db.relationship('Tag', secondary=tagging, back_populates='photos')

class Tag(db.Model):
    ...
    photos = db.relationship('Photo', secondary=tagging, back_populates='tags')
```

1. 编辑标签

标签的编辑功能的实现和描述类似，我们预先将标签数据写入表单，并把表单渲染到边栏
中，设置隐藏状态，然后通过 JavaScript 控制表单的显示和隐藏，具体不再展开，我们主要介绍
一下服务器端的实现。下面的代码用来添加标签的 **TagForm** 表单：

```
class TagForm(FlaskForm):
    tag = StringField('Add Tag (use space to separate)', validators=[Optional(),
        Length(0, 64)])
    submit = SubmitField()
```

标签表单由 new_tag 视图处理，如代码清单 9-33 所示。

代码清单9-33 albumy/blueprints/main.py：添加标签

```
@main_bp.route('/photo/<int:photo_id>/tag/new', methods=['POST'])
@login_required
def new_tag(photo_id):
    photo = Photo.query.get_or_404(photo_id)
    if current_user != photo.author:
        abort(403)

    form = TagForm()
    if form.validate_on_submit():
        for name in form.tag.data.split():
            tag = Tag.query.filter_by(name=name).first()
            if tag is None:  # 如果没有该标签则创建
                tag = Tag(name=name)
                db.session.add(tag)
                db.session.commit()
            if tag not in photo.tags:  # 如果还没有建立联系，则建立联系
                photo.tags.append(tag)
                db.session.commit()
        flash('Tag added.', 'success')

    flash_errors(form)
    return redirect(url_for('.show_photo', photo_id=photo_id))
```

当用户提交表单，我们获取到输入的数据后，因为要支持使用空格分隔的形式来添加多个标签，我们先使用 split() 函数对数据进行分离处理，然后查询是否已经存在同名的标签。如果目标的标签不存在，就创建它。如果当前图片关联的标签不存在该标签，那么就为当前的图片添加这个标签。

另外，添加标签的表单下列出了当前图片的标签列表，每个标签右侧包含删除按钮。删除标签的 delete_tag 视图的实现代码如代码清单 9-34 所示。

代码清单9-34 albumy/blueprints/main.py：删除标签

```
@main_bp.route('/delete/tag/<int:photo_id>/<int:tag_id>', methods=['POST'])
@login_required
def delete_tag(photo_id, tag_id):
    tag = Tag.query.get_or_404(tag_id)
    photo = Photo.query.get_or_404(photo_id)
    if current_user != photo.author
        abort(403)
    photo.tags.remove(tag)
    db.session.commit()

    if not tag.photos:  # 如果没有图片与该标签建立关联，就删除标签
        db.session.delete(tag)
        db.session.commit()

    flash('Tag deleted.', 'info')
    return redirect(url_for('.show_photo', photo_id=photo_id))
```

　　这个视图函数接收图片和标签的 id 值作为参数，使用这两个 id 获取对应的图片和标签记录。需要注意的是，这里的删除标签并不是指删除标签记录，而是解除该图片与该标签的关系，通过 Photo 模型的 tags 记录调用 remove() 方法实现，SQLAlchemy 会自动删除关联表 tagging 中存储的当前图片与该标签的关系记录。

　　如果标签不再和任何图片有关联，即 tag.photos 关系属性返回空列表，这时我们再删除标签记录。

2. 图片排序

　　在图片详情页的右侧，我们列出当前图片使用的所有标签，当用户单击图片右侧的标签时，我们需要在新的标签页面显示所有添加了这个标签的图片。因此，每一个标签的 href 属性都指向 show_tag 视图，传入标签的 id 作为 tag_id 参数。显示标签页面的 show_tag 视图的实现代码如代码清单 9-35 所示。

代码清单9-35　albumy/blueprints/main.py：显示标签图片

```
@main_bp.route('/tag/<int:tag_id>', defaults={'order': 'by_time'})
@main_bp.route('/tag/<int:tag_id>/<order>')
def show_tag(tag_id, order):
    tag = Tag.query.get_or_404(tag_id)
    page = request.args.get('page', 1, type=int)
    per_page = current_app.config['ALBUMY_PHOTO_PER_PAGE']
    order_rule = 'time'
    pagination = Photo.query.with_parent(tag).order_by(Photo.timestamp.desc()).
        paginate(page, per_page)
    photos = pagination.items

    if order == 'by_collects':
        photos.sort(key=lambda x: len(x.collectors), reverse=True)
        order_rule = 'collects'
    return render_template('main/tag.html', tag=tag, pagination=pagination,
        photos=photos, order_rule=order_rule)
```

　　这个 show_tag 视图注册了两个视图，第一个视图为用来决定排序方式的 order 变量设置默认值。我们首先从 URL 变量 tag_id 获取对应的 Tag 记录，然后从多对多关系中查询出与标签对应的图片记录，对其分页处理后传入模板。除了这些常规功能，我们还增加了排序支持。排序的规则通过 URL 变量获取，默认根据时间先后排序。如果 URL 变量 order 的值为 by_collect，则根据图片被收藏的数量排序。传入模板的 order_rule 变量存储了当前的排序方式，这个变量是可选的，这里是为了在模板中更方便地显示当前排序方式，下面会具体介绍。

> 🎯 提示　除了获取记录列表后手动进行排序外，还可以通过查询排序，对此在本章后面会进行详细介绍。

　　在显示标签对应的图片列表的 tag.html 模板中，我们添加一个下拉列表来进行切换排序，如代码清单 9-36 所示。

代码清单9-36　albumy/main/tag.html：图片排序下拉列表

```html
<div class="dropdown">
    <button class="btn btn-secondary btn-sm" type="button" id="dropdownMenu-
        Button" data-toggle="dropdown"
            aria-haspopup="true" aria-expanded="false">
        Order by {{ order_rule }} <span class="oi oi-elevator"></span>
    </button>
    <div class="dropdown-menu" aria-labelledby="dropdownMenuButton">
        {% if order_rule == 'collects' %}
        <a class="dropdown-item" href="{{ url_for('.show_tag', tag_id=tag.id,
            order='by_time') }}">Order by
            Time</a>
        {% else %}
        <a class="dropdown-item" href="{{ url_for('.show_tag', tag_id=tag.id,
            order='by_collects') }}">Order by
            Collects</a>
        {% endif %}
    </div>
</div>
```

两个排序选择中的 URL 设置了对应的排序变量 order 值，当被单击后，就会按照收藏数（by_collects）或时间（by_time）的顺序显示图片列表，图片通过 photo_card() 宏渲染。值得提及的是，这里的下拉列表并没有按照一般的做法提供两个选项指向两种排序方式。为了让用户更直观地看到当前的排序方式，我们将当前的排序方式显示在下拉列表的触发按钮中，通过传入的 order_rule 变量构建。在下拉选项中，我们根据当前排序的方式（通过传入的 order_rule 变量判断），通过添加 if 判断来保证只加入另一个排序选项，如图 9-6 所示。

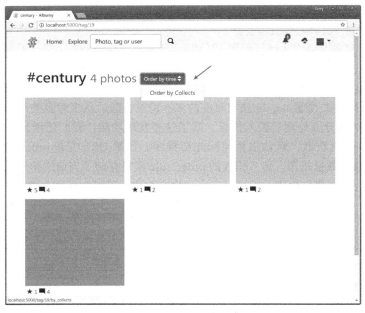

图 9-6　标签图片排序

9.7.8　用户资料弹窗

基本的评论功能我们已经在 Bluelog 中介绍得差不多了，例如评论数量统计、回复功能、关闭评论、渲染作者和回复标签等。举报功能也和前面举报图片类似，因此这些内容就不再重复介绍了。和 Bluelog 不同的地方如下：

❑ 一条评论包含用户头像、用户名、评论发布时间和评论正文。用户名设置为指向用户主页的链接。

❑ 对于未登录的用户，评论表单会被替换为一行提示，提示中包含登录和注册链接。

❑ 如果当前用户是评论的作者，那么评论右上方会显示一个删除按钮。

❑ 如果当前用户是图片的作者，那么所有评论右上方都会显示删除按钮，评论上方还会根据图片的 can_comment 字段值以显示开启或关闭评论。

❑ 如果当前用户没有评论权限（被锁定），将不显示评论表单。

评论保存后，我们希望将用户重定向回图片页面，而且页面中显示包括用户刚刚发表的评论在内的最新评论。在重定向的 url_for() 函数里，我们将 page 值设为分页对象的 pages 属性，这个属性代表分页的总页数。因为我们的评论是按照时间降序排列的，总页数即代表最后一页，最后一页正是最新发表的评论。如果文章下没有评论，那么这个值为 0，这时会通过 or 操作符将 page 设为 1。具体代码如下所示：

```
if form.validate_on_submit():
    ...
    return redirect(url_for('.show_photo', photo_id=photo_id, page=pagination.
        pages or 1))
```

除此之外，其他内容都和 Bluelog 中相同，具体可以到源码清单中查看，我们将在这一节介绍用户资料弹窗的实现。

在很多网站中，我们经常会看到这样的功能：当我们将鼠标停留在某个用户的头像上时，页面会加载出一个小弹窗（popup）显示用户的详细资料。

在第 2 章，我们介绍过 AJAX 技术的示例，大致流程如下：通过单击页面上的按钮触发对应的 JavaScript 函数，发送 AJAX 请求到某个 URL，URL 对应的视图函数返回数据，JavaScript 函数获取到返回的数据后更新页面内容。资料弹窗的具体实现和第 2 章的示例类似，唯一的区别是我们要通过悬停来触发对应的函数。

 提示　如果你从 GitHub 上复制了示例程序，可以执行 git checkout popup 签出程序的新版本。程序的新版本添加了资料弹窗功能。

1. 使用 AJAX 请求获取用户资料

在 JavaScript 中，监听鼠标悬停事件（hover）并显示弹窗并不复杂。需要我们考虑的有两点，第一点是弹窗的触发方式，第二点是弹窗中用户资料数据的获取方式。我们先来看看如何获取用户的资料数据。这时你的第一个念头也许是把资料数据直接写到 HTML 模板中，但是这样会带来和删除确认模态框同样的问题：当页面上包含多个用户头像时，就意味着要加载大量未必会使用的 HTML 代码。更合理的方案是使用 AJAX 技术来动态获取数据，在悬停事件触发时，发起 AJAX 请求获取数据，服务器端把数据渲染进弹窗的 HTML 代码中，客户端获取响应后显示弹窗。

我们把处理 AJAX 请求的视图定义在 ajax 蓝本中，用于返回用户资料的 ajax.get_profile 视图的实现代码如下所示：

```
@ajax_bp.route('/profile/<int:user_id>')
def get_profile(user_id):
    user = User.query.get_or_404(user_id)
    return render_template('main/profile_popup.html', user=user)
```

这个视图渲染了 main/profile_popup.html 模板，并传入了对应的用户对象，存储资料弹窗 HTML 代码的 profile_popup.html 模板内容如代码清单 9-37 所示。

代码清单9-37　albumy/templates/main/profile_popup.html：用户资料弹窗模板

```
<div class="popup-card">
    <img class="rounded img-fluid avatar-s popup-avatar" src="{{ url_for('main.
        get_avatar', filename=user.avatar_m) }}">
    <div class="popup-profile">
        <h6>{{ user.name }}</h6>
        <p class="text-muted">{{ user.username }}</p>
    </div>
    <p class="card-text">
        <a href="{{ url_for('user.index', username=user.username) }}">
            <strong>{{ user.photos|length }}</strong> Photos
        </a>
    </p>
    <a href="{{ url_for('user.index', username=user.username) }}" class="btn btn-
        light btn-sm">Homepage</a>
</div>
```

2. 显示和隐藏弹窗

在评论列表中，我们希望在评论中的用户头像和名称上悬停时触发弹窗，所以为这两个元素都设置了 profile-popover 类，并将获取对应用户资料的 URL 存储在 data-href 属性中。以显示为用户名称的 <a> 元素为例：

```
<a class="profile-popover" data-href="{{ url_for('ajax.get_profile', user_id=com-
    ment.author.id) }}"
   href="{{ url_for('user.index', username=comment.author.username) }}">
    {{ comment.author.name }}
</a>
```

在 JavaScript 中，我们使用 jQuery 提供的 hover() 方法来创建监听事件，这个方法的基本结构如下所示：

```
var hover_timer = null;
$('.profile-popover').hover(
    function() {  // 鼠标进入时触发的函数
        ...
    },
    function() {  // 鼠标离开时触发的函数
        ...
```

```
    }
)
```

hover() 方法接收两个回调函数作为参数，分别作为事件进入和事件退出，即鼠标进入和离开目标元素时触发的函数。这个 hover() 方法实际上是叠加调用的 mouseenter() 和 mouseleave() 方法的快捷方法：

```
$(selector).mouseenter(handlerIn).mouseleave(handlerOut);
```

如果直接通过悬停来触发弹窗，那么用户不经意划过所有用户头像或名称时，这些弹窗都会被触发，这样的话一方面会增加服务器的压力，另一方面也会降低用户体验。合理的方式是监听用户悬停的时间，只有悬停持续一定时间后才触发弹窗（这个时间取值一般为 500 毫秒）。注意，这不是延迟弹出窗口，所以我们需要记录用户的悬停事件，如果悬停时间未达到 500 毫秒，而此时鼠标离开目标元素，那么这时需要避免弹出窗口。为了记录悬停时间，我们需要创建一个全局的 hover_timer 变量。

我们分别创建 show_profile_popover() 和 hide_profile_popover() 函数作为鼠标进入和离开事件的处理函数。代码清单 9-38 所示是 show_profile_popover() 函数的实现代码。

代码清单9-38 albumy/static/js/script.js：处理鼠标进入事件

```
...
var hover_timer = null;
function show_profile_popover(e) {
    var $el = $(e.target);

    hover_timer = setTimeout(function () {
        hover_timer = null;
        $.ajax({
            type: 'GET',
            url: $el.data('href'),
            success: function (data) {
                $el.popover({
                    html: true,
                    content: data,
                    trigger: 'manual',
                    animation: false
                });
                $el.popover("show");
                $(".popover").on("mouseleave", function () {
                    setTimeout(function () {
                        $el.popover("hide");
                    }, 200);
                });
            },
            error: function (error) {
                toast('Server error, please try again later.');
            }
        });
    }, 500);
}
```

这个函数接收事件触发元素对象作为参数，我们首先通过传入的事件对象调用 target 获取事件目标（e.target），即被悬停的元素，然后选择这个目标元素定义一个 jQuery 对象 $el。setTimeout() 方法接收执行的代码（函数）和执行代码前等待的时间作为参数。我们把发送 AJAX 请求并显示弹窗的代码也包装在 setTimeout() 方法中，鼠标进入 500 毫秒后才会执行相关代码。在这段代码中，我们首先使用 ajax() 方法发送 AJAX 请求，获取用户资料的 URL 并存储在目标元素的 data-href 中（这里通过 $el.data('href') 获取用户资料的 URL）。

在 Bootstrap 中，Popover 组件需要我们对目标对象调用 popover() 方法进行初始化。在弹窗的触发元素中，弹窗的行为和弹窗内容都可以通过一系列 data-* 属性来定义，比如 data-content 属性用来设置内容，data-trigger 属性用来设置触发方式，这些属性也可以在 popover() 方法中设置。默认的触发方式为单击，默认会在鼠标移出目标元素时隐藏弹窗。我们需要的效果是悬停触发，而且悬停在弹窗上仍然保持弹窗显示，为此我们将触发方式设为 manual（手动），这时我们需要手动使用 popover() 方法显示和隐藏弹窗。

在 success 回调函数中，当前元素调用的第一个 popover() 方法对 Popover 进行设置：将 trigger 选项的值设为 manual 来开启手动触发模式；传入服务器端返回的响应作为 content 选项的值；将 html 选项设为 true 来将内容作为 HTML 渲染；将 animation 选项设为 false 关闭默认动画，避免出现不正确的样式。第二个 popover() 传入 'show' 选项来显示弹窗，这两个 popover() 方法也可以叠加调用。

在手动触发模式下，弹窗显示后我们需要手动关闭，在两种情况下需要关闭：一种是鼠标离开目标元素，即使用了 profile-popover 类的用户头像和名称元素；另一种情况下鼠标离开了弹窗本身。在第二个 popover() 方法调用后注册的事件监听函数就是为了实现第二种情况。Bootstrap 插入的 Popover 弹窗元素使用 popover 类，我们为这个类注册了 mouseleave 事件处理函数，等同于使用 mouseleave() 方法。当 popover 类元素发生 mouseleave 事件时，我们使用 popover() 方法传入 'hide' 隐藏弹窗，这里的隐藏通过 setTimeout() 方法延迟 200 毫秒执行。

在 error 回调函数中，我们使用 toast() 函数发送错误消息。这里的 toast() 函数是我们自定义的 JavaScript 函数，用来弹出一个自动消除的动态消息提示，具体我们将在后面介绍。

 附注 Popover 组件的具体用法和细节可以访问 Bootstrap 文档中 Popover 部分（https://getbootstrap.com/docs/4.0/components/popovers/）查看。

下面是用来处理鼠标离开事件的 hide_profile_popover() 函数，如代码清单 9-39 所示。

代码清单9-39　albumy/static/js/script.js：处理鼠标离开事件

```
...
var hover_timer = null;
function hide_profile_popover(e) {
    var $el = $(e.target);

    if (hover_timer) {
        clearTimeout(hover_timer);
        hover_timer = null;
    } else {
        setTimeout(function () {
            if (!$(".popover:hover").length) {
```

```
                $el.popover("hide");
            }
        }, 200);
    }
}
```

在鼠标离开事件函数中，我们通过判断 hover_timer 是否为 null 来判断弹窗是否已经显示。在鼠标进入事件函数中，我们把 setTimeout() 调用赋值给 hover_timer 变量，因为 setTimeout() 调用会返回一个唯一数作为计时器的编号，如果不为 null 说明计时已经开始执行。如果计时开始执行，但这时鼠标离开了，我们需要取消计时，可以通过将这个标识符传入 clearTimeout() 方法来取消计时。如果 hover_timer 为 null 说明，则表示弹窗处于显示状态，这时我们延迟 200 毫秒关闭弹窗。这里的关闭需要多一点考虑，因为这里的鼠标离开事件是注册在弹窗触发元素上的，而不是弹窗元素本身，我们希望鼠标悬停在弹窗本身时也不关闭弹窗，所以添加了一个额外的 if 判断来确定当前页面 DOM 中不存在处于 hover 状态的弹窗元素，这通过计算选择 .popover:hover 的 length 属性来实现。

我们将这两个函数注册到对应的事件上，并使用 bind() 函数将其创建为绑定函数，传入表示当前上下文的 this 变量：

```
$('.profile-popover').hover(show_profile_popover.bind(this), hide_profile_
    popover.bind(this));
```

现在，当鼠标在附加了 profile-popover 类的用户头像和名称上悬停 500 毫秒后，会弹出资料弹窗，如图 9-7 所示。

> 🎯 **提示** 图片中的 Follow 按钮用来关注用户，Followers 则显示关注者的数量，我们将在后面详细介绍关注的实现。

3. 动态显示提示消息

对于简单的程序，当出错时可以使用 alert() 来使用浏览器内置的弹窗组件通过弹窗进行提示。在 Albumy 中，为了保持风格统一，我们有必要创建一个更美观的弹窗。这种消息弹窗在页面上层动态显示，在一定时间内自动隐藏，一般被称为 Toast 或 Snackbar。

我们在基模板中创建 id 为 toast 的 div 元素作为弹窗的容器。

```
<div id="toast"></div>
```

在 style.css 中，我们为这个弹窗设置样式，主要的作用是将其默认设为隐藏，并将其设置在页面下方居中显示：

```
#toast {
    display: none;
    min-width: 200px;
    margin-left: -125px;
```

图 9-7　用户资料弹窗

```
        background-color: #333;
        color: #fff;
        text-align: center;
        border-radius: 2px;
        padding: 10px;
        position: fixed;
        z-index: 1;
        left: 50%;
        bottom: 30px;
    }
```

在 script.js 中，我们创建一个 toast 函数，用来显示弹窗：

```
var flash = null;
function toast(body) {
    clearTimeout(flash);  // 清除未完成的计时
    var $toast = $('#toast');
    $toast.text(body).fadeIn();  // 淡入
    flash = setTimeout(function () {
        $toast.fadeOut();  // 3 秒后淡出
    }, 3000);
}
```

这个函数接收弹窗文本 body 作为参数，选择 #toast 元素作为 $toast 对象，使用 text() 方法将内容插到我们创建的容器元素中，然后调用 fadeIn() 方法显示它，最后计时三秒后使用 fadeOut() 方法隐藏它。这两个 jQuery 方法类似 show() 和 hide()，只不过提供了淡入和淡出的动画效果。

 附注 使用第三方 JavaScript 库，比如 toastr（https://github.com/CodeSeven/toastr）可以实现更丰富的功能，因为我们的需求比较简单，所以可以手动实现。

9.8 收藏图片

用户看到漂亮的图片会希望把图片收藏起来，被收藏的数量也可以用来反映图片的受欢迎程度。在实际的交互设计中，这个功能通常会被分离成两部分：点赞和收藏。由于这两个功能的实现代码基本相同，所以我们仅以实现收藏功能作为示例。

提示 如果你从 GitHub 上复制了示例程序，可以执行 git checkout collect 签出程序的新版本。程序的新版本实现了收藏相关功能。

9.8.1 使用关联模型表示多对多关系

在第 5 章，我们介绍过如何使用关联表表示多对多关系。使用关联表很方便，唯一的缺点是只能用来表示关系，不能用来存储数据。对于用户收藏图片这一动作来说，如果能记录下收藏的时间戳，那么就可以根据收藏的时间先后来列出图片清单。在这种情况下，我们可以使用关联模型来存储多对多关系。

和使用关联表的多对多关系相同，这里使用关联模型把 Photo 模型与 User 模型的多对多关系分离成了 User 模型和 Collect 模型的一对多关系以及 Photo 模型与 Collect 模型的一对多关系。代码清单 9-40 所示是用于储存收藏者和被收藏图片之间多对多关系的 Collect 模型的实现代码。Collect 作为关联对象，存储关系两侧的对应关系。

代码清单9-40　albumy/models.py：使用模型表示多对多关系

```python
class Collect(db.Model):
    collector_id = db.Column(db.Integer, db.ForeignKey('user.id'),
                             primary_key=True)
    collected_id = db.Column(db.Integer, db.ForeignKey('photo.id'),
                             primary_key=True)
    timestamp = db.Column(db.DateTime, default=datetime.utcnow)
```

在 Collect 模型中，我们分别创建两个字段 collector_id 和 collected_id 作为 user.id 字段和 photo.id 字段的外键，timestamp 则存储收藏动作发生的时间戳。

接着，我们需要在关系两侧的模型以及关联模型中通过关系函数定义关系属性：

```python
class Collect(db.Model):
    ...
    collector = db.relationship('User', back_populates='collections', lazy='joined')
    collected = db.relationship('Photo', back_populates='collectors', lazy='joined')

class User(UserMixin, db.Model):
    ...
    collections = db.relationship('Collect', back_populates='collector', cascade='all')

class Photo(db.Model):
    ...
    collectors = db.relationship('Collect', back_populates='collected', cascade='all')
```

当使用关联表时，SQLAlchemy 会帮助我们操作关系，所以对关系某一侧调用关系属性会直接返回关系另一侧的对应记录。但是使用关联模型时，我们则需要手动操作关系。具体的表现是，我们在 Photo 和 User 模型中定义的关系属性返回的不再是关系另一侧的记录，而是存储对应关系的中间人——Collect 记录。在 Collect 记录中添加的标量关系属性 collector 和 collected，分别表示收藏者和被收藏图片，指向对应的 User 和 Photo 记录，我们需要进一步调用这两个关系属性，才可以获取关系另一侧的记录。

举例来说，对于使用关联表的标签（Tag）和图片（Photo）来说，当我们调用 photo.tags 时，就会直接获得对应的 Tag 记录列表。而对于使用关联模型的用户（User）和图片（Photo），当我们调用 photo.collectors 时，获得的只是一堆包含当前图片和对应收藏者关系的 Collect 记录。我们需要对记录进一步调用 collector 属性才会获得对应的 User 记录。相应的，对返回的 Collect 记录调用 collected 可以获得对应的 Photo 记录。

对于使用关联模型的多对多关系，我们可以调整关系中记录的加载方式来提高查询性能。在关联模型中，对于标量关系属性 collected 和 collector，如果使用默认的加载方式（即 select），调用 photo.collectors 会获得一个包含收藏对象 Collect 的列表，只有当我们进一步对 Collect 对象调用 collector 和 collected 时才会加载对应的用户和图片对象。这样的话，每一次加载都要增加一次查询，这无疑是一种资源上的浪费。除了默认的 select 加载方式，另一种常用的加载方式是

joined。将 lazy 参数设为"joined"或"False"都会使用这种加载方式，这会使用预加载（Eager Loading），而不是延迟加载（Lazy Loading）。使用这种加载方式，会对关系两侧的表进行联结操作，最终获得的记录会包含已经预加载的 collector 和 collected 对象，这样我们就只需要一次查询。

另外，当某个图片或用户被删除时，那么对应的 Collect 也就没有必要存在了，所以我们在 Photo 和 User 类的集合关系属性的定义中将级联设置为 all，这是为了确保当某个图片或用户被删除时，相关的 Collect 记录也被一同删除。

9.8.2　添加和取消收藏

关联表由 SQLAlchemy 管理，所以我们可以使用列表语义操作记录来建立多对多关系。比如，用户 a 收藏一张图片，仅使用 user_a.collections.append(photo_a) 就可以了。但对于关联模型来说，用户收藏了一张图片，在数据库模型中，对应的操作是使用相应的字段值作为参数实例化一个 Collect 对象。因为收藏的实际动作是由用户做出的，所以执行收藏的数据库操作可以在 User 模型中创建 collect() 和 uncollect() 方法实现，这样可以避免在视图函数中重复这部分代码，而且可以在模板中直接通过 current_user 调用。这些方法的实现如代码清单 9-41 所示。

代码清单9-41　albumy/models.py：收藏和取消收藏图片

```python
class User(db.Model, UserMixin):
    ...
    def collect(self, photo):
        if not self.is_collecting(photo):
            collect = Collect(collector=self, collected=photo)
            db.session.add(collect)
            db.session.commit()

    def uncollect(self, photo):
        collect = Collect.query.with_parent(self).filter_by(collected_id=photo.id).first()
        if collect:
            db.session.delete(collect)
            db.session.commit()

    def is_collecting(self, photo):
        return Collect.query.with_parent(self).filter_by(
            collected_id=photo.id).first() is not None
```

在上面的代码中，collect() 方法用来添加收藏。通过创建一个 Collect 对象，使用关系属性关联对应的 User 对象和 Photo 对象，就添加了一条收藏记录，这其中包括收藏者（collector）和被收藏的图片（collected）。uncollect() 方法用来取消收藏，通过删除对应的 Collect 对象，就可以取消收藏关系。is_collecting() 方法则用来判断用户是否已经收藏过作为参数传入的图片，这通过查询用户收藏的图片中是否存在该 Photo 实例实现。

我们需要分别创建用于收藏图片的 collect 视图以及用来取消收藏的 uncollect 视图，如代码清单 9-42 所示。

代码清单9-42　albumy/blueprints/main.py：收藏与取消收藏

```python
@main_bp.route('/collect/<int:photo_id>', methods=['POST'])
```

```
@login_required
@confirm_required
@permission_required('COLLECT')
def collect(photo_id):
    photo = Photo.query.get_or_404(photo_id)
    if current_user.is_collecting(photo):
        flash('Already collected.', 'info')
        return redirect(url_for('.show_photo', photo_id=photo_id))

    current_user.collect(photo)
    flash('Photo collected.', 'success')
    return redirect(url_for('.show_photo', photo_id=photo_id))

@main_bp.route('/uncollect/<int:photo_id>', methods=['POST'])
@login_required
def uncollect(photo_id):
    photo = Photo.query.get_or_404(photo_id)
    if not current_user.is_collecting(photo):
        flash('Not collect yet.', 'info')
        return redirect(url_for('main.show_photo', photo_id=photo_id))

    current_user.uncollect(photo)
    flash('Photo uncollected.', 'info')
    return redirect(url_for('.show_photo', photo_id=photo_id))
```

在 collect() 视图函数前，我们附加了 login_required 和 confirm_required 装饰器以及验证权限的 permission_required('COLLECT') 装饰器，用来验证用户是否拥有 COLLECT 权限。

因为收藏和取消收藏涉及数据库操作，我们使用表单提交 POST 请求。这两个视图仅监听 POST 请求。在 collect 视图中，我们使用 is_collecting() 方法判断用户是否已经收藏了当前图片，如果已经收藏，就闪现一条提示消息，然后重定向到原页面；否则使用 User.collect() 方法添加收藏。uncollect 的实现过程基本相同。

在图片详情页模板中，我们在页面右侧添加一个收藏按钮，如代码清单 9-43 所示。

代码清单9-43　albumy/templates/main/_photo_sidebar.html：显示收藏和取消收藏按钮

```
{% if current_user.is_authenticated %}
    {% if current_user.is_collecting(photo) %}  <!-- 显示取消收藏表单 -->
        <form class="inline" method="post"
            action="{{ url_for('main.uncollect', photo_id=photo.id) }}">
            <input type="hidden" name="csrf_token" value="{{ csrf_token() }}">
            <button type="submit" class="btn btn-outline-secondary btn-sm">
                <span class="oi oi-x"></span> Uncollect
            </button>
        </form>
    {% else %}  <!-- 显示收藏表单 -->
        <form class="inline" method="post"
            action="{{ url_for('main.collect', photo_id=photo.id) }}">
            <input type="hidden" name="csrf_token" value="{{ csrf_token() }}">
            <button type="submit" class="btn btn-outline-primary btn-sm">
                <span class="oi oi-star"></span> Collect
            </button>
        </form>
    {% endif %}
```

```
{% else %}  <!-- 对未登录用户显示的收藏表单 -->
    <form class="inline" method="post" action="{{ url_for('main.collect', photo_
        id=photo.id) }}">
        <input type="hidden" name="csrf_token" value="{{ csrf_token() }}">
        <button type="submit" class="btn btn-primary btn-sm">
            <span class="oi oi-star"></span> Collect
        </button>
    </form>
{% endif %}
```

通过对 current_user 对象调用 is_collecting() 方法，我们可以判断收藏的状态，从而渲染不同的表单 action 字段值和按钮。如果用户没有登录，那么直接显示一个收藏按钮。

 提示　向未登录用户隐藏收藏按钮并不是必须的，事实上，更流行的做法是向未登录的用户开放大部分功能按钮，因为用户单击后会跳转到登录页面，这种方式可以吸引未注册的用户进行注册。在后面，类似收藏、关注这类正面公开的操作，都将提供给未认证用户。

9.8.3　收藏者和收藏页面

用来渲染收藏者页面模板（main/collectors.html）的 show_collectors 视图的实现如代码清单 9-44 所示。

代码清单9-44　albumy/blueprints/main.py：获取图片的收藏者

```
from albumy.models import Collect, Photo

@main_bp.route('/photo/<int:photo_id>/collectors')
def show_collectors(photo_id):
    photo = Photo.query.get_or_404(photo_id)
    page = request.args.get('page', 1, type=int)
    per_page = current_app.config['ALBUMY_USER_PER_PAGE']
    pagination = Collect.query.with_parent(photo).order_by(Collect.timestamp.
        asc()).paginate(page, per_page)
    collects = pagination.items
    return render_template('main/collectors.html', collects=collects, photo=
        photo, pagination=pagination)
```

在收藏按钮旁边，我们将收藏者的数量（photo.collectors|length）渲染成链接，用来显示收藏者页面模板。在收藏者页面，我们会渲染所有收藏这张图片的用户列表。

因为在程序的多个页面都要显示类似的用户卡片列表，我们将用户卡片的代码包装成一个 user_card() 宏，如下所示：

```
{% macro user_card(user) %}
<div class="user-card text-center">
    <a href="{{ url_for('user.index', username=user.username) }}">
        <img class="rounded avatar-m" src="{{ url_for('main.get_avatar', filename=
            user.avatar_m) }}">
    </a>
    <h6>
        <a href="{{ url_for('user.index', username=user.username) }}">{{ user.
            name }}</a>
```

```
        </h6>
    </div>
{% endmacro %}
```

> **注意**　宏里的端点要使用包含蓝本名称的完整形式，即"蓝本名.视图函数名"。因为宏和基模板相同，都是全局性的，任何蓝本下的模板都可能导入它。

根据第 3 章介绍的 Jinja2 上下文机制，因为 user_card 宏后面会使用 Flask-Login 提供的 current_user 变量，到时你需要为相关的导入语句追加 with context 指令显式声明包含上下文：

```
{% from 'macros.html' import user_card with context %}
```

收藏者页面模板 collectors.html 如代码清单 9-45 所示。

代码清单9-45　albumy/templates/main/collectors.html：显示收藏者列表

```
{% extends 'base.html' %}
{% from 'bootstrap/pagination.html' import render_pagination %}
{% from 'macros.html' import user_card %}

{% block title %}Collectors{% endblock %}

{% block content %}
    <div class="page-header">
        <div class="row">
            <div class="col-md-12">
                <a class="btn btn-default btn-sm" href="{{ url_for('main.show_
                    photo', photo_id=photo.id) }}">
                    <span class="oi oi-arrow-left" aria-hidden="true"></span> Return
                </a>
            </div>
        </div>
    </div>
    <div class="row">
        <div class="col-md-12">
            <h3>{{ photo.collectors|length }} Collectors</h3>
            {% for collect in collects %}
                {{ user_card(user=collect.collector) }}
            {% endfor %}
        </div>
    </div>
    {% if collects %}
        <div class="page-footer">
            {{ render_pagination(pagination, align='center') }}
        </div>
    {% endif %}
{% endblock %}
```

我们在视图函数里传入模板的 collects 变量是 Collect 对象列表，通过对 Collect 对象调用 collector 属性，我们会获得对应的 User 对象，即收藏者，所以传入 user_card 的 user 参数的值为 collect.collector。

渲染后的收藏者页面如图 9-8 所示。

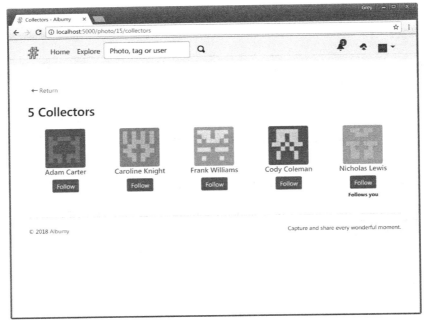

图 9-8　收藏者页面

在用户主页，我们新添加一个导航按钮，用来打开用户的收藏页面，并使用关键字 badge_text 传入图片数量，图片数量通过 user.collections|length 获得。在收藏页面列出用户收藏的所有图片，代码清单 9-46 所示是完成这一工作的 show_collection 视图的实现代码。

代码清单9-46　albumy/blueprints/user.py：显示收藏图片

```
@user_bp.route('/<username>/collections')
def show_collections(username):
    user = User.query.filter_by(username=username).first_or_404()
    page = request.args.get('page', 1, type=int)
    per_page = current_app.config['ALBUMY_PHOTO_PER_PAGE']
    pagination = Collect.query.with_parent(user).order_by(Collect.timestamp.
        desc()).paginate(page, per_page)
    collects = pagination.items
    return render_template('user/collections.html', user=user, pagination=pagina-
        tion, collects=collects)
```

我们首先通过 username 参数获取相应的用户对象，使用 first_or_404() 过滤函数可以在没有相关用户时返回 404 错误。

通过 Collect.query.with_parent(user)，就会获取与该用户相关联的所有的 Collect 模型记录，然后将 Collect.timestamp.desc() 传入 order_by() 方法可以将记录按照收藏时间降序排列，最新收藏的图片显示在最前面。收藏页面模板内容比较简单，这里不再给出具体代码。在模板中，我们为 Collect 记录的 collected 关系属性获取对应的 Photo 记录，图片使用 photo_card() 宏渲染，并传入 collect.collected 作为参数。因为关系属性的调用可以叠加，所以 photo_card() 宏内部可

以通过 collect.collected.comments|length 获取收藏关系中被收藏图片的评论数。

9.9 用户关注

关注系统是社交网站的基础功能，用户可以通过关注其他用户来与之建立联系，在用户的主页也会显示关注用户的动态。这一节我们来学习如何实现用户关注系统。

 如果你从 GitHub 上复制了示例程序，可以执行 git checkout follow 签出程序的新版本。程序的新版本实现了关注系统。

和收藏图片一样，用户关注也是多对多的关系，因为我们需要在关注页面按照关注时间渲染用户列表，所以还需要存储关注动作发生的时间戳。因此，和收藏一样，我们需要一个关联模型来处理这个多对多的关系，如代码清单 9-47 所示。

代码清单9-47　albumy/models.py：关注模型

```
class Follow(db.Model):
    follower_id = db.Column(db.Integer, db.ForeignKey('user.id'),
                            primary_key=True)
    followed_id = db.Column(db.Integer, db.ForeignKey('user.id'),
                            primary_key=True)
    timestamp = db.Column(db.DateTime, default=datetime.utcnow)
```

在 Follow 模型中，follower_id 字段存储关注者的 id，followed_id 存储被关注者的 id，而 timestamp 存储关注动作发生的时间。

9.9.1 自引用多对多关系

和收藏不同的是，关注表示的多对多关系，两侧都在同一个 User 模型中，这种关系被称为自引用关系（Self-Referential Many-to-Many Relationship）。下面在关系两侧和 Follow 模型中定义了关系属性：

```
class Follow(db.Model):
    ...
    follower = db.relationship('User', foreign_keys=[follower_id], back_populates=
        'following', lazy='joined')
    followed = db.relationship('User', foreign_keys=[followed_id], back_populates=
        'followers', lazy='joined')

class User(db.Model, UserMixin):
    ...
    following = db.relationship('Follow', foreign_keys=[Follow.follower_id],
        back_populates='follower', lazy='dynamic', cascade='all')
    followers = db.relationship('Follow', foreign_keys=[Follow.followed_id],
        back_populates='followed', lazy='dynamic', cascade='all')
```

Follow 模型中的标量关系属性 follower 和 followed 分别用来获取关注者和被关注者，而在 User 模型中对应的集合关系属性 following 和 followers 则分别用来获取表示正在关注的 Follow

记录和表示关注者的 Follow 记录。

这里的关系定义和收藏部分的定义很相似，唯一需要注意的是，因为在 Follow 模型中，两个字段定义的外键是指向同一个表的同一个字段（user.id）的。而当我们需要在 Follow 模型上建立反向属性时，SQLAlchemy 没法知道哪个外键对应哪个反向属性，所以我们需要在关系函数中使用 foreign_keys 参数来明确对应的字段。

同样因为同一个外键值包含歧义，对于集合关系属性 followers 和 followings 来说，我们无法通过 with_parent() 查询方法筛选子对象，所以关系定义时使用 dynamic 方式加载关系记录，这样就可以直接调用关系属性附加的查询方法，后面我们会详细介绍。

9.9.2 关注与取消关注

和收藏部分类似，我们把执行关注相关操作的数据库代码放到 User 模型中作为方法实现，这样可以简化视图函数逻辑，并且可以在模板中直接对 current_user 对象调用这些方法以此来判断用户的关注状态。我们需要在 User 模型中实现四个方法，分别是执行关注的 follow() 方法、执行取消关注的 unfollow() 方法、判断用户是否正在关注某个用户的 is_following() 方法以及判断用户是否被某个用户关注的 is_followed_by() 方法，如代码清单 9-48 所示。

代码清单9-48　albumy/models.py：关注操作方法

```python
class User(db.Model, UserMixin):
    ...
    def follow(self, user):
        if not self.is_following(user):
            follow = Follow(follower=self, followed=user)
            db.session.add(follow)
            db.session.commit()

    def unfollow(self, user):
        follow = self.following.filter_by(followed_id=user.id).first()
        if follow:
            db.session.delete(follow)
            db.session.commit()

    def is_following(self, user):
        return self.following.filter_by(followed_id=user.id).first() is not None

    def is_followed_by(self, user):
        return self.followers.filter_by(follower_id=user.id).first() is not None
```

在开始关注他人之前，我们得先考虑让用户关注自己。这时出现一个有趣的问题，用户是否可以关注自己呢？虽然关注自己听起来有些奇怪，但在功能上我们需要这样做，用户在关注动态中通常希望也能够看到自己的动态。下面的代码在 User 类的构造方法中通过 follow() 方法关注了自己：

```python
class User(db.Model, UserMixin):
    ...
    def __init__(self, **kwargs):
        super(User, self).__init__(**kwargs)
```

```
        self.follow(self)   # follow self
```

不过，因为 follow() 方法首先会通过 is_following() 方法判断当前用户是否关注了传入的用户对象，但是因为还没有提交数据库会话，所以传入的当前用户对象无法调用关系属性，所以 is_following() 中的查询会出错。为了支持在构造方法中调用 follow() 方法关注自己，我们在 is_following() 方法中添加一个 if 判断来应对这种情况，如果 user.id 为 None（即意味着还未提交数据库会话），那么直接返回 False：

```
class User(db.Model, UserMixin):
    ...
    def is_following(self, user):
        if user.id is None:
            return False
        return self.following.filter_by(followed_id=user.id).first() is not None
```

如果你的数据库中已经包含了许多用户，而你又不想重新生成虚拟数据，那么可以创建一个函数或静态方法来迭代所有用户，并关注自己：

```
def follow_self_all(self):
    for user in User.query.all():
        user.follow(user)
```

在视图函数中，关注和取消关注分别通过 follow 和 unfollow 视图实现，如代码清单 9-49 所示。

代码清单9-49　albumy/blueprints/user.py：关注与取消关注

```
@user_bp.route('/follow/<username>', methods=['POST'])
@login_required
@confirm_required
@permission_required('FOLLOW')
def follow(username):
    user = User.query.filter_by(username=username).first_or_404()
    if current_user.is_following(user):
        flash('Already followed.', 'info')
        return redirect(url_for('.index', username=username))

    current_user.follow(user)
    flash('User followed.', 'success')
    return redirect_back()

@user_bp.route('/unfollow/<username>', methods=['POST'])
@login_required
def unfollow(username):
    user = User.query.filter_by(username=username).first_or_404()
    if not current_user.is_following(user):
        flash('Not follow yet.', 'info')
        return redirect(url_for('.index', username=username))

    current_user.unfollow(user)
    flash('User unfollowed.', 'info')
    return redirect_back()
```

　　因为关注和取消关注涉及数据库操作，故我们使用表单提交 POST 请求。这两个视图仅监听 POST 请求。除了 login_required 装饰器，我们还为 follow() 函数附加了 confirm_required 和 permission_required('FOLLOW') 装饰器，确保只有确认过邮件和拥有 FOLLOW 权限的用户才可以执行关注操作。

　　在这两个视图内部，我们使用在 User 模型上实现的方法执行关注操作。查询对应的用户后，我们首先通过 is_following() 方法判断关注状态，如果对正在关注的用户执行关注，或是对未关注的用户执行取消关注，我们会将程序重定向回上一个页面，并发送对应的提示信息。因为在多个模板页面中都包含关注按钮，成功执行关注和取消关注操作后，我们也要使用 redirect_back() 函数将用户重定向回上一个页面。在模板中生成关注和取消关注 URL 时，我们会添加附加的 next 参数。

　　实现关注功能后，我们需要在涉及用户资料的地方添加关注操作按钮和提示信息。这些代码在用户资料弹窗、图片详情页的作者卡片、收藏者列表以及用户主页的资料区都要用到，为了避免重复，我们创建一个 follow_area() 宏来渲染这部分代码，如代码清单 9-50 所示。

代码清单9-50　albumy/templates/macros.html：使用宏渲染关注操作区域

```
{% macro follow_area(user) %}
    {% if current_user.is_authenticated %}
        {% if user != current_user %}  <!-- 不对用户自己显示关注按钮 -->
            {% if current_user.is_following(user) %}
                <!-- 当前用户正在关注该用户时，显示取消关注按钮 -->
                <form class="inline" method="post"
                        action="{{ url_for('user.unfollow', username=user.username,
                            next=request.full_path) }}">
                    <input type="hidden" name="csrf_token" value="{{ csrf_token() }}">
                    <button type="submit" class="btn btn-dark btn-sm">Unfollow</button>
                    {% if current_user.is_followed_by(user) %}
                        <!-- 如果当前用户同时被该用户关注，则显示"互相关注"提示 -->
                        <p class="badge badge-light">Follow each other</p>
                    {% endif %}
                </form>
            {% else %}  <!-- 当前用户没有关注该用户时，显示关注按钮 -->
                <form class="inline" method="post"
                        action="{{ url_for('user.follow', username=user.username,
                            next=request.full_path) }}">
                    <input type="hidden" name="csrf_token" value="{{ csrf_token() }}">
                    <button type="submit" class="btn btn-primary btn-sm">Follow</button>
                    {% if current_user.is_followed_by(user) %}
                        <!-- 如果当前用户被该用户关注，则显示"关注了你"提示 -->
                        <p class="badge badge-light">Follows you</p>
                    {% endif %}
                </form>
            {% endif %}
        {% endif %}
    {% else %}  <!-- 显示给未登录用户的按钮 -->
        <form class="inline" method="post"
                action="{{ url_for('user.follow', username=user.username) }}">
            <input type="hidden" name="csrf_token" value="{{ csrf_token() }}">
            <button type="submit" class="btn btn-primary btn-sm">Follow</button>
        </form>
```

```
        {% endif %}
    {% endmacro %}
```

最外层的判断是根据用户的认证状态进行的，如果已登录则根据关注状态来判断显示的按
钮；如果未登录则直接显示一个关注按钮。第二层的 if user != current_user 判断则用于实现在
当前用户不是宏传入的用户的情况下才显示关注按钮，因为当前用户不需要对自己执行关注等
操作。

通过对 current_user 对象调用 is_following() 方法，我们可以判断当前用户与传入宏的用户
的关注状态，然后就可以判断渲染关注按钮还是取消关注按钮，表单中的 action 属性值也要进
行相应的设置。另外，在按钮旁边，我们还根据用户的关注关系来渲染一个提示标签。如果宏
传入的用户关注了当前用户，那么标签上会显示 "Follows you"（关注了你），如果双方互相关
注，则显示 "Follow each other"（互相关注）。

在用户主页的资料区，我们手动调用这个宏。其他地方均使用 user_card() 宏渲染用户卡片，
我们将 follow_area() 宏添加到 user_card() 中：

```
{% macro user_card(user) %}
<div class="user-card text-center">
    ...
    {{ follow_area(user) }}
</div>
{% endmacro %}
```

用户资料弹窗也需要显示关注操作按钮，但这些按钮需要不同的渲染逻辑，所以需要手动
编写相关代码，我们会在后面具体介绍。

9.9.3　显示关注用户列表

我们需要新添加两个页面，分别显示正在关注的用户列表和关注者列表，代码清单 9-51 所
示是获取关注者的 followers 视图以及获取正在关注用户的 following 视图的实现代码。

代码清单9-51　albumy/blueprints/user.py：正在关注与关注者

```
@user_bp.route('/<username>/followers')
def show_followers(username):
    user = User.query.filter_by(username=username).first_or_404()
    page = request.args.get('page', 1, type=int)
    per_page = current_app.config['ALBUMY_USER_PER_PAGE']
    pagination = user.followers.paginate(page, per_page)
    follows = pagination.items
    return render_template('user/followers.html', user=user, pagination=pagina
        tion, follows=follows)


@user_bp.route('/<username>/following')
def show_following(username):
    user = User.query.filter_by(username=username).first_or_404()
    page = request.args.get('page', 1, type=int)
    per_page = current_app.config['ALBUMY_USER_PER_PAGE']
    pagination = user.following.paginate(page, per_page)
    follows = pagination.items
```

```
return render_template('user/following.html', user=user, pagination=pagina
    tion, follows=follows)
```

因为我们对 following 和 followers 关系属性设置了 dynamic 类型的记录加载方式，调用关系属性会返回查询对象，所以我们可以直接对这两个对象附加其他查询方法来进一步过滤记录，而不用使用 with_parent() 方法。

在用户主页，我们新添加了两个导航按钮，分别用来查看用户的"关注者"和"正在关注"信息，导航按钮中显示数量标记。同样是因为调用 following 和 followers 关系属性会返回查询对象，而不是记录列表，所以我们不能通过 length 过滤器获取数量，而是附加一个 count() 查询方法调用。另外，因为用户关注了自己，但自己却并不需要显示在列表中，所以用户的关注者 / 被关注者数量总是比实际数量多 1，我们需要将总数减去 1：

```
{{ render_nav_item('user.show_following', username=user.username, link_
    text='Following', badge_text=user.following.count() - 1) }}
{{ render_nav_item('user.show_followers', username=user.username, link_
    text='Follower', badge_text=user.followers.count() - 1) }}
```

followers.html 和 following.html 模板内容基本相同，这里以 followers.html 为例，代码清单 9-52 是模板的具体内容。

代码清单9-52　albumy/templates/user/followers.html：关注者页面

```
{% extends 'base.html' %}
{% from 'bootstrap/pagination.html' import render_pagination %}
{% from 'macros.html' import user_card with context %}

{% block title %}{{ user.name }}'s followers{% endblock %}

{% block content %}
    {% include "user/_header.html" %}
    <div class="row">
        <div class="col-md-12">
            {% if follows|length != 1 %}
                {% for follow in follows %}
                    {% if follow.followed != user %}
                        {{ user_card(user=follow.followed) }}
                    {% endif %}
                {% endfor %}
            {% else %}
                <div class="tip">
                    <h3>No followings.</h3>
                </div>
            {% endif %}
        </div>
    </div>
    {% if follows|length != 1 %}
        <div class="page-footer">
            {{ render_pagination(pagination) }}
        </div>
    {% endif %}
{% endblock %}
```

> 📝 **注意** 传入模板的 follows 变量是相关的 Follow 对象列表，我们需要在迭代时为 Follow 对象附加 followed 和 follower 属性来获取记录中的关注者和被关注者。

因为用户默认关注了自己，我们不能使用 if follows 来判断是否包含记录。一个替代的办法是使用 Jinja2 提供的 length 过滤器获取记录数量，并将记录数量和 1 比较。如果记录数量为 1，那么就显示没有相关条目的提示消息。

虽然用户关注了自己，我们却并不想让用户显示在自己的关注者或正在关注的用户列表中。通过添加 if 判断，如果关注者 / 被关注者不是自己（if follow.follower != user），就渲染用户卡片。和收藏者页面一样，这里的用户列表仍然使用 user_card() 宏渲染，传入 follow.follower 作为 user 参数的值。

9.9.4 使用 AJAX 在弹窗中执行关注操作

添加关注功能后，我们可以在评论区的用户资料弹窗上显示一个关注按钮，这里的关注操作使用 AJAX 执行会更加合理。当用户单击关注时，我们需要达到这样的效果：

- ❑ 关注按钮被单击后自动更换为取消关注按钮，反之亦同。
- ❑ 关注和取消关注按钮被单击后，动态更新用户资料中的关注者数量。
- ❑ 弹出相应的提示消息。

弹出提示消息可以使用我们前面在 JavaScript 脚本中创建的 toast() 函数实现，动态更新关注者数量我们将在后面介绍。我们先来看看关注和取消关注按钮的切换以及对应操作的执行。为了能够实现按钮的切换，我们需要在弹窗中同时加入关注和取消关注按钮，并根据当前的关注状态隐藏其中一个按钮。在资料弹窗对应的 profile_popup.html 模板中，我们根据用户的登录状态以及关注状态渲染登录按钮，如代码清单 9-53 所示。

代码清单9-53　albumy/templates/main/profile_popup.html：在资料弹窗中显示关注按钮

```
{% if current_user.is_authenticated %}
    {% if user != current_user %}
        <button data-id="{{ user.id }}"
                data-href="{{ url_for('ajax.unfollow', username=user.username) }}"
                class="{% if not current_user.is_following(user) %}hide{% endif %}
                    btn btn-dark btn-sm unfollow-btn">
            Unfollow
        </button>
        <button data-id="{{ user.id }}"
                data-href="{{ url_for('ajax.follow', username=user.username) }}"
                class="{% if current_user.is_following(user) %}hide{% endif %}
                    btn btn-primary btn-sm follow-btn">
            Follow
        </button>
    {% endif %}
{% else %}
    <form class="inline" method="post"
        action="{{ url_for('user.follow', username=user.username) }}">
        <input type="hidden" name="csrf_token" value="{{ csrf_token() }}">
        <button type="submit" class="btn btn-primary btn-sm">Follow</button>
```

```
    </form>
{% endif %}
```

因为弹窗中的关注和取消关注请求通过 AJAX 发送，所以按钮中的 URL 分别指向 ajax.follow
和 ajax.unfollow 视图。

和渲染关注操作区域的 follow_area() 宏类似，我们添加 if 判断根据用户登录状态渲染不同
的代码，另外也可以避免在用户自己的资料弹窗上显示按钮。在关注和取消关注按钮中，我们
根据关注的状态来决定是否添加一个自定义的 hide 样式类，这会将目标元素隐藏。以关注按钮
为例：

```
class="{% if current_user.is_following(user) %}hide{% endif %} btn btn-primary btn-
    sm follow-btn"
```

如果当前用户正在关注与该弹窗对应的用户，current_user.is_following(user) 将返回 True，
那么就插入 hide 类，从而隐藏关注按钮。为了便于在 JavaScript 中获取相关元素，我们分别为
关注和取消关注的按钮添加了名为 follow-btn 和 unfollow-btn 的 class 属性值，而对应的操作
URL 则存储在 data-href 属性中。除此之外，元素中还存储用户的 id 值作为 data-id 属性，对于
该属性的具体作用后面会解释。

另外，我们还在资料弹窗中用户名的右侧显示一个关注状态标记，并添加用户的关注者数量：

```
<p class="text-muted">{{ user.username }}
    {% if current_user.is_authenticated %}
        {% if current_user != user and current_user.is_followed_by(user) %}
            {% if user.is_followed_by(current_user) %}
            <span class="badge badge-light">Follow each other</span>
            {% else %}
            <span class="badge badge-light">Follows you</span>
            {% endif %}
        {% endif %}
    {% endif %}
</p>
...
<a href="{{ url_for('user.show_followers', username=user.username) }}">
    <strong>{{ user.followers.count() - 1 }}</strong> Followers
</a>
```

在 script.js 中，我们需要编写两个 JavaScript 函数，分被用来执行关注操作的 follow() 函数
和执行取消关注操作的 unfollow() 函数，如代码清单 9-54 所示。

代码清单9-54　albumy/static/js/script.js：关注与取消关注操作

```
function follow(e) {
    var $el = $(e.target);
    var id = $el.data('id');

    $.ajax({
        type: 'POST',
        url: $el.data('href'),
        success: function (data) {
            $el.prev().show();
            $el.hide();
```

```
                update_followers_count(id);
                toast('User followed.');
            },
            error: function (error) {
                toast('Server error, please try again later.');
            }
        });
    }

    function unfollow(e) {
        var $el = $(e.target);
        var id = $el.data('id');

        $.ajax({
            type: 'POST',
            url: $el.data('href'),
            success: function (data) {
                $el.next().show();
                $el.hide();
                update_followers_count(id);
                toast('Follow canceled.');
            },
            error: function (error) {
                toast('Server error, please try again later.');
            }
        });
    }
```

这两个函数内容基本相同，以 follow() 函数为例，首先通过 e.target 获取目标元素作为 $el 变量，这里即与关注按钮对应的元素。我们使用 ajax() 方法发送请求，使用 type 选项将方法类型设为 POST，URL 通过关注按钮元素的 data-href 属性获取。在 profile_popup.html 中，取消关注和关注按钮位置并列，取消按钮在前，所以在 success 回调函数中，我们可以通过 prev() 方法获取取消关注按钮，并链式调用 show() 将其显示出来，然后使用 hide() 方法隐藏关注按钮，最后使用 toast() 函数显示提示消息。

 提示　success 回调中调用的 update_followers_count() 函数用来更新关注人数，下面会具体介绍。

现在，我们需要将关注和取消关注按钮的单击（click）事件绑定到这两个函数上。这里我们会遇到一个常见的 JavaScript 问题。在 jQuery 中，on() 以及快捷方法 click()、hover() 等事件处理器只能绑定到已经存在的元素，因为资料弹窗的 popover 元素是后插入的 DOM 元素，当悬停事件发生时才会插入 HTML 元素，所以我们不能通过元素 id 作为选择器，比如：

```
$('.follow-btn').on(...)
```

除了在 HTML 元素中使用 onclick 属性指定调用的目标函数外（即行内 JavaScript，不利于调试，不推荐），我们还可以监听整个 DOM：

```
$(document).on('click', '.follow-btn', follow.bind(this));
$(document).on('click', '.unfollow-btn', unfollow.bind(this));
```

这里使用 on() 方法，并传入 click 事件作为第一参数，第二个参数为选择器，第三个参数为传入触发的回调函数。

因为 AJAX 请求需要不同的处理逻辑，所以我们在 ajax 蓝本下单独创建了处理通过 AJAX 发送的关注和取消关注请求的 follow 和 unfollow 视图，如代码清单 9-55 所示。

代码清单9-55　albumy/blueprints/ajax.py：处理AJAX关注与取消关注请求

```python
from flask import jsonify
from albumy.decorators import permission_required, confirm_required


@ajax_bp.route('/follow/<username>', methods=['POST'])
def follow(username):
    if not current_user.is_authenticated:  # 验证登录状态
        return jsonify(message='Login required.'), 403
    if not current_user.confirmed:  # 验证确认状态
        return jsonify(message='Confirm account required.'), 400
    if not current_user.can('FOLLOW'):  # 验证权限
        return jsonify(message='No permission.'), 403

    user = User.query.filter_by(username=username).first_or_404()
    if current_user.is_following(user):
        return jsonify(message='Already followed.'), 400

    current_user.follow(user)
    return jsonify(message='User followed.')


@ajax_bp.route('/unfollow/<username>', methods=['POST'])
def unfollow(username):
    if not current_user.is_authenticated:
        return jsonify(message='Login required.'), 403

    user = User.query.filter_by(username=username).first_or_404()
    if not current_user.is_following(user):
        return jsonify(message='Not follow yet.'), 400

    current_user.unfollow(user)
    return jsonify(message='Follow canceled.')
```

因为 AJAX 请求不会像传统请求那样重载页面，也就意味着我们不能通过 flash() 函数发送提示消息。在这些视图中，我们使用 jsonify() 函数生成 JSON 格式响应，提示消息作为响应返回。

另外，为了统一对不同类型的错误返回 JSON 格式的提示消息，我们也不能使用常规的装饰器，比如 login_required、confirm_required 等。取而代之的是，我们在视图函数中手动验证这些规则，并在未满足要求时返回对应的提示消息，并附加相应的错误状态码。在后面我们会介绍如何在客户端 JavaScript 中获取这些提示消息。

💡 **提示** 虽然 request 对象有一个 is_xhr 属性可以用来判断请求是否是 XMLHttpRequest 对象，但这个属性目前已因为局限性较大而被弃用；另一方面，分离出两类请求的处理代码也会更易于维护。

1. AJAX 请求的 CSRF 保护

和使用普通请求类似，对于会修改数据的 AJAX 请求，我们需要设置正确的 HTTP 方法，并设置 CSRF 令牌。因为不再定义表单，所以没法使用旧的方式添加一个令牌隐藏字段。我们可以通过 jQuery 的 ajaxSetup() 方法设置 AJAX，在 AJAX 请求的首部添加一个 X-CSRFToken 字段，其值为 CSRF 令牌值，令牌值仍然通过 CSRFProtect 扩展提供的 csrf_token() 函数获取，如下所示：

```
<script type="text/javascript">
    var csrf_token = "{{ csrf_token() }}";
    $.ajaxSetup({
        beforeSend: function(xhr, settings) {
            if (!/^(GET|HEAD|OPTIONS|TRACE)$/i.test(settings.type) && !this.
                crossDomain) {
                xhr.setRequestHeader("X-CSRFToken", csrf_token);
            }
        }
    });
</script>
```

因为 csrf_token() 函数的调用通过 Jinja2 渲染，所以 csrf_token 变量的定义要直接放在模板中。在实际的代码中，为了便于组织，我们把 csrf_token 变量的定义留在基模板中，ajaxSetup() 方法则放到 JavaScript 脚本 script.js 中。

 提示 ajaxSetup 函数中的 if 判断是为了确保请求的 HTTP 方法不是 GET、HEAD、OPTIONS 或 TRACE，并且请求是发向站内的。

2. 动态更新关注数量

当关注和取消关注按键按下后，资料卡片中的关注者人数也应该被更新。简单的 +1 和 −1 并不是合理的解决方式，我们应该从服务器端获取真实的关注者数量。代码清单 9-56 所示是用于返回某个用户关注者数量的 followers_count 视图的实现代码。

代码清单9-56　albumy/blueprints/ajax.py：获取关注者数量

```
@ajax_bp.route('/followers-count/<int:user_id>')
def followers_count(user_id):
    user = User.query.get_or_404(user_id)
    count = user.followers.count() - 1  # 减去自己
    return jsonify(count=count)
```

和用户主页的导航栏类似，因为用户关注了自己，我们将关注总数减去 1，最后使用 Flask 提供的 jsonify() 将数据转换为 JSON 格式响应并返回。

为了方便在 JavaScript 中获取显示关注者数量的元素，我们为显示数量的元素添加 id，id 属性值通过用户对象的主键值 id 构建，即 "followers-count-{{ user.id }}"。另外，我们在 data-href 属性中存储获取对应用户的关注者数量的 URL：

```
<a href="{{ url_for('user.show_followers', username=user.username) }}">
    <strong id="followers-count-{{user.id}}" data-href="{{ url_for('ajax.followers_
        count', user_id= user.id) }}">
```

```
            {{ user.followers.count() - 1 }}
        </strong> Followers
</a>
```

因为我们也在关注和取消关注按钮中通过 data-id 属性存储了用户的主键值 id，所以在 Java-Script 中可以通过这个 id 值来找到对应的关注者数量元素。

在 JavaScript 中，我们使用 update_followers_count() 函数更新关注者数量，如代码清单 9-57 所示。

代码清单9-57　albumy/static/js/script.js：更新关注者数量

```
function update_followers_count(id) {
    var $el = $('#followers-count-' + id);
    $.ajax({
        type: 'GET',
        url: $el.data('href'),
        success: function (data) {
            $el.text(data.count);  // 更新数字
        },
        error: function (error) {
            toast('Server error, please try again later.');
        }
    });
}
```

这个函数分别在执行关注的 JavaScript 函数 follow() 和 unfollow() 中被调用，这两个函数都获取了关注和取消关注按钮元素中存储的 data-id 属性值，并将其作为参数传入 update_followers_count() 函数，所以我们可以通过拼接字符串的形式（即 '#followers-count-' + id）获取到对应数量元素的 id。函数并不复杂，唯一值得提及的是，在 success 回调函数中使用 data 参数接收响应数据（JSON 对象），我们对其调用 count 属性来获取对应的关注者数字，然后使用 text() 方法更新页面上的数字。

 事实上，页面上其他部分的关注按钮以及收藏按钮都可以通过 AJAX 和 JavaScript 进行优化，但这样一来，就增加了示例程序的复杂度，这些实现基本相同，所以仅以资料弹窗中的关注为例。在下一章我们将完全使用这种技术来编写一个单页应用，届时大家可以学习更多相关技巧。

3. 在服务器端返回提示消息

因为 AJAX 请求异步发送，不会重载页面，所以我们不能使用 flash() 函数发送提示消息。在前面的 ajax() 方法里，我们在操作成功和失败时通过 toast() 函数发送提示消息。在简单的程序中，提示的内容可以直接在 JavaScript 代码中写出。但是在大型程序中，为了便于管理，更完善的做法是在服务器端定义消息内容，我们需要在返回的响应中加入提示消息，然后在 JavaScript 中获取。

以关注操作为例，我们可以在 ajax.follow 视图中返回包含提示消息的 JSON 响应：

```
return jsonify(message='User followed.')
```

在 success 回调函数中，我们可以直接通过 data 参数调用 message 属性来获取对应的消息，传入 toast() 函数中：

```
toast(data.message)
```

那么错误消息如何显示呢？我们也可以使用类似的方式在客户端返回 JSON 响应，并设置响应类型。比如下面在用户已经关注过某用户时，返回 400 错误响应，将错误消息作为响应主体：

```
return jsonify(message='Already followed.'), 400
```

在客户端，ajax() 方法的 error 回调函数接收三个参数，分别为 jqXHR、textStatus 和 error Thrown。在这三个参数中，第二个参数包含纯文本格式的错误状态，比如 error、timeout 等；第三个参数则包含与 HTTP 错误相应的原因短语，比如 Not Found；第一个参数是 jQuery XML-HttpRequest（jqXHR）对象，服务器端返回的错误消息可以从这个对象的属性中获取。

在 jqXHR 对象中，错误响应主体的存储位置有两种情况：

❏ 被浏览器解析为 JSON，这时可以从 responseJSON 属性获取，值为 JSON 对象。
❏ 被浏览器解析为纯文本，这时需要从 responseText 属性获取，值为纯文本。

我们可以在 error 回调函数中通过这些属性获取错误消息，为了避免在每一个 error 回调中重复这部分代码，我们可以使用 jQuery 提供的 ajaxError() 方法设置一个统一的 AJAX 错误回调处理函数，如代码清单 9-58 所示。

代码清单9-58　albumy/static/js/script.js：统一处理error回调函数，获取消息提示

```
$(document).ajaxError(function(event, request, settings) {
    var message = null;
    if (request.responseJSON && request.responseJSON.hasOwnProperty('message')) {
        message = request.responseJSON.message;
    } else if (request.responseText) {
        var IS_JSON = true;
        try {
            var data = JSON.parse(request.responseText);  // 作为 JSON 解析
        }
        catch(err) {
            IS_JSON = false;
        }

        if (IS_JSON && data !== undefined && data.hasOwnProperty('message')) {
            message = JSON.parse(request.responseText).message;
        } else {
            message = default_error_message;  // 使用默认错误消息
        }
    } else {
        message = default_error_message;  // 使用默认错误消息
    }
    toast(message, 'error');  // 弹出提示消息
});
```

ajaxError() 方法接收的第二个参数为 jqXHR 对象，我们首先判断 responseJSON 属性是否存在并判断是否包含 message 属性，如果有则使用这个消息内容，否则使用默认错误消息。

如果获取失败，我们要考虑使用 responseText 属性，因为 responseText 的内容未必是 JSON 字符串。比如，我们在 Flask 中设置的 404 等错误处理函数返回的是 HTML 页面，这时无法将其转换为 JSON 对象。我们首先创建一个 IS_JSON 标志，然后在 try…catch 语句里使用 JSON. parse() 解析 responseText 的值，如果解析失败，那么说明 responseText 的值不是 JSON 字符串；如果解析成功，则判断解析后的 JSON 对象是否包含 message 键，如果包含则使用这个 message 值，否则使用默认错误消息。

 提示 使用 ajaxError() 方法设置了全局的 AJAX 错误处理器后，就可以删除所有 ajax() 方法的 error 回调函数了。

最后，我们使用 toast() 函数显示消息，传入消息内容作为参数，额外添加的第二个参数用于指定消息的类型。为了对错误提示显示不同的样式，我们需要升级一下 toast() 函数，它新接收一个 category 参数，如果 category 的值为 error，就使用红色背景显示提示条，如下所示：

```
function toast(body, category) {
    ...
    if (category === 'error') {
        $toast.css('background-color', 'red')  // 错误类型消息
    } else {
        $toast.css('background-color', '#333')  // 普通类型消息
    }
    ...
}
```

默认的错误消息通过 default_error_message 变量定义，如下所示：

```
var default_error_message = 'Server error, please try again later.';
```

为了方便管理，这个消息也可以在基模板中定义，具体值可以直接写出，或是从配置变量获取，比如：

```
<script type="text/javascript">
var default_error_message = 'Something was wrong...'
</script>
```

 提示 如果你想在错误提示中显示错误状态码，可以通过 jqXHR 对象的 status 属性获取。

9.10　消息提醒

当用户的图片有了新的评论或是被收藏时，我们需要用某种方式提醒用户。在 Bluelog 程序中，我们使用 Email 来发送提醒，但对于多用户的社交程序来说，有一个统一的消息中心会是个更好的解决方式。

提示 如果你从 GitHub 上复制了示例程序，可以执行 git checkout notification 签出程序的新版本。程序的新版本实现了提醒系统。

9.10.1　提醒消息在数据库中的表示

用于存储提醒消息的 Notification 模型的实现如代码清单 9-59 所示。

代码清单9-59　albumy/models.py：提醒消息模型

```
class Notification(db.Model):
    id = db.Column(db.Integer, primary_key=True)
    message = db.Column(db.Text)
    is_read = db.Column(db.Boolean, default=False)
    timestamp = db.Column(db.DateTime, default=datetime.utcnow, index=True)
```

Notification 模型主要由两个字段组成，message 字段存储提醒的消息正文，is_read 用于存储消息的状态，即是否为已读的布尔值，默认为 False。Notification 模型和表示用户的 User 模型的一对多关系如下所示：

```
class User(db.Model, UserMixin):
    ...
    notifications = db.relationship('Notification', back_populates='receiver',
        cascade='all')

class Notification(db.Model):
    ...
    receiver_id = db.Column(db.Integer, db.ForeignKey('user.id'))
    receiver = db.relationship('User', back_populates='notifications')
```

我们在 Notification 模型中创建一个外键字段 receiver_id，存储 User 记录的 id 值。用户被删除时，提醒也需要同时被删除，所以在 User.notifications 关系属性中，级联选项被设为 all。

9.10.2　创建提醒

在我们的 Albumy 程序中，主要有三种情况需要推送提醒：

- ❑ 新的关注者；
- ❑ 图片有新的评论/回复；
- ❑ 图片被收藏。

我们在程序包新建的 notifications 模块中分别为这三种场景创建提醒推送函数，这些函数根据传入的参数构建对应的提醒记录并放到数据库中，如代码清单 9-60 所示。

代码清单9-60　albumy/notifications.py：创建提醒函数

```
from flask import url_for

from albumy.models import Notification
from albumy.extensions import db

# 推送关注提醒
def push_follow_notification(follower, receiver):
    message = 'User <a href="%s">%s</a> followed you.' % \
            (url_for('user.index', username=follower.username), follower.username)
    notification = Notification(message=message, receiver=receiver)
    db.session.add(notification)
```

```
        db.session.commit()

    # 推送评论提醒
    def push_comment_notification(photo_id, receiver, page=1):
        message = '<a href="%s#comments">This photo</a> has new comment/reply.' % \
                    (url_for('main.show_photo', photo_id=photo_id, page=page))
        notification = Notification(message=message, receiver=receiver)
        db.session.add(notification)
        db.session.commit()

    # 推送收藏提醒
    def push_collect_notification(collector, photo_id, receiver):
        message = 'User <a href="%s">%s</a> collected your <a href="%s">photo</a>' % \
                    (url_for('user.index', username=collector.username),
                     collector.username,
                     url_for('main.show_photo', photo_id=photo_id))
        notification = Notification(message=message, receiver=receiver)
        db.session.add(notification)
        db.session.commit()
```

在这三个推送函数中，我们使用对应的提醒字符串模板，使用传入的参数构建消息正文，然后创建提醒记录并保存到数据库。除了用来构建提醒消息的参数，最主要的 receiver 参数用来接收提醒的接收者。当用户执行相应操作时，在视图函数里调用相应的提醒推送函数即可。以推送关注提醒为例，在执行关注操作的 user.follow 视图中，我们在执行关注成功后调用 push_follow_notification() 函数，传入当前用户 current_user 和被关注的用户 user 作为 follower 和 receiver 参数的值：

```
from albumy.notifications import push_new_follower_notification

@user_bp.route('/follow/<username>', methods=['POST'])
@login_required
@confirm_required
@permission_required('FOLLOW')
def follow(username):
    user = User.query.filter_by(username=username).first_or_404()
    ...
    push_follow_notification(follower=current_user, receiver=user)
    return redirect_back()
```

9.10.3 显示和管理提醒

我们先创建一个用于显示提醒中心页面的 show_notifications 视图，如代码清单 9-61 所示。

代码清单9-61　albumy/blueprints/main.py：提醒中心

```
@main_bp.route('/notifications')
@login_required
def show_notifications():
    page = request.args.get('page', 1, type=int)
    per_page = current_app.config['ALBUMY_NOTIFICATION_PER_PAGE']
    notifications = Notification.query.with_parent(current_user)
    filter_rule = request.args.get('filter')
    if filter_rule == 'unread':
```

```
        notifications = notifications.filter_by(is_read=False)
    pagination = notifications.order_by(Notification.timestamp.desc()).paginate
        (page, per_page)
    notifications = pagination.items
    return render_template('main/notifications.html', pagination=pagination,
        notifications=notifications)
```

这个视图函数支持通过 filter 查询参数传入 unread 来过滤未读提醒，通过提醒记录的 is_read 变量判断是否未读，其他输入值则会返回所有消息。

在页面上，我们首先要在基模板的导航栏中添加一个提醒图标作为提醒中心的入口，指向提醒页面。图标的右侧显示一个小标记（badge），显示未读消息的数量：

```html
<a class="nav-item nav-link" href="{{ url_for('main.show_notifications', filter=
    'unread') }}">
    <span class="oi oi-bell"></span>
    {% if notification_count != 0 %}
    <span class="badge badge-danger badge-notification">{{ notification_count }}</
        span>
    {% endif %}
</a>
```

存储提醒数量的 notification_count 变量通过模板上下文处理函数传入，具体可以到源码仓库中查看。添加 if 判断，如果 notification_count 的值为 0，那么不会显示数量标记。和 Bluelog 中的新未读评论提醒不同的是，我们在 Albumy 中将会实现一个动态更新的数量标记，后面会详细介绍。

在与提醒中心对应的模板文件 notifications.html 中，我们创建两个导航按钮：全部和未读。两个按钮的 URL 中分别将查询参数 filter 的值设为 all 和 unread，以实现提醒的筛选，导航栏上的链接默认打开未读提醒标签。按钮的激活状态也根据 request.args.get('filter') 的值判断：

```html
<div class="nav nav-pills flex-column" role="tablist" aria-orientation="vertical">
    <a class="nav-item nav-link {% if request.args.get('filter') != 'unread' %}
      active {% endif %}"
      href="{{ url_for('.show_notifications', filter='all') }}">
      All
    </a>
     <a class="nav-item nav-link {% if request.args.get('filter') == 'unread' %}
active{% endif %}"
      href="{{ url_for('.show_notifications', filter='unread') }}">
      Unread
    </a>
</div>
```

迭代提醒记录列表时需要注意的是，因为提醒中包含链接，为了正确显示，需要附加 safe 过滤器：

```
{{ notification.message|safe }}
```

is_read 属性默认为 False，表示未读，read_notification 视图用来将提醒标为已读，如代码清单 9-62 所示。

代码清单9-62　albumy/blueprints/main.py：将提醒设为已读

```
@main_bp.route('/notification/read/<int:notification_id>', methods=['POST'])
@login_required
def read_notification(notification_id):
    notification = Notification.query.get_or_404(notification_id)
    if current_user != notification.receiver:
        abort(403)

    notification.is_read = True
    db.session.commit()
    flash('Notification archived.', 'success')
    return redirect(url_for('.show_notifications'))
```

在获取提醒记录后，需要验证当前用户是否是提醒的接收者。然后将提醒的 is_read 字段设为 True 并提交会话。

在模板中，我们在提醒正文的右侧显示已读按钮。通过添加 if 判断，只有当提醒的 is_read 属性为 False（即未读）时才显示：

```
{% if notification.is_read == False %}
    <form class="inline" action="{{ url_for('.read_notification', notification_
        id=notification.id) }}" method="post">
        <input type="hidden" name="csrf_token" value="{{ csrf_token() }}">
        <button type="submit" class="btn btn-light btn-sm">
            <span class="oi oi-check" aria-hidden="true"></span>
        </button>
    </form>
{% endif %}
```

代码清单 9-63 所示是用于将所有消息设为已读的 read_all_notification 视图的实现代码。

代码清单9-63　albumy/blueprints/main.py：将所有提醒标为已读

```
@main_bp.route('/notifications/read/all', methods=['POST'])
@login_required
def read_all_notification():
    for notification in current_user.notifications:
        notification.is_read = True
    db.session.commit()
    flash('All notifications archived', 'success')
    return redirect(url_for('.show_notifications'))
```

因为这个操作不会出现某一用户将其他用户的提醒设为已读的情况，所以我们不需要验证提醒的接收者是否是当前用户。我们直接迭代当前用户的所有提醒，然后设置 is_read 字段的值。在模板中，我们在提醒的右侧添加 read 按钮，在页面右上方添加一个 Read all 按钮，具体可以到源码仓库中查看。

9.10.4　通过轮询实时更新未读计数

用户执行特定的操作就会触发创建提醒的操作并保存到数据库中，然后被提醒的接收者单击导航栏上的提醒中心图标就可以查看提醒了。和 Bluelog 的管理后台一样，目前的未读数量标记实际上是通过 HTTP 请求获取的，并不是实时数据。如果用户一直不重载页面，那么即使有了新的未读提醒，那么未读数字也不会发生变化。要想让未读数字实时更新，我们使用的方法不能是传统 HTTP 请求的拉取（Pull）操作，而是服务器端主动推送（Push）。

　　这种方式和我们在前面介绍用户资料弹窗时更新关注数量基本相同，唯一的区别是，关注数量的更新通过用户单击按钮触发，而这里的 AJAX 请求每隔一定间隔时间自动发出，通过这种轮询的方式模拟数据的实时更新。

　　间隔的时间不宜太短，否则容易增大服务器的压力。在 Albumy 中，我们设置的 JavaScript 函数每隔 30 秒发送一次 AJAX 请求以获取未读消息的数量，然后把数量更新到导航栏的图标上。我们要创建一个视图函数用于返回未读提醒消息的数量，如代码清单 9-64 所示。

代码清单9-64　albumy/blueprints/ajax.py：获取未读提醒数量

```python
@ajax_bp.route('/notifications-count')
def notifications_count():
    if not current_user.is_authenticated:
        return jsonify(message='Login required.'), 403

    count = Notification.query.with_parent(current_user).filter_by(is_read=False).count()
    return jsonify(count=count)
```

在基模板中，我们改变提醒标记的渲染方式：

```html
<span id="notification-badge" class="{% if notification_count == 0 %}hide{% endif
%} badge badge-danger badge-notification" data-href="{{ url_for('ajax.notifica
tions_count') }}">{{ notification_count }}</span>
```

我们为数量标记的元素添加为 notification-badge 的 id，以方便在 JavaScript 中获取。另外，如果未读消息计数为 0，仍然插入数量标记代码，不过会通过添加自定义的 hide 样式类来隐藏数量标记。最后，我们还在 data-href 属性中存储了指向获取未读消息数量的 notifications_count 视图的 URL。

> **附注**　在数量标记的 HTML 代码中，我们通过自定义的 badge-notification 类将数量标记显示在提醒图标的右上方，具体可以到源码仓库的自定义 CSS 文件 static/css/style.css 中查看。

　　在 script.js 脚本中，我们创建一个 JavaScript 函数来发送 AJAX 请求更新数量标记，如代码清单 9-65 所示。

代码清单9-65　albumy/static/js/script.js：更新提醒数量标记

```javascript
function update_notifications_count() {
    var $el = $('#notification-badge');
    $.ajax({
        type: 'GET',
        url: $el.data('href'),
        success: function (data) {
            if (data.count === 0) {  // 如果未读数量为 0，隐藏数量标记
                $('#notification-badge').hide();
            } else {  // 如果未读数量不为 0，显示数量标记，并插入数量
                $el.show();
```

```
                        $el.text(data.count)
                    }
                }
            });
        }
```

在 success 回调函数中，我们获取返回响应的数量值，如果为 0，就隐藏数量标记元素。

 因为我们在前面设置了全局的错误处理函数，所以这里的 ajax() 方法不需要再添加 error 回调函数，对此后面不再提示。

如果用户未登录，那么并不需要调用这个函数。为了在 JavaScript 中判断用户的登录状态，我们在基模板创建一个 JavaScript 变量 is_authenticated，存储决定用户是否认证的布尔值：

```
<script type="text/javascript">
    {% if current_user.is_authenticated %}
    var is_authenticated = true;
    {% else %}
    var is_authenticated = false;
    {% endif %}
</script>
```

在 JavaScript 中，有一个和 setTimeout() 方法类似的 setInterval() 方法，它们的用法基本相同，不过 setInterval() 方法会周期性地按照间隔时间不停地执行代码。下面的代码用来在 is_authenticated 变量为 true 时按照 30 秒的周期来调用 update_notifications_count() 函数：

```
if (is_authenticated) { setInterval(update_notifications_count, 30000); }
```

现在运行程序，你会在命令行输出的日志中看到每 30 秒会增加一个发送到 /notifications-count 的 GET 请求记录，而导航栏上的未读计数也会随之自动更新。

使用轮询（模拟）实现的服务器端推送比较简单，但存在较大的缺陷。比如，设置轮询的时间间隔如果太长，那么会导致一定的延迟，降低实时性；如果时间间隔太短，会产生大量的请求，增加服务器的负担。长轮询等方式虽然可以解决这个问题，但在实现上比较复杂。我们也可以使用 Server-sent Events（SSE，服务器推送事件）来实现真正的服务器端推送，具体实现上可以考虑使用扩展 Flask-SSE（http://github.com/singingwolfboy/flask-sse）。

> 附注 除了使用 SSE，我们还可以使用更完善和强大的双向通信协议 WebSocket 来实现实时更新。在第 11 章我们会详细介绍 WebSocket 的使用。

9.11 用户资料与账户设置

不同于博客，在社交程序中，除了提供编辑资料的功能，还要提供诸如更新头像、更改密码、更改邮箱、设置提醒、隐私选项等诸多设置功能。

> 提示 如果你从 GitHub 上复制了示例程序，可以执行 git checkout settings 签出程序的新版本。程序的新版本添加了设置功能。

在 Albumy 中，设置资料、更改头像、更改密码和更改邮件等功能所需要的 HTML 模板内容基本相同：左侧显示一竖行导航按钮，根据当前视图渲染激活状态，右侧则渲染一个表单和相应的标题或提示文字。我们可以为这些模板创建一个基模板，首先在 templates/user 目录下创建一个 settings 子文件夹，然后创建一个 base.html 文件作为设置页面的基模板，这个基模板继承自 templates 根目录下的全局基模板，如代码清单 9-66 所示。

代码清单9-66　albumy/templates/user/settings/base.html：设置页面的基模板

```
{% extends 'base.html' %}
{% from 'bootstrap/form.html' import render_form %}
{% from 'bootstrap/nav.html' import render_nav_item %}

{% block content %}
<div class="page-header">
    <h1>Settings</h1>
</div>
<div class="row">
    <div class="col-md-3">
        <div class="nav nav-pills flex-column" role="tablist" aria-orientation="vertical">
            {{ render_nav_item('user.edit_profile', 'Edit Profile') }}
            {{ render_nav_item('user.change_avatar', 'Change Avatar') }}
            {{ render_nav_item('user.change_password', 'Change Password') }}
            {{ render_nav_item('user.change_email_request', 'Change Email') }}
            {{ render_nav_item('user.notification_setting', 'Notification') }}
            {{ render_nav_item('user.privacy_setting', 'privary') }}
            {{ render_nav_item('user.delete_account', 'Delete Account') }}
        </div>
    </div>
    <div class="col-md-9">
        {% block setting_content %}{% endblock %}
    </div>
</div>
{% endblock %}
```

在基模板中，我们定义了一个 setting_content 块，用于在子模板中通过重写来组织内容。

设置中心有两个入口：一个是在导航栏中的用户头像下拉列表中显示的 Settings 选项，单击后会打开资料编辑页面；另一个是在用户首页资料的下方显示的编辑资料按钮，同样会打开资料编辑页面。

9.11.1　编辑个人资料

用于编辑个人资料的资料编辑表单 EditProfileForm 如代码清单 9-67 所示。

代码清单9-67　albumy/forms/user.py：用户资料编辑表单

```
class EditProfileForm(FlaskForm):
    name = StringField('Name', validators=[DataRequired(), Length(1, 30)])
    username = StringField('Username', validators=[DataRequired(), Length(1, 20),
                                        Regexp('^[a-zA-Z0-9]*$',
                                            message='The username should contain
                                                only a-z, A-Z and 0-9.')])
    website = StringField('Website', validators=[Optional(), Length(0, 254)])
```

```
location = StringField('City', validators=[Optional(), Length(0, 50)])
bio = TextAreaField('Bio', validators=[Optional(), Length(0, 120)])
submit = SubmitField()

def validate_username(self, field):
    if field.data != current_user.username and User.query.filter_by(username= field.
        data).first():
        raise ValidationError('The username is already in use.')
```

为了支持用户修改用户名，我们需要添加一个自定义验证器 validate_username() 来验证 username 是否唯一。在这个验证方法中，我们获取当前用户的用户名（通过 current_user. username 获取）来判断输入值是否变化，如果产生变化则在数据库中进行查询以判断是否重复。在模板 user/settings/edit_profile.html 中，我们声明继承自设置基模板（user/settings/base.html），并通过 setting_content 块写入主体内容，如下所示：

```
{% extends 'user/settings/base.html' %}
{% import 'bootstrap/form.html' as render_form %}

{% block title %}Edit Profile{% endblock %}

{% block setting_content %}
<div class="card w-100 bg-light">
    <h3 class="card-header">Edit Profile</h3>
    <div class="card-body">
        {{ render_form(form) }}
    </div>
</div>
{% endblock %}
```

其他设置页面的内容基本类似，除了自定义头像的 change_avatar.html 模板外，其他模板具体代码不再给出。另外，处理资料编辑的视图比较简单，这里也不再详细介绍，具体可以到源码仓库中查看。

9.11.2 自定义头像

在社交网站中，仅仅为用户生成随机头像还不够，大部分用户会希望使用自己喜欢的图片作为头像。自定义头像需要实现诸如文件上传、图片裁剪等功能，主要的实现过程大致如下：用户上传图片文件，上传完成后图片会显示在裁剪窗口，用户裁剪图片时可以在裁剪窗口右侧看到预览。当用户单击"裁剪并保存"按钮后，程序会保存裁剪的图片并更新所有头像。

为了支持设置自定义头像，我们首先需要在 User 模型新建一个 avatar_raw 字段，用来存储用户上传的头像文件原图文件名：

```
class User(UserMixin, db.Model):
    ...
    avatar_raw = db.Column(db.String(64))
```

Flask-Avatars 通过集成 jQuery 插件 Jcrop（http://deepliquid.com/content/Jcrop.html）提供了裁剪头像支持。在开始之前，我们需要进行一些配置，常用的自定义头像配置如表 9-6 所示。

表 9-6　Flask-Avatars 提供的裁剪配置值

配　置　键	默　认　值	说　　明
AVATARS_CROP_BASE_WIDTH	500	裁剪图片的显示宽度
AVATARS_CROP_INIT_POS	(0, 0)	裁剪框起始位置，两元素元组 (x, y)，默认为左上角
AVATARS_CROP_INIT_SIZE	None	裁剪框的尺寸，默认为尺寸元组中设置的 l 尺寸大小
AVATARS_CROP_MIN_SIZE	None	裁剪框限制的最小尺寸，默认无限制
AVATARS_CROP_PREVIEW_SIZE	None	预览窗口的尺寸，默认为尺寸元组中设置的 m 尺寸大小
AVATARS_SERVE_LOCAL	False	是否从本地加载 Jcrop 资源，默认从 CDN 加载

　　要使用 Jcrop，那么必须在模板中加载对应的 CSS 和 JavaScript 文件，这些资源文件可以访问 http://deepliquid.com/content/Jcrop_Download.html 下载。下载后分类放到 static 目录下，因为这些文件仅在更换头像页面时需要，所以我们在 settings/change_avatar.html 模板中定义 styles 块和 scripts 块并添加了相应资源，如代码清单 9-68 所示。

代码清单9-68　albumy/templates/user/settings/change_avatar.html：引入Jcrop资源

```
{% extends 'user/settings/base.html' %}

{% block title %}Change Avatar{% endblock %}

{% block styles %}
{{ super() }}
<link rel="stylesheet" href="{{ url_for('static', filename='css/jquery.Jcrop.min.
    css') }}">
{% endblock %}

{% block setting_content %}
...
{% endblock %}

{% block scripts %}
{{ super() }}
<script src="{{ url_for('static', filename='js/jquery.Jcrop.min.js') }}"></script>
{% endblock %}
```

　　除了手动加载，在开发时也可以使用 Flask-Avatars 在模板中提供的 avatars.jcrop_css() 和 avatars.jcrop_js() 方法加载，这两个方法分别用来生成对应的 CSS 和 JavaScript 加载语句：

```
{% extends 'user/settings/base.html' %}

{% block head %}
{{ super() }}
{{ avatars.jcrop_css() }}
{% endblock %}
...
{% block scripts %}
{{ super() }}
{{ avatars.jcrop_js() }}
```

```
{% endblock %}
```

Jcrop 依赖 jQuery，所以我们需要确保在加载 Jcrop 的 JavaScript 文件前加载了 jQuery。avatars.jcrop_js() 方法提供了 with_jquery 参数，将其设为 True 可以同时加载 jQuery，默认为 False。因为我们已经加载了 jQuery，所以不用重复引入。

 提示　jcrop_css() 和 jcrop_js() 方法仅用于加载资源，在生产环境下可以自己编写资源引用代码，取代这两个方法，或是分别通过 css_url 和 js_url 参数在这两个方法中传入自定义的资源 URL。

然后我们在 scripts 块中使用 avatars.init_jcrop() 方法初始化 Jcrop：

```
{% block scripts %}
{{ super() }}
...
{{ avatars.init_jcrop() }}
{% endblock %}
```

实现自定义头像功能需要创建两个表单，分别用来上传头像图片和保存图片裁剪坐标。代码清单 9-69 所示是用来上传头像文件的 UploadAvatarForm 表单类的实现代码。

代码清单9-69　albumy/forms/user.py：头像图片上传表单

```python
from flask_wtf.file import FileField, FileAllowed, FileRequired

class UploadAvatarForm(FlaskForm):
    image = FileField('Upload (<=3M)', validators=[
        FileRequired(),
        FileAllowed(['jpg', 'png'], 'The file format should be .jpg or .png.')
    ])
    submit = SubmitField()
```

为了限制上传图片的大小小于 3MB，我们在介绍图片上传时已经使用 Flask 内置的 MAX_CONTENT_LENGTH 配置变量限制了请求的最大值。

Flask-Avatars 要求我们实现一个裁剪表单存储裁剪的坐标和宽高，如代码清单 9-70 所示。

代码清单9-70　albumy/forms/user.py：头像图片裁剪表单

```python
class CropAvatarForm(FlaskForm):
    x = HiddenField()
    y = HiddenField()
    w = HiddenField()
    h = HiddenField()
    submit = SubmitField('Crop and Update')
```

CropAvatarForm 表单由 4 个隐藏字段（HiddenField）和一个提交按钮组成，其中四个隐藏字段的属性名必须为 x、y、w 和 h。

change_avatar 视图负责实例化这两个表单，渲染 change_avatar.html 模板，并传入这两个表单类实例，如下所示：

```
@user_bp.route('/settings/avatar')
@login_required
@confirm_required
def change_avatar():
    upload_form = UploadAvatarForm()
    crop_form = CropAvatarForm()
    return render_template('user/settings/change_avatar.html', upload_form=up
        load_form, crop_form=crop_form)
```

change_avatar.html 模板继承自 settings/base.html 模板，其重写了 setting_content 块。在 setting_content 块中，我们分别渲染这两个表单，在两个表单中间，我们通过 Flask-Avatars 提供的方法显示裁剪框和预览框，如代码清单 9-71 所示。

代码清单9-71　albumy/templates/user/settings/change_avatar.html：头像更换页面

```
{% extends 'user/settings/base.html' %}
{% from 'bootstrap/form.html' import render_form %}
...
{% block setting_content %}
<div class="card w-100 bg-light">
    <h3 class="card-header">Change Avatar</h3>
    <div class="card-body">
        {{ render_form(upload_form, action=url_for('.upload_avatar')) }}
        <small class="text-muted">
            Your file's size must be less than 3 MB, the allowed formats are png and jpg.
        </small>
        <hr>
        {{ avatars.crop_box('main.get_avatar', current_user.avatar_raw) }}
        {{ avatars.preview_box('main.get_avatar', current_user.avatar_raw) }}
        <hr>
        {{ render_form(crop_form, action=url_for('.crop_avatar')) }}
    </div>
</div>
{% endblock %}
...
```

> 📝 **注意**　在使用 Bootstrap-Flask 提供的 render_form() 宏渲染表单时，如果表单内包含文件上传字段，Bootstrap-Flask 会自动设置正确的 enctype 值。手动渲染表单时，要注意为包含文件上传字段的表单设置正确的编码类型，也就是将 enctype 属性设为 multipart/form-data。

这两个表单使用单独的视图函数处理，所以我们通过 action 参数传入对应的视图 URL，这会为 form 元素设置正确的 action 属性值。

除了使用 Bootstrap-Flask 提供的 render_form() 宏渲染两个表单外，我们还在模板中使用了 Flask-Avatars 提供的 avatars.crop_box() 和 avatars.preview_box() 方法渲染裁剪窗口和可选的预览窗口。这两个方法必须传入两个参数，分别是获取头像的视图端点和头像原图的文件名。这里头像原图的文件名通过 User 模型 avatar_raw 获取。我们可以以 crop-box 和 preview-box 为 id 在 CSS 文件中分别为裁剪框和预览框设置样式，下面是我们为预览框设置的 CSS 样式：

```
#preview-box {
    display: block;
```

```
position: absolute;
top: 10px;
right: -280px;
padding: 6px;
border: 1px rgba(0, 0, 0, .4) solid;
background-color: white;

-webkit-border-radius: 6px;
-moz-border-radius: 6px;
border-radius: 6px;

-webkit-box-shadow: 1px 1px 5px 2px rgba(0, 0, 0, 0.2);
-moz-box-shadow: 1px 1px 5px 2px rgba(0, 0, 0, 0.2);
box-shadow: 1px 1px 5px 2px rgba(0, 0, 0, 0.2);
}
```

当用户第一次访问头像更新页面时，因为还没有上传头像图片，所以会显示默认头像，如图 9-9 所示。

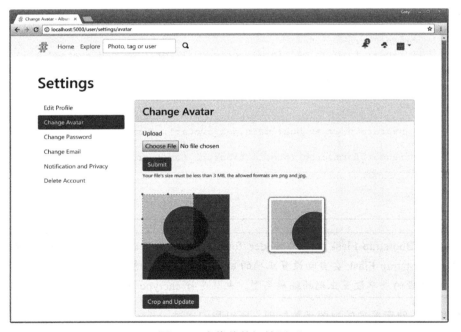

图 9-9　头像裁剪初始页面

图片的上传和裁剪通过 Flask-Avatars 提供的 avatars.save_avatar() 和 avatars.crop_avatar() 函数实现，前者用来保存头像原文件，后者用来裁剪头像文件。在 change_avatar 视图中，我们添加两个 if 判断分别用来处理两个表单提交时发送的 POST 请求。我们先来看看处理上传表单提交请求的 upload_avatar 视图，如代码清单 9-72 所示。

代码清单9-72　albumy/blueprints/user.py：保存上传头像文件

```
from albumy.extensions import db, avatars
```

```
@user_bp.route('/settings/avatar/upload', methods=['POST'])
@login_required
@confirm_required
def upload_avatar():
    form = UploadAvatarForm()
    if form.validate_on_submit():
        image = form.image.data
        filename = avatars.save_avatar(image)  # 保存头像原图，获取文件名
        current_user.avatar_raw = filename
        db.session.commit()
        flash('Image uploaded, please crop.', 'success')
    flash_errors(form)
    return redirect(url_for('.change_avatar'))
```

我们需要获取表单中的文件数据，并使用 avatars 对象的 save_avatar() 方法保存图片，这个方法会自动处理文件名，并保存到通过配置变量 AVATARS_SAVE_PATH 设置的路径下，然后返回文件名。我们将返回的文件名存储到用户对象的 avatar_raw 字段中。如果有错误消息则通过第 4 章提到的 flash_errors() 函数发送，最后重定向到设置头像的页面后，这时页面中的裁剪框和预览框都会显示刚刚上传的图片，如图 9-10 所示。

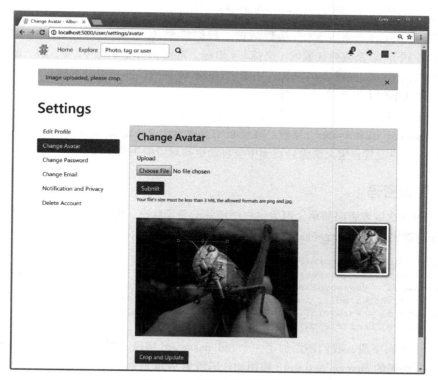

图 9-10　裁剪上传后的图片

拖动拉取虚线框选择裁剪范围，然后单击裁剪按钮就会提交裁剪表单。裁剪表单由 crop_avatar 视图处理的代码如代码清单 9-73 所示。

代码清单9-73 albumy/blueprints/user.py：裁剪头像图片

```
from albumy.extensions import db, avatars

@user_bp.route('/settings/avatar/crop', methods=['POST'])
@login_required
@confirm_required
def crop_avatar():
    form = CropAvatarForm()
    if form.validate_on_submit():
        x = form.x.data
        y = form.y.data
        w = form.w.data
        h = form.h.data
        # 裁剪头像，获取返回的三个尺寸头像的文件名
        filenames = avatars.crop_avatar(current_user.avatar_raw, x, y, w, h)
        current_user.avatar_s = filenames[0]
        current_user.avatar_m = filenames[1]
        current_user.avatar_l = filenames[2]
        db.session.commit()
        flash('Avatar updated.', 'success')
    flash_errors(form)
    return redirect(url_for('.change_avatar'))
```

头像使用 avatars.crop_avatar() 函数裁剪，我们需要传入五个参数：头像原图的文件名（avatar_raw 字段），以及裁剪区域的 x 坐标、y 坐标、宽度和高度（x，y，w，h）。crop_avatar() 方法会按照我们通过配置键 AVATARS_SIZE_TUPLE 设置的尺寸元组裁剪出三种尺寸的头像文件，然后返回从小到大排列的三个文件名。

和生成 Identicon 头像相同，最后我们把 crop_avatar() 方法返回的文件名赋值给 User 模型的 avatar_s、avatar_m 和 avatar_l 字段。在模板中获取自定义头像 URL 的方法和之前完全相同，不需要改动，用户设置自定义头像后页面中会自动更换对应的头像图片。

9.11.3　更改密码

更改密码要比重置密码简单，因为用户已经处于登录状态，所以不需要发送邮件进行验证。下面是用于更改密码的 ChangePasswordForm 表单的实现代码：

```
class ChangePasswordForm(FlaskForm):
    old_password = PasswordField('Old Password', validators=[DataRequired()])
    password = PasswordField('New Password', validators=[
        DataRequired(), Length(8, 128), EqualTo('password2')])
    password2 = PasswordField('Confirm Password', validators=[DataRequired()])
    submit = SubmitField()
```

除了两个密码字段，我们还添加了一个 old_password 字段，用于输入旧密码以确认用户身份。用于更改密码的 change_password 视图如代码清单 9-74 所示。

代码清单9-74 albumy/blueprints/user.py：更改密码

```
@user_bp.route('/settings/change-password', methods=['GET', 'POST'])
@fresh_login_required
```

```
def change_password():
    form = ChangePasswordForm()
    if form.validate_on_submit():  # 验证表单是否通过验证
        if current_user.validate_password(form.old_password.data):  # 验证旧密码
            current_user.set_password(form.password.data)           # 设置新密码
            db.session.commit()      # 提交数据库会话
            flash('Password updated.', 'success')
            return redirect(url_for('.index', username=current_user.username))
        else:
            flash('Old password is incorrect.', 'warning') # 旧密码不对则显示提示
    return render_template('user/settings/change_password.html', form=form)
```

当表单通过验证而且旧密码也通过验证时（即 current_user.validate_password(form.old_pass word.data) 返回 True），修改密码，然后提交数据库会话。

和其他视图函数不同的是，在 change_password() 函数前，我们使用了 Flask-Login 提供的 fresh_login_required 装饰器，这是为了确保用户处于"活跃"的认证状态。当用户登录账户时，用户会话会被标记为"新鲜的（fresh）"，通过使用 session 对象写入名为 _fresh 的 cookie 实现。如果用户会话被销毁或过期了，而用户勾选了"记住我"选项。尽管这时用户仍然保持登录状态，但会话已经被标记为"不新鲜"。出于安全考虑，像修改密码这类敏感操作，应该在"新鲜"会话下进行。

当用户在"不新鲜"的认证状态下访问使用了 fresh_login_required 装饰器的视图 URL 时，程序会被重定向到一个重新认证的页面，要求用户重新输入认证信息以确认敏感操作。我们创建一个 re_authenticate 视图实现重新认证功能，如代码清单 9-75 所示。

代码清单9-75　albumy/blueprints/auth.py：重新认证

```
@auth_bp.route('/re-authenticate', methods=['GET', 'POST'])
@login_required
def re_authenticate():
    if login_fresh():
        return redirect(url_for('main.index'))

    form = LoginForm()
    if form.validate_on_submit() and current_user.validate_password(form.password.data):
        confirm_login()
        return redirect_back()
    return render_template('auth/login.html', form=form)
```

在 re_authenticate 视图中，我们首先通过 Flask-Login 提供的 login_fresh() 函数判断用户的登录会话是否"新鲜"，如果"新鲜"则重定向到首页。用户在页面上重新登录后，如果通过了表单和密码的验证，我们就使用 Flask-Login 提供的 confirm_login() 函数将会话重新标记为"新鲜"。最后我们使用 redirect_back() 函数将用户重定向回上一个页面。

 提示　当会话不"新鲜"时，Flask-Login 会自动在重定向后的 URL 上加入包含上一个页面地址的 next 参数。

最后，我们需要将重新认证的端点赋值给 login_manager 对象的 refresh_view 属性，并通过 needs_refresh_message_category 属性设置在重定向到重新认证页面时闪现的消息的分类：

```
login_manager.refresh_view = 'auth.re_authenticate'
login_manager.needs_refresh_message_category = 'warning'
```

默认的消息内容为"Please reauthenticate to access this page.",默认的类别为 message,你也可以使用 needs_refresh_message 参数设置消息的内容,比如:

```
login_manager.needs_refresh_message = u'为了保护你的账户安全,请重新登录。'
```

 提示　更改邮箱和更改密码的过程相似,不过我们需要对用户输入的新邮箱进行验证,验证过程和账户注册时类似,具体可以到源码仓库中查看。

9.11.4　提醒消息开关

设想一下,你的某张图片很受欢迎,成百上千的人单击了收藏按钮,那么你就会收到成百上千的提醒消息,为了支持用户选择接收哪些提醒,提供提醒开关设置非常有必要。我们在 User 模型中创建三个布尔值字段,分别存储三类提醒的接收开关选项,默认值均为 True:

```
class User(db.Model, UserMixin):
    ...
    receive_comment_notification = db.Column(db.Boolean, default=True)
    receive_follow_notification = db.Column(db.Boolean, default=True)
    receive_collect_notification = db.Column(db.Boolean, default=True)
```

要支持用户修改这些设置,我们要添加相关的表单和页面,模板的内容不再赘述,下面是用于设置提醒的 NotificationSettingForm 表单类的实现代码:

```
class NotificationSettingForm(FlaskForm):
    receive_comment_notification = BooleanField('New comment')
    receive_follow_notification = BooleanField('New follower')
    receive_collect_notification = BooleanField('New collector')
    submit = SubmitField()
```

这几个字段均使用 BooleanField 字段渲染 HTML 中的勾选框(checkbox 类型的 input 标签)。代码清单 9-76 所示是用于处理表单和渲染模板的 notification_setting 视图的实现代码。

代码清单9-76　albumy/blueprints/user.py:设置提醒开关

```
@user_bp.route('/settings/notification', methods=['GET', 'POST'])
@login_required
def notification_setting():
    form = NotificationSettingForm()
    if form.validate_on_submit():
        current_user.receive_collect_notification = form.receive_collect_notifica
            tion.data
        current_user.receive_comment_notification = form.receive_comment_notifica
            tion.data
        current_user.receive_follow_notification = form.receive_follow_notifica
            tion.data
        db.session.commit()
        flash('Notification settings updated.', 'success')
        return redirect(url_for('.index', username=current_user.username))
    form.receive_comment_notification.data = current_user.receive_comment_notification
    form.receive_follow_notification.data = current_user.receive_follow_notification
```

```
    form.receive_collect_notification.data = current_user.receive_collect_notification
    return render_template('user/settings/edit_notification.html', form=form)
```

当用户第一次访问这个视图时，我们将表单的数据预设置为相应的数据库字段值，这会将表单中的勾选框设为相应的勾选状态。

为了让这些选项生效，我们要在所有推送提醒的函数调用前根据用户的提醒设置添加一个 if 判断，仅在用户开启了相关提醒时才调用推送提醒函数生成提醒。以推送关注提醒为例，添加的 if 判断如下所示：

```
@user_bp.route('/follow/<username>')
@login_required
@confirm_required
def follow(username):
    ...
    if user.receive_follow_notification:
        push_follow_notification(follower=current_user, receiver=user)
    ...
```

通过添加 if 判断，只有当提醒接收用户的 receive_collect_notification 字段被设置为 True 时，我们才会推送提醒。

9.11.5　将收藏设为仅自己可见

为了保护自己的隐私，用户可能会希望自己的收藏仅对自己可见。实现这个功能，我们首先需要在 User 模型里添加一个新字段，存储用户的开关设置，默认为 True：

```
class User(db.Model, UserMixin):
    ...
    public_collections = db.Column(db.Boolean, default=True)
```

下面的 PrivacySettingForm 表单用于设置隐私选项：

```
class PrivacySettingForm(FlaskForm):
    public_collections = BooleanField('Public my collection')
    submit = SubmitField()
```

除了提交按钮，这个表单只有一个用来设置收藏是否可见的 BooleanField 字段。代码清单 9-77 所示是用于渲染模板和处理表单数据的 privacy_setting 视图的实现代码。

代码清单9-77　albumy/blueprints/user.py：隐私设置

```
@user_bp.route('/settings/privacy', methods=['GET', 'POST'])
@login_required
def privacy_setting():
    form = PrivacySettingForm()
    if form.validate_on_submit():
        current_user.public_collections = form.public_collections.data
        db.session.commit()
        flash('Privacy settings updated.', 'success')
        return redirect(url_for('.index', username=current_user.username))
    form.public_collections.data = current_user.public_collections
    return render_template('user/settings/edit_privacy.html', form=form)
```

我们根据用户当前设置（即 current_user.show_collections 的值）来更新表单中 show_colle-ction 字段的 data 属性值，这会决定勾选框被渲染时的勾选状态。

在显示用户收藏图片的 /collections 页面，我们添加一个 if 判断，只有在用户的 show_collections 设为 True，或是该用户为当前用户时才渲染收藏图片列表，否则显示一个用户设为关闭的提示：

```
{% if user.public_collections or current_user == user %}
    ...  <!-- 显示图片列表 -->
{% else %}
    <div class="tip">
        <h3>This user's collections was private.</h3>
    </div>
{% endif %}
```

 提示 可选的工作是在图片的收藏页面也添加一个 if 判断，如果收藏者的 public_collections 属性为 False，即关闭公开收藏，那么就不显示该收藏者信息。

9.11.6 注销账户

一个合格的社交网站应该允许用户自由更改自己的所有数据，相应的，它也应该允许用户自由删除自己的所有数据。注销用户账户的处理方式一般有下面这三种：

- ❏ 临时屏蔽用户信息。通过设置一个模型字段来判断是否注销，使用占位信息显示已注销的用户的个人信息和头像等资料，保留图片和评论等数据。用户可以登录重新激活账户。
- ❏ 临时屏蔽用户信息，如果一定时间后用户没有激活账户，则直接删除所有用户数据。
- ❏ 直接删除所有相关内容。

在 Albumy 中我们将采取第三种方式。这种方式比较直接，一般不会在真实的社交网站中采用。为了避免用户误操作，我们创建一个 DeleteAccountForm 表单，要求用户输入自己的用户名以确认删除，如代码清单 9-78 所示。

代码清单9-78　albumy/forms/user.py：删除账户表单

```
class DeleteAccountForm(FlaskForm):
    username = StringField('Username', validators=[DataRequired(), Length(1, 20)])
    submit = SubmitField()

    def validate_username(self, field):
        if field.data != current_user.username:
            raise ValidationError('Wrong username.')
```

用户名验证通过自定义验证器 validate_username() 方法实现，它使用 current_user 对象获取当前用户的用户名。删除账户的功能通过视图 delete_account 实现，它附加了 fresh_login_required 装饰器，如代码清单 9-79 所示。

代码清单9-79　albumy/blueprints/user.py：删除账户

```
@user_bp.route('/settings/account/delete', methods=['GET', 'POST'])
@fresh_login_required
def delete_account():
```

```
form = DeleteAccountForm()
if form.validate_on_submit():
    db.session.delete(current_user._get_current_object())
    db.session.commit()
    flash('Your are free, goodbye!', 'success')
    return redirect(url_for('main.index'))
return render_template('user/settings/delete_account.html', form=form)
```

为了确保数据库正常工作，我们没有直接在 session.delete() 方法中传入代理对象 current_user，而是对 current_user 调用了 _get_current_object() 方法以获得被代理的真实的 User 类对象。

当表单通过验证后，我们就删除用户账户。根据我们在模型中对各个关系函数设置的级联选项，这会一并删除用户相关的图片、评论、收藏、提醒和关注。我们为图片对应的 Photo 模型设置了数据库监听函数，当图片记录被删除后会自动在文件系统中删除对应的文件。另外，头像文件也需要删除，我们创建一个监听函数，用来在用户记录被删除时一并删除所有相关的头像文件，如代码清单 9-80 所示。

代码清单9-80　albumy/models.py：用于删除头像文件的监听函数

```
@db.event.listens_for(User, 'after_delete', named=True)
def delete_avatars(**kwargs):
    target = kwargs['target']
    for filename in [target.avatar_s, target.avatar_m, target.avatar_l, target.
        avatar_raw]:
        if filename is not None:  # avatar_raw may be None
            path = os.path.join(current_app.config['AVATARS_SAVE_PATH'], filename)
            if os.path.exists(path):  # not every filename map a unique file
                os.remove(path)
```

在用户对象上，avatar_s、avatar_m、avatar_l 和 avatar_raw 字段均用来存储头像文件名，但是 avatar_raw 可能为空，而头像文件裁剪时也会因为上传小尺寸文件而导致多个字段存储相同的文件名，所以我们添加两个 if 判断，确保文件名不为 None，而且在路径存在的情况下才删除文件。

> 附注　在裁剪头像时，如果原图文件尺寸不满足 s、m 或 l 尺寸的裁剪宽度，那么该尺寸头像会直接使用原图，因此会产生相同的文件名。

9.12　首页与探索

在这一小节，我们会实现一个网站首页，在首页中用户可以看到自己正在关注的用户上传的图片。我们还会实现一个探索页面，用户可以通过它发现新图片。

> 提示　如果你从 GitHub 上复制了示例程序，可以执行 git checkout home 签出程序的新版本。程序的新版本实现了动态首页和探索功能。

对于网站首页来说，我们需要对匿名用户（未登录）和已登录用户渲染不同的页面内容。如果当前用户未登录，我们会渲染一个介绍页面，并且提供一个注册按钮来吸引用户注册，如代码清单 9-81 所示。

代码清单9-81　albumy/templates/main/index.html：未登录用户看到的网站首页

```
{% block content %}
{% if current_user.is_authenticated %}
...
{% else %}
<div class="jumbotron">
    <div class="row">
        <div class="col-md-8">
            <img src="{{ url_for('static', filename='images/index.jpg') }}"
                class="rounded img-fluid">
        </div>
        <div class="col-md-4 align-self-center">
            <h1>Albumy</h1>
            <p>Capture and remember every wonderful moment.</p>
            <p><a class="btn btn-primary btn-lg" href="{{ url_for('auth.regi
                ster') }}">Join Now</a></p>
        </div>
    </div>
</div>
{% endif %}
{% endblock %}
```

页面左侧使用 static/image 目录下存储的占位图片，未登录用户看到的网站首页如图 9-11 所示。

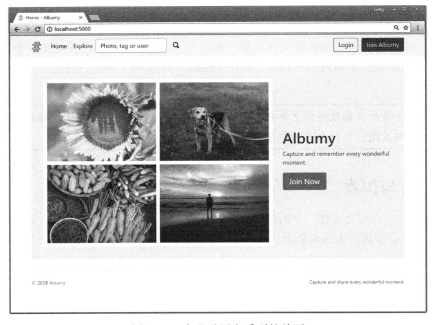

图 9-11　未登录用户看到的首页

9.12.1 获取正在关注用户的图片

对于已经登录的用户来说，他们希望在这里看到关注用户最近上传的图片。这个查询比较复杂，为了正确的获取相关记录，我们首先列出需求：

1）获取用户关注的所有用户；

2）获取每个用户的图片；

3）将所有用户的图片汇总到一起；

4）使用时间降序排列图片；

5）对图片进行分页处理。

1. 使用子查询

因为用户的关注关系使用 Follow 模型表示，所以我们可能没法直接通过 User 模型的 following 属性获取所有正在关注的用户对象。退而求其次，我们可以获取当前用户所关注的所有用户的 id：

```
followed_ids = db.session.query(Follow.followed_id).filter(Follow.follower_id ==
    current_user.id).subquery()
```

在之前，我们都是从模型的 query 属性开始查询的，但是我们希望获得的是 Follow 模型中 followed_id 字段的值，而不是 Follow 记录。所以我们需要使用 query() 函数开始这个查询。查询的最后附加 subquery() 函数将查询定义为子查询。你可以把子查询理解为暂未执行的查询，它将在主查询中执行，下面是我们的主查询：

```
followed_photos = Photo.query.filter(Photo.author_id.in_(followed_ids)).order_
    by(Photo.timestamp.desc()).all()
```

我们的主查询从 Photo 模型开始，因为我们最终要获取的是 photo 表的记录。在过滤方法 filter() 中，我们使用 in_ 操作符过滤所有 author_id 字段在子查询 followed_ids 中的图片记录，也就是获得所有图片作者 id 出现在正在关注用户的 id 中的图片记录。

 注意　再次提醒，这里使用了过滤操作符 in_，不要和 Python 中的 in 混淆。

2. 使用联结优化查询

使用子查询的好处是可读性高，易于理解。虽然可以获得我们想要的记录，但在性能上并不是最好的，尤其是当表中的数据增多时。

SQL 数据库的最大特点就是可以把数据存储在多个表中，并使用关系来组织数据。当需要查询的数据分布在多个表中时，除了使用子查询，我们还可以使用联结（join）。简单来说，借助联结，我们可以在一次查询中把多个表关联起来，生成一个临时表，从而实现更高效的查询。

在 SQLAlchemy 中，我们使用 join(target, onclause) 函数来建立联结，第一个参数是必须的，用来指定联结的目标。为了便于理解，我们将使用一个错误的查询作为示例：

```
followed_photos = Photo.query.join(Follow). \
        filter(Follow.follower_id == current_user.id). \
    filter(Follow.followed_id == Photo.author_id)
```

这个错误的示例可以这样理解：先将 Photo 模型和 Follow 模型联结，从而获得联结表，这个联结表包含所有 Photo 模型的字段和 Follow 模型的字段。然后我们对这张联结表添加过滤器：对于第一个需求来说，我们只需要获取 follower_id 字段和 current_user.id 字段相同的记录；对于第二个需求来说，我们需要留下 followed_id 字段和 Photo 模型的 author_id 字段相同的记录。

虽然看起来很合理，但这个查询并不会正常工作，下面我们来对它做改动，获取正确的查询。

首先，要对两个表建立联结，即声明两个表之间建立的关系。而在 Photo 表和 Follow 表之间没有直接的关系，没有外键联系它们。为了在这两个表间建立联结，我们需要在 join() 函数中加入第二个参数来显式指定联结关系：

```
Photo.query.join(Follow, Follow.followed_id == Photo.author_id)
```

第二个参数用来表明的关系即被关注者 id 和图片作者 id 相等的记录。在输出的 SQL 语句中，这会使用 ON 子句指定联结关系。因为 join() 函数生成的是内联结（Inner Join），这会根据我们指定的联结关系生成一张联结表，这张表中只有 followed_id 和 author_id 相等的记录，如图 9-12 所示。

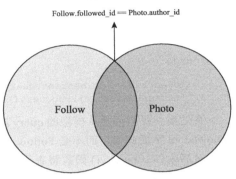

图 9-12　联结示意图

在图 9-12 中，左边是我们的 Follow 表，右边是 Photo 表，而中间的重合部分则是由符合联结条件的记录组成的联结表。现在，这个重合部分的联结表中只包含被关注者的图片记录，再为这个联结表添加一个过滤——筛选出关注者 follower_id 等于当前用户 id 的记录，就是我们最终想要的结果：

```
Photo.query.join(Follow, Follow.followed_id == Photo.author_id).filter(Follow.
    follower_id == current_user.id)
```

因为 SQLAlchemy 会根据性能来调整过滤函数的顺序，所以我们不用太关注联结和过滤的先后顺序。假设当前用户的 id 为 1，这个查询最终生成的 SQL 语句如下：

```
SELECT photo.id AS photo_id, ......
FROM photo JOIN follow ON follow.followed_id = photo.author_id
WHERE follow.follower_id = 1
```

最后我们再为查询附加 order_by() 函数使图片按照时间戳降序排列，并对其进行分页处理，如代码清单 9-82 所示。

代码清单9-82　albumy/blueprints/main.py：获取用户正在关注的用户的图片

```
@main_bp.route('/')
def index():
    if current_user.is_authenticated:
        followed_photos = Photo.query.join(Follow, Follow.followed_id == Photo.
            author_id
            ).filter(Follow.follower_id == current_user.id).order_by(Photo.times-
                tamp.desc())
        page = request.args.get('page', 1, type=int)
        pagination = followed_photos.paginate(
```

```
            page, per_page=current_app.config['ALBUMY_PHOTO_PER_PAGE']
        )
        photos = pagination.items
    else:
        pagination = None
        photos = None
    return render_template('home/index.html', pagination=pagination, photos=photos)
```

在 index 视图中，如果当前用户未登录，就将分页对象和 photos 变量设为 None。这些变量被传入 index.html 模板。

🎯 提示　在大多数情况下，联结比子查询性能更好，但相对不容易理解。你可以访问 http://docs.
sqlalchemy.org/en/latest/orm/query.html#sqlalchemy.orm.query.Query.join 了解关于联结的
更多内容。

在模板中，我们对登录的用户渲染这些关注用户的图片，在图片下方，除了收藏数和评论数，我们还添加了图片描述。如果用户没有关注其他用户，则会渲染一个提示。具体的实现可以到源码仓库中查看。

和资料弹窗中的关注实现类似，在主页的图片动态中，我们需要添加一个收藏按钮，按钮同样通过 JavaScript 控制发送 AJAX 请求以执行收藏操作和按钮的隐藏与显示，在执行收藏和取消收藏操作的同时还会动态更新图片下方的收藏数量，具体可以到源码仓库中查看。

🎯 提示　事实上，在真实的社交网站中，主页常常是用户使用频率较高的功能，所以应该加强这
部分的交互性。通过 JavaScript 和 AJAX，我们还可以在图片下方动态加载评论列表，
发表评论。这种方式可以优化用户体验，减少不必要的重定向和页面重载。

9.12.2　使用联结和分组查询获取热门标签

在实现标签图片的排序时，我们添加按照被收藏数量排序的选项时使用了一个很复杂的查询，现在让我们通过一个类似的查询学习具体的内容。

让我们先来做个假设：假如我们想知道某小学一年级里人数最多的 10 个班级。我们只需要让所有一年级的学生聚集到操场上，每个班级的学生各自排队，分别统计每个班的学生人数，最后按照统计的最终数字从高到低排列，取前十名班级即可。

同样，在网站首页，我们想要显示被使用次数最多的前 10 个标签，也是通过类似的方法实现，通过下面的查询获取：

```
tags = Tag.query.join(Tag.photos).group_by(Tag.id).order_by(func.count(Photo.id).
    desc()).limit(10)
```

下面把这个查询拆分开来解释：
- ❏ Tag.query：从 Tag 模型开始查询。
- ❏ join(Tag.photos)：联结 Tag 和 Photo。
- ❏ group_by(Tag.id)：根据 Tag 记录的 id 分组，即每个 Tag 记录的图片分为一组。
- ❏ order_by(func.count(Photo.id).desc())：使用通用函数 count() 统计各组记录的数量，根据

这些数量降序排列。关于数据库通用函数，下一节会详细介绍。

❏ limit(10)：只获取前 10 个记录。

这里的联结操作相对简单，因为 Tag 模型和 Photo 模型之间建立了多对多关系，我们可以将联结的目标设为 Tag.photos 属性，SQLAlchemy 会自动查找对应的表（即 Photo），并生成一个类似上一节中的 ON 子句：

```
SELECT tag.* FROM tag JOIN photo ON tag.id = photo.tag_id
```

在 index 视图中添加这个查询并将结果作为 tags 变量传入模板中。在模板中，我们迭代这个标签记录列表，将其渲染为指向标签页面的链接。在标签列表上方，我们还添加了指向用户图片和收藏页面的链接，现在的登录用户看到的主页如图 9-13 所示。

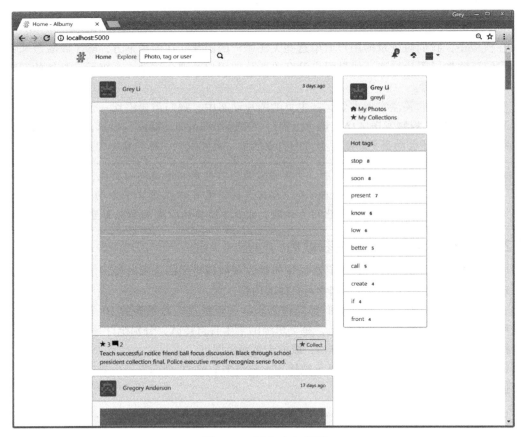

图 9-13　用户动态首页

9.12.3　使用数据库通用函数获取随机图片

新注册的用户或访客可能想去发现一些新内容，为了满足这个需求，社交网站通常会提供一个探索页面。构建一个完整的推荐系统需要付出更多的工作，你可以根据用户的偏好来决定推荐哪些内容。另一种通常的做法是根据受欢迎的程度决定推荐哪些图片，我们可以从图片被收藏的次数来判断图片的受欢迎程度。

为了让探索页面不那么无聊，Albumy 的探索页面会把发现新内容的钥匙交给用户。我们会在探索页面随机显示 12 张图片，另外再添加一个刷新按钮，单击刷新按钮就可以随机更换另一批图片。用来获取随机图片并渲染到模板中的 explore 视图的实现如代码清单 9-83 所示。

代码清单9-83　albumy/blueprints/main.py：获取随机图片

```
from sqlalchemy.sql.expression import func
@main_bp.route('/explore')
def explore():
    photos = Photo.query.order_by(func.random()).limit(12)
    return render_template('main/explore.html', photos=photos)
```

你也许想要使用内置的 random 模块提供的 choice() 方法对记录进行随机排序，但这种方法的性能远远不及数据库引擎提供的随机函数。SQLAlchemy 通过 sqlalchemy.sql.expression 模块的 func 属性提供了泛型函数（Generic Function）支持，使用这个属性可以调用对应的 SQL 函数。

> 🎯 **提示**　随机函数是数据库引擎特定的函数。对于 PostgreSQL 和 SQLite 来说，随机函数为 func.random()；MySQL 的随机函数为 func.rand()；Oracle 则使用 'dbms_random.value'。SQLite 可用的完整的 SQL 函数列表可以在这里看到：https://sqlite.org/lang_corefunc.html

对于 SQLite 来说，对应的随机函数为 random()。我们使用 func.random() 来随机排列记录，然后使用 limit() 函数将结果数量限制为 12。在渲染图片的模板 explore.html 中，我们使用 photo_card() 宏来渲染图片列表。在图片列表的下方，我们添加一个指向 explore 视图的按钮，用来更换另一批图片。

> 🔍 **注意**　因为 order_by() 查询方法会扫描整个表，所以当表中的记录逐渐增多时，random() 函数的性能也会逐渐下降，你可以考虑通过仅扫描索引（主键）等方式来进行优化。

9.13　使用 Flask-Whooshee 实现全文搜索

大部分社交网站都会在导航栏上提供一个搜索框，通过输入感兴趣的关键字，你就会找到对应的内容。对于大型网站来说，搜索功能必不可少。除了探索页面外，搜索是用户发现新内容，认识新用户的重要入口。这一节我们来为程序添加搜索功能。我们将要实现的搜索功能正是 Google 等搜索网站做的工作：当我们输入一个关键词或是一系列关键词，搜索引擎通过检索返回匹配的记录，只不过所有内容都是在网站数据库中检索到的。

> 🎯 **提示**　如果你从 GitHub 上复制了示例程序，可以执行 git checkout search 签出程序的新版本。程序的新版本添加了搜索功能。

大多数数据库引擎本身提供了全文搜索功能，比如我们使用的 SQLite 就通过 SQLite FTS（Full Text Search，全文搜索）扩展提供了这个功能。但是如果某一天我们想要更换数据库引擎，这些功能就需要重新实现。我们需要的是不局限于某个数据库引擎的搜索引擎，而且最好能够和 SQLAlchemy 相集成。另外，我们还要考虑到 Flask 扩展的支持情况，以及对 Python3 的支持情况。基于这些考虑，我们最终选择了纯 Python 编写的 Whoosh，并通过集成 Whoosh 的 Flask 扩展 Flask-Whooee 来实现全文搜索。首先使用 Pipenv 安装 Flask-Whooshee 及其依赖：

```
$ pipenv install flask-whooshee
```

然后实例化 Whooshee 类：

```
from flask_whooshee import Whooshee
whooshee = Whooshee()
```

最后对 whooshee 对象调用 init_app() 方法以初始化扩展：

```
def create_app():
    ...
    register_extensions(app)
    return app


def register_extensions(app):
    ...
    whooshee.init_app(app)
```

 全文搜索的原理是索引程序通过扫描数据库中的每一个词，对每一个词建立一个索引，指明该词在数据库中出现的次数和位置，当用户查询时，检索程序通过索引进行查找，并返回匹配的数据。

9.13.1 创建索引

在第 5 章我们曾介绍过，在实例化数据库模型字段的 Column 类时，我们可以将 index 参数设为 True 来建立索引（indexes）。具体来说，索引就类似于字典前面的检字表，在检字表里查找某个字并获取其在字典中的位置，当然比在整本字典里查找要快得多。

Flask-Whooshee 默认在项目的根目录下建立名为 whooshee 的索引文件夹，你可以通过配置变量 WHOOSHEE_DIR 自定义这个位置。

我们并不需要对整个数据库所有的字段建立索引，只需要对需要作为搜索内容的字段建立索引。对于我们的程序来说，可被搜索的内容主要是图片、标签和用户。在对应的模型中可被搜索的主要字段分别是 Photo 模型的 description 字段、Tag 模型的 name 字段，User 模型的 username 和 name 字段。

使用 Flask-Whooshee 提供的 whooshee.register_model() 装饰器，即可对要索引的字段进行注册。下面我们分别在这三个模型类前附加这个装饰器，传入要被索引的目标字段名称作为参数：

```
from albumy.extensions import whooshee

@whooshee.register_model('username', 'name')
class User(UserMixin, db.Model):
```

```
...

@whooshee.register_model('description')
class Photo(db.Model):
    ...

@whooshee.register_model('name')
class Tag(db.Model):
    ...
```

默认情况下，Flask-Whooshee 在对这几个注册的字段执行写入操作后自动创建并更新索引。在下面这两种情况下，你需要重新生成索引：

❑ 索引数据丢失，比如误删除索引文件夹；

❑ 在新的程序中使用扩展，这时数据库已经包含许多数据。

我们可以使用 Flask-Whooshee 提供的 reindex() 方法来重新创建索引：

```
$ flask shell
>>> from albumy.extensions import whooshee
>>> whooshee.reindex()
```

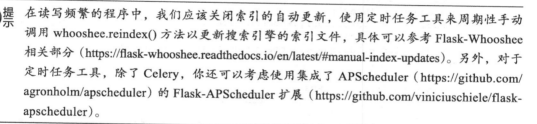

提示 在读写频繁的程序中，我们应该关闭索引的自动更新，使用定时任务工具来周期性手动调用 whooshee.reindex() 方法以更新搜索引擎的索引文件，具体可以参考 Flask-Whooshee 相关部分（https://flask-whooshee.readthedocs.io/en/latest/#manual-index-updates）。另外，对于定时任务工具，除了 Celery，你还可以考虑使用集成了 APScheduler（https://github.com/agronholm/apscheduler）的 Flask-APScheduler 扩展（https://github.com/viniciuschiele/flask-apscheduler）。

9.13.2 搜索表单

和大多数网站一样，我们将在导航栏添加一个搜索框。搜索请求通常会通过 GET 方法发出，这样可以支持用户对搜索 URL 进行收藏或分享，同时也可以避免浏览器对于 POST 请求重复提交问题。表单在基模板中的导航栏创建，如代码清单 9-84 所示。

代码清单9-84　albumy/templates/base.html：搜索表单

```
<form class="form-inline my-2 my-lg-0" action="{{ url_for('main.search') }}">
    <input type="text" name="q" class="form-control mr-sm-1" placeholder="Photo, tag
        or user" required>
    <button class="btn btn-light my-2 my-sm-0" type="submit">
        <span class="oi oi-magnifying-glass"></span>
    </button>
</form>
```

注意 配置键 WHOOSHEE_MIN_STRING_LEN 对搜索关键字的最小字符数进行限制，默认值为 3。在中文里，一个字符也可以包含很多信息，因此你可以将最小字符长度设为 1。

搜索表单只有一个 name 属性为 q 的文本字段，其用来获取搜索关键词。表单的 action 属性值为 search 视图的 URL，这会把提交的数据发送到 search 视图进行处理。

提示 使用 q 作为表单的 name 值以及查询参数的名称只是约定，你可以自由更改。

9.13.3 显示搜索结果

我们在 search 视图获取搜索关键词，然后查询对应的内容，渲染到模板 search.html 中，如代码清单 9-85 所示。

代码清单9-85 albumy/blueprints/main.py：获取搜索结果

```python
@main_bp.route('/search')
def search():
    q = request.args.get('q', '').strip()
    if q == '':
        flash('Enter keyword about photo, user or tag.', 'warning')
        return redirect_back()

    category = request.args.get('category', 'photo')
    page = request.args.get('page', 1, type=int)
    per_page = current_app.config['ALBUMY_SEARCH_RESULT_PER_PAGE']
    if category == 'user':
        pagination = User.query.whooshee_search(q).paginate(page, per_page)
    elif category == 'tag':
        pagination = Tag.query.whooshee_search(q).paginate(page, per_page)
    else:
        pagination = Photo.query.whooshee_search(q).paginate(page, per_page)
    results = pagination.items
    return render_template('main/search.html', q=q, results=results, pagination=
        pagination, category=category)
```

因为表单通过 GET 方法提交时数据会通过查询字符串方式传递，所以我们使用 request.args.get() 来获取查询参数 q 的值。同样，查询的类别则通过 category 键获取，默认为 photo，我们根据这个值判断从哪一个模型开始查询。

Flask-Whooshee 覆盖了 SQALchemy 的 query 对象，为其添加了一个 whooshee_search() 查询方法，这个方法接收搜索关键字作为参数，返回包含所有匹配记录的查询对象。最后我们将搜索关键词（q）、搜索类别（category）、分页后的查询结果（results）以及分页对象传入模板。search.html 模板的主要内容如代码清单 9-86 所示。

代码清单9-86 albumy/templates/main/search.html：显示搜索结果

```html
{% extends 'base.html' %}
{% from 'bootstrap/pagination.html' import render_pagination %}
{% from 'macros.html' import photo_card, user_card with context %}

{% block title %}Search: {{ q }}{% endblock %}

{% block content %}
<div class="page-header">
    <h1>Search: {{ q }}</h1>
</div>
<div class="row">
```

```
<div class="col-md-3">
    <div class="nav nav-pills flex-column" role="tablist" aria-orientation="vertical">
        <a class="nav-item nav-link {% if category == 'photo' %}active{% endif %}"
            href="{{ url_for('.search', q=q, category='photo') }}">Photo</a>
        <a class="nav-item nav-link {% if category == 'user' %}active{% endif %}"
            href="{{ url_for('.search', q=q, category='user') }}">User</a>
        <a class="nav-item nav-link {% if category == 'tag' %}active{% endif %}"
            href="{{ url_for('.search', q=q, category='tag') }}">Tag</a>
    </div>
</div>
<div class="col-md-9">
    {% if results %}
        <h5>{{ results|length }} results</h5>
        {% for item in results %}
            {% if category == 'photo' %}
                {{ photo_card(item) }}
            {% elif category == 'user' %}
                {{ user_card(item) }}
            {% else %}
                <a class="badge badge-light" href="{{ url_for('.show_tag', tag_
                    id=item.id) }}">
                    {{ item.name }} {{ item.photos|length }}
                </a>
            {% endif %}
        {% endfor %}

    {% else %}
        <h5 class="tip">No results.</h5>
    {% endif %}
</div>
</div>
{% if results %}
    <div class="page-footer">
        {{ render_pagination(pagination, align='right') }}
    </div>
{% endif %}
{% endblock %}
```

在模板中，我们添加了三个导航按钮，分别用来获取不同类别的搜索结果，按钮的 URL 后附加的 category 查询参数的值分别为 photo、tag 和 user。因为这三个按钮的 URL 都指向 main.search 视图，所以 render_nav_item() 宏无法正确判断当前"激活"的按钮，所以这几个按钮我们手动创建，根据 category 的值手动显示激活状态。同样根据 category 值，我们添加判断以分别显示图片、用户和标签。当没有匹配的搜索结果时，则显示一个提示。

9.14　编写网站后台

和博客程序一样，我们也为 Albumy 添加了一个基本的后台管理系统。管理面板仅对管理员和协管员开放，可供管理的资源有图片、评论、用户、标签。基本实现代码和我们在 Bluelog 中实现的管理后台类似，这里不再详细介绍，具体参照编号为 admin 的代码。

提示 如果你从 GitHub 上复制了示例程序，可以执行 git checkout admin 签出程序的新版本。
程序的新版本添加了后台管理系统。

对于大型社交网站来说，Albumy 中的管理系统不够完善，只能算作一个简单的示例。在真实的程序中，管理后台会拥有更多有用的功能，比如：

- ❏ 用户行为分析；
- ❏ 网站访问统计；
- ❏ 内容过滤与关键词审核；
- ❏ 推送系统消息；
- ❏ 推送系统邮件；
- ❏ 编辑推荐内容；
- ❏ 网站固定内容编辑；
- ❏ 数据库在线操作。

9.14.1 用户管理

当网站中出现恶意用户时，我们需要对这些用户采取一些限制措施。在 Albumy 中，有两种被限制的用户角色：被锁定用户（Locked）和被封禁用户（Blocked）。被锁定的用户只拥有两种权限，即收藏图片（COLLECT）和关注用户（FOLLOW）；而被封禁的用户和访客一样，仅有浏览权限，无法登录网站。

1. 锁定用户账户

首先，我们需要在 User 模型上添加一个 locked 字段，存储用户账户是否被锁定的布尔值，默认值为 False。然后我们添加 lock() 和 unlock() 方法，分别用来执行锁定和解除锁定操作，如代码清单 9-87 所示。

代码清单9-87　albumy/models.py：锁定和解除锁定

```python
class User(UserMixin, db.Model):
    ...
    locked = db.Column(db.Boolean, default=False)
    ...
    def lock(self):
        self.locked = True
        self.role = Role.query.filter_by(name='Locked').first()
        db.session.commit()

    def unlock(self):
        self.locked = False
        self.role = Role.query.filter_by(name='User').first()
        db.session.commit()
```

在 lock() 和 unlock() 方法中，我们设置 locked 字段的值，并设置用户的角色。以 lock() 方法为例，我们将 locked 属性设为 True，将 role 关系属性设为 Locked 角色对象，最后提交数据库会话。

用来执行这两个操作的 lock_user 和 unlock_user 视图的实现如代码清单 9-88 所示。

代码清单9-88　albumy/blueprints/admin.py：在视图函数中执行锁定和解除锁定操作

```python
@admin_bp.route('/lock/user/<int:user_id>', methods=['POST'])
@login_required
@permission_required('MODERATE')
def lock_user(user_id):
    user = User.query.get_or_404(user_id)
    user.lock()
    flash('Account locked.', 'info')
    return redirect_back()

@admin_bp.route('/unlock/user/<int:user_id>', methods=['POST'])
@login_required
@permission_required('MODERATE')
def unlock_user(user_id):
    user = User.query.get_or_404(user_id)
    user.unlock()
    flash('Lock canceled.', 'info')
    return redirect_back()
```

在这两个视图前，除了 login_required 装饰器，我们还使用 permission_required() 装饰器验证用户权限，确保只有拥有 MODERATE 权限的用户才可以访问与这个视图对应的 URL。另外，我们还在 app.route() 装饰器中设置只监听 POST 方法的请求。在视图函数中，我们通过 user_id 变量获取用户对象，然后调用对应的方法执行锁定操作，最后重定向到用户主页。

接着，我们在用户资料局部模板（user/_header.html）中添加一个锁定按钮。同样的，我们添加 if 判断来验证权限，确保拥有 MODERATE 权限的用户才可以看到锁定和解除锁定按钮：

```html
{% if current_user != user %}
    {% if current_user.can('MODERATE') %}
        {% if user.locked %}  <!-- 显示解除锁定表单 -->
            <form class="inline" action="{{ url_for('admin.unlock_user', user_
                id=user.id) }}" method="post">
                <input type="hidden" name="csrf_token" value="{{ csrf_token() }}">
                <input type="submit" class="btn btn-secondary btn-sm" value=
                    "Unlock">
            </form>
        {% else %}  <!-- 显示锁定表单 -->
            <form class="inline" action="{{ url_for('admin.lock_user', user_id=
                user.id) }}" method="post">
                <input type="hidden" name="csrf_token" value="{{ csrf_token() }}">
                <input type="submit" class="btn btn-warning btn-sm" value="Lock">
            </form>
        {% endif %}
        <a class="btn btn-light btn-sm" href="mailto:{{ user.email }}">Email</a>
    {% endif %}
{% endif %}
```

通过判断用户是否被锁定，我们将渲染不同的表单 action 属性值和提交按钮。在锁定按钮旁我们添加了指向用户 Email 地址的 mailto 链接。

当用户被锁定时，我们在被锁定用户的主页对该用户显示一条提示消息：

```
@user_bp.route('/<username>')
def index(username):
    user = User.query.filter_by(username=username).first_or_404()
    if user == current_user and user.locked:
        flash('Your account is locked.', 'danger')
    ...
```

2. 封禁用户账户

封禁用户的实现相对简单一些，因为我们只需要将其拒之门外——禁止登录。和锁定用户相同，我们需要在 User 模型上添加一个 active 字段，存储决定用户账户是否可用的布尔值，默认值为 True，另外还要添加两个封禁操作方法，如代码清单 9-89 所示。

代码清单9-89　albumy/models.py：封禁与取消封禁

```
class User(SessionMixin, UserMixin, db.Model):
    ...
    active = db.Column(db.Boolean, default=True)
    ...
    @property
    def is_active:
        return self.active

    def block(self):
        self.active = False
        db.session.commit()

    def unblock(self):
        self.active = True
        db.session.commit()
```

为了禁止被封禁的用户登录，我们还在 User 模型中重写了继承自 Flask-Login 的 UserMixin 类中的 is_active 属性，这个方法返回 active 属性值。与此类似，block() 和 unblock() 方法用来将 active 属性设为对应的值。

在第 8 章我们曾介绍过，如果用户对象的 is_active 属性为 False，Flask-Login 将拒绝登录用户。我们需要同时对登录视图进行修改，以便对被封禁的用户显示提示消息，如下所示：

```
@auth_bp.route('/login', methods=['GET', 'POST'])
def login():
    ...
    if form.validate_on_submit():
        user = User.query.filter_by(email=form.email.data.lower()).first()
        if user is not None and user.validate_password(form.password.data):
            if login_user(user, form.remember_me.data):
                flash('Login success.', 'info')
                return redirect_back()
            else:
                flash('Your account is blocked.', 'warning')   # 返回封禁提示
                return redirect(url_for('main.index'))
        flash('Invalid email or password.', 'warning')
    return render_template('auth/login.html', form=form)
```

修改后的 login 视图添加了一行 if 判断，当 login_user() 函数返回 False 时，说明用户的

active 属性为 False，即不允许登录。这时我们会向用户闪现一条消息，并把程序重定向到首页。

在用户主页，我们使用和锁定按钮相同的方式添加封禁按钮（表单）。根据用户的 active 属性判断显示封禁还是取消封禁按钮。这两个按钮的 URL 分别指向 block_user 和 unblock_user 视图，用于封禁/解除封禁用户。

为了让用户被封禁后同时登出对应的用户，我们可以在 user.index 视图添加一个 if 判断，如果当前用户被封禁，那么就使用 Flask-Login 提供的 logout_user() 函数登出用户：

```
@user_bp.route('/<username>')
def index(username):
    user = User.query.filter_by(username=username).first_or_404()
    if user == current_user and user.locked:
        flash('Your account is locked.', 'danger')

    if user == current_user and not user.active:
        logout_user()
    ...
```

作为替代，你也可以使用 before_request 装饰器注册一个函数来处理这个任务，这样可以确保在用户被封禁后发出的任意一个请求都会被登出。

9.14.2　资源管理

在程序中，我们还实现了图片、评论、标签的管理操作。以图片管理为例，管理图片的页面会按照上传时间分页列出所有的图片，每个图片上都提供一个封禁按钮，还可以根据举报次数从高到低来查看图片，次数高的图片会优先被审核。

和用户管理类似，除了统一的后台管理页面，我们还会将一些关键操作嵌入到前台页面。具体来说，在渲染删除按钮时，在 if 语句中使用 or 添加一个判断条件，如果当前用户拥有对应的管理权限，那么也会渲染删除按钮。以删除图片的按钮为例，下面是更新后的代码：

```
{% if current_user == photo.author or current_user.can('MODERATE') %}
<a class="btn btn-danger btn-sm text-white" data-toggle="modal" data-target=
    "#confirm-delete">Delete</a>
{% endif %}
```

在对应的删除视图中，我们也会添加对应的权限验证，如下所示：

```
@main_bp.route('/delete/photo/<int:photo_id>', methods=['POST'])
@login_required
def delete_photo(photo_id):
    photo = Photo.query.get_or_404(photo_id)
    if current_user != photo.author and not current_user.can('MODERATE'):
        abort(403)
    db.session.delete(photo)
    ...
```

视图函数中是反向验证，我们使用 and 连接 not current_user.can('MODERATE') 子句，这样如果删除操作的发起者既不是图片作者，也没有 MODERATE 权限则会返回 403 错误响应。其他资源的处理方式基本相同，具体可以到源码仓库中查看。

> 提示　在实际的社交程序中，更友好的做法是将违规内容屏蔽，通过添加判断设置仅作者可以
> 看到，并在执行管理员操作时发送对应的提醒给违规内容的发布用户。和锁定用户类
> 似，这可以通过在资源对应的模型类中添加一个 is_block 字段存储是否被屏蔽的布尔值
> 来作为判断条件。

9.14.3　面向管理员的用户资料编辑

管理员拥有更多的权限，比如，我们可以添加一个 Meta 模型来存储网站的基本信息，比如介绍页面、版权页面、页脚的版权信息、网站标语（slogan）和公告等。通过使用模板上下文处理器，将对应的 Meta 记录传入模板，然后在模板中使用这些数据替换固定写入的信息，然后添加页面和表单供管理员编辑，对应的处理视图应该添加 admin_required 装饰器进行保护，确保只有管理员可以访问。

这一节我们将添加一个仅向管理员开放的用户资料编辑功能，除了能编辑用户的常用信息，还需要能够设置用户的角色。管理员资料编辑表单如代码清单 9-90 所示。

代码清单9-90　albumy/forms/admin.py：管理员资料编辑表单

```python
from albumy.models import User, Role
from albumy.user.forms import EditProfileForm

class EditProfileAdminForm(EditProfileForm):
    email = StringField('Email', validators=[DataRequired(), Length(1, 64), Email()])
    role = SelectField('Role', coerce=int)
    active = BooleanField('Active')
    confirmed = BooleanField('Confirmed')
    submit = SubmitField()

    def __init__(self, user, *args, **kwargs):
        super(EditProfileAdminForm, self).__init__(*args, **kwargs)
        self.role.choices = [(role.id, role.name)
                             for role in Role.query.order_by(Role.name).all()]
        self.user = user

    def validate_email(self, field):
        if field.data.lower() != self.user.email and User.query.filter_
            by(email=field.data).first():
            raise ValidationError('The email is already in use.')
```

管理员级别的资料编辑表单 EditProfileAdminForm 继承自普通用户的编辑表单 EditProfileForm。除了能编辑普通编辑表单中的所有字段外，管理员编辑表单还可以编辑用户的 Email 地址、确认状态（confirmed）、锁定状态（active）和角色。

对于用户的 Email 地址和用户名（username），编辑后的数据需要避免和数据库中的其他内容重复。为了和原数据进行比较以判断是否产生变动，我们需要在表单类的自定义验证方法中使用表示目标用户的 user 对象，这需要在实例化表单时作为参数传入。因为继承的 EditProfileForm 类中的验证方法 validate_username() 使用 current_user 获取用户的用户名，这里需要进行重写。代码清单 9-91 所示是处理管理员编辑功能的 edit_profile_admin 视图的实现代码。

代码清单9-91　albumy/blueprints/admin.py：管理员资料编辑

```python
@admin_bp.route('/profile/<int:user_id>', methods=['GET', 'POST'])
@admin_required
def edit_profile_admin(user_id):
    user = User.query.get_or_404(user_id)
    form = EditProfileAdminForm(user=user)    # 传入被修改的用户对象作为参数
    if form.validate_on_submit():
        user.name = form.name.data
        role = Role.query.get(form.role.data)
        if role.name == 'Locked':    # 如果被设定的角色是 Locked 就执行锁定操作
            user.lock()
        user.role = role
        user.bio = form.bio.data
        user.website = form.website.data
        user.confirmed = form.confirmed.data
        user.active = form.active.data
        user.location = form.location.data
        user.username = form.username.data
        user.email = form.email.data
        db.session.commit()
        flash('Profile updated.', 'success')
        return redirect_back()
    form.name.data = user.name
    form.role.data = user.role_id   # role 字段存储角色记录的 id
    form.bio.data = user.bio
    form.website.data = user.website
    form.location.data = user.location
    form.username.data = user.username
    form.email.data = user.email
    form.confirmed.data = user.confirmed
    form.active.data = user.active
    return render_template('admin/edit_profile.html', form=form, user=user)
```

　　我们使用 admin_required 装饰器确保只有管理员才能访问这个视图。在查询到对应的用户后，我们在实例化表单类时传入对应的用户实例 EditProfileAdminForm(user=user)。当表单通过验证被提交后，我们要通过 role 下拉列表字段存储的 id 值获取对应的 Role 对象，如果角色的名称是 Locked，我们会调用 lock() 方法执行锁定操作。

　　在用户主页的资料局部模板 _header.html 中，我们要添加一个指向这个视图的按钮：

```html
{% if current_user.is_admin %}
<a class="btn btn-warning btn-sm" href="{{ url_for('admin.edit_profile_admin',
    user_id=user.id) }}">Edit profile</a>
{% endif %}
```

　　在模板中，我们通过判断用户对象的 is_admin 属性值来确保只有管理员可以看到这个按钮。

9.15　本章小结

　　恭喜你，你已经在阅读的同时了解了一个图片社交网站的完整实现过程。假设我们的程序上线后大获成功，用户增长迅速，许多用户要求我们提供 Android 或 iOS 客户端，这时这些客户端该如何和程序交换数据呢？下一章，我们会学习如何以 API 的形式开放程序的功能和资源，以便支持浏览器以外的客户端。另外，我们还会通过进一步利用 JavaScript 来编写一个单页程序。

 如果你发现了程序中的错误或者有改进建议，可以在 Albumy 的 GitHub 项目（https://github.com/greyli/albumy）中创建 Issue，或是在 fork 仓库修改后在 GitHub 上提交 Pull Request。

第 10 章 *Chapter 10*

待办事项程序

在 Flask 程序中，为了获得更好的页面交互，有些功能我们不得不使用 JavaScript 实现。这一章要编写的待办事项应用 Todoism 则是将这种趋势发展到极致：我们将基于 jQuery（JavaScript）实现一个简单的单页程序（Single Page Application，SPA），像是 Gmail 的 Web 程序那样。和以前的传统 Web 程序不同的是，单页程序将使用 AJAX 技术处理大部分甚至是所有的请求，也就是说，整个程序不再需要通过重新渲染模板来更新程序状态。这会使 Web 程序更像是桌面程序或是移动端程序那样，拥有流畅的操作体验。

我们前面介绍的示例程序中的文本都使用了英文，你可以在一开始就使用中文，但是另一个更完善的方式是支持多种语言，尤其是在你的程序可能会被不同国家的人使用的情况下。这一章我们还会学习为程序添加多语言支持。

在本章的后半部分，我们会为程序编写 Web API。这样我们可以完全分离程序的客户端和服务器端代码，服务器端的 Flask 程序只负责处理数据，你可以自由选用其他的框架和语言来实现客户端程序。

本章新涉及的 Python 包如下所示：
- ❑ Flask-Babel（0.11.2）：
  - ○ 主页：https://github.com/python-babel/flask-babel。
  - ○ 文档：https://pythonhosted.org/Flask-Babel/。
- ❑ Babel（2.5.3）：
  - ○ 主页：https://github.com/python-babel/babel。
  - ○ 文档：http://babel.pocoo.org。
- ❑ pytz（2018.4）：
  - ○ 主页：https://pypi.python.org/pypi/pytz/。
  - ○ 文档：http://pythonhosted.org/pytz/。

❑ Flask-CORS（3.0.4）：

　　○ 主页：https://github.com/corydolphin/flask-cors。

　　○ 文档：http://flask-cors.readthedocs.io。

❑ Webargs（3.0.0）：

　　○ 主页：https://github.com/sloria/webargs。

　　○ 文档：http://webargs.readthedocs.io。

❑ Httpie（0.9.9）：

　　○ 主页：https://httpie.org/。

　　○ 源码：https://github.com/jakubroztocil/httpie/。

　　○ 文档：https://httpie.org/doc。

打开一个新的命令行窗口，切换到合适的目录，然后使用下面的命令将示例程序仓库复制到本地：

```
$ git clone https://github.com/greyli/todoism.git
```

 提示 如果你在 Todoism 的 GitHub 页面（https://github.com/greyli/todoism）页面单击了 Fork 按钮，那么可以使用你自己的 GitHub 用户名来替换上面的 greyli，这将复制一份属于你自己的派生仓库，你可以自由修改和提交代码。

接着，切换进项目目录，创建虚拟环境并安装依赖，然后激活虚拟环境：

```
$ cd todoism
$ pipenv install --dev
$ pipenv shell
```

在虚拟环境中运行程序：

```
$ flask translate compile   # 编译翻译文件，10.2 节会详细介绍
$ flask run
```

现在访问 http://localhost:5000 即可体验我们即将一步步编写的最终版本的程序，通过单击登录表单下方的按钮即可获取测试账户。

注意 （1）本书所有的示例程序都运行在本地机的 5000 端口，即 http://localhost:5000，确保没有其他程序同时在运行。

（2）因为所有示例程序的 CSS 文件名称、JavaScript 文件名称以及 Favicon 文件名称均相同，为了避免浏览器对不同示例程序中同名的文件进行缓存，请在第一次运行新的示例程序后按下 Ctrl+F5 或 Shift+F5 清除缓存。

你可以在本地使用文本编辑器阅读源码，或是访问 Github 上的程序仓库（https://github.com/greyli/todoism）查看。在本地阅读时，请使用下面的命令签出程序的初始版本：

```
$ git checkout spa
```

在 GitHub 上则使用分支下拉列表选择 spa 标签。在本地使用 git tag -n 命令可以列出项目包含的所有标签，在对应的章节中我会给出签出提示。

10.1　使用 JavaScript 和 AJAX 编写单页程序

在这一小节，我们会介绍 Todoism 的主要代码。程序本身很简单，所以这里不会详细介绍它的编写过程，而是把重点放在实现单页效果上。另外，大部分的程序功能都将使用 jQuery（JavaScript）实现，我们不会详细介绍，具体可以到源码仓库中查看。

> **附注**　因为 JavaScript 代码会在用户接收到响应后在浏览器中执行，所以我们后面经常会将 JavaScript 代码称为客户端 JavaScript。

Todoism 由程序包 todoism 组成，程序的项目结构使用功能式结构，程序包的目录结构如下所示：

```
todoism/
    static/
        css/
            - style.css    CSS 样式文件
        js/
            - script.js    JavaScript 脚本
        favicon.ico
        demo.png 用于在首页展示的示例图片
    templates/
        - base.html 基模板
        - index.html 根页面
        - _intro.html 介绍页面
        - _login.html 登录页面
        - _app.html 程序页面
        - _item.html 条目页面
        - errors.html 错误页面
    blueprints/
        - __init__.py
        - home.py 主页蓝本
        - todo.py 程序蓝本
        - auth.py 认证蓝本
    - __init__.py
    - models.py
    - extensions.py
    - settings.py
```

Todoism 由三个蓝本组成，分别为实现主页功能的 home 蓝本、处理用户认证的 auth 蓝本以及实现程序功能的 todo 蓝本。为了保持简单，程序没有实现管理后台。

因为程序中的表单比较简单，所以表单直接在模板中定义，不用再编写表单类。缺点是我们需要手动处理验证，为了让验证更加动态，在客户端会首先使用 JavaScript 验证表单，提交后在服务器端进行二次验证。

在数据库方面，Todoism 只创建了 User 和 Item 两个模型类，分别用来存储用户和待办条目，用户和条目之间建立了一对多关系，如代码清单 10-1 所示。

代码清单10-1　todoism/models.py：建立数据库模型

```
class User(UserMixin, db.Model):
    id = db.Column(db.Integer, primary_key=True)
```

```
    username = db.Column(db.String(20), unique=True, index=True)
    password_hash = db.Column(db.String(128))
    items = db.relationship('Item', back_populates='author', cascade='all')

class Item(db.Model):
    id = db.Column(db.Integer, primary_key=True)
    body = db.Column(db.Text)
    done = db.Column(db.Boolean, default=False)
    author_id = db.Column(db.Integer, db.ForeignKey('user.id'))
    author = db.relationship('User', back_populates='items')
```

在 Todoism 中，除了用户首次访问程序和手动刷新外，所有的请求和操作都由客户端 Java-Script 代码控制，数据的交互通过 AJAX 处理。因此，在 Flask 程序中，除了主页视图（home.index）返回完整的 HTML 页面（即我们的根页面 index.html）外，其他的视图在程序中只会接收 AJAX 请求，所以都仅返回局部 HTML 或 JSON 数据，以便使用 JavaScript 进行操作。

10.1.1 单页程序的模板组织

在这个单页程序中，模板的组织稍稍有些不同。在传统的 Flask 程序中，大部分视图都需要返回完整的 HTML 文件，而单页程序中只需要加载一次完整的 HTML 文件，其余的请求都只需返回"局部数据"。

1. 根页面

在 Todoism 中，因为执行页面切换和相关操作时不需要重载页面，所以模板所需要的 CSS 和 JavaScript 只需要在根页面（index.html）加载一次，这也是除错误页面以外唯一包含完整 HTML 结构的页面，也就是我们的"单页"。根页面中包含一个 id 为 main 的 div 元素（后面简称为 main 元素），这个 div 会用来填充页面主体内容。

 因为 HTTP 错误在服务器端处理，所以我们需要返回完整的 HTML 页面，错误页面模板单独定义完整的 HTML 结构。另外，因为错误页面比较简单，所有错误类型使用同一个 errors.html 模板，在错误处理函数中通过变量 code 和 info 传入错误状态码和错误提示。

为了简化 CSS 样式的定义，Todoism 使用了基于 Google Material Design（https://material.io/）的 Materialize（http://materializecss.com）框架。我们需要在根页面中加载相应的 Materialize 资源，同时被加载的还有我们自己编写的 CSS 和 JavaScript 文件，以及依赖的 jQuery 库，如代码清单 10-2 所示。

代码清单10-2 todoism/templates/index.html：根页面

```html
<!DOCTYPE html>
<html lang="en">
<head>
    <meta name="viewport" content="width=device-width, initial-scale=1.0"/>
    <meta charset="utf-8"/>
    <title>Todoism</title>
    <link href="{{ url_for('static', filename='css/materialize.min.css') }}" rel=
        "stylesheet">
```

```html
        <link href="{{ url_for('static', filename='css/style.css') }}" rel= "style
            sheet">
        <link rel="icon" href="{{ url_for('static', filename='favicon.ico') }}" type= "image/
            x-icon">
        <link href="http://fonts.googleapis.com/icon?family=Material+Icons" rel=
            "stylesheet">
</head>
<body>
<div id="main"></div>　<!-- 用来插入子页面的div元素 -->
<script src="{{ url_for('static', filename='js/jquery.min.js') }}"></script>
<script src="{{ url_for('static', filename='js/materialize.min.js') }}"></script>
<script src="{{ url_for('static', filename='js/script.js') }}" type="text/
    javascript"></script>
<script type="text/javascript">
    var csrf_token = "{{ csrf_token() }}";
</script>
</body>
</html>
```

> **附注** Material Design（材料设计）是 Google 在 2014 年开发的一门跨设备的用户界面视觉设计语言。

因为程序中使用了 Materialize 图标，所以我们还需要加载图标字体。Materialize 使用 Google 提供的开源图标集 Material Design Icons（https://material.io/icons/），一般情况下，我们可以直接使用 Google 字体服务器提供的资源，在根页面的 `<head>` 标签内添加下面这行代码：

```html
<link href="http://fonts.googleapis.com/icon?family=Material+Icons" rel="stylesheet">
```

> **附注** Google 目前在北京建立了字体服务器，暂时不会出现无法访问或是访问速度过慢的情况。如果你想手动在本地加载字体资源，可以直接从 Google Material Icons 的 Github 仓库（https://github.com/google/material-design-icons/tree/master/iconfont）中下载图标字体文件，在 static 文件夹中新建一个 font 子文件夹存放它们，然后在基模板中加载这些文件，并创建 material-icons 样式类，具体可以访问 http://google.github.io/material-design-icons/#setup-method-2-self-hosting 查看。

在 HTML 中，我们只需要在 `<i>` 标签中写出图标的名称即可渲染出对应名称的图标，这种特性被称为 ligatures：

```html
<i class="material-icons">face</i>
```

> **提示** Google Material Icons 图标集中共有 900 多个图标可供使用，完整的列表可以在其官方网站（https://material.io/icons/）获取。不过需要注意的是，material.io 中的图标名称在使用时需要将单词之间的空格使用下划线代替。

2. 子页面

虽然是单页程序，并不意味着我们只能使用一个页面。程序中实际包含三个页面：介绍页、登录页和程序页，这三个页面分别在局部模板 _intro.html、_login.html 和 _app.html 中定义。这三个模板不会直接加载，而是通过 AJAX 请求获取并动态插到根页面中。为了便于在 AJAX 中发送请求到对应的 URL，我们在根页面中定义了多个 JavaScript 变量，分别存储指向这三个页面的 URL。另外，我们程序中的所有操作都通过 JavaScript 发送 AJAX 请求实现，像登录、注册、注销等这类不包含 URL 变量的 URL，也在这里定义：

```
...
<script type="text/javascript">
    var login_page_url = "{{ url_for('auth.login') }}";
    var app_page_url = "{{ url_for('todo.app') }}";
    var intro_page_url = "{{ url_for('home.intro') }}";
    var new_item_url = "{{ url_for('todo.new_item') }}";
    var clear_item_url = "{{ url_for('todo.clear_items') }}";
    var login_url = "{{ url_for('auth.login') }}";
    var register_url = "{{ url_for('auth.register') }}";
    var logout_url = "{{ url_for('auth.logout') }}";
</script>
```

另外，为了方便组织这三个局部模板，我们也定义了一个包含导航栏和页脚部分的基模板（base.html），基模板中仅包含一个用于填充页面主体内容的 content 块，具体可在源码仓库中查看。

 因为没有使用 Bootstrap，所以也无法使用 Bootstrap-Flask 扩展。这就意味着，如果 CSS 框架没有对应的 Flask 扩展可以使用，我们就需要手动编写大部分的 HTML 代码，或是自己编写宏。如果你积累了足够多的辅助宏，或许可以考虑实现一个扩展，关于扩展的编写我们会在第 15 章进行介绍。

3. 条目模板

待办条目的具体 HTML 代码在局部模板 _item.html 中定义，如代码清单 10-3 所示。

代码清单10-3　todoism/templates/_item.html：条目模板

```
<div class="row item card-panel hoverable" data-href="{{ url_for('.edit_item',
    item_id=item.id) }}"
    data-id="{{ item.id }}" data-body="{{ item.body }}" data-done={{ item.
        done|tojson }}>
    <span class="item-body">
        <a class="button done-btn" data-href="{{ url_for('.toggle_item', item_
            id=item.id) }}">
            <i class="material-icons left">{% if item.done %}check_box{% else %}
                check_box_outline_blank{% endif %}</i>
        </a>
        <span class="{% if item.done %}inactive-item{% else %}active-item{% endif
            %}" id="body{{ item.id }}">{{ item.body }}</span>
    </span>
    <span class="hide edit-btns right">
        <a class="right button delete-btn" data-href="{{ url_for('.delete_item',
            item_id=item.id) }}">
            <i class="material-icons small-icon left">clear</i>
        </a>
        <a class="right button edit-btn"><i class="material-icons small-icon
```

```
        left">mode_edit</i></a>
      </span>
  </div>
```

对于不同状态的条目，我们需要渲染出不同的样式。如果 item.done 为 True，即表示已完成，那么就使用 inactive-item 类渲染出完成的样式，并且显示一个对号标记（check_box）；如果 item.done 为 False，即表示未完成，这时使用 active-item，同时也会显示勾选框图标（check_box_outline_blank）。两者的区别如图 10-1 所示。

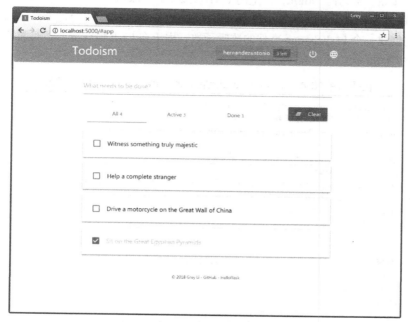

图 10-1　根据完成状态显示不同的条目样式

另外，为了让 JavaScript 可以操控条目，我们需要提供每个条目的详细信息，比如条目的状态、id、编辑 URL、删除 URL。这些信息使用 data-* 属性渲染在每个条目的顶层标签内，其中表示条目是否完成的 item.done 属性后使用了 Flask 内置的 tojson 过滤器，因为 Python 中的布尔值和 JavaScript 中的布尔值（全小写形式的 true 和 false）不同，所以需要使用 tojson 过滤器将变量值转换为 JSON 格式。

10.1.2　在根页面内切换子页面

在 Todoism 中，用户首次访问程序后会加载 index.html 页面，之后除非用户手动刷新，我们不再需要重载页面。index.html 就是我们创建的"单页"，所有的请求都使用 AJAX 在后台处理，所有的页面元素的更新和切换都在这个基础页面上使用 JavaScript 进行。也就是说，Flask 的视图函数的功能退化为提供数据的内部接口，而真正的视图处理则转移到了客户端 JavaScript 中。

在单页程序中，我们需要确保用户刷新页面后仍然会显示上一个状态。也就是说，在单页面中切换子页面时，我们希望这些子页面变化时也产生一个可以被保存为书签并且添加到浏览器历史的 URL，而且使浏览器的前进、后退按钮发挥作用。为了让程序的状态在 URL 中表现出来，我们通过在 URL 后面添加 hash（即 URL 中 # 后面的部分）来记录状态。程序中的三个主要页面使用对应的 hash 标签表示，比如导航栏上的登录按钮：

```
<a class="waves-effect waves-light btn red" href="#login">Login</a>
```

单击这个按钮，会访问 #login，产生的 URL 类似 http://example.com#login，表示登录页面。

在 URL 中添加 hash 不会产生请求，而我们可以通过监听 hash 的变化来设置回调函数来更新页面。我们创建一个 hashchange 事件的监听函数，用于在 hash 值改变时执行对应的函数，如代码清单 10-4 所示。

代码清单10-4　todoism/static/js/script.js：hashtag监听函数

```javascript
$(window).bind("hashchange", function () {
    // 有些浏览器不返回 #，这里统一去掉 #
    var hash = window.location.hash.replace('#', '');
    var url = null;
    // 根据 hash 值的不同，选择对应的页面 URL
    if (hash === 'login') {
        url = login_page_url  // 这些变量存储对应页面的 URL，在根页面定义
    } else if (hash === 'app') {
        url = app_page_url
    } else {
        url = intro_page_url
    }
    // 向对应的页面 URL 发送 GET 请求，服务器端会返回对应的局部模板
    $.ajax({
        type: 'GET',
        url: url,
        success: function (data) {
            $('#main').hide().html(data).fadeIn(800);  // 插入子页面
            activeM();  // 激活新插入的页面中的 Materialize 组件
        }  // 错误回调已经统一设置，不需要定义 error 回调
    });
});
```

当 URL 中的 hash 改变时，就根据 hash 的值选择对应的 URL，然后向这个 URL 发起 AJAX GET 请求，获取到数据后替换到 main 元素中，起到动态切换页面的效果。比如，当单击登录按钮时，URL 中会添加 #login，这时会触发这个监听函数，login 对应的 URL 定义在 login_page_url 变量，对应的值即 /login。这个函数发送 GET 请求到 /login，在 Flask 程序中触发 login 视图，这个视图返回渲染后的局部模板 _login.html。接收到成功响应会触发 success 回调函数，然后把返回值插到 main 元素中，页面切换为登录页面。

我们需要使用下面的代码初始化程序：

```javascript
if (window.location.hash === '') {
    window.location.hash = "#intro"; // 显示主页
} else {
```

```
    $(window).trigger("hashchange"); // 触发 hashchange 事件，重新加载页面
}
```

当用户第一次访问程序时，如果 hash 值为空则默认添加一个 #intro 标签，这会将介绍页面的内容加载到 main 元素中。如果 hash 不为空（比如用户刷新页面），则保存原标签不变。触发 hashchange 事件，在重载后仍然会显示当前页面。

当我们执行其他操作后需要切换页面时，通过切换 URL 中的 hash（通过 window.location.hash）即可切换页面。比如，当用户单击登录按钮时，如果验证通过，我们在发送 AJAX 请求的 success 回调函数中将 hash 设为对应程序页面的 App，就可以切换到 App 页面：

```
success: function (data) {
    window.location.hash = "#app";
    ...
```

> 🎯 提示 因为程序非常简单，除了错误页面外只包含三个独立页面，而待办条目不需要设置 hash，所以我们使用 JavaScript 手动处理 hash。在大型程序中，面对更复杂的需求可以使用插件 jQuery BBQ（http://benalman.com/projects/jquery-bbq-plugin/）解决该问题。比如，相册程序使用 AJAX 切换图片，使用 jQuery BBQ 可以非常容易地为每一张图片设置一个包含 hash 的 URL。

10.1.3 生成测试账户

因为 Todoism 非常简单，编写它主要是为了作为讲解相关内容的示例，大部分功能都做了简化。比如，我没有为它添加账户注册功能。为了方便想要体验程序功能的用户登录，在处理注册的 register 视图中，我们生成了一个测试账户和虚拟待办条目数据，如代码清单 10-5 所示。

代码清单10-5 todoism/blueprints/auth.py：生成虚拟账户

```
@auth_bp.route('/register')
def register():
    username = fake.user_name()
    # 确保生成的随机用户名不重复
    while User.query.filter_by(username=username).first() is not None:
        username = fake.user_name()
    password = fake.word()
    user = User(username=username)
    user.set_password(password)
    db.session.add(user)
    db.session.commit()
    # 添加几个待办条目作为示例
    item = Item(body=_('Witness something truly majestic'), author=user)
    item2 = Item(body=_('Help a complete stranger'), author=user)
    item3 = Item(body=_('Drive a motorcycle on the Great Wall of China'),
        author=user)
    item4 = Item(body=_('Sit on the Great Egyptian Pyramids'), done=True,
        author=user)
    db.session.add_all([item, item2, item3, item4])
    db.session.commit()
    return jsonify(username=username, password=password, message='Generate success.')
```

在 register 视图中，我们生成了一个用户记录，用户名和密码随机生成。同时为了方便测试，我们添加了 4 个待办条目，其中 1 个被标记为完成状态，最后将这些数据保存到数据库中。需要注意的是，这个视图函数既不使用 render_template() 函数渲染模板，也不使用 redirect() 进行重定向。取而代之的是，使用 jsonify() 函数返回 JSON 格式的用户名、密码和提示消息。

在 _login.html 模板中，我们添加一个链接用来获取随机生成的测试账户：

```
<p><a class="blue-text link button" id="register-btn">Get a test account</a></p>
```

当这个按钮被单击时，会触发一个 JavaScript 回调函数。在这个函数中，我们发送一个 AJAX GET 请求到 register 视图，register 视图的 URL 存储在根页面定义的 register_url 变量中，如代码清单 10-6 所示。

代码清单10-6　　todoism/static/js/script.js：获取虚拟账户信息

```
function register() {
    $.ajax({
        type: 'GET',
        url: register_url,
        success: function (data) {
            $('#username-input').val(data.username);  // 将用户名插入用户名字段
            $('#password-input').val(data.password);  // 将密码插入密码字段
            M.toast({html: data.message})  // 弹出提示消息
        }
    });
}

$(document).on('click', '#register-btn', register);
```

当服务器端返回 2XX 响应时，success 回调函数被调用，这个回调函数的第一个参数即为服务器端返回的数据，因为服务器端返回 JSON 格式的数据，这个参数值会被解析为 JSON 对象。在这个函数中，我们从服务器端返回的数据中获取用户名和密码，然后填充到对应的表单字段中；当服务器端返回 4XX 和 5XX 响应时，error 回调函数被调用。和 Albumy 类似，我们使用 $.ajaxError() 方法设置了统一的 AJAX 错误处理函数，它使用 Materialize 提供的 M.toast() 函数弹出错误提示。

 提示　M.toast() 是 Materialize 提供的消息闪现方法，我们使用它来向用户显示消息。常用的三个选项为 html、displayLength 和 classes。html 选项用来设置显示的文本；displayLength 选项用来设置消息的停留时间，单位为毫秒；classes 选项可以设置额外的 CSS 类，比如，通过传入值"rounded"可以将消息的外观设为椭圆形边框。更多用法可以访问 http://materializecss.com/toasts.html 查看。

10.1.4　添加新待办条目

待办条目的创建、编辑、标记完成和删除都在程序页面完成，主要逻辑都通过客户端 JavaScript 代码实现，这里不再详细讲解，仅以添加条目为例。在 Flask 程序中，用于添加新待办条目的 new_item 视图的实现如下所示：

```
@todo_bp.route('/items/new', methods=['POST'])
@login_required
def new_item():
    data = request.get_json()
    if data is None or data['body'].strip() == '':
        return jsonify(message='Invalid item body.'), 400
    item = Item(body=data['body'], author=current_user._get_current_object())
    db.session.add(item)
    db.session.commit()
    return jsonify(html=render_template('_item.html', item=item), message='+1')
```

> **提示**　这个视图使用 methods 参数设置为仅监听 POST 方法的请求。顺便说一句，AJAX 支持发送 DELETE、PATCH 等类型的请求，删除操作就使用了 DELETE 请求，在对应的 delete_item 视图，我们通过 methods 参数设置仅监听 DELETE 请求。

我们使用 request.get_json() 方法从请求对象中获取并解析客户端发送的 JSON 数据，解析后的 JSON 数据会是一个 Python 字典，我们可以通过在客户端 JavaScript 代码中定义的键来获取对应的值。虽然我们在客户端可以使用 JavaScript 验证表单数据，但是为了确保安全，我们还需要在服务器端对数据进行验证。如果 body 为 None 或为空，我们会返回 400 错误响应，传入 JSON 格式的错误消息。

当数据通过验证，我们创建新的待办条目并保存到数据库，然后渲染表示待办条目的局部模板（_item.html），并传入该待办条目对象，最后返回与该待办条目对应的 HTML 代码。客户端获取返回值后可以直接将其插入页面中，不需要做任何处理。

在客户端的 JavaScript 代码中，我们创建了一个监听函数，当在创建新条目的输入框中按下按键时会触发 new_item() 函数：

```
var ENTER_KEY = 13;
$(document).on('keyup', '#item-input', new_item.bind(this));
```

new_item() 函数的实现如代码清单 10-7 所示。

代码清单10-7　todoism/static/js/script.js：创建新条目

```
function new_item(e) {
    var $input = $('#item-input');
    var value = $input.val().trim();  // 获取输入值
    if (e.which !== ENTER_KEY || !value) {
        return;  // 如果 Enter 键没有按下或输入值为空，就什么都不做
    }
    $input.focus().val('');  // 聚焦到输入框并清空内容
    $.ajax({
        type: 'POST',
        url: new_item_url,
        data: JSON.stringify({'body': value}),  // 用输入值生成 JSON 字符串
        contentType: 'application/json;charset=UTF-8',
        success: function (data) {
            M.toast({html: data.message, classes: 'rounded'});
            $('.items').append(data.html);  // 把返回条目的 HTML 代码插入页面
            activeM();  // 激活新插入 HTML 的 Materialize 组件
            refresh_count();  // 更新页面上的各个计数
```

```
        }
    });
}
```

在 new_item() 函数中，我们首先对输入框中的数据以及触发的按钮进行验证，如果按下的按键不是 Enter 键或输入数据为空，就什么都不做。如果验证通过，那么就发送一个 AJAX POST 请求到 new_item 视图。$.ajax() 函数中的参数和发送 GET 请求时的基本相同，只不过把 type 参数值换为 " POST"，并使用 data 参数指定请求主体。和我们在视图函数中返回 JSON 数据的 jsonify 类似，JavaScript 中的 JSON.stringify() 方法也可以将 JavaScript 中的数据对象转换为标准的 JSON 字符串。

因为我们在视图函数中使用 request.get_json() 方法获取数据，所以在客户端发送 POST 请求时必须设置正确的 Content-Type 首部。在 ajax() 函数中，Content-Type 首部使用 contentType 参数设置，JSON 对应的值为 'application/json; charset=UTF-8'。

 我们在第 4 章介绍过数据类型。当数据以 GET 方法提交时，会和往常一样以查询字符串的形式附加在请求 URL 中。在视图函数中，我们可以通过 request.args 属性获取。而在提交 POST 请求时，如果你没有指定内容类型为 JSON，那么数据会以默认的表单类型（即 application/x-www-form-urlencoded）提交，在视图函数中需要从 request.form 属性中获取数据。

在 success 回调函数中显示提示消息，然后调用 refresh_count() 函数更新页面上的计数。当创建成功时，视图函数会返回包含新创建待办条目的 HTML 代码，我们使用 append() 方法将数据追加到与页面 items 类对应元素的末尾，这会将新条目添加到条目列表的结尾。

10.2　国际化与本地化

在编程中，国际化（Internationalization）和本地化（Localization）是指为程序添加对不同区域（locale）的支持，而且可以根据某个特定的区域而进行转换。这样可以让我们基于 World Wide Web 的程序真正做到 Worldwide。根据单词的长度和首尾字母，这两个单词通常分别被缩写为 I18n 和 L10n。具体来说，这两个名词分别表示两个不同的过程：

❑ 国际化：国际化指设计和修改程序以便让程序支持多种语言或区域，而不是固定于某一个语言或区域。国际化为本地化做了程序上的准备。

❑ 本地化：本地化指为程序添加某些资源（比如翻译文件）以便支持某个特定的语言或区域。本地化通常会进行多次，比如要支持 10 种语言，那么就要进行 10 次本地化处理。

这一节我们将为程序添加更完整的国际化和本地化支持，这次的重点是为程序添加多语言支持。

 如果你从 GitHub 上复制了示例程序，可以执行 git checkout i18n 签出程序的新版本。程序的新版本添加了多区域支持。

10.2.1　使用 Flask-Babel 集成 Babel

我们将使用 Babel 来实现程序的国际化和本地化。Babel 是 Pocoo 团队开发的为 Web 程序实现国际化和本地化的 Python 工具集。它基于 Python 标准库的 gettext 模块以及用于转换时区的 pytz 库实现。另外，它基于 Common Locale Data Repository（http://unicode.org/cldr/）内置了语言名称、日期时间、时区等多种语言的翻译数据，这些特性极大简化了对程序进行国际化和本地化处理的过程。

我们将使用集成了 Babel 的扩展 Flask-Babel 来简化操作，首先使用 Pipenv 对其进行安装：

```
$ pipenv install flask-babel
```

然后在程序中初始化扩展，首先在 extensions 模块中实例化扩展类 Babel：

```
from flask_babel import Babel
babel = Babel()
```

然后在工厂函数中调用 init_app() 初始化扩展：

```
from todoism.extensions import babel

def create_app():
    app = Flask(__name__)
    ...
    register_extensions(app)
    return app

def register_extensions(app):
    ...
    babel.init_app(app)
```

10.2.2　区域和语言

在开始编写相关代码前，我们要先了解两个重要的概念——区域（locale）和语言（language）。这里之所以单独列出一节介绍区域和语言，是因为很多教程和资料都混淆了这两者。在国际化和本地化概念中，我们是为程序添加多个区域的支持，而不仅仅是多语言的支持。区域包括某个国家地区的语言、文字、时区、时间格式、计量单位、货币、标志等，是一个更广泛的概念。

1. 语言代码和区域代码

我们使用语言代码（language code/tag/ID）和区域代码（locale code/locale ID）来区分不同的区域和语言。我们最常见到的语言代码有 zh 和 en，分别表示中文和英文，这种由两个字母组成的语言代码在 ISO 639-1 中定义。为了覆盖这些语言大类下的各种分支，IETF 在 BCP 47 中定义了更系统的语言标签形式，通过添加各种子标签，我们可以更具体地描述某种语言。比如，添加语言的脚本（script）标签，zh-Hans 和 zh-Hant 分别表示简体中文和繁体中文；通过添加国家 / 地区标签，en-US，en-GB 分别表示美国英语和英国英语；类似的，zh-CN、zh-TW 和 zh-HK 则分别表示中国大陆简体中文，中国台湾繁体中文和中国香港繁体中文。

提示 （1）关于中文各地区版本的语言代码存在较多争议，主要认为 zh、zh-CN 等用法表意不明，但目前这些用法仍然被广泛使用。

（2）关于语言代码的语法细节可以参考 IETF 发布的 BCP 47（http://www.rfc-editor.org/rfc/bcp/bcp47.txt）或访问 W3C（https://www.w3.org/International/articles/language-tags/）。BCP 即 Best Current Practice（当前最佳实践），是由多个 RFC 组成的文档。

区域代码（locale code）则用来表示某一个区域的语法形式和语言代码类似。最简单的形式即使用 ISO 639-1 中定义的两个字母组成的语言代码表示，比如 zh、en 等。另外一种常见的形式是附加了国家 / 地区代码的形式，其使用下划线将语言代码与国家 / 区域连接起来，比如 en_US，zh_CN、zh_TW，另外还有添加语言脚本的形式，比如 zh_Hans_CN、zh_Hant_TW 等。

 注意 语言代码中添加国家 / 区域代码时的连接符是连接线（hyphen），而区域代码使用下划线（underscore）。

在程序中使用 Babel 实现 i18n 时，要根据 Babel 支持的区域来设置区域代码，通过下面的命令查看 Babel 支持的区域代码：

```
$ pybabel --list-locales
...
zh                Chinese
zh_Hans           Chinese (Simplified)
zh_Hans_CN        Chinese (Simplified, China)
zh_Hans_HK        Chinese (Simplified, Hong Kong SAR China)
zh_Hans_MO        Chinese (Simplified, Macau SAR China)
zh_Hans_SG        Chinese (Simplified, Singapore)
zh_Hant           Chinese (Traditional)
zh_Hant_HK        Chinese (Traditional, Hong Kong SAR China)
zh_Hant_MO        Chinese (Traditional, Macau SAR China)
zh_Hant_TW        Chinese (Traditional, Taiwan)
```

 注意 Babel 中的区域码从 1.0 版本开始采用添加语言脚本（script）子标签（subtags）的形式，去掉了 zh_CN 和 zh_TW。

在输出的列表的最后可以看到多个关于中文的区域代码，我们根据需要可以选用其中表示简体中文的 zh_Hans_CN。

为了表示我们要在程序中支持的区域，需在配置文件中创建一个 LOCALES 变量，存储要支持的区域代码列表，区域代码使用包含了国际 / 地区代码的形式：

```
TODOISM_LOCALES = ['en_US', 'zh_Hans_CN']
```

作为一个简单的示例程序，我打算只让它支持两种区域，在现实的程序中，你可以添加更多区域。

2. 设置区域

为了能够支持用户设置自己的区域，我们在数据库 User 模型中创建了一个 locale 字段，用来存储区域代码。我们希望登录后的用户和匿名用户都可以设置区域，所以用来设置区域的视图在 home 蓝本中创建，匿名用户的 locale 设置保存到 cookie 中，如代码清单 10-8 所示。

代码清单10-8　todoism/blueprints/home.py：设置区域

```python
@home_bp.route('/set-locale/<locale>')
def set_locale(locale):
    if locale not in current_app.config['TODOISM_LOCALES']:
        return jsonify(message='Invalid locale.'), 404

    response = make_response(jsonify(message='Setting updated.'))
    if current_user.is_authenticated:
        current_user.locale = locale
        db.session.commit()
    else:
        response.set_cookie('locale', locale, max_age=60 * 60 * 24 * 30)
    return response
```

这个视图的实现和我们在第 8 章为程序添加主题切换功能时的 set_theme 视图基本相同，只不过因为要接收 AJAX 请求所以需要做一些跳转。区域代码通过 URL 变量获取。我们首先判断区域代码是否在我们设置的 LOCALES 列表中，如果出错就返回 JSON 格式的错误响应。登录的用户会把区域代码存储在 User 数据库模型的 locale 字段中，匿名用户的区域代码则存储到 cookie 中，这样用户下次访问时仍然会使用上一次选择的区域。

 提示 在客户端 JavaScript 中，我们在发送切换语言的 AJAX 请求的 success 回调函数中使用 $(window).trigger("hashchange"); 触发 hashchange 事件，这样可以实现对原页面的动态更新，具体可以到源码仓库中查看。

3. 显示区域列表

在页面上，有很多方式可以实现区域选择功能。比如，你可以创建一个新的页面或模态框渲染所有可用的区域选项，也可以在程序登录页面添加相应的按钮，或是在设置页面、导航栏、页脚添加下拉列表。因为我们的程序比较简单，所以可通过在导航栏上添加一个下拉列表来实现，如代码清单 10-9 所示。

代码清单10-9　todoism/templates/base.html：语言下拉列表

```html
<li><a class="waves-effect waves-light dropdown-button" href="#!" data-activates=
    "locale-dropdown"><i class="material-icons">language</i></a></li>
...
<ul id="locale-dropdown" class="dropdown-content">
    <li><a class="lang-btn" data-href="{{ url_for('home.set_locale', locale='zh_
        Hans_CN') }}">简体中文</a></li>
    <li><a class="lang-btn" data-href="{{ url_for('home.set_locale', locale='en_
        US') }}">English</a></li>
</ul>
```

 提示 Materializecss 使用 JavaScript 实现下拉列表。在 HTML 中，普通的下拉列表使用 select 标签和 option 标签实现。

因为程序比较简单，这里没有从配置变量迭代选项，而是直接手动写出。如果有大量的区域可供选择，比如你的程序支持 30 个区域，这时手动渲染就不是个好办法了。Babel 提供了一个 Locale 类，可以用来解析一个区域，并使用它来获取各种区域数据，下面是一些使用示例：

```
>>> from babel import Locale
>>> l = Locale.parse('zh_Hans_CN')  # 解析 zh_Hans_CN 创建区域对象 l
>>> l
Locale(u'zh', territory='CN', script=u'Hans')
>>> l.get_display_name()  # 区域显示名称
u' 中文（简体，中国）'
>>> l.get_display_name('en_US')  # 该区域在 en_US 区域中的显示名称
u'Chinese (Simplified, China)'
>>> l.get_language_name()  # 语言名称
u' 中文 '
>>> l.get_language_name('de_DE')  # 该语言在 de_DE 区域中的名称
u'Chinesisch'
>>> l.get_territory_name()  # 地区名称
u' 中国 '
>>> l.get_territory_name('it_IT')  # 该地区在 it_IT 区域中的名称
u'Cina'
```

在上面的代码中，调用 Locale.parse() 方法来解析一个区域代码并获得对应的区域实例，对这个区域实例调用 get_display_name() 可以获取与区域对应的国家 / 地区的名称，你可以通过传入区域代码来显示不同区域的对应名称。类似的，调用 get_language_name() 方法可以获取对应的语言名称。除此之外，你还可以通过这个区域实例的诸多属性和方法获取时间日期名称、月份名称、格式、货币格式等，这里不再展开介绍，具体可以参考 Babel 的官方文档（http://babel.pocoo.org/en/latest/locale.html）。

 提示 我们可以将这个 Locale 类通过模板处理函数添加到模板上下文中，然后在模板中迭代我们的 TODOISM_LOCALES 列表中的区域代码，然后渲染对应的名称和语言。

通过上面介绍的这些方法，你可以迭代所有支持的区域列表，并且让每个区域都使用各自的语言来显示区域所在国家 / 地区的名称和语言。

4. 获取区域

当程序进行完国际化和本地化处理后，它就可以在不同的区域内转换对应的语言、时间、单位。以文本为例，当我们对程序中文本进行处理并添加了翻译后，Flask-Babel 会根据区域来选择对应的翻译文本。为此我们需要使用 Flask-Babel 的 Babel 实例提供的 localeselector 装饰器注册一个区域获取函数，它会在处理每一个请求时被调用，如代码清单 10-10 所示。

代码清单10-10　todoism/extensions.py：设置区域选择函数

```
@babel.localeselector
def get_locale():
    if current_user.is_authenticated and current_user.locale is not None:
        return current_user.locale

    locale = request.cookies.get('locale')
    if locale is not None:
        return locale
```

```
return request.accept_languages.best_match(current_app.config['TODOISM_LOCALES'])
```

这个函数返回 TODOISM_LOCALES 列表中的某个区域代码。如果当前用户已经登录而且 locale 属性不为 None，那么返回用户对象的 locale 属性值；如果当前用户未登录，从 cookie 中的 locale 键值获取区域代码；如果 cookie 中没有 locale 键，返回下面这行代码：

```
request.accept_languages.best_match(current_app.config['TODOISM_LOCALES'])
```

request 请求对象的 accept_languages 存储的是请求首部中的 Accept-Language 字段的值，这个值存储了发出请求的客户端（浏览器）的语言偏好。具体来说，这个值是一个按优先级排列的语言代码列表，比如：

```
zh-CN,zh;q=0.9,en-US;q=0.8,en;q=0.7
```

这个字段的值根据浏览器的语言设置生成，每一个语言代码通过逗号分隔，其中的 q 表示对应语言的 q-factor weighting（权重），第一个语言的权重默认为 1.0。上面的代码在 Chrome 浏览器中的设置如图 10-2 所示。

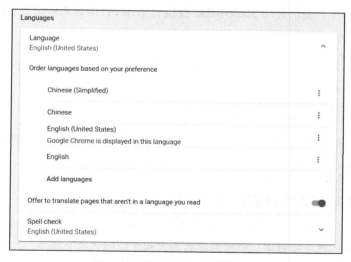

图 10-2　Chrome 中的语言选项

虽然语言代码和区域代码非常相似，但是如果想用这个字段值中的语言代码与我们的区域代码进行匹配还是非常麻烦的。还好我们可以使用 best_match() 方法完成这个匹配工作，只需传入 TODOISM_LOCALES 列表，最先匹配到的区域代码将被返回。

> 💡**提示**　对于简单的程序，你也可以仅从请求首部的 Accept-Language 字段来匹配区域代码。

如果区域选择函数返回 None，那么 Flask-Babel 将使用我们通过 BABEL_DEFAULT_LOCALE 配置变量设置的区域代码。因此，我们需要将 Flask-Babel 提供的 BABEL_DEFAULT_LOCALE 配置变量设为程序的默认区域，即 TODOISM_LOCALES 变量的第一个元素 en_US：

```
BABEL_DEFAULT_LOCALE = TODOISM_LOCALES[0]
```

对于其他提供国际化和本地化支持的扩展，我们希望能够统一区域设置。Flask-Babel 提供了一个 get_locale() 函数，可以用来获取当前请求 / 用户的区域代码，即区域获取函数的返回值。我们可以将这个返回值传递给扩展的相关配置。还有一些扩展会自动调用这个函数获取区域码，比如 Flask-WTF。

10.2.3　文本的国际化

在对时间日期进行国际化处理时，我们把固定时区的时间换成了通用的 UTC 时间。而在对文字进行国际化处理时，我们需要对程序中所有需要翻译的文本进行处理。这里的处理就是使用函数把这些字符串包装起来，以支持本地化处理。包装起来有两个作用：一是在本地化时可以自动把这些文本提取出来，以供添加对应的翻译文本；二是在运行代码时可以根据区域设置来替换这些文本。

1. 在 Python 源码中标记文本

在 Python 源码中，我们使用 Flask-Babel 提供的 gettext() 函数来标记需要被翻译的字符串，比如下面这行代码：

```
flash(u' 文章发表成功！ ')
```

将被替换为：

```
from flask_babel import gettext
flash(gettext(u' 文章发表成功！ '))
```

按照约定，一般使用 _() 来表示 gettext()，所以你也可以使用下画线来替代 gettext：

```
from flask_babel import _
flash(_(u' 文章发表成功！ '))
```

对于英文等单复数包含单词变化的语言，你也可以使用 ngettext() 函数来标记字符串：

```
flash(ngettext(u'%(num)s Apple', u'%(num)s Apples', num=number_of_apples))
```

这时你需要传入两个字符串，依次为单数形式和复数形式的字符串，其中包含用于区分单复数的变量 num，第三个参数则传入代表 num 数值的变量。

如果字符串中包含变量，则这时需要使用特定的语法，比如下面的代码：

```
flash(u' 文章《%s》发表成功！ ' % post_name)
```

需要被替换为：

```
from flask_babel import _
flash(_(u' 文章《%(post_name)s》发表成功！ ', post_name=post_name))
```

最后还需要注意的是，Flask-Babel 只会在存在请求上下文时才会调用区域选择函数获取区域和获取翻译，也就是说，只有在处理请求时才会翻译文本。对于某些请求之外的字符串，比如表单类中的字段名和错误消息，在程序启动时就会被调用，但这时无法获取区域，所以也无法被正确处理。这时我们需要使用 Flask-Babel 提供的 lazy_gettext() 函数来替代 gettext()，它是延迟计算（lazy evaluation）版本的 gettext，这样被标记的字符串会在真正被使用时才被翻译，如下所示：

```
from flask_babel import lazy_gettext as _l

class LoginForm(FlaskForm):
    username = StringField(_l('Username'), validators=[DataRequired()])
    ...
```

为了方便使用，我们在导入时将 lazy_gettext() 函数简记为 _l。

2. 在模板中标记文本

当我们调用 init_app 方法对 Flask-Babel 进行初始化时，它会为 Jinja2 开启内置的 jinja2.ext.i18n 扩展，并进行相关的设置，所以我们可以直接在模板中使用 gettext() 函数及其简写形式。比如下面的代码：

```
<h1>Join now</h1>
```

需要替换为：

```
<h1>{{ _('Join now') }}</h1>
```

字符串中包含变量时修改的方式和在 Python 源码中相同：

```
<h1>{{ _('Welcome, %(username)s!', username=current_user.username) }}</h1>
```

> **提示**　如果你签出了项目仓库的 i18n 标签，可以在程序中的 Python 脚本和模板中查看所有标记。

10.2.4　文本的本地化

按照约定，待翻译的文本被称为 message（消息），包含所有消息的文件被称为 message catalog（消息目录）。消息目录最后将会被存储在 PO（Portable Object，可移植对象）和 MO（Machine Object，机器对象）文件中，前者是面向开发者或翻译人员的可编辑文件，而后者是由 PO 文件编译器生成的供机器读取的二进制文件。这些文件的格式以及相应的工作流程在 GUN gettext 工具（http://www.gnu.org/software/gettext/）和 GNU 翻译项目（http://sourceforge.net/projects/translation）中定义，你可以阅读 GNU 提供的 gettext 手册（https://www.gnu.org/software/gettext/manual/gettext.html）了解详细内容。

为程序实现文本的本地化，即为特定的区域构建消息目录，这个过程的主要步骤如下：

1）从 Python 源码、模板等文件中提取所有被标记的文本，生成 POT 文件（messages.pot），即 PO 模板（Template）。

2）为某个区域生成消息目录（messages.po）。

3）编辑消息目录，翻译提取出的文本。

4）编译 PO 文件，生成 MO 文件。

1. 提取待翻译文本

因为我们打算支持两种语言，除了本身使用的英文，我们还希望支持简体中文，所以只需要进行一次本地化过程。我们需要从脚本中提取出所有待翻译的文本，这时就要在项目根目录下创建一个 babel.cfg 文件作为 Babel 的配置文件。在 babel.cfg 中声明包含这些待翻译文本的文件模式，如下所示：

```
[python: todoism/**.py]
[jinja2: todoism/templates/**.html]
```

 提示 如果你为 Jinja2 开启了额外的扩展，为了让 Flask-Babel 可以正确处理模板文件，你需要在 babel.cfg 中新建一行使用 extensions 关键字声明的扩展列表，比如 extensions=jinja2.ext.do。从 Jinja2 2.9 开始，jinja2.ext.autoescape 和 jinja2.ext.with_ 都变为内置扩展。如果你使用的 Jinja2 版本小于 2.9，还需要声明这两个扩展。

现在，使用 pybabel extract 命令提取所有待翻译文本：

```
$ pybabel extract -F babel.cfg -k _l -o messages.pot .
```

这会将所有的 Python 脚本和 HTML 模板中使用 gettext() 等函数包装的字符串提取出来：-F babel.cfg 表示使用 babel.cfg 文件中的设置；-k _l 表示除了查找使用 gettext 和 _ 标记的字符串，还要提取使用 _l 函数标记的字符串；-o messages.pot . 表示把消息模板输出到当前目录的 messages.pot 文件中。

2. 生成消息目录并添加翻译

我们先不用关心 messages.pot 的内容，下面使用 pybabel init 命令来为特定的区域创建消息目录：

```
$ pybabel init -i messages.pot -d todoism/translations -l zh_Hans_CN
creating catalog todoism/translations/zh_Hans_CN/LC_MESSAGES/messages.po based on
    messages.pot
```

这会根据 messages.pot 的内容生成一个 messages.po 文件：-i messages.pot 表示基于 messages.pot 文件；-d todoism/translations 声明生成的存储消息目录的 translations 文件夹的位置，这里需要在程序包的根目录中创建 translations 文件夹；-l 用来声明区域代码。

注意 翻译文件夹需要在 templates 文件夹旁生成，所以我们将路径指定在程序包内，即 todoism/translations。

这会在 todoism/translations/zh_Hans_CN/LC_MESSAGES/ 目录下创建一个 messages.po 文件，这个文件表示 zh_Hans_CN 区域的消息目录，我们需要编辑这个文件以添加对应的翻译。省略开头自动生成的元信息（其中的占位字符可以按照情况修改），需要我们编辑的内容示例如下所示：

```
#: todoism/extensions.py:12
msgid "Please login to access this page."
msgstr ""

#: todoism/templates/_app.html:6
msgid "What needs to be done?"
msgstr ""
```

```
#: todoism/templates/_app.html:13
msgid "All"
msgstr ""

#: todoism/templates/_app.html:18
msgid "Active"
msgstr ""

#: todoism/templates/_app.html:23
msgid "Done"
msgstr ""
...
```

每一条要翻译的消息都由三部分组成，示例如下：

```
#: 消息所在的文件名与代码行数
msgid "提取出来待翻译的消息正文"
msgstr "填入翻译文本"
```

我们要做的就是在每一个消息的 **msgstr** 字段后填上对应的翻译文本，比如：

```
#: todoism/extensions.py:12
msgid "Please login to access this page."
msgstr "请先登录。"

#: todoism/templates/_app.html:6
msgid "What needs to be done?"
msgstr "你想做些什么？"

#: todoism/templates/_app.html:13
msgid "All"
msgstr "全部"

#: todoism/templates/_app.html:18
msgid "Active"
msgstr "未完成"

#: todoism/templates/_app.html:23
msgid "Done"
msgstr "已完成"
```

 提示　除了手动使用文本编辑器编辑 PO 文件外，你也可以使用 PO 编辑器工具 Poedit（https://poedit.net/），或是使用 Emacs 或 Vim 等编辑器的 PO 插件。

 提示　通过翻译文本，我们甚至可以为不同的语言区域使用不同的图片。比如，在介绍页面的模板中，我们对图片的路径字符串也进行标记：<img src="{{ url_for('static', filename=_('demo.png')) }}">。在翻译时我们就可以给出不同语言下的图片路径，从而使用不同的图片，中文的消息目录中使用了 demo_zh.png，它对应一个中文的示例图片。如果你启动了示例程序，打开介绍页面并尝试切换语言，你会看到介绍图片也会随之更换。

3. 编译 MO 文件并调试

编辑好 PO 文件后，在开始调试程序的多语言支持前，我们需要编译 PO 文件生成 MO 文件，Flask-Babel 会通过 MO 文件读取对应的翻译。我们使用 pybabel compile 命令生成 MO 文件，使用 -d 选项传入 translations 文件夹的路径：

```
$ pybabel compile -d todoism/translations
compiling catalog todoism/translations/zh_Hans_CN/LC_MESSAGES/messages.po to
    todoism/translations/zh_Hans_CN/LC_MESSAGES/messages.mo
```

现在，我们可以启动程序，然后使用导航栏上的对应按钮来切换区域，页面上的文本语言也会随之切换，图 10-3 所示是切换到中文的程序页面。

图 10-3　切换到中文

4. 更新翻译

在很多种情况下，我们会需要更新翻译。如果你仅仅需要修改消息目录中的翻译或元信息，那么为了更新翻译，你要做的仅仅是重新编译消息目录，即 messages.po 文件。

但是，如果你修改了程序中待翻译文本的原文，或是新标记了其他文本，为了让这些更改生效，你需要重新提取所有文本生成的 POT 文件，然后使用 pybabel update 命令来执行自动合并和更新：

```
$ pybabel extract -F babel.cfg -k _l -o messages.pot .
$ pybabel update -i messages.pot -d todoism/translations
```

对于产生冲突的消息，Flask-Babel 会为其添加一个 fuzzy 注释，你需要手动检查消息目录，修改翻译，并删掉 fuzzy 注释才可以重新编译。

5. 创建翻译命令组

因为创建消息目录这一系列命令的内容基本是固定的，所以为了简化输入命令的步骤，我们将为这几个命令创建自定义 flask 命令。因为这几个命令都用于翻译文本，我们可以使用 app.

cli.group() 装饰器为这几个命令创建一个命令组：

```
@app.cli.group()
def translate():
    """Translation and localization commands."""
    pass
```

这个命令组仅用来组织一系列翻译命令，所以它的内容为空。其他子命令使用 @translate.command() 装饰器注册，这些子命令在使用时通过 flask translate <子命令> 的形式调用。

用来实现翻译工作流程的三个命令函数如代码清单 10-11 所示。

代码清单10-11　todoism/__init__.py：翻译命令函数

```
@translate.command()
@click.argument('locale')
def init(locale):
    """Initialize a new language."""
    if os.system('pybabel extract -F babel.cfg -k _l -o messages.pot .'):
        raise RuntimeError('extract command failed')
    if os.system(
            'pybabel init -i messages.pot -d todoism/translations -l ' + locale):
        raise RuntimeError('init command failed')
    os.remove('messages.pot')


@translate.command()
def update():
    """Update all languages."""
    if os.system('pybabel extract -F babel.cfg -k _l -o messages.pot .'):
        raise RuntimeError('extract command failed')
    if os.system('pybabel update -i messages.pot -d todoism/translations'):
        raise RuntimeError('update command failed')
    os.remove('messages.pot')


@translate.command()
def compile():
    """Compile all languages."""
    if os.system('pybabel compile -d todoism/translations'):
        raise RuntimeError('compile command failed')
```

在这几个命令函数中，init() 函数用来提取翻译文本并创建消息目录，接收区域代码作为命令参数，比如：

```
$ flask translate init <locale>
```

update() 函数用来重新提取翻译文本并更新消息目录：

```
$ flask translate update
```

compile() 函数用来编译 PO 文件：

```
$ flask translate compile
```

对应的命令使用 OS 模块提供的 system() 函数执行，如果执行失败则抛出 RuntimeError 异常。因为 messages.pot 文件只是存储消息目录的临时模板文件，在 init() 和 update() 函数末尾会使用 os.remove() 删除这个文件。

 你可以调用 flask translate --help 查看命令组的组织结构和通过文档字符串生成的帮助信息。

10.2.5 时间与日期的本地化

在第 7 章，我们已经通过 Moment.js 为程序实现了日期与时间的国际化和本地化。如果你仔细回想一下会发现，将程序中的时间默认设置为 UTC 时间的过程即为 "国际化"，而 Moment.js 库根据用户浏览器的时区而渲染对应的本地时间则是 "本地化"。

如果你不使用 Flask-Moment，那么也可以使用 Babel 内置的本地化时间日期功能。使用 Flask-Babel 本地化时间和日期的好处是可以直接在服务器端处理转换，返回的响应直接包含渲染好的时间日期，避免了在客户端调用 JavaScript 代码带来的延迟；坏处是你需要让用户手动选择时区。因为 Todoism 程序没有涉及这部分内容，我们在这里仅进行简单介绍。

1. 设置和获取时区

当使用 Moment.js 时，它会在客户端渲染时间和日期，因此可以直接获取用户浏览器 / 计算机设置的时区。但是使用 Babel/pytz 转换时区对时间日期进行本地化处理是在服务器端进行的，而我们无法直接获取用户的时区，这时我们必须让用户自己选择时区。时区通过时区字符串表示，我们可以把时区字符串保存在用户对象的 timezone 列，或是保存在 cookie 中。

 时区字符串是 IANA 定义的表示某个时区的标识符，格式为 "洲名 / 城市名"，比如 Asia/Shanghai、Europe/London，完整的列表可以访问 https://en.wikipedia.org/wiki/List_of_tz_database_time_zones 查看，或是在 python shell 中导入 pytz 后执行 pytz.all_timezones 获取。

在程序中，我们需要创建一个视图函数来保存时区，比如：

```
@app.route('/set-timezone/<path:timezone>')
def set_timezone(timezone):
    if timezone not in pytz.all_timezones:
        abort(404)
    if current_user.is_authenticated:
        current_user.timezone = timezone
        db.session.commit()
        return redirect(url_for('foo'))
    else:
        response = make_response(redirect(url_for('foo')))
        response.set_cookie('timezone', timezone, max_age=60 * 60 * 24 * 30)
        return response
```

因为时区字符串中包含斜线，为了正确获取变量，我们需要在 URL 规则中使用 path 转换器。这里的处理方法和设置区域时相同：首先判断时区字符串是否在 pytz.all_timezones 列表中，如果出错则返回 404 响应。如果用户已经登录，把表示时区的时区字符串保存到 timezone 字段，否则保存到 cookie 中。

2. 显示时区列表

在页面中，和区域下拉列表类似，我们需要添加一个时区选择列表，列表中的内容通过迭代 pytz 提供的时区字符串列表 pytz.all_timezones 实现，这个列表需要通过模板上下文处理函数传入模板，如下所示：

```
import pytz
...
def register_template_context(app):
    @app.context_processor
    def inject_info():
        timezones = pytz.all_timezones
        return dict(timezones=timezones)
```

在模板中，我们迭代这个列表，渲染时区选择列表：

```
<div id="timezone-modal" class="modal">
    <div class="modal-content">
        <h4>选择时区</h4>
        <div class="collection">
            {% for timezone in timezones %}
            <a class="collection-item {% if current_user.timezone == timezone %}
                active{% endif %}" href="{{ url_for('set_timezone', timezone=
                timezone) }}">{{ timezone }}</a>
            {% endfor %}
        </div>
    </div>
    <div class="modal-footer">
        <a href="#!" class="modal-action modal-close waves-effect waves-green
            btn-flat">关闭</a>
    </div>
</div>
```

添加触发模态框的按钮后，单击按钮会打开一个包含所有时区字符串列表的模态框，如图 10-4 所示。

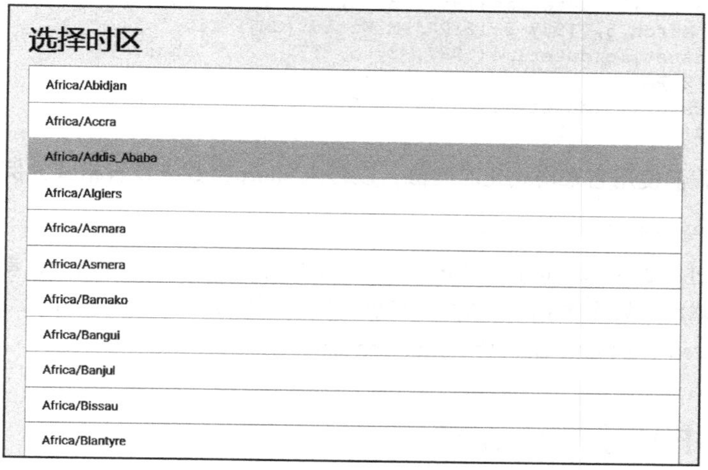

图 10-4　时区选择模态框

Babel 还提供了 get_timezone() 和 get_timezone_name() 函数，可以用于获取时区字符串的不同翻译文本。你可以使用它来本地化时区字符串，具体用法可以参考 Babel 文档相关部分（http://babel.pocoo.org/en/latest/dates.html#localized-time-zone-names）。

最后，我们需要使用 Flask-Babel 提供的 babel.timezoneselector 装饰器注册一个时区获取函数，示例如下：

```
@babel.timezoneselector
def get_timezone():
    if current_user.is_authenticated and current_user.timezone is not None:
        return current_user.timezone
    timezone = request.cookies.get('timezone')
    if timezone is not None:
        return timezone

    return None
```

如果这个函数返回 None，那么 Flask-Babel 会使用 BABEL_DEFAULT_TIMEZONE 配置变量的值，你可以使用它来设置默认的时区字符串，默认值为 UTC。

3. 在模板中格式化时间

当我们调用 init_app 方法对 Flask-Babel 进行初始化时，它在 Jinja2 中添加了一系列用于格式化字符串的过滤器，其中有四个用于格式化时间日期的过滤器：datetimeformat、dateformat、timeformat、timedeltaformat。这几个过滤器分别通过 Flask-Babel 提供的 format_datetime()、format_date()、format_time() 和 format_timedelta() 函数实现，分别用来格式化 datetime 模块中的 datetime、date、time、和 timedelta 对象。使用示例如下所示：

```
>>> from flask_babel import format_datetime
>>> from datetime import datetime
>>> format_datetime(datetime(1987, 3, 5, 17, 12))
u'Mar 5, 1987 5:12:00 PM'
>>> format_datetime(datetime(1987, 3, 5, 17, 12), 'full')
u'Thursday, March 5, 1987 5:12:00 PM World (GMT) Time'
>>> format_datetime(datetime(1987, 3, 5, 17, 12), 'short')
u'3/5/87 5:12 PM'
>>> format_datetime(datetime(1987, 3, 5, 17, 12), 'dd mm yyy')
u'05 12 1987'
```

在模板中，我们使用它来格式化时间戳，以传入 short 参数来设置格式为例：

```
{{ item.timestamp|datetimeformat('short') }}
```

当使用这些过滤器格式化时间日期时，时间日期的显示语言和格式会自动根据当前的区域进行转换，而具体数值则会根据当前时区自动调整。具体的用法请参考 Flask-Babel 的官方文档（https://pythonhosted.org/Flask-Babel/#formatting-dates）。

10.3 设计并编写 Web API

这一节我们会学习 Web API，并为 Todoism 程序编写一个 Web API。为了提前对 Web API

建立一个基本的概念，我们可以把数据比作原料，而包含数据的 HTML 页面则比作加工好的商品。这时普通的 Web 程序就是加工厂（将数据加工成完整的可以用于交互的 HTML 页面），而 Web API 则是原料工厂（仅提供数据），通过开放 Web API（原料），大家都可以使用原料来加工商品。

在代码层面来说，Web API 就是将我们单页程序中的视图函数编写模式发挥到极致——所有视图都只返回纯原料（数据），而不是加工好的商品（包含数据的 HTML 页面）。

> 提示　如果你从 GitHub 上复制了示例程序，可以执行 git checkout api 签出程序的新版本。程序的新版本添加了 Web API。

10.3.1　认识 Web API

API 通常表示低级的编程代码接口，程序提供一些外部接口来访问程序的功能，而用户并不需要知道内部的具体实现细节。比如 Python 或 Flask 提供的类、函数、方法等就是 API。近年来，API 越来越多地用来表示 Web API，即基于 HTTP 协议用来提供数据的接口。也就是我们经常听到的 API 接口和数据接口。

也许你并不熟悉 API，但它其实与我们的日常生活紧密相连。当我们在手机上使用某个社交软件，软件中的数据就是通过服务器端提供的 API 获取的。近年来逐渐流行的 Mashup 应用也离不开 API。比如，快递查询网站借助多家快递公司提供的 API，可以实现在单个网站上查询多家快递公司的快递信息。

> 附注　Mashup 常被翻译为糅合、混搭或是聚合。我们经常看到的社交聚合或是新闻聚合就是指这类程序。借助其他公司 / 网站提供的 API，我们可以组合这些数据来创建一个新的程序，这类程序就被称为 Mashup。

1. Web API vs Web 程序

在此之前，我们编写的几个程序都是 Web 程序。Web 程序提供了完整的交互流程，访问某个 URL，服务器返回指定的资源（以 HTML 的格式），浏览器接收响应并显示设计好的 HTML 页面，页面上的按钮和链接又指向其他资源。而另外一种形式是，当我们访问某个资源，服务器返回的不是 HTML，而是使用特定格式表示的纯数据。没有按钮，没有表单，只有数据。与 Web 程序相对，这种形式被称为 Web API 或是 Web 服务。与 Web 程序不同，Web API 提供的资源主要用于机器处理，所以一般使用 JSON、XML 等格式以提高重用性。这类 API 也因此被称为 JSON over HTTP 或 XML over HTTP。

> 附注　在 Web 中，资源（Resource）就是 URL 指向的目标，可以在 Web 中定位的对象，比如一个文件、一张图片等。在 Web API 语境中，我们用它来表示可以通过 URL 获取的数据信息。

2. Web API 的现状

近年来，越来越多的公司和网站都通过提供 Web API 将资源和服务开放出来（以收费或免费的形式）。ProgrammableWeb（https://www.programmableweb.com/）是一个提供 API 目录和信息检索的网站，截至 2018 年 5 月，它已经收录了近 2 万个 API。这些丰富的 API 又产出不计其数的 Mashup 应用，Web API 逐渐催生出"API 经济"。

随着 Web API 的发展，Web 世界也变得更加丰富和繁荣。借助 Web API，不同的程序可以通过其他在线服务提供的 Web API 来集成功能。比如在阅读和资讯程序中集成第三方分享，使用社交网站的 Web API 来集成第三方登录功能，使用 PayPal、支付宝、Stripe 等服务的 Web API 提供支付功能。

3. 为什么要编写 Web API

对于我们的程序来说，为什么要提供 Web API 呢？假设我们做了一个优秀的 Web 程序，用户疯狂增长，编写 Android 和 iOS 客户端的计划很快就要被排上日程了。那么，我们如何让这些客户端都能和数据库进行数据交换操作呢？这时我们需要有一个中间人专门处理数据的传递工作，这个中间人就是 Web API。

同时，随着各种优秀 JavaScript 框架的流行，比如 Angular、React、Ember、Backbone、Vue.js 等，借助这些框架，我们可以直接在客户端实现路由处理（routing）、模板渲染（templating）、表单验证等功能，从而编写出交互性良好的现代 Web 应用，这时服务器仅需要提供数据操作功能。如果你想使用这些框架编写程序客户端，那么我们就要先编写 Web API。

现在，几乎所有成功的在线服务和网站，都将自己的服务以 Web API 的形式开放出来。开放 Web API 可以带来潜在的价值和影响力。其他用户使用你的 Web API 开发的其他应用，也会间接为你的产品做广告。在这一节，我们将学习使用 Flask 为 Todoism 编写 Web API。这样，我们就可以轻松地为其编写桌面应用或移动应用。

附注 在某些公司中，开发大型程序往往由两个团队负责，分别为前端和后端。这时后端开发者负责开发程序基础功能并以 Web API 的形式开放这些功能；前端开发者（广义的前端也包括 Android、iOS 等客户端）负责编写页面逻辑，处理用户交互（HTML/CSS/JavaScript）。如果后端能提供 Web API，那么前后端就可以完全做到并行开发，后端不用考虑页面交互，而前端可以通过 Mock 测试来（使用虚拟数据）模拟后端。这样可以在一定程度上提高开发效率。

---

4. REST 与 Web API

既然要编写 API，我们就要考虑使用何种架构风格来实现。在以前，服务器端和客户端的 API 通信主要通过 RPC（Remote Procedure Call，远程过程调用）和 SOAP（Simple Object Access Protocol，简单对象访问协议）实现。但是由于这些协议的规范过于严格，实现起来不够灵活，已经被逐渐抛弃。近年来，REST（Representational State Transfer，表现层状态转移）架构逐渐流行开来。它结构清晰、易于理解，并且建立在 Web 的基础——HTTP 之上，所以正得到越来越多网站和公司的采用。

REST 起源于 Roy Thomas Fielding 的博士论文（http://www.ics.uci.edu/~fielding/pubs/disserta

tion/rest_arch_style.htm）。它是一种以网络为基础的程序架构风格，目标是构建可扩展的 Web Service。符合 REST 架构约束的 API 被称为 RESTful Web API。

为了方便理解，我们可以补全 REST 前的主语 Resource，现在完整的词组就变成了 Resource Representational State Transfer。这可以理解为"资源（Resource）在网络中以某种表现形式（Representational）进行状态转移（State Transfer）"。

虽然我们在设计 API 时主要参考了 REST 架构，但 REST 并不是规范，其只是一个架构风格，包含了设计 API 时的多种约束和建议。需要注意的是，仅仅通过 HTTP 协议返回 JSON 或 XML 数据的 Web API 并不能算是严格意义上的 REST API。REST 的提出者也在博文（http://roy.gbiv.com/untangled/2008/rest-apis-must-be-hypertext-driven）中指出，不是使用了 HTTP 的 API 都叫 REST API。为了避免混乱，本章会尽量避免 REST 这个词。事实上，我们不必完全按照 REST 的架构要求来设计 API。要尽量从 API 的自身特点和普适的规范来设计，而不是拘泥于 REST 一词。

10.3.2　设计优美实用的 Web API

优美的 Web API 更利于使用，而且健壮性好。在设计 Web API 时有一个重要的考量，那就是主要面向的目标用户群。Netflix 负责 API 设计的工程总监 Daniel Jacobson 在《The future of API design: The orchestration layer》（http://tnw.to/c4aDZ）一文中提到了两个概念——LSUD（Large Set of Unknown Developers，大量未知的开发者）和 SSKD（Small Set of Known Developers，少量已知的开发者）。这两个概念用来表示 API 所面向的主要开发人员分类。显而易见，这两类 API 在设计时需要有不同的考虑。

我们要设计的 API 面向的对象更符合 SSKD，因为我们希望把 Todoism 的 Web API 用于开发桌面客户端或移动客户端，所以我们在设计时不必花费太多精力处理大批量访问问题，而是专注于提供易于使用的 API，同时客户端认证的处理也相对简单。

1. 使用 URL 定义资源

Web API 的根 URL 应该尽量简洁明了。一般情况下，设计者都会把关键字"api"加入到 URL 中。根 URL 模式主要有两种：一种是通过 URL 前缀指定，即 http://example.com/api；另一种方法是直接把 api 加入主机名中，作为子域名，即 http://api.example.com。在实际应用中，后一种方法更为简洁，也是采用较为普遍的方法。后面我们会学习在 Flask 中设置子域。

> 注意　为了便于开发和测试，Todoism 程序中同时使用 URL 前缀和子域的方式来构建 Web API 的根 URL。

资源是 Web API 的核心，这里共有两种资源：单个资源，比如一篇文章，一条评论；集合资源，比如某用户的所有文章，或是某篇文章下的所有评论。每一个资源都使用一个独一无二的 URL 表示，URL 的设计应该遵循下列要求。

❑ 尽量保持简短易懂；

❑ 避免暴露服务器端架构；

❑ 使用类似文件系统的层级结构。

在 Web API 的语境中，表示资源的 URL 也被称为端点或 API 端点。假设我们在 api.example.com 上为一个博客程序编写了 Web API，那么博客中的各类资源与其端点将会是这样：

❑ api.example.com/users：所有用户。

❑ api.example.com/users/123/：id 为 123 的用户。

❑ api.example.com/users/123/posts：id 为 33 的用户的所有文章。

❑ api.example.com/posts：所有文章。

❑ api.example.com/posts/23：id 为 23 的文章。

❑ api.example.com/posts/23/comments：id 为 23 的文章的所有评论。

❑ ...

 提示　大多数情况下，URL 与 URI 可以交替使用。为了便于理解，本书大部分内容都使用了 URL。

2. 使用 HTTP 方法描述操作

既然有资源，我们就需要对资源进行常见的操作，比如创建、读取、更新、删除（CRUD）。对同一个资源的不同操作可以使用不同的 HTTP 方法来表示。比如，向 api.example.com/posts/23 发送 GET 请求就代表要获取这篇文章的数据，而向这个 URL 发送 DELETE 请求则表示要删除这个资源。API 中常用的 HTTP 方法与对应 URL 的关系如表 10-1 所示。

表 10-1　资源端点与 HTTP 方法的操作含义

URL	HTTP 方法				
	GET	PUT	PATCH	POST	DELETE
资源集合，比如 https://api.example.com/posts	列出集合成员的所有信息	替换整个集合的资源	一般不使用	在集合中创建一个新条目，新条目的 URL 自动生成并包含在响应中返回	删除整个资源
单个元素，比如 https://api.example.com/posts/123	获取指定资源的详细信息，采用 XML 或 JSON 等表现形式	替换指定的集合成员，如果不存在则创建	更新集合成员，仅提供更新的内容	一般不使用	删除指定的集合成员

 提示　我们不需要为每类资源实现所有的 HTTP 方法。如果客户端使用了不受支持的方法，Flask 会自动处理并返回 405（Method Not Allow）错误响应，表示不允许使用的方法。

每种方法应该返回的响应内容如表 10-2 所示。

表 10-2　HTTP 方法的响应内容

HTTP 方法	返回的响应
GET	返回主体为目标资源的表现层，200（OK）响应
POST	返回指向数据新地址的表现层，首部 Location 字段为指向资源的 URL，201（Created）响应
PUT	包含请求处理状态的表现层，返回 200 响应；空数据，返回 204（No Content）响应
PATCH	包含请求处理状态的表现层，返回 200 响应；空数据，返回 204 响应
DELETE	如果请求被接收，但删除操作还未执行，返回 202（Accepted）响应；如果删除操作已经执行，返回 204 响应；如果删除操作已经执行，且返回包含状态信息的表现层，返回 200 响应

附注 （1）详细的定义和规则可以在 RFC7231（https://tools.ietf.org/html/rfc7231）中看到。

（2）PATCH 方法的标准化经历了一些曲折，起初在 RFC 2068 中定义，后来又在 2616 中删除。在 2010 年 3 月发布的 RFC5789（https://tools.ietf.org/html/rfc5789）中，它又被重新确立为 HTTP 的标准方法。和 PUT 相比，当更新某个资源时，PUT 方法提供完整的资源数据，而 PATCH 方法仅提供被更新的数据。

（3）这里的表现层（representation）即资源的某种表现形式，比如 JSON 格式的数据。

3. 使用 JSON 交换数据

在第 2 章，我们已经对常用的几种传输格式进行了简单的比较。出于同样的考虑，我们在 Web API 中将使用 JSON 来传输数据。事实上，JSON 已经取代 XML 成为了 API 的标准数据格式。大多数在线服务都使用 JSON 作为数据格式。

在设计良好的 Web API 中，一篇文章可能会用下面的 JSON 数据表示：

```
{
    "id": 123
    "url": "http://api.helloflask.com/items/1",
    "html_url": "http://todoism.helloflask.com/item/1"
    "title": "Hello, Flask!"
    "body": "Something...",
    "created_at": "2017-01-26T13:01:12Z",
    "comments_url": "http://api.helloflask.com/post/123/comments",
    "author": {
        "id": 1,
        "url": "http://api.helloflask.com/users/1",
        "html_url": "http://todoism.helloflask.com/user/greyli",
        "username": "greyli",
        "website": "http://greyli.com",
        "posts_url": "http://api.helloflask.com/users/1/posts",
        "type": "User",
        "is_admin": false
    },
}
```

数据中除了包含文章的基本内容（标题、正文）外，还应该添加指向其他相关资源的 URL（比如作者、评论等），这样 Web API 的使用者就可以自己探索其他资源了。

4. 设置 API 版本

Web API 和程序一样，都需要在完成后进行维护和更新。当程序的 Web 版本需要更新时，因为客户端是浏览器，每次请求都会重载页面，所以更新一般都可以立即生效。

而如果是其他安装在用户设备上的专用客户端，比如桌面软件或是移动软件，更新就不会那么简单了。虽然你可以通过添加没有取消按钮的弹窗来强迫用户更新，但这并不是个友好的做法。当打算对 API 进行更新时，我们就不得不考虑还有大量的用户使用的客户端依赖于旧版本的 API。如果我们贸然更新，那么这些用户的客户端很可能会无法正常工作。为了解决这个问题，我们需要保留旧版本的 API，创建一个新版本。

为了同时提供多个版本的 API，较为常见的做法是在 API 的 URL 中指定版本：

❑ version 1：http://api.example.com/v1

❑ version 2：http://api.example.com/v2

这在 Flask 中很容易实现。借助 Flask 的蓝本特性，我们可以为不同的 API 版本设置蓝本，并添加 URL 前缀。还有一个更简洁的方法，就是直接在子域中指定：

❑ version 1：http://api.example.com

❑ version 2：http://api2.example.com

后面我们会介绍如何使用 Flask 设置子域。

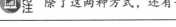 除了这两种方式，还有一种在报文首部里设置版本信息的方式，不过并不常用。

10.3.3 使用 Flask 编写 Web API

在上一节，我们已经了解了设计 Web API 的基本知识，下面就让我们开始学习如何使用 Flask 编写 Web API。因为 Flask 的灵活和轻量，使用它编写 Web API 非常简单。事实上，我们使用 AJAX 技术编写的程序本身已经初具 Web API 的雏形。为了方便理解，你可以把 Web API 看作对程序原有视图的整合和修改。API 相关的视图属于单独的程序子集，我们需要先创建一个蓝本来存放相关脚本。

 在实际部署时，Web API 可以作为单独的程序，也可以和传统的 Flask 程序进行组合，比如使用传统模式编写认证系统，编写 API 返回资源。

---

1. 创建 API 蓝本

为了同时支持多个版本，我们在程序包中添加一个 apis 子包，用来存储 API 相关的脚本。我们再在 apis 包中创建子包来表示 API 的某个版本（v1 表示 version1.0，即初始版本），每个版本使用独立的蓝本表示。当需要创建新版本时，只需要新建一个子包及蓝本即可。目录结构如下：

```
todoism/
    apis/
        - __init__.py
        v1/
            - __init__.py
            - resources.py
```

```
- auth.py
- errors.py
```

因为我们的程序比较简单，所以所有表示资源的视图都存放在 resources 模块中。对于大型程序来说，我们可以把 resources 模块转换为包，然后将程序的资源视图按照类别分成多个模块，比如 users.py、items.py 等。

初始版本的 API 蓝本在 v1 子包的构造文件中创建，如下所示：

```
from flask import Blueprint

api_v1 = Blueprint('api_v1', __name__)

from todoism.apis.v1 import resources
```

为了避免多个 API 版本的蓝本名称发生冲突，我们将蓝本名称以及 Blueprint 实例命名为 api_v1。为了避免产生导入循环依赖，我们在脚本末尾导入 resources 模块，以便让蓝本和对应的视图关联起来。

另外，我们还要在程序包的构造文件中将这个蓝本注册到程序实例上：

```
from todoism.apis.v1 import api_v1

def create_app():
    ...
    register_blueprints(app)

def register_blueprints(app):
    ...
    app.register_blueprint(api_v1, url_prefix='/api/v1')
```

在 resgister_blueprint() 函数中，我们使用 url_prefix 参数为蓝本设置 URL 前缀。你也可以为 API 蓝本设置子域，下一节会具体介绍。

在上一节，我们学习了使用 Flask-WTF 扩展提供的 CSRFProtect 扩展设置全局 CSRF 保护，但是 Web API 中的视图并不需要使用 CSRF 防护，因为 Web API 并不使用 cookie 认证用户。我们可以使用 csrf.exempt() 方法来取消对 API 蓝本的 CSRF 保护，它接收蓝本对象作为参数：

```
from todoism.apis.v1 import api_v1

def register_extensions(app):
    ...
    csrf.init_app(app)
    csrf.exempt(api_v1)
```

在这个程序中，我们把 API 的代码作为一个蓝本集成到程序中。作为替代，你也可以只创建 API，这样就不用再考虑 Flask-WTF 的 CSRF 保护问题。在这种情况下，后端（back-end）和前端（front-end）可以分为两个独立的程序，两者借助 HTTP 通过 API 进行数据交换。

2. 设置子域

使用 Flask 设置子域非常简单。我们可以为程序设置子域，也可以为蓝本设置子域，甚至可以为某个路由设置子域。

有两种方式可以为蓝本指定子域：一种是在实例化 Blueprint 类时使用 subdomain 参数指定，另一种是在使用 register_blueprint() 函数注册蓝本时使用 subdomain 参数指定。

```
def register_blueprints(app):
    ...
    app.register_blueprint(api_v1, url_prefix='/api/v1')
    app.register_blueprint(api_v1, subdomain='api', url_prefix='/v1')
```

 提示　你可以同时注册两次 api_v1 蓝本，分别支持通过子域或 URL 前缀的形式访问 Web API。在 Todoism 程序中，我们仅实现了 URL 前缀方式。

需要注意的是，如果要在本地测试时使用子域，我们还需要修改操作系统的 hosts 文件。在 Windows 系统中，hosts 文件的地址为 C:\Windows\System32\drivers\etc\hosts（你可能需要根据 Windows 系统的安装位置来修改盘符）；在 Linux 和 macOS 系统中的地址为 /etc/hosts。

附注　hosts 文件（又被称为域名映射文件）是一个没有扩展名的系统文件，它存储了主机名和相应 IP 地址的映射关系。它通常作为对 DNS（Domain Name System，域名系统）的补充，可以理解成一个本地的域名解析系统。正因为如此，我们可以自己管理映射关系。

我们在第 1 章曾介绍过使用 http://localhost:5000 访问程序，在 hosts 文件中，我们可以创建一个类似 localhost 与本地主机 IP 的映射关系。使用文本编辑器打开 hosts 文件后，在 hosts 文件中新起一行，将本地主机的 IP 地址（127.0.0.1）指向我们自定义的主机名，两者使用空格分隔：

```
127.0.0.1 todoism.dev
127.0.0.1 api.todoism.dev
```

第一行的 todoism.dev 作为程序的主机名，而第二行的 api.todoism.dev 就是我们为 API 蓝本分配的包含子域的主机名。

如果不知道主机名，Flask 就无法获取子域名称，也无法正确设置 cookie。为此我们需要将 SERVER_NAME 的值设为我们在 hosts 文件中设置的主机名和对应的端口号：

```
SERVER_NAME = 'todoism.dev:5000'
```

我们也可以使用单个单词来作为主机名，但是由于大多数主流浏览器不允许设置跨子域 cookie，当主机名不包括"点"时（比如 localhost）会导致无法使用 cookie。

提示　在 Windows 下，设置包含"点"的主机名可能会导致 AttributeError 异常，这是因为 Windows 下的 socket 对象没有 inet_pton 属性。如果你使用 Windows 系统，可以使用 win_inet_pton 包来解决这个兼容问题，首先使用 Pipenv 安装 $ pipenv install win_inet_ pton。然后在程序中相关调用前导入 import win_intet_pton 这个模块（比如在程序包的构造文件中）。

假如我们在 API 蓝本中创建了一个 index 视图：

```
from flask import jsonify
from todoism.apis.v1 import api_v1
```

```
@api_v1.route('/')
def index():
    return jsonify('message='hello, world!')
```

那么，当我们使用浏览器访问 http://todoism.dev:5000 时，就会打开程序的主页；而访问 http://api.todoism.dev:5000/v1 时，则会获得上面的 index 视图返回的 JSON 数据。

 注意（1）Todoism 程序中仅使用 URL 前缀 /api/v1 注册了蓝本，所以你需要使用 http:// localhost:5000/api/v1 来访问 API 主页。如果你想启用子域，可以在设置 hosts 文件后在 setting.py 和 __init__.py 中删掉对应代码行前的注释符号。

（2）用于注册路由的 route() 装饰器也接收 subdomain 参数，可以为某个视图定义子域。

3. 添加 CORS 支持

在介绍 CORS（Cross Origin Resource Sharing，跨域资源共享）之前，我们需要先了解一下同源策略（Same origin policy）。出于安全考虑，浏览器会限制从脚本内发起的跨域请求。这里的跨域包括不同域名、不同端口、不同 HTTP 模式（HTTP、HTTPS 等）。比如，从 exampleA. com 向 exampleB.com 发起的请求就属于跨域请求。

当 API 蓝本设置了子域后，假设我们的 Web API 部署在 api.example.com 中，而程序部署在 www.example.com 中，这时从 www.example.com 向 API 发起的 AJAX 请求就会因为同源策略而失败。对于向第三方大范围公开的 API，更要考虑支持 CORS。

在 CORS 流行之前，大多数 API 都通过支持 JSONP（JSON with Padding）来支持跨域请求。和 JSONP 相比，CORS 更加方便灵活，支持更多的跨域请求方法，并且在 2014 年成为 W3C 的推荐标准，逐渐开始替代 JSONP。

附注 由于篇幅所限，这里不会详细介绍 CORS 的工作原理，具体内容可以访问 http://www. w3.org/TR/cors 查看。

CORS 需要同时被浏览器和服务器支持，大多数浏览器都支持 CORS，我们只需要在服务器端设置支持 CORS。我们可以使用扩展 Flask-CORS 来为 API 添加跨域访问支持，先使用 Pipenv 进行安装：

```
$ pipenv install flask-cors
```

因为我们只需要对 API 蓝本中的路由添加跨域请求支持，所以 Flask-CORS 扩展只在蓝本中初始化，传入蓝本对象作为参数：

```
from flask import Blueprint
from flask_cors import CORS

api_v1 = Blueprint('api_v1', __name__)

CORS(api_v1)
```

默认情况下，Flask-CORS 会为蓝本下的所有路由添加跨域请求支持，并且允许来自任意源的跨域请求。

4. 设计资源端点

在设计 Web API 的资源端点时，我们首先要考虑的是通过 Web API 开发程序的哪些功能。我们不需要在 Web API 中开放程序的所有功能，Todoism 开放的功能如下所示：

❏ 用户登录；

❏ 获取用户信息；

❏ 获取条目；

❏ 修改条目；

❏ 切换条目的完成状态；

❏ 删除条目；

❏ 获取当前用户的所有条目；

❏ 获取当前用户的未完成条目；

❏ 获取当前用户的已完成条目；

❏ 删除当前用户所有已完成条目。

接着，我们需要将这些功能分类，每一类作为一个资源端点，可以分为下列 5 个资源：

❏ 单个条目；

❏ 当前用户；

❏ 当前用户所有条目；

❏ 当前用户所有未完成条目；

❏ 当前用户所以已完成条目。

最后，我们考虑每个资源对应的 URL，并根据上面的功能分配各自的 HTTP 方法，如表 10-3 所示。

表 10-3　资源端点设计

资　　源	URL	实现的方法及对应功能
当前用户	/user	GET（获取）
单个条目	/user/items/\<item_id\>	GET（获取），PUT（修改），PATCH（切换状态），DELETE（删除）
当前用户所有条目集合	/user/items	GET（获取），POST（创建）
当前用户未完成条目集合	/user/items/active	GET（获取）
当前用户已完成条目集合	/user/items/completed	GET（获取），DELETE（删除）

> 💡提示　因为 Todoism 属于私人在线应用，所有资源都只有当前用户可以获取，除了用于创建用户的 users 端点，其他 URL 都从表示当前用户的 user 开头。

除了这些程序相关的资源，我们还要定义一个资源首页，即根端点（root endpoint）。当访问 API 的根地址（http://api.example.com/v1 或 http://example.com/api/v1）时，程序会返回 API 的版本信息以及与所有主要资源对应的 URL，作为 API 的主入口。这可以方便开发者探索资源，相当于 API 所提供资源的索引目录，如下所示：

```
{
    "api_version": "1.0",
    "api_base_url": "http://example.com/api/v1",
    "current_user_url": "http://example.com/api/v1/user",
    "authentication_url": "http://example.com/api/v1/token",
    "item_url": "http://example.com/api/v1/items/{item_id }",
    "current_user_items_url": "http://example.com/api/v1/user/items{?page,per_page}",
    "current_user_active_items_url": "http://example.com/api/v1/user/items/
        active{?page,per_page}",
    "current_user_completed_items_url": "http://example.com/api/v1/user/items/
        completed{?page,per_page}",
}
```

5. 创建资源类

在 Flask 中，资源端点可以使用普通的视图函数来表示，通过为同一个 URL 定义不同的方法实现，比如：

```python
@api_v1.route('/items/<int:id>', methods=['GET'])
def get_post(id):
    pass

@api_v1.route('/items/<int:id>', methods=['DELETE'])
def delete_post(id):
    pass
```

对于简单的程序，使用这种方式就足够了。不过，Flask 提供了使用 Python 类来组织视图函数的支持，其中的方法视图（MethodView 类）可以让 Web API 的编写更加方便，并且让资源的表示更加直观。借助方法视图，我们可以定义一个继承自 MethodView 的资源类，整个类表示一个资源端点。我们使用资源端点支持的 HTTP 方法作为类方法名，它会处理对应类型的请求。比如，当客户端向 /items/<int:id> 发起一个 GET 请求时，资源类中的 get() 方法将会被调用：

```python
from flask.views import MethodView  # 导入 MethodView 类

class Item(MethodView):

    def get(self, item_id):
        pass

    def delete(self, item_id):
        pass
```

在使用方法视图时，除了定义资源类，我们还需要使用 add_url_rule() 方法来注册路由：

```python
app.add_url_rule('/items/<int:item_id>', view_func=ItemAPI.as_view('item_api'),
    methods=['GET','DELETE'])
```

因为整个资源类表示实现多个处理方法的视图，我们需要对资源类调用 as_view() 方法把其转换为视图函数，传入自定义的端点值（用来生成 URL），最后将它赋给 view_func 参数。另外，在 methods 参数的列表中，我们需要写出所有在资源类中使用的方法。

代码清单 10-12 所示是完整的表示 item 端点的 ItemAPI 类的实现。

代码清单10-12   todoism/apis/v1/resources.py：Item API资源类

```python
from flask.views import MethodView

class ItemAPI(MethodView):
    decorators = [auth_required]

    def get(self, item_id):
        """Get item."""
        item = Item.query.get_or_404(item_id)
        if g.current_user != item.author:
            return api_abort(403)
        return jsonify(item_schema(item))

    def put(self, item_id):
        """Edit item."""
        item = Item.query.get_or_404(item_id)
        if g.current_user != item.author:
            return api_abort(403)
        item.body = get_item_body()
        db.session.commit()
        return '', 204

    def patch(self, item_id):
        """Toggle item."""
        item = Item.query.get_or_404(item_id)
        if g.current_user != item.author:
            return api_abort(403)
        item.done = not item.done
        db.session.commit()
        return '', 204

    def delete(self, item_id):
        """Delete item."""
        item = Item.query.get_or_404(item_id)
        if g.current_user != item.author:
            return api_abort(403)
        db.session.delete(item)
        db.session.commit()
        return '', 204
```

> 🛈 **注意** 资源类的名称和模型类名称重合度很高，很容易发生命名冲突。对于这个问题，以 User 类为例，你可以考虑将资源类命名为 UserAPI 或 UserResource。另外，你也可以在导入模型类时使用别名，比如 from todoism.models import User as UserModel。

关于这些方法中的一些实现，我们会在下面慢慢介绍。在设计响应时，我们不必完全遵守表 10-2 中所示的规则。为了方便使用者，对于对资源进行创建和更新的方法（POST、PATCH 等），我们可以返回创建 / 更新后的资源主体。这样可以避免用户再发起一次 GET 请求来获取创建 / 更新后的资源，而且比返回空白资源主体的 204 响应更友好。另外，对于其他操作，你也可以返回一个提示消息，我们在这里仅返回了无内容的 204 响应。

在 resources 模块的末尾，我们统一为所有的资源类注册路由（你也可以在每一个资源类的定义后注册），如代码清单 10-13 所示。

代码清单10-13　todoism/apis/v1/resources.py：为资源类注册路由

```python
api_v1.add_url_rule('/', view_func=IndexAPI.as_view('index'), methods=['GET'])
api_v1.add_url_rule('/oauth/token', view_func=AuthTokenAPI.as_view('token'),
    methods=['POST'])
api_v1.add_url_rule('/user', view_func=UserAPI.as_view('user'), methods=['GET'])
api_v1.add_url_rule('/user/items', view_func=ItemsAPI.as_view('items'),
    methods=['GET', 'POST'])
api_v1.add_url_rule('/user/items/<int:item_id>', view_func=ItemAPI.as_
    view('item'), methods=['GET', 'PUT', 'PATCH', 'DELETE'])
api_v1.add_url_rule('/user/items/active', view_func=ActiveItemsAPI.as_
    view('active_items'), methods=['GET'])
api_v1.add_url_rule('/user/items/completed', view_func=CompletedItemsAPI.as_
    view('completed_items'), methods=['GET', 'DELETE'])
```

提示　（1）由于篇幅所限，这里不列出其他的资源类的具体代码，详情可以到源码仓库查看。

（2）除了手动使用 MethodView 实现资源类外，你也可以考虑使用扩展，比如 Flask-RESTful（https://github.com/flask-restful/flask-restful）、Flask-apispec（https://github.com/jmcarp/flask-apispec）、Flask-Classful（https://github.com/teracyhq/flask-classful）、Flask-RestPlus（https://github.com/noirbizarre/flask-restplus）、flask-Restless（https://github.com/jfinkels/Flask-Restless）。

10.3.4　使用 OAuth 认证

在传统的 Web 应用中，用户的认证信息存储在浏览器的 cookie 中。但是 cookie 在其他客户端并没有得到广泛支持，所以我们不能通过 cookie 来记住用户状态。因为 API 的无状态特性，我们不能再使用 Flask-Login 实现认证功能，而是需要用户在每一次获取受登录保护的资源时都要提供认证信息。但是让用户在每一次请求中附加认证信息并不合理，而且会带来安全问题。更好的解决方法是用户通过一次认证后，在服务器端为用户生成一个认证令牌，在之后的请求中，客户端可以通过认证令牌进行认证。出于安全的考虑，认证令牌还会设置过期时间。

OAuth（Open Authorization，开放授权）是一个 2007 年发布的授权标准，它是现代 Web API 中应用非常广泛的授权机制，Google、Facebook、Twitter、腾讯 QQ 等各种在线服务都提供了 OAuth 认证支持。这一节我们将学习为 API 添加 OAuth 支持。

1. 认识 OAuth 2.0

我们先举一些常见的例子来介绍 OAuth 中最常见的认证模式。OAuth 允许用户授权第三方移动应用有限访问他们存储在其他服务提供者上的信息，而不需要将用户名和密码提供给第三方移动应用。

大多数网站都在登录页面提供了使用第三方服务登录的功能，比如使用 QQ 号码登录。比如我们要登录 A 网站，单击 A 网站上的"使用 QQ 登录"按钮后会跳转到 QQ 提供的登录页面，在这个登录页面我们还可以选择允许 A 网站访问的内容，输入 QQ 账号和密码进行授权。登录成功后会跳转回 A 网站，显示已成功使用 QQ 登录。在这种情况下，我们的账号和密码并没有暴露给 A 网站，取而代之，A 网站会从 QQ 的服务器获取一个名为 access token 的令牌。通过这个令牌，A 网站就能访问你允许范围内的信息，而不需要账号和密码。

再比如，团队协作应用通常都提供了大量的第三方接入功能，比如你想在 Trello（https://trello.com/）看板里插入某个 Github 仓库里的 Pull Request 或 Issue。当你单击 Trello 中的"连接到 Github"按钮时，会跳转到 Github 的认证页面，如图 10-5 所示。这些认证形式都是 OAuth。在下一章的在线聊天室程序中，我们会学习使用 OAuth 为程序添加社交账户（第三方）登录功能。

图 10-5　在 Trello 中连接 Github 账户

> 📺 附注　OAuth 2.0（https://oauth.net/2/）相对于 OAuth 1.0 来说更加完善，其提供了更丰富的认证场景支持，所以这里我们使用 OAuth 2.0。OAuth 2.0 的具体定义可以在 RFC 6749（http://tools.ietf.org/html/rfc6749）中看到。

除了这种第三方程序需要访问用户的其他在线服务时的认证模式外，OAuth 2.0 还提供了其他认证模式。OAtuh 2.0 提供的认证模式如表 10-4 所示。

表 10-4　OAuth 2.0 认证模式

认证模式（Grant Type）	说　明
Authorization Code	最常用，也是最完善和安全的认证模式，也就是上面两个例子使用的认证模式，大多数在线服务都提供了这种认证类型支持
Implicit	同 Authorization Code 使用场景类似，但简化了认证过程，安全性也相应降低
Resource Owner Password Credentials	直接使用用户名和密码登录，适用于可信的程序，比如在线服务自己开发的官方客户端
Client Credentials	不以用户为单位，而是通过客户端来认证，通常用于访问公开信息

📊 附注 （1）除了上述基本的授权类型，后来又添加了 SAML Bearer Assertion 认证和 JWT Bearer Token 认证，具体可以在 RFC 7522 和 RFC 7522 中看到，这里暂不展开介绍。

（2）如果你想快速了解 OAuth 的基础知识，可以阅读这篇简化教程：https://aaron-parecki.com/oauth-2-simplified。

对于自己编写的客户端，可以使用第三种认证模式（密码模式）。这时用户可以直接在程序中输入用户名和密码，程序把用户名和密码发送到服务器，服务器返回 access 令牌，之后客户端就可以使用 access 令牌进行认证并获取用户资源。整个认证流程如图 10-6 所示。

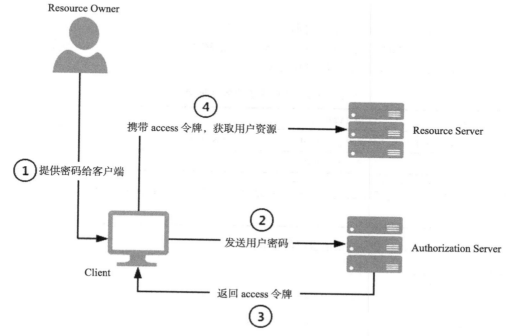

图 10-6　密码模式认证流程

在图 10-6 中，Resource Server（资源服务器）是提供 API 资源的服务器，Authorization

Server（授权服务器）是用于管理授权的服务器；Resource Owner（资源拥有者）即用户，而 Client（客户端）指第三方程序。因为我们的程序很简单，所以 API 服务和授权操作使用同一个服务器提供。

下面我们就在 Todoism 中实现 Resource Owner Password Credentials 模式（后面简称为密码模式）的 OAuth 认证功能。我们首先要做的是，考虑如何表示令牌端点。一般情况下，OAuth 端点中都会包含 oauth 关键字，我们可以使用 /oauth/token 作为令牌端点，比如 http://api.example.com/v1/oauth/token。

> **注意** 再次说明，无论使用何种认证方式，都要使用 HTTPS 加密传输来防止信息在传输过程中被窃取。除非你的 API 不涉及会话信息，即任何人访问都获得相同的结果。

2. 认证并返回 access 令牌

首先，我们需要创建一个对应认证端点的 AuthTokenAPI 资源类和处理认证请求的 POST 方法：

```
class AuthTokenAPI(MethodView):

    def post(self):
        pass
...
api_v1.add_url_rule('/oauth/token', view_func=AuthTokenAPI.as_view('token'),
    methods=['POST'])
```

使用密码模式认证时，客户端在访问认证端点时需要将表 10-5 中所示的信息以 application/x-www-form-urlencoded 的形式（这也是我们平时提交 HTML 表单时默认的内容类型），使用 POST 方法，并经过 UTF-8 编码后发送到服务器。

表 10-5　客户端提供的认证信息

键（key）	值（Value）	键（key）	值（Value）
grant_type	必须为 password	password	密码（必须值）
username	用户名（必须值）	scope	允许的权限范围（可选）

> **附注** scope 键用来指定请求的权限，由代表权限的字符组成的列表，可用的权限由 API 服务器定义。

比如，某个客户端发送的授权请求可能会是这样：

```
POST /v1/oauth/authorize HTTP/1.1
Host: api.example.com
Content-Type: application/x-www-form-urlencoded

grant_type=password&username=greyli&password=12345
```

> **提示** 当服务器端需要识别客户端的身份时，比如需要对客户端的访问频次进行限制；或者仅允许某些客户端调用 API（不对第三方开放的 API），还需要对客户端进行认证。我们

需要提供客户端注册功能以便客户端开发人员获得客户端 ID 和密码。然后客户端需要
进行 HTTP Basic 认证的方式将客户端 ID（Client ID）和客户端密码（Client Secret）进
行 Base64 编码后存放在请求首部的 Authorization 字段中。在服务器端，Flask 将 Basic
认证信息解析在 request.authorization 中。认证 ID 存储在 request.authorization.name 中，
而认证密码存储在 request.authorization.password 中。客户端注册、验证的操作和用户的
注册、验证的基本相同，为了简化实例，在这里暂不实现此功能。

我们在 AuthTokenAPI 资源类的 POST 方法中获取认证请求中的用户名和密码，如代码清
单 10-14 所示。

代码清单10-14　todoism/apis/v1/resources.py：处理认证的AuthTokenAPI端点

```python
class AuthTokenAPI(MethodView):

    def post(self):
        grant_type = request.form.get('grant_type')
        username = request.form.get('username')
        password = request.form.get('password')

        if grant_type is None or grant_type.lower() != 'password':
            return api_abort(code=400, message='The grant type must be password.')

        user = User.query.filter_by(username=username).first()
        if user is None or not user.validate_password(password):
            return api_abort(code=400, message='Either the username or password was
                invalid.')

        token, expiration = generate_token(user)

        response = jsonify({
                'access_token': token,
                'token_type': 'Bearer',
                'expires_in': expiration
                })
        response.headers['Cache-Control'] = 'no-store'
        response.headers['Pragma'] = 'no-cache'
        return response
```

我们从请求对象的 form 属性中获取认证类型、用户名和密码，对其进行相应的验证。如果
用户名和密码经过认证，我们就返回 JSON 数据，其中包含了 access 令牌（access_token）、令牌
类型（token_type）以及过期时间（expires_in），可选的值还有表示权限范围的 scope 和用于刷新
认证的 refresh 令牌。

除此之外，当返回的响应中包含令牌等敏感信息时，我们应该将响应首部 Cache-Control 字
段的值设为 no-store，将 Pramga 字段的值设为 no-cache。

📖 附
注　access 令牌是客户端用于访问受登录保护时的认证凭证，令牌类型中的"Bearer"是
RFC 6750（https://tools.ietf.org/html/rfc6750）定义的 OAuth 2.0 使用的令牌类型（常被
翻译为不记名令牌）。

当请求中的认证类型、用户名或密码无效时，我们会调用 api_abort() 函数，它是我们在 errors 模块中自定义的 API 错误响应函数，后面我们会详细介绍。这个 api_abort () 函数有两个参数：code 参数表示错误响应的状态码；message 是错误提示信息。其他附加的关键字参数将会解析为 JSON 响应中的键值对。

生成令牌的函数在 auth 模块中创建，如代码清单 10-15 所示。

代码清单10-15　todoism/apis/v1/auth.py：生成access令牌

```
def generate_token(user):
    expiration = 3600
    s = Serializer(current_app.config['SECRET_KEY'], expires_in=expiration)
    token = s.dumps({'id': user.id}).decode('ascii')
    return token, expiration
```

access 令牌是使用 itsdangerous 生成的有过期时间的 JWS 令牌，它使用程序密钥签名。令牌的负载（payload）中存储用户的 ID，这样当客户端发送包含令牌的请求时，我们可以根据令牌的有效性判断用户的认证状态，根据令牌的内容获取对应的用户。设置短期令牌（1 小时及以下）可以减小令牌值泄露造成的危害。

3. 验证 access 令牌

用户发出授权请求并附带相应的信息后，会获得类似下面的 JSON 响应：

```
{
    "access_token": "eyJhbGciOiJIUzI1NiIsImV4cCI6MTUyNjE3MTY1NiwiaWF0IjoxNTI2MTY
        4MDU2fQ.eyJpZCI6MX0.PJK4Ie07JxSAPNYcKEmfQogBzpiFEnicyzABOfmabYU",
    "expires_in": 3600,
    "token_type": "Bearer"
}
```

用户获取 access 令牌后，就可以在访问受认证保护的端点时提供这个令牌来认证。发送请求时需要把认证令牌附加在请求首部的 Authorization 字段中，并且在令牌前指定令牌类型（即 Bearer）：

```
Authorization Bearer eyJhbGciOiJIUzI1NiIsImV4...
```

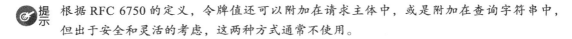 根据 RFC 6750 的定义，令牌值还可以附加在请求主体中，或是附加在查询字符串中，但出于安全和灵活的考虑，这两种方式通常不使用。

因为 Flask 的 request 对象只支持解析 Basic 和 Digest 类型的授权字段，所以我们需要自己解析 Authorization 首部字段以获取令牌值。用于获取令牌类型和令牌值的 get_token() 函数如代码清单 10-16 所示。

代码清单10-16　todoism/apis/v1/auth.py：获取请求中的令牌值

```
def get_token():
    if 'Authorization' in request.headers:
        try:
            token_type, token = request.headers['Authorization'].split(None, 1)
        except ValueError:  # Authorization 字段为空或 token 为空
```

```
        token_type = token = None
    else:
        token_type = token = None

    return token_type, token
```

在对应的视图中，我们需要验证这些令牌。用来验证令牌是否有效的 validate_token() 函数如代码清单 10-17 所示。

代码清单10-17 todoism/apis/v1/auth.py：验证令牌

```
from itsdangerous import TimedJSONWebSignatureSerializer as Serializer, BadSigna
    ture, SignatureExpired

def validate_token(token):
    s = Serializer(current_app.config['SECRET_KEY'])
    try:
        data = s.loads(token)
    except (BadSignature, SignatureExpired):
        return False
    user = User.query.get(data['id'])   # 使用令牌中的 id 来查询对应的用户对象
    if user is None:
        return False
    g.current_user = user   # 将用户对象存储到 g 上
    return True
```

validate_token() 函数返回布尔值表示验证的结果。在这个函数中，如果验证通过，我们会获取令牌负载中存储的用户 id，并查询对应的用户对象，然后保存到 Flask 提供的全局对象 g 中，作为 current_user 属性。这类似于 Flask-Login 提供的 current_user 对象，使用它我们可以在视图函数中调用 g.current_user 获取通过授权的当前用户对象。

我们需要在每一个受认证保护的视图中获取认证令牌，并调用 validate_token 方法验证令牌值。这显然不是最佳方案，我们可以像 Flask-Login 一样实现一个 auth_required 装饰器，验证令牌的工作可以放到装饰器函数中。auth_required 装饰器在 auth 模块中创建，如代码清单 10-18 所示。

代码清单10-18 todoism/apis/v1/auth.py：登录保护装饰器

```
from functools import wraps

def auth_required(f):
    @wraps(f)
    def decorated(*args, **kwargs):
        token_type, token = get_token()

        if request.method != 'OPTIONS':
            if token_type is None or token_type.lower() != 'bearer':
                return api_abort(400, 'The token type must be bearer.')
            if token is None:
                return token_missing()
            if not validate_token(token):
                return invalid_token()
```

```
        return f(*args, **kwargs)
    return decorated
```

在这个装饰器函数中，我们首先调用 get_token() 获取令牌类型和令牌值。如果令牌类型为 None 或不是 Bearer，返回 400 错误；如果令牌值为 None，调用 token_missing() 函数；如果令牌值验证出错，即 validate_token() 返回 False，就调用 invalid_token() 函数。

 提示 因为在 CORS 交互中的事先请求（Pre-flight Request）会使用 OPTIONS 方法发送请求，所以我们只在 OPTIONS 方法之外的请求中验证令牌。

根据 RFC 6750 的定义，在未提供令牌和令牌无效时分别返回不同的错误响应。我们创建的 invalid_token() 和 token_missing() 函数在 errors.py 中定义，分别用来返回令牌无效和未提供令牌时的错误响应，如代码清单 10-19 所示。

代码清单10-19　todoism/apis/v1/errors.py：令牌错误响应

```
def invalid_token():
    response = api_abort(401, error='invalid_token', error_description='Either
        the token was expired or invalid.')
    response.headers['WWW-Authenticate'] = 'Bearer'
    return response


def token_missing():
    response = api_abort(401)
    response.headers['WWW-Authenticate'] = 'Bearer'
    return response
```

在上面的函数中，invalid_token() 用于令牌无效的情况，token_missing() 用于未提供认证令牌的情况。错误响应中，请求首部中的 error 参数的值为 OAuth 2.0 定义描述错误类型的可选值之一，可选的 error_description 参数用来附加可读性更高的错误描述。

 附注 OAuth 错误响应的详细定义可以在 RFC 6750（https://tools.ietf.org/html/rfc6750# section-3.1）中看到。

 提示 当客户端为浏览器时，接收到 401 响应后，浏览器会弹出一个默认的窗口用于填写用户 ID 和密码（HTTP Basic 认证）。

最后我们需要为所有必要的资源添加认证保护，Flask 在 MethodView 类中提供了 decorators 属性，使用它可以为整个资源类的所有视图方法附加装饰器：

```
class ItemAPI(MethodView):
    decorators = [auth_required]

    def get(self, item_id):
        ...
```

至此，密码模式的 OAuth 认证功能基本完成了。更进一步，你可以考虑实现令牌更新（refresh）和令牌撤销（revoke）功能。

> 附注　因为我们的程序非常简单，手动实现认证功能也很容易。如果你想简化操作，或是实现其他授权模式，可以考虑使用 Authlib（https://github.com/lepture/authlib）。

10.3.5　资源的序列化

在传统 Web 程序中，我们使用 Jinja2 来把数据渲染到模板中，然后返回渲染后的 HTML 数据；而在 Web API 中，我们则需要将数据按照设计好的模式封装为 JSON 数据并返回。这个过程被称为响应的格式化，或是响应封装，也被称为资源的序列化（Serialization）。

对我们的 Web API 来说，序列化（Serialize）就是把数据库模型对象转换成 JSON 数据。相对的，反序列化（Deserialize）就是把 JSON 数据转换成数据库模型对象，我们在下一节会学习到。

1. 定义资源模式

返回某个资源时，我们要考虑如何设计响应数据的结构，这个结构被称为资源的模式。一般来说，资源的模式遵循以下几个要点：

- ❏ 响应数据并不需要完全反映数据库字段，仅需要包含必要的基本信息。
- ❏ 包含自身的描述信息（比如 kind），指向自身及相关资源的 URL。
- ❏ 为了便于使用，最好尽量使数据扁平化，以减少层级复杂度。当然，在使用层级结构更合适的情况下，也可以使用层级结构。

> 附注　关于 JSON 风格建议，可以参考 Google 的 JSON 风格指南（https://google.github.io/styleguide/jsoncstyleguide.xml）。

如果程序很小，自己手动实现资源的序列化转换也很容易。在 Todoism 程序中，我们把返回某个资源的操作放到函数中，在函数中使用字典来定义资源的模式。代码清单 10-20 是用于生成表示用户资源的 user_schema() 函数和生成单个条目资源的 item_schema() 函数。它们分别接收 User 类实例和 Item 类实例作为参数，返回按照预定模式创建的字典对象，用于生成 JSON 数据。

代码清单10-20　todoism/apis/v1/schemas.py：用户资源序列化函数

```python
def user_schema(user):
    return {
        'id': user.id,
        'self': url_for('.user', _external=True),
        'kind': 'User',
        'username': user.username,
        'all_items_url': url_for('.items', _external=True),
        'active_items_url': url_for('.active_items', _external=True),
        'completed_items_url': url_for('.completed_items', _external=True),
        'all_item_count': len(user.items),
        'active_item_count': Item.query.with_parent(user).filter_by(done=False).count(),
        'completed_item_count': Item.query.with_parent(user).filter_by(done=True).count(),
    }

def item_schema(item):
    return {
```

```
            'id': item.id,
            'self': url_for('.item', item_id=item.id, _external=True),
            'kind': 'Item',
            'body': item.body,
            'done': item.done,
            'author': {
                'id': 1,
                'url': url_for('.user', _external=True),
                'username': item.author.username,
                'kind': 'User',
            },
        }
```

> 📖 **附注** 我们也可以把序列化/反序列化资源的函数定义为数据库模型类的方法。比如我们要将 User 模型的数据序列化为 JSON 资源，可以在 User 类中创建 serialize()/deserialize() 或 to_json()/from_json() 方法。

在上面定义的资源模式中，你会发现除了 User 模型或 Item 模型中定义的字段数据外，我们还在响应数据中添加了与当前用户或条目相关的 URL 和内容。其中，self 表示资源自身的 URL，kind 表明了当前资源的类别。像这种包含相关链接和自描述（self-describing）信息的资源被称为超媒体（Hypermedia），因为这些数据在被机器解析时可以像人类浏览网页一样对资源进行进一步操作。

> 📖 **附注** 说到 Web API 中的 Hypermeida，通常会引入另一个概念——HATEOAS（Hypermedia as the Engine of Application State，超媒体作为程序状态的引擎），这是 REST 的一个重要约束。它主要的含义是客户端和 REST API 的交互要由超媒体驱动。

2. 序列化处理

在资源类的 get 方法中，我们使用模式函数来获取资源字典，传入对应的模型类实例。如下所示：

```python
from flask import jsonify
from flask.view import MethodView
from todoism.models import User, Item
from todoism.apis.v1.auth import auth_required
from todoism.apis.v1.errors import api_abort
from todoism.apis.v1.schemas import user_schema, item_schema


class UserAPI(MethodView):
    decorators = [auth_required]

    def get(self):
        return jsonify(user_schema(g.current_user))


class ItemAPI(MethodView):
    decorators = [auth_required]

    def get(self, item_id):
```

```
        """Get item."""
        item = Item.query.get_or_404(item_id)
        if g.current_user != item.author:  # 验证当前用户是否是条目作者
            return api_abort(403)
        return jsonify(item_schema(item))
```

我们调用 Flask 提供的 jsonify() 方法将模式函数返回的字典对象转换为标准的 JSON 数据，它会为响应报文设置正确的 Content-Type 字段（即 "application/json"）。以 user 端点为例，最终生成的 JSON 数据示例如下所示：

```
{
    "active_item_count": 0,
    "active_items_url": "http://localhost:5000/api/v1/user/items/active",
    "all_item_count": 0,
    "all_items_url": "http://localhost:5000/api/v1/user/items",
    "completed_item_count": 0,
    "completed_items_url": "http://localhost:5000/api/v1/user/items/completed",
    "id": 1,
    "kind": "User",
    "self": "http://localhost:5000/api/v1/user",
    "username": "grey"
}
```

3. 资源分页

与在网页加载大量数据一样，如果不对 Web API 返回的资源内容进行分页，当数据库的内容增多时，就会增大服务器的负载。

返回条目集合的视图方法接收 page 指定页数，默认为 1，每页的数量为配置变量 TODOISM_ITEM_PER_PAGE 的值。我们仍然使用 Flask-SQLAlchemy 提供的 paginate() 方法对查询结果进行分页，如代码清单 10-21 所示。

代码清单10-21　todoism/apis/v1/resources.py：资源分页

```
class ItemsAPI(MethodView):
    decorators = [auth_required]

    def get(self):
        """Get current user's all items."""
        page = request.args.get('page', 1, type=int)
        pagination = Item.query.with_parent(g.current_user).paginate(
            page, per_page=current_app.config['TODOISM_ITEM_PER_PAGE'])
        items = pagination.items
        current = url_for('.items', page=page, _external=True)
        prev = None
        if pagination.has_prev:
            prev = url_for('.items', page=page - 1, _external=True)
        next = None
        if pagination.has_next:
            next = url_for('.items', page=page + 1, _external=True)
        return jsonify(items_schema(items, current, prev, next, pagination))
```

 提示　你也可以考虑添加一个 per_page 参数来让用户指定每页数量，但是要注意对最大值进行合理的限制，可以在 paginate() 方法中通过 max_per_page 参数设置。

在返回的 JSON 数据中，除了返回对应页数的条目列表，我们还需要返回其他信息，比如用于获取上一页和下一页数据的 URL、当前 URL、当前页数、总页数等，以便客户端可以自行获取相关资源，创建条目集合资源字典的 items_schema() 函数如代码清单 10-22 所示。

代码清单10-22　todoism/apis/v1/schemas.py：条目集合的资源模式

```python
def items_schema(items, current, prev, next, pagination):
    return {
        'self': current,
        'kind': 'ItemCollection',
        'items': [item_schema(item) for item in items],  # 迭代传入的 items 列表
        'prev': prev,
        'last': url_for('.items', page=pagination.pages, _external=True),
        'first': url_for('.items', page=1, _external=True),
        'next': next,
        'count': pagination.total
    }
```

对这个 items 端点发起 GET 请求后返回的响应示例如下所示：

```json
{
    "count": 2,
    "first": "http://localhost:5000/api/v1/user/items?page=1",
    "items": [
        {
            "author": {
                "id": 1,
                "kind": "User",
                "url": "http://localhost:5000/api/v1/user",
                "username": "grey"
            },
            "body": "Buy some milk.",
            "done": false,
            "id": 1,
            "kind": "Item",
            "self": "http://localhost:5000/api/v1/user/items/1"
        },
        {
            "author": {
                "id": 1,
                "kind": "User",
                "url": "http://localhost:5000/api/v1/user",
                "username": "grey"
            },
            "body": "Read book",
            "done": false,
            "id": 2,
            "kind": "Item",
            "self": "http://localhost:5000/api/v1/user/items/2"
        }
    ],
    "kind": "ItemCollection",
    "last": "http://localhost:5000/api/v1/user/items?page=1",
    "next": null,
    "prev": null,
```

```
            "self": "http://localhost:5000/api/v1/user/items?page=1"
    }
```

> 📖 附注　除了对资源进行分页，如果 API 要面临大量的访问，常常还需要对客户端的访问频次进行限制，以降低服务器的负荷。这首先需要客户端注册账户，本书暂不展开介绍。

10.3.6　资源的反序列化

以前我们使用 Flask-WTF 获取并验证表单数据时，它会自动从请求对象的 form 属性中获取表单数据，然后根据在表单类上设置的验证函数对每个数据进行验证。而在 Web API 中，我们也需要获取 POST、PUT、PATCH 等请求中包含的数据，然后验证这些数据的格式是否符合要求，最后存储于数据库中。这个过程被称为资源的反序列化（Deserialization）。

1. 反序列化处理

在接收 POST 方法的资源方法中，我们需要做相反的工作：从请求对象处获取客户端发来的 JSON 数据，验证数据格式，并将其对应的值存储到数据库字段中。在我们的 Web API 中，唯一需要接收的数据就是条目的 body 值，为了避免重复，我们把接收并验证条目 body 字段的工作放到 get_item_body() 函数中完成，如代码清单 10-23 所示。

代码清单10-23　todoism/apis/v1/resources.py：获取请求JSON中的body值

```python
def get_item_body():
    data = request.get_json()
    body = data.get('body')
    if body is None or str(body).strip() == '':
        raise ValidationError('The item body was empty or invalid.')
    return body
```

我们从 request 对象的 get_json() 方法中获取解析后的 JSON 数据，使用键来获取对应的值。

在 get_item_body() 函数中，我们还需要对数据进行验证。如果 body 值为 None 或是空白，我们需要返回 400 响应。但因为 get_item_body() 由视图方法调用，我们并不能在这里使用 api_abort() 函数，只能通过抛出异常的方式来处理错误。我们在 errors.py 脚本中定义了一个 ValidationError 异常类，它继承 Python 中的 ValueError 类：

```python
class ValidationError(ValueError):
    pass
```

然后我们可以使用 Flask 提供的 errorhandler 装饰器为这个异常类注册一个错误处理函数，当抛出这个异常时，这个错误处理函数就会被调用。在这个函数中，我们使用 api_abort() 函数返回 400 错误响应，它还接收异常类传入的参数作为错误消息，如代码清单 10-24 所示。

代码清单10-24　todoism/apis/v1/errors.py：为自定义异常类注册错误处理函数

```python
@api_v1.errorhandler(ValidationError)
def validation_error(e):
    return api_abort(400, e.args[0])
```

在对应资源类的 post() 方法中，我们调用 get_item_body() 函数获取条目的 body 值，并保存到数据库中，以创建条目的方法为例：

```
class ItemsAPI(MethodView):
    decorators = [auth_required]
    ...
    def post(self):
        """Create new item."""
        item = Item(body=get_item_body(), author=g.current_user)
        db.session.add(item)
        db.session.commit()
        response = jsonify(item_schema(item))
        response.status_code = 201  # 表示已创建（Created）
        response.headers['Location'] = url_for('.item', item_id=item.id, _
            external=True)
        return response
```

为了方便用户，我们在创建条目后返回新创建的条目资源作为响应，设置状态码为 201，表示已创建。另外，我们还在响应首部的 Location 字段设置新创建条目的 URL，方便用户发起新请求。

2. 使用 Webargs 解析请求

因为我们的程序非常简单，创建待办条目时只需要验证 body 字段。但对于大型程序来说，反序列化时通常需要处理多个资源，每个资源又包含多个不同的字段，这时手动验证数据就会非常繁琐，而且容易出错，我们需要借助工具来简化工作。Webargs 是一个用于解析 HTTP 请求参数的 Python 库，它主要基于 Python 序列化 / 反序列化工具 Marshmallow（https://github.com/marshmallow-code/marshmallow/）实现，添加了 HTTP 请求解析支持。

 Marshmallow 的用法和 WTForms 类似，通过创建模式类事先定义好字段类型以及验证函数。对模式类对象调用 dump() 方法和 load() 方法分别执行序列化和反序列化操作，同时对传入的对象进行验证，并返回验证后的数据字典和相应的错误消息字典。在复杂的程序中，我们可以将 Webargs 搭配 Marshmallow 使用。

Webargs 可以解析请求中包含的表单、查询字符串、JSON、cookies、files、首部字段等一系列数据，然后根据预定的样式进行验证，如果验证未通过会生成内置的错误消息。在某种程度上，它可以说是加强版的 Flask-WTF。

与使用 WTForms 时定义的表单类类似，我们通过字典来定义某个资源的模式。比如，下面的 user_args 字典使用 Webargs 提供的字段定义了一个表示注册用户的资源模式，每个字段通过各自的字段类来限定内容：

```
from webargs import fields, validate

user_args = {
    'username': fields.Str(required=True),
    'password': fields.Str(validate=validate.Length(min=6)),
    'display_per_page': fields.Int(missing=10),
}
```

资源模式字典（参数字典）的键在解析请求时会用做键来获取对应的数据，而字典中的键值则定义了字段的类型，在验证时会用来验证数据。

🎯 **提示** 你可以在字段类中使用关键字参数来定义验证的具体行为，比如将 required 设为 True 表示不能为空；使用 missing 参数设置未找到对应数据时使用的默认值；使用 error_ messages 参数可以定义错误消息字典等。

Webargs 通过 webargs.flaskparser 模块提供了与 Flask 集成的解析相关函数。在处理注册用户的视图中，我们使用 webargs.flaskparser 模块中的 parser 函数解析数据、传入参数字典和请求对象 request：

```
from flask import request
from webargs.flaskparser import parser

@app.route('/register', methods=['POST'])
def register():
    args = parser.parse(user_args, request)
    user = User(username=args['username'], per_page=args['display_per_page'])
    user.set_password(args['password'])
    db.session.add(user)
    db.session.commit()
    ...
```

对于使用方法视图的程序，上面的代码可以放到资源类的 post() 方法中执行。

除了使用 webargs.flaskparser.parser 函数解析，我们也可以使用 use_args() 装饰器传入参数字典，它会自动从请求对象中获取数据，并获取对应的数据，然后进行验证：

```
from webargs.flaskparser import use_args

@app.route('/register', methods=['POST'])
@use_args(user_args)  # 传入参数字典
def register(args):
    user = User(username=args['username'], per_page=args['display_per_page'])
    user.set_password(args['password'])
    db.session.add(user)
    db.session.commit()
    ...
```

在上面的示例中，视图函数接收 args 字典作为参数，这是包含所有匹配字符名和对应值的字典，我们可以通过它来获取通过验证后的请求数据。另外，我们也可以显式地接收关键字参数：

```
from webargs.flaskparser import use_args

@app.route('/register', methods=['POST'])
@use_kwargs(user_args)
def register(username, password, display_per_page):
    user = User(username=username, per_page=display_per_page)
    user.set_password(password)
    db.session.add(user)
    db.session.commit()
    ...
```

提示　Webargs 在解析请求时，从请求对象 request 获取数据的位置依次为查询字符串（request. args）、表单（request.form）和 JSON（request.json）。你也可以在 use_args() 装饰器中使用 locations 参数显式指定一个数据位置列表 / 元组，可用的值为 querystring（等同于 query，表示查询字符串）、json（表示 JSON）、form（表示表单数据）、headers（表示首部字段）、cookies（表示 Cookie）和 files（表示文件）。

当验证出错时，Webargs 会返回 422 响应（Unprocessable Entity，表示实体无法处理，即语义错误），我们可以注册一个对应的错误处理函数，如下所示：

```
@app.errorhandler(422)
def handle_validation_error(e):
    exc = e.exc
    return jsonify({'errors': exc.messages}), 422
```

Webargs 内置的异常对象存储在错误处理函数接收的 HTTP 异常对象的 exc 属性中，而错误消息存储在 Webargs 内置异常对象的 messages 属性中。这个 messages 属性是 Webargs 根据验证情况生成的一个匹配字段名到错误消息列表的字典。

一些辅助编写 Web API 的 Flask 扩展逐渐转向使用 Marshmallow 和 Webargs，但是因为这一系列变化还正在发生，这几个工具的集成和可用性还不够完善，所以 Todoism 中的代码暂时没有选用这些扩展工具。这里只是一个简单的介绍，更多的用法请访问 Webargs 的官方文档（https://webargs.readthedocs.io）查看。

 附注　Marshmallow 的开发者还提供了一个 Flask 扩展 Flask-Marshmallow（https://github.com/marshmallow-code/flask-marshmallow）。另外，Flask 扩展 Flask-Apispec，它集成了 Apispec、Marshmallow 和 Webargs。

3. 处理错误响应

和其他程序一样，Todoism 使用 app.errorhandler 装饰器注册了全局错误处理器。但是 Web API 中的错误响应不能返回 HTML 模板，而应该返回包含错误信息提示的 JSON 数据。所以我们在 API 蓝本中返回错误响应时使用我们自定义的，用于生成 JSON 错误响应的 api_abort() 函数，而不是 Flask 提供的 abort() 函数。api_abort() 函数的定义如代码清单 10-25 所示。

代码清单10-25　todoism/apis/v1/errors.py：错误响应处理函数

```
from flask import jsonify
from werkzeug.http import HTTP_STATUS_CODES

def api_abort(code, message=None, **kwargs):
    if message is None:
        message = HTTP_STATUS_CODES.get(code, '')

    response = jsonify(code=code, message=message, **kwargs)
    response.status_code = code
    return response
```

我们可以使用它自定义错误响应的内容。code 参数用来指定状态码，message 参数用来指

定错误提示消息。如果 message 没有指定，那么将使用状态码的原因短语，从 Werkzeug 中的
HTTP_STATUS_CODES 字典获取（使用状态码作为键）。

这个 api_abort() 函数只能用于生成一般的错误响应，我们还需要特别注意的是 404、405、
500 和 503（Service Unavailable，表示服务不可用）错误，因为这些错误由 Flask 直接处理，发
生错误时会触发全局的错误处理函数，如果没有定义对应的错误处理函数，则返回默认的 HTTP
响应。为了让 API 蓝本中的端点和程序端点都能获得各自需要的响应，我们需要对相应的全局
错误处理函数进行一些改动。以 404 错误为例，如代码清单 10-26 所示。

代码清单10-26　todoism/__init__.py：支持JSON响应的404错误处理器

```python
def register_errors(app):
    @app.errorhandler(404)
    def page_not_found(e):
        if request.accept_mimetypes.accept_json and \
                not request.accept_mimetypes.accept_html \
                or request.path.startswith('/api'):
            response = jsonify(code=404, message='The requested URL was not found
                on the server.')
            response.status_code = 404
            return response
        return render_template('errors.html', code=404, info='Page Not Found'), 404
```

我们在上一节编写 Todoism 时了解过，请求首部字段 Content-Type 可以用来告诉服务器
客户端所期待的响应内容类型。在服务器端，程序就可以根据这个字段的内容来返回不同格式
的响应。Flask 将 Content-Type 字段解析到 request.accept_mimetypes，我们通过判断 request.
accept_mimetypes.accept_json 和 request.accept_mimetypes.accept_html 的值来确定客户端所期待
的响应格式，并返回对应的响应内容。这种机制被称为 HTTP 内容协商（Content Negotiation）。
除了 Accept 字段，其他一系列 Accept-* 字段可用来设置期望的语言、编码和字符集。

> 🎯 **提示** 如果你编写的 Web API 是作为单独的程序而不是蓝本，那么可以直接在全局错误处理器
> 中返回 JSON 响应。

为了让 API 更加健壮，我们除了检查 Accept 字段外，还验证请求的路径（request.path）是
否以"/api"开头。如果客户端没有设置 Accept 字段，但访问的是 API 的端点，这时程序也会
返回 JSON 响应。如果你的 API 根地址是类似 http://api.example.com/v1 的形式，那么可以将最
后的 if 判断条件替换为：

```python
if ... or request.host.startwith('api')
    ...
```

500 错误的处理方法与其基本相同。

405 错误响应一般只会发生在 API 中，我们可以直接返回 JSON 格式的响应。

```python
def register_errors(app):
    @app.errorhandler(405)
    def method_not_allowed(e):
        response = jsonify(code=405, message='The method is not allowed for the
```

```
            requested URL.')
        response.status_code = 405
        return response
```

为了保证 API 可以正常服务，我们可以通过添加新版本来更新 API。但在某些特殊情况下，我们不得不临时停止服务。这时我们需要返回 503 错误，表示服务临时不可用。由于我们的程序很简单，503 错误处理器也可以直接返回 JSON 响应。处理方式和解决 405 错误类似。

在大型的 Web API 中，我们常常需要设置自定义的错误码，用来表示和程序相关的错误。为了和 HTTP 的标准错误码相区分，自定义错误码一般为 4 位数，使用和 HTTP 错误码相同的分类方法（2 开头表示成功，4 开头表示客户端错误，5 开头表示服务器错误）。同时，我们还可以在错误响应中加入详细的错误信息，必要时，还会附上 API 文档中相关部分的 URL。

 注意 当程序出现 500 错误时，为了返回正确的响应，我们需要关闭 Flask 的调试模式（具体见第 1 章）。

提示 HTTP 错误内置的错误状态码、原因短语和描述可以通过 HTTP 异常对象的 status_code、name 和 description 属性获取，这里为了直观而手动写出，具体可参考第 3 章的内容。

10.3.7 Web API 的测试与发布

有多种工具可以用来手动测试 Web API，比如 Bash 内置的 curl（https://curl.haxx.se/），或是使用 Python 编写的 HTTPie（https://httpie.org/）等。除了命令行工具，我们还可以选用更加直观、更容易上手的 GUI 工具，比如 Postman(https://www.getpostman.com/)。在本节，我们会简单介绍使用 HTTPie 对 API 进行测试。在本书的第三部分，我们会学习编写 Web API 自动化测试。

1. 使用 HTTPie 测试

使用 Postman 等 GUI 工具测试 Web API 非常简单，这里不再展开介绍。如果你偏爱命令行，那么可以尝试一下 HTTPie。HTTPie 和同类的 curl 相比，它的命令更加简洁直观，易于记忆和使用。它内置了 JSON 支持，而且对输出的字符进行了排版和高亮处理。我们首先使用 Pipenv 或 pip 安装它（添加 --dev 选项标记为开发用的包）：

```
$ pipenv install httpie --dev
```

然后我们就可以在命令行中使用它了。在 HTTPie 中，请求从 http 命令开始，一个最完整的请求语句大概会是这样：

```
$ http [选项（flags）] [方法] URL [查询字符串 / 数据字段 / 首部字段]
```

比如：

```
$ http -json GET api.example.com name==greyli data=test Header-Foo:bar
```

从上面的示例可以看出 HTTPie 对不同的内容使用不同的符号，主要的语法如表 10-6 所示。

表 10-6 HTTPie 数据语法

类　　别	符　　号	示　　例
URL 参数	==	param==value
首部字段	:	Name:Value
数据字段	=	field=value
原生 JSON 字段	:=	field:=json
表单上传字段	@	field@/dir/file

为了简化输入，HTTPie 提供了一系列缺省选项，这些选项的默认值如表 10-7 所示。

表 10-7 HTTPie 的缺省选项

简　写　形　式	缺　省　项	默　认　值
example.com	HTTP 协议	http://
:5000	本地主机地址	localhost
:	本地主机地址，端口	localhost:80
留空	请求方法	GET

当请求包含数据时，HTTPie 会默认将 Content-Type 字段以及 Accept 字段的值设为 JSON 类型（application/json）。如果想在不包含数据的请求中指定 Accept 字段为 JSON 类型，可以显式地使用 --json 参数。

下面的命令用于向 API 首页发送 GET 请求：

```
$ http :5000/api/v1/
```

使用 HTTPie 获取令牌时需要把认证信息以 www-x-formencode 的形式写入请求主体（Body），所以这里我们需要使用 --form 选项：

```
$ http --form :5000/api/v1/oauth/token grant_type=password username=grey password=123
HTTP/1.0 200 OK
Access-Control-Allow-Origin: *
Cache-Control: no-store
Content-Length: 197
Content-Type: application/json
Date: Wed, 13 Sep 2017 06:38:15 GMT
Pragma: no-cache
Server: Werkzeug/0.12.2 Python/2.7.13

{
    "access_token": "eyJhbGciOiJIUzI1NiI...",
    "expires_in": 3600,
    "token_type": "Bearer"
}
```

 提示　如果需要对客户端进行认证，可以使用 -a 参数指定使用 Basic 认证，并提供客户端 ID 和密码：$ http -a username:password example.com

在接下来的一小时内，我们就可以使用令牌来认证，下面的命令用来获取当前用户资源：

```
$ http :5000/api/v1/user Authorization:"Bearer eyJhbGciOiJIUzI..."
```

创建一个新条目可以使用下面的命令：

```
$ http POST :5000/api/v1/user/items body="test item body." Authorization:"Bearer
    eyJhbGciOiJIUzI..."
```

为了避免每次请求都需要输入 Authorization 字段，可以使用 --session 命令来将 Authorization 字段临时存储在本地，比如：

```
$ http --session=Authorization :5000/api/v1/user Authorization:"Bearer eyJhbGciOiJI... "
```

然后就可以在获取资源时加入 --session 选项 --session=Authorization，不必再输入 Authorization 字段的值，比如：

```
$ http :5000/api/v1/user --session=Authorization
```

 注意 在 Windows 系统的命令行中，数据的值需要使用双引号括起来，否则会按照空格分离导致解析出错。

 附注 更多的用法可以在 HTTPie 的官方文档（https://httpie.org/doc）上看到。

2. 发布与壮大

我们的 API 终于编写完成了。如果你打算公开 API，那么就希望会有人来使用它。在这之前，我们要做的是最基本的事情就是为它编写一份基本的文档，这样其他的开发人员才会知道如何使用它。你可以考虑使用 Sphinx（http://www.sphinx-doc.org）编写文档，一种方式是撰写单独的文档文件，你还可以使用 Sphinx 将 API 代码中的注释自动生成为 API 文档。这样我们就可以保持代码与文档同步更新。Sphinx 使用 reStructuredText（http://docutils.sourceforge.net/rst.html）语言。

还需要提及的是 Web API 的设计语言 / 规范，比如 Swagger（https://swagger.io/）、API Blueprint（https://apiblueprint.org/）、RAML（https://raml.org/）等。它们都是高层的 API 描述语言，使用它们可以设计、开发原型、编写文档、测试 Web API，几乎包括 Web API 的整个生命周期。除此之外，它们还有各种各样的官方或第三方工具可以使用。

 附注 如果你使用 Flask-apispec 扩展开发 API，那么它内置了自动生成 Swagger 2.0 文档的功能。

很多大型在线服务在提供 API 的同时还提供了使用浏览器来测试和操作 API 的 API Console（API 控制台）的功能，比如 Google 提供的 API explorer（https://developers.google.com/apis-explorer）。借助 API Console，开发人员可以浏览 API 提供的所有资源及其详细信息，并且可以直接发起相关请求。自己编写 API Console 比较麻烦，我们可以使用 Apigee（https://apigee.com）

来自动生成 API Console。

> **附注** Apigee 同时也提供了 API 管理服务——Apigee Edge（https://apigee.com/edge），它提供了 API 的设计、监控等一系列功能。

最后，当 API 的使用者增多后，为了方便不同语言的开发人员，你可能还要考虑发布 SDK（Software Development Kit，软件开发工具包）。SDK 是提供给 API 使用者（开发人员）的便利工具，比如使用 Python 调用 API 实现资源操作的库。

在现实生活中，Web API 的设计需要投入很大的精力，尤其是在客户端认证以及安全防范方面。本节作为使用 Flask 实现 Web API 的例子，对于 Web API 的设计只是一个简单的介绍。如果你想进一步学习 Web API 的设计与开发，可以阅读相关书籍。

10.4　本章小结

在本章，我们学习了一个"特别"的 Flask 程序，除此之外，我们还学习了如何为程序进行国际化和本地化处理，以及为程序编写 Web API。下一章我们会实现一个聊天室程序，并学习一些新鲜的内容。

> **提示** 如果你发现了程序中的错误或者有任何改进建议，可以在 Todoism 的 GitHub 项目（https://github.com/greyli/todoism）中创建 Issue，或是在 fork 仓库修改后并在 GitHub 上提交 Pull Request。

在线聊天室

聊天室是一个古老又现代的东西。从互联网初期兴起的各种交友聊天室，到各种即时通信应用，再到现在功能丰富的团队协作聊天工具，这些都可以算作聊天室。聊天室看起来并不复杂，那么如何使用 Flask 实现呢？本章我们将编写一个基于 WebSocket 技术的聊天室程序，借助这个聊天室的编写，我们会学习实时通信、第三方登录和 Markdown 支持等内容。

本章新涉及的 Python 库如下所示：

❑ Python-SocketIO（1.9.0）

　　❍ 主页：https://github.com/miguelgrinberg/python-socketio

　　❍ 文档：http://python-socketio.readthedocs.io

❑ Flask-SocketIO（3.0.0）

　　❍ 主页：https://github.com/miguelgrinberg/Flask-SocketIO

　　❍ 文档：https://flask-socketio.readthedocs.io/en/latest/

❑ OAuthlib（2.0.7）

　　❍ 主页：https://github.com/oauthlib/oauthlib

　　❍ 文档：https://oauthlib.readthedocs.io

❑ Flask-OAuthlib（0.9.5）

　　❍ 主页：https://github.com/lepture/flask-oauthlib

　　❍ 文档：https://flask-oauthlib.readthedocs.io

❑ Markdown（2.6.11）

　　❍ 主页：https://github.com/Python-Markdown/markdown

　　❍ 文档：https://python-markdown.github.io/

❑ Bleach（2.1.3）

- ○ 主页：https://github.com/mozilla/bleach
- ○ 文档：https://bleach.readthedocs.io
- ❏ Pygments（2.2.0）
  - ○ 主页：http://pygments.org/
  - ○ 源码：https://bitbucket.org/birkenfeld/pygments-main
  - ○ 文档：http://pygments.org/docs/

请打开一个新的命令行窗口，切换到合适的目录，然后使用下面的命令将示例程序仓库复制到本地：

```
$ git clone https://github.com/greyli/catchat.git
```

 提示 如果你在 CatChat 的 GitHub 页面（https://github.com/greyli/catchat）单击了 Fork 按钮，那么可以使用你自己的 GitHub 用户名来替换掉上面的 greyli，这将复制一份派生仓库，你可以自由地修改和提交代码。

接着，切换到项目根目录，创建虚拟环境并安装依赖（添加 --dev 选项安装开发依赖），最后激活虚拟环境：

```
$ cd catchat
$ pipenv install --dev
$ pipenv shell
```

生成虚拟数据并运行程序：

```
$ flask forge
$ flask run
```

现在访问 http://localhost:5000 即可体验我们即将一步步编写的最终版本的程序，你可以通过邮箱 admin@helloflask.com 和密码 helloflask 登入程序。

注意 （1）本书所有的示例程序都运行在本地机的 5000 端口，即 http://localhost:5000，确保没有其他程序同时在运行。

（2）因为所有示例程序的 CSS 文件名称、JavaScript 文件名称以及 Favicon 文件名称均相同，为了避免浏览器对不同示例程序中同名的文件进行缓存，请在第一次运行新的示例程序后按下 Ctrl+F5 或 Shift+F5 清除缓存。

阅读源码时，你可以使用编辑器打开本地的源码仓库，或是访问 https://github.com/greyli/catchat 在 GitHub 上在线阅读源码。在本地请使用下面的命令签出程序的初始版本：

```
$ git checkout skeleton
```

在 GitHub 上则通过分支切换下拉列表选择 skeleton 标签。后面需要签出新的版本时会进行提示。

11.1 编写程序骨架

本章我们将不再介绍基础知识，诸如数据库模型、模板、表单、视图函数、生成虚拟数据的函数的编写，想必通过前面的学习你已经可以轻松完成。CatChat 的初始版本就包含了一个基本的程序骨架，并且实现了用户注册、登录、修改资料等功能。

CatChat 程序包的目录结构如下所示：

```
catchat/
    blueprints/
        - __init__.py
        - auth.py
        - admin.py
        - chat.py
        - oauth.py
    static/
    templates/
    - __init__.py
    - models.py
    - forms.py
```

在这个程序中，我们使用了新的 CSS 框架 Semantic-UI（https://semantic-ui.com/），它的特点是使用语义化（Semantic）的样式类。比如，下面的样式类表示一个悬浮的（floating）、可关闭的（closeable）警告样式的（warning）信息（message）：

```
<div class="ui message floating warning closeable">...</div>
```

在基模板中，我们加载了 Semantic-UI 的资源，以及我们自己创建的 CSS 文件和 JavaScript 文件。为了便于组织内容，我们在基模板中定义了 5 个块：title、head、nav、content 和 scripts。

在服务器端，我们仍然使用 Flask-WTF（WTForms）处理表单。为了方便在模板中渲染表单以及错误消息，我们创建一个 form_field 宏。在客户端，我们使用 Semantic-UI 内置的 JavaScript 函数 form() 添加了客户端表单验证功能，具体可以到源码仓库中查看 catchat/static/js/forms.js 文件。

在数据库方面，和 Todoism 类似，CatChat 中创建了 User 类和 Message 类，分别表示用户和消息，用户和消息之间建立一对多关系，如代码清单 11-1 所示。

代码清单11-1　catchat/models.py：建立数据库模型

```
class User(UserMixin, db.Model):
    id = db.Column(db.Integer, primary_key=True)
    email = db.Column(db.String(254), unique=True, nullable=False)
    nickname = db.Column(db.String(30))
    password_hash = db.Column(db.String(128))
    github = db.Column(db.String(255))
    website = db.Column(db.String(255))
    bio = db.Column(db.String(120))
    messages = db.relationship('Message', back_populates='author', cascade='all')
    ...
class Message(db.Model):
    id = db.Column(db.Integer, primary_key=True)
    body = db.Column(db.Text, nullable=False)
```

```
timestamp = db.Column(db.DateTime, default=datetime.utcnow, index=True)
author_id = db.Column(db.Integer, db.ForeignKey('user.id'))
author = db.relationship('User', back_populates='messages')
```

11.2　Gravatar 头像

　　Gravatar（https://gravatar.com）是一个流行的在线头像服务提供商，它表示 Globally Recognized Avatar，即"全球通用头像"。用户可以使用电子邮件注册 Gravatar 账户并设置自己的头像，然后在任何支持 Gravatar 的站点上使用这个电子邮件留言或参与其他活动时，对应的头像将会自动显示。

　　　由于国内的网络状况，Gravatar 曾出现过无法访问或访问过慢的情况，所以需要综合考虑是否选用 Gravatar 服务。我们通常在头像属于次要地位或不提供自定义头像的程序中使用。

　　Gravatar 提供的头像文件通过下面形式的 URL 获取：

```
https://gravatar.com/avatar/<HASH>
```

　　Gravatar 使用电子邮件地址获取对应的用户头像，为了防止泄露用户的电子邮件地址，Gravatar 采用通过 MD5 加密的邮件地址，上面的 URL 中的 HASH 部分就是电子邮箱的散列值，一个现实中的 Gravatar 头像 URL 如下所示：

```
https://gravatar.com/avatar/5d3b9f7b7c0328827b57172e4a7ab136
```

　　为了支持 Gravatar 头像，我们需要为每个用户生成电子邮件地址的 MD5 散列值。如果在某个页面生成大量的头像，那么生成 MD5 散列值的操作将会占用大量 CPU 资源。为了降低服务器的负载，我们把用户 Email 地址的 MD5 散列值存储在数据库 email_hash 列中。生成电子邮件地址的 MD5 散列值的操作放在 User 类的构造方法里，当用户注册创建用户对象时即可生成。如代码清单 11-2 所示。

代码清单11-2　catchat/models.py：在用户注册时生成邮箱散列值

```
class User(UserMixin, db.Model):
    ...
    email_hash = db.Column(db.String(128))
    ...

    def __init__(self, **kwargs):
        super(User, self).__init__(**kwargs)
        self.generate_email_hash()

    def generate_email_hash(self):
        if self.email is not None and self.email_hash is None:
            self.email_hash = hashlib.md5(self.email.encode('utf-8')).hexdigest()
```

　　我们在 User 类的构造方法中添加了一段代码，如果 email 字段不为空且 email_hash 字段为空时，就生成电子邮件的散列值。

 提示 如果程序添加了更换电子邮件地址的功能，那么当用户更换电子邮件地址后，email_hash 字段的值也需要重新生成。

现在，我们创建一个 gravatar() 方法返回用户的 Gravatar 头像对应的 URL：

```python
class User(UserMixin, db.Model):
    ...
    email_hash = db.Column(db.String(128))
    ...
    @property
    def gravatar(self):
        return 'https://gravatar.com/avatar/%s?d=monsterid' % self.email_hash
```

附注 我们曾在第 9 章中介绍了用来处理头像的 Flask-Avatars 扩展，使用它内置的 gravatar() 方法也可以用来生成 Gravatar URL。但如果只是单纯生成 URL，那么手动处理就足够了。

gravatar() 方法使用 property 装饰器定义为类属性，当被调用时会返回用户对象对应的头像 URL。在模板中，我们可以使用下面的方式显示用户头像：

```html
<img src="{{ user.gravatar }}">
```

Gravatar 支持在获取头像的 URL 后附加查询参数来对头像图片进行设置，在 gravatar() 方法返回的 URL 中，我们将查询参数 d 赋值为 monsterid，这个参数是用来做什么的？我们下面会详细解释。

当用户没有在 Gravatar 注册账户时，默认情况下，Gravatar 会返回一个 Gravatar 图标。另外，Gravatar 提供了生成默认头像的服务，即使用户没有注册 Gravatar 账户，只要提供 Email 地址的 MD5 散列值，并通过查询参数 d 选择相应的默认头像类别，我们就可以得到相应的默认头像。Gravatar 支持的默认头像类别如表 11-1 所示。

表 11-1　Gravatar 提供的默认头像类别

类　别	描　述
404	如果 Email 散列值没有对应的图片，那么返回 HTTP 404(File Not Found) 响应
mm	mm 代表 mystery-man（神秘人），一个在灰色背景下的卡通风格人形边框
identicon	基于 Email 散列值生成的几何形状
monsterid	基于 Email 散列值生成的可爱小怪兽
wavatar	基于 Email 散列值生成的卡通脸
retro	基于 Email 散列值生成的 8 位像素风格的脸
robohash	基于 Email 散列值生成的的机器人
blank	一个透明的带有边框的 PNG 图片

具体的随机默认头像示例如图 11-1 所示。

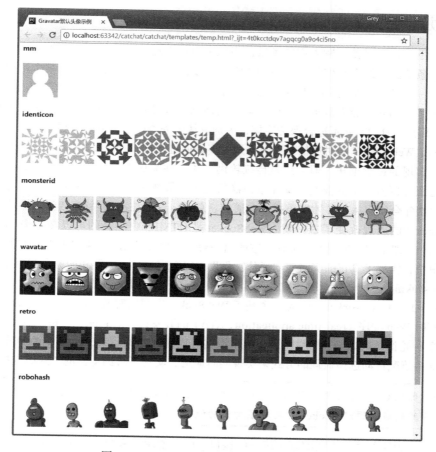

图 11-1 Gravatar 各种默认头像的随机示例

另一个常用的查询参数 s 用来设置头像图片的尺寸。默认的头像图片大小为 80×80，单位为 px。Gravatar 支持从 1px 到 2048px 的头像尺寸。下面的 URL 将某个头像尺寸设置为 100×100：

```
https://gravatar.com/avatar/5d3b9f7b7c0328827b57172e4a7ab136?size=100
```

> 🔔 **注意** 虽然 Gravatar 支持获取最高 2048px 的头像尺寸，但如果用户上传的头像分辨率过低，那么过高的尺寸可能会导致显示效果变差。

> 🎯 **提示** 如果你需要在调用时对这些查询参数进行设置，那么可以将上面的 gravatar 属性实现成方法，添加参数对返回的 URL 进行调整。

> 📊 **附注** 更多的选项可以访问 Gravatar 官方文档的相关页面（https://en.gravatar.com/site/implement/images/）查看。

11.3 使用 Flask-SocketIO 建立实时双向通信

回想一下我们平时使用聊天室的场景，当某个用户发送一条消息时，聊天室中的所有用户都会收到这条消息。结合我们学习的 HTTP 知识可以想到，在屏幕后面，当某个用户创建新消息时会发送一个请求到服务器，服务器接收到消息后实时将消息发送给聊天室内的所有用户。这显然超出了 HTTP 的能力范围。当客户端发出请求，服务器端返回响应后，一次 HTTP 连接就结束了。因此，HTTP 并不适合保持连接，更别说从服务器端推送数据到客户端。

在以前，Web 应用的实时通信或实时推送大多是通过轮询（Polling）来模拟实现的，比如我们在第 9 章实现的提醒推送。但无论是传统轮询，还是性能更佳的长轮询，这些方式大都会造成带宽或是服务器资源上的浪费，增加服务器的负担。虽然 SSE 可以实现服务器端推送，但却需要在客户端配合使用 AJAX 才能模拟双向通信。总之，这些技术都存在一定的局限性。

WebSocket 的出现改变了这一切。WebSocket 是 HTML5 中定义的可以在单个 TCP 连接上进行双向通信（即全双工通信）的协议。它的出现解决了以往使用轮询技术所造成的服务器资源和带宽的浪费，实现了真正的实时双向通信。借助 WebSocket，浏览器和服务器只需要完成一次握手（handshaking），两者就可以建立持久的连接，并进行双向数据传输。

Socket.IO（https://socket.io/）是一个基于 WebSocket 实现实时通信的开源 JavaScript 库，它可以简化实时 Web 程序（real-time application，RTA）的开发过程。它除了支持 WebSocket 之外，还支持许多种轮询（Polling）机制以及其他模拟实时通信的方式。Socket.IO 会根据浏览器对通信机制的支持情况自动选择最佳的方式来实现实时通信，实现了对浏览器的"降级支持"。

 提示 如果你从 GitHub 上复制了示例程序，可以执行 git checkout socketio 签出程序的新版本。程序的新版本通过 Socket.io 实现了聊天功能。

Socket.IO 为这些通信方式实现了统一的接口，因此使用起来非常简单。除此之外，Socket.IO 还提供了诸如广播、命名空间、房间、存储客户端数据、异步 IO 等非常方便的功能。

要使用 Socket.io，那么客户端和服务器端都需要使用 Socket.IO 框架。在客户端我们可以使用 Socket.IO 库；在服务器端，Socket.io 内置了 Node.js 服务器库，但我们需要一个 Python 版本的 Socket.IO 实现，集成了 python-socketio 库的 Flask 扩展 Flask-SocketIO 是个好选择。首先使用 Pipenv 安装 Flask-SocketIO 及其依赖：

```
$ pipenv install flask-socketio
```

然后在 extensions 模块实例化扩展类 SocketIO 创建 socketio 对象：

```
from flask_socketio import SocketIO

socketio = SocketIO()
```

最后在构造文件中调用 socketio.init_app() 初始化扩展，传入程序实例 app：

```
def create_app():
    app = Flask(__name__)
    app.config['SECRET_KEY'] = 'secret string'
    ...
```

```
        register_extensions(app)
        return app

    def register_extensions(app):
        socketio.init_app(app)
```

 注
意　因为 Flask-SocketIO 内部使用了 Flask 的 session 对象，所以我们要确保为程序设置了密钥（通过配置变量 SECRET_KEY 或 app.secret_key 属性）。

11.3.1 建立 Socket.IO 连接

1. 启动 Socket.IO 服务器

Flask-SocketIO 依赖于异步服务器才能正常运行。异步服务器的选择上有三个选项，eventlet（http://eventlet.net/）作为最佳选择，性能上最优，而且原生支持长轮询和 WebSocket；第二选项是 gevent（http://www.gevent.org/），它支持长轮询，但需要额外的配置才能支持 WebSocket；最后的选项是 Flask 内置的开发服务器，它只支持长轮询，而且性能上要差于前两者。Flask-SocketIO 会根据 eventlet 和 gevent 的安装情况择优取用。因此，我们先使用 Pipenv 安装 eventlet：

```
$ pipenv install eventlet
```

 注
意　在调试模式下，无论是否安装了 eventlet 和 gevent，都会使用 Flask（Werkzeug）内置的开发服务器，因为调试功能是由内置的开发服务器提供的。

为了正确启动 Socket.IO 服务器，Flask-SocketIO 覆写了 Flask 提供的 flask run 命令，我们可以像往常一样使用 flask run 命令启动 Socket.IO 服务器：

```
$ flask run
```

另外，我们也可以直接调用 socketio 对象提供的 run() 方法来启动服务器，传入程序实例 app 作为参数：

```
from flask import Flask
from flask_socketio import SocketIO

app = Flask(__name__)
app.config['SECRET_KEY'] = 'secret string'
socketio = SocketIO(app)

if __name__ == '__main__':
    socketio.run(app)
```

2. 在客户端建立连接

在客户端，我们需要加载 Socket.IO 资源并调用 io() 方法与我们在服务器端运行的 Socket.IO 服务器建立连接。首先我们需要加载对应的资源文件，你可以访问 https://cdnjs.com/libraries/socket.io 将资源文件下载到本地，或是选择从 CDN 加载。下面在基模板（base.html）中加载资源文件（这里使用 2.1.0 版本）：

```
<script type="text/javascript" src="{{ url_for('static', filename='js/socket.io.min.
    js') }}"></script>
```

然后在 JavaScript 脚本 script.js 中创建一个 socket 实例来建立连接：

```
var socket = io();
```

连接后创建的 socket 实例将被用来执行发送事件，创建事件处理函数等操作。io() 方法可以显式传入 Socket.IO 服务器所在的 URL，如果不传入任何参数，会默认使用服务器的根 URL，相当于 var socket = io('/');

 提示
　　在旧版本的 Socket.IO 客户端库中，曾使用 io.connect() 作为建立连接的方法。另外，在旧版本中，如果要显式传入 URL，需要指定绝对 URL，即 io('http://' + document.domain + ':' + location.port)。

11.3.2　一条消息的旅程

在聊天室里，当某个用户发送一条消息时，我们需要把消息显示在所有连接的客户端上。整个过程由下面三个主要步骤组成：

1）用户发送消息请求到服务器端。

2）服务器端接收消息请求并把消息广播给所有客户端。

3）所有客户端接收消息并显示。

在 Socket.IO 中，服务器端和客户端之间交流的数据被称为 SocketIO 事件（event），这里的事件就是包含特定信息的数据，类似我们常说的请求 / 响应，后面我们会将其简称为事件。简单来说，在 Socket.IO 中，双向通信是这样实现的：客户端通过调用 emit() 函数来将一个事件发送到服务器端，并传入数据作为参数，这会触发服务器端创建对应的事件处理函数。而服务器端也可以通过调用 emit() 函数向客户端发送事件，并传入数据作为参数，类似地，这会触发客户端创建对应的事件处理函数。

1. 客户端发送消息

在聊天室页面（home.html），我们根据用户的认证状态来渲染消息输入框：如果用户已经登入，那么就显示一个消息输入字段，否则显示一个包含登录和注册按钮的提示消息：

```
{% if current_user.is_authenticated %}
    ...
    <textarea rows="2" id="message-textarea" placeholder="Write your message here...
        Enter to send"></textarea>
{% else %}
    <div class="ui floating message">Please <a href="{{ url_for('auth.login') }}">Sign
        in</a> or <a href="{{ url_for('auth.register') }}">Sign up</a> to send
        message.
    </div>
{% endif %}
```

和 Todoism 类似，为了更方便使用，我们没有设置提交按钮，而是使用 Enter 来发送消息。这里的消息内容既不是使用普通的 POST 或是 GET 请求提交，也不是使用 AJAX 技术发送请求，而是使用 socket.emit() 方法发送，方法如代码清单 11-3 所示。

代码清单11-3　catchat/static/js/script.js：发送新消息

```
var ENTER_KEY = 13;
function new_message(e) {
    var $textarea = $('#message-textarea');
    var message_body = $textarea.val().trim();  // 获取消息正文
    if (e.which === ENTER_KEY && !e.shiftKey && message_body) {
        e.preventDefault();  // 阻止默认行为，即换行
        socket.emit('new message', message_body);  // 发送事件，传入消息正文
        $textarea.val('')  // 清空输入框
    }
}
```

当用户在输入框中单击 Enter 键时会触发这个 new_message() 函数。通过 val() 方法获取输入字段的内容后，如果消息不为空，而且没有同时按下 Shift 键，我们就调用 emit() 方法发送事件，第一个参数传入事件名称 new message，第二个参数是消息的内容。它会向服务器端发起一次 GET 请求，我们会在命令行看到一行请求路径以 /socket.io 开头的记录，如下所示：

```
192.168.0.105 - - [30/Oct/2017 22:38:19] "GET /socket.io/?EIO=3&transport=websoc
    ket&sid=ead02e8fd8174325abeea734d54ecb02 HTTP/1.1" 200 0 253.451000
```

2. 服务器端接收消息并广播

在 Flask 中，我们使用视图函数注册路由来处理特定 URL 规则的请求。类似地，我们使用 Flask-SocketIO 提供的 on() 装饰器来注册用于接收客户端发来事件的事件处理函数。在这个 chat 蓝本所在的 chat.py 脚本中，我们创建了 new message 事件处理函数，用来处理客户端发送的 new message 事件，如代码清单 11-4 所示。

代码清单11-4　catchat/blueprints/chat.py：创建new message事件处理函数

```
@socketio.on('new message')
def new_message(message_body):
    message = Message(author=current_user._get_current_object(), body=message_body)
    db.session.add(message)
    db.session.commit()
    emit('new message',
        {'message_html': render_template('chat/_message.html', message=message)},
        broadcast=True)
```

on() 装饰器接收的必需参数是这个函数要监听的事件名称。客户端发送的数据会通过事件处理函数的参数传入，我们在 new_message() 函数中使用 message_body 参数获取消息正文，然后创建 message 对象，并保存到数据库中。在函数的最后，我们调用 emit() 函数发送事件。

在 emit() 函数中，第一个参数用来指定事件名称，当服务器端的 emit() 函数被调用时，会触发已连接客户端中对应的事件处理函数。第二个参数是我们要发送的数据，要发送的数据根据客户端的需要而定，这里我们使用 render_template() 函数渲染存储单个消息 HTML 代码的 _message.html 模板，在客户端使用 JavaScript 可以直接将这个数据插入到消息列表的 HTML 元素中。事件中包含的数据类型可以为字符串、列表或字典。当数据的类型为列表或字典

时，会被序列化为 JSON 格式。因为我们要把消息发送给所有已经连接的客户端，所以需要将 broadcast 参数设为 True，这样就会广播这个事件，即将事件发送给所有已连接的客户端。

顺便说一下，你会在很多实例程序或教程中看到一个 message 事件，这是 Socket.IO 内置的特殊事件。当使用 send() 函数发送数据时，默认会触发 message 事件处理器。send() 函数可以理解为简化版的 emit() 函数，它无法指定事件名称。包括 message 在内的四个服务器端可用的内置事件及说明如表 11-2 所示。

表 11-2　Socket.IO 服务器端内置事件

事 件 名 称	说　　　　明
connect	当客户端连接时会被触发
disconnect	当客户端断开连接时会被触发
message	客户端使用 send() 方法发送字符串数据时触发的事件
json	客户端使用 send() 方法发送 JSON 数据时触发的事件

> 注意　像 message、json 之所以存在，很大部分的原因是为了兼容旧版本，所以你应该尽可能地避免使用它们，而且在最新版本的客户端 Socket.io 库中已移除 json 事件。这四个事件之外的事件被称为自定义事件。

3. 客户端接收消息

在客户端，为了接收到服务器端发来的事件，我们也需要创建事件处理函数。客户端的事件处理函数使用 socket.on() 方法创建，它接收的第一个参数是监听事件的名称。代码清单是我们创建的 new message 事件处理函数，用于接收服务器端发来的 new message 事件，触发后会执行回调函数，如代码清单 11-5 所示。

代码清单11-5　catchat/static/js/script.js：在客户端创建new message事件处理函数

```
socket.on('new message', function(data) {
    $('.message').append(data.message_html);  // 插入新消息到页面
    flask_moment_render_all();  // 渲染消息中的时间戳
    scrollToBottom();  // 进度条滚动到底部
    activateSemantics();  // 激活 Senmatic-ui 组件
});
```

在客户端的 new message 事件处理器中，我们把消息的 HTML 代码使用 append() 方法插入到页面上的消息列表后。

插入新的消息 HTML 元素后，我们还调用了一系列函数来更新状态，其中 flask_moment_render_all() 是扩展 Flask-Moment 提供的 JavaScript 函数，用来在插入 HTML 元素后手动调用以渲染时间和日期；scrollToBottom() 用来将页面焦点移动到页面底部，即新消息的位置；activateSemantics() 用来激活 Senmatic-UI 的各类 JavaScript 组件，具体可以到源码仓库中查看。

> **附注** 和服务器端相同，客户端也可以使用 connect、message 等内置事件。但要注意，客户端的连接事件仅作用于客户端本身。也就是说，服务端的 connect 事件在任何客户端连接时都会触发，而某一个客户端的 connect 事件只在自己连接到服务器时才会被触发，disconnect 事件也是一样。除了 connect、disconnect 和 message，客户端 socket.io 库还提供了其他内置事件，所有内置事件列表及说明见 Socket.IO 文档（https://socket.io/docs/client-api/）。

11.3.3 在线人数统计

在聊天室里，在线人数是一个很有用的状态信息。我们所说的用户，指的是连接到服务器端的 Socket.IO 客户端，这在 Socket.IO 中被称为 socket。而在线人数就是连接到服务器端的客户端数量。Flask-SocketIO 并没有内置这样的功能，所以我们需要自己获取这个数字。

我们可以利用内置的 connect 和 disconnect 事件来更新在线人数。当客户端连接服务器端时，内置的 connect 事件会被触发。对应的，当客户端断开连接时，disconnect 事件会被触发。要统计在线人数，我们要先考虑如何表示在线用户。毫无疑问，User 模型的主键列 id 是最佳选择，而且借助扩展 Flask-Login 提供的 current_user 对象，我们可以很方便地获取用户的 id 值，首先创建一个全局列表存储表示在线用户的 id：

```
online_users = []
```

现在，我们需要创建 connect 和 disconnect 事件处理函数。在 connect 事件处理函数中，我们添加一个 if 判断，确保当前用户已经登录而且当前用户的 id 没有添加到 online_users 列表中，满足这个条件就把当前用户对象的 id 添加到全局的 online_users 列表中。最后使用 emit() 函数向客户端发送一个 user count 事件，发送数据中使用 len(online_users) 即可获取在线用户数量；在 disconnect 事件处理函数中，我们做相反的事情：如果当前用户已经登录，而且当前用户的 id 在 online_users 中，那么就从 online_users 移除对应的 id 值，如代码清单 11-6 所示。

代码清单11-6　catchat/blueprints/chat.py：更新在线人数

```
@socketio.on('connect')
def connect():
    global online_users
    if current_user.is_authenticated and current_user.id not in online_users:
        online_users.append(current_user.id)
    emit('user count', {'count': len(online_users)}, broadcast=True)

@socketio.on('disconnect')
def disconnect():
    global online_users
    if current_user.is_authenticated and current_user.id in online_users:
        online_users.remove(current_user.id)
    emit('user count', {'count': len(online_users)}, broadcast=True)
```

在客户端，我们创建一个 user count 事件处理函数，用来处理服务器端发来的 user count 事件。它在被触发时从事件数据中获取表示在线人数的 count 值，然后把它更新到 id 为 user-count

的元素里，如下所示：

```
socket.on('user count', function(data) {
    $('#user-count').html(data.count);
});
```

id 为 user-count 的元素的默认值为 0，当在线人数发生变化时会自动替换掉这个值。和在线人数一起显示的还有注册用户总数：

```
<div class="item">
<div class="ui label black basic">
    <i class="user icon"></i>
    <span id="user-count">0</span> / {{ user_amount }}
</div>
</div>
```

注册用户总数通过 user_amount 变量获取，因为我们只在这一个页面需要它，所以这个变量直接在 app 视图的 render_template() 函数里传入。

提示 如果你想在用户连接和退出时显示一条系统消息，也可以在服务器端的 connect 和 disconnect 事件处理函数中发送对应的用户名，客户端对应的事件处理函数接收到数据后会将其显示到页面中。

11.3.4 通信频道分离

有些时候，我们需要对通信的频道（communication channel）进行分离。比如，聊天室经常需要创建不同的聊天房间，每个用户可以加入不同的房间，某个房间内用户发送的消息只会广播给该房间内的用户，而不会被其他房间的用户收到。本节我们会简单介绍 Socket.IO 中的两种频道分离概念：命名空间（Namespaces）和房间（Rooms）。

1. 命名空间

在程序层面上，Socket.IO 支持使用命名空间来分离通信频道。简单地说，不同的命名空间就是不同的 URL 路径，比如 /foo 和 /bar 就是两个不同的命名空间。与不同命名空间建立连接的客户端发送的事件会被对应命名空间的事件处理函数接收，而发送到某个命名空间的事件不会被其他命名空间下的客户端接收。命名空间通常会用来分离程序中的不同逻辑部分。

提示 为了便于理解，你可以把 SocketIO 中的命名空间比作 Flask 中的蓝本，蓝本可以定义不同的 URL 前缀，即创建不同的命名空间。不同蓝本可以定义不同的处理逻辑，比如，发送到 A 蓝本中的视图函数的请求只会触发 A 蓝本中注册的请求处理函数。

默认的全局命名空间是“/”，即根 URL。为了作为示例，我们在 CatChat 中创建了一个匿名聊天页面，它的自定义命名空间为 /anonymous。如果用户在匿名聊天页面发送消息，不会触发在服务器端定义的 new message 事件处理函数，因为它只会接收默认命名空间（即“/”）下的事件。为了接收 /anonymous 命名空间下发送的客户端事件，我们需要注册一个新的事件处理函数，并在 on() 装饰器内使用 namespace 参数指定命名空间为 /anonymous，如代码清单 11-7

所示。

代码清单11-7　catchat/blueprints/chat.py：为/anonymous命名空间注册new message事件处理函数

```
# 处理默认的全局命名空间下的 new message 事件
@socketio.on('new message')
def new_message(message_body):
    ...
# 处理 /anonymous 命名空间下的 new message 事件
@socketio.on('new message', namespace='/anonymous')
def new_anonymous_message(message_body):
    avatar = 'https://www.gravatar.com/avatar?d=mm'
    nickname = 'Anonymous'
    emit('new message',
            {'message_html': render_template('chat/_anonymous_message.html',
                                    message=message_body,
                                    avatar=avatar,
                                    nickname=nickname)},
            broadcast=True, namespace='/anonymous')
```

在这个事件处理函数中，我们采用了不同的处理逻辑，消息没有保存到数据库中，而是直接广播到所有客户端中，头像和昵称均为匿名，对应的消息 HTML 在局部模板 chat/_anonymous_message.html 中定义。最后，在使用 emit() 函数发送事件时，我们仍然使用 namespace 参数指定发送事件的目标命名空间，这样只有 /anonymous 命名空间下的客户端才会接收到这个事件。

我们创建 anonymous 视图来渲染匿名聊天室的模板 anonymous.html：

```
@chat_bp.route('/anonymous')
def anonymous():
    return render_template('chat/anonymous.html')
```

> 💡**提示**　命名空间不必和对应视图函数的 URL 规则相同。我们的视图函数处理常规的 HTTP 请求，而事件处理函数使用 WebSocket 来沟通，两者的 URL 互不干扰。

在本节一开始，我们曾介绍过在客户端使用 io () 方法建立连接，可以用传入服务器的 URL 作为参数。要指定命名空间，那么传入对应的路径即可：

```
var socket = io.connect('/anonymous');
```

为了支持新的自定义命名空间，我们将 socket 实例的定义移动到模板 home.html 和 anonymous.html 中。home.html 中的 socket 实例与全局命名空间建立连接，而 anonymous.html 中 socket 实例与 /anonymous 命名空间建立连接，如下所示：

```
{% block scripts %}
{{ super() }}
<script type="text/javascript">
    var socket = io.connect('/anonymous');
</script>
{% endblock %}
```

客户端的几个事件处理函数对于这两个命名空间来说可以共用，因此不用单独创建。如果你需要为不同的命名空间设置各自独立的事件处理函数，那么创建多个socket实例，分别注册事件处理函数，实现不同的处理逻辑即可。

> 📷 **注意** 这里我们使用 {{ super() }} 确保这行定义被追加到加载 Socket.IO 资源的语句后，这样才可以被正常调用。

2. 房间

在客户端层面上，Socket.IO 支持房间（Room）的概念，它可以用来对客户端进行分组，以便实现在某个命名空间下进一步的通信频道分离。将客户端加入 / 移出房间的操作在服务器端实现，在 Flask-SocketIO 中，我们使用 join_room() 和 leave_room() 函数来实现房间功能，这两个函数分别用来把当前用户（客户端）加入和退出房间。你还可以使用 close_room() 函数来删除一个房间，并清空其中的用户。另外，rooms() 函数可以返回某个房间内的客户端列表。

为了保持简单，CatChat 中并没有添加房间功能，我们这里仅介绍实现的基本方法。首先，你需要创建一个 Room 模型存储房间数据。房间可以使用任意的字符串或数字作为标识，所以可以使用主键列作为标识，另外再创建一个 name 列用于存储房间的显示名称。同时，我们还要在程序中提供房间的创建、编辑和删除操作。Room 模型和表示用户的 User 模型建立一对多关系，分别建立 Room.users 和 User.room 关系属性。

在房间的入口页面中，我们可以创建一个下拉列表供用户选择要加入的房间。用户提交表单后，程序会被重定向到房间聊天页面。在房间聊天页面，我们可以在客户端的 connect 事件监听函数中使用 emit() 函数触发服务器端自定义的 join 事件；同样，用户单击离开按钮离开房间后在客户端的 disconnect 事件处理函数中使用 emit() 函数触发服务器端定义的 leave 事件：

```javascript
socket.on('connect', function() {
    socket.emit('join');
});
socket.on('disconnect', function() {
    socket.emit('leave');
});
```

在服务器端，自定义的 join 和 leave 事件分别用来将用户加入和移出房间，这两个自定义事件的处理函数如下所示：

```python
from flask_socketio import join_room, leave_room

@socketio.on('join')
def on_join(data):
    username = data['username']
    room = data['room']
    join_room(room)
    emit('status', username + ' has entered the room.', room=room)

@socketio.on('leave')
def on_leave(data):
    username = data['username']
    room = data['room']
    leave_room(room)
```

```
        emit('status', username + ' has left the room.', room=room)
```

在这两个事件处理器中，我们分别调用 Flask-SocketIO 提供的 join_room() 和 leave_room() 函数，并传入房间的唯一标识符。

> 💡 **提示**　房间也支持命名空间，通过 join_room() 和 leave_room() 函数的 namespace 参数指定，默认使用当前正在处理的命名空间，可以通过 Flask-SocketIO 附加在请求对象上的 namespace 属性获得，即 request.namespapce。

同样，在发送事件时，也要指定发到哪个房间，这通过使用 send() 和 emit() 函数中的 room 参数来指定。比如，下面是创建广播新消息的 room message 事件处理函数：

```
@socketio.on('room message')
def new_room_message(message_body):
    emit('message', {'message': current_user.username + ':' + message_body},
        room=current_user.room)
```

如果你仅需要对用户进行分组，那么房间是你的最佳选择。命名空间是在程序层面上的频道分离。如果我们要在程序中同时实现全局聊天、匿名聊天室、房间、私聊，这四类功能对消息的处理各自不同，所以我们需要为这四类功能指定不同的命名空间（全局聊天可以使用默认的全局命名空间）。在需要分离通信频道时，我们需要根据程序的特点来决定方式：仅使用命名空间、仅使用房间或两者结合使用。

> 📊 **附注**　你可以通过 Flask-SocketIO 作者 Miguel Grinberg 提供的这个聊天程序（https://github.com/miguelgrinberg/Flask-SocketIO-Chat）示例了解关于房间的具体实现。

顺便说一下，基于房间你也可以实现私信 / 私聊功能。只需要把 room 设为代表某个用户的唯一值，在发送事件时，就只有目标用户的客户端才能接收到事件。你可以把这种实现方法理解为 "一个人的房间"。这个能代表用户的唯一值可以是主键值、username 或是 Flask-SocketIO 附加到 request 对象上代表每个客户端 id 的 session id（request.sid）。

> 💡 **提示**　如果你使用 request.sid 作为唯一值，那么需要在 User 模型中添加一个 sid 字段存储这个值，然后在服务器端的 connect 事件处理函数中更新这个值。

11.4　使用 Flask-OAuthlib 实现第三方登录

我们经常在一些网站的登录页面看到一个使用其他社交账户登录的选项，比如 Facebook、Twitter、Google、QQ、新浪微博等。这种登录方式通常被称为 "第三方登录"，即用户、程序之外的第三方。也就是说，如果我们的程序添加了第三方登录支持，用户就可以使用第三方服务的账号登录我们的程序。

> 💡 **提示**　如果你从 GitHub 上复制了示例程序，可以执行 git checkout login 签出程序的新版本。程序的新版本添加了多种第三方登录支持。

第三方登录的实质是借助第三方服务开放的 Web API 进行 OAuth 授权。授权成功后，我们就可以通过第三方服务的 Web API 获取到用户的资料以及其他资源。这些资源包含我们创建一个用户对象所需要的 Email、用户名等信息。在某些特殊场景下，我们甚至可以完全使用第三方登录作为唯一的登录方式。一个显而易见的好处是，用户使用第三方登录可以省去程序内的注册、登录以及填写资料的步骤，进而可以更快速地开始使用程序。

对于用户来说，第三方登录的过程非常简单，以"使用 GitHub 登录"为例：

1）用户在你的网站上单击"使用 GitHub 账号登录"按钮，然后会被重定向到 GitHub 的授权请求页面。

2）用户在 GitHub 提供的授权请求页面中输入 GitHub 账号和密码登录，然后被重定向返回你的网站。

3）你的网站从 GitHub 获取用户信息，根据这些信息新建账号并登入用户。

但是作为程序实现，我们要做的事情就要多得多了。在 CatChat 程序中，我们将实现 GitHub、Google 和 Twitter 三种授权选项。其中 GitHub 和 Google 的 Web API 服务器都使用 OAuth2（这部分介绍将以 GitHub 作为主要示例），而 Twitter 则使用 OAuth1（OAuth1.0a）我们将在最后简单介绍区别，具体流程稍微有些区别。

注意　在本地测试 Google 和 Twitter 的授权功能时需要设置 VPN 代理。另外，因为 Flask-OAuthlib 会使用 urllib 库发送 HTTP 请求，所以还需要在系统层面为 Python 解释器设置代理。

11.4.1　编写 OAuth 客户端

大多数程序通常需要提供多个社交网站的登录功能。因此，我们最好为所有支持的服务提供方编写一个统一的接口。这意味着我们需要使用一个通用的 OAuth 认证库。使用 Python 实现的 OAuth 客户端库有很多选择，比如 Authlib（https://authlib.org）、RAuth（https://github.com/litl/rauth）、Authomatic（https://github.com/authomatic/authomatic）、OAuthlib（https://github.com/idan/oauthlib）等。另外，还有 Flask-Dance（https://github.com/singingwolfboy/flask-dance）、Flask-OAuthlib 等扩展可以使用。CatChat 程序中选用了集成 OAuthlib 的 Flask-OAuthlib 扩展，它既提供了客户端的 OAuth 认证功能，也可以用来为 Web API 创建 OAuth 服务器，旨在替代缺乏维护的 Flask-OAuth 扩展。

提示　（1）对于商业项目，你可以尝试使用 Authlib，它更加安全和完善，而且内置的 OAuth 扩展和 Flask-OAuthlib 的 API 基本相同。

（2）如果项目和 GitHub 开源项目相关，或是面向的主要用户群是开发者时，可以仅支持 GitHub 登录功能，这时可以使用扩展 GitHub-Flask（https://github.com/cenkalti/github-flask）实现。

首先使用 Pipenv 安装 Flask-OAuthlib 及其依赖：

```
$ pipenv install flask-oauthlib
```

然后在 extensions 模块中实例化 OAuth 类，创建 oauth 对象：

```
from flask_oauthlib.client import OAuth
oauth = OAuth()
```

最后在构造文件中对 oauth 对象调用 init_app() 方法，传入程序实例 app，以完成扩展的初始化：

```
def create_app():
    app = Flask(__name__)
    register_extensions(app)
    ...

def register_extensions(app):
    ...
    oauth.init_app(app)
```

为了更方便地组织 OAuth 认证的相关代码，我们在 blueprints 包下新建一个 oauth.py 脚本，用来存储 OAuth 相关的视图函数和代码。我们会在这个 oauth 脚本中创建一个 oauth 蓝本，为了避免蓝本的名称与 Flask-OAuthlib 中实例化 OAuth 类创建的 oauth 对象发生冲突，我们需要避免将蓝本对象的名称设为 oauth，这里使用了 oauth_bp：

```
from flask import Blueprint

oauth_bp = Blueprint('oauth', __name__)
```

11.4.2　注册 OAuth 程序

像这些将 Web API 大范围公开的服务提供方，为了避免使用者对 Web API 资源进行滥用，一般会要求使用 API 的程序先进行注册。注册后会获得一个客户端 ID 和客户端 Secret，在发起认证时必须提供这两个值。这样服务提供方可以方便地对 API 请求的来源程序进行识别，并对同一客户端的请求进行相应地控制和管理。

> 📶 附注　因为在这个 OAuth 认证流程中，我们的程序需要向服务提供方发送请求来获取资源，所以我们的程序属于客户端一方，而提供 Web API 的一方则属于服务器端，或服务提供方。

在服务提供方的网站上进行 OAuth 程序注册时，通常需要提供程序的基本信息，比如程序的名称、描述、主页等，这些信息会显示在要求用户授权的页面上，供用户识别。在 GitHub 中进行 OAuth 程序注册非常简单，访问 https://github.com/settings/applications/new 填写注册表单，注册表单各个字段的作用和示例如图 11-2 所示。

> 📶 附注　如果你没有 GitHub 账户，那么需要先注册一个才能访问这个页面。

表单中的信息都可以进行修改。在开发时，程序的名称、主页和描述可以使用临时的占位内容。但 Callback URL（回调 URL）需要正确填写，这个回调 URL 用来在用户确认授权后重定向到程序中。因为我们需要在本地开发时进行测试，所以需要填写本地程序的 URL，比如

http://127.0.0.1:5000/callback/github，我们需要创建处理这个请求的视图函数，在这个视图函数中获取回调 URL 附加的信息，后面会进行详细介绍。

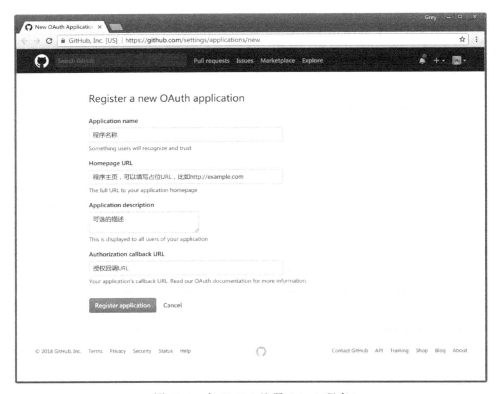

图 11-2 在 GitHub 注册 OAuth 程序

> 注意 这里因为是在开发时进行本地测试，所以填写了程序运行的地址，在生产环境要避免指定端口。另外，在这里 localhost 和 127.0.0.1 会被视为两个地址。在程序部署上线时，你需要将这些地址更换为真实的网站域名地址。

> 提示 为了能够统一处理不同登录选项的回调请求，我们在不同的服务提供方注册 OAuth 程序时要填入相同规则的回调 URL，即 /callback/<服务提供方名称>。比如，在 Google 注 册 时 使 用 http://127.0.0.1:5000/callback/google，在 Twitter 注 册 时 使 用 http://127.0.0.1:5000/callback/twitter。

注册成功后，我们会在重定向后的页面看到我们的 Client ID（客户端 ID）和 Client Secret（客户端密钥），我们需要将这两个值作为配置变量 GITHUB_CLIENT_ID 和 GITHUB_CLIENT_SECRET，存储到保存敏感信息的 .env 文件中（示例程序中为了便于测试，临时保存在 .flaskenv 文件中）：

```
GITHUB_CLIENT_ID = '你的 GitHub 客户端 ID'
GITHUB_CLIENT_SECRET = '你的 GitHub 客户端密钥'
```

和 GitHub 一样，在使用其他平台提供的授权服务前，我们都需要在各个平台上注册 OAuth 程序，以便获得对应的客户端 ID 和客户端密钥。完成在 Google 和 Twitter 上的注册后，我们的 .env 文件中会保存这三对客户端 ID 和客户端密钥。

下面是几个主流服务的 OAuth 程序申请地址：

❏ GitHub：https://github.com/settings/developers
❏ Google：https://cloud.google.com/console
❏ Twitter：https://apps.twitter.com/
❏ Facebook：https://developers.facebook.com/apps/
❏ QQ：http://connect.qq.com
❏ 微信：https://open.weixin.qq.com
❏ 新浪微博：http://open.weibo.com/
❏ 豆瓣：https://developers.douban.com/

附注 国内的各大平台相关服务的申请流程过于繁琐，所以在示例程序中仅实现了 GitHub、Twitter 和 Google 的第三方登录支持。

11.4.3　处理 OAuth2 授权

要支持第三方登录，那么就要和这些服务的 Web API 打交道。在第 10 章，我们学习了如何作为服务提供方添加 OAuth 认证支持，而我们现在编写的程序则是作为客户端一方。在第 10 章，我们为程序实现了 Resource Owner Password Credentials 模式的 OAuth2 认证，而像 Google、Twitter 这些大范围公开的 Web API 使用的认证模式则是 Authorization Code 模式。下面我们会简单介绍 Authorization Code 模式。

1. Authorization Code 授权流程

为了在程序编写代码与 Authorization Code 模式的 OAuth 服务器进行交互，我们需要了解这种模式的认证流程。图 11-3 很好地解释了整个认证流程。

提示 在 OAuth 认证中，需要获取和使用资源的一方，即我们的程序，通常被称为资源消费者（Resource Consumer）或客户端（Client）。而拥有用户资源的各种在线服务提供方则被称为资源提供者（Resource Provider）。用户被称为资源拥有者（Resource Owner）。

附注 在 OAuth 规范中，服务提供方需要使用两个服务器：授权服务器（Authorization Server）用来提供授权相关的功能；资源服务器（Resource Server）用来提供服务所拥有的资源，现实中有时也会使用同一个服务器实现。

以 GitHub 为例，屏幕背后具体的整个认证过程如下所示：

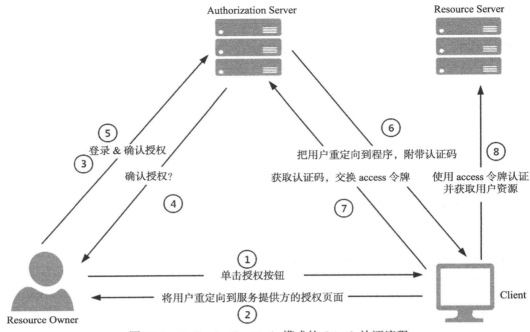

图 11-3 Authorization Code 模式的 OAuth 认证流程

1）在 GitHub 为我们的程序注册 OAuth 程序，获得 Client ID（客户端 ID）和 Client Secret（客户端密钥）。

2）我们在登录页面添加"使用 GitHub 登录"按钮，按钮的 URL 指向 GitHub 提供的授权 URL，即 https://github.com/login/oauth/authorize。

3）用户单击登录链接，程序访问 GitHub 的授权 URL，我们在授权 URL 后附加查询参数 Client ID 以及可选的 Scope 等。GitHub 会根据授权 URL 中的 Client ID 识别出我们的程序信息，根据 scope 获取请求的权限范围，最后显示在授权页面上。

4）用户输入 GitHub 的账户及密码，同意授权。

5）用户同意授权后，GitHub 会将用户重定向到我们注册 OAuth 程序时提供的回调 URL。如果用户同意授权，回调 URL 中会附加一个 code（即 Authorization Code，通常称为授权码），用来交换 access 令牌（即访问令牌，也被称为登录令牌、存取令牌等）。

6）我们在程序中接收到这个回调请求，获取 code，发送一个 POST 请求到用于获取 access 令牌的 URL，并附加 Client ID、Client Secret 和 code 值以及其他可选的值。

7）GitHub 在接收到请求后，验证 code 值，成功后会再次向回调 URL 发起请求，同时在 URL 的查询字符串中或请求主体中加入 access 令牌的值、过期时间、token 类型等信息。

8）我们的程序获取 access 令牌，可以用于后续发起 API 资源调用，或保存到数据库备用。

9）如果用户是第一次登入，就创建用户对象并保存到数据库，最后登入用户。

虽然这里有很多步骤，但是不用担心，大部分步骤我们都可以使用扩展来简化操作。完成了基础设置，下面我们可以在程序中编写模板和视图函数来进行 OAuth 授权。

2. 定义远程程序

在 OAuth 认证中，我们开发的程序也被称为本地程序（local application），而我们要与之交互的第三方服务提供方则相应被称为远程程序（remote application）。在 Flask-OAuthlib 中，我们需要为每一个 OAuth 服务提供方创建一个 OAuthRemoteApp 实例，在实例化时传入所有必须的信息，包括远程程序的名称、Web API 的根 URL、认证 URL、获取 access 令牌的 URL 等，以便 Flask-Authlib 在执行相应操作时获取。OAuthRemoteApp 类实例通过 OAuth 类的 remote_app() 方法创建，如代码清单 11-8 所示。

代码清单11-8　catchat/blueprints/oauth.py：注册远程程序

```
import os
from catchat.extensions import oauth, db

github = oauth.remote_app(
    name='github',
    consumer_key=os.getenv('GITHUB_CLIENT_ID'),
    consumer_secret=os.getenv('GITHUB_CLIENT_SECRET'),
    request_token_params={'scope': 'user'},
    base_url='https://api.github.com/',
    request_token_url=None,
    access_token_method='POST',
    access_token_url='https://github.com/login/oauth/access_token',
    authorize_url='https://github.com/login/oauth/authorize',
)

google = oauth.remote_app(
    name='google',
    consumer_key=os.getenv('GOOGLE_CLIENT_ID'),
    consumer_secret=os.getenv('GOOGLE_CLIENT_SECRET'),
    request_token_params={'scope': 'email'},
    base_url='https://www.googleapis.com/oauth2/v1/',
    request_token_url=None,
    access_token_method='POST',
    access_token_url='https://accounts.google.com/o/oauth2/token',
    authorize_url='https://accounts.google.com/o/oauth2/auth',
)
twitter = oauth.remote_app(
    ...
)
```

remote_app() 中传入的常用参数及说明如表 11-3 所示。

表 11-3　注册远程程序时的常用参数

参　　数	说　　明
name	远程程序的名称
base_url	Web API 的根 URL
request_token_url	请求新的 token 的 URL，用于 OAuth1
access_token_url	获取 access 令牌的 URL

（续）

参　数	说　明
authorize_url	授权 URL
consumer_key	Client ID
consumer_secret	Client Secret
request_token_params	可选的参数字典，用来附加在 request token URL 或授权 URL 后
request_token_method	向 request token URL 发起请求时使用的 HTTP 方法，默认为 GET
access_token_params	可选的参数字典，用来附加在 access 令牌 URL 后
access_token_method	向 access 令牌 URL 发起请求时使用的 HTTP 方法，默认为 GET

在这些参数中，不同服务提供方的各种 URL 可以在各自的开发文档中看到。consumer_key 和 consumer_secret，即我们在服务提供方注册程序后获得的客户端 ID 和客户端 Secret，我们在上一节已经把对应值存储到了 .env 文件中，因此这里从环境变量中导入。

值得特别说明的是参数 request_token_params，它用来定义发送授权请求和获取 token 请求（OAuth1）时在 URL 中附加的查询参数。除了必须的 Client ID 之外（这个参数 Flask-OAuthlib 会在发起授权请求时自动附加在 URL 中），服务提供方通常还支持传入其他参数来指定其他行为。比如，在发送 GET 请求到授权 URL 时，GitHub 支持的其他常用可选参数如表 11-4 所示。

表 11-4　GitHub 授权 URL 后附加的常用可选参数

名　称	类　型	说　明
scope	字符串	请求的权限列表，使用空格分隔
state	字符串	用于 CSRF 保护的随机字符，也就是 CSRF 令牌
redirect_uri	字符串	用户授权结束后的重定向 URL（必须是外部 URL）

如果不设置 scope，那么远程程序会拥有的权限是获取用户的公开信息。每个服务提供方的 Web API 设计都不同，scope 可用的值以及含义也不同。比如，获取用户资料时，Google 默认不会返回用户的 Email，如果我们要获取用户的 Email，就需要在 scope 字符串中添加 email。

> 附注　选择 scope 时尽量只选择需要的内容，申请太多的权限可能会被用户拒绝。可选的 scope 值与其含义在各个服务提供方的开发文档中可以看到，比如，GitHub 提供的所有的可用 scope 列表及其说明可以在 https://developer.github.com/apps/building-integrations/setting-up-and-registering-oauth-apps/about-scopes-for-oauth-apps/ 看到。

state 也可以在 request_token_params 字典中设置，使用 lambda 设置一个可调用对象，以便在发送请求时调用，比如：

```
from werkzeug import security

remote = oauth.remote_app(
    request_token_params={
```

```
            'state': lambda: security.gen_salt(10)
        }
    )
```

如果不设置 redirect_uri，那么 GitHub 会使用我们注册 OAuth 程序时填写的 callback URL。但是需要注意的是，如果要设置这个值，那就必须和注册 OAuth 程序时填写的 URL 完全相同。

3. 发送授权请求

按照在上面介绍的流程，我们首先需要创建用于第三方登录的视图，在视图函数中使用 redirect() 重定向到服务提供方的授权 URL，并附加相应的查询参数。但我们不必手动做这个工作，因为 Flask-OAuthlib 为每一个注册后的远程程序对象提供了 authorize() 方法，这个方法用来构建授权 URL 并生成重定向响应。为了获得统一的行为，Flask-OAuthlib 要求必须在 authorize() 方法中使用 callback 参数指定回调地址。我们在 url_for() 函数中将 _external 参数设为 Ture 来获取外部 URL。比如，下面对 github 对象调用 authorize() 方法：

```
github.authorize(url_for('.github_callback', _external=True)
```

上面的 .github_callback 端点对应的是处理回调请求的视图函数。在 GitHub 和 Google 中，这里指定的回调地址要和注册 OAuth 程序时填写的地址相同，因此可以猜到 .github_callback 端点对应的 URL 规则必然是 /callback/github。再次提醒，127.0.0.1 和 localhost 会被视为不同的地址，因此在本地访问程序时要使用一致的地址，因为访问程序的地址会影响 url_for() 函数最终返回的外部地址。

 附注　OAuth1 要求程序显式指定回调 URL，所以我们在 Twitter 上注册 OAuth 程序时填入的回调 URL 可以与我们在程序中指定的回调 URL 不同。

 提示　在注册远程程序时，我们使用 request_token_params 参数字典来定义附加在授权 URL 后的可选查询参数，这些参数也可以在 authorize() 方法中使用对应的参数传入。另外，在同时支持多个远程程序时，对于 callback 和 state 这类可以在不同远程程序间通用的值，在调用 authorize() 方法时通过对应的参数统一传入是更方便的做法。

我们可以分别为每一个远程程序创建视图函数，比如 github_login()、google_login() 和 twitter_login()，在这些视图函数中对各自的远程程序对象调用 authorize() 方法，然后再分别创建处理回调请求的 github_callback()、google_callback() 和 twitter_callback() 视图函数，但这样显然太过麻烦。最恰当的方法是通过 URL 变量接收不同的远程程序名称，然后根据名称找到对应的远程程序对象。下面的 providers 字典存储服务提供方的名称和远端程序对象的映射，它允许我们使用远程程序名称作为键获取对应的远程程序对象：

```
github = oauth.remote_app(
    ...
)
google = oauth.remote_app(
    ...
)
```

```
twitter = oauth.remote_app(
    ...
)
providers = {
    'github': github,
    'google': google,
    'twitter': twitter
}
```

用于处理第三方登录请求，并将用户重定向到对应服务提供方的授权页面的 oauth_login 视图如代码清单 11-9 所示。

代码清单11-9　catchat/blueprints/oauth.py：OAuth登录视图

```
@oauth_bp.route('/login/<provider_name>')
def oauth_login(provider_name):
    if provider_name not in providers.keys():
            abort(404)
    if current_user.is_authenticated:
        return redirect(url_for('chat.home'))

    callback=url_for('.oauth_callback', provider_name=provider_name, _external= True)
    return providers[provider_name].authorize(callback=callback)
```

在视图函数一开始，我们首先确保 provider_name 变量的值为 github、google 和 twitter 中的一个（通过 providers.keys() 获得这个列表），如果不是就返回 404 响应。第二个判断用来将已经登入的用户重定向到主页。

 如果你想使用 any 转换器来替代掉视图函数开头的 if 语句，那么写死的形式为：'/login/<any(github, google, twitter):provider_name>'。手动构建选项字符串的行式为：'/login/<any(%s):provider_name>' % str(providers.keys())[1:-1]。

这个视图的主要工作就是调用服务提供方对象的 authorize() 方法发出将程序重定向到对应的授权 URL。因为 URL 规则中的 provider_name 变量接收服务提供方的名称，我们使用 providers[provider_name] 获取对应的远程程序对象。

另外，用于处理回调请求的 oauth_callback 视图也通过在 URL 中接收远程程序名称作为变量来从 providers 字典里获取远程程序对象，所以我们在 url_for() 函数中传入 URL 变量 provider_name，具体我们会在下一节学习。

我们在登录模板（login.html）中的登录表单下面添加这三个社交登录按钮：

```
<div class="ui message">
    <a class="icon" href="{{ url_for('oauth.oauth_login', provider_name='github')
        }}"><i class="github big icon black"></i></a>
    <a class="icon" href="{{ url_for('oauth.oauth_login', provider_name='google')
        }}"><i class="google big icon red"></i></a>
    <a class="icon" href="{{ url_for('oauth.oauth_login', provider_name=
        'twitter') }}"><i class="twitter big icon blue"></i></a>
</div>
```

按钮中的 URL 指向 oauth_login 视图，并使用关键字 provider_name 传入对应的社交服务名称，现在的登录页面如图 11-4 所示。

图 11-4　添加第三方登录按钮

以 GitHub 为例，现在用户单击第三方登录按钮会重定向到 GitHub 提供的授权页面。用户输入账户登录后可以在这个页面上查看请求授权的范围（scope 对应的用户资源）和程序的主要信息，如图 11-5 所示。

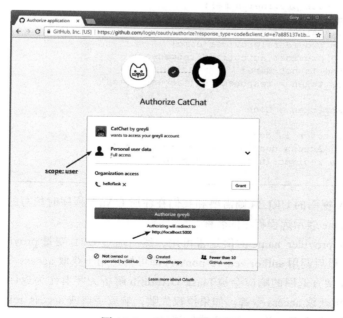

图 11-5　GitHub 授权页面

> **注意** 因为示例程序在各大服务提供方注册时填入的回调 URL 是 http://localhost:5000... 形式，所以你在测试时必须通过这个地址访问程序，而不是 http://127.0.0.1:5000，否则会导致重定向地址不同而出错。

4. 使用授权码交换 access 令牌

如果用户同意授权，GitHub 会将用户重定向到我们设置的 callback URL，并在重定向的 URL 中加入 code（授权码）——一个临时生成的值，用于程序再次发起请求交换 access 令牌，比如：

```
http://localhost:5000/callback/github?code=8587020dc4a4638d7901
```

获取到 code 后，程序需要向获取 access 令牌的 URL（即 https://github.com/login/oauth/access_token）发起一个 POST 请求以交换 access 令牌，在请求主体中必须提供的参数为 Client ID、Client Secret 和 code，其他可选的参数有 redirect_uri 和 state 等。

很幸运，上面的一系列工作 Flask-OAuthlib 会在背后替我们完成。我们只需要对远程程序对象调用 authorized_response() 即可发送这个 POST 请求，比如：

```
github.authorized_response()
```

这个方法需要在处理授权回调请求的视图函数中调用，oauth_callback 视图如代码清单 11-10 所示。

代码清单11-10　catchat/blueprints/oauth.py：处理授权回调请求

```python
@oauth_bp.route('/callback/<provider_name>')
def oauth_callback(provider_name):
    if provider_name not in providers.keys():
        abort(404)
    provider = providers[provider_name]
    response = provider.authorized_response()
    if response is not None:
        access_token = response.get('access_token')
    else:
        access_token = None

    if access_token is None:
        flash('Access denied, please try again.')
        return redirect(url_for('auth.login'))
    ...
```

oauth_callback 视图的 URL 规则需要和我们在注册 OAuth 程序时填写的回调 URL 相匹配，这里的 provider_name 表示远程程序的名称。

我们首先判断 provider_name 的值是否可用，然后通过 URL 变量 provider_name 获取对应的远程程序对象，最后调用 authorized_response() 即可构建用于获取 access 令牌的 POST 请求并发送出去，服务提供方返回的响应会被 Flask-OAuthlib 解析为字典作为返回值，我们可以使用 access_token 作为键获取 access 令牌。如果授权失败，响应字典或 access_token 的值会是 None，这时我们重定向到登录页面，并显示一个错误消息。

提示 按照 OAuth2 的规范，错误和错误描述会通过查询参数 error 和 error_description 提供，所以我们可以从 request.args 属性中获取对应的值（即 request.args['error'] 和 request.args['error_description']），并使用这两个值构建错误消息。

如果授权成功，我们需要使用 access 令牌向对应的服务提供方的 Web API 发起资源调用请求获取用户资料，以便创建新的用户记录，最后我们会像以往的登录视图那样使用 Flask-Login 提供的 login_user() 函数登入用户，我们会在下一小节进行介绍。

5. 获取用户资料

获取 access 令牌的响应中会包含 access_token、token_type、过期时间这些和授权相关的数据。在 OAuth1 服务提供方也会提供少量其他信息，比如 Twitter 会返回一个 user_id 和 screen_name（显示名称），但大部分情况下并不会直接返回我们需要的资料。

为了创建用户记录，我们需要获取用户在该服务提供方保存的用户资料，比如用户的电子邮箱、用户名等。要获取这些资料，我们首先需要设置对应的 scope 值。在前面我们在定义远程程序实例时通过 request_token_params 参数传入了查询参数 scope 的值。为了获取用户资料和 Email，对于 GitHub 来说，要在 scope 值中加入 user，Google 的 scope 值中则需要加入 email。

现在我们可以对远程程序对象调用 get() 方法来发送获取资源的请求，第一个参数 url 是发送请求的 URL，即 API 的资源端点。token 参数用来传入用于认证的 access 令牌，比如：

```
github.get('user', token=access_token)
```

 提示 Flask-OAuthlib 为远程程序对象提供了一系列方法来发起资源调用请求。和在 jQuery 为 AJAX 请求提供的方法类似，它提供了底层的 request() 方法和更加方便的 get()、post() 等方法（这些方法内部会调用 request() 方法）。

注意 在 0.9.4 版本（当前最新版本为 0.9.5）以前的 Flask-OAuthlib 中，get() 等方法不支持字符串类型的 access 令牌，如果你使用旧版本，那么需要给 token 参数赋值为列表或元组，比如 provider.get(profile_endpoint, token=[access_token])。

在上面的代码中，我们传入的资源 URL 为 user，结合我们注册 github 远程程序时传入的 base_url，最终生成的端点 URL 即 https://api.github.com/user，这个端点用来获取 GitHub 用户的资料信息，具体文档可以访问 https://developer.github.com/v3/users/#get-the-authenticated-user 查看。这个调用返回的 JSON 响应的主要内容示例如下所示：

```json
{
    "login": "octocat",
    "id": 1,
    "avatar_url": "https://github.com/images/error/octocat_happy.gif",
    "gravatar_id": "",
    "url": "https://api.github.com/users/octocat",
    "html_url": "https://github.com/octocat",
    "followers_url": "https://api.github.com/users/octocat/followers",
```

```
        "following_url": "https://api.github.com/users/octocat/following{/other_user}",
        ...
        "type": "User",
        "site_admin": false,
        "name": "monalisa octocat",
        "company": "GitHub",
        "blog": "https://github.com/blog",
        "location": "San Francisco",
        "email": "octocat@github.com",
        "hireable": false,
        "bio": "There once was...",
        "public_repos": 2,
        "public_gists": 1,
        "followers": 20,
        "following": 0,
        "created_at": "2008-01-14T04:33:35Z",
        "updated_at": "2008-01-14T04:33:35Z",
    }
```

这里的 get() 方法会返回一个 OAuthResponse 对象，Flask-OAuthlib 会将这个 JSON 响应解析为 Python 字典，我们可以从 OAuthResponse 对象的 data 属性获取这个字典，并使用对应的键获取我们需要的数据。

 附注 各个服务提供商的 Web API 端点设计及返回资源的示例都可以在对应的文档中看到，如下所示：GitHub（https://developer.github.com/v3/）、Twitter（https://developer.twitter.com/）、Google（https://developers.google.com/）。

当同时实现多个第三方登录选项时，每个服务都有不同的端点来表示用户资源，为了方便获取对应服务提供方的用户资料端点，我们创建一个字典来存储远程程序名称与对应的用户端点的映射：

```
profile_endpoints = {
    'github': 'user',
    'google': 'userinfo',
    'twitter': 'account/verify_credentials.json?include_email=true'
}
```

提示 为了获取 Twitter 用户的 Email，我们在 Twitter 的端点 URL 后添加了一个查询字符串 include_email=true，后面我们会详细说明。

问题还没完，不光是用户资源端点，更麻烦的是，每个服务提供方的 Web API 端点返回的资源模式也都不相同。比如，在 GitHub 的响应中，用户自我介绍的键是 bio，而 Twitter 对应的键却是 description，Google 则不提供这个值。为了处理这些差异，我们单独创建一个函数来获取用户资料，如代码清单 11-11 所示。

代码清单11-11　catchat/blueprints/oauth.py：获取用户资料

```
def get_social_profile(provider, access_token):

    profile_endpoint = profile_endpoints[provider.name]
```

```
response = provider.get(profile_endpoint, token=access_token)

if provider.name == 'twitter':
    username = response.data.get('name')
    website = response.data.get('url')
    github = ''
    email = response.data.get('email')
    bio = response.data.get('description')
elif provider.name == 'google':
    username = response.data.get('name')
    website = response.data.get('link')
    github = ''
    email = response.data.get('email')
    bio = ''
else:
    username = response.data.get('name')
    website = response.data.get('blog')
    github = response.data.get('html_url')
    email = response.data.get('email')
    bio = response.data.get('bio')

return username, website, github, email, bio
```

我们首先通过传入的 provider 对象的 name 属性在 profile_endpoints 字典中获取对应的资料端点，获取到资源响应后，我们再根据 provider.name 的值使用不同的方式获取资料数据，最后返回在 CatChat 程序中创建新用户对象所需的几个数据：username（用户名）、website（网站）、github（GitHub 链接）、email（Email 地址）和 bio（自我介绍）。现在，我们可以在 oauth_callback 视图中通过 get_social_profile() 函数获取这些数据，如下所示：

```
@oauth_bp.route('/callback/<provider_name>')
def oauth_callback(provider_name):
    ...
    provider = providers[provider_name]
    response = provider.authorized_response()
    if response is not None:
        access_token = response.get('access_token')
    ...
    username, website, github, email, bio = get_social_profile(provider, access_token)
    ...
    return redirect(url_for('chat.home'))
```

我们进行 OAuth 授权的目的仅仅是为了实现第三方登录，只需要获取用于创建用户所需的数据，access 令牌在 oauth_callback 视图里获取后就会立刻发送获取用户资料的请求，之后便不再需要。

对于其他程序来说，可能会需要在其他任意时间获取其他类型的资源，比如在 Trello 里集成 GitHub 后，你可以在看板中添加 GitHub 项目中的 Pull Request 数据和 Issue 数据。这时你需要将 access 令牌保存到数据库中，比如在 User 模型中创建一个 access_token 字段。在更完善的程序中，你甚至需要单独创建一个数据库模型存储所有和授权相关的数据，比如用来实现刷新 access 令牌的 refresh 令牌。

注意 虽然在很多例子中，都会把 access 令牌存储到 session 中，但我们在第 2 章已经了解过，session 不能用来存储敏感信息。因此，除了用来测试，正确的做法是把 access 令牌存储到数据库中。

在上面我们介绍过，在调用 get() 等方法时使用 token 关键字可以传入 access 令牌，为了避免每次调用这些方法都需要从数据库中获取 access 令牌，我们可以使用 tokengetter 装饰器注册一个令牌获取函数，比如：

```
@github.tokengetter
def get_github_token():
    if current_user.is_authenticated:
        return current_user.access_token

@google.tokengetter
def get_google_token():
    if current_user.is_authenticated:
        return current_user.access_token
```

这时每一个远程程序对象都需要单独注册一个令牌获取函数，这些函数需要返回 access 令牌值。另外，你也可以使用下面的方式来简化代码：

```
def create_token_getter():
    def getter():
        if current_user.is_authenticated:
            return current_user.access_token
    return getter

github.tokengetter(create_token_getter())
google.tokengetter(create_token_getter())
```

在发送资源请求时（使用 get()、post() 或 request() 等方法），如果没有传入 token 参数，Flask-OAuthlib 会自动调用注册的这些令牌获取函数获取 access 令牌。

附注 因为我们的程序只需要在用户第一次使用第三方登录时使用 access 令牌获取用户资料并保存到数据库中，所以没有把访问令牌保存到数据库里，也没有设置令牌获取函数。

6. 创建并登入用户

在 oauth_callback 视图的最后，获取到用户资料后，我们会创建用户并使用 Flask-Login 提供的 login_user() 函数登入用户，如下所示：

```
@oauth_bp.route('/callback/<provider_name>')
def oauth_callback(provider_name):
    ...
    username, website, github, email, bio = get_social_profile(provider, access_token)

    user = User.query.filter_by(email=email).first()
    if user is None:
        user = User(email=email, nickname=username, website=website,
                    github=github, bio=bio)
        db.session.add(user)
```

```
    db.session.commit()
    login_user(user, remember=True)
    return redirect(url_for('chat.profile'))

login_user(user, remember=True)
return redirect(url_for('chat.home'))
```

我们首先通过 Email 查找是否已存在该用户，如果存在就使用 Flask-Login 提供的 login_user 函数登入用户，并重定向到程序主页。我们使用 Email 作为用户的标识，下一次用户再次使用第三方登录时，就可以通过 Email 来找出对应的用户并登入。

> **附注**　如果你把 access 令牌存储到了数据库中，那么可以在这里更新对应的值，因为 access 令牌是有过期时间的。

如果不存在该用户，我们就创建一个新的 User 实例，把获取到的用户资料存储到用户模型的对应列里。最后登入创建后的用户对象，并重定向到资料页面，因为用户可能需要修改资料。

一次完整的 OAuth 认证就这样完成了。支持第三方登录后，我们还需要对原有的登录系统进行调整。通过第三方认证创建的用户没有密码，如果这部分用户使用传统方式登录的话会出现错误。我们在 login 视图中添加一个 if 判断，如果用户对象的 password_hash 字段为空时，我们会返回一个错误提示，提醒用户使用上次使用的第三方服务进行登录，如下所示：

```
@auth_bp.route('/login', methods=['GET', 'POST'])
def login():
    ...
    if request.method == 'POST':
        ...
        user = User.query.filter_by(email=email).first()

        if user is not None:
            if user.password_hash is None:
                flash('Please use the third party service to log in.')
                return redirect(url_for('.login'))
    ...
```

> **提示**　作为可选的处理方式，你也可以在用户授权成功后请求用户输入一个密码，这样可以支持用户直接通过密码登录。

11.4.4　处理 OAuth1 授权

OAuth2 虽然是 OAuth1 的新版本，但并不向后兼容，实际上可以称为另一个新的协议。目前大部分网站和服务都使用 OAuth2，但仍有一些还在使用 OAuth1，比如 Twitter。具体来说，Twitter 使用的是 OAuth 1.0a 版本。和 OAuth2 相比，OAuth1 主要有下面这些区别：

- ❑ OAuth1 在用户确认授权前有一个获取临时的 request 令牌（请求令牌）的步骤
- ❑ OAuth1 最终返回的 access 令牌由 oauth 令牌和 oauth 令牌密钥（token secret）组成
- ❑ OAuth1 的权限令牌没有过期时间

当然，我们不用过于在意两者的差异，因为 Flask-OAuthlib 会处理大部分的工作。我们只需要根据其中的两个关键区别在程序中进行相应地设置以便兼容两者。首先，OAuth1 在用户确认授权前有一个获取临时 request 令牌的步骤，所以我们需要在注册远程程序时提供用于获取 request token 的 URL，即 request_token_url：

```python
twitter = oauth.remote_app(
    name='twitter',
    consumer_key=os.getenv('TWITTER_CLIENT_ID'),
    consumer_secret=os.getenv('TWITTER_CLIENT_SECRET'),
    base_url='https://api.twitter.com/1.1/',
    request_token_url='https://api.twitter.com/oauth/request_token',
    access_token_url='https://api.twitter.com/oauth/access_token',
    authorize_url='https://api.twitter.com/oauth/authorize',
)
```

第二，OAuth1 最终返回的 access 令牌由 oauth token 和 oauth token secret 组成，所以我们要在 oauth_callback 视图中添加 if 判断，当服务提供方是 Twitter 时就从响应值中获取 oauth token 和 oauth token secret，并存储为元组：

```python
@oauth_bp.route('/callback/<provider_name>')
def oauth_callback(provider_name):
    if provider_name not in providers.keys():
        abort(404)

    provider = providers[provider_name]
    response = provider.authorized_response()

    if provider_name == 'twitter':
        access_token = response.get('oauth_token'), response.get('oauth_token_secret')
    else:
        access_token = response.get('access_token')
    ...
```

如果你想要将 OAuth1 的 access 令牌存入数据库，可以考虑将这两个值临时使用空格分隔作为单个字符串，或是单独在 User 模型中创建 oauth_token 和 oauth_token_secret 字段。当然，更完善的方式是为 OAuth2 和 OAuth1 分别创建单独的数据库模型。同时，在 Twitter 对应的令牌获取函数中，返回值需要是包含这两个值的元组或列表：

```python
@twitter.tokengetter
def get_twitter_token():
    if current_user.is_authenticated:
        return current_user.access_token.split()
```

虽然现实意义不大，但仍然值得一提的是，Twitter 对用户 Email 的获取限制比较严格，为了能够获取 Twitter 用户的 Email，我们需要在注册程序后在管理页面的"Permissions 标签页"下找到附加权限（"Additional Permissions"）设置，然后勾选"Request email addresses from users"选项，如图 11-6 所示。

在此之前，确保在程序基本设置（Settings 标签下）里填写了"隐私政策 URL（Privacy Policy URL）"和"权利与条件 URL（Terms of Service URL）"，这两个 URL 可以临时填写占位的 URL。

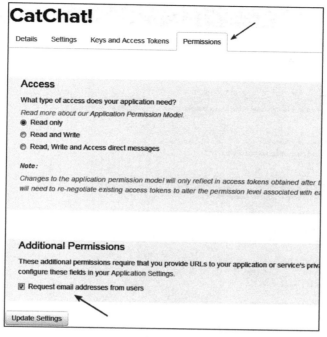

图 11-6　请求获取 Email 权限

　　最后在请求用户资料端点后添加查询字符串，将查询参数 include_email 设为 true，然后才会获取到用户的 Email。

> 提示　大部分社交平台开发的 Web API 都是使用 OAuth 授权，所以流程基本相同。对于 QQ、豆瓣、新浪微博等服务提供方的具体实现，Flask-OAuthlib 提供了示例程序，可以访问 https://github.com/lepture/flask-oauthlib/tree/master/example 查看。

11.5　聊天室功能增强

　　作为一个聊天室，我们已经实现了基本功能，但为了使用起来更加方便，这一节我们会为它增加一些有用的附加功能。

> 提示　如果你从 GitHub 上复制了示例程序，可以执行 git checkout scroll 签出程序的新版本。程序的新版本将实现滚动加载聊天记录的功能。

11.5.1　无限滚动加载历史消息

　　在博客程序中，我们使用分页技术来避免在单个页面加载太多文章以优化页面性能。在聊天室程序中，我们同样也需要对聊天信息进行分页处理。因为我们已经创建了虚拟数据，现在启动程序并打开聊天界面，会看到一个包含 300 条虚拟消息的列表，如图 11-7 所示。

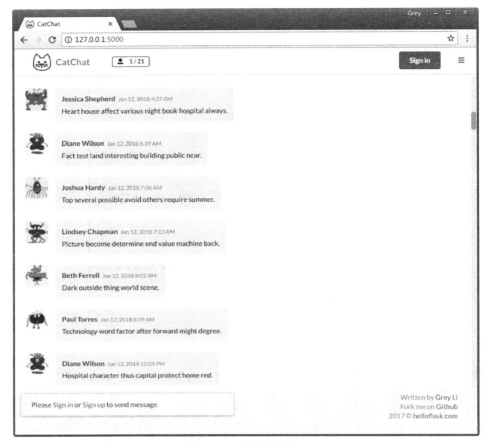

图 11-7 虚拟消息列表

聊天室中一般不会像博客程序那样使用分页导航组件，除非是提供单独的历史消息查看页面。在我们的程序中，像 Slack 或是 Gitter 那样支持无限滚动（Infinite Scroll）是个好主意——用户可以通过向上滚动来自动加载历史信息。比如，每次滚动到列表顶部，就加载 30 条消息，直到加载到最早的第一条消息。我们首先创建一个视图返回分页处理后的消息记录，如代码清单 11-12 所示。

代码清单11-12　catchat/blueprints/chat.py：返回分页消息记录

```python
from flask import render_template
...
@chat_bp.route('/messages')
def get_messages():
    page = request.args.get('page', 1, type=int)
    pagination = Message.query.order_by(Message.timestamp.desc()).paginate(
        page, per_page=current_app.config['CATCHAT_MESSAGE_PER_PAGE'])
    messages = pagination.items
    return render_template('chat/_messages.html', messages=messages[::-1])
```

附注　有很多人认为无限滚动是一个坏的设计，它会像看电视一样让人们失去控制感，这经常会让用户感到焦虑和挫败感。在有些网站上，我们甚至永远也看不到页脚写了些什么。虽然无限滚动存在很多争议，但在特定场景下合理使用仍然是个好的选择。对于聊天室来说，我们的导航栏、页脚和输入区域都是固定的，所以很适合滚动加载历史消息。

和主页视图不同，这里的消息记录需要按照 timestamp 列降序排列，获取到指定页数的数据后再进行颠倒处理 messages[::-1]，这样才可以获得我们需要的消息记录顺序。我们在前面已经创建了包含单个消息 HTML 代码的 _message.html 局部模板，要渲染消息列表，只需要迭代 messages 列表，然后插入 _message.html 模板，这就是局部模板 _messages.html 的内容：

```
{% for message in messages %}
    {% include "_message.html" %}
{% endfor %}
```

视图直接返回渲染好的消息列表 HTML 代码，这样在客户端可以直接将代码插入页面中。

提示　作为替代，你也可以直接使用 render_template_string() 函数渲染这行模板字符串，传入 messages 变量。注意，因为模板字符串中包含 %，所以需要添加 r 前缀将其标记为原始字符串。

为了便于在 JavaScript 中获取 URL，我们在基模板中定义一个变量存储获取消息的 URL：

```
var messages_url = "{{ url_for('chat.get_messages') }}";
```

在客户端代码中，我们使用 jQuery 提供的 scroll() 方法来监测特定元素（或整个窗口/文档）的鼠标滚动动作，结合 scrollHeight（页面顶部）以及 scrollTop 属性，我们可以很容易地判断用户是否滚动到了页面的底部或顶部。用来加载消息的 load_messages() 函数如代码清单 11-13 所示。

代码清单11-13　catchat/static/js/script.js：scroll监听函数

```
var page = 1;
function load_messages() {
    var $messages = $('.messages');
    var position = $messages.scrollTop();
    if (position === 0 && socket.nsp !== '/anonymous') {
        page++;  // 叠加页数值
        $('.ui.loader').toggleClass('active');  // 激活加载滚动条
        $.ajax({
            url: messages_url,  // 这个变量在基模板中定义，即 /messages
            type: 'GET',
            data: {page: page},  // 设置查询字符串 page
            success: function (data) {
                var before_height = $messages[0].scrollHeight;
                $(data).prependTo('.messages').hide().fadeIn(800); // 插入消息
                var after_height = $messages[0].scrollHeight;
                flask_moment_render_all();  // 渲染时间日期
                $messages.scrollTop(after_height - before_height);
                $('.ui.loader').toggleClass('active');  // 关闭滚动条
```

```
            activateSemantics();  // 激活 Semantic-UI 的 JS 组件
        },
        error: function () {
            alert('No more messages.');  // 弹出提示消息
            $('.ui.loader').toggleClass('active');
        }
    });
}
}
```

如果用户滚动到了 id 为 messages 的元素的顶部（即页面顶部），我们就向 /messages 路径发送 GET 请求，并附加对应的查询参数 page 值。获取到对应的消息数据后，我们使用 prependTo() 方法把服务器端返回的消息列表 HTML 代码直接插入到消息列表前面。另外，查询的页数会相应地累加，如果查询的页数超出范围，服务器端默认会返回 404 响应，所以我们在 ajax() 方法的 error 回调函数中显示一个提示。

当 .messages 类所在元素触发 scroll 事件时，我们就执行 load_messages() 函数加载历史消息：

```
$('.messages').scroll(load_messages);
```

> 💿提示　在插入消息列表后，与插入新消息类似，我们需要调用 Flask-Moment 提供的 JavaScript 函数 flask_moment_render_all() 渲染时间戳，并重新激活 Semantic-UI 的 JavaScript 组件。

为了让插入消息后滚动的位置保持在第一条新消息前，我们在插入操作前后分别记录 messages 类对应元素的滚动高度，然后计算出新加入数据的高度，最后使用 $messages. scrollTop(after_height - before_height); 跳到对应位置。

11.5.2　Markdown 支持

现在，越来越多的网站使用 Markdown（https://daringfireball.net/projects/markdown/）来作为文本编辑器的标记语言，尤其是面向开发者的网站，比如 GitHub、Stack Overflow 等。作为一个定位于为程序员开放的聊天室，添加 Markdown 支持和代码语法高亮功能不可或缺。本节我们会为聊天室增加 Markdown 支持，下一节将介绍代码语法高亮。

> 💿提示　如果你从 GitHub 上复制了示例程序，可以执行 git checkout markdown 签出程序的新版本。程序的新版本实现了 Markdown 语法支持。

在开始之前，我们需要先安装用于 Markdown 文本转换的 Markdown 包和 HTML 清理工具 Bleach 包：

```
$ pipenv install markdown bleach
```

> 💿注意　这里的 Markdown 库实现的语法基于标准的 Markdown 语法（https://daringfireball.net/ projects/markdown/syntax）。

在 Flask 项目中支持 Markdown 文本输入主要由下面三个步骤实现：

1）接收用户输入的包含 Markdown 标记的源文本。

2）将 Markdown 文本转换为 HTML 格式。

3）将转换好的 HTML 文本渲染到模板中。

在这几步里，第一步可以使用普通的 textarea 字段来接收输入，即 <textarea><textarea>，可以使用 WTForms 提供的 TextAreaField 类创建。另外，也可以使用功能更加丰富的编辑器，比如 SimpleMDE Markdown Editor（https://simplemde.com/）或是 StackOverflow 使用的 PageDown（https://github.com/StackExchange/pagedown）等。这些编辑器通常支持实时 HTML 预览功能。

> 附注　上面提及的两个编辑器有对应的 Flask 插件，分别是 Flask-SimpleMDE（https://github.com/pyx/flask-simplemde）和 Flask-PageDown（https://github.com/miguelgrinberg/Flask-PageDown）。

对于聊天室程序来说，使用普通的 Textarea 输入框就已经足够了。

第二步有很多种处理方式，你可以直接将 Markdown 源文本保存到数据库中。然后在传入模板前使用 Markdown 库进行转换，或是在模板中使用自定义的过滤器进行转换，但这种方式效率不高，因为每次渲染页面都要进行转换操作。更好的方式是在接收到 Markdown 文本后就进行转换，然后保存转换后的 HTML 文本。如果需要修改 Markdown 原文，则要同时保存 Markdown 文本和转换后的 HTML 文本。

使用 Markdown 库把 Markdown 源文本转换为 HTML 格式非常简单，下面的交互代码块演示了基本用法：

```
>>> import markdown
>>> md = '# Hello, Flask!'
>>> markdown.markdown(md)
u'<h1>Hello, Flask!</h1>'
```

但仅仅将 Markdown 源文本转换为 HTML 是不够的，因为转换后的 HTML 中可能包含恶意代码，比如 JavaScript 脚本。另外，为了避免滥用，我们将仅支持少量的 Markdown 语法规则，其他的 HTML 标签需要被过滤掉。这时就需要用到 HTML 消毒剂——Bleach。代码清单 11-14 是用于转换 HTML 的 to_html() 函数。

代码清单11-14　catchat/utils.py：将Markdown文本转换为HTML文本

```
from bleach import clean, linkify
from markdown import markdown


def to_html(raw):
    allowed_tags = ['a', 'abbr', 'b', 'br', 'blockquote', 'code',
                    'del', 'div', 'em', 'img', 'p', 'pre', 'strong',
                    'span', 'ul', 'li', 'ol']
    allowed_attributes = ['src', 'title', 'alt', 'href', 'class']
    html = markdown(raw, output_format='html')
    clean_html = clean(html, tags=allowed_tags,
```

```
                        attributes=allowed_attributes)
    return linkify(clean_html)
```

这个函数接收 Markdown 源文本作为参数，返回转换且清理标签后的 HTML 文本。我们先使用 markdown() 函数将 Markdown 源文本转换为 HTML，传入 Markdown 源文本，并使用参数 output_format 将输出格式设置为 HTML。

接着，我们使用 Bleach 提供的 clean() 函数对转换后的 HTML 文本进行清理。Bleach 的清理工作是基于白名单进行的。默认的清理规则比较保守，我们需要自己设定一个"标签白名单"——允许的 HTML 标签列表；同时为了支持显示图片和链接，我们也要创建一个"属性白名单"——允许的 HTML 属性列表，然后在 clean() 函数中将这两个列表分别通过 tags 和 attributes 参数传入。

 提示 clean() 函数还支持一个 strip 参数，如果设为 True，那么会直接删除白名单之外的标签。默认为 False。

虽然可以使用 Markdown 语法来创建链接，但如果用户在文本中直接写入了 URL，你也可以使用 Bleach 提供的 linkify() 函数来将文本中的 URL 自动转换成 <a> 标签的链接。它的效果类似 Jinja2 提供的 urlize 过滤器，不过使用 linkify 我们可以传入包含 URL 的文本，linkify() 函数会自动识别并转换文本中包含的 URL，返回处理后的文本。linkify() 非常适合处理仅支持 HTML 链接的内容，比如社交网站上用户的自我介绍。

为了避免重复转换，我们把转换后的 HTML 代码直接存储到数据库中。因为我们的聊天室不提供编辑功能，所以仅保存 HTML 文本即可：

```
...
@socketio.on('new message')
def new_message(message_body):
    html_message = to_html(message_body)
    message = Message(author=current_user._get_current_object(), body=html_message)
...
```

附注 如果你想添加编辑功能，那么就要保存 Markdown 源文本，这也意味着每次用户提交了更改后的 Markdown 文本，你都需要重新调用 to_html 函数生成新的 HTML 文本。如果你使用 SQLAlchemy，可以使用第 5 章介绍的事件监听器来处理这个调用。在 MongoEngine 中，则可以通过重写 save() 方法实现。

最后一步是渲染。在模板中，我们像往常一样对消息正文使用 safe 过滤器，以便正常渲染 HTML 样式。为了帮助用户了解可用的 Markdown 语法，我们还添加了一个帮助模态框，具体可以到源码仓库中查看。

11.5.3　代码语法高亮

代码语法高亮（Code Syntax Highlight）即为代码添加色彩样式以便增加可读性，比如使用文本编辑器时显示的代码样式。在第 4 章我们使用 Flask-CKEditor 扩展提供的内置 CKEditor 包即包含这个功能。

 提示 如果你从 GitHub 上复制了示例程序，可以执行 git checkout highlight 签出程序的新版本。程序的新版本实现了代码语法高亮支持。

Pocoo 团队开发的 Pygments 库是一个优秀的代码高亮工具，在这里我们并不直接使用它，因为 Markdown 库包含了集成 Pygments 的扩展——CodeHilite（https://python-markdown.github.io/extensions/code_hilite/）。

附注 所有可用的扩展列表可以在 Markdown 库的文档（https://python-markdown.github.io/extensions/）中看到。

为了使用 CodeHilite，我们需要先安装 Pygments：

```
$ pipenv install pygments
```

那么，Pygments 是如何为代码添加色彩的呢？对于 HTML 格式来说，通过解析代码片段的语法结构，Pygments 会使用 <span> 标签分隔每一个语法单元，并添加对应的样式类，最后通过加载对应的 CSS 文件即可实现代码"上色"。

在使用 markdown() 函数将 Markdown 源文本转换成 HTML 时，CodeHilite 扩展会自动使用 Pygments 解析源文本中包含的代码块，并为解析后的代码块添加对应的样式类。CodeHilite 检测代码块的方式和 Markdown 标准语法相同，即四个空格缩进的为代码块。在代码块的上一行使用 #! 或 ::: 符号可以指定语言，如果不指定则由 Pygments 自动探测。一段合法的 Python 代码块如下所示：

```
:::python
for i in range(100):
    print(i)
```

但对于需要编辑或复制大量代码的情况就比较麻烦，因为每一行都需要额外的缩进。这时我们可以使用另一个 Markdown 库的内置的 Fenced Code Blocks（https://python-markdown.github.io/extensions/fenced_code_blocks/）扩展来简化操作。顾名思义，它提供了围栏（fence）的方式来定义代码块，而且它内置了对 CodeHilite 的支持。它支持两种代码块语法，一种是使用 PHP Markdown Extra（https://michelf.ca/projects/php-markdown/extra/）风格语法来定义代码块，使用四个连续波浪号，在随后的花括号中指定语言，比如：

```
~~~~{.python}
for i in range(100):
    print(i)
~~~~
```

指定语言的大括号也可以省略：

```
~~~~.html
<p>HTML Document</p>
~~~~
```

另一种是我们熟悉的 GitHub 风格语法，使用三个连续反引号，语言写在开头的三个反引号后：

```python
for i in range(100):
    print(i)
```

要使用内置的扩展，我们只需要使用 markdown() 方法转换 HTML 时通过 extensions 参数指定使用的扩展名称，如下所示：

```
def to_html(raw):
    ...
    html = markdown(raw, output_format='html',
                    extensions=['markdown.extensions.fenced_code',
                                'markdown.extensions.codehilite'])
    ...
```

借助这两个扩展，下面的 Markdown 源文本：

```
Here is the minimal Flask application:
```python
from flask import Flask

app = Flask(__name__)

@app.route('/')
def index():
    return 'Hello, Flask!'
```
```

会被转换成下面的 HTML 文本：

```
<p>Here is the minimal Flask application:</p>
<div class="codehilite"><pre><span></span><span class="kn">from</span> <span class="nn">flask</span> <span class="kn">import</span> <span class="n">Flask</span>

<span class="n">app</span> <span class="o">=</span> <span class="n">Flask</span><span class="p">(</span><span class="vm">__name__</span><span class="p">)</span>

<span class="nd">@app.route</span><span class="p">(</span><span class="s1">'/'</span><span class="p">)</span>
<span class="k">def</span> <span class="nf">index</span><span class="p">():</span>
    <span class="k">return</span> <span class="s1">'Hello, Flask!'</span>
</pre></div>
```

现在，我们需要使用 Pygments 提供的 pygmentize 命令生成包含代码高亮 CSS 规则的 CSS 文件：

```
$ pygmentize -f html -S monokai -a .codehilite
```

在上面的命令中，-f html 用来将格式指定为 html，这会生成 HTML 使用的 CSS 规则。-S monokai 用来将代码样式主题指定为 monokai。最新版本的 Pygments 内置了 29 种主题，你可以使用下面的 pygmentize -L styles 命令查看可用的主题。-a .codehilite 用来将生成样式类的基类

指定为 .codehilite，它是 CodeHilite 解析代码片段后默认添加的基类。这条命令会直接把生成的 CSS 规则输出在命令下方，我们可以将它们复制粘贴到自定义样式类的 styles.css 文件中。

> **附注** 你也可以在上面的命令结尾添加 > 来指定输出的文件对象，比如 > codestyles.css。我们需要把这个文件移动（或直接指定最终输出位置）到 static/css 目录下，然后在基模板中加载这个 CSS 文件。但是为了减少页面加载请求的数量，最好还是将 CSS 规则合并在单个文件中。

　　重载页面后，添加了代码高亮，上面的代码块实际的效果如图 11-8 所示。

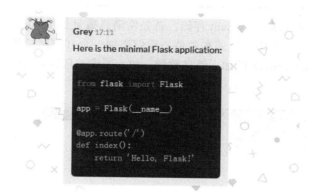

图 11-8　渲染后的代码块

> **提示** 对于所有主题的实际效果可以访问 Pygments 官网的 DEMO 页面查看示例（比如 http://pygments.org/demo/6717666/），单击右侧的主题下拉列表可以更换主题。

> **附注** 页面上的输入框太小，不适合输入大段的代码块。我们添加了一个用来输入大段文本或代码块的模态框，并在输入框右侧添加一个按钮来触发它，具体可以到源码仓库中查看。作为替代选项，你也可以考虑使用 JavaScript 让输入框随着输入的文本高度自动增加高度。

11.5.4　标签页消息提醒

　　作为一个聊天室程序，消息提醒的功能必不可少。如果你使用 Twitter，当你在浏览器中打开 Twitter，然后转而浏览其他页面，这时如果有新的推文，那么 Twitter 页面所在的标签页标题会实时显示未读推文的数量。在图片社交网站中，我们会在有新消息后在导航栏的收件箱图标上添加一个红色的消息数量徽章。而在聊天室程序中，消息会直接显示在列表中，所以没必要在导航栏上设置数量提醒。我们可以为聊天室添加类似 Twitter 的标签页数量提醒功能。

> **提示** 如果你从 GitHub 上复制了示例程序，可以执行 git checkout notify 签出程序的新版本。程序的新版本实现了提醒功能。

我们在客户端使用 new message 事件处理函数监听来自服务端的新消息事件，所以我们可以在对应的回调函数中更新标签页标题，如代码清单 11-15 所示。

代码清单11-15　catchat/static/js/script.js：在标签页标题中显示消息数量

```
var message_count = 0;
...
socket.on('new message', function(data) {
    message_count++;
    if (!document.hasFocus()){
        document.title = '(' + message_count + ') ' + 'CatChat';
    }
```

消息数量使用变量 message_count 存储，首先使消息数量加 1。document.hasFocus() 方法用来获取当前页面的激活状态，返回布尔值。我们添加一个 if 判断，如果页面未激活，那么就在页面标题（document.title）前加入消息数量，加入未读消息数量后的标签页标题如图 11-9 所示。

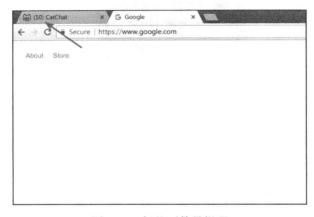

图 11-9　标签页数量提醒

另外，我们使用 jQuery 提供的 focus() 方法注册一个回调函数，当页面被激活时会还原标题并清零消息计数：

```
...
$(window).focus(function(){
    message_count = 0;
    document.title = 'CatChat';
});
```

提示　这里使用 Focus management APIs（https://www.w3.org/TR/html/editing.html#focus-management-apis）实现比较简单，如果想要让代码更加健壮，可以考虑使用 Page Visibility API（http://www.w3.org/TR/page-visibility/），用法介绍可以在 MDN（https://developer.mozilla.org/en-US/docs/Web/API/Page_Visibility_API）上看到。

附注　使用 favico.js（http://lab.ejci.net/favico.js/）可以在 Favicon 上显示一个消息数量 badge，而且有丰富的自定义选项。

11.5.5　浏览器桌面通知

桌面通知（Desktop Notification）是基于 Notifications API（https://www.w3.org/TR/notifications/）实现的浏览器层面上的通知机制，目前新版本的 Edge、Chrome、Firefox 和 Safari 浏览器都提供了支持。当用户授权后，只要浏览器处于运行状态，新消息就可以以弹窗的形式在操作系统的桌面上弹出。我们可以在页面第一次加载时向用户请求开启桌面通知，如代码清单 11-16 所示。

代码清单11-16　catchat/static/js/script.js：请求开启桌面通知

```
document.addEventListener('DOMContentLoaded', function () {
  if (!Notification) {
      alert('Desktop notifications not available in your browser.');
      return;
  }

  if (Notification.permission !== "granted")
    Notification.requestPermission();
});
```

在 JavaScript 脚本中，我们创建一个表示 DOM 内容加载完成的 DOMContentLoaded 事件的监听函数。在函数中，我们首先判断用户浏览器是否支持 Notification API，如果不支持就显示一个提示（alert）。只读属性 Notification.permission 存储用户的许可状态值，这个属性有三个可选值：granted 表示允许，denied 表示拒绝，默认为 default（等同于 denied）。如果 Notification.permission 的值不是 granted，那么就调用 Notification.requestPermission() 方法请求授权，这会在用户浏览器中弹出一个授权请求窗口。

提示　作为替代选项，你也可以在页面上添加设置按钮来让用户主动开启。

然后，我们创建一个 messageNotify() 函数用来在接收到新消息时发送提醒，如代码清单 11-17 所示。

代码清单11-17　catchat/static/js/script.js：发送新消息提醒

```
...
function messageNotify(data) {
  if (Notification.permission !== "granted")
    Notification.requestPermission();
  else {
    var notification = new Notification("Message from " + data.nickname, {
      icon: data.gravatar
      body: data.message_body.replace(/(<([^>]+)>)/ig,""),
    });
```

```
  notification.onclick = function () {
    window.open(root_url);
  };
  setTimeout(function() { notification.close() }, 4000);
 }
};
```

messageNotify() 函数用来发送新消息提醒，那么自然应该在 new message 事件处理函数中调用。messageNotify() 函数接收的 data 参数是服务器端发来的数据。在这个函数中，我们再次判断用户的授权状态，如果没有允许就再次调用 Notification.requestPermission() 方法。提醒消息使用 Notification 实例表示，弹窗的标题作为实例化时的第一个参数传入，可选的第二个参数用来传入附加的选项，我们在这里只定义了 icon 和 body 键，分别用来指定提醒内显示的图标和内容主体。

 注意　因为提醒弹窗中只会解析纯文本，所以对 message_body 调用 replace(/(<([^>]+)>)/ig,"")，以便删除文本中包含的 HTML 标签。你也可以在服务器端使用 Python 来处理，除了使用正则表达式匹配，还可以使用我们前面介绍的 bleach 包清理，或是在渲染模板字符串时使用 Jinja2 中的 striptags 过滤器。

为 notification.onclick 属性定义的函数会在提醒弹窗被单击时执行，我们这里调用 window.open(root_url) 打开聊天室主页。这个 JavaScript 变量 root_url 表示程序的主页，在基模板中定义，使用 url_for() 函数获取对应的 URL：

```
<script type="text/javascript">
    var root_url = "{{ url_for('chat.home') }}";
</script>
```

最后，我们使用 setTimeout() 方法设置 4 秒后调用 notification.close() 方法关闭弹窗。

因为在弹出消息弹窗时我们需要显示必要的消息信息，即消息的发送者昵称（data.nickname）、头像（data.gravatar）以及消息正文（data.message_body），所以我们需要在服务器端的 new message 事件处理函数返回这些信息：

```
@socketio.on('new message')
def new_message(message_body):
    ...
    emit('new message',
        {'chat/message_html': render_template('_message.html', message=message),
         'message_body': html_message,
         'gravatar': current_user.gravatar,
         'nickname': current_user.nickname,
         'user_id': current_user.id},
        broadcast=True)
```

除了这三个数据，我们还传入了当前用户的 id，这会在下面用来判断消息的发送者。很显然，对于用户自己发送的消息，并不需要弹出提醒。服务器端传入的 id 值会被用来在客户端判断当前用户是否是消息发送者。为了实现这个判断，我们还需要在模板中添加一个 JavaScript 变量 current_user_id，设置 default 过滤器对匿名用户设为 0：

```
<script type="text/javascript">
    var current_user_id = {{ current_user.id|default(0) }};
</script>
```

在 new message 事件处理函数中，我们在 data.user_id 和 current_user_id 不相等时调用这个函数，并传入服务器端发送的数据 data：

```
...
socket.on('new message', function(data) {
    ...
    if (data.user_id !== current_user_id) {
        messageNotify(data);
    };
});
```

在 Chrome 浏览器中，消息弹窗的示例如图 11-10 所示。

图 11-10　消息弹窗示例

 附注 关于 Notifications API 最新的标准在 whatwg.org（https://notifications.spec.whatwg.org/）上可以看到，用法文档可以在 MDN（https://developer.mozilla.org/en-US/docs/Web/API/notification）上看到。

11.5.6　消息管理

消息管理的功能比较简单，我们不再详细介绍，具体可以到源码仓库中查看。每个登录的用户都可以看到消息一侧的功能按钮。我们不需要实现消息的编辑功能，但需要提供删除功能。和我们在上一章介绍的内容相同，删除按钮单击后会通过 jQuery 向对应的 URL 发送 AJAX 请求，删除成功后在客户端使用 jQuery 的 remove() 方法移除消息。

程序没有实现管理后台，但添加了一个简单的"嵌入式"的管理功能。管理员通过 Email 地址识别，当用户为管理员时，所有消息一侧的功能下拉框都会包含删除按钮，而且在用户的资料弹窗上同时添加了一个封禁按钮，用于封禁恶意用户。

另外，我们还添加了一个引用功能，当用户单击消息一侧的引用按钮时，消息的正文会添加到输入框里，并附加一个引用符号">"。

提示 如果你从 GitHub 上复制了示例程序，可以执行 git checkout admin 签出程序的新版本。程序的新版本添加了消息管理功能。

11.6　本章小结

虽然一个简单的聊天室已经完成了，但离一个真正的聊天室还差得远。比如，我们还可以

考虑实现的有 @ 用户、消息收藏、私聊等功能。你可以在项目的 GitHub 页面（https://github.com/geryli/catchat）fork 它，然后改造一个你自己的版本。

至此，本书的第二部分就已经完满结束了。经历过这么多的实践，想必你已经对 Flask 相当熟悉了。在本书的第三部分，我们将学习如何对程序进行测试和优化，最后将程序部署到服务器上，让我们的 Web 程序走进 Web。

 如果你发现了程序中的错误或者有改进建议，可以在 CatChat 的 GitHub 项目（https://github.com/geryli/catchat）中创建 Issue，或是在 fork 仓库并修改后在 GitHub 上提交 Pull Request。

进 阶 篇

注：Icons made by Nikita Golubev www.flaticon. com is licensed by CC 3.0 BY

　　大部分人肯定不希望自己的程序只能在自己的电脑上使用，而如果把程序部署到互联网上，就要考虑到程序的性能、维护和测试等问题。这一部分我们会学习部署的基本流程以及部署前的准备工作。另外，我们还会学习如何编写 Flask 扩展。最后，我们会了解 Flask 的主要设计理念和工作机制。

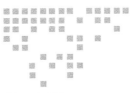

自动化测试

测试必不可少。在此之前，每当为程序添加了新的功能，我们就需要手动打开浏览器访问程序，并测试各项功能是否正常。比如，新添加的留言是否显示在留言列表中；访问不存在的资源时是否会显示自定义的 404 页面……这样重复无聊的工作当然应该避免。而且，当程序功能变多后，手动测试所有功能不太现实。这时我们需要自动化测试，即编写代码来自动测试主要的程序功能，这样可以显著提高测试的效率和准确度。

本章新涉及的 Python 包的版本与主页如下所示：

❑ Selenium（3.11.0）
  ❍ 主页：https://www.seleniumhq.org/
  ❍ 文档：https://docs.seleniumhq.org/
  ❍ 源码：https://github.com/SeleniumHQ/selenium
❑ Flake8（3.5.0）
  ❍ 主页：https://github.com/PyCQA/flake8
  ❍ 文档：http://flake8.pycqa.org/en/latest/
❑ Coverage（4.5.1）
  ❍ 主页：https://bitbucket.org/ned/coveragepy
  ❍ 文档：https://coverage.readthedocs.io

12.1 认识自动化测试

在开发时，每当添加一些新功能时，都会编写相应的测试来确保代码按照预期工作。这样当功能累积后，每次都可以通过测试来检查代码是否正常工作。在每次提交代码到代码仓库的主分支前，或是对线上的程序进行部署更新前，都要确保程序通过所有的测试。

测试代码应该和程序开发同步进行，通常的工作流程是：编写一部分代码，立刻编写配套的测试，运行测试确保一切正常，继续编写新功能，编写配套测试……按照这个流程不断迭代直至程序完成。

> **注意**　为了便于组织内容，本书第二部分的示例程序的测试代码均在名称为 testing 的标签中提交，你可以通过 git checkout testing 命令签出。在实际开发中，请避免这种行为。

顺便提一下，还有一种测试优先的开发模式——测试驱动开发（Test-Driven Development，TDD）。在 TDD 中，测试是先于开发进行的。比如你要实现某个功能，那么先编写对应的测试，接着编写代码，不断完善代码直至通过测试为止。通过这种周期的不断循环直至实现整个程序。这种开发模式简化了开发的过程，因为它遵循 KISS（Keep It Simple, Stupid）和 YAGNI（You Aren't Gonna Need It）原则，通过这种模式编写出的代码会非常简洁，因为你的目的只是通过测试，测试严格塑造了程序的功能，不会产生多余的代码和程序功能。

自动化测试主要分为下面三种：

1）单元测试（Unit Test）：对单独的代码块，比如函数进行测试。单元测试是自动化测试的主要形式，也是最基本的测试方式。

2）集成测试（Integration Test）：集成测试对代码单位之间的协同工作进行测试，比如测试 Flask 和各个 Flask 扩展的集成代码。这部分的测试不容易编写，各个扩展通常会包含集成测试。在部署到云平台时，集成测试可以确保程序和云平台的各个接口正常协作。

3）用户界面测试（User Interface Test）：也被称为端对端测试或全链路测试，因为需要启动服务器并调用浏览器来完成测试，所以耗时比较长，适合用来测试复杂的页面交互，比如包含 JavaScript 代码和 AJAX 请求等实现的功能。

这三类测试的合理的结构比例关系如图 12-1 所示。

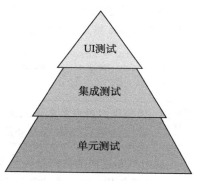

图 12-1　测试比例关系图

12.2　Flask 测试客户端

在进行测试时，我们通常会需要模拟请求——响应的处理过程。比如，我们想要测试向 index 端点发送请求时返回的响应中是否包含网页标题；或是向发表文章的视图发送请求创建文章，测试返回响应是否包含新创建的内容。

Flask 通过 app.test_client() 方法提供了一个测试客户端，这会模拟一个 Web 服务器环境。通过对程序实例 app 调用这个方法会返回一个测试客户端对象，通过对这个对象调用 get() 和 post() 方法可以模拟客户端对服务器发送请求，我们可以从这两个方法返回的响应对象获取响应数据。

下面以 SayHello 程序为例，向首页发送一个 GET 请求：

```
$ flask shell
>>> client = app.test_client()  # 创建测试客户端对象
```

```
>>> client.get('/')  # 发送 GET 请求
<Response streamed [200 OK]>
>>> response = client.get('/')
>>> response.get_data()  # 获取字符字节串 (bytestring)格式的响应主体
'<!DOCTYPE html>\n<html lang="en">\n...
>>> response.get_data(as_text=True)  # 获取解码为 Unicode 字符串后的响应主体
u'<!DOCTYPE html>\n<html lang="en">\n...
>>> b'Say Hello' in response.get_data()
True
>>> response.status_code  # 响应状态码
200
>>> response.status  # 响应状态字符串
'200 OK'
```

get() 方法模拟向服务器发送 GET 请求，第一个参数是请求的 URL。对返回的 Response 对象调用 get_data() 方法默认返回字节字符串（bytestring，又被译为字节串）形式的响应主体。字节字符串即 Python 2 中的 str 类型。在 Python 3 中字符串默认为 unicode 类型，因此需要在字符串前添加 b 前缀，将字符串声明为 bytes 类型。在上面为了兼容两者，我们统一添加了 b 前缀：

```
>>> b'Say Hello' in response.get_data()
True
```

为了更方便处理，并支持使用中文字符进行判断，我们可以将 as_text 参数设为 True 来获取解码为 Unicode 格式的响应主体，这时不必再添加 b 前缀：

```
>>> data = response.get_data(as_text=True)
>>> 'Say Hello' in data
True
```

 提示 因为返回的内容包含完整的 HTML 响应，某些情况下你可以使用正则表达式来匹配其中被空格或 HTML 标签分隔的文本。

通过判断返回的数据是否包含标题 Say Hello，我们就可以确认主页视图是否正常工作。类似地，我们调用 post() 方法发送 POST 请求：

```
>>> response = client.post('/', data={'name': 'Grey Li', 'body': 'I am a test
   message.'}, follow_redirects=True)
>>> 'Your message have been sent to the world!' in response.get_data(as_text=True)
True
>>> 'I am a test message.' in response.get_data(as_text=True)
True
```

除了 URL，我们还将表单的数据以字典的形式通过 data 参数传入，表单字段的 name 值作为键，这里的 name 和 body 键分别对应表单的 name 和 body 字段。因为表单提交后会跳转到首页，将 follow_redirects 参数设为 True 可以跟随重定向，自动向重定向后的页面发起 GET 请求。通过判断返回的数据中是否包含通过 flash() 函数发送的提示消息和刚刚创建的消息内容，我们就可以判断发表问候的功能是否正常。

对于 Web 程序来说，大部分的测试都是这种模式，下面我们会介绍使用测试框架来更方便的编写和组织测试。

> **注意** 上面的示例对程序做了改动。直接测试时，因为提交表单数据时没有加入 CSRF 令牌，所以会导致表单提交失败，表单下方显示错误提示"CSRF token is missing."。下面我们会介绍如何在测试时通过设置配置变量来关闭 CSRF 保护。

12.3　使用 unittest 编写单元测试

自动化测试最常见的形式是单元测试。单元测试（Unit Test）指的是对程序代码中最小的单元进行测试，比如 Python 函数或方法。

Python 标准库内置了一个优秀的单元测试框架——unittest。本节我们将学习使用它来为程序编写单元测试。unittest 包含下面几个重要的概念：

（1）测试用例（Test Case）

在 unittest 中，最小的测试单元被称为测试用例，它由继承 unittest.TestCase 的类表示。每个测试用例中包含多个测试方法。

（2）测试固件（Test Fixture）

测试固件指的是执行测试所需的前期准备工作和后期清理工作。比如创建临时的数据库，测试执行后清除数据库。测试用例可以创建 setUp() 和 tearDown() 方法，它们会分别在每一个测试方法被执行的前后执行，这两个方法分别用来初始化测试环境、清除测试环境。除了这两个方法，还有 setUpClass() 和 tearDownClass() 方法，这两个方法必须接收类本身作为唯一的参数，并且附加 classmethod 装饰器，它们会分别在整个测试用例执行的前后执行。

（3）测试集（Test Suite）

测试集是测试用例的集合，用来聚合所有测试以便执行。

（4）测试运行器（Test Runner）

测试运行器用来运行测试，收集测试结果，并呈现给用户。

12.3.1　Flask 程序的测试固件

在 SayHello 程序中，我们创建一个 test_sayhello.py 脚本来存储测试代码，unittest 会自动识别 test_* 模式的文件，脚本中的测试固件如代码清单 12-1 所示。

代码清单12-1　test_sayhello.py：测试固件

```python
import unittest

from sayhello import app, db

class SayHelloTestCase(unittest.TestCase):

    def setUp(self):
        app.config.update(
            TESTING=True,
            WTF_CSRF_ENABLED=False,
            SQLALCHEMY_DATABASE_URI='sqlite:///:memory:'
        )
```

```
        db.create_all()
        self.client=app.test_client()
    def tearDown(self):
        db.session.remove()
        db.drop_all()
```

对程序实例调用 test_client() 会获得一个 Werkzeug 提供的 Client 类的实例，我们在 setUp()
方法中将其保存为类属性 self.client，以便在测试方法中使用它来发送模拟请求。

测试时通常使用不同的配置。在上面的 setUp() 方法中，我们使用 config 对象的 update 方
法一次更新多个配置。其中，我们将 TESTING 配置键设为 True，这会开启测试模式。在测试模
式下，Flask 会关闭在处理请求时的错误捕捉，从而获得更易读的错误报告。

 当 TESTING 配置变量的值为 True 时，Flask-DebugToolbar 会自动将 DEBUG_TB_ENABLED
设为 False 以关闭调试工具栏，不用手动关闭。

在第 4 章我们说到过，Flask-WTF 默认开启 CSRF 保护，但是测试时并不需要验证 CSRF，
开启 CSRF 保护会让发送 POST 提交表单数据变得困难，我们可以将配置变量 WTF_CSRF_
ENABLED 设为 False 来关闭 CSRF 保护。

测试会对数据库进行修改，为了不影响之前的数据，测试时需要使用单独的数据库。我们
在这里使用 SQLite 内存型数据库进行测试，这不用生成新的文件，而且会显著提高测试速度。
当 URI 中的文件地址为空时（即 sqlite:///）将默认使用内存型数据库，这也是 SQLALCHEMY_
DATABASE_URI 配置键的默认值。但是这会显示一个警告信息，所以我们可以显式地指定为
sqlite:/// 或 sqlite:///:memory:。指定好 URI 后使用 db.create_all() 方法创建数据库和表。

 如果程序中使用了 DBMS 特定的代码，比如 MySQL、Postgresql 提供的功能，那么使用
SQLite 的内存型数据库会出错。

另外，Flask-SQLAlchemy 为我们管理 SQLAlchemy 的数据库会话，在程序上下文被销毁
时，它会调用 db.session.remove() 清除会话（通过注册 teardown_appcontext 回调函数实现），但
是测试时并没有激活上下文，所以我们需要手动调用 db.session.remove() 以清除会话，最后调用
db.drop_all() 清除数据库。

在 SayHello 程序中，我们需要在测试中导入程序实例，并且更新大量的配置值。而在其他
程序实例中，我们均使用工厂函数来创建程序实例，并使用 Python 类来组织配置，在这些程序
的 setUp 方法中可以直接导入工厂函数，传入测试用的配置类名，从而创建一个专用于测试的程序
实例。比如：

```
class BaseTestCase(unittest.TestCase):

    def setUp(self):
        app = create_app('testing')
        ...
    def tearDown(self):
        ...
```

12.3.2 编写测试用例

代码清单 12-2 是我们为 SayHello 创建的两个基本测试，这两个测试方法分别测试程序实例是否存在、配置键 TESTING 是否为 True。

代码清单12-2 test_sayhello.py：基本测试

```python
import unittest
from sayhello import app, db

class SayHelloTestCase(unittest.TestCase):

    ...
    def test_app_exist(self):
        self.assertFalse(app is None)

    def test_app_is_testing(self):
        self.assertTrue(app.config['TESTING'])
```

 提示 测试方法由 test_ 开头，测试运行器会自动把这类方法识别为测试并调用。

在每个测试方法中，我们需要使用 unittest 提供的多个断言（assert）方法来对各种情况进行验证，以判断程序的功能是否符合预期。这是每一个测试方法的关键，也是运行测试时判断测试是否通过的凭证。在代码清单 12-2 中，我们使用了 assertFalse() 方法和 assertTrue() 方法，包括这两个方法在内的常用的断言方法验证说明如表 12-1 所示。

表 12-1 常用的断言方法

断 言 方 法	验证的情况	断 言 方 法	验证的情况
assertEqual(a, b)	a == b	assertIsNone(x)	x is None
assertNotEqual(a, b)	a != b	assertIsNotNone(x)	x is not None
assertTrue(x)	bool(x) is True	assertIn(a, b)	a in b
assertFalse(x)	bool(x) is False	assertNotIn(a, b)	a not in b
assertIs(a, b)	a is b	assertIsInstance(a, b)	isinstance(a, b)
assertIsNot(a, b)	a is not b	assertNotIsInstance(a, b)	not isinstance(a, b)

代码清单 12-3 是几个基于测试客户端编写的测试方法。

代码清单12-3 test_sayhello.py：使用测试客户端测试程序请求

```python
import unittest

from app import app, db

class SayHelloTestCase(unittest.TestCase):
    ...
    def test_404_page(self):    # 测试 404 错误页面
```

```
        response = self.client.get('/nothing')    # 访问一个未定义的 URL
        data = response.get_data(as_text=True)
        self.assertIn('404 Error', data)
        self.assertIn('Go Back', data)
        self.assertEqual(response.status_code, 404)

    def test_500_page(self):    # 测试 500 错误页面
        # 临时创建一个视图来生成 500 错误响应
        @app.route('/500')
        def internal_server_error_for_test():
            abort(500)

        response = self.client.get('/500')
        data = response.get_data(as_text=True)
        self.assertEqual(response.status_code, 500)
        self.assertIn('500 Error', data)
        self.assertIn('Go Back', data)

    def test_index_page(self):    # 测试主页
        response = self.client.get('/')
        data = response.get_data(as_text=True)
        self.assertIn('Say Hello', data)

    def test_create_message(self):    # 测试创建新消息
        response = self.client.post('/', data=dict(
            name='Peter',
            body='Hello, world.'
        ), follow_redirects=True)
        data = response.get_data(as_text=True)
        self.assertIn('Your message have been sent to the world!', data)
        self.assertIn('Hello, world.', data)

    def test_form_validation(self):    # 测试表单验证
        response = self.client.post('/', data=dict(
            name=' ',    # 填入空格作为名称
            body='Hello, world.'
        ), follow_redirects=True)
        data = response.get_data(as_text=True)
        self.assertIn('This field is required.', data)
```

在这几个测试中，test_index_page() 测试主页，验证返回值中是否包含"Say Hello"字符；test_404_page() 测试访问不存在的 URL 后是否返回 404 错误响应，并验证是否为自定义错误页面；test_500_page() 测试 500 错误，为了返回 500 响应，我们临时创建了一个视图，在视图内调用 abort() 方法生成 500 响应。test_create_message() 测试问候留言的创建，这个测试验证返回值中是否包含创建的留言和留言创建成功后的 flash 消息；最后的 test_form_validation() 测试表单验证是否正常工作，这个测试和 test_create_message() 很相似，不过提交表单时 name 字段的值为空格，这个测试验证返回值中是否包含表单的错误提示信息。

1. 为测试创建上下文

在执行测试时是没有 Flask 上下文存在的，但是有一些行为又依赖于程序上下文或请求上下文才能正确进行。比如，Flask-SQLAlchemy 中用来清除数据库会话的 db.session.remove() 调用

通过 teardown_appcontext 装饰器注册，而这个函数只会在程序上下文销毁时才会触发。

另外，当使用工厂函数创建程序时，我们使用 current_app 来操作程序实例。事实上，除了我们程序中使用的代码，扩展的代码中也会使用 current_app。比如，Flask-SQLAlchemy 需要从程序实例获取配置信息。当直接创建程序实例，并在实例化 SQLAlchemy 类时传入程序实例时，Flask-SQLAlchemy 会直接从这个程序实例 app 对象获取配置信息。但当使用工厂函数创建程序并使用 init_app() 初始化程序后，Flask-SQLAlchemy 则会从 current_app 对象来获取对应程序的配置信息。

我们在第 2 章介绍过，current_app 变量只有在程序上下文被激活后才可以使用。在使用工厂函数的程序中，为了能让我们的数据库表顺利进行创建，我们需要手动激活上下文。我们在第 2 章介绍过 Flask 提供的 app_context() 和 test_request_context() 方法来手动激活上下文：

```
with app.app_context():
    db.create_all()
```

除了使用 with 语句，我们也可以对这两个方法返回的上下文对象调用 push() 方法显式地推送上下文。这时需要在 setUp() 方法中使用 push() 方法推送上下文。相应地，在 tearDown() 方法中，我们需要调用 pop() 方法删除上下文。在 push() 方法调用后，在 pop() 方法调用前，我们可以执行一系列依赖于上下文的操作：

```
from bluelog import create_app

class BaseTestCase(unittest.TestCase):

    def setUp(self):
        app = create_app('testing')
        self.context = app.test_request_context()  # 创建上下文对象
        self.context.push()  # 推送上下文
        self.client = app.test_client()
        db.create_all()

    def tearDown(self):
        db.drop_all()
        self.context.pop()  # 销毁上下文
```

🎯提示　（1）因为我们经常需要在测试方法中使用 url_for() 函数来构建 URL，所以必须在 setUp() 方法中推送请求上下文，通过 app.test_requeset_context() 方法获取测试用的请求上下文对象。因为请求上下文被推送时，程序上下文也会一同被推送，所以我们也可以顺利执行依赖于 current_app 的操作，比如 db.create_all()。如果你不需要在测试方法中使用 url_for()，那么推送程序上下文（app.app_context()）即可。

（2）当显式地推送上下文后，我们不用再手动调用 db.session.remove() 清除数据库会话。

使用 test_request_context() 方法只能构建一个全局的请求上下文环境，对应的 URL 默认为根地址，你可以将自定义路径作为第一个参数（path）传入。如果你想使用特定请求的 request、session 等请求上下文全局变量，可以使用 with 语句来调用 test_client()，这会在 with 语句结束前创建一个测试用的请求上下文，对应当前请求，比如：

```
>>> with app.test_client() as client:
...     client.get('/hello')
...     request.endpoint
...     request.url
...
<Response streamed [200 OK]>
'hello'
u'http://localhost/hello'
>>>
```

 提示 虽然在使用 test_client() 发起请求时会附带激活和销毁请求上下文,从而调用 Flask-SQLAlchemy 注册的 db.session.remove() 调用,但是为了确保每一个测试方法执行后都清除了数据库会话,我们仍然需要手动调用,除非是使用前面介绍的方法显式推送了上下文。

2. 测试 Web API

在第 10 章我们介绍了使用 HTTPie 测试 Web API,除了手动测试外,我们还需要为 Web API 编写单元测试。因为资源端点接收 JSON 格式的数据,在使用 Flask 提供的测试客户端发起模拟请求时,我们使用 json 关键字传入一个表示 JSON 数据的字典:

```
>>> client = app.test_client()
>>> response = client.post('/api/items', json={
        'title': 'hello', 'body': 'world'
    })
>>> json_data = response.get_json()  # 获取 JSON 格式响应
>>> json_data['message']
'Item Created!'
```

对返回的响应对象调用 get_json() 方法可以获取返回的 JSON 数据,这些数据会被解析为字典,所以我们可以自由操作返回的 JSON 数据。在 Todoism 中,测试 Web API 的 tests/test_api.py 脚本中就大量使用这种方式来进行测试。我们先来看看这个脚本中的两个辅助方法:

```
import unittest
from flask import url_for
from todoism import create_app, db
from todoism.models import User

class APITestCase(unittest.TestCase):

    def setUp(self):
        ...
        user = User(username='grey')   # 创建用于测试的用户记录
        user.set_password('123')
        db.session.add(user)
        db.session.commit()
    ...
    def get_oauth_token(self):  # 获取认证令牌
        response = self.client.post(url_for('api_v1.token'), data=dict(
            grant_type='password',
            username='grey',
            password='123'
```

```
    ))
        data = response.get_json()
        return data['access_token']

    def set_auth_headers(self, token):  # 设置认证首部
        return {
            'Authorization': 'Bearer ' + token,
            'Accept': 'application/json',
            'Content-Type': 'application/json'
        }
```

　　为了方便测试时操作资源，我们在 setUp() 方法中在数据库里创建一个测试的用户记录。在测试方法中发送请求时，我们需要进行 OAuth 认证。认证过程中的获取令牌和将令牌加入请求首部的操作分别使用 get_oauth_token() 方法和 set_auth_headers() 方法实现，前者向认证令牌端点发送 POST 请求，使用 data 参数（作为表单数据）传入必要的认证信息，返回 access 令牌；后者接收令牌值作为参数，返回一个包含必要字段的首部字典。代码清单 12-4 是基于这两个方法实现的几个测试方法，你可以到源码仓库查看所有的测试。

代码清单12-4　tests/test_api.py：测试Web API

```
class APITestCase(unittest.TestCase):
    ...
    def test_api_index(self):  # 测试 API 首页
        response = self.client.get(url_for('api_v1.index'))
        data = response.get_json()
        self.assertEqual(data['api_version'], '1.0')

    def test_get_token(self):  # 测试获取认证令牌
        response = self.client.post(url_for('api_v1.token'), data=dict(
            grant_type='password',
            username='grey',
            password='123'
        ))
        data = response.get_json()
        self.assertEqual(response.status_code, 200)
        self.assertIn('access_token', data)

    def test_get_user(self):  # 测试获取用户资源
        token = self.get_oauth_token()  # 获取认证令牌
        response = self.client.get(url_for('api_v1.user'),
                                   headers=self.set_auth_headers(token))
        data = response.get_json()
        self.assertEqual(response.status_code, 200)
        self.assertEqual(data['username'], 'grey')

    def test_new_item(self):  # 测试添加新条目
        token = self.get_oauth_token()
        response = self.client.post(url_for('api_v1.items'),
                                    json=dict(body='Buy milk'),
                                    headers=self.set_auth_headers(token))
        data = response.get_json()
        self.assertEqual(response.status_code, 201)
        self.assertEqual(data['body'], 'Buy milk')
```

test_api_index() 方法测试 API 首页，因为首页资源不需要认证，所以可以直接发起 GET 请求，判断返回值是否包含 api_version 和对应的值。

test_get_token() 和用于获取 access 令牌的辅助方法内容基本相同，我们最后判断响应的状态码是否为 200，返回数据中是否包含 access_token 键。

test_get_user() 测试获取用户端点资源，我们首先调用 get_oauth_token() 获取 access 令牌，然后在发起 GET 请求的 get() 方法中通过 headers 参数传入首部字段，参数的值通过 set_auth_headers(token) 方法获取。

test_new_item() 用来测试创建新条目，发起请求的方式和 test_get_user() 类似，获取响应后，我们判断状态码是否为 201，返回的 JSON 数据中 body 键是否为发送请求时传入的值。

3. 测试 flask 命令

对于 flask 命令，Flask 提供了 app.test_cli_runner() 方法用于在测试中调用命令函数、捕捉输出。对于使用包的测试，你可以创建一个 test_cli.py 模块存储测试命令的代码，在 SayHello 的测试模块 test_sayhello.py 中，我们为生成虚拟数据的 forge 命令创建了两个测试，如代码清单 12-5 所示。

代码清单12-5　test_sayhello.py：测试forge命令

```python
import unittest

from sayhello import app, db
from sayhello.models import Message
from sayhello.commands import forge,initdb

class SayHelloTestCase(unittest.TestCase):
    ...
    def setUp():
        ...
        self.runner = app.test_cli_runner()

    # 测试 forge 命令
    def test_forge_command(self):
        result = self.runner.invoke(forge)   # 触发对应的命令函数
        self.assertIn('Created 20 fake messages.', result.output)
        self.assertEqual(Message.query.count(), 20)

    # 测试添加 --count 选项的 forge 命令
    def test_forge_command_with_count(self):
        result = self.runner.invoke(forge, ['--count', '50'])
        self.assertIn('Created 50 fake messages.', result.output)
        self.assertEqual(Message.query.count(), 50)

    # 测试 initdb 命令
    def test_initdb_command(self):
        result = self.runner.invoke(initdb)
        self.assertIn('Initialized database.', result.output)

    # 测试添加 --drop 选项的 initdb 命令
    def test_initdb_command_with_drop(self):
        result = self.runner.invoke(initdb, ['--drop'], input='y\n')
```

```
        self.assertIn('This operation will delete the database, do you want to
            continue?', result.output)
        self.assertIn('Drop tables.', result.output)
```

第一个测试用来测试生成虚拟数据是否正常，我们首先对程序实例 app 调用 test_cli_runner()，它会返回一个 FlaskCliRunner 对象，我们使用它提供的 invoke() 方法调用命令，传入命令函数对象作为第一个参数。invoke() 调用会返回一个包含命令执行结果的 Result 对象，其中的 output 属性包含命令的输出内容。通过判断命令的输出字符和数据库的记录数量，我们就可以判断这个功能是否正常。

第二个测试用来测试自定义生成虚拟消息的数量是否正常，我们同样使用 invoke() 方法调用命令，传入了第二个参数指定在命令后附加的参数列表。同样，通过判断命令的输出字符和数据库的记录数量，我们就可以判断这个功能是否正常。

 顺便说一句，你也可以在 invoke() 方法中通过参数列表（args 关键字）中给出完整的命令，不用传入命令函数对象，比如：invoke(args=['forge', '--count', '10'])。

最后两个测试基本相同，唯一需要提及的是最后一个测试，用于重新生成数据库的 initdb 命令在使用 --drop 选项后，会给出确认提示，我们需要在 invoke() 方法中使用 input 参数给出输入值，即：

```
result = runner.invoke(initdb, ['--drop'], input='y\n')
```

 更多用法可以访问 http://flask.pocoo.org/docs/1.0/testing/#testing-cli-commands 了解。

12.3.3　组织测试

通常，我们会为每个模块创建对应的测试。如果程序比较简单，比如我们的 SayHello 程序，那么可以仅创建一个脚本来存储测试代码。测试脚本的命名规则为 test_*，比如 test_sayhello.py。

在 Bluelog 等更大的程序中，随着程序变大，测试也变多了。为了更好地组织测试，我们创建一个 tests 包来分模块组织测试代码，测试被按照类别分为 test_basic.py、test_auth.py、test_blog.py、test_admin.py 等多个模块。你可以根据蓝本来组织测试，每一个蓝本对应一个模块；也可以根据程序的主要功能区分来进行组织，比如数据库模型（test_models.py）、用户认证（test_auth.py）、命令（test_commands.py）等。

当使用包组织组织测试时，不同的测试模块常常需要类似的测试固件。在 unittest 中，我们可以创建一个基本测试用例，在其他模块中直接导入并继承这个测试用例。在 Bluelog 程序中，我们创建了 4 个测试模块，分别测试程序基础、用户认证、博客功能和后台管理。这些测试用例都需要实现基本相同的 setUp() 和 tearDown() 方法。为了避免大量重复，我们在 base.py 中创建了一个基本测试用例，其中包含了这两个方法和一些通用的辅助函数，如代码清单 12-6 所示。

代码清单12-6　tests/base.py：基本测试用例

```
import unittest
```

```
from flask import url_for

from bluelog import create_app
from bluelog.extensions import db
from bluelog.models import Admin

class BaseTestCase(unittest.TestCase):

    def setUp(self):
        app = create_app('testing')
        self.context = app.test_request_context()
        self.context.push()
        self.client = app.test_client()
        self.runner = app.test_cli_runner()

        db.create_all()
        user = Admin(name='Grey Li', username='grey', about = 'I am test', blog_
            title = 'Testlog', blog_sub_title = 'a test')   # 创建测试用户记录
        user.set_password('123')
        db.session.add(user)
        db.session.commit()

    def tearDown(self):
        db.drop_all()
        self.context.pop()
```

我们用来测试博客后台管理功能的测试用例需要在管理员权限下进行操作，所以我们还在 setUp() 方法中创建了一个管理员用户。另外，为了方便在其他测试用例中模拟客户端测试，我们还在基本测试用例中创建了用于登录和注销管理员用户的 login() 和 logout() 方法，如代码清单 12-7 所示。

代码清单12-7　bluelog/tests/base.py：登录和注销登录

```
import unittest
from flask import current_app, url_for
from bluelog import create_app
from bluelog.extensions import db
from bluelog.models import Admin

class BaseTestCase(unittest.TestCase):

    ...
    def login(self, username=None, password=None):
        if username is None and password is None:
            username = 'grey'
            password = '123'

        return self.client.post(url_for('auth.login'), data=dict(
            username=username,
            password=password
        ), follow_redirects=True)

    def logout(self):
        return self.client.get(url_for('auth.logout'), follow_redirects=True)
```

12.3.4　运行测试

我们需要运行测试一遍查看哪些测试没有通过，然后就可以尝试更新相应的代码。有很多种方式来运行 unittest 测试，你可以选择你最喜欢的方式。

1. unittest.main()

对于存储在单脚本的测试来说，最方便的是在测试模块中调用 unittest.main() 方法，在测试脚本底部添加下面的代码：

```
...
if __name__ == '__main__':
    unittest.main()
```

然后在命令行界面使用 Python 执行测试脚本：

```
$ python test_sayhello.py
```

 提示　在命令后添加 -v 选项（verbose）可以获取更详细的测试输出信息。

2. 自动发现测试

在 Python2.7 版本中，unittest 支持自动发现测试，我们可以使用下面的命令运行测试：

```
$ python -m unittest discover -v
```

unittest 默认会从当前目录开始寻找以 test_*.py 模式命名的模块，然后运行其中的测试。你可以通过其他可用的选项来定义自动发现行为，具体可以访问 unittest 文档（https://docs.python.org/3/library/unittest.html）查看。

 提示　在命令后添加 -v 选项可以获取更详细的测试输出信息。

3. 通过 setuptools 运行测试

通过在项目 setup.py 文件中把 setup() 函数中的 test_suite 参数设为包含测试的模块名称或包名称（比如 test_sayhello 或 tests），我们也可以使用下面的命令来执行单元测试：

```
$ python setup.py test
```

它会首先对程序打包安装，然后执行测试。关于打包构建的具体内容我们将在第 15 章学习。

 提示　使用 -q 选项（quite）可以简略测试输出信息。

4. 编写 Flask 测试命令

我们也可以编写一个自定义的 Flask 命令来运行测试，如下所示：

```
import unittest
import click
from myapp import app

@app.cli.command()
def test():
    """Run unit tests."""
    test_suite = unittest.TestLoader().discover('tests')
    unittest.TextTestRunner(verbosity=2).run(test_suite)
```

这部分代码实际上正是 python -m unittest discover 命令背后调用的代码。在这个 test() 命令函数中，我们使用 TestLoader() 加载测试集，在 discover() 方法中传入测试所在的开始路径，比如 test_sayhello 或 tests。然后我们使用 TextTestRunner() 运行测试，verbosity 参数控制测试输出信息的详细程度，默认为 1。

创建这个命令函数后，使用 flask test 命令即可运行测试：

```
$ flask test
```

 因为这种方式需要首先触发 Flask 的命令行系统，可能会导致一些潜在的 Bug，因此不推荐使用这种方式来运行测试。

这里只是对 unittest 的简单介绍，你可以访问 Python 官方文档 unittest 部分（https://docs.python.org/2/library/unittest.html），了解 unittest 的更多用法。

 除了使用 unittest，Python 还内置了一个 doctest 模块，它允许你通过在文档字符串中以交互式 Python 示例的形式编写测试。另外，你也可以尝试使用第三方测试框架，比如 nose（https://github.com/nose-devs/nose）和 pytest（http://pytest.org/）。

12.4 使用 Selenium 进行用户界面测试

Flask 内置的测试客户端只是用来测试视图函数是否正常工作，但实际的用户界面也需要进行测试。以 SayHello 为例，虽然我们在单元测试中使用模拟测试客户端可以正确创建问候消息，但是如果页面中表单的提交按钮没有正确渲染，那么程序仍然不能正常使用。

尤其是对于包含较多 JavaScript 代码的程序，仅仅编写单元测试是不够的，我们需要能实际测试页面加载 JavaScript 后的实际交互功能。要解决这些问题，我们需要使用一种新的测试形式——用户界面（User Interface，UI）测试。

虽然我们直接在浏览器中使用程序可以算得上是用户界面测试，但人工进行测试太耗费时间，而且容易出错。如果能把我们手动操作浏览器进行测试的行为转换为可以复用的代码，然后自动执行代码来进行测试，就能完美解决这类问题，我们本节要介绍的 Selenium 就是这类自动化工具。

并不是所有的功能都需要进行用户界面测试，通常需要着重关注的是比较关键的功能，或是较多依赖于 JavaScript 代码的功能，这里将以待办事项程序 Todoism 作为示例。

Selenium 让我们可以使用 Python 代码来操控浏览器：填写表单、单击按钮、获取页面内容等各种功能都可以通过代码来实现。我们首先使用 Pipenv 安装 Selenium 的 Python 接口：

```
$ pipenv install selenium --dev
```

12.4.1　安装浏览器与驱动

因为测试需要使用真正的浏览器，我们得先确保用来测试的浏览器已经安装完毕。为了确保正常运行测试，请尝试更新浏览器为最新版本。另外还要安装的是浏览器相应的 Web 驱动接口程序，即 WebDriver（https://www.w3.org/TR/webdriver/），Selenium 会借助它用来与浏览器进行交互操作，几个主流浏览器的 Web 驱动的下载地址如表 12-2 所示。

表 12-2　主流浏览器的 Web 驱动下载地址

Chrome	https://sites.google.com/a/chromium.org/chromedriver/downloads
Edge	https://developer.microsoft.com/en-us/microsoft-edge/tools/webdriver/
Firefox	https://github.com/mozilla/geckodriver/releases
Safari	https://webkit.org/blog/6900/webdriver-support-in-safari-10/

📊 **附注** 其他浏览器 Web 驱动的下载地址可以在 Selenium 网站的下载页面（http://www.seleniumhq.org/download/）看到。

📷 **注意** 下载驱动程序后，我们还要把驱动程序的路径添加到系统的 PATH 环境变量中。这样 Selenium 才能执行对应的驱动程序。最简单的方式是把驱动程序放到 Python 解释器所在的目录下。

在示例程序中，我们将使用 Firefox 进行测试，所以确保你安装了最新版本的 Firefox 和最新版本的驱动。在进行测试时，会自动打开一个浏览器窗口，然后按照脚本的代码来执行操作，就像是有真人在控制一样。下面的交互式代码片段演示了 Selenium 的一些基本用法：

```
>>> from selenium import webdriver  # 导入驱动对象
>>> from selenium.webdriver.common.keys import Keys  # 导入按键对象
>>> driver = webdriver.Firefox()  # 加载驱动程序，如果使用 Chrome，则调用 webdriver.Chrome()
>>> driver.get('https://pypi.org')  # 访问对应的 URL
>>> elem = driver.find_element_by_name('q')  # 定位搜索输入框元素（name 为 q）
>>> elem.click()  # 单击输入框
>>> elem.send_keys('Flask')  # 输入字符
>>> elem.send_keys(Keys.RETURN)  # 按下 Enter 键
>>> 'A simple framework for building complex web applications.' in driver.page_source
    # driver.page_source 可以获取页面源码
True
>>> elem = driver.find_element_by_link_text('Flask')  # 定位 Flask 项目链接
>>> elem.click()  # 单击链接
>>> 'Project Description' in driver.page_source
True
>>> driver.get_screenshot_as_file('main-page.png')  # 截屏保存图片
>>> driver.quit()  # 退出驱动程序
```

Selenium 提供了多种方式来定位元素，比如 find_element_by_id() 可以通过元素 id 来定位，而 find_element_by_class() 可以通过元素的 class 来定位，具体可以访问官方文档（https://seleniumhq.github.io/selenium/docs/api/py/index.html）或是另一个由贡献者维护的非官方文档（http://selenium-python.readthedocs.io/）查看。

12.4.2　准备测试环境

因为要操控浏览器，所以我们需要让程序运行在真实的服务器中。要在测试的同时运行开发服务器，通常有下面这些方法：

1）最直接的做法是新建一个脚本，创建一个 app 实例，并为测试做一些基础操作（初始化数据库等），然后在单独的命令行窗口启动服务器，再在新的命令行窗口运行测试。测试完成后，手动关闭服务器。

2）另一种更优雅的方法是直接在测试中通过新建后台线程来运行 Flask 开发服务器。测试完成后，通过 Werkzeug 提供的接口来关闭服务器，不过这种实现稍显复杂。

3）最后，使用扩展也可以完成这个任务，Flask-Testing（https://github.com/jarus/flask-testing）提供了一些测试辅助功能，其中就提供了一个集成 unittest.TestCase 类的 LiveServerTestCase 类，继承这个类的测试用例在执行测试方法前（setup）会自动启动一个开发服务器，在测试方法执行后自动关闭（teardown），类似 Django 中的 LiveServerTestCase。遗憾的是，目前这个类无法在 Windows 上正常使用。

基于这些考虑，我们将采用第一种方式，首先在项目根目录创建一个 test_app.py 脚本，存储一个加载测试配置的程序实例，如代码清单 12-8 所示。

代码清单12-8　test_app.py：测试用的程序实例

```python
from todoism import create_app, db
from todoism.models import User, Item

app = create_app('testing')

with app.app_context():
    db.create_all()

    user = User(username='grey')
    user.set_password('123')
    db.session.add(user)

    item1 = Item(body='test item 1')
    item2 = Item(body='test item 2')
    item3 = Item(body='test item 3')
    user.items = [item1, item2, item3]

    db.session.commit()
```

在创建程序实例后，我们创建用于测试的用户记录和三个待办事项记录。现在可以在新打开的命令行窗口中运行它：

```
$ export FLASK_APP=test_app.py  # Windows 下使用 set
$ flask run
```

接着，我们来编写单元测试。首先在 Todoism 项目根目录下的 tests 包内创建一个新脚本 test_ui.py，然后创建一个 UserInterfaceTestCase 测试用例，并编写测试固件，如代码清单 12-9 所示。

代码清单12-9　tests/test_ui.py：用户界面测试

```python
class UserInterfaceTestCase(unittest.TestCase):

    def setUp(self):
        os.environ['MOZ_HEADLESS'] = '1'  # 开启 headless 模式
        self.client = webdriver.Firefox()

        if not self.client:
            self.skipTest('Web browser not available.')

    def tearDown(self):
        if self.client:
            self.client.quit()
```

在 setUp() 方法中，我们首先与浏览器驱动建立连接，创建一个客户端对象 self.client。通过将 MOZ_HEADLESS 环境变量设为 1，可以开启 Firefox 的 headless 模式。目前最新版本的 Chrome 和 Firefox 均支持 Headless 选项，可以不用弹出图形窗口，直接在后台执行所有操作。除了设置 MOZ_HEADLESS 环境变量，你也可以通过下面的方式设置：

```python
options = webdriver.FirefoxOptions()
options.add_argument('headless')
self.client = webdriver.Firefox(options=options)
```

如果你使用 Chrome，那么实现方式类似：

```python
options = webdriver.ChromeOptions()
options.add_argument('headless')
self.client = webdriver.Chrome(options=options)
```

 提示　headless 浏览器即没有图形界面的浏览器，还有很多纯 headless 浏览器，比如 Phantom JS、HtmlUnit、Splash 等。

如果建立连接失败，我们就使用 skipTest() 方法跳过测试。对应地，在 tearDown() 方法中，我们使用 quit() 退出浏览器驱动。

12.4.3　编写测试代码

在使用 Selenium 编写测试时，我们要考虑到下面的问题：

1）元素遮挡问题：和我们手动操作相同，如果页面上的某个元素被另一个元素遮挡了，那么我们无法使用 Selenium 单击它。

2）元素引用失效：当我们把指向某个元素的引用保存在 Python 变量中时，这个变量仅仅在当前页面可用。如果你这时跳转到新的页面,那么指向旧页面的引用也会随之失效。

3)页面加载时间:和手动操作类似,页面加载需要时间。如果某个操作需要耗费较长的时间,那么你同时需要使用 time.sleep() 来休眠程序进行等待,否则相应的操作可能会无法执行。

下面是使用 Selenium 编写的四个测试方法,分别对应三个操作场景:显示主页、用户登录、添加新条目和删除新条目,如代码清单 12-10 所示,你可以在源码仓库中查看所有的测试方法。

代码清单12-10 tests/test_ui.py:用户界面测试

```python
from selenium import webdriver
from selenium.webdriver.common.keys import Keys
from selenium.webdriver.common.action_chains import ActionChains

class UserInterfaceTestCase(unittest.TestCase):
    ...
    def login(self):  # 用于登录程序的辅助方法,非测试
        self.client.get('http://localhost:5000')  # 访问主页
        time.sleep(2)  # 等待页面加载
        # 访问登录页面
        self.client.find_element_by_link_text('Get Started').click()
        time.sleep(1)
        # 输入用户名
        self.client.find_element_by_name('username').send_keys('grey')
        # 输入密码
        self.client.find_element_by_name('password').send_keys('123')
        # 单击登录按钮
        self.client.find_element_by_id('login-btn').click()
        time.sleep(1)

    def test_index(self):  # 测试主页
        self.client.get('http://localhost:5000')
        time.sleep(2)
        self.assertIn('We are todoist, we use todoism.', self.client.page_source)

    def test_login(self):  # 测试登录
        self.login()
        self.assertIn('What needs to be done?', self.client.page_source)

    def test_new_item(self):  # 测试创建新条目
        self.login()
        # 定位页面中的条目计数
        all_item_count = self.client.find_element_by_id('all-count')
        # 获取全部条目的数量值
        before_count = int(all_item_count.text)
        # 定位输入按钮
        item_input = self.client.find_element_by_id('item-input')
        # 输入文本 Hello, World
        item_input.send_keys('Hello, World')
        # 按下按钮
        item_input.send_keys(Keys.RETURN)
        time.sleep(1)
        # 再次获取全部条目的数量
        after_count = int(all_item_count.text)
```

```
            # 确保新创建的条目在页面中
            self.assertIn('Hello, World', self.client.page_source)
            # 确保全部条目计数增加 1
            self.assertEqual(after_count, before_count + 1)

    def test_delete_item(self):
            self.login()
            all_item_count = self.client.find_element_by_id('all-count')
            before_count = int(all_item_count.text)
            # 定位页面中的第一个条目，通过 XPath 来根据元素文本定位
            item1 = self.client.find_element_by_xpath("//span[text()='test item 1']")
            # 通过 ActionChains.move_to_element() 方法来执行 悬停操作
            hover_item1 = ActionChains(self.client).move_to_element(item1)
            hover_item1.perform()    # 执行操作
            # 定位悬停后出现的删除按钮，并单击
            delete_button = self.client.find_element_by_class_name('delete-btn')
            delete_button.click()
            # 再次获取条目计数，验证被删除条目不存在，条目计数减 1
            after_count = int(all_item_count.text)
            self.assertNotIn('test item 1', self.client.page_source)
            self.assertIn('test item 2', self.client.page_source)
            self.assertEqual(after_count, before_count - 1)
```

　　这部分测试本身自描述性很强，必要的操作说明都通过注释描述过了，这里不再赘述。我们把登录操作的代码放到 login() 方法中，以便在其他方法中可以直接调用这个方法来执行登录操作，login() 方法中的调用使用了"链式调用"来简化代码。在单击新的按钮后，我们使用 time.sleep() 来等待页面加载。

📊 附注　（1）在测试删除元素的方法中，我们使用 find_element_by_xpath() 方法来通过 XPath（XML Path Language）或根据元素的文本来定位元素，你可以访问 https://www.w3.org/TR/xpath/all/ 了解关于 XPath 的更多信息。

（2）对于鼠标单击、移动、悬停、拖拽等底层操作，Selenium 提供了 ActionChains 类，具体可以访问 API 文档（https://seleniumhq.github.io/selenium/docs/api/py/webdriver/selenium.webdriver.common.action_chains.html）了解。

12.5　使用 Coverage.py 计算测试覆盖率

　　对于测试的质量，有一个重要的考虑指标——测试覆盖率（test coverage）。测试覆盖率是指测试覆盖的代码占全部代码行数的百分比。通常情况下，覆盖率应该越高越好，100% 的测试覆盖率是理想目标，但有些时候并不是那么容易实现。对于大多数项目来说，应该尽量将测试覆盖率保持在 90% 左右。

　　Coverage.py 是一个使用 Python 编写的检查代码覆盖率的工具，我们可以使用它来检查测试覆盖率，首先使用 Pipenv 安装它：

```
$ pipenv install coverage --dev
```

12.5.1 基本用法

Coverage.py 提供了命令行支持，使用起来非常简单。为了演示 Coverage.py 的用法，我们先使用一个简单的 Python 脚本来演示一下用法。下面这个脚本包含三个简单的函数，分别对传入的参数执行加、减、乘操作，脚本最后调用了其中的 add() 函数：

```python
def add(a, b):
    return a + b

def subtract(a, b):
    return a - b

def multiply(a, b):
    return a * b

add(2, 3)
```

coverage run 命令用来执行脚本并计算代码执行覆盖率，命令后要附加脚本文件名作为执行的目标：

```
$ coverage run maths.py
```

这会在脚本所在目录生成一个 .coverage 文件，其中包含了运行的结果数据。我们使用 coverage report 命令来输出覆盖率报告：

```
$ coverage report
Name       Stmts  Miss  Cover
------------------------------
maths.py     7      2    71%
```

通过报告我们可以看出这个脚本的代码执行情况：一共有 7 行代码，其中有两行没有被执行，覆盖率为 71%。

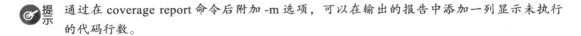 通过在 coverage report 命令后附加 -m 选项，可以在输出的报告中添加一列显示未执行的代码行数。

除了在命令行中输出覆盖率报告，我们还可以使用 coverage html 来查看 HTML 版本的覆盖率报告：

```
$ coverage html
```

📺附注 类似地，使用 coverage xml 命令可以输出 XML 格式的覆盖率报告。

这会在脚本所在目录生成一个 htmlcov 文件夹，使用浏览器打开其中的 index.html 文件可以看到 HTML 格式的覆盖率报告主页，如图 12-2 所示。

单击对应的脚本，我们还可以查看使用颜色标出代码执行的具体覆盖情况，如图 12-3 所示。

最后，我们可以使用 erase 命令来清除生成的覆盖率数据（仅清除 .coverage 文件）：

```
$ coverage erase
```

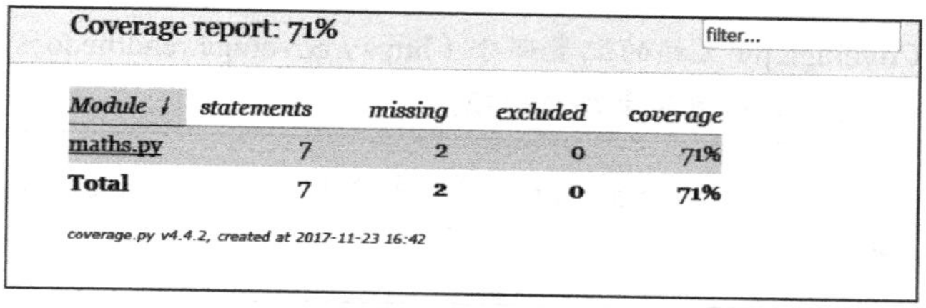

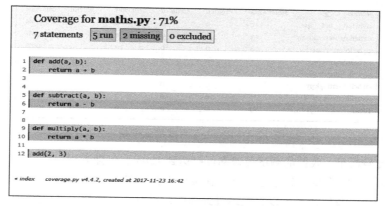

图 12-2　HTML 测试覆盖率报告

图 12-3　测试覆盖具体情况

> 📊 **附注**　你可以访问 Coverage.py 文档（https://coverage.readthedocs.io）或执行 coverage help 命令来查看更多用法。

12.5.2　获取测试覆盖率

我们可以使用下面的命令在运行测试的同时开启覆盖率检查，这样就可以获取测试覆盖率：

```
$ coverage run --source=sayhello --branch -m unittest discover
```

这里传入 --source 选项指定要检查的包或模块为 sayhello，如果测试保存在单脚本中，只需写出脚本名称。可选的 --branch 选项用来开启分支覆盖检查，比如，这会将 if 判断中未执行到的 elif 或 else 子句也视为未覆盖。

如果你不想在每次测试时手动输入这些选项，可以创建一个 .coveragerc 文件来存储配置，添加一个 run 节来为 run 命令定义配置。比如：

```
[run]
source = sayhello
branch = true
```

现在要测试 sayhello 包的覆盖率，只需要执行 coverage run -m unittest discover 即可。

> 📊 **附注**　这个配置文件使用 INI 风格语法：每一个节（section）使用 [foo] 形式定义，其中每一行为键值对形式的参数（name=value），注释使用 # 或 ; 开头。

附注　你可以访问 Coverage.py 文档的配置部分（https://coverage.readthedocs.io/en/coverage-4.5.1/config.html）查看所有可用的命令与选项。

现在使用 coverage report 或 coverage html 命令来输出报告，SayHello 程序的 HTML 格式的覆盖率报告如图 12-4 所示。

Coverage report: 100%						
Module ↓	statements	missing	excluded	branches	partial	coverage
sayhello__init__.py	12	0	0	0	0	100%
sayhello\commands.py	23	0	0	4	0	100%
sayhello\errors.py	6	0	0	0	0	100%
sayhello\forms.py	7	0	0	0	0	100%
sayhello\models.py	7	0	0	0	0	100%
sayhello\settings.py	7	0	0	0	0	100%
sayhello\views.py	17	0	0	2	0	100%
Total	**79**	**0**	**0**	**6**	**0**	**100%**

图 12-4　Bluelog 测试覆盖率报告

因为程序比较简单，我们的测试覆盖率可以达到 100%，但随着程序变得更大更复杂，测试覆盖率要想达到 100% 会变得越来越困难。在报告中我们可以看到各个模块的覆盖率，而通过 HTML 版本的报告，我们甚至可以直观地看到哪些代码没有被执行，这样就可以有针对性地加强测试。

附注　使用 coverage 可以在本地生成覆盖率报告。为了便于协作和管理覆盖率数据，我们可以使用 Coveralls（https://coveralls.io/）或 Codecov（https://codecov.io/）来生成在线分析。两者均对开源项目免费，并提供相应的 Python 库，对持续集成系统以及 GitHub 集成非常方便。

12.6　使用 Flake8 检查代码质量

除了保证代码正确，我们还应该考虑代码的质量。代码质量良好，或者说优美的代码更易于维护和二次开发。如果是开源项目，那么编写优美的代码能够吸引其他人来贡献代码，清晰良好的结构、适当的注释都能让其他人更容易理解代码。

从理念上，我们应该遵循 "Python 之禅"：

```
>>> import this
```

附注　《Zen of Python》常被译为《Python 之禅》，它是 Python 核心开发者 Tim Peters 撰写的影响 Python 设计的 20 个设计原则集合——实际上只有 19 个，最后一个作者称要留给 Guido van Rossum（Python 的创建者）来补充。它的具体定义在 PEP 20（https://www.python.org/dev/peps/pep-0020/）中，你可以在 Python Shell 中使用 import this 语句查看。

具体来说，我们应该遵循 PEP 8(https://www.python.org/dev/peps/pep-0008/) 中提出的代码约定。

> **附注** PEP（Python Enhancement Proposal，Python 增强提案）是 Python 社区提供的 Python 设计文档，类似于 RFC。具体介绍可以在 PEP 1（https://www.python.org/dev/peps/pep-0001/）中看到。完整的 PEP 索引在 https://www.python.org/dev/peps/。

为了确保代码质量，我们需要借助静态检查工具。Python 代码质量检查工具有很多，比如 pycodestyle、Pyflake、Pylint、Flake8 等，这里我们选用了 Flake8（https://github.com/PyCQA/flake8）。Flake8 是目前最流行的 Python 代码质量检查工具，它包装了 Pyflakes、Pycodestyle（原 pep8）和 McCabe，并且提供了自定义插件支持。使用它可以检查代码是否符合 PEP 8 规范，是否包含语法错误或未使用的变量和导入，另外还可以检查代码的复杂度。首先使用 Pipenv 安装：

```
$ pipenv install flake8 --dev
```

使用下面的命令即可对 bluelog 程序包进行检查：

```
$ flake8 sayhello
```

Flake8 的输出的格式为"文件路径 : 行号 : 列号 : 错误码 错误描述"，比如：

```
sayhello\__init__.py:18:1: E402 module level import not at top of file
```

其中的错误码主要分类及含义如表 12-3 所示。

表 12-3　常见的 Flake8 错误码

E***/W***	Pycodestyle 错误和警告	C9**	McCabe 复杂度错误
F***	PyFlakes 错误码	N8**	pep8-naming 命名约定错误

Flake8 支持定义配置，我们在项目根目录下创建一个 .flake8 文件，写入下面的配置：

```
[flake8]
exclude = .git,*migrations*
max-line-length = 119
```

exclude 用来设置忽略检查的文件或目录，而 max-line-length 用来设置最长的行长度，默认的行长度为 79，我们通常需要更长的行长度以增强代码的可读性。

> **附注** 访问 Flake8 的文档（http://flake8.pycqa.org/en/latest/user/options.html）查看所有可用的选项。

发现了代码的问题后，我们该如何解决呢？我们可以使用 autopep8（https://github.com/hhatto/autopep8）来自动处理 pep8 相关的错误，使用 autoflake（https://github.com/myint/autoflake）来自动处理 Pyflake 相关的错误。当然，有些问题（比如复杂度）我们还需要手动处理。

有时候，我们因为某些原因不得不违反这些代码规范的约束，为了不报错，我们可以选择忽略对某些代码的检查。要忽略某一行的代码检查，可以在这一行的后面添加注释" # noqa"，可以理解为 No Quality Assurance：

```
example = lambda: 'example'  # noqa
```

你还可以在注释后附加忽略检查的特定错误码，比如：

```
example = lambda: 'example'  # noqa: E731
```

另外，在脚本中添加注释"# flake8: noqa"会忽略整个文件。

> 💿提示　用 PyCharm 时，我们可以使用快捷键 Alt+Ctrl+Shift+L 来按照 PEP 8 的约定重新整理代码。社区版的 PyCharm 仅支持对 Python 和 HTML 代码进行整理。

　　除了编码风格，代码质量还取决于代码的复杂度，过于复杂的代码不易于理解。Flake8 内置了用于检查代码复杂度的 McCabe。在使用 flake8 命令时，加入 --max-complexity 选项并附加最大复杂度的阈值，比如：

```
$ flake8 --max-complexity 5 sayhello
```

　　这个值也可以在配置文件中使用 max-complexity = 5 定义，默认值为 –1，即关闭复杂度检查，阈值需要大于 0 时才会启用复杂度检查，具体的值可根据需要自行设置。一般来说，代码复杂度不应超过 10。复杂度为 1～5 区间的代码比较容易理解，复杂度为 6～10 区间的代码稍微复杂。

> 📊附注　McCabe 对代码复杂度的检查基于 Thomas J. McCabe, Sr 创建的软件度量单位——循环复杂度（cyclomatic complexity），具体可访问 https://en.wikipedia.org/wiki/Cyclomatic_complexity 了解。

12.7　本章小结

　　除了本章介绍的测试外，还有很多测试形式，比如对部署后的程序进行 Web 压力（负载）测试，前端页面的浏览器兼容性测试，或是进行 Web 漏洞扫描等。这些超出了本书的主题范围，你可以阅读其他书籍进行学习。

　　对于多人协作开发和开源项目来说，我们可以为程序设置持续集成（Continuous Integration，CI）服务器来执行一系列测试，以便保证程序功能的正常迭代。

> 📊附注　持续集成是指个人开发的部分向项目整体部分交付，频繁进行集成以便更快地发现其中的错误的过程。对于多人参与的团队项目或是开源项目来说，需要一个持续集成服务器更高效地完成这些测试和集成工作。当有人向项目主分支推送代码后，会自动触发持续集成服务器执行单元测试、代码质量检查、测试覆盖率检查等步骤，如果这些测试都通过了，则说明构建成功，推送的代码可以被合并。如果你打算自己部署一个 CI 服务器，那么开源的 Jenkins（https://jenkins.io/）、Buildbot（http://buildbot.net/）等都是不错的选择。另一方面，不用自己托管，云服务类型的 CI 服务越来越流行，比如 Circle CI（https://circleci.com/）、Travis CI（https://travis-ci.org/）等，这些服务均对开源项目免费。

　　测试可以确保程序正常工作，但是除了能正常工作，我们还应该关注程序的性能。程序的性能决定了处理请求的响应速度，而程序的响应速度则直接决定了用户是否会喜欢上你的程序。没人愿意使用响应缓慢的程序，下一章我们将学习程序性能优化的主要方式。

第 13 章　*Chapter 13*

性 能 优 化

经过了各种测试，代码的正确性和质量都有了很大的保证。但是，工作还没有结束。虽然代码能够实现预期的效果，但在性能上未必是合格的。导致程序响应和加载缓慢的原因有很多，比如函数执行时间过长，数据库查询过慢或是模板中加载了太多 JavaScript 和 CSS 等静态文件。本章我们会尝试使用各种工具来对程序的性能进行分析，并借助其他扩展进行相应地优化。

程序的响应速度取决于很多因素，除了网络状况等外部因素外，我们可以从请求 – 响应处理流程中的下面几个环节来进行优化：

- ❑ 函数执行
- ❑ 数据库查询
- ❑ 模板渲染
- ❑ 页面资源加载

本章新涉及的 Python 库的版本与主页如下所示：

- ❑ Flask-Caching（1.4.0）
  - ◯ 主页：https://github.com/sh4nks/flask-caching
  - ◯ 文档：https://flask-caching.readthedocs.io/
- ❑ redis-py（2.10.6）
  - ◯ 主页：https://github.com/andymccurdy/redis-py
  - ◯ 文档：http://redis-py.readthedocs.io
- ❑ Flask-Assets（0.12）
  - ◯ 主页：https://github.com/miracle2k/flask-assets
  - ◯ 文档：https://flask-assets.readthedocs.io/
- ❑ webassets（0.12.1）
  - ◯ 主页：https://github.com/miracle2k/webassets

   ❍ 文档：https://webassets.readthedocs.io/
- cssmin（0.2.0）
   ❍ 主页：https://github.com/zacharyvoase/cssmin
- jsmin（2.2.2）
   ❍ 主页：https://github.com/tikitu/jsmin/

因为使用这些工具时需要更改程序的代码，这会破坏示例程序的易读性，所以我们将使用单独的示例程序来介绍缓存和静态资源管理的内容。关于缓存和静态资源管理的两个示例程序分别存储在本书的项目仓库 helloflask 中的 demos/cache 和 demos/assets 目录下。

13.1　程序性能分析

为了能够更有针对性地进行优化，我们需要对程序进行一些简单地分析。我们先来看看代码性分析，下一节则会了解数据库查询性能的分析。本节的性能分析将以 Bluelog 程序作为示例。

> 💡提示　如果你从 GitHub 上复制了 Bluelog 程序，可以执行 git checkout profiling 签出程序的新版本。

13.1.1　函数性能分析

在第 7 章，我们曾介绍使用 Flask-DebugToolbar 来调试程序，其实它还内置了一个 Profiler（性能分析器）。这个 Profiler 默认是关闭的，我们需要单击工具栏中 Profiler 选项右上方的对号按钮来激活它。激活后重新加载页面，打开性能分析页面，你会看到当前页面的加载时间，以及所有函数的调用情况，可以按照不同的信息来排序，如图 13-1 所示。

> 📊附注　Flask-DebugToolbar 的性能分析功能使用 cProfile 库或 profile 库来实现，具体信息可以访问 https://docs.python.org/2/library/profile.html。

对代码进行分析后，我们就可以知道哪些函数运行最慢。那么如何对这些函数进行优化呢？除了在代码层面上进行优化外，对于高 CPU 消耗函数和耗时较长的任务（比如发送邮件），我们通常会使用异步任务队列把它们放到后台处理，这样可以避免阻塞请求响应的处理。常用的 Python 任务队列有 Celery（http://www.celeryproject.org/）和更轻量的 Redis-Queue（http://python-rq.org/）等，其中 Celery 还支持周期任务和定时任务。你可以通过阅读 Celery 的入门教程（http://docs.celeryproject.org/en/latest/getting-started/first-steps-with-celery.html）学习。

> ⚠注意　代码分析器需要监控程序的运行流程，所以会增大性能开销，因此最好不要在生产环境中进行代码分析。这也是为什么 Flask-DebugToolbar 默认把性能分析器设为关闭状态。

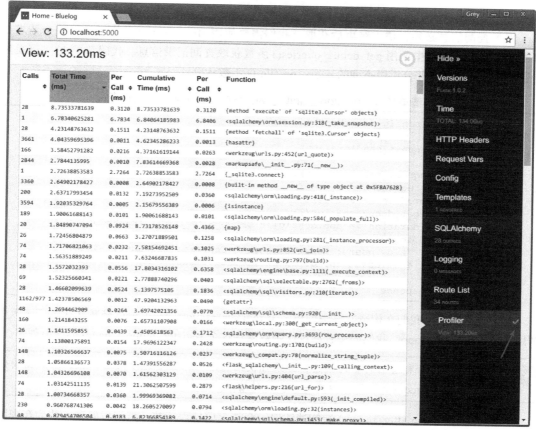

图 13-1　Flask-DebugToolbar 内置的性能分析器

13.1.2　数据库查询分析

在 Flask-DebugToolbar 提供的工具栏中，我们也可以通过 SQLAlchemy 面板查看到所有数据库查询花费的时间和查询的原生 SQL 语句。我们可以从中查找出占用时间过长的查询并对其进行优化。唯一的问题是，Flask-DebugToolbar 只能在开发时使用，而开发时的服务器负载比较小，数据量也比较小，不能真实模拟生产环境的情况。因此，我们需要在生产环境下监控数据库查询情况，当发生缓慢查询时，记录到日志中或发送邮件通知，以便及时进行优化和处理。

记录数据库慢查询的最简单的方式是使用 Flask-SQLAlchemy 提供的 get_debug_queries() 函数。实际上，Flask-DebugToolbar 的数据库查询记录功能就是基于 Flask-SQLAlchemy 完成的。当我们开启查询记录后，在每个请求结束时调用 get_debug_queries() 函数即可获得该请求所有数据库查询的信息，包括 SQL 语句、参数、时长等。

在调试模式或测试模式中，Flask-SQLAlchemy 会自动开启查询记录。我们可以通过将配置变量 SQLALCHEMY_RECORD_QUERIES 设为 True 来显式地开启查询记录功能：

```
SQLALCHEMY_RECORD_QUERIES = True
```

因为查询信息必须在请求结束后获取，我们需要使用 after_request 装饰器注册一个请求处理函数，在这个函数中调用 get_debug_queries() 函数获取查询记录信息。代码清单 13-1 就是用于获取查询记录信息并分析慢查询的 query_profiler() 函数示例。

代码清单13-1　bluelog/__init__.py：分析查询记录，找出慢查询

```python
def create_app(config_name=None):
    ...
    register_request_handlers(app)

def register_request_handlers(app):
    @app.after_request
    def query_profiler(response):
        for q in get_debug_queries():
            if q.duration >= app.config['BLUELOG_SLOW_QUERY_THRESHOLD']:
                app.logger.warning(
                    'Slow query: Duration: %fs\n Context: %s\nQuery: %s\n '
                    % (q.duration, q.context, q.statement)
                )
        return response
```

为了便于组织，我们在构造文件中创建一个 register_request_handlers() 函数并在工厂函数中调用，传入程序实例 app。我们的慢查询过滤函数就在这个 register_request_handlers() 中创建。

> 🎯 提示　因为要记录所有请求的查询信息，如果你使用蓝本对象注册这个处理函数，那么需要使用 after_app_request 装饰器注册一个全局的请求后处理函数。

这个函数使用 app.after_request 装饰器注册一个请求后处理函数。请求后处理函数会在视图函数执行后被调用并传入生成的响应对象，以便需要对响应对象进行修改。在函数的结尾应该返回修改后的响应对象，或是原响应对象。

在这个函数中，我们使用 for 语句迭代 get_debug_queries() 函数来遍历所有查询记录信息，一个由包含查询记录信息的命名元组（named tuple）组成的列表，这个命名元素提供了表 13-1 中的属性来获取查询信息。

表 13-1　查询信息元组包含的属性

属　　性	说　　明	属　　性	说　　明
statement	SQL 语句	end_time	结束时间
parameters	查询参数	duration	持续时间
start_time	开始时间	context	查询所在的位置

既然要找出慢查询，我们就要设置一个合理的阈值（threshold），查询执行时长大于这个阈值就被视为慢查询。因为 get_debug_queries() 函数返回的时间单位为秒，我们也将使用秒作为单位。一般来说，一次合理的查询不应该超过 1 秒，所以我们把这个值设为 1 秒。为了便于修改，我们把这个值存储在配置变量 BLUELOG_SLOW_QUERY_THRESHOLD 中。

当查询的时长超过这个阈值时，我们就记录一条 warning 等级的日志，日志里加入这条查询的 SQL 语句、查询执行位置和持续时间，这三个值分别通过查询信息元组的 statement、context 以及 duration 属性获取，关于日志的详细内容我们将在第 14 章介绍。

当找出慢查询后，我们可以通过增加索引、优化数据库查询语句和表结构等方式对其进行优化。除了这些常规的数据库优化措施，我们还可以为程序设置缓存，具体我们将在下一节了解。

> 提示　为了便于开发，我们在几个程序实例中使用了 SQLite。在实际生产环境下，尤其是对于大数据量、高并发访问、高流量的程序，你需要使用更健壮的 DBMS，比如 MySQL、PostgreSQL 等，或是使用单独的数据库服务器来分离数据库读写操作。

13.2　使用 Flask-Caching 设置缓存

顾名思义，缓存（cache）就是数据交换的缓冲区。计算机中的 CPU 需要执行计算时，会先在 CPU 高速缓存区查找是否有需要的数据，如果没有再到内存中寻找数据，并把找到的数据存储到高速缓存区，下次需要同一份数据时会直接从高速缓存区读取，这会大大提高 CPU 的计算效率。

在 Web 程序中，加速程序响应时间的最简单和有效的方法就是使用缓存。如果没有设置缓存，那么用户访问某个页面 N 次，服务器就要调用对应的视图函数 N 次。这就意味着会执行 N 次数据库查询、N 次函数计算和 N 次模板渲染。如果我们在用户第一次访问时把调用视图函数的返回值缓存起来，那么用户后续的访问会直接使用缓存的数据，这样我们就不需要重复执行数据库查询、函数计算和模板渲染等工作。

在本节，我们介绍使用扩展 Flask-Caching 为程序添加缓存功能，对应的示例程序在 helloflask/demos/cache 目录下，确保当前工作目录在 helloflask/demos/cache 下并激活了虚拟环境，然后执行 flask run 命令运行程序：

```
$ cd cache
$ flask run
```

> 附注　Flask-Caching 是 Flask-Cache 扩展（https://github.com/thadeusb/flask-cache）的派生（fork），旨在替代缺乏维护的后者。

我们首先使用 Pipenv 安装 Flask-Caching 及其依赖：

```
$ pipenv install flask-caching
```

然后导入并实例化 Cache 类创建一个 cache 对象，并传入程序实例作为参数以初始化扩展：

```
from flask import Flask
from flask_caching import Cache

app = Flask(__name__)
cache = Cache(app)
```

为了启用缓存，我们必须设置 CACHE_TYPE 配置变量，这个配置的值决定了使用哪种后端来存储缓存数据。常用的缓存后端类型值及其说明如表 13-2 所示。

表 13-2　Flask-Caching 中常用的缓存后端

配置变量值	说　　明	配置变量值	说　　明
null（默认值）	表示不使用缓存	redis	使用 Redis
simple	使用本地的 Python 字典	uwsgi	使用 uWSGI 内置的缓存框架
filesystem	使用文件系统存储	memcached	使用 Memcached

　　默认情况下，这个值为 null，也就是不使用缓存。在较小的程序中，我们可以使用 simple 或 filesystem 类型，前者会把缓存的数据直接存储到内存中的一个 Python 字典中，后者则存储到文件系统中；对于大型程序，你需要使用 Redis、Memcached 等性能更高的存储后端，我们会在后面进行介绍。

 提示　有时你会想要同时使用不同类型的缓存后端，这时你可以创建多个 Cache 类对象，然后在 Cache 类的构造方法或是 init_app() 方法中使用 config 关键字传入一个包含配置键值的字典。

　　因为开发时经常需要对视图函数进行修改，所以不建议（也不需要）设置缓存，除非你想要测试缓存是否正常工作。当使用 Python 类组织配置时，你可以仅在生产环境下加载的配置类中设置 CACHE_TYPE 配置变量，而在开发时加载的配置类不设置 CACHE_TYPE 键，这会使用默认值 null，即不启用缓存。

 提示　当缓存类型为 null 时，Flask-Caching 会在命令行输出提示信息，你可以通过将配置变量 CACHE_NO_NULL_WARNING 设为 True 来关闭警告信息。

13.2.1　缓存视图函数

　　我们该为哪些视图函数设置缓存呢？一般来说，调用频繁，涉及大量数据库查询和计算任务的视图函数应该被优先考虑。需要注意的是，被缓存的数据应该是不经常变动的，至少在我们设置的缓存有效期内是固定不变的。

　　在示例程序的所有视图函数中，我们均使用 time.sleep(1) 函数来让程序休眠 1 秒，这用来模拟复杂计算耗费的时间。为了更方便判断其中的区别，我们先创建一个没有使用缓存的 foo 视图。

```
@app.route('/foo')
def foo():
    time.sleep(1)
    return render_template('foo.html')
```

　　为视图函数附加一个 cache.cached() 装饰器即可开启缓存，当视图函数第一次被执行后会将返回值临时存储起来，在过期时间前，对这个视图函数的调用将直接使用被缓存起来的值。在代码清单 13-2 中，我们为显示 bar 页面的 bar 视图设置了缓存，缓存时间设为 10 分钟。

代码清单13-2　cache/app.py：为视图函数设置缓存

```
@app.route('/bar')
@cache.cached(timeout=10 * 60)
def bar():
    time.sleep(1)
    return render_template('bar.html')
```

 **注
意** cache.cached() 装饰器应该在 app.route() 装饰器内部定义。

我们可以在 cache.cached() 装饰器中使用 timeout 参数来设置缓存数据的过期时间，单位为秒，默认值为 300。这个值要根据对应数据的变动频率来设置，不同类型的页面需要设置不同的缓存过期时间。以社交网站为例，关于网站介绍页面、隐私政策页面等不常变动的页面可以设为 1 天或更多，用户主页可以设为 1 小时，文章页面可以设为 15 分钟。

如果你运行了示例程序，可以访问 http://localhost:5000 打开主页，然后分别 Foo 和 Bar 链接打开对应的页面，然后通过按下 F5 刷新页面来查看两个页面的对比，通过调试工具栏的 Time 列可以查看页面加载时间。未启用缓存时每次加载页面都需要 1 秒以上的时间；启用缓存后，第一次加载需要 1 秒以上，再次刷新页面时，加载时间则会降到 1 毫秒左右。

被缓存的数据会以键值对的形式存储起来，当下次处理请求时会先查找是否存在对应键的数据，所以我们要确保被缓存的不同值的键是唯一的。当缓存视图函数返回值时，它使用当前请求的 request.path 值来构建缓存数据的键，即 view/%(request.path)s。也就是说，如果 URL 中包含查询字符串的话，这部分内容会被忽略掉。比如我们的 posts 视图接收查询参数 page 来指定分页的页数，而缓存的键不包含查询参数，这就会导致不论访问哪一页都会返回被缓存的第一页数据。

在对包含查询参数的路由使用 cache.cached() 装饰器时，需要将参数 query_string 设为 True，这会将排序后的查询参数散列值作为键，比如：

```
@app.route('/qux')
@cache.cached(query_string=True)
def qux():
    time.sleep(1)
    page = request.args.get('page', 1)
    return render_template('qux.html', page=page)
```

如果你运行了示例程序，可以访问 http://localhost:5000/qux 打开包含查询字符串的缓存测试页面，默认的 page 查询参数的值为 1，在刷新页面可以看到启用了缓存。如果你在地址栏中将 page 查询参数设为 2，那么页面对应的视图函数会重新执行，并设置新的缓存数据。

通过使用 Flask-DebugToolbar，你可以从数据上直观了解缓存的效果。以 Bluelog 程序为例，Bluelog 的主页共包含 27 个数据库查询和一次模板渲染。以随机的一次测试为例，第一次加载共花费了 129 毫秒（ms），使用缓存后，数据库查询和模板渲染数量均为 0，加载页面只使用了 0.18 毫秒（ms），与之前相比，这可是 716 倍的速度提升。

13.2.2 缓存其他函数

我们不仅可以缓存视图函数的返回值，还可以缓存其他函数。和缓存视图函数相同，我们也使用 cache.cached() 装饰器设置缓存。不同的是，你必须使用 key_prefix 关键字为缓存数据设置一个缓存键。如果没有设置，Flask-Caching 会使用当前请求的 request.path 的值，这有可能会覆盖视图函数的数据。以一个简单的 add() 函数为例，在这个函数中我们休眠 2 秒来模拟复杂运算：

```
@cache.cached(key_prefix='add')
def add(a, b):
    time.sleep(2)
    return a + b
```

在 Python Shell 中调用这个函数的示例如下所示：

```
>>> from app import add
>>> add(1, 1)    # 第一次调用的返回值会被缓存，计算耗时 2 秒多
2
>>> add(2, 2)    # 因为被缓存，所以返回值仍然是 2，耗时小到忽略不计
2
>>> add(5, 5)    # 返回值仍然相同，直到缓存过期，耗时小到忽略不计
2
```

为计算加法的函数设置缓存有些奇怪，这主要是为了引出下面的另一种缓存方式。对于接收参数的函数或方法，如果你想将参数值纳入缓存考虑范围，可以使用 memoize() 装饰器。它的用法和 cached() 完全相同，不过同时将传入函数的参数作为考量，只有发生传入同样参数的调用才会使用缓存。下面是使用 memoize() 装饰器的进阶版 add_pro() 函数：

```
@cache.memoize()
def add_pro(a, b):
    time.sleep(2)
    return a + b
```

在 Python Shell 中的使用示例如下所示：

```
>>> from app import add_pro
>>> add_pro(1, 1)    # 调用函数，返回值被缓存，耗时 2 秒多
2
>>> add_pro(1, 1)    # 直接使用缓存，耗时小到忽略不计
2
>>> add_pro(3, 4)    # 参数不同，再次调用函数，返回值被缓存，耗时 2 秒多
7
>>> add_pro(3, 4)    # 直接使用缓存，耗时小到忽略不计
7
```

> 📖附注 Flask-Caching 还支持使用 cache 标签在 Jinja2 模板中设置缓存，具体请访问 Flask-Caching 文档查看。

13.2.3 更新缓存

当使用了缓存后，我们会面临一个问题。拿 Bluelog 来说，当博客的作者登录程序后，会对博客的内容进行修改，这时因为缓存的缘故，作者无法立刻看到更改后的新内容。为了解决这

个问题，我们可以在每一个对博客内容进行更改的操作后面调用 cache.delete() 方法来清除缓存，传入特定的键来获取对应的缓存。在示例程序中，我们创建了 update_bar 和 update_baz 视图，分别用来为前面的 Bar 页面和 Baz 页面删除缓存（baz 视图和 bar 视图类似，但缓存过期时间设为 1 小时），如代码清单 13-3 所示。

代码清单13-3   cache/app.py：删除特定的缓存

```python
@app.route('/update/bar')
def update_bar():
    cache.delete('view/%s' % url_for('bar'))
    flash('Cached data for bar have been deleted.')
    return redirect(url_for('index'))

@app.route('/update/baz')
def update_baz():
    cache.delete('view/%s' % url_for('baz'))
    flash('Cached data for baz have been deleted.')
    return redirect(url_for('index'))
```

在执行完数据库操作后，我们使用 cache.delete() 方法删除缓存。我们在前面提到过，视图函数缓存的键默认为" view/< 请求路径 request.path>"，这里我们使用 url_for() 函数构建缓存的键，删除对应的缓存。另一方面，如果你在 cached() 装饰器中通过 key_prefix 参数传入了自定义的键前缀，那么在删除时传入这个键即可。

对于使用 memorize() 装饰器设置的缓存，你可以使用 delete_memorized() 方法来删除缓存，传入函数对象。另外，你还可以调用 cache.clear() 来清除程序中的所有缓存，如下所示：

```python
# 清除所有缓存
@app.route('/update/all')
def update_all():
    cache.clear()
    flash('All cached data deleted.')
    return redirect(url_for('index'))

# 删除为 add_pro() 函数设置的缓存
def del_pro_cache():
    cache.delete_memoized(add_pro)
```

> **注意** 某些缓存后端不支持清除所有缓存。另外，如果没有为缓存数据设置缓存键，Redis 会清空整个数据库。一般情况下，我们不需要清除所有缓存。

如果你运行了示例程序，可以访问 http://localhost:5000 打开主页，主页上的按钮依次用来删除 Bar 页面、Baz 页面和所有缓存，如图 13-2 所示。

> **提示** 另一个设置跳过缓存的方法是使用 cached 装饰器中的 unless 参数。它接收一个可调用对象作为输入，如果可调用对象返回 True 则不使用缓存。我们可以创建一个 is_login() 函数，赋值给 unless，即 cached(unless=is_login)，这个函数会返回 current_user.is_authenticated 的值。这样当用户登录后就会取消缓存。

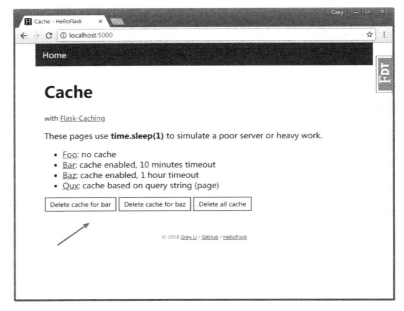

图 13-2　清除缓存按钮

13.2.4　使用 Redis 作为缓存后端

在大型程序中，因为要缓存的数据量比较大，对存取速度的要求比较高，我们需要一个更可靠，性能更好的存储后端。Redis（https://redis.io/）是一个开源的内存型数据结构存储系统，属于我们在第 5 章介绍的键值对 NoSQL 数据库。它的存取速度非常快，支持丰富的数据类型，因此非常适合作为缓存的存储后端。

首先，我们需要访问 Redis 官网的下载页面（https://redis.io/download）下载并安装 Redis 服务器。

提
示　Redis 官方没有提供 Windows 支持，不过微软 Open Tech 小组开发了一个 Windows 移植版本（https://github.com/MicrosoftArchive/redis），你可以在这个项目的 release 页面找到 .msi 安装文件。

安装好 Redis 服务器并运行启动后，我们还需要安装 Redis 的 Python 接口库，Flask-Caching 会使用它来连接 Redis 服务器进行存取操作：

```
$ pipenv install redis
```

我们将 CACHE_TYPE 的值设为 redis 来告诉 Flask-Caching 使用 Redis 存储缓存：

```
CACHE_TYPE = 'redis'
```

如果你没有修改 Redis 服务器的默认设置，那么现在缓存就可以正常工作了。如果你修改了默认配置，那么可以使用额外的配置键设置：

```
CACHE_REDIS_HOST = 'localhost'
CACHE_REDIS_PORT = '6379'
CACHE_REDIS_PASSWORD = 'your password'
CACHE_REDIS_DB = '0'
```

 附注 你也可以直接使用 CACHE_REDIS_URL 传入 redis 服务器地址，比如 redis://
user:password@localhost:6379/0

提示 对于大型程序，除了在程序服务器本地存储缓存外，还会使用 CDN、分布式缓存服务器
等方式来存储缓存。

13.3 使用 Flask-Assets 优化静态资源

在服务器端加入缓存系统后，程序的响应速度会有非常明显地提升。但是对于客户端，我们还有一些优化工作要做。当页面被加载时，除了页面本身，同时被加载的还有页面中被引用的文件，每一个文件都会触发一个 HTTP 请求。我们可以在命令行输出看到对应的记录，除了HTML 页面和 Favicon，其中还包括多个 JavaScript 文件和 CSS 文件，同时下载大量文件必然会带来性能问题。在部署时我们一般会采取租用 CDN 服务（开源 JavaScript 库和 CSS 库各大 CDN 提供商会免费提供）或是用设立独立的静态资源服务器的方式进行优化，在此之前，我们可以在程序中对这些资源进行预处理。

在开发时，为了方便，我们常常会把 JavaScript 和 CSS 代码分为多个文件，并在文件中使用缩进、换行以及添加注释来增加可读性。因此，我们可以通过下面的方式来进行优化：

❑ 对 CSS 和 JavaScript 文件进行压缩，去除换行、空白和注释，提高资源加载速度。

❑ 分别合并多个 CSS 文件和 JavaScript 文件，减少页面加载的请求数。

提示 再次提示，为了便于管理，除非是从 CDN 加载的资源，其他的扩展内置提供的资源文件建议你手动下载并保存到 static 目录下，这样可以统一处理，在部署时也会更加方便。

在本节，我们会介绍使用 Flask-Assets 扩展优化程序资源，对应的示例程序在 helloflask/demos/assets 目录下，确保当前工作目录在 helloflask/demos/assets 下并激活了虚拟环境，然后执行 flask run 命令运行程序：

```
$ cd assets
$ flask run
```

Python 包 webassets 提供了 Web 项目的资源管理功能，我们将使用集成 webassets 的 Flask 扩展 Flask-Assets 来实现资源优化功能，首先从 Pipenv 安装 Flask-Assets 及其依赖：

```
$ pipenv install flask-assets
```

然后导入 Enviroment 类，将其实例化为 assets 对象，传入程序实例 app 以初始化扩展：

```
from flask import Flask
```

```
from flask_assets import Environment, Bundle

app = Flask(__name__)

assets = Environment(app)
```

13.3.1　注册资源集

初始化扩展后，我们需要注册资源，也就是定义哪些文件需要被压缩并打包成单个文件。通过实例化 Bundle 类，并传入资源的路径作为参数，我们可以定义一个资源集，如代码清单 13-4 所示。

代码清单13-4　assets/app.py：注册资源集

```
from flask import Flask
from flask_assets import Environment, Bundle
...
css = Bundle('css/bootstrap.min.css',
             'css/bootstrap.css',
             'css/dropzone.min.css',
             'css/jquery.Jcrop.min.css',
             'css/style.css',
             filters='cssmin', output='gen/packed.css')

js = Bundle('js/jquery.min.js',
            'js/popper.min.js',
            'js/bootstrap.min.js',
            'js/bootstrap.js',
            'js/moment-with-locales.min.js',
            'js/dropzone.min.js',
            'js/jquery.Jcrop.min.js',
            filters='jsmin', output='gen/packed.js')

assets.register('js_all', js)
assets.register('css_all', css)
```

我们在这里引入了许多 JavaScript 和 CSS 文件。在 Flask-Assets 中，资源集使用 Bundle 类实例表示，我们分别为 JavaScript 和 CSS 文件创建了资源集。Bundle 类的构造方法接收任意数量的文件路径作为非关键字参数，这里所有的路径都是相对于程序包中或蓝本的静态文件夹而言的。

> 💿提示　扩展内置的资源也通过蓝本提供，因此也可以通过添加蓝本前缀来获取蓝本中的资源，比如 bootstrap/css/bootstrap.min.css，不过并不推荐使用扩展内置资源。

我们需要使用 filters 参数来定义对文件编译时使用的处理工具，webassets 的文档中列出了所有支持的过滤器（https://webassets.readthedocs.io/en/latest/builtin_filters.html）。我们这里分别使用 cssmin 与 jsmin 来压缩 CSS 和 JavaScript 代码，为了在程序中使用它们，我们需要额外安装它们：

```
$ pipenv install jsmin cssmin
```

我们使用参数 output 来指定被压缩、合并后的文件路径（同样是相对于 static 文件夹的路径）。这里会把所有的 js 文件输出到 gen/packed.js 中，所有的 CSS 文件输出到 gen/packed. css 中。

最后我们需要调用 assets.register() 方法来注册刚刚创建的两个资源集，传入资源集的名字作为第一个参数，表示资源集的 Bundle 对象作为第二个参数。

> 注意　某些依赖本地静态文件（比如 CSS 文件、图标、字体文件）的 JavaScript 或 CSS 文件不能直接打包，否则在生成的文件中调用将会无法正确获取对应的静态文件，比如 Iconic 图标或是 CKEditor。对于 CSS 文件，你可以使用内置的 cssrewrite 过滤器对打包后的 CSS 文件中的相对路径进行修正，具体可以访问 https://webassets.readthedocs.io/en/latest/builtin_filters.html#filters-cssrewrite 了解。

> 提示　在使用 Flask-CKEditor 和 Flask-Dropzone 扩展时，因为对应的资源不是全局依赖，只需要在特定的页面才需要，所以没有必要打包进这里的资源集。

13.3.2　生成资源集文件

当模板被第一次渲染时，Flask-Assets 会自动处理注册的资源集并生成文件，构建优化后的资源文件会占用一定的时间，我们一般会在部署上线前使用下面的命令提前手动生成文件：

```
$ flask assets build
Building bundle: gen/packed.css
Building bundle: gen/packed.js
```

> 提示　当资源被修改后，发起新的请求时，Flask-Assets 会自动重新更新压缩文件。当我们需要对部署后的程序进行更新时，可以在远程服务器上手动执行上面的命令并重新打包。另外，Flask-Assets 会自动记录资源的版本，在资源更新后的请求后面更新文件 MD5 散列值，以便让用户的浏览器忽略缓存，重新请求更新后的文件，即 Cache Busting。

> 注意　开发时不需要使用 Flask-Assets 进行资源优化，因为我们可能会频繁地修改 JavaScript 和 CSS 文件，重新生成资源合集会耗费不必要的时间。

13.3.3　在模板中加载资源集

要在模板中加载我们注册的资源，得先在模板中使用 assets 标签创建一个资源块，并传入我们注册的资源集名称。这个块需要使用 endassets 标签关闭。在这个块中，我们可以使用 ASSET_URL 变量来获取指向处理后的资源集文件的 URL，如代码清单 13-5 所示。

代码清单13-5　assets/templates/optimized.html：在模板中加载合并后的资源文件

```
{% block styles %}
  {% assets "css_all" %}
    <link rel="stylesheet" href="{{ ASSET_URL }}">
```

```
        {% endassets %}
{% endblock %}
...
{% block scripts %}
    {% assets "js_all" %}
        <script type="text/javascript" src="{{ ASSET_URL }}"></script>
    {% endassets %}
{% endblock %}
```

这里我们把 assets 块定义在基模板中的 styles 块和 scripts 块中，因为这些资源集中包含所有要在基模板中加载的 JavaScript 和 CSS 文件，所以我们不用再使用扩展提供的资源加载函数。当在实际的程序中使用时，我们可以把上面的 styles 块和 scripts 块直接定义在基模板中的相应位置，替换掉被打包的资源引用语句。

为了说明资源优化后的速度提升，我们可以进行一个简单的对比。在示例程序中，我们创建了 foo 和 bar 视图。foo 视图渲染未进行资源优化的 unoptimized.html 模板，其中包含了大量的资源引用语句；bar 视图渲染使用 Flask-Assets 的 optimized.html 模板，也就是我们在上一节介绍的模板。这两个页面引入的资源文件相同。对于没有进行优化的 Foo 页面，加载页面时会加载 12 个静态文件，文件的总体积为 905KB，页面加载时间总计为 3.36 秒，如图 13-3 所示。

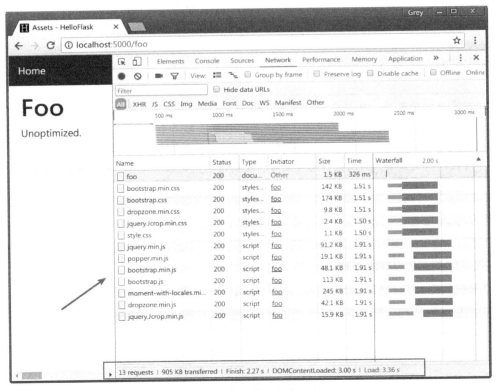

图 13-3　优化前的资源加载情况

使用 Flask-Assets 对资源进行优化后，只会加载 2 个静态文件，文件的体积被缩小到811KB，页面加载时间缩减为 2.14 秒，如图 13-4 所示。

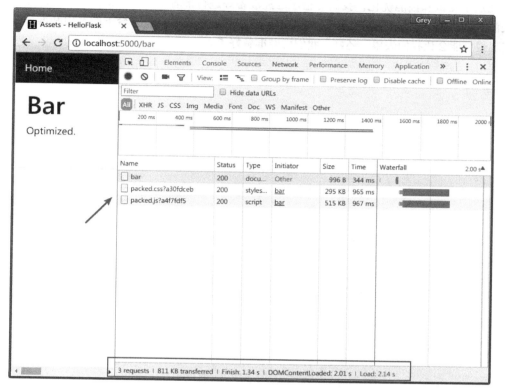

图 13-4　优化后的资源加载请求

如果你运行了示例程序，可以分别访问 http://localhost:5000/foo 和 http://localhost:5000/bar 测试优化资源的前后对比。

（1）除了 JavaScript 和 CSS 文件外，HTML 响应也可以进行优化处理（去除空行、空白和注释），你可以通过其他 Flask 扩展或 Jinja2 扩展实现。不过，因为 HTML 页面每次都要动态生成，那么每个 HTML 响应都要进行优化，这么做会增加服务器端的压力，除非你需要应对非常大的访问量，否则一般不需要这么做。对于 HTML、JavaScript、CSS 和字体文件等静态资源，我们一般会在部署后通过 Web 服务器来使用 Gzip 或 Brotli（简称 br）等压缩算法对数据进行压缩传输，这样可以减小文件在传输过程中的体积（最高可以达到 80% 左右的压缩率），提高传输速度。

（2）如果页面中使用了大量图片，你可以使用工具对这些图片进行压缩优化以减少体积。多个小图片则可以使用工具拼接成单个图片文件，在使用时通过 CSS 获取，这种技术被称为 CSS Sprite。

13.4　本章小结

经过了测试和性能优化，我们的程序已经准备好进行部署了。如果说把程序上线相当于上台表演的话，那么测试和性能优化无疑是不可或缺的准备步骤。没有台下的努力和准备，台上的表现很可能会让我们失望。还好，我们已经准备好了。

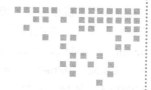

第 14 章 *Chapter 14*

部 署 上 线

经过上一章的准备，我们的程序已经准备好部署（Deployment）上线了。部署指的是把程序托管到拥有公网 IP 的远程服务器（计算机）上，这样程序才可以被互联网上的所有人通过 IP 或映射到 IP 的域名访问到。

本章新涉及的 Python 包如下所示：

❑ Flask-SSLify（0.1.5）
  ○ 主页：https://github.com/kennethreitz/flask-sslify
❑ Gunicorn（19.8.1）
  ○ 主页：http://www.gunicorn.org/
  ○ 文档：http://docs.gunicorn.org
  ○ 源码：https://github.com/benoitc/gunicorn

14.1 传统部署 VS 云部署

部署有很多种方式，我们需要根据程序的特性来综合考虑。一般来说，部署共分为传统部署和云部署两种。如果把部署程序比作为程序租房子的话，那么云部署就是精装修的公寓，我们的程序只需要接通电源就可以开始运行；而传统部署就是毛坯房，我们需要自己动手设置所有环境。

具体来说，传统部署指的是自己购买 / 租用远程服务器，然后把程序安装到服务器上的过程。这里的服务器和我们前面提及的 Web 服务器不同，它是指物理意义上的，可以用硬盘、内存等指标来形容的物理服务器或虚拟服务器，也被称为远程主机。从本质上讲，在远程主机上部署程序和在本地运行程序基本相同，只不过基于安全和性能的考虑我们要增加一些额外的步骤。

我们通常会通过虚拟主机服务提供商来租用虚拟主机，这些服务被称为 IaaS（Infrastructure as a Service，设施即服务）。主流的选择有 Amazon EC2、Google Compute Engine、Microsoft Azure、DigitalOcean、Linode 以及国内的阿里云 ECS 等，其中 DigitalOcean（https://www. digitalocean.com/）、Linode（https://www.linode.com/）提供了每月 5 美元的经济型主机，包含 1GB 内存，20/25GB SSD 硬盘，非常适合入门使用。

传统部署比较灵活，一切都由你自己来掌控，不过同时也需要耗费较多的精力去进行环境搭设和维护，所以大型网站通常会有专门的服务器运维人员来负责服务器的管理和维护，如果你想深入学习，那么这中间还有很多可以探索的主题。如果你不想把时间都花费到运维上，只想尽快让你的程序部署上线，那么可以考虑使用云部署。

云部署即 PaaS（Paltform as a Service，平台即服务）。简单来说，云部署服务提供了一个完善的平台，提供了所有底层基础设施，我们只需要推送程序代码即可。使用云部署可以省去配置服务器、设置数据库、配置网络服务器以及设置防火墙等步骤。使用简单的方式即可集成第三方工具、添加数据库、设置邮件服务等，使用起来非常灵活。当然，云部署的价格一般要比传统部署要高。

比较流行的 PaaS 有 Heroku、Google App Engine、AWS Elastic Beanstalk、PythonAnywhere、Webfaction 以及国内的 Sina App Engine 等。对于大型程序 / 商业项目，我们需要综合各方面的信息来做选择。作为起步来说，我建议使用 Heroku（https://heroku.com/）或 PythonAnywhere（https://pythonanywhere.com），因为这两者的自由度较大，免费用户可用的资源限额也较多。本章我们将介绍如何在 Heroku 和 PythonAnywhere 上部署 Flask 程序。其他平台的部署步骤大同小异，可以参考各自的文档。当程序规模逐渐发展后，可以考虑升级服务器配置或是考虑迁移到传统部署。

本章我们将以 Bluelog 程序作为示例来分别演示在传统的 Linux 服务器上以及云部署平台 PythonAnywhere 和 Heroku 部署程序。

 提示 如果你从 GitHub 上复制了示例程序 Bluelog，可以切换到该项目根目录下然后执行 git checkout deploy 签出程序的新版本。程序的新版本添加了一些部署准备操作。

附注 除了这两种部署形式，常见的部署形式还有静态部署。静态部署是先借助工具将程序静态化处理，比如使用扩展 Frozen-Flask（http://github.com/SimonSapin/Frozen-Flask/），静态处理就是把程序中的所有动态页面全部转换成对应的 HTML 文件，分目录放置。静态处理后的程序部署成本非常低，而且有大量免费的静态部署服务，比如 GitHub Pages（https://pages.github.com）、Netlify（https://www.netlify.com/）等。当然，不是所有的程序都适合静态处理，这种方式一般适用于不需要接收用户输入、不产生动态输出的程序，比如个人博客。

14.2 基本部署流程

无论是使用传统部署还是云部署，我们都要考虑如何将程序代码推送到服务器中，并考虑如何推送更新。部署时所使用的工具和开发时会有所不同。开发时我们使用 Flask 内置的开发服务器来运行程序，并使用 flask run 启动这个服务器，同时会使用 FLASK_APP 环境变量来给出程序实例的位置；部署时我们将使用更加完善的 WSGI 服务器来运行程序，这时启动服务器的方法依使用的库而定，而且我们需要手动给出程序实例所在的模块和实例名称。另外，对于使用类组织配置的程序，在开发时我们使用名称为 development 的配置，而部署时则使用 production 配置。

　　Flask 官方推荐将程序像 Python 包那样添加一个 setup.py 文件，然后通过打包构建生成分发包，将分发包上传到服务器并安装到虚拟环境中。实际上，这种方式引入了不必要的复杂度。对于程序来说，通过 Git 来推送代码的方式更加简单。你可以按照你的喜好选择部署方式，如果你更倾向于 Flask 官方推荐的做法，那么需要在项目根目录创建 setup.py 文件，并通过 MANIFEST.in 文件来指定包数据，具体可以参考第 15 章的介绍。

　　如果你将程序代码托管在在线代码托管平台（比如 GitHub、BitBucket、GitLab 等），那么使用 Git 部署程序的过程非常简单，和在你自己的电脑上运行本书提供的示例程序的过程基本相同，流程大致如下：

　　1）在本地执行测试。

　　2）将文件添加到 Git 仓库并提交（git add & git commit）。

　　3）在本地将代码推送到代码托管平台（git push）。

　　4）在远程主机上从代码托管平台复制程序仓库（git clone）。

　　5）创建虚拟环境并安装依赖。

　　6）创建实例文件夹，添加部署特定的配置文件或是创建 .env 文件存储环境变量并导入。

　　7）初始化程序和数据库，创建迁移环境。

　　8）使用 Web 服务器运行程序。

　　这种部署方法的最基本的部署流程示意图如图 14-1 所示。

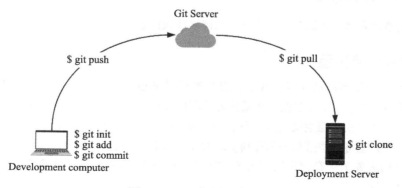

图 14-1　Git 部署基本流程

 附注　除了使用在线代码托管平台，你还可以在远程主机上设置一个私有的 Git 服务器，具体可以访问 https://git-scm.com/book/en/v2/Git-on-the-Server-Setting-Up-the-Server 了解。

更新程序的步骤基本相同，如下所示：

1）在本地执行测试。

2）将文件添加到 Git 仓库并提交（git add & git commit）。

3）在本地将代码推送到代码托管平台（git push）。

4）在远程主机上从代码托管平台拉取程序仓库（git pull）。

5）如果有依赖变动，或是数据库表结构变动，那么执行依赖安装和数据库迁移操作。

6）重启 Web 服务器。

 （1）借助 Git 提供的服务器端钩子（Server-Side Hooks），比如 post-revive 钩子，我们可以实现部署操作的自动化。通过定义钩子触发的脚本，我们可以让远程主机的 Git 服务器在接收到本地的代码推送后自动执行相应的更新和重启 Web 服务器等操作。如果是使用在线代码托管平台，比如 GitHub 和 BitBucket，需要在项目设置中进行对应的设置。具体可以参考 https://gist.github.com/oodavid/1809044。

（2）在实际的部署中，对于大型程序，或多人协作开发的程序，我们通常会为程序设置持续集成系统，通过设置 Git 钩子，当有人向远程主机的主分支推送代码后会自动触发 CI 系统进行构建测试，测试通过后才会将改动集成到程序中。

 除了使用 Python 包和 Git 进行部署外，另外一种逐渐流行的方式是使用容器技术部署程序。简单地说，借助容器管理系统，比如 Docker（https://www.docker.com/），我们可以在本地开发时就把程序以及包括操作系统在内的所有依赖封装成镜像，这样可以直接运行在各种服务器环境中，省去了重复的调试和部署操作。

14.3　部署前的准备

除了前两章的自动化测试和性能优化，在部署前我们还有一些工作要做。

14.3.1　更新程序配置

生产环境下需要不同的配置，我们在开发时已经通过使用 Python 类对生产配置进行了分离，并且对某些包含敏感信息的配置变量优先从环境变量读取，比如数据库 URL、Email 服务器配置信息等。在部署到远程主机上后，我们仍然通过将环境变量写到 .env 文件来设置关键配置，现在，我们的任务是将这些信息提前写到本地的 .env 文件中。

首先，我们需要为保存程序密钥的 SECRET_KEY 配置变量生成一个随机字符，更换开发时填入的占位字符，比如：

```
SECRET_KEY=\x8dYai\x06r\x11\xdd\xd7\xf1\x1c\xd0
```

随机密钥的生成方式有很多。比如，os 模块的 urandom() 方法可以用来生成随机密码，它接收字节长度作为参数：

```
>>> import os
>>> os.urandom(12)
'\xf0?a\x9a\\\xff\xd4;\x0c\xcbHi'
```

复制返回的字符作为密钥使用就可以了。

如果你使用 Python 3.6 版本，那么可以使用 secrets 模块提供的 token_bytes()、token_hex()、token_urlsafe() 方法，这些方法接收字节长度作为参数。比如：

```
>>> import secrets
>>> secrets.token_urlsafe(16)
'Drmhze6EPcv0fN_81Bj-nA'
```

另外，我们也可以使用 uuid 模块来生成随机字符：

```
>>> import uuid
>>> uuid.uuid4().hex
'3d6f45a5fc12445dbac2f59c3b6c7cb1'
```

在生产环境下我们仍需要执行某些 flask 命令，而执行 flask 命令需要正确设置 FLASK_APP 环境变量。这个变量在我们项目根目录下的 .flaskenv 文件中已经定义，并且这个文件被提交到 Git 仓库中，所以不需要重复写入 .env 文件中。

> **注意**　在生产环境下，我们需要将 FLASK_CONFIG 变量设置为 production，这可以确保在生产环境下执行 flask 命令时加载的是生产配置（工厂函数会优先从这个环境变量里读取配置名称）。另外，我们还需要将 FLASK_ENV 变量设为 production（覆盖 .flaskenv 中的设置），用来确保命令执行时处于正确的环境设置。我们将在远程主机上创建 .env 文件后再手动写入这两个变量，具体会在后面介绍。

在 PythonAnywhere 部署程序时，因为 PythonAnywhere 使用的数据库服务会在 5 分钟（300 秒）断开连接，我们需要将 Flask-SQLAlchemy 提供 SQLALCHEMY_POOL_RECYCLE 配置变量的值设为 300 以下，它用来设置数据库连接池的回收时间，比如：

```
SQLALCHEMY_POOL_RECYCLE = 280
```

> **注意**　.env 文件包含敏感信息，不能提交进 Git 仓库。你可以考虑在远程主机上重新创建这个文件，将本地内容复制过去，后面会具体介绍。另外，你也可以使用 SCP 或 SFCP 将这个文件上传到远程主机。SCP 指 Secure Copy Protocol，SFTP 指 SSH File Transfer Protocol，两者都是基于 SSH 实现的在主机之间安全传输文件的协议，同时也指代实现这个协议的程序。如果你使用 Windows 系统，可以使用 WinSCP（https://winscp.net/）来实现同样的效果。

14.3.2　创建生产环境专用的程序实例

生产环境下的程序自然要加载生产配置，我们需要在项目的根目录下创建一个 wsgi.py 脚本（这里的命名只是约定，你可以使用其他名称），在这个模块中使用工厂函数 create_app() 创建一个程序实例，传入生产环境配置名 production，如下所示：

```
from bluelog import create_app

app = create_app('production')
```

这个程序实例专用于部署时运行。在生产环境下,我们需要使用生产服务器运行实例,这时就可以从这个文件中导入这个程序实例,比如:

```
from foo_server import serve
from wsgi import app

serve(app, '0.0.0.0:80')
```

14.3.3 设置迁移工具

除非是用于部署测试,否则设置迁移工具这一步必不可少,这可以让你在保留原数据的同时对数据库结构进行更新。在第 5 章,我们介绍了如何使用集成了 Alembic 的扩展 Flask-Migrate,首先使用 Pipenv 安装:

```
$ pipenv install flask-migrate
```

在程序中,实例化 Flask-Migrate 提供的 Migrate 类,进行初始化操作。因为 Bluelog 使用了工厂函数创建程序实例,所以我们需要在 extensions.py 脚本中实例化 Migrate 类,在工厂函数中对该实例调用 init_app() 方法,传入 app 和 db 对象,具体可以到源码仓库中查看。

我们可以提前在本地生成迁移文件夹并执行一次初始迁移:

```
$ flask db init
$ flask db migrate -m "Initial migration"
```

> 提示 对于要部署到 Heroku 的程序来说,生成迁移文件夹和创建迁移脚本的操作必须在本地进行,后面会具体介绍。

14.3.4 程序日志

在开始介绍部署之前,我们得先考虑一下日志问题。虽然我们为程序编写了相对完善的测试,而且顺利通过了测试,程序还是有可能在你意想不到的地方出错。比如,在代码之外的地方,各种意外情况都可能出现:服务器超载、数据库写入异常、受到恶意攻击、各种库之间出现不兼容等。

在第 3 章,我们通过 app.errorhandler 装饰器为几种常见的错误类型注册了错误处理器。在生产环境下,当程序出现错误时,用户会看到一个错误页面,但我们(开发者 / 运维人员)却什么也不知道。这时把错误信息记录下来会有助于调试和修复。在开发时,我们可以通过 Werkzeug 内置的调试器来查看错误堆栈,或是在命令行输出中查看日志。但是在生产环境中,我们没法使用上面的方式获取日志,这时就需要记录日志。

> 附注 这里不会详细介绍 Python 日志系统,如果你对 Python 的 logging 模块不熟悉,可以阅读 Python 文档中的入门教程(https://docs.python.org/3/howto/logging.html#logging-basic-tutorial)。

Flask 通过 Python 标准库的 logging 模块提供了一个日志记录器（logger）对象，它的名称为 flask.app，可以通过 app.logger 属性获取。我们可以像往常那样，对这个 logger 对象调用 debug()、info()、warning()、error()、exception() 和 critical() 方法来触发相应等级的日志事件。比如：

```
app.logger.warning('A warning message. ')
```

当日志记录器等级未设置时（即 logging.NOSET），有效等级（effective level）为 WARNING；如果开启了调试模式，那么日志记录器（logger）的等级会被设为 DEBUG。如果没有配置日志处理器（log handler），Flask 会添加一个默认的处理器，类型为 StreamHandler，它会把日志输出到 stderr（显示在命令行窗口）。下面我们会介绍两种常用的日志处理器，分别是将日志存储到文件的 RotatingFileHandler 处理器和通过 Email 发送日志的 SMTPHandler 处理器。

 提示　其他常用的日志处理器可以访问 https://docs.python.org/3/howto/logging.html#useful-handlers 查看。

1. 将日志写入文件

以 Bluelog 为例，为了便于组织代码，我们在程序包的构造文件中创建一个 register_logging() 函数为程序实例注册日志处理器，在工厂函数中调用这个函数并传入程序实例，这个函数的内容如代码清单 14-1 所示。

代码清单14-1　bluelog/__init__.py注册文件日志处理器

```
import logging
from logging.handlers import RotatingFileHandler

def create_app(config_name=None):
    ...
    register_logging(app)

def register_logging(app):
    app.logger.setLevel(logging.INFO)

    formatter = logging.Formatter('%(asctime)s - %(name)s - %(levelname)s -
        %(message)s')

    file_handler = RotatingFileHandler(basedir, 'logs/bluelog.log', maxBytes=10
        * 1024 *1024, backupCount=10)
    file_handler.setFormatter(formatter)
    file_handler.setLevel(logging.INFO)

    if not app.debug:
        app.logger.addHandler(file_handler)
```

为了让日志记录器记录 INFO 等级的日志事件，我们首先将 app.logger 的等级设为 INFO。然后我们创建一个 logging.Formatter 对象设置日志的输出格式。为了避免日积月累产生一个巨大的日志文件，我们使用 RotatingFileHandler 类（从 logging.handlers 模块导入）创建一个轮转文件类型的日志处理器，实例化这个类传入日志文件的目标路径、最大文件尺寸和备份数量。

当日志文件的大小超过实例化时传入的 maxBytes 参数设定的值时（单位为字节 byte，我们这里设为 10MB），它会循环覆盖之前的记录；将 backupCount 参数设为 10 会依次创建 10 个日志文件，10 个文件全部存满 10MB 后会开始覆盖之前的文件。

 这里我们传入 logs/bluelog.log 作为日志文件路径，为了让日志文件顺利创建，我们需要在项目根目录下创建一个 logs 文件夹。不过日志文件并不需要添加到 Git 仓库中，你可以在 logs 目录下创建一个 .gitkeep 文件，并在 .gitignore 中写入一个 *.log 规则，这会确保将 logs 目录添加到 Git 仓库，但是忽略所有以 .log 结尾的日志文件。

我们使用 setFormatter() 方法设置处理器输出的日志格式，使用 setLevel() 方法将文件日志处理器的接收日志等级设为 INFO。

最后，我们对 app.logger 调用 addHandler() 方法将处理器注册到 logger 对象中，添加 if 判断确保在调试模式下不会添加处理器。

（1）app.debug 属性存储用来判断程序是否开启了调试模式的布尔值。当 FLASK_ENV 环境变量的值为 development 时，app.debug 会返回 True，否则返回 False。在程序中，你可以通过 app.env 属性获取 FLASK_ENV 的设置值。

（2）另外还有一个 TimedRotatingFileHandler 类，它会根据设定的时间间隔（通过实例化时传入的参数设定）来定期覆盖日志数据。

（3）当部署到生产环境时，对于使用 UNIX 系统的传统部署方式来说，除了使用文件存储日志，也可以把日志输出到系统守护进程 syslog 中，这通过 SysLogHandler 类实现；类似地，Windows 系统则可以使用 NTEventLogHandler 类将日志写入系统事件日志。

2. 云部署平台的日志

本节要介绍的两个云部署平台会从 stdout（标准输出）和 stderr（标准错误输出）收集日志，如果要把程序部署到这两个平台，我们需要创建一个 StreamHandler 类型（从 logging 模块直接导入）的日志处理器来替代上面的 RotatingFileHandler 处理器。因为 Flask 内置的日志处理器即为 StreamHandler 类型，所以我们可以直接使用这个处理器（flask.logging.default_handler）。这个处理器只会在没有添加日志处理器时才会被添加，所以我们可以手动导入并添加到日志记录器对象上：

```
import logging
from flask.logging import default_handler

def register_logging(app):
    ...
    default_handler.setLevel(logging.INFO)
    if not app.debug:
        ...
        app.logger.addHandler(default_handler)
```

3. 通过邮件发送关键日志

在生产环境中，低等级的信息可以记录到日志文件中，而关键的信息（比如 ERROR 等级以上）则需要通过邮件发送给管理员，以便及时修复问题。

　　对于 ERROR 等级及以上的关键日志，我们通常需要更加详细的出错信息，以便更迅速地排查和解决问题。为了在日志信息中插入触发这个日志事件的请求信息，我们创建一个自定义的 RequestFormatter 类，它继承自 logging.Formatter 类，添加了几个自定义字段来插入请求信息，如代码清单 14-2 所示。

代码清单14-2　bluelog/__init__.py：在日志中插入请求信息

```python
import logging

def register_logging(app):
    class RequestFormatter(logging.Formatter):
        def format(self, record):
            record.url = request.url
            record.remote_addr = request.remote_addr
            return super(RequestFormatter, self).format(record)

    request_formatter = RequestFormatter(
        '[%(asctime)s] %(remote_addr)s requested %(url)s\n'
        '%(levelname)s in %(module)s: %(message)s'
    )
```

　　使用 SMTPHandler 类可以创建一个 SMTP 处理器，传入的参数大多从相应的 Flask-Mail 配置变量获取。我们将这个邮件日志处理器的等级设为 logging.ERROR，当发生 ERROR 等级及以上的日志事件时会将日志通过邮件发送给管理员，如代码清单 14-3 所示。

代码清单14-3　bluelog/__init__.py：注册邮件日志处理器

```python
import os
import logging
from logging.handlers import SMTPHandler

def register_logging(app):
    ...
    mail_handler = SMTPHandler(
        mailhost=app.config['MAIL_SERVER'],
        fromaddr=app.config['MAIL_USERNAME'],
        toaddrs=app.config['BLUELOG_ADMIN_EMAIL'],
        subject='Application Error',
        credentials=(app.config['MAIL_USERNAME'], app.config['MAIL_PASSWORD']))
    mail_handler.setLevel(logging.ERROR)
    mail_handler.setFormatter(request_formatter)

    if not app.debug:
        ...
        app.logger.addHandler(mail_handler)
```

　　值得一提的是，除了使用传统的日志记录，我们还可以使用第三方错误追踪工具来处理程序中的错误。流行的选择是 Sentry（http://sentry.io），当在程序中集成 Sentry 后，它可以在程序出现异常时通过我们设置的各种方式发送提醒（除了邮件，还可以集成 Slack、Whatsapp、IRC等第三方工具）。更重要的是，我们可以在 Sentry 的控制面板中查看关于这个异常的相关代码、上下文变量的值、函数调用堆栈，以及异常触发的次数、涉及的客户端信息等一系列数据，这能够帮助我们及时找出问题的根源并解决问题。另外，使用 Sentry 还可以方便地为程序添加一个用户反馈功能。

14.3.5　手动导入环境变量

在开发时，因为安装了 python-dotenv，使用 flask run 命令启动开发服务器时 Flask 会自动导入存储在 .flaskenv 或 .env 文件中的环境变量。在生产环境下，我们需要使用性能更高的生产服务器，所以不能再使用这个命令启动程序，这时我们需要手动导入环境变量。

我们应该尽可能地提前导入环境变量操作，这样才能确保程序中获取环境变量的代码正常工作，因此最佳的导入位置就是在 wsgi.py 脚本中，其次是程序包构造文件的顶部。在 wsgi.py 脚本中，我们使用 python-dotenv 提供的 load_dotenv() 函数手动导入 .env 文件中设置的环境变量，如下所示：

```
import os
from dotenv import load_dotenv
dotenv_path = os.path.join(os.path.dirname(__file__), '.env')
if os.path.exists(dotenv_path):
    load_dotenv(dotenv_path)

from bluelog import create_app
app = create_app('production')
```

14.3.6　HTTPS 转发

一个可选但强烈推荐的步骤是为网站购买 SSL 证书，以实现对 HTTP 的加密传输。如果你不想购买商业 SSL 证书，可以尝试使用免费的证书服务，比如 Let's Encrypt（https://letsencrypt.org/）、ZeroSSL（https://zerossl.com/）等，你可以访问各自的文档来查看证书的申请和安装流程。

> 提示 对于部署在云平台的程序，如果不设置自定义域名，那么可以直接使用 Heroku 和 PythonAnywhere 提供的 SSL 证书。

设置好证书后，我们需要强制所有发到程序的请求通过 HTTPS，具体的方法是拦截不安全的请求并重定向到 HTTPS。这个工作可以交给扩展 Flask-SSLify 处理，首先使用 Pipenv 安装：

```
$ pipenv install flask-sslify
```

在 extensions 模块中导入并实例化 SSLify 类：

```
from flask_sslify import SSLify

sslify = SSLify()
```

最后在工厂函数中对 sslify 对象调用 init_app() 方法，传入程序实例 app 以初始化扩展：

```
sslify.init_app(app)
```

现在，Flask-SSLify 会自动为我们的程序处理请求。我们可以通过配置键 SSL_DISABLED 来设置关闭 SSL 转发功能。因为只有当程序在生产环境下设置 SSL 证书后才可用，所以我们需要在配置基类中将其设为 True，而在生产配置中设为 False 以开启 SSL 转发。

当程序做好一切部署准备后，我们可以将代码提交进 Git 仓库，并推送到远程仓库：

```
$ git add .
$ git commit -m "Ready for deploy"
$ git push
```

14.4　部署到 Linux 服务器

传统部署就意味着我们要自己搭建一个服务器环境。在此之前，你需要做下面这些任务：

1）租用一个远程主机。租用成功后你会获得主机的 IP 和 root 密码。

提示　选择要安装的服务器操作系统时，建议选择 Linux Ubuntu16.04.4 LTS ，因为本节的操作是基于该 Linux 发行版的。

2）（可选）购买一个域名。域名作为互联网中唯一的标识，其他人可以通过这个域名访问到你的程序，这样就不用通过一长串无意义的数字 IP 来访问你的程序。流行的域名购买服务有 Godaddy、NameCheap 等。

3）（可选）域名解析，即把域名指向服务器所在的 IP。域名提供商通常会免费提供这个功能，为了保证解析的稳定性，最好使用国内的第三方域名解析服务，比如 DNSPod（https://www.dnspod.cn/）。

14.4.1　使用 OpenSSH 登录远程主机

如果你不习惯使用命令行，那么这对你来说将是个坏消息：你只能通过命令行来操作远程主机。当你获取了远程主机的 IP 和 root 密码，就可以使用 OpenSSH 来连接服务器：

```
$ ssh root@your_server_ip
```

比如：

```
$ ssh root@123.45.56.78
```

如果你已经注册了域名并解析到对应的 IP，也可以使用域名代替 IP，比如：

```
$ ssh root@helloflask.com
```

附注　SSH（https://www.ssh.com/ssh/）是一种用于远程连接 Linux 主机的加密协议，也是系统管理员最基本的工具之一。这里的 OpenSSH（http://www.openssh.com/）是基于 SSH 协议实现的开源程序，Ubuntu 内置了这个软件。

如果你使用 Windows 系统，那么可以使用 PuTTY（http://www.putty.org/）替代，或是使用

Git Bash 内置的 OpenSSH。

输入密码后，你会看到类似下面的提示，因为是第一次连接，所以本地主机会请求确认远程主机的身份，输入 yes 按下 Enter 即可：

```
The authenticity of host '128.19.128.156 (128.19.128.156)' can't be established.
ECDSA key fingerprint is SHA256:Cwwd1iOGBU17IH2wAqRrNI1yZ5o4AGfLaNPo8ZvvWIc.
Are you sure you want to continue connecting (yes/no)?
```

现在你会看到命令行提示符变为远程主机的提示符，比如 root@your server name:~$，这说明你已经成功登录了远程主机（使用 exit 命令可以登出）。

14.4.2 安装基本库和工具

连接到远程主机后，首先更新系统可安装的包列表，并对可升级的包进行升级：

```
$ apt update
$ apt upgrade
```

使用 Root 用户部署代码或运行 Web 服务器容易带来安全风险，我们可以创建一个新用户，并赋予其 root 权限（超级用户）：

```
$ adduser greyli
$ usermod -aG sudo greyli
```

（1）默认添加用户输入密码后会提示输入用户信息（比如地址电话之类），用来填充 Gecos 字段，这些是可选的，你可以一路按 Enter 跳过，或是在输入 adduser 命令时添加 --gecos 选项来关闭，即 adduser --gecos "" greyli。

（2）这里的 greyli 是示例用的用户名，你可以自由更改。在后面我们会使用 greyli@123.45.67.89 来作为远程主机名称示例。

现在切换到新创建的用户：

```
$ su greyli
```

接着需要安装必备的包和开发工具，在命令前添加 sudo 以执行管理员操作。如果你使用 Python 2，执行下面的命令：

```
$ sudo apt install python-dev python-pip
```

如果你使用 Python3，则使用下面的命令：

```
$ sudo apt install python3-dev python3-pip
```

上面命令中的 python3-dev 包含 Python2/3 和一些基础的包，python3-pip 用来安装 pip。安装过程中会请求输入 y 进行确认，你也可以在 apt install 命令后添加 -y 选项来省略这个确认。

（1）Ubuntu 16.04LTS 默认包含 Python3.5 和 Git，所以我们不必再安装这两个程序。如果你需要使用 Python2.7 版本，可以通过包 python-minimal 来安装。

（2）访问 Ubuntu 包存档（https://packages.ubuntu.com/）可以搜索具体的包信息。

下面使用 pip3（如果你使用 Python 2，这里则使用 pip）安装 Pipenv：

```
$ sudo -H pip3 install pipenv
```

> 📊 **附注**　如果你不想全局安装，可以使用 --user 选项进行用户安装（即 pip3 install --user pipenv）。如果安装后执行 pipenv 命令显示"命令未找到"，则需要将用户基础二进制目录添加进 PATH 环境变量中，具体见 https://docs.pipenv.org/install/#installing-pipenv。

作为现实中的程序，我们还需要安装额外的程序。最基础的，我们要安装数据库服务器，比如 MySQL、Postgres、Redis 或是 MongoDB 等。除了数据库服务器，如果程序需要发送邮件，那么还要安装 MTA（Mail Transport Agent，邮件传输代理），比如 Sendmail（http://sendmail. org）、Postfix（http://www.postfix.org/）等。如果程序使用了 Celery，还要安装 RabbitMQ、Redis 等。关于如何安装这些程序对应的包，并运行相应的服务器，你可以访问各自的文档进行了解。

> 📷 **注意**　自己搭建一个邮件服务器比较麻烦，因为有很多棘手的问题需要考虑（垃圾邮件、病毒等）。简单的解决办法是使用第三方服务，比如 SendGrid、Mailgun 等。

14.4.3　安全防护措施

我们要对服务器进行一些安全设置，让我们从最基本的方面入手——使用 SSH 密钥（SSH key）来代替密码作为认证方式。

1. 使用 SSH 密钥登录

通过输入密码来登录远程主机比较麻烦，而且不安全，更安全和方便的做法是通过 SSH 密钥进行认证，为此你需要在你自己的电脑上先生成一个 SSH 密钥对。你可以新创建一个命令行会话，通过 OpenSSH 内置的 ssh-keygen 来生成 SSH 密钥对：

```
$ ssh-keygen
Generating public/private rsa key pair.
Enter file in which to save the key (/path/to/.ssh/id_rsa):
Enter passphrase (empty for no passphrase):
Enter same passphrase again:
Your identification has been saved in /path/to/.ssh/id_rsa.

Your public key has been saved in /path/to/.ssh/id_rsa.pub.
The key fingerprint is:
SHA256:m+tknrZlamdmKG+7RZm6c9TZRUQp1M5StmS9P/qO+R0 ...
The key's randomart image is:
+---[RSA 2048]----+
|          ...o=|
|          . Bo|
|           O.o|
|          o . =.|
|        S +. o...|
|         =. o ...|
|        *o+   .E.|
```

```
|       .+*O*   .o o|
|        B%@   o++.|
+----[SHA256]-----+
```

按下这个命令后会弹出提示符请求你输入密钥保存的路径和口令设置，你可以全部使用默认值，直接按下 Enter 即可。

> **注意** 如果上面的命令输出 /path/to/.ssh/id_rsa already exists.Overwrite (y/n)?，那么说明你已经创建密钥对，这时你可以使用已经生成的密钥，或是指定一个新的路径。如果你输入 y，这将会覆盖原有的密钥，请谨慎操作。

如果你使用 Windows 系统，可以使用 Git Bash 来执行上面的操作，或是随 PuTTY 一起安装的 PuTTYgen.exe 程序来通过图形界面来生成（具体可以参考 https://www.ssh.com/ssh/putty/windows/puttygen）。生成完成后，你会得到两个保存密钥的文件：

- ❏ id_rsa.pub：保存你的公钥（public key），可以用来提供给第三方作为你的认证凭据。
- ❏ id_rsa：保存你的私钥（private key），用来在认证时进行配对，不要公开这个文件。

> **提示** 密钥默认保存到 home 目录（~）下的 .ssh 文件夹中，即 ~/.ssh。在 Linux 或 macOS 中类似 home/greyli/.ssh，在 Windows 中类似 C:\Users\Administrator\.ssh。

现在你需要把公钥保存到远程主机上，具体来说，就是将公钥（id_rsa.pub）的内容添加到远程主机的 ~/.ssh/authorized_keys 文件中。这可以通过好几种方式实现。最简单的方式是通过 ssh-copy-id 程序，输入你的远程主机地址作为参数：

```
$ ssh-copy-id greyli@123.45.67.89
/usr/bin/ssh-copy-id: INFO: attempting to log in with the new key(s), to filter
    out any that are already installed
/usr/bin/ssh-copy-id: INFO: 1 key(s) remain to be installed -- if you are prompted
    now it is to install the new keys
greyli@123.45.67.89's password:
Number of key(s) added: 1
Now try logging into the machine, with:   "ssh 'greyli@123.45.67.89'"
and check to make sure that only the key(s) you wanted were added.
```

输入密码后，就会看到添加成功的提示。然后在远程主机中使用下面的命令给相应目录设置合适的权限：

```
$ chmod go-w ~/
$ chmod 700 ~/.ssh
$ chmod 600 ~/.ssh/authorized_keys
```

如果你的系统中没有 ssh-copy-id，那么可以手动复制。首先使用 cat 命令输出公钥的内容：

```
$ cat ~/.ssh/id_rsa.pub
ssh-rsa AAAAB3NzaC1yc2EAAAADAQABAAABDdHrJRTBgvqG21vy3cZI9Nj...省略
```

复制输出的公钥值备用，重新返回与远程主机建立连接的命令行窗口，输入下面几个命令：

```
$ mkdir -p ~/.ssh
$ echo 你的公钥值 >> ~/.ssh/authorized_keys
```

```
$ chmod go-w ~/
$ chmod 700 ~/.ssh
$ chmod 600 ~/.ssh/authorized_keys
```

第一条命令用来确保远程主机上的 ~/.ssh 目录存在，如果不存在则创建；第二条命令将你的公钥值写入到对应的文件中，使用你刚刚复制的内容替换掉命令里的中文；后面的命令用来给相应的目录设置合适的权限。

现在我们不输入密码即可建立 SSH 连接，你可以创建一个新的命令行窗口进行测试。

2. 关闭密码登录

既然我们可以不用输入密码就能登录远程主机，那么有必要关闭密码登录功能，这样可以大幅度提高安全系数。这通过编辑 SSH 配置文件（/etc/ssh/sshd_config）实现，我们使用内置的 nano 或 vi 文本编辑器打开对应的文件进行编辑：

```
$ sudo nano /etc/ssh/sshd_config
```

打开配置文件后，你需要将下面这一行中的 yes 改为 no 来关闭密码登录：

```
# Change to no to disable tunnelled clear text passwords
PasswordAuthentication no
```

可选的是，你还可以通过将这行的 yes 改为 no 来关闭 root 用户登录，这样可以进一步增强服务器安全性：

```
PermitRootLogin no
```

完成编辑后，可以按下 Ctrl+O 写入，然后按下 Enter 确认文件路径，最后按下 Ctrl+X 退出文本编辑器。现在重启 SSH 服务即可让配置生效：

```
$ sudo service ssh restart
```

3. 设置防火墙

Ubuntu 默认安装了 ufw，即 Uncomplicated Firewall（https://wiki.ubuntu.com/Uncomplicated-Firewall），我们需要使用它来设置开放的端口：

```
$ sudo ufw allow 22
$ sudo ufw allow 80
$ sudo ufw allow 443
```

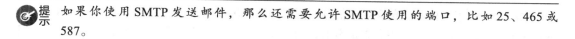

提示　如果你使用 SMTP 发送邮件，那么还需要允许 SMTP 使用的端口，比如 25、465 或 587。

通过上面的命令，我们将仅开放远程主机的 22 端口（SSH）、80 端口（HTTP）、443 端口（HTTPS）。更新规则后可以使用下面的命令来开启防火墙：

```
$ sudo ufw enable
Command may disrupt existing ssh connections. Proceed with operation (y|n)? y
Firewall is active and enabled on system startup
```

现在你可以通过下面的命令查看防火墙的状态：

```
$ sudo ufw status
Status: active

To                        Action      From
--                        ------      ----
22                        ALLOW       Anywhere
80                        ALLOW       Anywhere
443                       ALLOW       Anywhere
22 (v6)                   ALLOW       Anywhere (v6)
80 (v6)                   ALLOW       Anywhere (v6)
443 (v6)                  ALLOW       Anywhere (v6)
```

14.4.4　推送代码并初始化程序环境

下一步是把我们的程序上传到服务器，这可以有很多种方式实现。因为我们将示例程序代码托管在 GitHub 上，所以最简单的方式还是直接从 GitHub 的 Git 服务器上复制仓库到远程主机：

```
$ cd ~
$ git clone https://github.com/greyli/bluelog.git
```

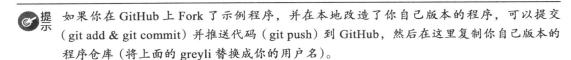

> 提示　如果你在 GitHub 上 Fork 了示例程序，并在本地改造了你自己版本的程序，可以提交（git add & git commit）并推送代码（git push）到 GitHub，然后在这里复制你自己版本的程序仓库（将上面的 greyli 替换成你的用户名）。

> 附注　GitHub（http://github.com）和 BitBucket（https://bitbucket.org）均支持免费创建私有仓库，你可以在创建仓库时进行选择。另外，你也可以自己创建一个 Git 服务器，只需要创建一个 git 用户，设置 SSH 密钥认证，创建对应的空白仓库，并在本地与远程仓库建立连接即可，具体可以访问 https://git-scm.com/book/en/v2/Git-on-the-Server-Setting-Up-the-Server 了解。

切换进仓库目录，使用 Pipenv 创建虚拟环境并安装依赖，最后激活虚拟环境：

```
$ cd bluelog
$ pipenv install
$ pipenv shell
```

在程序的配置文件中，包含敏感信息的配置都从环境变量中读取。在开发时，我们将这些环境变量定义在 .env 文件夹中。在部署时，为了让程序正常运行，我们需要在远程主机的项目目录中也创建一个 .env 文件，并将本地的 .env 文件内容复制到这个文件中：

```
$ nano .env
```

为了确保执行命令时配置和环境正确设置，我们还需要在 .env 文件中为 FLASK_ENV 变量和自定义的 FLASK_CONFIG 变量设置正确的值：

```
FLASK_ENV=production
FLASK_CONFIG=production
```

最后我们需要执行程序的初始化操作，如果你使用在第 5 章介绍的 Flask-Migrate 扩展来设置迁移环境，那么使用下面的命令还可以更新数据库：

```
$ flask db upgrade
```

如果没有使用 Flask-Migrate，那么就使用下面的命令创建数据库表：

```
$ flask initdb
```

初始化程序，创建博客管理员账户：

```
$ flask init
```

 提示　你需要在程序中导入并实例化 Flask-Migrate 提供的扩展类的同时进行初始化操作，具体参见第 5 章相关内容。

现在，我们的程序已经准备好运行了。

14.4.5　使用 Gunicorn 运行程序

在开发时，我们使用 flask run 命令启动的开发服务器是由 Werkzeug 提供的。细分的话，Werkzeug 提供的这个开发服务器应该被称为 WSGI 服务器，而不是单纯意义上的 Web 服务器。在生产环境中，我们需要一个更强健、性能更高的 WSGI 服务器。这些 WSGI 服务器也被称为独立 WSGI 容器（Standalone WSGI Container），因为它们可以承载我们编写的 WSGI 程序，然后处理 HTTP 请求和响应。这通常有很多选择，比如 Gunicorn（http://gunicorn.org/）、uWSGI（http://uwsgi-docs.readthedocs.io/en/latest/）、Gevent（http://www.gevent.org/）、Waitress（https://docs.pylonsproject.org/projects/waitress/en/latest/）等。通常我们会根据程序的特点来选择，比如，对于一个小型的个人博客，使用 Gevent 就足够了。主流的选择是使用 Gunicorn 和 uWSGI。在这里我们将使用 Gunicorn（意为 Green Unicorn），它使用起来相对简单，容易配置，而且性能优秀。我们先在远程主机中使用 Pipenv 安装它：

```
$ pipenv install gunicorn
```

为了方便进行测试，我们可以临时设置防火墙以允许对 8000 端口的访问：

```
$ sudo ufw allow 8000
```

Gunicorn 使用下面的命令模式来运行一个 WSGI 程序：

```
$ gunicorn [OPTIONS] 模块名 : 变量名
```

这里的变量名即要运行的 WSGI 可调用对象，也就是我们使用 Flask 创建的程序实例，而模块名即包含程序实例的模块。在准备环节，我们已经在项目根目录下创建了一个包含生产环境下的程序实例的 wsgi.py 模块（如果你还没有创建，可以使用 nano wsgi.py 命令在这里创建），所以使用下面的命令即可运行程序：

```
$ gunicorn --workers=4 wsgi:app
```

在上面的命令中，我们使用 --workers 选项来定义 worker（即工作线程）的数量。这里的数量并不是越多越好，事实上，Gunicorn 只需要 4～12 个 worker 进程就可以每秒处理成百上千个请求。通常来说，worker 的数量建议为（2×CPU 核心数）+ 1。

> 🎯提示　默认的 worker 类型为同步 worker，作为替代，你也可以使用异步 worker。要使用异步 worker，你首先要安装其他异步处理库（比如 gevent、eventlet、tornado），然后在命令中通过 -k 选项设置对应的 worker 类，比如 gunicorn -k gevent。通常情况下，有两种情况需要使用异步 worker：第一，单独使用 Gunicorn 运行程序时，你的程序需要处理大量并发请求。第二，当使用 Web 服务器作为代理运行在 Gunicorn 前面时，这时的并发数量并不是关键，使用同步 worker 即可，除非你有大量的耗时计算需要处理。

Gunicorn 默认监听本地机的 8000 端口，这里的本地机指的是远程主机。为了能够在外部访问，我们可以使用 --bind 选项来设置程序运行的主机地址和端口，比如：

```
$ gunicorn --workers=4 --bind=0.0.0.0:8000 wsgi:app
```

上面的命令等同于：

```
$ gunicorn -w 4 -b 0.0.0.0:8000 wsgi:app
```

> 📖附注　如果你设置了 SSL 证书，那么可以通过下面的方式运行这个启动命令：$ gunicorn --certfile=< 证书文件 > --keyfile=< 证书密钥文件 > --bind 0.0.0.0:443 test:app

现在打开浏览器访问服务器域名的 8000 端口（比如 http://helloflask.com:8000）应该可以看到你的程序主页。如果你没有设置域名，那么可以通过服务器公网 IP 访问，比如 http://123.45.67.89:8000。确保一切正常后，按下 Ctrl+C 停止 Gunicorn，然后使用下面的命令删除创建的临时规则：

```
$ sudo ufw delete allow 8000
```

通过 HTTP 访问程序时，80 端口是服务器的默认端口，http://helloflask.com 和 http://helloflask.com:80 是相同的。这里测试时我们没有指定为 80 端口，因为 1024 以下的端口需要超级用户权限，我们将使用 Web 服务器来监听 80 端口，具体后面会介绍。

14.4.6　使用 Nginx 提供反向代理

像 Gunicorn 这类 WSGI 服务器内置了 Web 服务器，所以我们不需要 Web 服务器也可以与客户端交换数据，处理请求和响应。但内置的 Web 服务器不够强健，虽然程序已经可以运行，但是更流行的部署方式是使用一个常规的 Web 服务器运行在前端，为 WSGI 服务器提供反向代理，如图 14-2 所示。

流行的开源 Web 服务器有 Nginx（http://nginx.org/）、Apache（https://www.apache.org/）等，因为我们上面使用了 Gunicorn，所以这里选择使用和 Gunicorn 集成良好的 Nginx。首先使用下面的命令安装 Nginx：

```
$ sudo apt install nginx
```

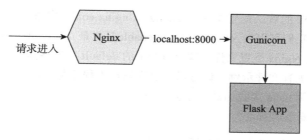

图 14-2　设置反向代理

在这种模式下，Nginx 作为代理服务器，监听来自外部的 80 端口的请求；而 Gunicorn 负责监听本地机 8000 端口的请求。Nginx 会把来自外部的请求转发给 Gunicorn 处理，接收到响应后再返回给客户端。这样做有下面这些好处：

- ❑ 提高处理静态文件的效率。Nginx 处理静态文件的速度非常快，而且可以对静态文件设置缓存。
- ❑ 提高安全系数。使用它可以避免直接暴露 WSGI 服务器，而且可以作为防火墙来防御网络攻击。
- ❑ 提高程序处理能力。设置反向代理可以缓冲请求，对请求进行预处理，交给 WSGI 服务器一个完整的 HTTP 请求。还可以设置负载均衡，优化请求处理效率。

当使用反向代理服务器后，Gunicorn 不需要再监听外部请求，而是直接监听本地机的某个端口。我们可以使用默认值，即本地机的 8000 端口。不过现在还不用着急运行，我们需要先来配置 Nginx。

当我们安装了 Nginx 后，它会自动运行，现在本地访问远程主机的 IP 地址，会看到 Nginx 提供的测试页面，如图 14-3 所示。

图 14-3　Nginx 测试页面

我们可以在 Nginx 的默认配置文件（/etc/nginx/nginx.conf）中写入程序配置，但通常情况下，为了便于组织，我们可以在 /etc/nginx/sites-enabled/ 或是 /etc/nginx/conf.d/ 目录下为我们的 Flask 程序创建单独的 Nginx 配置文件。这个目录下的 default 文件存储了上面提到的测试页面的配置，也是作为一个配置文件示例，你可以修改它来作为程序配置，但为了更直观这里我们将直接删除它，然后使用 nano 为我们的程序创建一个新的配置文件（编写 etc/ 下的配置文件需要超级用户权限，因此要添加 sudo）：

```
$ sudo rm /etc/nginx/sites-enabled/default
$ sudo nano /etc/nginx/sites-enabled/bluelog
```

Nginx 使用指令来组织配置。直接写在配置文件中的是全局指令，定义了 Nginx 的一些通用设置。其他的指令通常写在使用块指令定义的块中，块使用花括号包围。可用的块指令及其说明如表 14-1 所示。

表 14-1　Nginx 配置的常用指令

块　指　令	说　　明
events	事件设置，定义连接
http	HTTP 设置，包含 server 和 upstream 两种块
server	主机设置，每一个 server 块表示一个主机（域名），包含 location 块
location	URL 设置，每一个 location 块定义一个 URL 模式
upstream	负载均衡设置

 提示　其他的语法规则包括：块通过花括号 "{}" 指定；每一行指令以 ";" 结尾；以 "#" 开头的是注释。

在 /etc/nginx/sites-enabled 目录下的配置文件可以直接定义 server 块，而不必添加 http 父块，因为这个文件的内容会被自动插入到全局配置文件（/etc/nginx/nginx.conf）的 http 块中。代码清单 14-4 是我们创建的配置定义。

代码清单14-4　/etc/nginx/sites-enabled/bluelog：Nginx配置

```
server {
    listen 80 default_server;
    server_name _;   # 如果你映射了域名，那么可以写在这里
    access_log  /var/log/nginx/access.log;
    error_log  /var/log/nginx/error.log;

    location / {
        proxy_pass http://127.0.0.1:8000;   # 转发的地址，即 Gunicorn 运行的地址
        proxy_redirect      off;

        proxy_set_header    Host                    $host;
        proxy_set_header    X-Real-IP               $remote_addr;
        proxy_set_header    X-Forwarded-For         $proxy_add_x_forwarded_for;
        proxy_set_header    X-Forwarded-Proto       $scheme;
    }
}
```

```
location /static {  # 处理静态文件夹中的静态文件
    alias /home/greyli/bluelog/bluelog/static/;
    expires 30d;  # 设置缓存过期时间
}
}
```

在这个 server 块中，listen 指令设置监听 80 端口，然后使用 server_name 设置被转发请求的 IP 或域名，这里使用 _ 作为通配符（catch-all）。如果你注册了域名并设置了域名解析，可以这样写前两行：

```
server {
    listen 80;
    server_name example.com;
    ...
}
```

在 server 块中我们创建两个 location 块。第一个 location 块为 HTTP 规则 "/" 设置转发，proxy_pass 指定设置转发的目标位置，即本地机的 8000 端口，我们待会将要让 Gunicorn 服务器监听这个地址；proxy_set_header 指令用来重写一些请求首部，以便让程序正常工作；第二个 location 块用来将发往 /static 路径下的请求发给 Nginx 处理，并使用 alias 指令设置这个 URL 对应文件系统中的具体路径。expires 30d 设置缓存时间为 30 天。当客户端发来静态文件的请求时会由 Nginx 直接从静态文件目录获取，这要比使用 Flask 获取快得多。

> **注意** 这时需要考虑到扩展提供的静态文件问题，因为扩展内置的静态文件目录在虚拟环境的扩展包目录下，我们需要匹配到正确的路径，这也是为什么我不推荐使用扩展内置资源的原因之一。

Nginx 还有很多可用的配置选项。比如，你还可以使用它来设置 Gzip 压缩，这里的配置只是一个简单的示例，更多设置请访问文档（http://nginx.org/en/docs/）了解。

> **附注** 对于 HTTPS 转发，除了使用 Flask-SSLify 扩展，也可以通过 Nginx 实现：在我们前面创建的配置文件中新建一个 server 块监听 443 端口，并为 80 端口设置转发。

更新配置文件后，我们可以通过下面的命令来测试语法正确性：

```
$ sudo nginx -t
nginx: the configuration file /etc/nginx/nginx.conf syntax is ok
nginx: configuration file /etc/nginx/nginx.conf test is successful
```

如果一切正常，那么现在可以重启 Nginx 让配置生效：

```
$ sudo service nginx restart
```

当使用反向代理服务器后，Gunicorn 不需要再监听外部请求，而是直接监听本地机的某个端口。我们可以使用默认值，即本地机的 8000 端口。不过现在还不用着急运行，我们需要先来配置 Nginx。

最后，我们使用下面的命令运行 Gunicorn，这会默认监听本地机的 8000 端口，即我们在

Nginx 设置的转发目标地址：

```
$ gunicorn -w 4 wsgi:app
```

现在打开浏览器直接访问服务器域名（比如 http://helloflask.com）应该可以看到你的程序主页。如果你没有设置域名，那么可以通过服务器公网 IP 访问，比如 http://123.45.67.89。

14.4.7 使用 Supervisor 管理进程

在前面，我们直接通过命令来运行 Gunicorn，这并不十分可靠。我们需要一个工具来自动在后台运行它，同时监控它的运行状况，并在系统出错或是重启时自动重启程序，最终的部署架构如图 14-4 所示。

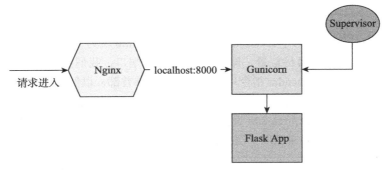

图 14-4 最终的部署架构

虽然可以通过创建 systemd 服务文件来让 Ubuntu 的引导系统自动启动相关服务，但更方便的是使用类似 Supervisor 的进程管理工具。Supervisor（http://supervisord.org/）是一个使用 Python 编写的 UNIX-like 系统进程管理工具，它可以管理和某个项目相关的所有服务。按下 Ctrl+C 停止上面运行的 Gunicorn，然后使用下面的命令安装 Supervisor：

```
$ sudo apt install supervisor
```

安装 Supervisor 后，它会自动在 /etc/supervisor 目录下生成一个包含全局配置的配置文件，名为 supervisord.conf 的配置文件（INI 风格语法）来定义进程相关的命令等信息。和 Nginx 类似，我们也可以将程序相关的配置写在这里，但是为了便于管理，我们可以为程序配置创建单独的配置文件。这个全局配置默认会将 /etc/supervisor/conf.d 目录下的配置文件也包含在全局配置文件中，所以我们创建一个 bluelog.conf 存储程序配置：这个文件可以放在 /etc/supervisor/conf.d 路径下。我们使用 nano 来创建这个文件：

```
$ sudo nano /etc/supervisor/conf.d/bluelog.conf
```

它的用法和 Tox 很相似，通过预定义每个进程的启动命令、目录和用户等信息。我们可以简化启动的步骤。我们把上面的多个启动相关服务的命令定义在一起，如下所示：

```
[program:bluelog]
command=pipenv run gunicorn -w 4 wsgi:app
directory=/home/greyli/bluelog
```

```
user=greyli
autostart=true
autorestart=true
stopasgroup=true
killasgroup=true
```

通过 [program] 定义一个 bluelog 程序，其中用 command 定义命令，我们在命令前添加 pipenv run 以便在虚拟环境中执行命令；directory 和 user 则分别用来设置执行命令的工作目录和用户；通过将 autostart 和 autorestart 设为 true 开启自动启动和自动重启；将 stopasgroup 和 killasgroup 设为 true 则会确保在关闭程序时停止所有相关的子进程。

> 🎯 **提示** 通过这种方式，你可以自己添加更多的节，比如为 rabbitmq 和 celery worker 定义相应的程序。

我们在 command 参数定义的命令中调用了 pipenv run 命令，而 Pipenv 内部使用 Click 调用命令，为了让 Click 在 Unix 以及 Python3 环境下能够正确处理编码问题，我们需要将环境变量 LC_ALL 和 LANG 设为 C.UTF-8 或 en_US.UTF-8，这可以在 supervisord.conf 配置文件中写入：

```
$ sudo nano /etc/supervisor/supervisord.conf
```

我们需要在 [supervisord] 节下添加下面这行定义：

```
environment=LC_ALL='en_US.UTF-8',LANG='en_US.UTF-8'
```

现在，我们可以通过下面的命令重新启动 supervisor 服务以便让配置生效：

```
$ sudo service supervisor restart
```

现在配置中的 bluelog 程序会在后台被自动执行，访问域名或 IP 即可打开程序，我们的部署流程基本上到这里就结束了。下面会简单介绍一下 Supervisor 管理程序的方法。

你可以通过 supervisor 提供的命令行工具 supervisorctl 来查看和操作相关程序：

```
$ sudo supervisorctl
bluelog                     RUNNING    pid 6853, uptime 0:22:30
supervisor > stop bluelog  # 停止 bluelog
supervisor > start bluelog  # 启动 bluelog
supervisor > tail bluelog stderr  # 查看错误日志
...
supervisor > help  # 查看所有可用的命令
default commands (type help <topic>):
=====================================
add    exit      open  reload  restart   start   tail
avail  fg        pid   remove  shutdown  status  update
clear  maintail  quit  reread  signal    stop    version
```

除了在 supervisorctl 提供的 shell 中输入命令，我们也可以直接为 supervisorctl 命令添加参数执行相关命令，比如：

```
$ sudo supervisorctl reread  # 重新读取配置
$ sudo supervisorctl update  # 更新以便让配置生效
$ sudo supervisorctl bluelog stop  # 停止 bluelog
$ sudo supervisorctl bluelog start  # 启动 bluelog
```

后面我们会使用这些命令来对程序进行更新操作。

除了命令行工具 supervisorctl，Supervisor 还提供了 Web 客户端，你可以通过在 /etc/super
visor/supervisord.conf 中写入下面的配置来开启：

```
[inet_http_server]
port=*:9001
username=your_username  # 设置一个用户名
password=your_password  # 设置一个密码
```

为了允许访问 9001 端口，我们需要设置防火墙：

```
$ sudo ufw allow 9001
```

现在打开浏览器访问服务器所在域名或 IP 的 9001 端口（比如 http://123.45.67.89:9001），然
后输入在配置文件中设置的用户名和密码即可打开 Supervisor 管理页面。你可以在 Web 客户端
中查看服务器上定义的所有 Supervisor 程序的运行状态，并执行相应的操作，如图 14-5 所示。

图 14-5　Supervisor 程序管理

> 📖 附注　完整的配置选项请访问 Supervisor 的文档（http://supervisord.org/configuration.html）了解。

14.4.8　更新部署后的程序

更新一次程序的大致流程如下：

1）在本地更新代码。

2）通过生成虚拟数据在浏览器中手动调试。

3）调试满意后执行一系列测试。

4）测试通过后将代码推送到代码托管平台，触发持续集成服务器进行测试（可选）。

5）登录远程主机，使用 git pull 命令拉取更新。

6）执行必要的操作，比如更新数据库结构，安装新的依赖等。

7）重新启动 Gunicorn。

我们在本地更新了程序后，首先需要将改动提交进本地 Git 仓库（git add & git commit），然后将改动推送（git push）到代码托管平台。在远程主机上，第 5～7 步对应的命令如下所示：

```
$ git pull  # 拉取更新
$ sudo supervisorctl stop bluelog  # 关闭 bluelog 程序
$ flask db upgrade  # 更新数据库，更新依赖等可选的操作
$ sudo supervisorctl start bluelog  # 启动 bluelog 程序
```

因为程序比较简单，我们手动完成了整个部署和更新流程，如果你需要将程序部署到多个服务器中，可以考虑使用 Fabric（http://www.fabfile.org/）来实现部署的自动化。Fabric 的作用类似能够实现测试自动化的 Tox，通过将部署时需要执行的一系列命令预定义在命令函数中，并预先写入单个或多个服务器的主机地址和密码，直接执行本地命令就可以在多个主机上进行部署操作。如果你有非常多的服务器需要管理，那么可以考虑使用 SaltStack（https://saltstack.com/）或 Ansible（https://www.ansible.com/）。

当使用自动化部署工具时，我们可以在项目仓库内预先创建好所有的配置文件，比如 Nginx 和 Supervisor 的配置文件。在部署时直接执行复制操作（cp）将这些文件复制到对应的目录下。另一方面，将配置文件放到项目文件夹中可以添加到 Git 仓库，更便于管理和控制。

14.5　部署到 PythonAnywhere

从名字可以看出来，PythonAnywhere 只提供对 Python 程序的支持，因此对我们的 Flask 程序来说，使用起来会更加方便。它支持在线编辑脚本，执行 Shell 命令，提供固定的硬盘存储空间（免费账户的限额为 512MB），你可以把它看成一个在线的集成开发环境。因为程序可以快速部署，非常适合用来做实验。首先，你需要访问 https://www.pythonanywhere.com/registration/register/beginner/ 注册一个免费账户。

 提示　你在注册时输入的用户名（username）将作为为你分配的 Linux 用户名称，同时也会作为为你分配的域名，即 https://< 你的用户名 >.pythonanywhere.com，后面我们将会以 helloflask 作为示例用户名。

14.5.1　反向代理设置

在传统部署中，我们可以在 Nginx 的配置文件中重写请求首部。在云部署平台中，我们没有权限修改反向代理服务器的配置文件，因此可以使用 Werkzeug 提供的中间件 ProxyFix 来（第 16 章会介绍关于中间件的具体内容）对反向代理转发的请求进行必要的修正。在工厂函数中的程序实例创建后将程序的 wsgi_app 属性更新为 ProxyFix 类实例，传入原属性：

```
from werkzeug.contrib.fixers import ProxyFix

app.wsgi_app = ProxyFix(app.wsgi_app)
```

14.5.2　创建 PythonAnywhere 程序

完成注册进入 PythonAnywhere 的仪表盘（Dashboard）后，可以单击 Web 标签中的"Create a New web application"来创建新的 Web 程序，如图 14-6 所示。

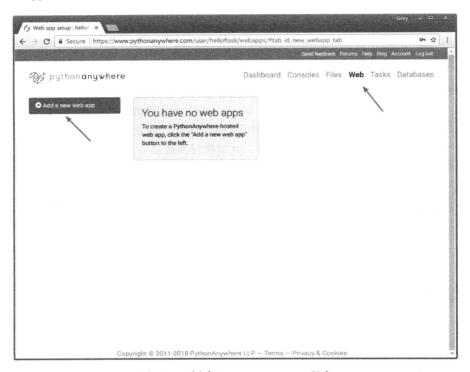

图 14-6　创建 PythonAnywhere 程序

免费账户只能创建一个程序，程序的名称即创建时填写的用户名（username）。相应地，你的程序的域名将是 https://<your_username>.pythonanywhere.com 的形式。另外，PythonAnywhere 为你分配的文件目录为 home/<your_username>。

PythonAnywhere 默认提供 0.11 和 0.12 版本的 Flask，因为我们需要使用最新版，同时为了更灵活地定义其他设置，这里选择了手动配置，如图 14-7 所示。

14.5.3　推送代码并初始化程序环境

在 PythonAnywhere 上部署程序的过程和我们在前面介绍的传统部署非常相似，不过它已经帮我们完成了包括创建 Linux 用户、安装 WSGI 服务器和 Web 服务器等一系列基础操作。

在 Consoles 标签下，我们可以创建各种类型的命令行会话：各个版本的 Python 和 IPython、Bash、MySQL 等。我们需要创建一个 Bash 会话（bash 即 Linux 系统中默认的 shell）来执行系统命令，如图 14-8 所示。

在打开的命令行窗口中，我们使用 Git 从 GitHub 上复制程序仓库：

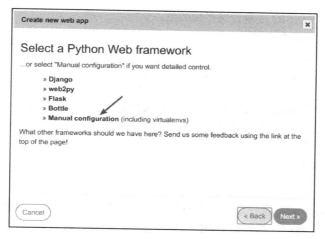

图 14-7　选择手动配置 Web 框架

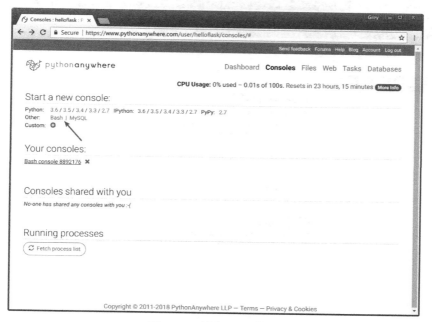

图 14-8　创建 Bash 会话

```
$ git clone https://github.com/greyli/bluelog.git
```

接着我们可以使用同样的方式在项目根目录内创建一个 .env 文件，写入必要的环境变量值，比如 SECRET_KEY（直接复制本地的 .env 文件内容即可）：

```
$ cd bluelog
$ nano .env
```

为了确保执行命令时配置和环境正确设置，我们还需要在 .env 文件中为 FLASK_ENV 变量和自定义的 FLASK_CONFIG 变量设置正确的值：

```
FLASK_ENV=production
FLASK_CONFIG=production
```

 提示　对于付费账户，你可以使用 ssh 连接你的账户（ssh <username>@ssh.pythonanywhere. com），同时也可以使用 scp 或 WinSCP 来操作文件。并且可以创建远程仓库，进行一些设置后可以在本地 push 代码后自动触发程序更新并重载。

14.5.4　创建数据库

如果部署的程序不使用数据库，或是使用 SQLite，你可以直接跳过本节。PythonAnywhere 提供 MySQL 和 PostgreSQL 两种选项，免费账户可以使用 MySQL。在仪表盘的 Database 标签下为 MySQL 设置一个密码，然后 MySQL 服务器会自动运行，如图 14-9 所示。

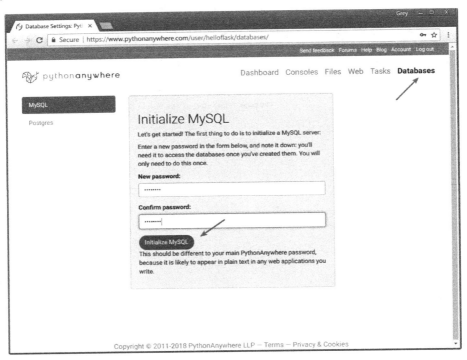

图 14-9　初始化 MySQL

创建完成后，你会看到 MySQL 服务器的各类信息，如图 14-10 所示。

在重定向后的页面，你可以看到数据库的主机地址、用户名、数据库名称，通过这些信息可以构建数据库 URI。在程序中，我们需要更新配置变量 SQLALCHEMY_DATABASE_URI 的值，以便让 SQLAlchemy 可以连接数据库服务器，因为生产配置中的这个值首先从环境变量 DATABASE_URL 读取，所以你可以在 .env 中定义这个值。

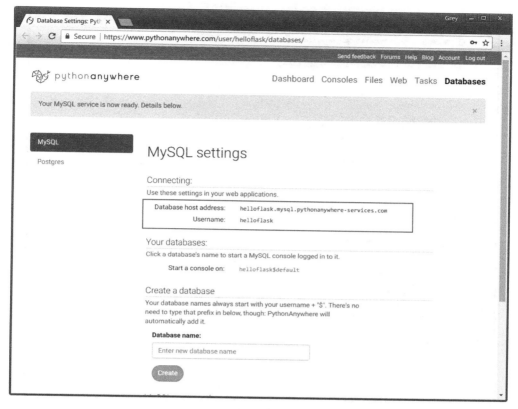

图 14-10　查看 MySQL 连接信息

14.5.5　设置虚拟环境

继续回到前面打开的 Bash 页面，我们首先要安装 Pipenv：

```
$ pip3 install --user pipenv
```

因为我们没有 sudo 权限，除了在虚拟环境中执行安装外，在使用 pip 安装 Python 包时，需要添加 --user 选项。下面执行一些常规的命令，具体作用不再赘述：

```
$ cd bluelog
$ pipenv install
$ pipenv shell
$ flask db upgrade
$ flask init
```

 提
示　如果没有使用 Flask-Migrate，那么就使用 flask initdb 命令创建数据库表，替代掉 flask db upgrade 命令。

在创建虚拟环境后，我们需要在 Web 标签下设置虚拟环境的路径，如图 14-11 所示。

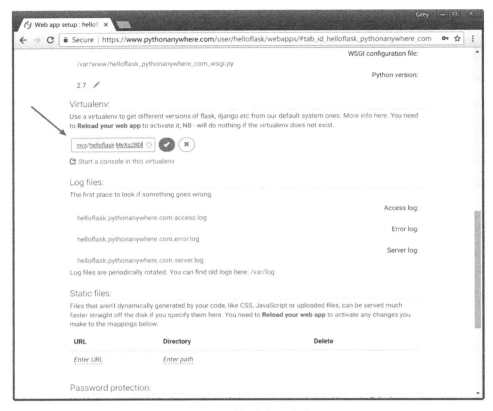

图 14-11　编辑虚拟环境位置

你可以使用下面的命令获取项目对应的虚拟环境路径：

```
$ pipenv --venv
```

14.5.6　静态文件

与我们在 14.4.6 节中使用 Nginx 来加载静态文件一样，这里也需要告诉 PythonAnywhere 我们的静态文件目录，以便直接使用反向代理服务器加载。和我们在 Nginx 中为静态文件创建的 location 块类似，我们需要在 Web 标签下的 Static files 部分添加 URL 和对应的文件路径，如图 14-12 所示。

14.5.7　运行和更新程序

在运行程序之前，我们要修改 PythonAnywhere 提供的 WSGI 配置文件，导入我们的程序实例，类似我们在准备环节创建的 wsgi.py。这个文件在创建 PythonAnywhere 程序时，就已经创建好了。事实上，你也必须在 PythonAnywhere 为你创建的 WSGI 文件中创建或导入程序实例，并将程序实例命名为 application。WSGI 服务器会读取这个文件，获取这个变量对应的 WSGI 可调用对象。

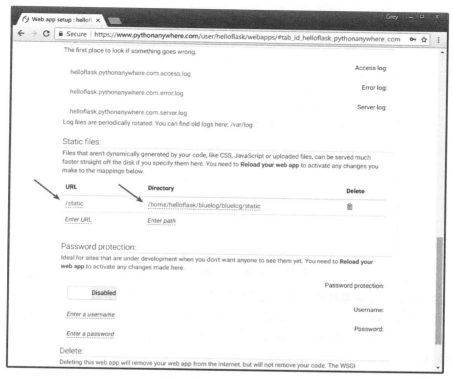

图 14-12　设置静态文件

在 Web 标签下的 Code 部分，单击 "WSGI configuration file" 对应的链接打开这个文件进行编辑。这个文件中原有的内容是一个默认的 WSGI 程序和一些示例说明，你可以全部删掉，然后创建下面的内容：

```
import sys

path = '/home/helloflask/bluelog'
if path not in sys.path:
    sys.path.append(path)

from wsgi import app as application
```

因为这个 WSGI 文件并不在我们项目的根目录中，而是在 var/www/ 目录下，我们需要先将项目所在的路径添加到系统路径（sys.path）中，这样我们可以直接从项目根目录下的 wsgi.py 模块中导入 app 实例并重命名为 application。

> **提示**　如果你的项目中没有提前创建 wsgi.py 文件，作为替代，你也可以直接在这里从 bluelog 包导入工厂函数 create_app()，然后调用工厂函数创建程序实例并传入 production 配置名称，注意要将程序实例命名为 application。

单击右上角的 Save 按钮即可保存更改，如图 14-13 所示。

图 14-13　编辑 WSGI 配置文件

因为在上面设置了虚拟环境和静态文件映射规则，我们需要先重载程序，单击 Web 标签下的"Reload <your application url>"按钮，这时访问 https://<username>.pythonanywhere.com 应该就能看到程序的主页了。如果出现错误，你可以访问 Web 标签下的 Log 部分查看对应的错误日志（Error log）。

> 📊附注　免费账户需要每三个月单击一次 Web 标签下的"Run until 3 months from today"按钮来激活程序。

当需要更新程序时，与在 Linux 部署部分介绍的内容相同。我们在本地更新了程序后，首先需要将改动提交进本地 Git 仓库（git add & git commit），然后将改动推送到代码托管平台。在远程主机上，我们使用 git pull 命令拉取代码，然后执行数据库更新等必要的操作，最后单击 Reload 按钮重启程序即可完成更新。

> 📊附注　免费账户不能建立 SMTP 连接（发往 Gmail 服务器除外），也就是说，除了使用 Gmail 的外部 SMTP 服务器，我们只能使用事务邮件服务（SendGrid、Mailgun 等）的 Web API 来发送邮件（通过 HTTP/HTTPS），具体可以参考第 6 章的相关内容。

14.6　部署到 Heroku

Heroku 是比较老牌的 PaaS，建立于 2007 年，也是目前最成熟、完善的 PaaS 之一。它支持多种编程语言，而且提供了丰富的第三方服务（Add-ons），这会让你的程序具有很高的灵活度。它提供的文档非常完善，可以让你很快上手。在此之前，你需要访问 https://heroku.com/ 注册一个 Heroku 的免费账户。Heroku 提供了多种方式来部署程序，比如使用 Git 部署、容器部署、通过连接到 GitHub 仓库或 Dropbox 部署，本节将会介绍其中的两种主要方式：使用 Heroku Git 部署本地程序和从 GitHub 部署。

　　首先，我们需要在项目的根目录中添加一个 Procfile 文件。这个文件用来指定运行程序的命令，使用 <process type>: <command> 的形式来定义一个进程，每个进程一行。最基本的是 web 进程类型，它用来指定执行启动 Web 服务器的命令，我们在这里指定 Gunicorn 的运行命令，文件内容如下所示：

```
web: gunicorn wsgi:app --log-file -
```

 提示　因为 Heroku 从 stdout 和 stderr 收集日志，所以这里将 --log-file 选项设为 " - " 以便让 Gunicorn 的日志输出到 stdout。

14.6.1　通过 Heroku Git 部署

　　Heroku CLI（Heroku Command Line Interface）是 Heroku 提供的用于执行部署等操作的命令行工具，使用它可以完成几乎所有的操作。macOS 系统可使用 Homebrew 安装：

```
$ brew install heroku/brew/heroku
```

Linux Ubuntu 可以使用下面的命令安装：

```
$ sudo snap install heroku
```

Windows 和其他系统可以通过下载安装包进行安装，具体可以访问 https://cli.heroku.com/ 了解。

　　为了验证安装是否成功，我们可以使用下面的命令查看 Heroku CLI 版本：

```
$ heroku --version
heroku-cli/6.0.0-010a227 (darwin-x64) node-v8.0.0
```

现在使用 heroku login 命令登录 Heroku，输入你在注册账户时设置的邮箱地址和密码：

```
$ heroku login
Enter your Heroku credentials.
Email: greyli@example.com
Password: *******
Logined as greyli@example.com
```

 附注　执行 heroku help 可以查看所有可用的命令。

1. 创建 Heroku 程序

　　登录成功后，确保当前工作目录在要部署的项目的根目录下并且包含一个 Git 仓库，然后使用 heroku create 命令可以创建一个 Heroku 程序：

```
$ heroku create
Creating app... done, ? sleepy-meadow-81798
https://sleepy-meadow-81798.herokuapp.com/ | https://git.heroku.com/sleepy-
    meadow-81798.git
```

Heroku 会为你随机分配一个程序名，然后返回为程序分配的域名和在 Heroku 提供的 Git 服务器中为程序创建的 Git 远程仓库地址。分配的程序域名将被用来访问程序,通过程序名称构建,形式为 https://< 程序名 >.herokuapp.com,比如 https://helloflask.herokuapp.com。

你可以在 heroku create 命令后附加参数来自定义创建的程序名称,比如我们将用来作为示例的 helloflask:

```
$ heroku create helloflask
Creating helloflask... done
https://helloflask.herokuapp.com/ | https://git.heroku.com/helloflask.git
```

 提示 因为程序名称会作为域名的子域名部分,所以可能会出现重名不可用的情况,这时会显示 " Name is already taken",你可以多试几个名字。免费账户最多可以创建 5 个程序,你可以执行 heroku apps 命令查看所有已创建的程序。

create 命令会为当前目录下的 Git 仓库设置一个名为 heroku 的远程仓库,对应你的程序在 Heroku 的 Git 服务器上的远程仓库。

除了通过命令行创建程序,你也可以通过 Heroku 的 Web 界面(https://heroku.com)完成这些工作。如果你已经通过 Web 界面创建了程序,那么可以使用下面的命令手动为本地仓库添加 Heroku 远程仓库,使用 -a 选项指定程序名称:

```
$ heroku git:remote -a helloflask
```

 注意 因为我们当前目录的 Git 仓库已经和 heroku 程序所在的远程仓库建立关联,所以在运行 heroku 命令时不必指定操作的目标程序,否则需要使用 -a 或 --app 选项来给出程序的名称作为命令执行的目标程序,后面不再提示。

2. 临时文件系统

在 Heroku 中,程序运行在被称为 Dyno 的容器中,每个 Dyno 都会建立一份程序文件的拷贝(免费账户只有 1 个 Dyno 可用),因此无法保证文件数据的一致性,所以每个 Dyno 停止运行后会直接清除掉相关文件。也就是说,除了我们使用 Git 提交的文件除外,所有在 Heorku 上运行程序过程中创建的文件将不会永久保存,而且会在一天内被重置。对于这种情况,我们需要采取下面的措施来避免出错:

❏ 因为 SQLite 使用文件作为数据库,无法持久化写入文件的数据,我们需要使用 Heroku 提供的数据库服务来替代 SQLite。

❏ 生成迁移环境和迁移脚本的操作始终在本地执行,也就是在本地执行 flask db init(只需要执行一次)和 flask db migrate 命令,当代码提交到 Heroku 上后,再执行 flask db upgrade。

❏ 用户上传文件使用 Heroku 提供的存储服务或是其他第三方文件存储服务。

❏ 日志输出到 stderr 和 stdout,以便写入到 Heroku 的日志系统。

❏ 将 .env 提交到 Git 仓库,以便推送到 Heroku 上,仅适用于私有仓库。

对于第 2 条和第 4 条,我们已经在 14.3 节完成了,第 3 条暂不需要。我们将在下一节介绍如何使用 Heroku 提供的免费的 PostgreSQL 服务。

3. 设置数据库

Heroku 支持通过 Add-on（扩展）来为程序接入其他服务，免费账户可以使用 Heroku 提供的 PostgreSQL 数据存储，最多可用 10 000 行数据。使用下面的命令添加免费的 hobby-dev 类型的 PostgreSQL Addon：

```
$ heroku addons:create heroku-postgresql:hobby-dev
Creating heroku-postgresql:hobby-dev on ? helloflask... free
...
```

hobby-dev 类型的数据库存在诸多限制，比如最高可以使用 10 000 行数据（当数据超过 7000 行后会收到提示邮件），最大连接数为 20。使用 heroku pg 命令可以查看数据库的详情：

```
$ heroku pg
=== DATABASE_URL
Plan:                   Hobby-dev
Status:                 Available
Connections:            0/20
PG Version:             10.3
Created:                2018-05-08 03:12 UTC
Data Size:              7.6 MB
Tables:                 0
Rows:                   0/10000 (In compliance)
Fork/Follow:            Unsupported
Rollback:               Unsupported
Continuous Protection:  Off
Add-on:                 postgresql-transparent-20461
```

添加成功后，我们可以通过 heroku config 命令查看程序的环境变量，其中有包含数据库 URL 的 DATABASE_URL 变量：

```
$ heroku config
=== helloflask Config Vars
DATABASE_URL: postgres://oiaukivyycqqhg:035dc6737931bb939643628f907a301190ba01d
     62387043b5001c1835a00dbcc@ec2-54-235-204-221.compute-1.amazonaws.com:5432/
     d8tr8lgcsk0j
```

不过我们并不需要直接把数据库 URL 写入配置，因为 Heroku 会把这个 URL 保存在 Heroku 的系统环境变量 DATABASE_URL 中，所以我们可以在程序中直接读取这个值。在 Bluelog 以及其他几个示例程序中，生产配置均会优先从 DATABASE_URL 环境变量读取数据库 URL，所以程序不需要做出改动：

```
basedir = os.path.abspath(os.path.dirname(__file__))
dev_db = 'sqlite:///' + os.path.join(basedir, 'data.db')
...
SQLALCHEMY_DATABASE_URI = os.getenv('DATABASE_URL', dev_db)
```

另外，使用 config:set 命令也可以为 Heroku 程序所在的远程运行环境设置环境变量，比如：

```
$ heroku config:set MAIL_USERNAME=greyli@example.com
```

如果你没有把 .env 提交到 Git 仓库，那么就需要使用这种方式来设置相应的环境变量。

附注 你也可以使用 Addon 添加其他服务，比如用于发送电子邮件的 SendGrid 和 Mailgun 等（Heroku 也支持使用外部 SMTP 服务器，比如 Gmail 等）。另外，如果你要使用 Celery，可以使用作为 Addon 的 RabbitMQ。

使用 heroku addons 命令可以查看程序添加的所有 addon：

```
$ heroku addons
```

4. 本地测试

Heroku 提供了本地运行功能，我们可以模拟一个真实的 Heroku 线上运行环境。虽然这一步不是必须的，但是建议你先进行本地测试，这样可以避免不必要的 Bug，本地运行会让调试错误更加方便。尤其是对于已经部署过的程序，在更新之前进行实际的运行测试非常重要。

本地测试的第一步是安装在 Heroku 上运行程序所需要的依赖：

```
$ pipenv install gunicorn psycopg2
```

提示 在 Heroku 的服务器上运行程序时同样需要这些依赖，所以确保使用 pipenv 安装，它会自动把这两个包加入 Pipfile 中。

上面的命令分别安装 Gunicorn 和 PostgreSQL 的 Python 接口库——Psycopg2。为了在本地测试，我们还需要安装并运行 PostgreSQL 服务器，访问 PostgreSQL 网站的下载页面（https://www.postgresql.org/download/）了解更多信息。安装并运行 PostgreSQL 服务器后，我们需要把 PostgreSQL 服务器运行的 URL 设为环境变量 DATABASE_URL 的值。

提示 如果你使用 Linux 系统，需要安装 libpq-dev 系统包。

接着，使用 pipenv shell 命令激活虚拟环境，并执行创建数据库等初始化操作：

```
$ pipenv shell
$ flask db upgrade  # 如果没有使用 Flask-Migrate 则使用 flask initdb
$ flask init
```

在 Linux 或 macOS 系统中，使用下面的命令运行程序：

```
$ heroku local web
```

因为 Gunicorn 不支持 Windows 系统，我们需要使用 Flask 内置的开发服务器来运行程序。为此你需要编写一个 Procfile.windows 文件，它和 Procfile 类似，不过包含 Windows 系统特定的启动命令，如下所示：

```
web: flask run
```

然后使用下面的命令运行程序：

```
$ heroku local web -f Procfile.windows
```

现在，你可以访问 http://localhost:5000 查看程序是否正常运行，如果一切正常，就可以准备推送代码到 Heroku 上了。

5. 推送代码

使用 git remote 命令可以查看当前本地仓库的远端，添加 -v 显示详细地址：

```
$ git remote -v
heroku   https://git.heroku.com/helloflask.git (fetch)
heroku   https://git.heroku.com/helloflask.git (push)
```

> **提示** 如果你的程序同时托管在 GitHub 或 BitBucket 上，你还可以在上面命令的输出中看到这些平台建立的远程仓库，一般会命名为 origin。

因为 Heroku 为我们的程序创建了远程 Git 仓库，所以我们在推送代码时不必在使用其他代码托管平台中转，而是直接推送到 Heroku 上的 Git 远程仓库：

```
$ git push heroku master
...
remote: -----> Python app detected
remote: -----> Installing pip
remote: -----> Installing dependencies with Pipenv 11.8.2…
remote:         Installing dependencies from Pipfile.lock (b3ae48)…
remote: -----> Discovering process types
remote:         Procfile declares types -> web
remote: -----> Launching...
remote:         Released v5
remote:         https://helloflask.herokuapp.com/ deployed to Heroku
remote: Verifying deploy... done.
```

代码推送后，Heroku 会自动尝试构建程序，首先会识别项目中的 Pipfile 或 requirements.txt 文件，并尝试从这两个文件中寻找依赖并安装。最后使用 Procfile 文件中使用 web 指定定义的命令来启动 Web 服务器。

> **注意** 因为 Heroku 会自动处理环境隔离、依赖安装等工作，我们必须在 Pipfile 或 requirements.txt 中列出所有的依赖。如果你没有进行本地测试，那么需要手动将运行程序所需的 gunicorn 和 psycopg2 依赖包添加到 Pipfile 中的 [packages] 节下，同时还要使用 pipenv lock 命令更新 Pipfile.lock 文件。

Heroku 默认使用的 Python 解释器版本为 Python-3.6.4，如果你需要使用 Python2，可以在 Pipfile 中使用 [requires] 节指定被支持的 Python2 版本：

```
[requires]
python_full_version = "2.7.14"
```

在使用 Pipenv 时，我们可以通过 pipenv run <command> 命令在虚拟环境下执行命令，类似的是，我们可以使用 heroku run <command> 命令来执行 Heroku 远程命令。我们现在已经把程序推送到了 Heroku 上的 Git 远程仓库，这里使用 heroku run 执行命令的当前目录就是我们的 Heroku 程序的项目根目录。

现在使用下面的命令创建并更新数据库表：

```
$ heroku run flask db upgrade
Running flask db upgrade on helloflask... \ starting, run.4654 (Free)
...
$ heroku run flask init
...
```

除了使用 heroku run 命令，我们也可以执行 bash 命令打开一个完整的远程命令行会话，与建立 SSH 连接类似（使用 exit 命令退出）：

```
$ heroku run bash
Running bash on helloflask... - starting, run.6426 (Free)
```

最后使用下面的命令重启程序：

```
$ heroku restart
```

现在访问程序的域名（即 https:// 程序名 .herokuapp.com）应该可以看到程序已经在运行了，你也可以使用下面的命令快速使用默认的浏览器打开：

```
$ heroku open
```

Heroku 使用 dyno hour 来作为计算程序资源用量的单位，每月有 550 小时的免费额度。因为免费账户只可以使用 1 个 Dyno，也就意味着程序可以持续运行 550 个小时。使用 heroku ps 命令可以查看当前剩余的 dyno hour 额度：

```
$ heroku ps
Free dyno hours quota remaining this month: 550h 0m (100%)
=== web (Free): gunicorn wsgi:app --log-file - (1)
web.1: up 2017/12/02 18:19:21 +0800 (~ 6m ago)
```

> 附注　Heroku 上免费账户创建的程序运行时使用的 Dyno 类型为 Web Dyno，这种类型的 Dyno 如果 30 分钟内没有流量产生，会进入休眠状态（唤醒操作会造成一些延迟），休眠状态不会消耗资源额度。

6. 查看日志

如果程序没有正常运行，你可以通过 heroku logs 命令查看日志：

```
$ heroku logs
```

默认显示 100 条日志，使用 --num 选项可以指定数量，最高为 1500 条。我们也可以使用下面的命令查看实时的日志输出（使用 Crtl+C 退出）：

```
$ heroku logs --tail
```

7. 部署更新

当我们在本地更新了程序后，我们首先需要将改动提交到本地 Git 仓库（git add & git commit），然后就可以使用 git push 命令将改动推送到 Heroku 上对应的远程仓库：

```
$ heroku maintenance:on   # 开启维护，这时访问程序会显示维护页面
$ git push heroku master  # 推送代码
$ heroku restart  # 重启程序
$ heroku maintenance:off  # 关闭维护
```

提
示　确保将改动添加到 Git 仓库（git add）并提交（git commit），这样改动才会推送（git push）到 Heroku 上。

其中的 heroku maintenance 命令用来设置显示 / 关闭默认的维护页面。

14.6.2　使用 GitHub 部署

除了使用 Heroku CLI 和 Git 在本地部署，我们还可以直接使用 GitHub 部署。确保你的程序仓库内包含 Procfile 文件，并且 Pipfile 中包含 Gunicorn 和 Psycopg2，Pipfile.lock 也保持同步（手动更改 Pipfile 后需要使用 pipenv lock 命令更新），而且数据库连接优先从环境变量 DATABASE_URL 读取。

当我们的程序推送到 GitHub 后，我们可以访问 Heroku 的 Web 页面，登录账号后依次单击"New"和"Create new app"打开创建程序页面，输入程序名称后即可创建一个 Heroku 程序，创建后在仪表盘的 deploy 标签中选择"GitHub"选项，然后单击 Connect to GitHub 按钮，如图 14-14 所示。

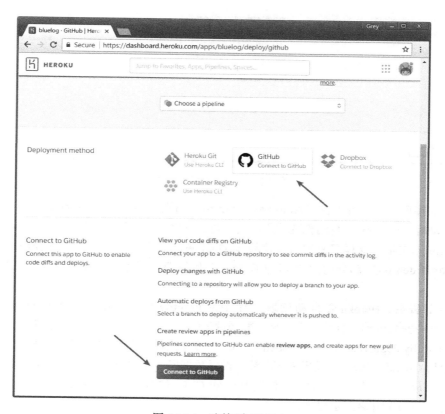

图 14-14　连接到 GitHub

在弹出的页面同意授权后，我们可以在页面中的"Deployment method"部分输入仓库名称进行搜索，并在相应的仓库右侧单击"Connect"按钮建立连接，如图 14-15 所示。

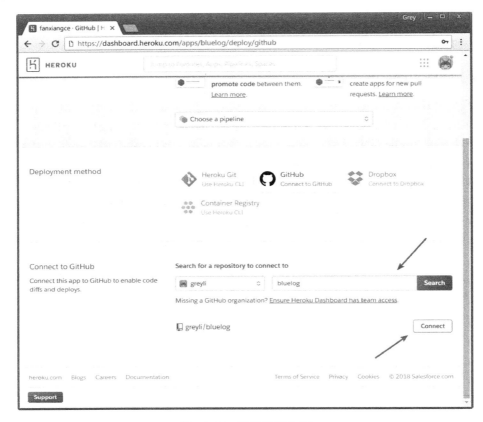

图 14-15　选择程序仓库

建立连接后，我们可以在"Automatic deploys"部分设置开启自动部署。开启后，每当仓库有变动时，Heroku 会自动把变动集成到运行的程序中。你还可以勾选 Wait for CI to pass before deploy 选项，这样只有通过仓库设置的 CI 测试的推送才会被部署到程序中。最后单击"Manual deploy"部分的"Deploy Branch"按钮即可部署对应分支的程序，如图 14-16 所示。

单击部署后，Heroku 会自动读取仓库中的 Procfile 文件，并直接从 requirements.txt 或 Pipfile 文件中安装依赖，页面下方会显示部署过程的日志输出。部署成功后会显示"Your app was successfully deployed."，你可以单击"View"按钮或直接输入 URL 来访问程序。

当使用 GitHub 部署时，设置程序名称、设置数据库、添加 add-ons、查看日志等操作可以在 Web 端完成。如果你愿意，也可以使用 Heroku CLI，这时需要使用 --app 或 -a 选项在执行命令时通过 Heroku 程序名指定程序：

```
$ heroku logs -a <app name>
```

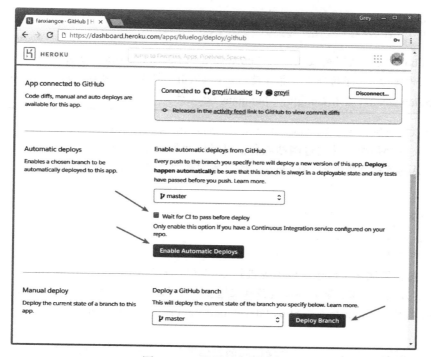

图 14-16　设置并部署程序

14.7　下一步做什么?

恭喜你, 不管使用哪种方式, 现在你的程序已经部署上线了。尽管如此, 我们的工作还没有结束, 比如, 首先你还需要考虑 SEO (Search Engine Optimization, 搜索引擎优化) 问题。如何让搜索引擎更快更全面地收录你的网站, 以便让你的网站在相关关键字的搜索结果中靠前显示。下面是一些最基础的工作:

1) 在 HTML 页面中添加必要的 meta 标签, 比如 keyword、description 等。

2) 在 Google 和 Baidu 等搜索引擎主动提交网站, 申请收录 (这通常会涉及验证网站所有权等步骤)。

3) 添加一个 sitemap.xml 文件 (即站点地图), 在文件中列出程序中所有可以访问的 URL 列表。你可以参考这个 snippet (http://flask.pocoo.org/snippets/108/) 创建, 或是使用 Flask-SiteMap 扩展 (https://github.com/inveniosoftware/flask-sitemap)。搜索引擎的爬虫 (爬取网络上内容的程序) 会解析这个文件, 你也可以手动提交。

4) 添加一个 robots.txt (http://www.robotstxt.org/) 文件, 和 sitemap.xml 的作用相反, 这个文件用来告诉搜索引擎的内容爬虫不要收录哪些资源。比如, 你肯定不想让用户在搜索引擎上的相关结果中看到后台管理的登录页面。下面是一个示例:

```
User-agent: *
```

```
Disallow: /admin
Disallow: /upload
```

 附注 和 robots.txt 相关联的还有一个 humans.txt（http://humanstxt.org/），它的动机是为了注明制作网站/程序的作者，算作是网站的 Credits 部分。你可以访问 https://www.google.com/humans.txt 查看 Google 的 hunmans.txt 文件。

我们可以把 robots.txt、humans.txt 以及 sitemap.xml 等文件放到程序 static 文件夹的根目录。不过，这些文件都需要直接通过网站域名根目录访问到，比如 http://example.com/robot.txt，而我们程序默认的静态文件 URL 为 /static，所以我们需要单独创建一个视图来提供（serve）这些文件，比如：

```
@app.route('/robots.txt')
@app.route('/sitemap.xml')
def static_from_root():
    return send_from_directory(app.static_folder, request.path[1:])
```

除了搜索引擎优化，你还可以考虑进行 UEO（User Experience Optimization，用户体验优化）。UEO 的方式有很多，随着移动设备越来越多，最基本也要对程序进行移动端优化。你可以使用 Google 提供的 LightHouse（https://developers.google.com/web/tools/lighthouse/）对页面性能进行分析。

另外，一般的 IaaS 和 PaaS 服务提供商都会提供 Web 监控数据，用来查看 CPU、硬盘、网络、系统负载等数据。如果你想自己搭建监控系统，可以考虑使用开源的 Icinga2（https://www.icinga.com/products/icinga-2/）、Nagios（https://www.nagios.org/），或是在线监控服务 DataDog（www.datadoghq.com）等。

最后，你还需要收集用户数据（流量统计与分析），这通常会使用第三方服务，比如 Google Analytics（https://analytics.google.com/）、百度统计（https://tongji.baidu.com）等。通过以用户的视角分析使用程序的方式，可以有针对性地调整程序的功能。日志包含用户访问的数据，也是研究用户行为以改进网站和程序的重要资料，你可以使用日志分析服务来进行分析，比如 Splunk（https://www.splunk.com/）。

网站优化通常不是一步到位的，正确的做法是在网站上线后根据需要来逐渐进行有针对性的优化。事实上，把程序部署上线只是一个开始。关于服务器的架构设计和维护包含大量知识和技巧，你需要阅读其他书籍来进一步学习。我们在 13 章介绍的缓存、静态资源以及数据库等方面也可以在部署后通过各种方式进行优化。

14.8　本章小结

从写下第一行代码到把一个程序部署上线，整个过程就像是历经艰辛终于把孩子抚养成人。是的，You are Online。不管你是否感到激动，你都为互联网添加了一个新成员。

扩展虽然不是 Flask 的核心内容，但在 Flask 开发中却是不可或缺的一部分，下一章我们会通过一个真实的扩展实例来学习 Flask 扩展的编写。

Flask 扩展开发

　　扩展和我们编写的程序很相似。事实上，Flask 扩展就是 Python 库，只不过它使用 " Flask 的语言" 说话。比如，它也像我们的程序一样使用 Flask 提供的诸多功能：它们可以创建蓝本，获取配置，加载静态文件，使用上下文全局变量。只要你熟悉了 Flask，Flask 扩展的编写对你来说并不是难事。

　　Flask 扩展通常分为两类：一类是纯功能的实现，比如提供用户认证功能的 Flask-Login；另一类是对已有的库和工具的包装，比如 Flask-SQLAlchemy 就包装了 SQLAlchemy。我们本章要学习编写的扩展就属于后一种，这种扩展可以理解为"胶水"或"适配器"，它让其他的 Python 库或 JavaScript 库与 Flask 程序更方便结合，简化了集成操作，并提供一些有用的辅助功能。

　　本章新涉及的 Python 包如下所示：

- ❑ setuptools（39.0.1）
  - ❍ 主页：https://github.com/pypa/setuptools
  - ❍ 文档：https://setuptools.readthedocs.io/en/latest/
- ❑ wheel（0.31.0）
  - ❍ 主页：https://github.com/pypa/wheel
  - ❍ 文档：https://wheel.readthedocs.io
- ❑ twine（1.11.0）
  - ❍ 主页：https://github.com/pypa/twine
  - ❍ 文档：http://twine.readthedocs.io
- ❑ readme_renderer（20.0）
  - ❍ 主页：https://github.com/pypa/readme_renderer

15.1 扩展的命名

编写扩展的第一步，就是起个好名字。抛开代码质量不说，一个简单、易记的名称会吸引更多的人来使用和参与开发。一般情况下，对于集成第三方库的扩展会使用第三方库名称来命名，比如我们将要编写的 Flask-Share 扩展集成了 JavaScript 库 share.js（https://github.com/overtrue/share.js），它的主要作用就是允许你在模板中创建社交分享（social share）组件，如图 15-1 所示。

图 15-1　在页面上添加社交分享组件

按照既成的约定，扩展的名称使用"Flask-< 功能 / 第三方库名 >"或是"< 功能 / 第三方库名 >-Flask"的形式，这两部分以连字符相连，比如 Flask-Share 和 Frozen-Flask。而扩展的包名称则是小写加下划线的形式，而且必须是"flask_< 名称 >"的形式，比如 flask_share。包名称就是我们在使用时在 Python 脚本中导入的名称。

因为扩展需要注册并上传到 PyPI 后才可以使用 pip 或 Pipenv 等工具安装，所以起名字前最好确保所选的名字没有被注册。我们可以事先在 https://pypi.org 上进行搜索，已经被注册的名称无法被再次注册。

 附注　目前还没有遗弃包的回收机制，这个机制有望在 PEP 541（https://www.python.org/dev/peps/pep-0541/）被接收后建立。

15.2 扩展项目骨架

一个扩展，在项目文件层面就是一个 Python 开源项目。对于一个最小的项目来说，唯一必需的只有程序脚本和 setup.py。但是为了便于开发和协作，其他文件也是必不可少的。一般来说，扩展项目由下面这些文件组成：

- ❏　存储扩展代码的程序包或模块（必需）
- ❏　setup.py（必需）
- ❏　示例程序
- ❏　文档
- ❏　测试脚本或包
- ❏　README（说明文档）
- ❏　LISCENCE（许可证文件）
- ❏　CHANGES（版本变更记录）
- ❏　.gitignore
- ❏　……

如果扩展需要使用静态文件或模板，那么我们需要在程序包内像其他 Flask 项目一样创建 static 和 templates 文件夹。

> 📊 附注　完整的开源项目应该包含开源许可证。开源许可证（license）是开源项目的授权许可协议，规定了对于项目可以做和不可以做的事情。Flask 社区建议扩展使用 BSD、MIT 等相对宽松的协议，关于各个协议的比较可以在这个网站上了解：https://choosealicense.com/。许可证文件一般无后缀名，但也可添加 .txt 等后缀。

通常情况下，我们会开源 Flask 扩展，以吸引更多的人参与开发。在本章，我们编写的扩展会使用 Git 进行版本控制，并将代码托管在 GitHub 上。如果你还不熟悉如何创建、参与开源项目，可以通过 https://opensource.guide/ 学习。

使用 GitHub 可以方便地创建一个开源项目。注册并登录 Github 后，单击右上方导航栏的"+"图标，然后选择 New repository（新仓库）打开创建新仓库页面，如图 15-2 所示。

我们在仓库创建页面设置项目的名称、描述，并选择相应的 .gitignore 文件以及许可证。如果勾选了"Initialize this repository with a README"选项，这会在初始化项目仓库时添加一个 README.md 文件（使用 Markdown 语法），用于撰写项目概况。

> 📊 附注　README 是开源项目的自述文件，它常常会包含项目的介绍、使用方法示例、作者信息等内容。一份好的 README 可以帮助使用者快速上手，也会吸引潜在的贡献者参与项目。

创建成功后，可以从 Github 上把项目仓库复制到本地：

```
$ git clone https://github.com/greyli/flask-share.git
```

我们将使用包来组织程序，从一开始就使用 Python 包组织程序可以让你更容易适应逐渐扩大的程序规模，而且可以支持在包内提供静态资源。切换进 flask-share 文件夹后，我们创建一个 flask_share 文件夹，在文件夹内创建一个 __init__.py 文件，这会让 flask_share 变成包，我们的代码将存储在 __init__.py 文件中。其他的文件我们会在后面一步步创建。

在扩展的开发中，我们仍然使用 Pipenv 来管理依赖，首先在项目根目录创建虚拟环境：

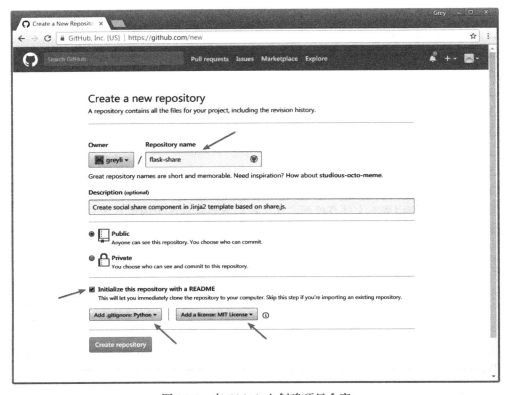

图 15-2　在 Github 上创建项目仓库

```
$ pipenv install
$ pipenv shell
```

附注 （1）如果你想快速创建一个新的扩展，那么可以使用 PyPA 提供的示例项目（https://github.com/pypa/sampleproject），它包含了一个 Python 项目的基本结构。

（2）PyPA 指 Python Packaging Authority（https://www.pypa.io/），是一个维护众多和 Python 打包相关的项目的工作组。我们在前面使用的 pip、Pipfile、virtualenv、Setuptools 以及下面要介绍的 readme_render、twine 等项目都是由该小组创建并维护的，具体项目列表可参考 Github 上的账户主页：https://github.com/pypa。

15.3　编写扩展类

在大多数情况下，扩展需要创建一个类来实现集成机制，并通过实例化这个类获得的扩展对象来提供主要的功能接口。在编写程序时，当我们要使用某个扩展，我们通常会实例化扩展类，并传入程序实例 app 以进行初始化。所谓的初始化就是进行一些基本设置，比如获取程序的配置，设置 Jinja2 环境，向模板上下文中添加变量或是注册各类处理函数等，进行这些操作无一例外都需要获取程序实例。

提示　如果不需要进行初始化操作，那么扩展也可以不创建扩展类。

在扩展类的构造方法中，我们接收程序实例 app 作为参数。为了支持工厂模式（使用工厂函数创建程序实例），我们要创建一个 init_app() 方法，它同样接收 app 作为参数。在构造方法中，我们将 app 参数默认值设为 None，而且不会直接执行初始化操作，而是调用 init_app() 方法，并传入 app。这样无论是实例化时传入程序实例，还是在工厂函数中对扩展类实例调用 init_app() 方法传入程序实例，最终执行的操作都会保持一致，一个典型的示例如代码清单 15-1 所示。

代码清单15-1　flask_share/__init__.py：创建扩展类

```
class Share(object):
    def __init__(self, app=None):
        if app is not None:
            self.init_app(app)

    def init_app(self, app):
        pass  # 初始化操作
```

在 init_app() 方法中，我们通常第一个执行的初始化操作是将扩展添加到 app.extensions 属性中。从 0.7 版本开始，Flask 在程序实例上提供了一个 app.extensions 字典，可以用来存储扩展特定的状态，比如数据库引擎、发信服务器配置的对象等。当某个扩展 A 依赖于另一个扩展 B 时，在扩展 A 中也可以通过这个字典来判断是否已经完成了扩展 B 的初始化。

app.extensions 字典的键必须是扩展名后一部分的小写形式，比如"flask_share"扩展的键必须是"share"。为了支持 0.7 以前的版本，需要在设置字典前检查是否存在这个属性，如果不存在就先创建，如代码清单 15-2 所示。

代码清单15-2　flask_share/__init__.py：注册扩展到app.extensions字典

```
class Share(object):
    ...
    def init_app(app):
        ...
        if not hasattr(app, 'extensions'):
            app.extensions = {}
        app.extensions['share'] = self
```

这样，我们在其他地方需要获取状态信息时，就可以使用 current_app.extensions['share'] 获取。

 提示　和扩展类一样，将扩展类添加到 app.extensions 字典也不是必需的。

因为社交组件在模板中创建，我们需要提供用于生成 HTML 代码的方法，为了让这个方法可以在模板中调用，我们需要在 init_app() 方法中把扩展类添加到模板上下文中：

```
class Share(object):
    ...
    def init_app(self, app):
        ...
        app.jinja_env.globals['share'] = self
```

> **提示** 这里使用 app.jinja_env.globals 字典将扩展类设置为模板全局对象 share。根据我们在第 3 章介绍的创建模板全局变量 / 上下文变量的多种方法，你也可以单独创建一个方法，然后附加 app.context_processor 装饰器，更简单的做法是直接作为方法并搭配 lambda 使用：app.context_processor(lambda: {'share': self})。

在 Flask-Share 中我们把扩展类同时作为实现主要功能的类。为了更好地解耦扩展功能，你也可以把实际的程序功能使用另一个类实现。比如，我们使用 Share 作为实现扩展主要机制的类。另外再创建一个 ShareComponent 类，用来实现创建社交分享组件的功能，并把它添加到模板上下文中。

15.4　添加扩展配置

为了方便组织，并避免与其他扩展或用户自定义的配置发生冲突，我们一般在扩展的配置变量名称前加入包含扩展名称的前缀，比如 Flask-Share 使用的三个变量 SHARE_SITES 、SHARE_MOBILE_SITES 和 SHARE_HIDE_ON_MOBILE 均使用 SHARE 作为前缀。这三个配置变量在 init_app() 方法中设置默认值，如代码清单 15-3 所示。

代码清单15-3　flask_share/__init__.py：设置配置默认值

```
class Share(object):
    ...
    def init_app(app):
        ...
        app.config.setdefault('SHARE_SITES', 'weibo, wechat, douban, facebook,
            twitter, google, linkedin, qq, qzone')
        app.config.setdefault('SHARE_MOBILE_SITES', 'weibo, douban, qq, qzone')
        app.config.setdefault('SHARE_HIDE_ON_MOBILE', False)
```

当扩展类 Share 被实例化，或是 init_app() 方法被调用时，这些配置变量会被设置默认值，并添加到 app.config 字典中。这些配置的具体作用下面会详细介绍。

> **提示** Python 字典的 setdefault 方法和 get 方法很相似，都可以获取一个键的值，并且提供第二个参数作为默认值。但和 get() 不同的是，如果字典中没有对应的键（即用户没有自行设置这个配置变量），setfault() 会使用第二个参数的默认值作为值来把这个键值对添加到字典中。

15.5　实现扩展功能

单纯使用 share.js 时，需要进行下面的两步在页面上加入一个社交分享组件：

1）加载 JavaScript 和 CSS 文件。

2）在页面 HTML 文件中添加一个 div 元素，将 class 属性设置为"social-share"，并通过 data-* 属性来进行配置。

为了让它在 Flask 程序中更方便使用，我们将通过扩展 Flask-Share 提供下面这些功能：

1）在模板中提供 load() 方法加载静态资源。

2）在模板中提供 create() 方法创建社交分享组件。

3）提供各种配置变量来对社交分享组件进行自定义。

另外，为了优化在移动设备上的体验，我们还要提供在移动设备上隐藏社交组件的设置。下面让我们来一步步实现这些功能。

15.5.1　加载静态资源

对于扩展要集成的对象，如果是 Python 库，那么我们只需要在 setup.py 中将其列为安装依赖；如果是 JavaScript 库，我们则需要在模板中加载资源。

对于后者来说，如果不需要额外的设置，那么加载资源的操作最好交由用户（开发者）自己实现。为了方便开发，我们可以创建一个附加的 load() 方法，用来在模板中生成加载资源的代码，如代码清单 15-4 所示。

代码清单15-4　flask_share/__init__.py：创建load()方法

```python
class Share(object):
    ...
    @staticmethod
    def load(css_url=None, js_url=None):
        if css_url is None:
            css_url = 'https://cdn.bootcss.com/social-share.js/1.0.16/css/share.min.css'
        if js_url is None:
            js_url = 'https://cdn.bootcss.com/social-share.js/1.0.16/js/social-share.
                min.js'
        return Markup('''<link rel="stylesheet" href="%s" type="text/css">\n
            <script src="%s"></script>''' % (css_url, js_url))
```

简单来说，这个 load() 方法会返回包含 CSS 文件 URL 的 <link> 标签和包含 JavaScript 文件 URL 的 <script> 标签。这里使用了 Markup 类将返回的字符标记为安全字符，避免被 Jinja2 转义。

默认情况下，资源将会从 CDN 加载。作为替代选项，用户也可以在使用 load() 方法时传递参数 css_url 和 js_url 来指定资源的 URL。更进一步，你也可以在 load() 方法中接收 version 参数来设置资源的版本。

为了便于开发，我们也可以在扩展中提供静态资源。和普通的 Flask 程序相同，我们在程序包 flask_share 目录下新建一个 static 文件夹，下载对应的资源保存到 static 目录下，然后在扩展对象 Share 的 init_app() 方法中创建一个蓝本来提供资源，如代码清单 15-5 所示。

代码清单15-5　flask_share/__init__.py：在init_app()方法中创建蓝本

```python
class Share(object):
    def __init__(self, app=None):
        if app is not None:
```

```
                self.init_app(app)

    def init_app(self, app):

        blueprint = Blueprint('share', __name__, static_folder='static',
            static_url_path='/share' + app.static_url_path)
        app.register_blueprint(blueprint)
```

在实例化蓝本类时，我们将蓝本的名称设为 share，并使用 static_url_path 关键字指定了静态文件的 URL 规则，因此这些文件的路径将以 /share/static 开头。像往常一样，我们使用 app.register_blueprint() 方法将蓝本对象 blueprint 注册到程序实例上。

> **提示** 因为用户通过实例化 Flask 类时传入 static_url_path 参数可以自定义静态文件路径，这里为了和用户的设置保持一致，使用 app.static_url_path 属性拼接，即 '/share' + app.static_url_path。

为了支持用户设置是否使用内置资源，我们添加一个名为 SHARE_SERVE_LOCAL 的配置变量，默认为 False：

```
app.config.setdefault('SHARE_SERVE_LOCAL', False)
```

最后，我们在 load() 方法中添加一个 if 判断，如果用户将这个配置设为 True，就加载 static 目录下的静态资源：

```
    @staticmethod
    def load(css_url=None, js_url=None, serve_local=False):
        if serve_local or current_app.config['SHARE_SERVE_LOCAL']:
            css_url = url_for('share.static', filename='css/share.min.css')
            js_url = url_for('share.static', filename='js/social-share.min.js')
        ...
```

注意，为了能够支持多个程序实例，我们在这里通过全局对象 current_app 获取 config 字典。在其他方法中也需要使用 current_app，而不是在 init_app() 方法创建一个 self.app 属性。

> **注意** 获取蓝本下的资源要在端点前添加蓝本名称，即 share.static。

15.5.2　创建分享组件

创建社交分享组件的实质就是在 HTML 模板中添加一段 HTML 代码，并根据配置值对这段代码进行相应地调整，我们创建一个 create() 方法，用于返回创建社交组件的 HTML 代码，如代码清单 15-6 所示。

代码清单15-6　flask_share/__init__.py：创建create()方法

```
class Share(object):
    ...
    @staticmethod
    def create(title='', sites=None, mobile_sites=None, align='left', addition_
        class=''):
```

```
if sites is None:
    sites = current_app.config['SHARE_SITES']
if mobile_sites is None:
    mobile_sites = current_app.config['SHARE_MOBILE_SITES']
return Markup('''<div class="social-share %s" data-sites="%s" data-mobile-
    sites="%s" align="%s">%s</div>
''' % (addition_class, sites, mobile_sites, align, title))
```

为了更灵活地定制分享组件，我们在 create() 方法中接收 sites 和 mobile_sites 参数来设置显示的分享站点以及在移动设备上显示的分享站点，这个参数值会优先于对应的配置变量的值。另外，我们还添加了 title、align 和 addition_class 参数，它们分别用于设置分享组件左侧的文字、分享组件的对齐方式以及附加的样式类。在模板中，只需要调用这个方法即可创建分享部件，比如本章图片中的社交组件即可通过下面的代码创建：

```
{{ share.create(title='分享到：') }}
```

15.5.3　在移动设备上隐藏

这些分享按钮在移动设备上的使用体验并不是很好。以 Twitter 为例，因为这些按钮调用了 Web 端的分享 API，在移动设备的浏览器中单击它会跳转到 Twitter 的网站（https://twitter.com），而不是手机中安装的 Twitter 客户端。share.js 本身并没有提供在移动设备上隐藏分享组件的功能，我们可以在扩展中添加这个功能。

在 Flask 中，要判断一个请求是否是发自移动设备，最简单的办法就是读取请求报文中的 User Agent 信息。Flask（Werkzeug）把 User Agent 的值解析在 request.user_agent 属性中，而通过 request.user_agent.platform 属性则可以查看请求客户端的平台信息。我们创建一个包含所有移动设备平台名称的正则表达式，然后使用请求的 request.user_agent.platform 值与之匹配，如果匹配成功，就说明请求发自移动设备，如代码清单 15-7 所示。

代码清单15-7　flask_share/__init__.py：判断请求的设备类型

```
class Share(object):
    ...
    @staticmethod
    def create(title='', sites=None, mobile_sites=None, align='left', addition_
        class=''):
        if current_app.config['SHARE_HIDE_ON_MOBILE']:
            platform = request.user_agent.platform
            mobile_pattern = re.compile('android|fennec|iemobile|iphone|opera
                (?:mini|mobi)')
            m = re.match(mobile_pattern, platform)
            if m is not None:
                return ''
        ...
```

移动设备隐藏通过配置变量 SHARE_HIDE_ON_MOBILE 控制，一旦这个配置设为 True，并且当前请求的 platform 参数匹配成功，create() 方法就会返回空字符串，从而起到了隐藏分享组件的效果。

15.6　开源发布前的准备

现在，我们已经基本完成了扩展的编写，但是离能够开源发布还需要做一些工作。作为一个开源项目，为了让它易于使用和维护，注释、文档、示例等基本元素不可或缺。

15.6.1　添加文档字符串与注释

为了方便其他开发者和未来的自己阅读代码，我们给代码添加了文档字符串和注释，如代码清单15-8所示。

代码清单15-8　flask_share/__init__.py：添加文档字符串和注释

```python
"""
    Flask-Share
    ~~~~~~~~~~~~~~~
    Create social share component in Jinja2 tempalte based on share.js.
    :copyright: (c) 2017 by Grey Li.
    :license: MIT, see LICENSE for more details.
"""
import re

from flask import current_app, url_for, Markup, Blueprint, request

class Share(object):
    def __init__(self, app=None):
        if app is not None:
            self.init_app(app)

    def init_app(self, app):
        blueprint = Blueprint('share', __name__, static_folder='static', static_
            url_path='/share' + app.static_url_path),
        app.register_blueprint(blueprint)

        if not hasattr(app, 'extensions'):
            app.extensions = {}
        app.extensions['share'] = self
        app.jinja_env.globals['share'] = self

        # default settings
        app.config.setdefault('SHARE_SERVE_LOCAL', False)
        app.config.setdefault('SHARE_SITES', 'weibo, wechat, douban, facebook,
            twitter, google, linkedin, qq, qzone')
        app.config.setdefault('SHARE_MOBILE_SITES', 'weibo, douban, qq, qzone')
        app.config.setdefault('SHARE_HIDE_ON_MOBILE', False)

    @staticmethod
    def load(css_url=None, js_url=None, serve_local=False):
        """Load share.js resources.

        :param css_url: if set, will be used as css url.
        :param js_url: if set, will be used as js url.
        :param serve_local: if set to True, the local resource will be used.
        """
        ...

    @staticmethod
```

```
def create(title='', sites=None, mobile_sites=None, align='left', addition_
    class=''):
    """Create a share component.

    :param title: the prompt dispalyed on the left of the share component.
    :param sites: a string that consist of sites, separate by comma.
            supported site name: weibo, wechat, douban, facebook, twitter,
                google, linkedin, qq, qzone.
                for example: `'weibo, wechat, qq'`.
    :param mobile_sites: the sites displayed on mobile.
    :param align: the align of the share component, default to `'left'`.
    :param addition_class: the style class added to the share component.
    """
    ...
```

当然，尽管我们在介绍上推后了这部分内容，但实际上添加文档字符串和注释的工作是和开发同步进行的。

> 🎯 **提示** 这里的文档字符串使用了基于 Sphinx 的 reStructureText 格式，以便于使用 Sphinx 自动提取文档字符串生成格式良好的 API 文档。

15.6.2　编写 README 与文档

关于 README 和文档的安排有两种情况：

1）当项目非常小的时候，如果在 README 中就可以概括所有必需的内容，那么可以不提供单独的文档。

2）如果项目比较大 / 复杂，我们就要考虑编写详细的文档，最好分多个文件来组织文档的内容。这时的 README 就可以不介绍具体的安装、使用等内容，而是给出文档等资源的地址。对于 Python 项目，我们通常使用 Sphinx + Github + Readthedocs 的工作流来编写和部署文档。

> 🎯 **提示** 除了将文档部署到 Read the Docs（https://readthedocs.org）上，另一个选择是使用 Python 社区提供的文档部署服务 https://pythonhosted.org/，不过 Python 社区目前已计划取消文档托管服务，这个网站也将会被弃用，请考虑把文档转移到 Read the Docs 上。

README 应该尽量简单，只需要简明扼要地介绍一下项目，然后附上相关的链接。Flask-Share 的 README 介绍了这个扩展的安装并提供了一个简单的示例，具体可以在项目的 Github 仓库页面查看（https://github.com/greyli/flask-share）。在 GitHub 中，项目根目录下的 README 文件将会显示在项目的 GitHub 主页上，同时支持 Markdown 和 reStructureText 格式。

除了 README 和文档，我们还可以添加其他可选的文件，比如编写贡献注意事项的 CONTRIBUTING，记录项目版本变化的 CHANGES，记录贡献者的 CONTRIBUTORS，或是记录待办事项的 TODO 等。

> 🎯 **提示** 这里的相关文件最好使用 reStructureText 格式，这样在文档里可以直接引用这些文件内容。

15.6.3　为打包做准备

为了便于分发程序，我们必须对项目进行打包（packaging），这是让你的程序可以使用 pip、Pipenv 或其他工具从 PyPI 安装的必要步骤。Python 包通常使用 setuptools 进行打包（packaging），它是标准库 distutils 模块的增强版，也是目前 Python 社区推荐的打包工具。

> 附注　（1）本小节仅介绍打包的简单流程，关于 Python 项目打包与分发的详细教程，可以在 https://packaging.python.org/ 上看到。另外，你还可以访问 setuptools 的官方文档查看详细用法。
>
> （2）如果你使用 Python 2>=2.7.9 或 Python 3>=3.4，那么 setuptools 已经安装好了；安装 pip 时，setuptools 会被作为依赖被安装；当使用 Pipenv 或 virtualenv 创建虚拟环境时也会自动安装 setuptools，因此不用手动安装。

1. 创建 setup.py

在打包之前，你要在项目的根目录下创建一个 setup.py 文件。大多数 Python 包都有一个 setup.py 文件，这个文件定义了 Python 包的元数据，比如包的版本、名称、作者信息等。更重要的是，通过 setup.py 可以对打包安装等行为进行非常详细的配置。Flask-Share 中的 setup.py 如代码清单 15-9 所示。

代码清单15-9　setup.py：安装脚本

```
"""
    Flask-Share
    ~~~~~~~~~~~~~~~
    Create social share component in Jinja2 template based on share.js.
    :copyright: (c) 2017 by Grey Li.
    :license: MIT, see LICENSE for more details.
"""
from os import path
from codecs import open
from setuptools import setup

basedir = path.abspath(path.dirname(__file__))

# Get the long description from the README file
with open(path.join(basedir, 'README.md'), encoding='utf-8') as f:
    long_description = f.read()

setup(
    name='Flask-Share',  # 包名称
    version='0.1.0',  # 版本
    url='https://github.com/greyli/flask-share',
    license='MIT',
    author='Grey Li',
    author_email='withlihui@gmail.com',
    description='Create social share component in Jinja2 template based on share.js.',
    long_description=long_description,
    long_description_content_type='text/markdown',  # 长描述内容类型
    platforms='any',
    packages=['flask_share'],  # 包含的包列表
    zip_safe=False,
```

```
    test_suite='test_flask_share',
    include_package_data=True,
    install_requires=[
        'Flask'
    ],
    keywords='flask extension development',
    classifiers=[
        'Development Status :: 3 - Alpha',
        'Environment :: Web Environment',
        'Intended Audience :: Developers',
        'License :: OSI Approved :: MIT License',
        'Programming Language :: Python',
        'Programming Language :: Python :: 2',
        'Programming Language :: Python :: 2.7',
        'Programming Language :: Python :: 3',
        'Programming Language :: Python :: 3.3',
        'Programming Language :: Python :: 3.4',
        'Programming Language :: Python :: 3.5',
        'Programming Language :: Python :: 3.6',
        'Topic :: Internet :: WWW/HTTP :: Dynamic Content',
        'Topic :: Software Development :: Libraries :: Python Modules'
    ]
)
```

首先你需要从 setuptools 中导入 setup() 函数，然后使用一系列关键字参数来指定包的元数据和选项。setup() 函数的主要参数及说明如表 15-1 所示。

表 15-1　setup() 函数主要参数及说明

关　键　字	说　　明
name	包名称
version	包的版本
description	描述
long_description	长描述
url	包的主页
author	作者姓名
author_email	作者的电子邮件地址
license	许可协议类型
packages	包（及子包）的列表。如果程序仅包含模块，则使用 py_modules 参数
include_package_data	布尔值，是否包含包数据
install_requires	安装依赖
tests_requires	测试依赖
extras_require	额外依赖
test_suite	测试集，写入测试包或模块，上面的代码中 'test_flask_share' 是我们下面要介绍的测试模块
keywords	描述项目的关键词，用空格分开
classifiers	分类词。设定的值则相当于 Python 包的标签，这会用于在 PyPI 为包设置分类

提
示　完整可用的分类词列表在 https://pypi.python.org/pypi?%3Aaction=list_classifiers 可以看到。

附
注　开源项目的版本一般用两种约定规则，一种是常规的语义化格式："主版本号.子版本号.修正版本号，具体可以参考 Semantic Versioning 2.0.0（http://semver.org/）。另一种是使用日期来作为版本号，即 CalVer（Calendar Versioning），比如 2018.5.8，我们前面使用过的 pytz、Pipenv、Ubuntu 等项目都采用这种版本命名方式，具体可以访问 https://calver.org/ 了解。

提
示　packages 参数是要安装的包的列表，包括子包。如果程序结构复杂，包含多个子包，可以使用 setuptools 提供的 find_packages() 函数来自动寻找包。你需要从 setuptools 中导入这个函数，然后将它的调用赋给 packages，即 "packages=find_packages()"。

值得特别提及的是参数 install_requires 的用法，它可以用来声明 Python 包的安装依赖，虽然和 Pipfile 很相似，但并不是重复事物。首先，我们应该区分两个容易被误解的概念：程序（application）和库（library），前者是库的消费者，比如我们编写的 Web 程序；后者则为程序或其他库提供服务，比如 Flask。install_requires 定义了 Python 包的最小化的抽象依赖（abstract），不需要固定版本号，它通常被用于在各类工具库（library）中，比如 Flask 或是我们编写的 Flask-Share。而 Pipfile/Pipfile.lock 包含所有的具体依赖（concrete）和固定的版本号，可以用来复现完整可用的程序运行环境，通常被用来在特定的程序中，比如我们编写的 SayHello 等程序。

除了 install_requires，我们还可以使用 test_requires 参数指定测试时的依赖，因为我们在 test_suite 参数中给出了我们的测试模块，后面我们可以使用下面的命令运行测试：

```
$ python setup.py test
```

另外，extra_requires 可以用来定义额外依赖。因为 Pipenv 的使用还不够普及，如果你想让使用传统方式的开发者也可以方便地参与开发，除了使用 Pipenv 生成 requirements.txt 文件外，可以将开发依赖同时声明到 extra_requires 参数中。这个参数通过字典中的键来定义额外依赖的组名称和对应的依赖列表，比如：

```
extras_require={
        'dev': [
            'coverage',
            'flake8',
            'tox',
        ],
    },
```

安装时，只需要在包名称后添加 "[dev]" 即可同时安装 dev 键对应的额外依赖列表：

```
$ pip install -e ".[dev]"
```

提
示　完整的参数列表可以在 http://setuptools.readthedocs.io/en/latest/setuptools.html#metadata 上看到。

当你使用 pip show 命令查看某个 Python 包的信息时，或是访问 Python 包的 PyPI 页面时看到的信息就是在 setup.py 中定义的。

扩展上传到 PyPI 页面后，会拥有一个项目页面，我们在 setup.py 脚本中填写的大部分信息会被解析显示在项目页面。以 Flask-Share 在 PyPI 上的主页（https://pypi.org/project/Flask-Share/）为例，如图 15-3 所示。

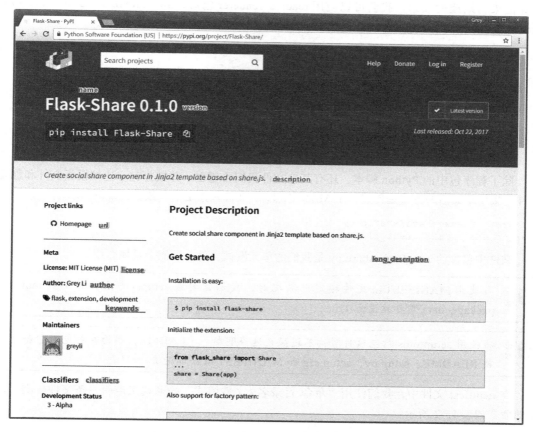

图 15-3　PyPI 页面与 setup.py 脚本的关系

从图 15-3 中可以看出，PyPI 页面的主体介绍内容是 long_description 参数的值。如果要显示的内容较少，可以直接写在 setup.py 脚本的文档字符串中（即脚本最上方使用三个双引号括起来的文本），然后将 long_description 参数指定为 __doc__ 变量。

在代码清单 15-9 中，我们读取 README.md 文件的内容作为 long_description 参数的值。需要注意的是，默认情况下，PyPI 会将 long_descripion 的值作为 reStructureText 格式渲染，如果不支持则渲染为纯文本。因为我们的 README 使用的是 Markdown 格式，这里需要添加一个额外的 long_description_content_type 参数，将长描述的内容类型设为 Markdown：

```
long_description_content_type='text/markdown',
```

注
意 为了支持使用 Markdown 格式的长描述，确保将 setuptools，wheel 和 twine 更新到本章开头列出的版式或是最新版本。

如果你使用 reStructureText 格式的 README 作为 long_description 的值，需要注意，PyPI 使用的 reStructureText 解析器并不是 Sphinx，所以你要使用标准的 reStructureText 语法。为了确保渲染为期望的效果，我们可以使用 readme_renderer 包对 reStructureText 格式的 README 进行检查，首先使用 Pipenv 安装：

```
$ pipenv install readme_renderer  --dev
```

然后运行下面的命令进行检查：

```
$ python setup.py check -r -s
running check
```

如果没有错误输出，那么说明一切正常。

2. 添加包数据

除了程序包中的 Python 脚本，还有其他文件我们希望也一并被打包，比如模板文件和静态文件。最简单灵活的方式是创建一个 MANIFEST.in 文件来指定这些数据，如下所示：

```
graft flask_share/static
include LICENSE test_flask_share.py
```

文件中包含的 test_flask_share.py 是我们的单元测试文件，后面会具体介绍。

注
意 当使用 MANIFEST.in 文件指定包数据时，我们需要在 setup() 方法中将参数 include_package_data 需要被设为 True。

提
示 当使用 setuptools 打包项目时，不用显式地声明加入 README，因为在打包时它会自动将 README、setup.py、setup.cfg 和 MANIFEST.in 添加进去。

在 manifest 文件中，我们使用"命令 目录名 / 文件模式"的形式来声明一条文件规则，可用的命令如表 15-2 所示。

表 15-2　manifest 文件命令

命　令	说　明
include 模式 1 模式 2 ...	包含匹配列出的任意模式的所有文件
exclude 模式 1 模式 2 ...	排除匹配列出的任意模式的所有文件
recursive-include 目录 模式 1 模式 2 ...	包含指定目录下匹配列出的任意模式的所有文件
recursive-exclude 目录 模式 1 模式 2 ...	排除给定目录下匹配列出的任意模式的所有文件
global-include 模式 1 模式 2 ...	包含目录树下匹配列出的任意模式的所有文件
global-exclude 模式 1 模式 2 ...	排除目录树下匹配列出的任意模式的所有文件
prune 目录	排除指定目录下的所有文件
graft 目录	包含指定目录下的所有文件

15.6.4　编写示例程序

为了方便用户快速了解扩展的用法并且体验扩展的实际效果，我们有必要提供一个简单的示例程序。示例程序通常在一开始是作为开发扩展时的调试程序，被存储在程序包的 example 或 examples 文件夹里。

测试实例程序时需要导入扩展，因此可以先在本地安装扩展，创建好 setup.py 脚本后，使用下面的命令即可在本地安装程序包：

```
$ pipenv install <path>
```

因为我们的程序包是在当前目录下，可以使用 "." 来表示当前目录：

```
$ pipenv install -e .
```

其中 -e 是 --editable 选项的简写，这个选项用来开启开发模式。开发模式是指在安装包的同时允许对代码进行修改，而不用重复进行安装。当安装程序时，通过 install_requires 参数指定的依赖包会同时被自动安装。

 提示　（1）在激活虚拟环境的情况下，上面两个命令分别相当于 python setup.py install 和 python setup.py develop 命令，你可以输入 python setup.py --help-commands 查看所有可用的命令。

（2）示例程序仅需要包含在 Git 仓库中，不需要被打包，因此不用在 MANIFEST.in 文件中列出。

15.6.5　编写单元测试

为了确保扩展 Flask-Share 可以按照预期工作，我们需要编写相应的单元测试。test_flask_share.py 脚本中包含了几个简单的测试，如代码清单 15-10 所示。

代码清单15-10　flask-share/test_flask_share.py：单元测试

```python
import unittest

from flask import Flask, render_template_string, current_app

from flask_share import Share

class ShareTestCase(unittest.TestCase):

    def setUp(self):
        self.mobile_agent = {'HTTP_USER_AGENT': 'Mozilla/5.0 (iPhone; CPU iPhone
            OS 9_1 like Mac OS X) \
        AppleWebKit/601.1.46 (KHTML, like Gecko) Version/9.0 Mobile/13B143 Safari/601.1'}

        app = Flask(__name__)
        app.testing = True
        self.share = Share(app)

        @app.route('/')
        def index():
```

```
        return render_template_string('{{ share.load() }}\n{{ share.create() }}')

    self.context = app.app_context()
    self.context.push()
    self.client = app.test_client()

def tearDown(self):
    self.context.pop()
...
def test_create_on_mobile(self):
    current_app.config['SHARE_HIDE_ON_MOBILE'] = True
    response = self.client.get('/', environ_base=self.mobile_agent)
    data = response.get_data(as_text=True)
    self.assertIn('social-share.min.js', data)
    self.assertNotIn('<div class="social-share', data)
```

这些测试都非常简单，所以出于篇幅的考虑没有全部列出来。唯一值得介绍的是最后一个测试，它会测试移动设备客户端发起请求时分享组件的隐藏功能。

我们首先在 setUp() 方法中做了这些工作：创建一个测试用的程序实例，初始化扩展，添加了一个简单的视图函数，创建测试客户端，推送程序上下文。在 test_create_on_mobile() 方法里，我们使用测试客户端的 get() 方法发起 GET 请求，这里传入了一个 environ_base 参数来覆盖默认的 WSGI 环境的默认值。对应的 self.mobile_agent 是一个字典，HTTP_USER_AGENT 对应的值是 iPhone 的 User Agent 字符串。

除了单元测试，项目中还要进行测试覆盖率和 PEP8 检查。Coverage.py 同时支持将配置存储在 setup.cfg 文件中。不过在这个文件中，需要将第 12 章介绍的 [run] 改为 [coverage:run] 以包含完整的命令。另外 Flake8 也支持将配置写到 setup.cfg，所以我们可以统一将这两个工具的配置写在 setup.cfg 中。

 setup.cfg 是针对 setup.py 的配置文件，它可以对 setup.py 支持的命令进行配置（要查看所有的命令可执行 $ setup.py --help-commands）或设置其他选项值。当配置命令时，被中括号括住的是对应的命令，下面的键值对则是配置参数和对应的值。

当测试项目增多时，你可以使用 Tox（https://github.com/tox-dev/tox）来简化测试流程。使用 Tox 可以对各类测试的依赖、命令等进行预定义，并在不同的 Python 版本下创建虚拟环境测试包的安装和其他各类测试，另外还可以与 CI 系统集成，你可以在项目仓库中查看 Tox 的配置文件 tox.ini。对于开源项目，使用在线的 CI 系统会让开源协作更加轻松，Flask-Share 使用与 GitHub 集成并对开源项目免费的 Travis-CI 实现持续集成，具体的配置文件 travis.yml 可以在项目仓库中查看。

现在，开发工作已经基本完成了，下面我们会学习如何把它发布到 PyPI 上。

15.7　发布到 PyPI

在前面的开发中，当我们需要安装某个扩展时，只需要打开命令行，输入 pipenv install 或是 pip install 和扩展的名称，然后按下 Enter 键，比如：

```
$ pip install <扩展名>
```

我们当前也希望自己编写的扩展也可以通过这种方式进行安装，这就是我们本节要完成的工作。

15.7.1　创建 PyPI 账号

为了能够把 Python 包（也就是我们的扩展）上传到 PyPI，我们首先要注册一个 PyPI 账号。访问 https://pypi.org/，在导航栏右侧单击 Register 并填写注册表单，完成 Email 验证后即可完成注册。

为了避免每次进行包上传和更新操作时都需要输入用户名和密码，我们可以在本地创建一个 .pypirc 文件存储 PyPI 账户和密码，这会在上传包时用到。这个文件需要放在 $HOME/.pypirc，Linux 和 macOS 系统的文件位置存储在系统根目录下，即 ~/.pypirc；在 Windows 系统一般存储在 Administrator 文件夹下，即 C:\Users\Administrator\.pypric。

附注 .pypric 文件可以使用任意文本编辑器创建，在 Windows 系统中也可以使用记事本程序创建。

文件的内容示例如下所示：

```
[distutils]
index-servers =
    pypi

[pypi]
username:用户名
password:密码
```

你需要在对应的位置填写你的 PyPI 用户名和密码，下面是一个虚拟的例子：

```
[distutils]
index-servers =
    pypi

[pypi]
username:greyli
password:mypassword
```

注意 这会将密码以明文的形式保存，请注意限制对该文件的访问权限，以确保密码不会泄露。作为替代，你也可以考虑使用 keyring（https://github.com/jaraco/keyring）存储敏感数据。

15.7.2　使用 setuptools 打包

创建了 setup.py 脚本后，我们就可以使用 setuptools 提供的多个命令进行打包，打包的格式一般有三种：Egg、Source Distribution 和 Wheel，它们打包后的文件后缀分别为 .egg、.tar.gz

和 .whl。目前 Egg 已不推荐使用，取代它的 Wheel 是目前 Python 官方推荐的新一代打包格式，具体内容定义在 PEP 427（https://www.python.org/dev/peps/pep-0427）。和其他两种格式相比，Wheel 有很多优点。比如，Wheel 在打包时会对包进行构建，所以安装时就省去了这个过程，安装速度比 Source Distribution 格式更快。

Wheel 包有三种类型：纯 Python Wheel、平台 Wheel 和通用 Wheel。这是因为 Wheel 是进行提前构建后生成的二进制文件，根据代码对 Python2、Python3 的兼容性以及是否使用了 C 扩展，Wheel 会生成特定 Python 版本或操作系统的文件，这部分内容具体可以参考 https://packaging.python.org/tutorials/distributing-packages/#wheels。当使用 Pipenv 或 virtualenv 创建虚拟环境时也会自动安装 wheel，因此不用手动安装（如果没有使用虚拟环境，可以通过 pip install wheel 命令安装）。

为了让程序能够在各种版本的操作系统、Python 中使用 pip 安装，我们最好同时提供 Source Distribution 和 Wheel 两种格式。当使用 pip 安装包时，会优先使用 Wheel 包，如果没有 Wheel 包或版本和当前的 Python 版本或操作系统不匹配，则使用 Source Distribution 包。

 附注　目前大部分主流的 Python 包都提供了 Wheel 包文件，具体信息可以在 https://python-wheels.com/ 上看到。

使用下面的命令创建 Source Distributions 包：

```
$ python setup.py sdist
```

使用下面的命令创建 Wheel 包：

```
$ python setup.py bdist_wheel
```

一般在使用时，我们会合并这两个打包命令，即：

```
$ python setup.py sdist bdist_wheel
```

这会在你的项目文件夹中创建一个 dist 文件夹，然后分别生成这两种格式的包文件，这就是我们后面要上传到 PyPI 的包文件。

如果要打包的程序同时支持 Python2 和 Python3 且没有在 Python 中使用 C 扩展（即纯 Python），那么可以在上面的 bdist_wheel 命令后加入—universal 选项，这会创建一个"Universal Wheels"（通用 Wheel）。因为我们的扩展同时支持 Python2 和 Python3，而且没有使用 C 扩展，所以可以加入这个参数。为了避免后面每次发布新版本打包时都需要手动输入这个参数，我们可以在 setup.cfg 文件吸入这个选项，如下所示：

```
[metadata]
license_file = LICENSE

[bdist_wheel]
universal = 1
```

这个文件使用 INI 风格语法，bdist_wheel 节表示为 bdist_wheel 命令设置配置，universal=1 则表示开启 universal 参数。额外添加的 metadata 节用来设置元数据，将 license_file 选项设为开源许可证文件名可以将其打包进 wheel 包中。

15.7.3　使用 twine 上传

twine 是一个用来与 PyPI 交互的实用工具，目前它支持注册项目和上传分发包。使用它可以替代旧的 python setup.py upload 上传方式，因为它使用 HTTPS 连接，所以会更加安全。我们先安装它：

```
$ pipenv install twine --dev
```

上传过程非常简单（如果是第一次上传，twine 会自动注册项目），只需要一行命令：

```
$ twine upload dist/*
```

这会上传我们在 dist 目录下生成的包文件。稍等一会儿，你就可以使用链接 https://pypi.org/project/< 扩展名称 >/ 访问上传后的 PyPI 项目主页，比如 https://pypi.org/project/Flask-Share。

 提示　如果你担心实际的操作失误会影响到包的发布，也可以先使用 Test PyPI（https://test.pypi.org/）进行测试，这是 Python 社区提供的测试版本的 PyPI 站点。具体可以参考 https://packaging.python.org/guides/using-testpypi/。

现在将项目文件添加到 Git 仓库，并推送到 GitHub 远程仓库：

```
$ git add .
$ git commit -m "Ready for first release"
$ git push
```

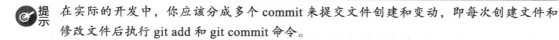 提示　在实际的开发中，你应该分成多个 commit 来提交文件创建和变动，即每次创建文件和修改文件后执行 git add 和 git commit 命令。

然后创建一个 Git 标签（Tag），标签的名称使用扩展初始版本的版本号，即 "0.1.0"，最后推送到 GitHub：

```
$ git tag -a 0.1.0 -m "Bump version number to 0.1.0"
$ git push origin 0.1.0    #或使用 git push --tags 推送所有标签
```

这会在 GitHub 自动生成一个 Release，如图 15-4 所示。

15.8　编写良好的扩展

一个合格的 Flask 扩展至少应该符合下面的要求：

❑ 命名符合规范（Flask-Foo 或 Foo-Flask）。
❑ 使用相对宽松的开源许可证（MIT/BSD 等）。
❑ 支持工厂模式（添加 init_app() 方法）。
❑ 支持同时运行的多程序实例（使用 current_app 获取程序实例）。
❑ 包含 setup.py 脚本，并列出所有安装依赖。
❑ 包含单元测试。
❑ 编写文档并在线发布。
❑ 上传到 PyPI

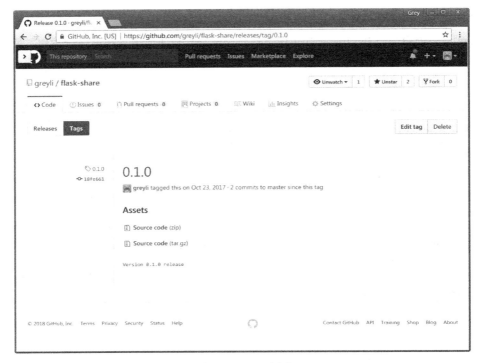

图 15-4　在 GitHub 上创建 Release

　　扩展有很多种类别，这里我们使用的例子是一个集成 JavaScript 库的简单扩展，但我们已经了解了编写 Flask 扩展的通用知识。在编写扩展的过程中，我们可以向其他扩展学习。除了本书中提及的扩展外，你还可以到 PyPI（https://pypi.org/）、GitHub（https://github.com/）以及 BitBucket（https://bitbucket.com）上搜索其他扩展。

　　另外，Flask 官方网站上的 "Flask 扩展登记" 页面（http://flask.pocoo.org/extensions/）列出了一些被认可的扩展，如果你想让自己编写的扩展也出现在这个列表中，首先确保你的扩展符合满足 Flask 文档中列出的 "被认可扩展（Approved Extensions）" 检查清单（http://flask.pocoo.org/docs/latest/extensiondev/#approved-extensions）。然后在 Flask 网站所在的 Github 仓库（https://github.com/pallets/flask-website/）中找到扩展注册文件（https://github.com/pallets/flask-website/blob/master/flask_website/listings/extensions.py）。最后根据你的扩展的相关信息创建一个 Extension 类实例，扩展信息分别对应 Extension 构造方法的各个参数，并把它添加到 extensions 列表结尾。以 Flask-Share 为例，这个类实例如下所示：

```
Extension('Flask-Share', 'Grey Li',
    description='''
        <p>Adds <a href="http://openid.net/">OpenID</a> support to Flask.
    ''',
    github='greyli/flask-share',
    docs='http://pythonhosted.org/Flask-Share/',
    ),
```

Fork 并修改文件后提交 Pull Request，等到项目负责人审核通过后，就可以在 http://flask.pocoo.org/extensions/ 上看到你的扩展了。

15.9　本章小结

学习完这一章后，你已经有能力编写自己的扩展了。如果你发现某些重复劳动可以通过一个 Flask 扩展来避免，而且这个扩展还没有出现，那么快动手吧，为 Flask 社区的繁荣尽一份力！

下一章，我们将到 Flask 内部一探究竟，了解它是如何工作的，这会让我们在编写 Web 程序时更加顺手。

Flask 工作原理与机制解析

在本章，我们将深入到 Flask 这个魔法盒子的内部去一探究竟。Flask 的上下文是如何实现的？Werkzeug 和 Flask 是什么关系？蓝本到底是什么？这一系列疑问都会在这个过程中得到答案。

 为了方便理解，本章中出现的源码会根据需要来省略。另外，脚本中不必要的英文注释会被删掉，在必要的地方会添加简短的中文注释。

16.1 阅读 Flask 源码

在开始之前，有些读者难免会有疑问：为什么要阅读源码呢？一般来说，阅读源码通常会出于下面的目的：

- ❏ 了解某个功能的具体实现。
- ❏ 学习 Flask 的设计模式和代码组织方式

通过阅读源码，我们可以在日常开发中更加得心应手，而且在出现错误时可以更好地理解和解决问题。另外，Flask 的代码非常 Pythonic，而且有丰富的文档字符串，学习和阅读优美的代码也会有助于我们自己编写出优美的代码，而且探索本身也是一种乐趣。

本节我们会学习如何获取 Flask 源码，并且学习如何阅读源码。同时，我们还会在这个过程中学习使用 PyCharm 来辅助阅读。

16.1.1 获取 Flask 源码

当我们使用 pip 或 Pipenv 安装 Flask 时，Flask 会和其他包一样被安装到 Python 解释器中的 site-packages 目录下。如果仅仅是想阅读 Flask 的代码，site-packages 包中的 flask 包并不方便获取，而且如果我们不小心修改了其中的代码，会导致运行其他依赖 Flask 的项目出错。更方便的做法是将 Github 上的 Flask 仓库复制到本地：

```
$ git clone https://github.com/pallets/flask.git
```

这样 Flask 是作为一个单独的项目存在，而且仓库中还包含了 Flask 的所有 Git 提交（Commit）历史，我们可以查看 Flask 从诞生（第一次提交）到最新版本的所有提交记录和发布版本。

> 🎯 **提示** 除了 Flask 的代码（程序包 flask）外，Flask 项目文件夹里包含了很多文件，比如文档、示例程序、测试等，这些内容在本章暂不展开介绍。

16.1.2　如何阅读源码

大多数文本编辑器都可以用来阅读源码，但文本编辑器更多的特性是为了方便地写代码。而在阅读源码时，我们会有不一样的需求。比如我们需要理清函数调用关系，了解一个模块的代码结构，或是进行断点调试等。这些工作 IDE 可以更好地胜任（尤其是面对复杂庞大的项目时），所以在这里我们仍然使用本书开篇介绍的 PyCharm 作为源码阅读工具。PyCharm 的安装和基本使用已经在第 1 章介绍过，这里不再赘述。

借助 PyCharm 提供的功能，我们既可以从宏观上了解整个 Flask 项目的结构，又可以在代码中层层深入地探索或是自由地穿梭。下面我们就来了解阅读 Flask 源码的主要方式，对于 PyCharm 的使用介绍会穿插在文章中。

在开始之前，我们要在 PyCharm 中打开 Flask 仓库的文件夹，并将其创建为新项目。

> 💻 **附注** 在 PyCharm 中，大多数功能都可以通过快捷键打开。但是因为快键键因操作系统而异，所以文中并没有列出来。PyCharm 提供的快键键索引表可以在 "导航栏—Help—Keymap Reference" 中看到。

1. 立足整体

在阅读代码时，我们不需要关注 Flask 代码实现中的所有细节。如果把某个项目的源码比作大树，那么我们重点要关注的是树的主干和分支，而不是所有的树叶。

从结构上来说，Flask 各个模块联系紧密，并不适合挨个模块从头到尾的线性阅读。我们需要先从整体上了解 Flask，就像是读书先看目录一样。对于一个项目来说，我们需要了解 flask 包由哪些包和模块组成，各个模块又包含哪些类和函数，分别负责实现什么功能。

我们当前打开的 Flask 版本是最新版本（1.0.2），单击左侧的 project 标签可以打开项目目录工具栏，其中包含了项目的整个文件目录结构，如图 16-1 所示。

从程序包 flask 中各个模块的名称我们基本就能

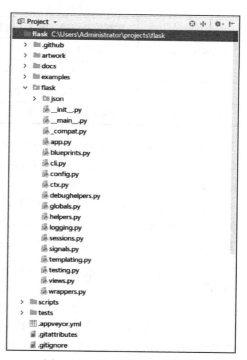

图 16-1　Flask 项目文件结构

知道它们的作用，具体说明如表 16-1 所示。

表 16-1　Flask 程序包各模块分析表

模块 / 包	说　　明
json/	提供 JSON 支持
__init__.py	构造文件，导入了所有其他模块中开放的类和函数
__main__.py	用来启动 flask 命令
_compat.py	定义 Python2 与 Python3 版本兼容代码
app.py	主脚本，实现了 WSGI 程序对象，包含 Flask 类
blueprint.py	蓝本支持，包含 Blueprint 类定义
cli.py	提供命令行支持，包含内置的几个命令
config.py	实现配置相关的对象
ctx.py	实现上下文对象，比如请求上下文 RequestContext
debughelpers.py	一些辅助开发的函数 / 类
globals.py	定义全局对象，比如 request、session 等
helpers.py	包含一些常用的辅助函数，比如 flash()、url_for()
logging.py	提供日志支持
sessions.py	实现 session 功能
signals.py	实现信号支持，定义了内置的信号
templating.py	模板渲染功能
testing.py	提供用于测试的辅助函数
views.py	提供了类似 Django 中的类视图，我们用于编写 Web API 的 MethodView 就在这里定义
wrappers.py	实现 WSGI 封装对象，比如代表请求和响应的 Request 对象和 Response 对象

我们并不需要了解所有模块的具体实现，对于某些不重要的模块，我们只需要知道大概的实现方法既可，比如 cli.py、debughelpers.py。我们需要关注的是实现 Flask 核心功能的模块，比如 WSGI 交互、蓝本、上下文等。

除了查看项目的文件结构，我们还可以查看某个脚本的代码结构。以 flask 包中的 app.py 为例，在 PyCharm 中，我们双击 app.py 文件打开后，可以单击左侧的 structure 标签打开脚本结构工具栏，其中列出了当前脚本的所有 symbol，如图 16-2 所示。

> 📊附注　在 PyCharm 中，Symbol 一词指的是 Python 中的类 / 函数 / 方法 / 变量等可被标识出来的对象。

点开类前面的展开箭头，可以看到该类包含的方法和属性。树形结构中使用图标表示 symbol 的类别，"f（红色背景）"表示 function（函数）、"m"表示 method（方法），c 表示 class（类）、v 表示 variable（变量）。

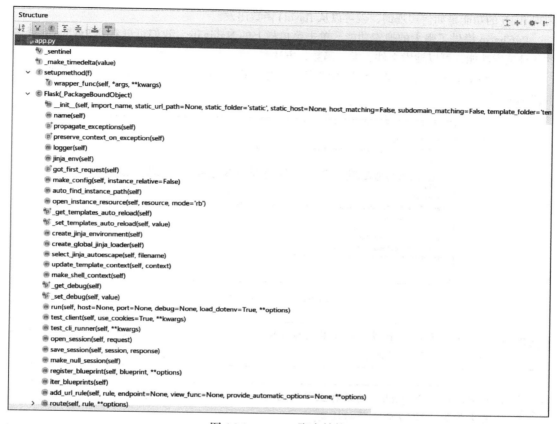

图 16-2　app.py 脚本结构

附注　PyCharm 中的 symbol 图标与对应含义可以在 PyCharm 的帮助文档中（https://www.jetbrains.com/help/pycharm/symbols.html）看到。

你还会发现有些图标左上方有一个小锁的标志，而且这些函数或方法的名字都是以下划线开始。这在 Python 中是一个约定，即命名以下划线开头的函数 / 方法是在内部使用的（private）。关于这个约定的具体内容可以在 PEP 8 中看到。

掌握 Flask 的整体结构还有一个有效的方法就是阅读 Flask 的 API 文档（http://flask.pocoo.org/docs/latest/api/）。API 文档中包含了所有 Flask 的主要类、函数以及它们的文档字符串（Docstring）。这些文档字符串描述了主要功能，还列出了各个参数的类型和作用。在阅读源码时，我们也可以通过这些文档字符串来了解相关的用法。掌握 Flask 的整体结构会为我们的进一步阅读打下基础。

2. 逐个击破

在了解了 Flask 的整体结构后，我们就可以尝试从某一个功能点入手，了解具体的实现方法。在这种阅读方式下，我们可以从某一个函数或类开始，不断地深入。比如我们想了解消息闪现 flash 的功能是如何实现的，就可以从 flash() 函数出发。

PyCharm 提供了强大的搜索功能，单击菜单栏上的 Navigate，我们可以看到 PyCharm 提供的各种搜索功能，可以搜索文件、类、函数、方法。

单击 Navigate——Symbol，在弹出的窗口中输入 flash 即可定位到 flash() 函数定义的位置，如图 16-3 所示。

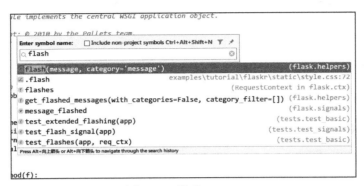

图 16-3　搜索 symbol

💢提
示

我们也可以双击 Shift 键打开全局搜索（Search Everywhere），全局搜索会搜索所有相关的 symbol、文件、操作等。

📖附
注

代码中，在某个 symbol 的名称上单击右键——Find Usages，可以找到整个项目中所有使用这个类 / 函数 / 方法等的位置。

在阅读源码时，我们需要带着两个问题去读：

❑ 这段代码实现了什么功能？

❑ 它是如何实现的？

通过全局搜索，我们找到了 flash() 函数，如代码清单 16-1 所示。

代码清单16-1　flask/helpers.py：flash() 函数

```
def flash(message, category='message'):
    """ 向下一个请求闪现消息。"""
    flashes = session.get('_flashes', [])
    flashes.append((category, message))
    session['_flashes'] = flashes
    message_flashed.send(current_app._get_current_object(),
                         message=message, category=category)
```

在 flash() 函数中，我们能够大概了解这几行代码：首先从 session 获取 _flashes 键对应的消息列表，如果没有获取到将创建空列表作为默认值，然后将调用 flash() 函数时传入的消息和列表作为元组传入这个列表，最后再次将消息列表以 _flashes 作为键传入 session 中。

这里出现了一个不熟悉的 message_flashed 对象。这时如果我们想查看这些对象的定义，不需要再使用搜索功能，因为 PyCharm 还提供了非常方便的目标跳转功能。按住 Ctrl 键就可以进入"超链接模式"，所有的 Symbol 都会变成可以单击的超链接，我们可以通过单击来跳转到目标对象定义的位置。在日常开发中，这种功能也非常有用。比如我们在调用某个库提供的 hello() 函数时，不知道可用的参数有哪些，就可以在"超链接模式"下直接跳转到目标 hello() 定义的位置了解用法。

通过跳转到 message_flashed 的定义，我们可以大概了解这个对象的功能：在信息闪现后发送的一个信号。不过，既然我们是要了解消息闪现的原理，那么正确的做法是暂时把 message_flashed 的具体实现作为一个黑盒放在一边，仅仅需要了解大概的功能就可以了。

在模板中，我们使用 get_flashed_message() 函数获取消息，那么再次搜索找到它（其实它就在 flash() 函数下面），如代码清单 16-2 所示。

代码清单16-2　flask/helpers.py：get_flashed_messages()函数

```python
def get_flashed_messages(with_categories=False, category_filter=[]):
    """ 从 session 中拉取消息并返回。"""
    flashes = _request_ctx_stack.top.flashes
    if flashes is None:
        _request_ctx_stack.top.flashes = flashes = session.pop('_flashes') \
            if '_flashes' in session else []
    if category_filter:  # 类别过滤
        flashes = list(filter(lambda f: f[0] in category_filter, flashes))
    if not with_categories:  # 判断是否返回消息类别
        return [x[1] for x in flashes]
    return flashes
```

我们看到代码中先是从 _request_ctx_stack.top.flashes 获取闪现的消息，不过从变量名可以看出这是请求上下文堆栈的顶部，不过基于同样的理由，我们也暂时把 _request_ctx_stack.top 看做黑盒。如果没有获取到，那么再从 session 对象里获取。如果设置了 category_filter 和 with_categories 参数，那么则对消息列表进行相应修改，最后返回消息列表。对于这些参数的功能，文档字符串中都给出了很详细的介绍。

> 📖 附注　实际源码中的文档字符串格式也许让你感到困惑，其实这些标记是 reStructureText 标记，是为了更方便使用 Sphinx 生成 API 文档。

3. 由简入繁

许多介绍 Linux 的书籍都会建议读者先阅读 Linux 0.x 版本（即初期版本）的代码，因为早期的代码仅保留了核心特性，而且代码量较少，容易阅读和理解。Flask 的源码也是这样，所以你可以先从 Flask 早期版本开始阅读。Flask 最早发行的 0.1 版本只包含一个核心脚本——flask.py，不算空行大概只有四百多行代码，非常 mini。我们使用下面的命令签出 0.1 版本的代码：

```
$ cd flask
$ git checkout 0.1
```

 提示　如果命令行的当前目录已经在 flask 项目根目录中，那么可以省略第一行命令。

签出后，你会发现 Flask 的仓库中除了项目相关的代码外，只有一个 flask.py，这就是我们要阅读的对象。这个版本的代码非常适合阅读，也是了解 Flask 核心原理的最佳版本。以我们在上一节介绍过的 flash() 函数为例，在 0.1 版本中，这个函数只有一行代码：

```
def flash(message):
    session['_flashes'] = (session.get('_flashes', [])) + [message]
```

通过这种对比，我们也可以了解到 Flask 的变化，思考这些变化会加深我们对相关知识的理解。

在 PyCharm 中，我们可以在窗口下方的 Version Control（版本控制）工具栏中查看到所有的代码提交记录，如图 16-4 所示。

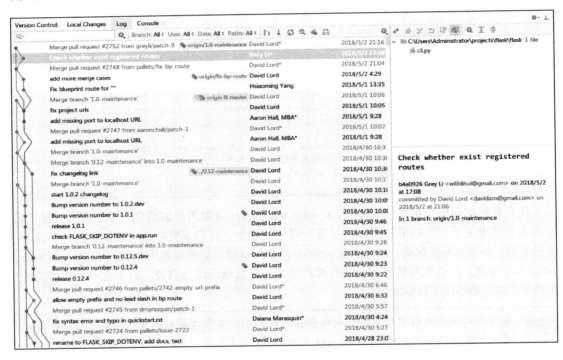

图 16-4　查看 Git 提交记录

单击任意提交记录，在右侧区域就会显示该提交修改的文件，以及提交的具体信息。在任意一个提交上单击右键选择 Checkout Revision 即可签出这一版本的仓库。单击右侧区域上方的 Show Diff 按钮，可以查看该变动与当前版本的对比，如图 16-5 所示。

提交记录右侧的标签图标表示对应的 Git 标签，每个标签通常对应着一个 Release 版本，单击右上方设置图标后选择 Show Tag Name 可以查看标签的名称。虽然 PyCharm 提供了完整的 Git 功能，但大部分的 Git 操作使用命令行会更方便灵活一些。

在阅读下面的内容之前，请先阅读完 0.1 版本的 flask.py 源码，这个脚本可以按从头到尾的顺序阅读。

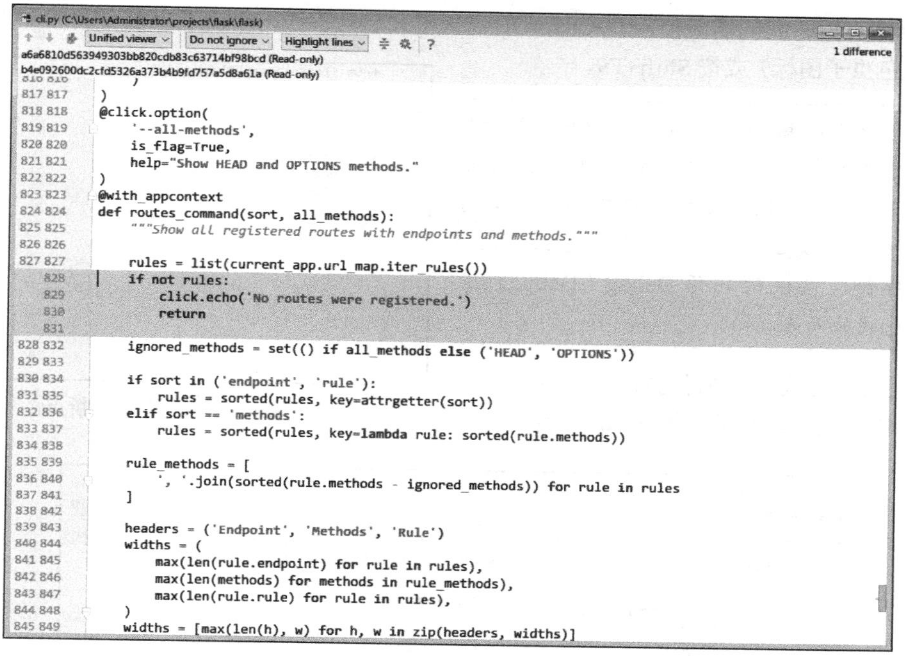

图 16-5　查看版本对比

> **提示**　作为替代，你也可以阅读我提供的注解版本（https://github.com/greyli/flask-origin）。在这个注解版本中，英文的注释被适当删减后替换成了中文注释。

> **注意**　在 0.1 版本的 Flask 中，有些用法和 Flask 的当前版本已经有很大出入，所以不要把其中的代码实现直接应用到开发中。

4. 单步调试

单步调试是指通过每次只执行一行代码或函数来进行调试的方法。在单步调试中，你可以实时观察代码执行的流程，了解每一步的数据变化情况，并且可以随时修改对应的代码。单步调试通常用来在开发时调试程序，找出错误的代码。在阅读源码时，我们也可以使用这种方式来了解代码执行和调用的流程（调用栈）。

尤为重要的是，在单步调试模式下，代码是包含上下文信息（比如我们可以看到所有变量的具体值）的，可以说是"活"的代码，这让调试和了解代码运行状况变得非常方便。

断点（Breakpoint）是开始单步调试的起点，当程序执行到断点时会停止自动执行，控制权将交给你。PyCharm 基于 Python DeBugger 实现了非常方便的调试功能。在 PyCharm 中，设置断点非常简单。只需要在代码行左侧的 gutter 区域（空白处）单击鼠标左键，即可在这一行设置断点，断点的位置会显示一个红色的实心圆。比如，在下图中的 Flask 程序中，我们把断点设置在 index 视图内的 return 语句上，如图 16-6 所示。

设置断点后，我们需要使用 PyCharm 的调试模式启动程序，单击菜单栏右侧的 Debug Run 按钮（绿色虫子图标）或按 Shift+F9。

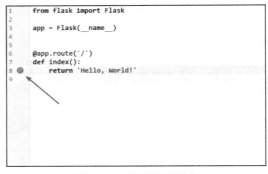

> 📺 **附注** 代码中的错误通常被称为 Bug（虫子）。这个典故起源于 1946 年，操作员 Grace Hopper 在 Mark II 计算机中抓出一只导致故障的飞蛾，并记录在日志上。代指排错、调试的词语 Debug（Debugging）也因此而来。

图 16-6　设置调试断点

当代码运行到断点的位置时，会在调试工具栏显示断点调试的结果，如图 16-7 所示。

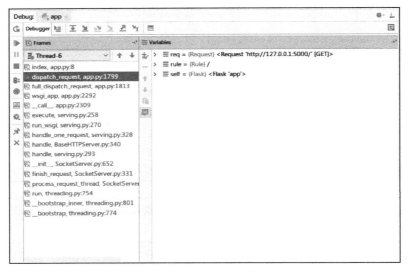

图 16-7　调试工具栏

PyCharm 会自动列出断点之前的调用记录，单击任意一个记录，编辑器区域会显示对应的代码（编辑区会以深蓝色背景显示当前正在调用的代码行），而变量区域会显示这一步的变量情况。另外，对应的变量值也会以墨绿色显示在代码中。通过调试工具栏我们可以看到从我们使用 flask run 命令所调用的 flask-script.py 脚本开始，一直到处理请求，再到我们设置断点的地方，这整个过程中的调用情况。

你可以通过调试工具栏上方的步进工具栏来执行步进操作，常用的步进按钮的介绍如图 16-8 所示。

> **附注** 你也可以直接使用内置的 pdb 模块（Python DeBugger）或是集成 IPython 的 ipdb（https://github.com/gotcha/ipdb）来进行单步调试。

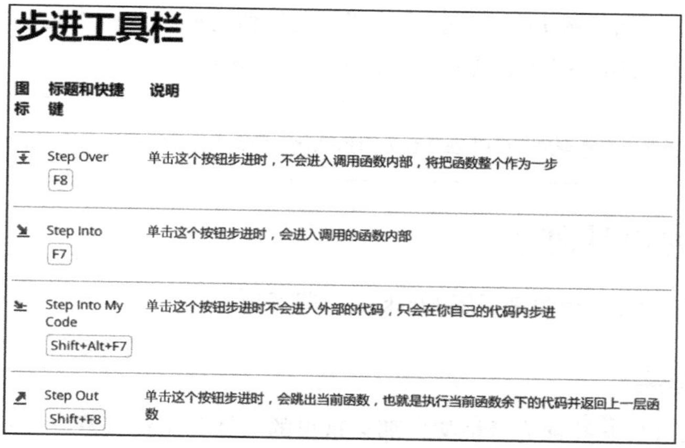

步进工具栏

图标	标题和快捷键	说明
	Step Over F8	单击这个按钮步进时，不会进入调用函数内部，将把函数整个作为一步
	Step Into F7	单击这个按钮步进时，会进入调用的函数内部
	Step Into My Code Shift+Alt+F7	单击这个按钮步进时不会进入外部的代码，只会在你自己的代码内步进
	Step Out Shift+F8	单击这个按钮步进时，会跳出当前函数，也就是执行当前函数余下的代码并返回上一层函数

图 16-8 步进按钮说明

16.1.3 Flask 发行版本分析

在阅读完 0.1 版本的 Flask 源码后，我们需要继续前进，但是我们是否有必要阅读每一个发行版本呢？当然不用。有些版本只是修正了少量错误，添加了一些额外的特性，这类版本可以跳过。Flask 当前最新的版本是 1.0.2。主要的 Flask 发行版本及其变化如表 16-2 所示。

表 16-2 Flask 版本分析

版本号（Tag）	发布日期	主要变化说明
0.1	2010/4/16	第一次公开发布版本，最精简的 Flask 版本
0.2	2010/5/12	添加 send_file()；集成 JSON 支持
0.3	2010/5/28	支持配置；集成日志（Logging）；flash() 消息支持分类
0.4	2010/6/18	新增 TESTING 标志
0.5	2010/7/6	项目模块化重组（单模块拆分为多模块）
0.6	2010/7/27	自动处理 OPTIONS 请求；增加 make_response() 函数；增加了基于 Blinker 的信号支持
0.7	2011/6/28	增加蓝本（Blueprint）支持；增加 teardown_request 钩子；支持基于类的视图
0.8	2011/9/29	引入新的 session 交互系统；添加 before_first_request 钩子；添加扩展导入系统 flask.ext
0.9	2012/7/1	添加程序上下文 flask.Flask.app_context()；添加 after_this_request 钩子
0.10	2013/6/13	cookie 序列化格式换为 JSON；添加 template_test 和 template_global 方法；g 存储到程序上下文中，而非请求上下文中
0.11	2016/5/29	扩展导入系统 flask.ext 被弃用；增加 flask.cli 模块，内置命令行支持，并推荐使用 flask run 命令替代 Flask.run() 方法
0.12	2016/9/21	完善 cli 模块
1.0	2018/4/27	引入 FLASK_ENV 环境变量，完善自动发现程序实例等 CLI 相关功能；支持从 .env 或 .flaskenv 文件中导入环境变量（基于 python-dotenv）；移除了多个弃用功能的代码；简化了日志系统

如果你打算从头开始了解 Flask 的变化，那么比较值得阅读的版本是 0.1、0.4、0.5、0.7 以及最新版本 1.0，其他版本大部分的变动都是在重构、优化代码以及修复错误，因此可以略过。

附注 完整的发行版本变更说明可以在 http://flask.pocoo.org/docs/latest/changelog/ 看到。

16.2　Flask 的设计理念

本节我们会从设计者的视角来了解 Flask 的一些实现。

16.2.1　"微"框架

在官方介绍中，Flask 被称为微框架，那么这里的"微"是什么意思呢？基于我们前面的介绍以及大量的实践，想必你已经了解地差不多了。这里的"微"并不意味着 Flask 功能简陋，而是指其保留核心且易于扩展。有许多 Web 程序不需要后台管理、用户认证、权限管理，有些甚至不需要表单或数据库，所以 Flask 并没有内置这类功能，而是把这些功能都交给扩展或用户自己实现。正因为如此，从只需要渲染模板的小项目，到需要各种功能的大项目，Flask 几乎能够适应各种情况。Flask 的这一设计理念正印证了《Zen of Python》里的这一句：

"Simple is better than complex."

16.2.2　两个核心依赖

虽然 Flask 保持简单的核心，但它主要依赖两个库——Werkzeug 和 Jinja。Python Web 框架都需要处理 WSGI 交互，而 Werkzeug 本身就是一个非常优秀的 WSGI 工具库，几乎没有理由不使用它，为什么要重新发明轮子（引入 Jinja2）呢？

如果你阅读了 Flask 源码，会发现 Flask 与 Werkzeug 的联系非常紧密。从路由处理，到请求解析，再到响应的封装，以及上下文和各种数据结构都离不开 Werkzeug，有些函数（比如 redirect、abort）甚至是直接从 Werkzeug 引入的。如果要深入了解 Flask 的实现原理，必然躲不开 Werkzeug。

引入 Jinja2 主要是因为大多数 Web 程序都需要渲染模板，与 Jinja2 集成可以减少大量的工作。除此之外，Flask 扩展常常需要处理模板，而集成 Jinja2 方便了扩展的开发。不过，Flask 并不限制你选择其他模板引擎，比如 Mako（http://www.makotemplates.org/）、Genshi（http://genshi.edgewall.org/）等。

16.2.3　显式程序对象

在一些 Python Web 框架中，一个视图函数可能类似这样：

```
from example_framework import route

@route('/')
def index():
    return 'Hello World!'
```

而在 Flask 中，则需要这样：

```
from flask import Flask
app = Flask(__name__)

@app.route('/')
def index():
    return 'Hello World!'
```

你应该看到其中的区别了，Flask 中存在一个显式的程序对象，我们需要在全局空间中创建它。这样设计主要有下面几个原因：

❑ 前一种方式（隐式程序对象）在同一时间内只能有一个实例存在，而显式的程序对象允许多个程序实例存在。

❑ 允许你通过子类化 Flask 类来改变程序行为。

❑ Flask 需要通过传入的包名称来定位资源（模板和静态文件）。

❑ 允许通过工厂函数来创建程序实例，可以在不同的地方传入不同的配置来创建不同的程序实例。

❑ 允许通过蓝本来模块化程序。

另外，这个设计也印证了《Zen of Python》里的这一条："Explicit is better than implicit."

16.2.4　本地上下文

在多线程环境下，要想让所有视图函数都获取请求对象。最直接的方法就是在调用视图函数时将所有需要的数据作为参数传递进去，但这样一来程序逻辑就变得冗余且不易于维护。另一种方法是将这些数据设为全局变量，但是如果直接将请求对象设为全局变量，那么必然会在不同的线程中导致混乱（非线程安全）。本地线程（thread locals）的出现解决了这些问题。

本地线程就是一个全局对象，你可以使用一种特定线程且线程安全的方式来存储和获取数据。也就是说，同一个变量在不同的线程内拥有各自的值，互不干扰。实现原理其实很简单，就是根据线程的 ID 来存取数据。Flask 没有使用标准库的 threading.local()，而是使用了 Werkzeug 自己实现的本地线程对象 werkzeug.local.Local()，后者增加了对 Greenlet 的优先支持。

📊附注　Greenlet（https://github.com/python-greenlet/greenlet）是以 C 扩展形式接入 Python 的轻量级协程。

Flask 使用本地线程来让上下文代理对象全局可访问，比如 request、session、current_app、g，这些对象被称为本地上下文对象（context locals）。因此，在不基于线程、Greenlet 或进程实现并发的服务器上，这些代理对象将无法正常工作，但好在仅有少部分服务器不被支持。Flask 的设计初衷是为了让传统 Web 程序的开发更加简单和迅速，而不是用来开发大型程序或异步服务器的。但是 Flask 的可扩展性却提供了无限的可能性，除了使用扩展，我们还可以子类化 Flask 类，或是为程序添加中间件。

16.2.5 三种程序状态

Flask 提供的四个本地上下文对象分别在特定的程序状态下绑定实际的对象。如果我们在访问或使用它们时还没有绑定，那么就会看到初学者经常见到的 RuntimeError 异常。

在 Flask 中存在三种状态，分别是程序设置状态（application setup state）、程序运行状态（application runtime state）和请求运行状态（request runtime state）。

1. 程序设置状态

当 Flask 类被实例化，也就是创建程序实例 app 后，就进入了程序设置状态。这时所有的全局对象都没有被绑定：

```
>>> from flask import Flask, current_app, g, request, session
>>> app = Flask(__name__)
>>> current_app, g, request, session
(<LocalProxy unbound>,
 <LocalProxy unbound>,
 <LocalProxy unbound>,
 <LocalProxy unbound>)
```

2. 程序运行状态

当 Flask 程序启动，但是还没有请求进入时，Flask 进入了程序运行状态。在这种状态下，程序上下文对象 current_app 和 g 都绑定了各自的对象。使用 flask shell 命令打开的 Python shell 默认就是这种状态，我们也可以在普通的 Python shell 中通过手动推送程序上下文来模拟：

```
>>> from flask import Flask, current_app, g, request, session
>>> app = Flask(__name__)
>>> ctx = app.app_context()
>>> ctx.push()
>>> current_app, g, request, session
(<Flask '__main__'>,
 <flask.g of '__main__'>,
 <LocalProxy unbound>,
 <LocalProxy unbound>)
>>> ctx.pop()
```

在上面的代码中，我们手动使用 app_context() 方法创建了程序上下文，然后调用 push() 方法把它推送到程序上下文堆栈里。默认情况下，当请求进入的时候，程序上下文会随着请求上下文一起被自动激活。但是在没有请求进入的场景，比如离线脚本、测试，或是进行交互式调试的时候，手动推送程序上下文以进入程序运行状态会非常方便。

3. 请求运行状态

当请求进入的时候，或是使用 test_request_context() 方法、test_client() 方法时，Flask 会进入请求运行状态。因为当请求上下文被推送时，程序上下文也会被自动推送，所以在这个状态下 4 个全局对象都会被绑定，我们可以通过手动推送请求上下文模拟：

```
>>> from flask import Flask, current_app, g, request, session
>>> app = Flask(__name__)
>>> ctx = app.test_request_context()
>>> ctx.push()
```

```
>>> current_app, g, request, session
(<Flask '__main__'>,
 <flask.g of '__main__'>,
 <Request 'http://localhost/' [GET]>,
 <NullSession {}>)
>>> ctx.pop()
```

这也是为什么你可以直接在视图函数和相应的回调函数里直接使用这些上下文对象，而不用推送上下文——Flask 在处理请求时会自动帮你推送请求上下文和程序上下文。

> **注意**　这里因为没有设置程序密钥，所以 session 是表示无效 session 的 NullSession 类实例。后面我们会详细了解。

16.2.6　丰富的自定义支持

Flask 的灵活不仅体现在易于扩展，不限制项目结构，也体现在其内部的高度可定制化。比如，我们可以子类化用于创建程序实例的 Flask 类，来改变特定的行为：

```
from flask import Flask

class MyFlask(Flask)
    pass

app = MyFlask(__name__)

...
```

除了 Flask 类，我们还可以自定义请求类和响应类。最常用的方式是子类化 Flask 内置的请求类和响应类，然后改变一些默认的属性。Flask 内部在使用这些类时并不直接写死，而是使用了定义在 Flask 属性上的中间变量，比如请求类存储在 Flask. request_class 中。如果要使用自己的请求类，那么只需要把请求类赋值给这个属性即可：

```
from flask import Flask, Request

class MyRequest(Request):
    pass

app = Flask(__name__)
app.request_class = MyRequest
```

同样，Flask 允许你使用自定义的响应类。在其内部，创建响应对象的 make_response() 并不是直接实例化 Response 类，而是实例化被存储在 Flask.response_class 属性上的类，默认为 Response 类。如果你要自定义响应类，创建后只需赋值给程序实例的 response_class 属性即可。

16.3　Flask 与 WSGI

在开始分析 Flask 的工作流程与机制前，我们有必要了解一些 Web 程序的基础——WSGI。在本书的一开始，我们曾经介绍过，Flask 的核心扩展 Werkzeug 是一个 WSGI 工具库。WSGI

指 Python Web Server Gateway Interface，它是为了让 Web 服务器与 Python 程序能够进行数据交流而定义的一套接口标准 / 规范。试想一下，如果不统一标准，那么众多的 Python Web 框架都可能仅被某些 Web 服务器支持；而 Web 服务器也没法支持所有的 Python Web 框架。

> 📌 提示　WSGI 的具体定义在 PEP 333（https://www.python.org/dev/peps/pep-0333/）中可以看到。WSGI 的新版本在 PEP 3333 中发布，新版本主要增加了 Python 3 支持（https://www.python.org/dev/peps/pep-3333/）。

我们曾在第 2 章学习过，客户端和服务器端进行沟通遵循了 HTTP 协议，可以说 HTTP 就是它们之间沟通的语言。从 HTTP 请求到我们的 Web 程序之间，还有另外一个转换过程——从 HTTP 报文到 WSGI 规定的数据格式。WSGI 则可以视为 WSGI 服务器和我们的 Web 程序进行沟通的语言。

WSGI 是开发 Python Web 程序的标准，所有的 Python Web 框架都需要按照 WSGI 的规范来编写程序。当然，Flask 在背后自动帮我们完成了这部分工作。下面让我们通过实例来详细学习。

16.3.1　WSGI 程序

根据 WSGI 的规定，Web 程序（或被称为 WSGI 程序）必须是一个可调用对象（callable object）。这个可调用对象接收两个参数：

- ❏ environ：包含了请求的所有信息的字典。
- ❏ start_response：需要在可调用对象中调用的函数，用来发起响应，参数是状态码、响应头部等。

WSGI 服务器会在调用这个可调用对象时传入这两个参数。另外，这个可调用对象还要返回一个可迭代（iterable）的对象。

这个可调用对象可以是函数、方法、类或是实现了 __call__ 方法的类实例，下面我们分别借助简单的实例来了解最主要的两种实现：函数和类。

现在，让我们创建一个新的 hello 程序，然后暂时把 Flask 忘掉。一个最简单的 WSGI 程序如代码清单 16-3 所示。

代码清单16-3　使用Python函数实现的WSGI程序

```
def hello(environ, start_response):
    status = '200 OK'
    response_headers = [('Content-type', 'text/html')]
    start_response(status, response_headers)
    return [b'<h1>Hello, Web</h1>']
```

这里的 hello() 函数就是我们的可调用对象，也就是我们的 Web 程序。hello() 的末尾返回一行问候字符串，注意这是一个列表。

> 📌 提示　根据 WSGI 的定义，请求和响应的主体应该为字节串（bytestrings），即 Python 2 中的 str 类型。在 Python 3 中字符串默认为 unicode 类型，因此需要在字符串前添加 b 前缀，将字符串声明为 bytes 类型。这里为了兼容两者，统一添加了 b 前缀。

类形式的可调用对象如代码清单 16-4 所示。

代码清单16-4　使用Python类实现的WSGI程序

```
class AppClass:

    def __init__(self, environ, start_response):
        self.environ = environ
        self.start = start_response

    def __iter__(self):
        status = '200 OK'
        response_headers = [('Content-type', 'text/html')]
        self.start(status, response_headers)
        yield b'<h1>Hello, Web!</h1>'
```

注意，类中实现了 __iter__ 方法（类被迭代时将调用这个方法），它返回 yield 语句。

 附注　如果想以类的实例作为 WSGI 程序，那么这个类必须实现 __call__ 方法。

在上面我们创建了两个简单的 WSGI 程序，你应该感觉很熟悉吧！事实上，这两个程序的实际功能和我们在本书开始介绍的 Flask 程序 hello 完全相同。

Flask 也是 Python Web 框架，自然也要遵循 WSGI 规范，所以 Flask 中也会实现类似的 WSGI 程序，只不过对请求和响应的处理要丰富完善得多。在 Flask 中，这个可调用对象就是我们的程序实例 app，我们创建 app 实例时调用的 Flask 类就是另一种可调用对象形式——实现了 __call__ 方法的类：

```
class Flask(_PackageBoundObject):
    ...
    def wsgi_app(self, environ, start_response):
        ...
    def __call__(self, environ, start_response):
        """Shortcut for :attr:`wsgi_app`."""
        return self.wsgi_app(environ, start_response)
```

这个 __call__ 方法内部调用了 wsgi_app() 方法，请求进入和响应的返回就发生在这里，WSGI 服务器通过调用这个方法来传入请求数据，获取返回的响应，后面会详细介绍。

16.3.2　WSGI 服务器

程序编写好了，现在我们需要一个 WSGI 服务器来运行它。作为 WSGI 服务器的实现示例，Python 提供了一个 wsgiref 库，可以在开发时使用。以 hello() 函数为例，在函数定义的下面添加如下代码：

```
from wsgiref.simple_server import make_server

def hello(environ, start_response):
    ...
```

```
server = make_server('localhost', 5000, hello)
server.serve_forever()
```

我们这里对于 WSGI 服务器的具体实现不做深入讨论。这里使用 make_server(host, port, application) 方法创建了一个本地服务器，分别传入主机地址、端口和可调用对象（即 WSGI 程序）作为参数。最后使用 serve_forever() 方法运行它。

WSGI 服务器启动后，它会监听本地机的对应端口（我们设置的 5000）。当接收到请求时，它会把请求报文解析为一个 environ 字典，然后调用 WSGI 程序提供的可调用对象，传递这个字典作为参数，同时传递的另一个参数是一个 start_response 函数。

 提示　我们这里应该会想到 Flask 提供的请求对象其实就是对 environ 字典的解析和封装。

我们在命令行使用 Python 解释器执行 hello.py，这会启动我们创建的 WSGI 服务器：

```
$ python hello.py
```

然后像以前一样在浏览器中访问 http://localhost:5000 时，这个 WSGI 服务器接收到这个请求，接着调用 hello() 函数，并传递 environ 和 start_response 参数，最后把 hello() 函数的返回值处理为 HTTP 响应返回给客户端。这一系列工作完成后，我们就会在浏览器看到一行"Hello, Web！"

下面是这个程序的变式，通过从 environ 字典获取请求 URL 来修改响应的内容。

```
def hello(environ, start_response):
    status = '200 OK'
    response_headers = [('Content-type', 'text/html')]
    start_response(status, response_headers)
    name = environ['PATH_INFO'][1:] or 'web'
    return [b'<h1>Hello, %s!</h1>' % name]
```

我们从 environ 字典里获取路径中根地址后的字符作为名字：environ['PATH_INFO'][1:]，然后插入到响应的字符串里。这时在浏览器中访问 localhost:5000/Grey，则会看到浏览器显示一行"Hello, Grey！"。

注意　和我们在第 2 章实现同样功能的例子相同，把用户输入的内容未经处理直接插入到响应中会导致 XSS 攻击，这里只是一个示例，请避免在真实的程序中使用。

不论是 Werkzeug 内置的用于开发时使用的服务器，还是我们在第 14 章提及的 Gunicorn、uWSGI、Waitress 等都是实现了这类规范的 WSGI 服务器，正是因为遵循统一的 WSGI 规范，所以这些 WSGI 服务器都可以用来运行我们的 Flask 程序。

16.3.3　中间件

WSGI 允许使用中间件（Middleware）包装（wrap）程序，为程序在被调用前添加额外的设置和功能。当请求发送来后，会先调用包装在可调用对象外层的中间件。这个特性经常被用来解耦程序的功能，这样可以将不同功能分开维护，达到分层的目的，同时也根据需要嵌套。代码清单 16-5 是一个简单的例子。

代码清单16-5　为WSGI程序添加中间件

```
from wsgiref.simple_server import make_server

def hello(environ, start_response):
    status = '200 OK'
    response_headers = [('Content-type', 'text/html')]
    start_response(status, response_headers)
    return [b'<h1>Hello, web!</h1>']

class MyMiddleware(object):
    def __init__(self, app):
        self.app = app

    def __call__(self, environ, start_response):
        def custom_start_response(status, headers, exc_info=None):
            headers.append(('A-CUSTOM-HEADER', 'Nothing'))
            return start_response(status, headers)

        return self.app(environ, custom_start_response)

wrapped_app = MyMiddleware(hello)
server = make_server('localhost', 5000, wrapped_app)
server.serve_forever()
```

中间件接收可调用对象作为参数。这个可调用对象也可以是被其他中间件包装的可调用对象。中间件可以层层叠加，形成一个"中间件堆栈"，最后才会调用到实际的可调用对象。

使用类定义的中间件必须实现 __call__ 方法，接收 environ 和 start_response 对象作为参数，最后调用传入的可调用对象，并传递这两个参数。这个 MyMiddleware 中间件其实并没有做什么，只是向首部添加了一个无意义的自定义字段。最后传入可调用对象 hello 函数来实例化这个中间件，获得包装后的程序实例 wrapped_app。

因为 Flask 中实际的 WSGI 可调用对象是 Flask.wsgi_app() 方法，因此，如果我们自己实现了中间件，那么最佳的方式是嵌套在这个 wsgi_app 对象上，比如：

```
class MyMiddleware(object):
    pass
app = Flask(__name__)
app.wsgi_app = MyMiddleware(app.wsgi_app)
```

作为 WSGI 工具集，Werkzeug 内置了许多方便的中间件，可以用来为程序添加额外的功能。比如，我们在第 14 章使用的 ProxyFix，可以用来对反向代理转发的请求进行修正；还有能够为程序添加性能分析器的 werkzeug.contrib.profiler.ProfilerMiddleware 中间件，这个中间件可以在处理请求时进行性能分析，作用和 Flask-DebugToolbar 提供的分析器基本相同；另外，支持多应用调度的 werkzeug.wsgi.DispatcherMiddleware 中间件则可以让你将多个 WSGI 程序作为一个"程序集"同时运行，你需要传入多个程序实例，并为这些程序设置对应的 URL 前缀或子域名来分发请求。

16.4　Flask 的工作流程与机制

本节我们会深入到 Flask 的源码来了解请求、响应、路由处理等功能是如何实现的。首先，我们会对 Flask 应用启动流程和请求响应循环进行分析。

 如果有时间，你可以先了解一下 Werkzeug，这会有助于理解 Flask 的代码，因为 Flask 的很多功能是建立在 Werkzeug 之上的。在下面的介绍中也会涉及 Werkzeug 的代码，但由于篇幅所限，会尽量简略介绍这部分的相关内容。

16.4.1　Flask 中的请求响应循环

对于 Flask 的工作流程，最好的了解方法是从启动程序的脚本开始，跟着程序调用的脚步一步步深入代码的内部。在本节，我们会了解请求 – 响应循环在 Flask 中是如何处理的：从程序开始运行，第一个请求进入，再到返回生成的响应。

为了方便进行单步调试，在这里我们要和本书开始时一样，先创建一个简单的 Flask 程序：

```python
from flask import Flask

app = Flask(__name__)

@app.route('/')
def hello():
    return 'Hello, Flask!'   # 在这一行设置断点
```

我们首先在 hello 程序的 index 视图中渲染模板这一行设置断点，然后单击 PyCharm 右上方的虫子图标运行调试。

1. 程序启动

目前我们有两种方法启动开发服务器，一种是在命令行中使用 flask run 命令（会调用 flask.cli.run_command() 函数），另一种是使用被弃用的 flask.Flask.run() 方法。不论是 run_command() 函数，还是以前用于运行程序的 run() 函数，它们都在最后调用了 werkzeug.serving 模块中的 run_simple() 函数，如代码清单 16-6 所示。

代码清单16-6　werkzeug/serving.py：使用内置服务器运行WSGI程序

```python
def run_simple(hostname, port, application, use_reloader=False,
               use_debugger=False, use_evalex=True,
               extra_files=None, reloader_interval=1,
               reloader_type='auto', threaded=False,
               processes=1, request_handler=None, static_files=None,
               passthrough_errors=False, ssl_context=None):

    if use_debugger:    # 判断是否使用调试器
        from werkzeug.debug import DebuggedApplication
        application = DebuggedApplication(application, use_evalex)
    if static_files:
        from werkzeug.wsgi import SharedDataMiddleware
        application = SharedDataMiddleware(application, static_files)
    ...
```

```
def inner():
    try:
        fd = int(os.environ['WERKZEUG_SERVER_FD'])
    except (LookupError, ValueError):
        fd = None
    srv = make_server(hostname, port, application, threaded,
                      processes, request_handler,
                      passthrough_errors, ssl_context,
                      fd=fd)
    if fd is None:
        log_startup(srv.socket)
    srv.serve_forever()

if use_reloader:  # 判断是否使用重载器
    ...
    from werkzeug._reloader import run_with_reloader
    run_with_reloader(inner, extra_files, reloader_interval,
                      reloader_type)
else:
    inner()
```

在这里使用了两个 Werkzeug 提供的中间件，如果 use_debugger 为 True，也就是开启调试模式，那么就使用 DebuggedApplication 中间件为程序添加调试功能。如果 static_files 为 True，就使用 SharedDataMiddleware 中间件为程序添加提供（serve）静态文件的功能。

这个方法最终会调用 inner() 函数，函数中的代码和我们在上一节创建的 WSGI 程序末尾很像。它使用 make_server() 方法创建服务器，然后调用 serve_forever() 方法运行服务器。为了避免偏离重点，中间在 Werkzeug 和其他模块的调用我们不再分析。我们在前面学习过 WSGI 的内容，当接收到请求时，WSGI 服务器会调用 Web 程序中提供的可调用对象，这个对象就是我们的程序实例 app。现在，第一个请求进入了。

2. 请求 In

Flask 类实现了 __call__() 方法，当程序实例被调用时会执行这个方法，而这个方法内部调用了 Flask.wsgi_app() 方法，如代码清单 16-7 所示。

代码清单16-7　flask/app.py：Flask.wsgi_app()

```
class Flask(_PackageBoundObject):
    ...
    def wsgi_app(self, environ, start_response):
        ctx = self.request_context(environ)
        error = None
        try:
            try:
                ctx.push()
                response = self.full_dispatch_request()
            except Exception as e:
                error = e
                response = self.handle_exception(e)
            except:
                error = sys.exc_info()[1]
                raise
```

```
                return response(environ, start_response)
            finally:
                if self.should_ignore_error(error):
                    error = None
                ctx.auto_pop(error)

    def __call__(self, environ, start_response):
        """wsgi_app 的快捷方法 ."""
        return self.wsgi_app(environ, start_response)
```

通过 wsgi_app() 方法接收的参数可以看出来，这个 wsgi_app() 方法就是隐藏在 Flask 中的那个 WSGI 程序。这里将 WSGI 程序实现在单独的方法中，而不是直接实现在 __call__() 方法中，主要是为了在方便附加中间件的同时保留对程序实例的引用。

wsgi_app() 方法中的 try...except... 语句是重点。它首先尝试从 Flask.full_dispatch_request() 方法获取响应，如果出错那么就根据错误类型来生成错误响应。我们来看看处理请求并生成响应的 Flask.full_dispatch_request() 方法，它负责完整地请求调度（full request dispatching），如代码清单 16-8 所示。

代码清单16-8　flask/app.py：完整的请求调度

```
class Flask(_PackageBoundObject):
    ...
    def full_dispatch_request(self):
        """ 分发请求，并对请求进行预处理和后处理。同时捕捉 HTTP 异常并处理错误
        """
        self.try_trigger_before_first_request_functions()
        try:
            request_started.send(self)    # 发送请求进入信号
            rv = self.preprocess_request()    # 预处理请求
            if rv is None:
                rv = self.dispatch_request()    # 进一步处理请求，获取返回值
        except Exception as e:
            rv = self.handle_user_exception(e)    # 处理异常
        return self.finalize_request(rv)    # 最终处理
```

在这个函数中调用了 preprocess_request() 方法对请求进行预处理（request preprocessing），这会执行所有使用 before_request 钩子注册的函数。

接着，请求分发的工作会进一步交给 dispatch_request() 方法，它会匹配并调用对应的视图函数，获取其返回值，在这里赋值给 rv，请求调度的具体细节我们会在后面了解。最后，接收视图函数返回值的 finalize_request() 会使用这个值来生成响应。

3. 响应 Out

接收到视图函数返回值的 finalize_request() 函数负责生成响应，即请求的最终处理（request finalizing），如代码清单 16-9 所示。

代码清单16-9　flask/app.py：请求最终处理

```
class Flask(_PackageBoundObject):
    ...
```

```
def finalize_request(self, rv, from_error_handler=False):
    """ 把视图函数返回值转换为响应，然后调用后处理函数。
    """
    response = self.make_response(rv)  # 生成响应对象
    try:
        response = self.process_response(response)  # 响应预处理
        request_finished.send(self, response=response)  # 发送信号
    except Exception:
        if not from_error_handler:
            raise
        self.logger.exception('Request finalizing failed with an '
                              'error while handling an error')
    return response
```

这里使用 Flask 类中的 make_response() 方法生成响应对象，但这个 make_response 并不是我们从 flask 导入并在视图函数中生成响应对象的 make_response，我们平时使用的 make_response 是 helpers 模块中的 make_response() 函数，它对传入的参数进行简单处理，然后把参数传递给 Flask 类的 make_response 方法并返回。后面我们会详细了解响应对象。

除了创建响应对象，这段代码主要调用了 process_response() 方法处理响应。这个响应处理方法会在把响应发送给 WSGI 服务器前执行所有使用 after_request 钩子注册的函数。另外，这个方法还会根据 session 对象来设置 cookie，后面我们会详细了解。

返回作为响应的 response 后，代码执行流程就回到了 wsgi_app() 方法，最后返回响应对象，WSGI 服务器接收这个响应对象，并把它转换成 HTTP 响应报文发送给客户端。

就这样，我们这次 Flask 中的请求 – 循环之旅结束了。在下面几节，我们会详细分析这一过程中发生的细节，比如路由处理、请求和响应对象的封装等。

16.4.2　路由系统

1. 注册路由

路由系统内部是由 Werkzeug 实现的，为了更好地了解 Flask 中的相关代码，我们需要先看一下路由功能在 Werkzeug 中是如何实现的。下面的代码用于创建路由表 Map，并添加三个 URL 规则：

```
>>> m = Map()
>>> rule1 = Rule('/', endpoint='index')
>>> rule2 = Rule('/downloads/', endpoint='downloads/index')
>>> rule3 = Rule('/downloads/<int:id>', endpoint='downloads/show')
>>> m.add(rule1)
>>> m.add(rule2)
>>> m.add(rule3)
```

在 Flask 中，我们使用 route() 装饰器来将视图函数注册为路由：

```
@app.route('/')
def hello():
    return 'Hello, Flask!'
```

Flask.route() 是 Flask 类的实例方法，如代码清单 16-10 所示。

代码清单16-10 flask/app.py：Flask.route()方法

```
class Flask(_PackageBoundObject):
    ...
    def route(self, rule, **options):
        def decorator(f):
            endpoint = options.pop('endpoint', None)
            self.add_url_rule(rule, endpoint, f, **options)
            return f
        return decorator
```

可以看到 route 装饰器的内部调用了 add_url_rule() 来添加 URL 规则，所以注册路由也可以
直接使用 add_url_rule 实现（0.2 版本及之后）。add_url_rule() 方法如代码清单 16-11 所示：

代码清单16-11 flask/app.py：Flask.add_url_rule()方法

```
class Flask(_PackageBoundObject):
    ...
    @setupmethod
    def add_url_rule(self, rule, endpoint=None, view_func=None, provide_
        automatic_options=None, **options):
        # 设置方法和端点
        ...
        rule = self.url_rule_class(rule, methods=methods, **options)
        rule.provide_automatic_options = provide_automatic_options

        self.url_map.add(rule)
        if view_func is not None:
            old_func = self.view_functions.get(endpoint)
            if old_func is not None and old_func != view_func:
                raise AssertionError('View function mapping is overwriting an '
                                     'existing endpoint function: %s' % endpoint)
            self.view_functions[endpoint] = view_func
```

这个方法的重点在下面这两行：

```
self.url_map.add(rule)
...
self.view_functions[endpoint] = view_func
```

这里引入了两个对象：url_map 和 view_functions。

url_map 是 Werkzeug 的 Map 类实例（werkzeug.routing.Map）。它存储了 URL 规则和相关
配置，这里的 rule 是 Werkzeug 提供的 Rule 实例（werkzeug.routing.Rule），其中保存了端点和
URL 规则的映射关系。

而 view_functions 则是 Flask 类中定义的一个字典，它存储了端点和视图函数的映射关系。
看到这里你大概已经发现端点是如何作为中间人连接起 URL 规则和视图函数的。

如果你再回过头看本节开始提供的 Werkzeug 中的路由注册代码，你会发现 add_url_rule()
方法中的这些代码做了同样的事情：

```
rule = self.url_rule_class(rule, methods=methods, **options)
...
self.url_map.add(rule)
```

这里的 Flask. url_rule_class 存储了 Rule 类，而 url_map 是 Map 类实例。

2. URL 匹配

在上面的 Werkzeug 路由注册代码示例中，我们创建了路由表 m，并使用 add() 方法添加了三个路由规则。现在，我们来看看如何在 Werkzeug 中进行 URL 匹配，URL 匹配的示例如下所示：

```
>>> m = Map()
>>> rule1 = Rule('/', endpoint='index')
>>> rule2 = Rule('/downloads/', endpoint='downloads/index')
>>> rule3 = Rule('/downloads/<int:id>', endpoint='downloads/show')
>>> m.add(rule1)
>>> m.add(rule2)
>>> m.add(rule3)
>>>
>>> urls = m.bind('example.com')    # 传入主机地址作为参数
>>> urls.match('/', 'GET')
('index', {})
>>> urls.match('/downloads/42')
('downloads/show', {'id': 42})

>>> urls.match('/downloads')
Traceback (most recent call last):
  ...
RequestRedirect: http://example.com/downloads/
>>> urls.match('/missing')
Traceback (most recent call last):
  ...
NotFound: 404 Not Found
```

Map.bind() 方法和 Map.bind_to_environ() 都会返回一个 MapAdapter 对象，它负责匹配和构建 URL。MapAdapter 类的 match 方法用来判断传入的 URL 是否匹配 Map 对象中存储的路由规则（存储在 self.map._rules 列表中）。上面的例子中分别展示了几种常见的匹配情况。匹配成功后会返回一个包含 URL 端点和 URL 变量的元组。

> 提示 为了确保 URL 的唯一，Werkzeug 使用下面的规则来处理尾部斜线问题：当你定义的 URL 规则添加了尾部斜线时，用户访问未加尾部斜线的 URL 时会被自动重定向到正确的 URL；反过来，如果定义的 URL 不包含尾部斜线，用户访问的 URL 添加了尾部斜线则会返回 404 错误。

MapAdapter 类的 build() 方法用于创建 URL，我们用来生成 URL 的 url_for() 函数内部就是通过 build() 方法实现的。下面是一个简单的例子：

```
>>> urls.build('index', {})
'/'
>>> urls.build('downloads/show', {'id': 42})
'/downloads/42'
>>> urls.build('downloads/show', {'id': 42}, force_external=True)
'http://example.com/downloads/42'
```

> **附注** 关于 Werkzeug 的路由系统，这里只是简单介绍，具体你可以查看 Werkzeug 的文档（http://werkzeug.pocoo.org/docs/latest/routing/）及相关代码。

在上一节，注册路由后，两个对应关系分别存储到 url_map 和 view_functions 中，前者存储了 URL 到端点的映射关系，后者则存储了端点和视图函数的映射关系。下面我们会了解在客户端发送请求时，Flask 是如何根据请求的 URL 找到对应的视图函数的。在上一节分析 Flask 中的请求响应循环时，我们曾说过，请求的处理最终交给了 dispatch_request() 方法，这个方法如代码清单 16-12 所示。

代码清单16-12　flask/app.py：Flask.dispatch_request()

```python
class Flask(_PackageBoundObject):
    ...
    def dispatch_request(self):
        req = _request_ctx_stack.top.request
        if req.routing_exception is not None:
            self.raise_routing_exception(req)
        rule = req.url_rule
        # 如果为这个 URL 提供了自动选项并且方法为 OPTIONS，则自动处理
        if getattr(rule, 'provide_automatic_options', False) \
            and req.method == 'OPTIONS':
            return self.make_default_options_response()
        # 否则调用对应的视图函数
        return self.view_functions[rule.endpoint](**req.view_args)
```

从名字可以看出来，这个方法负责请求调度（request dispatching）。正是 dispatch_request() 方法实现了从请求的 URL 找到端点，再从端点找到对应的视图函数并调用的过程。在注册路由时，由 Rule 类表示的 rule 对象由 route() 装饰器传入的参数创建。而这里则直接从请求上下文对象（_request_ctx_stack.top.request）的 url_rule 属性获取。可以得知，URL 的匹配工作在请求上下文对象中实现。请求上下文对象 RequestContext 在 ctx.py 脚本中定义，如代码清单 16-13 所示。

代码清单16-13　flask/ctx.py：RequestContext

```python
class RequestContext(object):

    def __init__(self, app, environ, request=None):
        self.app = app
        if request is None:
            request = app.request_class(environ)
        self.request = request
        self.url_adapter = app.create_url_adapter(self.request)
        ...
        self.match_request()  # 匹配请求到对应的视图函数
```

可以看到，请求上下文对象的构造函数中调用了 match_request() 方法，这会在创建请求上下文对象时调用。顾名思义，这个方法用来匹配请求（request matching），如代码清单 16-14 所示。

代码清单16-14　flask/ctx.py：RequestContext.match_request()

```python
class RequestContext(object):
```

```
    ...
    def match_request(self):
        try:
            url_rule, self.request.view_args = \
                self.url_adapter.match(return_rule=True)
            self.request.url_rule = url_rule
        except HTTPException as e:
            self.request.routing_exception = e
```

可以看到 url_rule 属性就在这个方法中创建。这个方法调用了 self.url_adapter.match(return_rule=True) 来获取 url_rule 和 view_args。这里的 url_adapter 属性在构造函数中定义,其值为 app.create_url_adapter(self.request)。create_url_adapter() 方法的定义如代码清单 16-15 所示。

代码清单16-15　flask/app.py：Flask.create_url_adapter()

```
class Flask(_PackageBoundObject):
    ...
    def create_url_adapter(self, request):
        if request is not None:
            # 如果子域名匹配处于关闭状态（默认值）
            # 就在各处使用默认的子域名
            subdomain = ((self.url_map.default_subdomain or None)
                            if not self.subdomain_matching else None)
            return self.url_map.bind_to_environ(
                request.environ,
                server_name=self.config['SERVER_NAME'],
                subdomain=subdomain)

        if self.config['SERVER_NAME'] is not None:
            return self.url_map.bind(
                self.config['SERVER_NAME'],
                script_name=self.config['APPLICATION_ROOT'],
                url_scheme=self.config['PREFERRED_URL_SCHEME'])
```

我们知道 url_map 属性是一个 Map 对象,可以看出它最后调用了 bind() 或 bind_to_environ() 方法,最终会返回一个 MapAdapter 类实例。

match_request() 方法通过调用 MapAdapter.match() 方法来匹配请求 URL,设置 return_rule=True 可以在匹配成功后返回表示 URL 规则的 Rule 类实例。这个 Rule 实例包含 endpoint 属性,存储着匹配成功的端点值。

在 dispatch_request() 最后这一行代码中,通过在 view_functions 字典中根据端点作为键即可找到对应的视图函数对象,并调用它:

```
self.view_functions[rule.endpoint](**req.view_args)
```

调用视图函数时传递的参数 **req.view_args 包含 URL 中解析出的变量值,也就是 match() 函数返回的第二个值。这时代码执行流程才终于走到视图函数中。

16.4.3　本地上下文

Flask 提供了两种上下文,请求上下文和程序上下文,这两种上下文分别包含 request、session

和 current_app、g 这四个变量，这些变量是实际对象的本地代理（local proxy），因此被称为本地
上下文（context locals）。这些代理对象定义在 globals.py 脚本中，这个模块还包含了和上下文相
关的两个错误信息和三个函数，如代码清单 16-16 所示。

代码清单16-16   flask/globals.py：上下文全局对象

```python
from functools import partial
from werkzeug.local import LocalStack, LocalProxy

# 两个错误信息
_request_ctx_err_msg = '''\
Working outside of request context.
...
'''
_app_ctx_err_msg = '''\
Working outside of application context.
...
'''

# 查找请求上下文对象
def _lookup_req_object(name):
    top = _request_ctx_stack.top
    if top is None:
        raise RuntimeError(_request_ctx_err_msg)
    return getattr(top, name)

# 查找程序上下文对象
def _lookup_app_object(name):
    top = _app_ctx_stack.top
    if top is None:
        raise RuntimeError(_app_ctx_err_msg)
    return getattr(top, name)

# 查找程序实例
def _find_app():
    top = _app_ctx_stack.top
    if top is None:
        raise RuntimeError(_app_ctx_err_msg)
    return top.app

# 2个堆栈
_request_ctx_stack = LocalStack()    # 请求上下文堆栈
_app_ctx_stack = LocalStack()    # 程序上下文堆栈
# 4个全局上下文代理对象
current_app = LocalProxy(_find_app)
request = LocalProxy(partial(_lookup_req_object, 'request'))
session = LocalProxy(partial(_lookup_req_object, 'session'))
g = LocalProxy(partial(_lookup_app_object, 'g'))
```

我们在程序中从 flask 包直接导入的 request 和 session 就是定义在这里的全局对象，这两个
对象是对实际的 request 变量和 session 变量的代理，后面我们会详细了解代理。

关于 Flask 的上下文实现原理，我们需要了解的东西都在这个模块中。这里我们暂不展开，
只要有个大概的认识就可以了，下面我们来详细剖析这个模块中包含的内容。

1. 本地线程与 Local

在第 9 章，我们介绍电子邮件功能时了解过多线程。如果每次只能发送一封电子邮件（单线程），那么在发送大量邮件时会花费很多时间，这时就需要使用多线程技术。处理 HTTP 请求的服务器也是这样，当我们的程序需要面对大量用户同时发起的访问请求时，我们显然不能一个个地处理。这时就需要使用多线程技术，Werkzeug 提供的开发服务器默认会开启多线程支持。

在处理请求时使用多线程后，我们会面临一个问题。当我们直接导入 request 对象并在视图函数中使用时，如何确保这时的 request 对象包含的请求信息就是我们需要的那一个？比如 A 用户和 B 用户在同一时间访问 hello 视图，这时服务器分配了两个线程来处理这两个请求，如何确保每个线程内的 request 对象都是各自对应、互不干扰的？

解决办法就是引入本地线程（Thread Local）的概念，在保存数据的同时记录下对应的线程 ID，获取数据时根据所在线程的 ID 即可获取到对应的数据。就像是超市里的存包柜，每个柜子都有一个号码，每个号码对应一份物品。

Flask 中的本地线程使用 Werkzeug 提供的 Local 类实现，如代码清单 16-17 所示。

代码清单16-17　werkzeug/local.py：Local类

```python
try:
    from greenlet import getcurrent as get_ident
except ImportError:
    try:
        from thread import get_ident
    except ImportError:
        from _thread import get_ident


class Local(object):
    __slots__ = ('__storage__', '__ident_func__')

    def __init__(self):
        object.__setattr__(self, '__storage__', {})
        object.__setattr__(self, '__ident_func__', get_ident)

    def __iter__(self):
        return iter(self.__storage__.items())

    def __call__(self, proxy):
        """Create a proxy for a name."""
        return LocalProxy(self, proxy)

    def __release_local__(self):
        self.__storage__.pop(self.__ident_func__(), None)
    # 获取属性
    def __getattr__(self, name):
        try:
            return self.__storage__[self.__ident_func__()][name]
        except KeyError:
            raise AttributeError(name)
    # 设置属性
    def __setattr__(self, name, value):
```

```
        ident = self.__ident_func__()
        storage = self.__storage__
        try:
            storage[ident][name] = value
        except KeyError:
            storage[ident] = {name: value}
    # 删除属性
    def __delattr__(self, name):
        try:
            del self.__storage__[self.__ident_func__()][name]
        except KeyError:
            raise AttributeError(name)
```

Local 中构造函数定义了两个属性，分别是 __storage__ 属性和 __ident_func__ 属性。__storage__ 是一个嵌套的字典，外层的字典使用线程 ID 作为键来匹配内部的字典，内部的字典的值即真实对象。它使用 self.__storage__[self.__ident_func__()][name] 来获取数据，一个典型的 Local 实例中的 __storage__ 属性可能会是这样：

{ 线程 ID: { 名称：实际数据 }}

在存储数据时也会存入对应的线程 ID。这里的线程 ID 使用 __ident_func__ 属性定义的 get_ident() 方法获取。这就是为什么全局使用的上下文对象不会在多个线程中产生混乱。

 提示　这里会优先使用 Greenlet 提供的协程 ID，如果 Greenlet 不可用再使用 thread 模块获取线程 ID。

类中定义了一些魔法方法来改变默认行为。比如，当类实例被调用时会创建一个 LocalProxy 对象，我们在后面会详细了解。除此之外，类中还定义了用来释放线程 / 协程的 __release_local__() 方法，它会清空当前线程 / 协程的数据。

附注　在 Python 类中，前后双下划线的方法常被称为魔法方法（Magic Methods）。它们是 Python 内置的特殊方法，我们可以通过重写这些方法来改变类的行为。比如，我们熟悉的 __init__() 方法（构造函数）会在类被实例化时调用，类中的 __repr__() 方法会在类实例被打印时调用。Local 类中定义的 __getattr__()、__setattr__()、__delattr__() 方法分别会在类属性被访问、设置、删除时调用；__iter__() 会在类实例被迭代时调用；__call__() 会在类实例被调用时调用。完整的列表可以在 Python 文档（https://docs.python.org/3/reference/datamodel.html）看到。

---

2. 堆栈与 LocalStack

堆栈或栈是一种常见的数据结构，它的主要特点就是后进先出（LIFO，Last In First Out），指针在栈顶（top）位置，如图 16-9 所示。

堆栈涉及的主要操作有 push（推入）、pop（取出）和 peek（获取栈顶条目）。其他附加的操作还有获取条目数量，判断堆栈是否为空等。使用 Python 列表（list）实现的一个典型的堆栈结构如代码清单 16-18 所示。

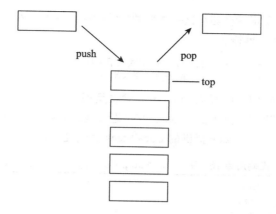

图 16-9　堆栈示意图

代码清单16-18　stack.py：使用列表实现堆栈结构

```python
class Stack:
    def __init__(self):
        self.items = []

    def push(self, item):  # 推入条目
        self.items.append(item)

    def pop(self):  # 移除并返回栈顶条目
        if self.is_empty:
            return None
        return self.items.pop()

    @property
    def is_empty(self):  # 判断是否为空
        return self.items == []

    @property
    def top(self):  # 获取栈顶条目
        if self.is_empty:
            return None
        return self.items[-1]
```

其中 push() 方法和 pop() 方法分别用于向堆栈中推入和删除一个条目。具体的操作示例如下：

```python
>>> s = Stack()
>>> s.push(42)
>>> s.top
42
>>> s.push(24)
>>> s.top
24
>>> s.pop()
24
>>> s.top
42
```

Flask 中的上下文对象正是存储在这一类型的栈结构中，globals 模块的这两行代码创建了请求上下文堆栈和程序上下文堆栈。

```
_request_ctx_stack = LocalStack()  # 请求上下文堆栈
_app_ctx_stack = LocalStack()  # 程序上下文堆栈
```

从这里可以想到，我们平时导入的 request 对象是保存在堆栈里的一个 RequestContext 实例，导入的操作相当于获取堆栈的栈顶（top），它会返回栈顶的对象（peek 操作），但并不删除它。

这两个堆栈对象使用 Werkzeug 提供的 LocalStack 类创建，如代码清单 16-19 所示。

代码清单16-19　werkzeug/local.py：LocalStack

```python
class LocalStack(object):
    def __init__(self):
        self._local = Local()

    def __release_local__(self):
        self._local.__release_local__()
    ...
    def __call__(self):
        def _lookup():
            rv = self.top
            if rv is None:
                raise RuntimeError('object unbound')
            return rv
        return LocalProxy(_lookup)

    def push(self, obj):
        """ 推入新条目 """
        rv = getattr(self._local, 'stack', None)
        if rv is None:
            self._local.stack = rv = []
        rv.append(obj)
        return rv

    def pop(self):
        """ 移除并返回栈顶条目，如果栈为空则返回 None"""
        stack = getattr(self._local, 'stack', None)
        if stack is None:
            return None
        elif len(stack) == 1:
            release_local(self._local)
            return stack[-1]
        else:
            return stack.pop()

    @property
    def top(self):
        """ 获取栈顶条目，如果栈为空则返回 None"""
        try:
            return self._local.stack[-1]
        except (AttributeError, IndexError):
            return None
```

简单来说，LocalStack 是基于 Local 实现的栈结构（本地堆栈，即实现了本地线程的堆栈），和我们在前面编写的栈结构一样，有 push()、pop() 方法以及获取栈顶的 top 属性。在构造函数中创建了 Local() 类的实例 _local。它把数据存储到 Local 中，并将储存上下文对象的列表名称设为 'stack'。注意这里和 Local 类一样也定义了 __call__ 方法，当 LocalStack 实例被直接调用时，会返回栈顶对象的代理，即 LocalProxy 类实例。

这时会产生一个疑问，为什么 Flask 使用 LocalStack 而不是直接使用 Local 存储上下文对象。主要的原因是为了支持多程序共存。将程序分离成多个程序很类似蓝本的模块化分离，但它们并不是一回事。前面我们提到过，使用 Werkzeug 提供的 DispatcherMiddleware 中间件就可以把多个程序组合成一个 WSGI 程序运行。

在上面的例子中，Werkzeug 会根据请求的 URL 来分发给对应的程序处理。在这种情况下，就会有多个上下文对象存在，使用栈结构就可以让多个程序上下文存在；而活动的当前上下文总是可以在栈顶获得，所以我们在 globals 模块中从 _request_ctx_stack.top 属性来获取当前的请求上下文对象。

3. 代理与 LocalProxy

代理（Proxy）是一种设计模式，通过创建一个代理对象。我们可以使用这个代理对象来操作实际对象。从字面理解，代理就是使用一个中间人来转发操作。代码清单 16-20 是使用 Python 实现一个简单的代理类。

代码清单16-20　proxy.py：代理

```python
class Proxy(object):
    def __init__(self, obj):
        object.__setattr__(self, '_obj', obj)

    def __getattr__(self, name):
        return getattr(self._obj, name)

    def __setattr__(self, name, value):
        self._obj[name] = value

    def __delattr__(self, name):
        del self._obj[name]
```

通过定义 __getattr__() 方法、__setattr__() 方法和 __delattr__() 方法，它会把相关的获取、设置和删除操作转发给实例化代理类时传入的对象。下面的操作演示了这个代理类的使用方法。

```python
class Foo(object):
    def __init__(self, x):
        self.x = x

    def bar(self, y):
        self.x = y

>>> foo = Foo('Peter')
>>> p = Proxy(foo)
>>> p.x
```

```
'Peter'
>>> p
<__main__.Proxy at 0x39d8170>
>>> p._obj
<__main__.Foo at 0x39d8c50>
>>> p.bar('Grey')
>>> p.x
'Grey'
>>> foo.x
'Grey'
```

Flask 使用 Werkzeug 提供的 LocalProxy 类来实现代理，这是一个基于 Local 的本地代理。Local 类实例和 LocalStack 实例被调用时都会使用 LocalProxy 包装成一个代理。因此，下面的代码中的两个堆栈对象都是代理。

```
_request_ctx_stack = LocalStack()  # 请求上下文堆栈
_app_ctx_stack = LocalStack()    # 程序上下文堆栈
```

如果要直接使用 LocalProxy 类实现代理，需要在实例化时传入一个可调用对象，比如 globals 模块中传入的 partial(_lookup_req_object, 'request')：

```
request = LocalProxy(partial(_lookup_req_object, 'request'))
```

LocalProxy 的定义如代码清单 16-21 所示。

代码清单16-21　werkzeug/local.py：LocalProxy

```
@implements_bool
class LocalProxy(object):
    __slots__ = ('__local', '__dict__', '__name__', '__wrapped__')

    def __init__(self, local, name=None):
        object.__setattr__(self, '_LocalProxy__local', local)
        object.__setattr__(self, '__name__', name)
        if callable(local) and not hasattr(local, '__release_local__'):
            # "local" is a callable that is not an instance of Local or
            # LocalManager: mark it as a wrapped function.
            object.__setattr__(self, '__wrapped__', local)

    def _get_current_object(self):
        """ 获取被代理的实际对象。"""
        if not hasattr(self.__local, '__release_local__'):
            return self.__local()
        try:
            return getattr(self.__local, self.__name__)
        except AttributeError:
            raise RuntimeError('no object bound to %s' % self.__name__)

    ...

    def __getattr__(self, name):
        if name == '__members__':
            return dir(self._get_current_object())
```

```
        return getattr(self._get_current_object(), name)

    def __setitem__(self, key, value):
        self._get_current_object()[key] = value

    def __delitem__(self, key):
        del self._get_current_object()[key]
    ...
```

> 提示　在 Python 类中，__foo 形式的属性会被替换为 _classname__foo 的形式，这种开头加双下划线的属性在 Python 中表示类私有属性（私有程度强于单下划线）。这也是为什么在 LocalProxy 类的构造函数设置了一个 _LocalProxy__local 属性，而在其他方法中却可以简写为 __local。

　　这个代理的实现和我们在上面介绍的简单例子很相似，不过这个代理中定义了更多的魔法方法，大约有 50 多个，在代码中并没有全部列出来。而且它还定义了一个 _get_current_object() 方法，可以用来获取被代理的真实对象。这也是我们在本书第二部分，获取被 current_user 代理的当前用户对象的方法。

　　那么，为什么 Flask 需要使用代理？总体来说，在这里使用代理对象是因为这些代理可以在线程间共享，让我们可以以动态的方式获取被代理的实际对象。

　　具体来说，我们在 11.2 节介绍过 Flask 的三种状态，当上下文没被推送时，响应的全局代理对象处于未绑定状态。而如果这里不使用代理，那么在导入这些全局对象时就会尝试获取上下文，然而这时堆栈是空的，所以获取到的全局对象只能是 None。当请求进入并调用视图函数时，虽然这时堆栈里已经推入了上下文，但这里导入的全局对象仍然是 None。总而言之，上下文的推送和移除是动态进行的，而使用代理可以让我们拥有动态获取上下文对象的能力。

　　另外，一个动态的全局对象，也让多个程序实例并存有了可能。这样在不同的程序上下文环境中，current_app 总是能对应正确的程序实例。

4. 请求上下文

　　在 Flask 中，请求上下文由 RequestContext 类表示。当请求进入时，被作为 WSGI 程序调用的 Flask 类实例（即我们的程序实例 app）会在 wsgi_app() 方法中调用 Flask.request_context() 方法。这个方法会实例化 RequestContext 类作为请求上下文对象，接着 wsgi_app() 调用它的 push() 方法来将它推入请求上下文堆栈。RequestContext 类的定义如代码清单 16-22 所示。

代码清单16-22　flask/ctx.py：RequestContext

```
class RequestContext(object):

    def __init__(self, app, environ, request=None):
        self.app = app
        if request is None:
            request = app.request_class(environ)
        self.request = request  # 请求对象
        self.url_adapter = app.create_url_adapter(self.request)
```

```
        self.flashes = None   # flash 消息列表
        self.session = None   # session 字典

        self._implicit_app_ctx_stack = []
        self.preserved = False
        self._preserved_exc = None
        self._after_request_functions = []
        self.match_request()

...

    def push(self):
        """Binds the request context to the current context."""

        top = _request_ctx_stack.top   # 获取请求上下文栈顶条目
        if top is not None and top.preserved:
            top.pop(top._preserved_exc)

        if hasattr(sys, 'exc_clear'):
            sys.exc_clear()
# 把自己推入请求上下文堆栈
        _request_ctx_stack.push(self)
        ...

    def pop(self, exc=_sentinel):
        app_ctx = self._implicit_app_ctx_stack.pop()

        try:
            clear_request = False
            if not self._implicit_app_ctx_stack:
                self.preserved = False
                self._preserved_exc = None
                if exc is _sentinel:
                    exc = sys.exc_info()[1]
                self.app.do_teardown_request(exc)

                if hasattr(sys, 'exc_clear'):
                    sys.exc_clear()

                request_close = getattr(self.request, 'close', None)
                if request_close is not None:
                    request_close()
                clear_request = True
        finally:
            rv = _request_ctx_stack.pop()
            ...
    def __enter__(self):
        self.push()
        return self

    def __exit__(self, exc_type, exc_value, tb):
        self.auto_pop(exc_value)

        if BROKEN_PYPY_CTXMGR_EXIT and exc_type is not None:
            reraise(exc_type, exc_value, tb)
```

构造函数中创建了 request 和 session 属性，request 对象使用 app.request_class(environ) 创建，传入了包含请求信息的 environ 字典。而 session 在构造函数中只是 None，它会在 push() 方法中被调用，即在请求上下文被推入请求上下文堆栈时创建。

和我们前面介绍的栈结构相似，push() 方法用于把请求上下文对象推入请求上下文堆栈（_request_ctx_stack），而 pop() 方法用来移出堆栈。

另外，pop() 方法中还调用了 do_teardown_request() 方法，这个方法会执行所有使用 teardown_request 钩子注册的函数。

附注　魔法方法 __enter__() 和 __exit__() 分别在进入和退出 with 语句时调用，这里用来在 with 语句调用前后分别推入和移出请求上下文，具体见 PEP 343（https://www.python.org/dev/peps/pep-0343/）。

请求上下文在 Flask 类的 wsgi_app 方法的开头创建，在这个方法的最后没有直接调用 pop() 方法，而是调用了 auto_pop() 方法来移除。也就是说，请求上下文的生命周期开始于请求进入调用 wsgi_app() 时，结束于响应生成后。

auto_pop() 方法在 RequestContext 类中定义，如代码清单 16-23 所示。

代码清单16-23　flask/ctx.py：RequestContext.auto_pop()

```
class RequestContext(object):
    ...
    def auto_pop(self, exc):
        if self.request.environ.get('flask._preserve_context') or \
    (exc is not None and self.app.preserve_context_on_exception):
            self.preserved = True
            self._preserved_exc = exc
        else:
            self.pop(exc)
```

这个方法里添加了一个 if 判断，用来确保没有异常发生时才调用 pop() 方法移除上下文。异常发生时需要保持上下文以便进行相关操作，比如在页面的交互式调试器中执行操作或是测试。

5. 程序上下文

程序上下文对象 AppContext 类的定义和 RequestContext 类基本相同，但要更简单一些。它的构造函数里创建了 current_app 变量指向的 app 属性和 g 变量指向的 g 属性，如代码清单 16-24 所示。

代码清单16-24　flask/ctx.py：AppContext

```
class AppContext(object):
    def __init__(self, app):
        self.app = app
        self.url_adapter = app.create_url_adapter(None)
        self.g = app.app_ctx_globals_class()
    ...
```

```
    def push(self):
        ...

    def pop(self, exc=_sentinel):
        ...

    ...
```

（提示图标）你也许会困惑代理对象 current_app 和 request 命名的不一致，这是因为如果将当前程序的代理对象命名为 app 会和程序实例的名称相冲突。你可以把 request 理解成 current request（当前请求）。

有两种方式创建程序上下文，一种是自动创建，当请求进入时，程序上下文会随着请求上下文一起被创建。在 RequestContext 类中，程序上下文在请求上下文推入之前推入，在请求上下文移除之后移除，如代码清单 16-25 所示。

代码清单16-25　flask/ctx.py：请求上下文和程序上下文的生命周期关系

```
class RequestContext(object):
    def __init__(self, app, environ, request=None):
        self.app = app
        if request is None:
            request = app.request_class(environ)
        self.request = request
        ...

    def push(self):
        ...
        # 在推入请求上下文前先推入程序上下文
        app_ctx = _app_ctx_stack.top
        if app_ctx is None or app_ctx.app != self.app:
            app_ctx = self.app.app_context()  # 获取程序上下文对象
            app_ctx.push()  # 将程序上下文对象推入堆栈（_app_ctx_stack）
            self._implicit_app_ctx_stack.append(app_ctx)
        else:
            ...
```

而在没有请求处理的时候，你就需要手动创建上下文。你可以使用程序上下文对象中的 push() 方法，也可以使用 with 语句。

我们用来构建 URL 的 url_for() 函数会优先使用请求上下文对象提供的 url_adapter，如果请求上下文没有被推送，则使用程序上下文提供的 url_adapter。所以 AppContext 的构造函数里也同样创建了 url_adapter 属性。

g 使用保存在 app_ctx_globals_class 属性的 _AppCtxGlobals 类表示，只是一个普通的类字典对象。我们可以把它看作"增加了本地线程支持的全局变量"。有一个常见的疑问是，为什么说每次请求都会重设 g？这是因为 g 保存在程序上下文中，而程序上下文的生命周期是伴随着请求上下文产生和销毁的。每个请求都会创建新的请求上下文堆栈，同样也会创建新的程序上下文堆栈，所以 g 会在每个新请求中被重设。

　　程序上下文和请求上下文的联系非常紧密（在代码中就可以看出）。如果你在前面阅读了 0.1 版本的代码，你会发现在 flask.py 底部，全局对象创建时只存在一个请求上下文堆栈。四个全局对象都从请求上下文中获取。可以说，程序上下文是请求上下文的衍生物。这样做的原因主要是为了更加灵活。程序中确实存在着两种明显的状态，分离开可以让上下文的结构更加清晰合理。这也方便了测试等不需要请求存在的使用场景，这时只需要单独推送程序上下文，而且这个分离催生出了 Flask 的程序运行状态。

6. 总结

　　Flask 中的上下文由表示请求上下文的 RequestContext 类实例和表示程序上下文的 AppContext 类实例组成。请求上下文对象存储在请求上下文堆栈（_request_ctx_stack）中，程序上下文对象存储在程序上下文堆栈（_app_ctx_stack）中。而 request、session 则是保存在 RequestContext 中的变量，相对地，current_app 和 g 则是保存在 AppContext 中的变量。当然，request、session、current_app、g 变量所指向的实际对象都有相应的类：

- ❏ request——Request
- ❏ session——SecureCookieSession
- ❏ current_app——Flask
- ❏ g——_AppCtxGlobals

　　看到这里，想必你已经对上下文有了比较深入的认识。现在你再回头看 globals 模块的代码，应该就会非常容易理解了。我们可以来总结一下，这一系列事物为什么要存在。当第一个请求发来的时候：

　　1）需要保存请求相关的信息——有了请求上下文。

　　2）为了更好地分离程序的状态，应用起来更加灵活——有了程序上下文。

　　3）为了让上下文对象可以在全局动态访问，而不用显式地传入视图函数，同时确保线程安全——有了 Local（本地线程）。

　　4）为了支持多个程序——有了 LocalStack（本地堆栈）。

　　5）为了支持动态获取上下文对象——有了 LocalProxy（本地代理）。

　　6）……

　　7）为了让这一切愉快的工作在一起——有了 Flask。

16.4.4　请求与响应对象

1. 请求对象

　　一个请求从客户端发出，假如忽略掉更深的细节，它大致经过了这些变化：从 HTTP 请求报文，到符合 WSGI 规定的 Python 字典，再到 Werkzeug 中的 werkzeug.wrappers.Request 对象，最后再到 Flask 中我们熟悉的请求对象 request。

　　前面我们说过，从 flask 中导入的 request 是代理，被代理的实际对象是请求上下文 RequestContext 对象的 request 属性，这个属性存储的是 Request 类实例，这个 Request 才是表示请求的请求对象，如代码清单 16-26 所示。

代码清单16-26 flask/wrappers.py：Request

```
from werkzeug.wrappers import Request as RequestBase

class JSONMixin(object):
    ...  # 定义 is_json、json 属性和 get_json() 方法

class Request(RequestBase, JSONMixin):

    url_rule = None
    view_args = None
    routing_exception = None

    @property
    def max_content_length(self):
        """ 返回配置变量 MAX_CONTENT_LENGTH 的值 """
        if current_app:
            return current_app.config['MAX_CONTENT_LENGTH']

    @property
    def endpoint(self):
        """ 与请求相匹配的端点。"""
        if self.url_rule is not None:
            return self.url_rule.endpoint

    @property
    def blueprint(self):
        """ 当前蓝本名称。"""
        if self.url_rule and '.' in self.url_rule.endpoint:
            return self.url_rule.endpoint.rsplit('.', 1)[0]

    ...
```

Request 类继承 Werkzeug 提供的 Request 类和添加 JSON 支持的 JSONMixin 类。请求对象 request 的大部分属性都直接继承 Werkzeug 中 Request 类的属性，比如 method、args 等。Flask 中的这个 Request 类主要添加了一些 Flask 特有的属性，比如表示所在蓝本的 blueprint 属性，或是为了方便获取当前端点的 endpoint 属性等。

Flask 允许我们自定义请求类，通常情况下，我们会子类化这个 Request 类，并添加一些自定义的设置，然后把这个自定义请求类赋值给程序实例的 request_class 属性。

2. 响应对象

一般情况下，在编写程序时我们并不需要直接与响应打交道。在 Flask 中的请求 – 响应循环中，我们知道响应是由 finalize_request() 方法生成的，它调用了 flask.Flask.make_response() 方法生成响应对象，传入的 rv 参数是 dispatch_request() 的返回值，也就是视图函数的返回值。

我们在前面介绍过，视图函数可以返回多种类型的返回值。完整的合法返回值如表 16-3 所示。

表 16-3　视图函数的允许返回值

类　　型	说　　明
response_class	如果返回值是响应类的实例，会被直接返回
str	返回值为字符串，会作为响应的主体
unicode	返回值为 unicode 字符串，会被编码为 utf-8，然后作为响应的主体
a WSGI function	返回值为 WSGI 函数，会被作为 WSGI 程序调用并缓存（buffer）为响应对象
tuple	返回值为元组，可以是两种形式：(response, status, headers) 或 (response, headers)。这里的 response 可以为上面任一种形式，status 为状态码，headers 为存储首部字段的字典或列表

这个 Flask.make_response() 方法主要的工作就是判断返回值是表 16-3 中的哪一种类型，最后根据类型做相应处理，最后生成一个响应对象并返回它。响应对象为 Response 类的实例，Response 类在 wrappers.py 脚本中定义，如代码清单 16-27 所示。

代码清单16-27　flask/wrappers.py：Response

```python
from werkzeug.wrappers import Response as ResponseBase

class JSONMixin(object):
    ...

class Response(ResponseBase, JSONMixin):

    default_mimetype = 'text/html'

    def _get_data_for_json(self, cache):
        return self.get_data()

    @property
    def max_cookie_size(self):
        """ 返回配置变量 MAX_COOKIE_SIZE 的值 """
        if current_app:
            return current_app.config['MAX_COOKIE_SIZE']
        # 上下文未推送时返回 Werkzeug 中 Response 类的默认值
        return super(Response, self).max_cookie_size
```

和 Request 类相似，这个响应对象继承 Werkzeug 中的 Response 类和添加 JSON 支持的 JSONMixin 类。这个类比 Request 类更简单，只是设置了默认的 MIME 类型。

Flask 也允许你自定义响应类，自定义的响应类通常会继承自内置的 Response 类，然后赋值给 flask.Flask.response_class 属性。

16.4.5　session

在开始介绍 session 的实现之前，我们有必要再重申一下措辞问题。我会使用下面的方式来表述三个与 session 相关的内容：Flask 提供了"session 变量 / 对象"来操作"用户会话（Session）"，它把用户会话保存在"一块名 / 键为 session 的 cookie"中。

我们在第 2 章对 session 进行过简单的介绍，现在我们来深入了解它的一些具体细节。在 Flask 中使用 session 非常简单，只需要设置好密钥，就可以在视图函数中操作 session 对象：

```
from flask import Flask, session

app = Flask(__name__)
app.secret_key = 'secret string'

@app.route('/')
def hello():
    session['answer'] = 42
    return '<h1>Hello, Flask!</h1>'
```

当第一次介绍 session 时我们曾说它"可以记住请求间的值"，很多人会对这句话感到困惑。就这个例子来说，当用户访问 hello 视图时，会把数字 42 存储到 session 对象里，以 answer 作为键。假如我再定义一个 bingo 视图，当用户访问 bingo 视图时，我们可以在 bingo 视图里再次从 session 通过 answer 键获取这个数字。这一存一取背后的逻辑是这样的：

向 session 中存储值时，会生成加密的 cookie 加入响应。这时用户的浏览器接收到响应会将 cookie 存储起来。当用户再次发起请求时，浏览器会自动在请求报文中加入这个 cookie 值。Flask 接收到请求会把 session cookie 的值解析到 session 对象里。这时我们就可以再次从 session 中读取内容。

我们在向 session 中存数字的这行代码设置断点：

```
session['answer'] = 42
```

下面我们来看看这个数字会经历怎样的一段旅程！

1. 操作 session

在前面我们学习过，session 变量在 globals 模块中定义：

```
session = LocalProxy(partial(_lookup_req_object, 'session'))
```

它会调用 _lookup_req_object() 函数，传入 name 参数的值为 'session'：

```
def _lookup_req_object(name):
    top = _request_ctx_stack.top
    if top is None:
        raise RuntimeError(_request_ctx_err_msg)
    return getattr(top, name)
```

从上面的代码中可以看到 Flask 从请求上下文堆栈的栈顶（_request_ctx_stack.top）获取请求上下文，从用于获取属性的内置函数 getattr() 可以看出 session 是请求上下文对象（即 RequestContext）的一个属性，这也就意味着，session 变量是在生成请求上下文的时候创建的，后面我们会详细了解它的生成过程。

继续步进代码后，会执行 LocalProxy 类的 __setitem__() 方法，它会把设置操作转发给真实的 session 对象：

```
class LocalProxy(object):
    ...
```

```
    def __setitem__(self, key, value):
        self._get_current_object()[key] = value
```

这时在调试工具栏右侧的变量列表中可以看到已经被代理的 session 对象实际上是 sessions 模块中的 SecureCookieSession 类的实例。

在 Werkzeug 中进行一系列查询工作后，最终执行了 SecureCookieSession 类中的 on_update() 方法，这个方法会将两个属性 self.modified 和 self.accessed 设为 True，说明更新（modify）并使用（access）了 session。这两个标志会在保存 session 的方法中使用，我们下面会了解到。

那么 session 是否被更新是如何判断的？这个 on_update() 方法又是如何被执行的呢？要解答这些问题，我们需要先停止步进，在 SecureCookieSession 中探索一下。首先可以看到 Secure-CookieSession 类继承了 CallbackDict 类，CallbackDict 在 Werkzeug 中定义，如代码清单 16-28 所示。

代码清单16-28　werkzeug/datastructures.py：CallbackDict

```python
class CallbackDict(UpdateDictMixin, dict):
    """ 一个字典，每当产生变化时会调用传入的函数 """

    def __init__(self, initial=None, on_update=None):
        dict.__init__(self, initial or ())
        self.on_update = on_update
    ...
```

我们之前曾说 session 对象可以像字典一样操作，这里可以看到 SecureCookieSession 的父类 CallbackDict 其实继承了 dict。

CallbackDict 的构造方法接收一个 on_update 参数，并赋值给 on_update 属性。我们可以看到 SecureCookieSession 类在构造函数中定义了一个 on_update 函数，并赋值给 on_update 参数，这个类在 sessions.py 脚本中定义，如代码清单 16-29 所示。

代码清单16-29　flask/sessions.py：SecureCookieSession

```python
class SecureCookieSession(CallbackDict, SessionMixin):
    """Base class for sessions based on signed cookies."""

    def __init__(self, initial=None):
        def on_update(self):
            self.modified = True
            self.accessed = True

        super(SecureCookieSession, self).__init__(initial, on_update)
    ...
```

CallbackDict 中并没有其他内容，我们找到它的父类 UpdateDictMixin，会发现原来秘密在这里，这个类的定义如代码清单 16-30 所示。

代码清单16-30　werkzeug/datastructures.py：UpdateDictMixin

```python
class UpdateDictMixin(object):
    """ 当字典被修改时调用 self.on_update"""
```

```
on_update = None

def calls_update(name):
    def oncall(self, *args, **kw):
        rv = getattr(super(UpdateDictMixin, self), name)(*args, **kw)
        if self.on_update is not None:
            self.on_update(self)
        return rv
    oncall.__name__ = name
    return oncall

def setdefault(self, key, default=None):
    ...

def pop(self, key, default=_missing):
    ...

__setitem__ = calls_update('__setitem__')
__delitem__ = calls_update('__delitem__')
clear = calls_update('clear')
popitem = calls_update('popitem')
update = calls_update('update')
del calls_update
```

可以看到它重载了所有的字典操作（__setitem__、__delitem__、clear、popitem、update、pop、setdefault），并在这些操作中调用了 on_update 函数。也就是说，一旦继承了 CallbackDict 类的对象发生了字典操作，就会执行 on_update 属性指向的函数。

我们在视图函数中执行的写入操作会触发这里的 __setitem__ 方法，进而执行了 calls_update('__setitem__')，最后才得以调用 SecureCookieSession 类中定义的 on_update() 函数。

 提示 Werkzeug 提供了很多有用的数据结构，比如我们在第 2 章了解的 ImmutableMultiDict，这些数据结构都定义在 werkzeug.datastructures 模块中。

当我们对 session 进行写入和更新操作时，Flask 需要将新的值写入到 cookie 中，这是如何做到的呢？我们再返回到调用流程，视图函数执行完毕后会返回到 dispatch_request() 方法中，而 dispatch_request() 方法执行完毕后会返回到 full_dispatch_request() 方法中。full_dispatch_request() 最后调用 finalize_request() 方法来生成响应对象，session 的更新操作就在 finalize_request() 方法中。finalize_request() 调用了 process_response() 对响应对象进行预处理，如代码清单 16-31 所示。

代码清单16-31　flask/app.py：将session保存为cookie

```
class Flask(_PackageBoundObject):
    ...
    def process_response(self, response):
        ctx = _request_ctx_stack.top
        ...
        if not self.session_interface.is_null_session(ctx.session):
            self.session_interface.save_session(self, ctx.session, response)
        return response
```

从代码中可以看到 session 操作使用了中间变量 session_interface，它默认的值在 Flask 类中定义，为 SecureCookieSessionInterface 类。Flask 使用了很多这样的中间变量，比如请求类和响应类。这是为了方便开发者自定义这些类。比如，可以这样自定义 session 接口类。

```python
class MySessionInterface:
    pass


app = Flask(__name__)
app.session_interface = MySessionInterface()
```

回到正题，process_response() 方法首先获取请求上下文对象，然后会先使用 is_null_session() 方法检查 session 是不是无效的。这个方法定义在 SecureCookieSessionInterface 继承的 SessionInterface 类中，它会比较 session 对象是不是 NullSession 的实例，我们后面会介绍 NullSession。如果返回 True 就调用 save_session() 方法来保存 session，如代码清单 16-32 所示。

代码清单16-32　flask/sessions.py：保存session

```python
class SecureCookieSessionInterface(SessionInterface):
    ...
    def save_session(self, app, session, response):
        domain = self.get_cookie_domain(app)
        path = self.get_cookie_path(app)

        # 如果 session 被清空，删除 cookie
        # 如果 session 为空，不设置 cookie，直接返回
        if not session:
            if session.modified:
                response.delete_cookie(
                    app.session_cookie_name,
                    domain=domain,
                    path=path
                )

            return

        # 如果 session 被访问，添加一个 Vary: Cookie 首部字段
        if session.accessed:
            response.vary.add('Cookie')

        # 检查 session 是否被修改，如果没修改则返回空值
        if not self.should_set_cookie(app, session):
            return

        httponly = self.get_cookie_httponly(app)
        secure = self.get_cookie_secure(app)
        expires = self.get_expiration_time(app, session)
        val = self.get_signing_serializer(app).dumps(dict(session))
        response.set_cookie(
            app.session_cookie_name,
            val,
            expires=expires,
            httponly=httponly,
            domain=domain,
            path=path,
```

```
        secure=secure
    )
```

在 save_session() 方法的最后对传入的响应对象调用 set_cookie 方法设置 cookie，这个方法的定义在 werkzeug.wrappers.BaseResponse 类中，也就是 Flask 中的响应类的父类。

set_cookie() 接收的一系列设置参数都是通过 Flask 内置的配置键设置的，如表 16-4 所示。

表 16-4　set_cookie() 方法接收的参数及说明

参　数	配　置　变　量	默　认　值	说　　明
key	'SESSION_COOKIE_NAME'	'session'	cookie 的名称（键）
expires	'PERMANENT_SESSION_LIFETIME'	timedelta(days=31)	过期时间
domain	'SESSION_COOKIE_DOMAIN'	None	cookie 的域名（默认为当前域名）
path	'SESSION_COOKIE_PATH'	None	cookie 的路径（默认为整个域）
httponly	'SESSION_COOKIE_HTTPONLY'	True	设为 False 会禁止 JavaScript 获取 cookie
secure	'SESSION_COOKIE_SECURE'	False	设为 True 会允许以 https 的方式获取 cookie

> 💿提示　在这些配置键中，SESSION_COOKIE_NAME 和 PERMANENT_SESSION_LIFETIME 也可以通过 Flask 类的属性来设置，分别为 session_cookie_name 和 permanent_session_lifetime。

session cookie 的值（value）由下面这行代码生成：

```
val = self.get_signing_serializer(app).dumps(dict(session))
```

签名的序列化器使用 get_signing_serializer() 生成，传入 app 对象用于获取用于签名的密钥，如代码清单 16-33 所示。

代码清单16-33　flask/sessions.py：get_signing_serializer()获取序列化器

```python
class SecureCookieSessionInterface(SessionInterface):
    salt = 'cookie-session'  # 为计算增加随机性的 "盐"
    digest_method = staticmethod(hashlib.sha1)  # 签名的摘要方法
    key_derivation = 'hmac'  # 衍生密钥的算法
    serializer = session_json_serializer  # 序列化器
    session_class = SecureCookieSession

    def get_signing_serializer(self, app):
        if not app.secret_key:
            return None
        signer_kwargs = dict(
            key_derivation=self.key_derivation,
            digest_method=self.digest_method
        )
        return URLSafeTimedSerializer(app.secret_key, salt=self.salt,
                                      serializer=self.serializer,
                                      signer_kwargs=signer_kwargs)
```

这部分操作和我们第 9 章用户确认令牌的过程基本相同。唯一不同的是这次使用的序列化类是 itsdangerous.URLSafeTimedSerializer 类，这会创建一个具有过期时间且 URL 安全的令牌（字符串）。

最后，这个数字变成了下面的字符串：

u'eyJjc3JmX3Rva2VuIjp7IiBiIjoiWXpFek5qUTNNNVFUwWldVMFFlUSm1NR0V4T0Rka056UTUTBZalJqWlReE5URmxNRFF3BPT0ifX0.DdsYjw.sNmOF9eJ3OKsWHYnu_cEEDXgQGg'

从这个字符串的形式，你大概可以猜出这就是我们之前介绍的 JSON Web 签名。这个字符串会被作为 answer 键的值存储到一块名为 session 的 cookie 中。

 附注 在 0.10 版本以前，session 序列化为 cookie 的格式为 pickle。更换为 JSON 格式是为了增强安全性，避免密钥泄露导致的攻击。

2. session 起源

在上一节我们知道，session 变量在请求上下文中创建，因此，为了探寻 session 的起源，我们需要将断点设置到创建请求上下文之前，比如在 Flask 类的 __call__ 方法中。不过，这样的话整个过程就掺杂了太多不相关的操作，我们需要频繁使用 Step Out 按钮，作为替代，我们可以采取手动探索的方式来探寻 session 的起源。

既然 session 变量在 RequestContext 中创建，那么生成 session 对象的操作也应该在这里。我们打开搜索功能，找到 RequestContext 的定义后发现相关的代码在 push() 方法中，如代码清单 16-34 所示。

代码清单16-34　flask/ctx.py：在push()方法中创建session

```
class RequestContext(object):
    def __init__(self, app, environ, request=None):
        ...
        self.session = None
        ...
    ...
    def push(self):
        ...
        if self.session is None:
            session_interface = self.app.session_interface
            self.session = session_interface.open_session(
                self.app, self.request
            )
            if self.session is None:
                self.session = session_interface.make_null_session(self.app)
        ...
```

推送请求上下文的 push() 方法中调用了 open_session() 方法来创建 session，也就是说，一旦接收到请求，就会创建 session 对象，

open_session() 方法接收程序实例和请求对象作为参数，我们可以猜想到，程序实例是用来获取密钥验证 session 值，而请求对象参数是用于获取请求中的 cookie。open_session() 方法的定义如代码清单 16-35 所示。

代码清单16-35 flask/sessions.py：从cookie中读取session

```python
class SecureCookieSessionInterface(SessionInterface):
    ...
    def open_session(self, app, request):
        s = self.get_signing_serializer(app)
        if s is None:
            return None
        val = request.cookies.get(app.session_cookie_name)
        if not val:
            return self.session_class()
        max_age = total_seconds(app.permanent_session_lifetime)
        try:
            data = s.loads(val, max_age=max_age)
            return self.session_class(data)
        except BadSignature:
            return self.session_class()
```

> 附注 SecureCookieSessionInterface 类实现了 session 操作的主要接口，它继承 SessionInterface 类，后者实现了一些辅助方法。

在这个方法中，如果请求的 cookie 里包含 session 数据，就解析数据到 session 对象里，否则就生成一个空的 session。这里要注意的是，如果没有设置秘钥，open_session() 会返回 None，这时在 push() 方法中会调用 make_null_session 来生成一个无效的 session 对象（NullSession 类），对其执行字典操作时会显示警告。

最终返回的 session，就是我们一开始在视图函数里使用的那个 session 对象，这就是 session 的整个生命轨迹。

签名可以确保 session cookie 的内容不被篡改，但这并不意味着没法获取加密前的原始数据。事实上，session cookie 的值可以轻易地被解析出来（即使不知道密钥），这就是为什么我们曾频繁提到 session 中不能存入敏感数据。下面是使用 itsdangerous 解析 session 内容的示例：

```python
>>> from itsdangerous import base64_decode
>>> s = 'eyJjc3JmX3Rva2VuIjp7IiBiI...'
>>> data, timstamp, secret = s.split('.')
>>> base64_decode(data)
'{"answer":42}'
```

> 附注 Flask 提供的 session 将用户会话存储在客户端，和这种存储在客户端的方式相反，另一种实现用户会话的方式是在服务器端存储用户会话，而客户端只存储一个 session ID。当接收到客户端的请求时，可以根据 cookie 中的 session ID 来找到对应的用户会话内容。这种方法更为安全和强健，你可以使用扩展 Flask-Session（https://github.com/fengsp/flask-session）来实现这种方式的 session。

16.4.6 蓝本

在 Flask 中，我们使用 Blueprint 类来创建蓝本。你可以把蓝本理解成另一个简化版的 Flask

类，它实现了许多和 Flask 类相似的方法，并定义了一些蓝本专用的方法。比如，注册仅仅在蓝本范围内起作用的错误处理器。

我们曾在第 8 章介绍过，每一个蓝本都是一个休眠的操作子集，只有注册到程序上才会获得生命。那么，这种休眠状态是如何实现的呢？

如果仔细观察 Blueprint 类中实现的一些功能方法，你会发现除了一般的装饰器，大多数方法并不直接执行逻辑代码，而是把执行操作的函数作为参数传递给 Blueprint.record() 方法或 Blueprint.record_once() 方法。record() 方法及 Blueprint 类在 blueprints.py 脚本中定义，如代码清单 16-36 所示。

代码清单16-36 flask/blueprints.py：record()方法

```python
class Blueprint(_PackageBoundObject):
    ...
    def record(self, func):
        if self._got_registered_once and self.warn_on_modifications:
            from warnings import warn
            warn(Warning('The blueprint was already registered once '
                         'but is getting modified now.  These changes '
                         'will not show up.'))
        self.deferred_functions.append(func)
```

这个方法主要的作用是把传入的函数添加到 deferred_functions 属性中，这是一个存储所有延迟执行的函数的列表。

我们知道，蓝本可以被注册多次，但是这并不代表蓝本中的其他函数可以被注册多次。比如模板上下文装饰器 context_processor。为了避免重复写入 deferred_functions 列表，这些函数使用 record_once() 函数来录入，它会在调用前进行检查，如代码清单 16-37 所示。

代码清单16-37 flask/blueprints.py：record_once()

```python
class Blueprint(_PackageBoundObject):
    ...
    def record_once(self, func):
        def wrapper(state):
            if state.first_registration:
                func(state)
        return self.record(update_wrapper(wrapper, func))
```

这个方法内实现了一个 wrapper 函数，它接收 state 参数，通过 state 对象的 first_registration 属性来判断蓝本是否是第一次注册，以决定是否将函数加入 deferred_functions 列表。这里的 state 我们会在下面详细了解。

> 💡 **提示** update_wrapper 是 Python 标准库 functools 模块提供的工具函数，用来更新封装（wrapper）函数。

蓝本中的视图函数和其他处理函数（回调函数）都使用这种方式临时保存到 deferred_functions 属性对应的列表中。可以猜想到，在注册蓝本时会依次执行这个列表包含的函数。

在程序中，我们使用 Flask.register_blueprint() 方法将蓝本注册到程序实例上，这个方法的定义如代码清单 16-38 所示。

代码清单16-38　flask/blueprints.py：Flask.register_blueprint()

```python
class Flask(_PackageBoundObject):
    ...
    @setupmethod
    def register_blueprint(self, blueprint, **options):
        first_registration = False

        if blueprint.name in self.blueprints:
            assert self.blueprints[blueprint.name] is blueprint, (
                'A name collision occurred between blueprints %r and %r. Both'
                ' share the same name "%s". Blueprints that are created on the'
                ' fly need unique names.' % (
                    blueprint, self.blueprints[blueprint.name], blueprint.name
                )
            )
        else:
            self.blueprints[blueprint.name] = blueprint
            self._blueprint_order.append(blueprint)
            first_registration = True

        blueprint.register(self, options, first_registration)
```

蓝本注册后将保存在 Flask 类的 blueprints 属性中，它是一个存储蓝本名称与对应的蓝本对象的字典。

register_blueprint() 方法会先检查要注册的蓝本名称是否和已注册的非同一蓝本的名称是否冲突（因为蓝本可以注册多次），如果没有冲突就把蓝本对象存进 Flask.blueprints 字典，并将表示第一次注册的标志 first_registration 设为 True，最后调用蓝本对象 Blueprint 类的 register() 方法，如代码清单 16-39 所示。

代码清单16-39　flask/blueprints.py：注册蓝本的register()方法

```python
class Blueprint(_PackageBoundObject):
    ...
    def register(self, app, options, first_registration=False):
        self._got_registered_once = True
        state = self.make_setup_state(app, options, first_registration)

        if self.has_static_folder:
            state.add_url_rule(
                self.static_url_path + '/<path:filename>',
                view_func=self.send_static_file, endpoint='static'
            )

        for deferred in self.deferred_functions:
            deferred(state)
```

这里使用 Blueprint.make_setup_state() 方法创建了一个 state 对象。根据传入的参数我们可以猜到，这个对象包含了当前蓝本的状态信息，比如是否是第一次被注册。因为在最后迭代

deferred_functions 列表并执行时传入了这个参数，所以 record_once() 方法能在 state 对象上获取 first_registration 变量，其他方法也可以通过 state.app 获取程序实例对象。

这个 state 对象其实是 BlueprintSetupState 类的实例。从名字可以看出，这个类用来保存注册时的蓝本状态信息，如代码清单 16-40 所示。

代码清单16-40　flask/blueprints.py：BlueprintSetupState

```python
class BlueprintSetupState(object):
    def __init__(self, blueprint, app, options, first_registration):
        self.app = app
        self.blueprint = blueprint
        self.options = options

        self.first_registration = first_registration

        subdomain = self.options.get('subdomain')
        if subdomain is None:
            subdomain = self.blueprint.subdomain


        self.subdomain = subdomain

        url_prefix = self.options.get('url_prefix')
        if url_prefix is None:
            url_prefix = self.blueprint.url_prefix

        self.url_prefix = url_prefix

        self.url_defaults = dict(self.blueprint.url_values_defaults)
        self.url_defaults.update(self.options.get('url_defaults', ()))

    def add_url_rule(self, rule, endpoint=None, view_func=None, **options):
        if self.url_prefix:
            rule = self.url_prefix + rule
        options.setdefault('subdomain', self.subdomain)
        if endpoint is None:
            endpoint = _endpoint_from_view_func(view_func)
        defaults = self.url_defaults
        if 'defaults' in options:
            defaults = dict(defaults, **options.pop('defaults'))
        self.app.add_url_rule(rule, '%s.%s' % (self.blueprint.name, endpoint),
                              view_func, defaults=defaults, **options)
```

除了定义存储蓝本信息的几个属性外，这个类还实现了 add_url_rule() 方法，它会在进行相关参数设置后调用程序实例上的 Flask.add_url_rule() 方法来添加 URL 规则。

16.4.7　模板渲染

在视图函数中，我们使用 render_template() 函数来渲染模板，传入模板的名称和需要注入模板的关键词参数：

```python
from flask import Flask, render_template
```

```
app = Flask(__name__)

@app.route('/hello')
def hello():
    name = 'Flask'
    return render_template('hello.html', name=name)
```

我们在 return 语句这一行设置断点，程序运行到断点后的第一次步进会调用 render_template() 函数。render_template() 函数的定义在 templating.py 脚本中，如代码清单 16-41 所示。

代码清单16-41　flask/templating.py：render_template()

```
def render_template(template_name_or_list, **context):
    ctx = _app_ctx_stack.top
    ctx.app.update_template_context(context)    # 更新模板上下文
    return _render(ctx.app.jinja_env.get_or_select_template(template_name_or_list),
                   context, ctx.app)
```

这个函数接收的 template_name_or_list 参数是文件名或是包含文件名的列表，而 **context 参数是我们调用 render_template() 函数时传入的上下文参数。

这个函数先获取程序上下文，然后调用程序实例的 Flask.update_template_context() 方法更新模板上下文，update_template_context() 的定义如代码清单 16-42 所示。

代码清单16-42　flask/app.py：update_template_context()

```
class Flask(_PackageBoundObject):
    ...
    def update_template_context(self, context):
        # 获取全局的模板上下文处理函数
        funcs = self.template_context_processors[None]
        reqctx = _request_ctx_stack.top
        if reqctx is not None:
            bp = reqctx.request.blueprint
            if bp is not None and bp in self.template_context_processors:
                # 获取蓝本下的模板上下文处理函数
                funcs = chain(funcs, self.template_context_processors[bp])
        orig_ctx = context.copy()
        for func in funcs:
            context.update(func())
        context.update(orig_ctx)
```

我们使用 context_processor 装饰器注册模板上下文处理函数，这些处理函数被存储在 Flask.template_context_processors 字典里：

```
self.template_context_processors = {
    None: [_default_template_ctx_processor]
}
```

字典的键为蓝本的名称，全局的处理函数则使用 None 作为键。默认的处理函数是 templating._default_template_ctx_processor()，它把当前上下文中的 request、session 和 g 注入模板上下文。

　　这个 update_template_context() 方法的主要任务就是调用这些模板上下文处理函数，获取返回的字典，然后统一添加到 context 字典。这里先复制原始的 context 并在最后更新了它，这是为了确保最初设置的值不被覆盖，即视图函数中使用 render_template() 函数传入的上下文参数优先。

　　render_template() 函数最后使用这个 context 字典调用了 _render() 函数。传入的第一个参数为 ctx.app.jinja_env.get_or_select_template(template_name_or_list)。这里对程序实例 app 调用的 Flask.jinja_env() 方法如代码清单 16-43 所示。

代码清单16-43　flask/app.py：jinja_env()

```
class Flask(_PackageBoundObject):
    ...
    @locked_cached_property
    def jinja_env(self):
        """ 用来加载模板的 Jinja2 环境 (templating.Environment 类实例) """
        return self.create_jinja_environment()
```

> 提示　这里的 locked_cached_property 装饰器定义在 flask.helpers.locked_cached_property 中，它的作用是将被装饰的函数转变成一个延迟函数，也就是它的返回值会在第一次获取后被缓存。同时为了线程安全添加了基于 RLock 的可重入线程锁。

　　它调用 Flask.create_jinja_environment() 方法创建了一个 Jinja2 环境（templating.Environment 类，继承自 jinja2.Environment），用于加载模板。这个方法完成了 Jinja2 环境在 Flask 中的初始化，向模板上下文中添加了一些全局对象（比如 url_for() 函数、get_flashed_messages() 函数以及 config 对象等），更新了一些渲染设置，还添加了一个 tojson 过滤器，如代码清单 16-44 所示。

代码清单16-44　flask/app.py：Flask.create_jinja_environment()

```
class Flask(_PackageBoundObject):
    ...
    def create_jinja_environment(self):
        options = dict(self.jinja_options)

        if 'autoescape' not in options:  # 设置转义
            options['autoescape'] = self.select_jinja_autoescape

        if 'auto_reload' not in options:  # 设置自动重载选项
            options['auto_reload'] = self.templates_auto_reload

        rv = self.jinja_environment(self, **options)
        rv.globals.update(  # 添加多个全局对象
            url_for=url_for,
            get_flashed_messages=get_flashed_messages,
            config=self.config,
            request=request,
            session=session,
            g=g
        )
        rv.filters['tojson'] = json.tojson_filter  # 添加 tojson 过滤器
        return rv
```

> **注意** 虽然之前已经通过调用 update_template_context() 方法向模板上下文中添加了 request、session、g（由 _default_template_ctx_processor() 获取），这里再次添加是为了让导入的模板也包含这些变量。

最后调用的 _render() 函数如代码清单 16-45 所示。

代码清单16-45　flask/templating.py：_render ()

```
def _render(template, context, app):
    before_render_template.send(app, template=template, context=context)
    rv = template.render(context)
    template_rendered.send(app, template=template, context=context)
    return rv
```

在调用 _render() 函数前，经过了一段非常漫长的调用过程：模板文件定位、加载、解析等。这个函数调用 Jinja2 的 render 函数渲染模板，并在渲染前后发送相应的信号。渲染工作结束后会返回渲染好的 unicode 字符串，这个字符串就是最终的视图函数返回值，即响应的主体，也就是返回给浏览器的 HTML 页面。

16.5　本章小结

经过这一段漫长的源码探险，你应该对 Flask 的工作机制有了比较深刻的了解，这一定会让你的开发更加得心应手。

在阅读 Flask 源码 / 文档的过程中，如果你发现了 Bug，或是更好的实现方案，甚至仅仅是代码注释和文档的拼写错误，都可以在 Flask 的 Github 仓库（https://github.com/pallets/flask/）中提交 Issue 进行讨论（在创建新 Issue 前，请尝试搜索是否已经包含相同主题的 Issue），或是在修改代码后创建 Pull Request，Flask 会因为你的参与而变得更好。

> **附注** 关于提交 Pull Request 的注意事项与代码风格，请参考 Flask 项目的《贡献注意事项》（https://github.com/pallets/flask/blob/master/CONTRIBUTING.rst）和《Pocoo 风格指南（Styleguide）》（http://flask.pocoo.org/docs/latest/styleguide/）。

Flask 资源

附录 A 列出了目前质量相对较高的 Flask 资源，可以作为进一步学习的参考资料。

A.1　本书配套资源

helloflask.com 是一个由本书催生出的关于 Flask 的网站。本书所有配套资源索引可以在本书的主页——http://helloflask.com/book 上看到，其中包含了所有资源的具体使用方法和相关链接。

本书的项目仓库托管在 GitHub 上，地址为 https://github.com/greyli/helloflask，仓库中包含本书除第二部分以外的所有示例程序和勘误表等资源。如果你发现了书中的错误，欢迎在勘误表添加内容并提交 Pull Request。另外，关于本书的反馈信息、改进和疑问，最佳的发布方式就是在这个项目中创建 Issue。

本书一共提供了 13 个示例程序，每个程序都专注不同的技术主题，这些示例程序的 GitHub 链接如下所示：

❑ 第 1~6 章和第 13 章示例程序：https://github.com/greyli/helloflask
❑ SayHello：https://github.com/greyli/sayhello
❑ Bluelog：https://github.com/greyli/bluelog
❑ Albumy：https://github.com/greyli/albumy
❑ Todoism：https://github.com/greyli/todoism
❑ CatChat：https://github.com/greyli/catchat

另外，本书附带的 Flask 0.1 版本源码注解可以在 https://github.com/greyli/flask-origin 看到。

A.2 优秀的 Flask 开源程序

- ❏ Flaskr（https://github.com/pallets/flask/tree/master/examples/flaskr）：官方文档的教程的示例程序，一个简单的博客程序。
- ❏ Flasky（https://github.com/miguelgrinberg/flasky）：Flasky 是 Miguel Grinberg 撰写的《Flask Web Development》（中文版译名《Flask Web 开发》）一书的配套程序，当前版本为第二版。
- ❏ Microblog（https://github.com/miguelgrinberg/microblog）：Microblog 是 Miguel Grinberg 撰写的在线教程《Flask Mega-Tutorial》的配套程序。
- ❏ FlaskBB（https://flaskbb.org/）：一个基于 Flask 实现的论坛程序，包含丰富全面的特性。运行中的程序示例可以在 https://forums.flaskbb.org/ 看到，源码在 https://github.com/sh4nks/flaskbb，作者为 Peter Justin。
- ❏ Zerqu（https://github.com/lepture/zerqu）：一个使用 Flask 编写的论坛 API，程序的应用实例在 http://python-china.org/，作者是 Hsiaoming Yang。
- ❏ Quokka（www.quokkaproject.org）：一个 CMS（Content Management System，内容管理系统），项目源码在 https://github.com/quokkaproject/quokka，轻量重构版可以在 https://github.com/rochacbruno/quokka_ng 看到，作者为 Bruno Rocha。
- ❏ flask.pocoo.org（https://github.com/pallets/flask-website）：Flask 官方网站的源码。

更多的 Flask 项目可以到 PyPI（https://pypi.org/）、GitHub（https://github.com/）以及 Bit Bucket（https://bitbucket.com）上进行搜索。

A.3 优秀的在线资源

- ❏ Flask 的官方文档

链接：http://flask.pocoo.org/docs。

官方文档结构清晰，包含了丰富的内容，非常值得阅读。除了各类专题章节，尤其推荐下面这几个部分：

- ◯ Quickstart（http://flask.pocoo.org/docs/latest/quickstart/）：简明扼要但又不失全面地介绍了 Flask 的基础内容。
- ◯ Tutorial（http://flask.pocoo.org/docs/latest/tutorial/）：这个教程通过示例程序 Flaskr 的开发过程介绍了 Flask 开发的各种技巧和最佳实践。
- ◯ Patterns（http://flask.pocoo.org/docs/latest/patterns/）：介绍了 Flask 的各种进阶模式。
- ❏ Flask snippets

链接：http://flask.pocoo.org/snippets/。

由开发者贡献的关于 Flask 的各类主题的代码片段。注意，虽然部署在官方网站上，但这不是官方维护的内容，而且有些内容已经过时，所以仅用于参考。

- ❏ Flask Mega-Tutorial。

链接：https://blog.miguelgrinberg.com/post/the-flask-mega-tutorial-part-i-hello-world。

Miguel Grinberg 撰写的 Flask 教程，这个教程的配套程序可以在 https://github.com/miguelgrinberg/microblog 看到。

❏ Explore Flask

链接：https://exploreflask.com。

这个教程由作者 Robert Picard 在 Kickstarter 上发起，包含了开发 Flask 程序的最佳实践和常见模式。教程的源码可以在 GitHub（https://github.com/rpicard/explore-flask）上看到。

❏ Armin Ronacher's Thoughts and Writings

链接：http://lucumr.pocoo.org/。

Flask 主要作者 Armin Ronacher 的博客，其中 Talks 页面（http://lucumr.pocoo.org/talks/）列出了 Armin Ronacher 自 2009 年以来年大部分的演讲以及相关的资源链接，大多与 Flask 相关。

❏ miguelgrinberg.com

链接：https://blog.miguelgrinberg.com/index。

《Flask Web Development》作者 Miguel Grinberg 的博客，包含许多关于 Flask 的文章和教程。

❏ Hello, Flask!

链接：https://zhuanlan.zhihu.com/flask。

一个关于 Flask 的知乎专栏，包含许多关于 Flask 的教程和文章。

A.4　讨论与问题求助

遇到问题后，第一步是通过错误堆栈和异常信息来尝试解决问题，排除简单的问题，比如语法错误。如果自己无法解决，那么就提取问题关键词到 Google 等搜索引擎搜索相关网页，寻找答案。如果最终还是没有找到相应的解决方法，这时再考虑进行提问。

A.4.1　提问前的准备

要想解决自己的问题，获得优秀的答案，那么你得先提一个好问题。关于如何提一个好问题，你可以阅读 Eric S. Raymond 和 Rick Moen 合著的《How To Ask Questions The Smart Way》（http://www.catb.org/%7Eesr/faqs/smart-questions.html），或是 Stack Overflow 上的文章《How do I ask a good questioin?》（https://stackoverflow.com/help/how-to-ask）来了解。简单来说，一个好的编程问题应该包含下面这些内容：

❏ 期望效果。
❏ 实际效果。
❏ 你的操作步骤和尝试过的解决办法。
❏ 相关的代码和错误输出。
❏ 使用的操作系统、Python 版本、相关的库的版本等环境信息。

A.4.2 在哪里提问

在准备好提问后，可以从下面的途径进行提问：

- ❑ Stack Overflow（https://stackoverflow.com）。
- ❑ Reddit 的 Flask 板块（https://www.reddit.com/r/flask/）。
- ❑ 邮件组（https://mail.python.org/mailman/listinfo/flask/）。
- ❑ Pallets Discord 频道：https://discord.gg/sGRqpjQ。
- ❑ HelloFlask 论坛：https://discuss.helloflask.com。
- ❑ HelloFlask QQ / 微信 / Telegram 群：http://helloflask.com#discuss。
- ❑ 通过 Email 请教别人。

A.4.3 Bug 与改进建议

如果你遇到的问题和 Flask 或其他项目本身有关，你可以到 Flask 在 GitHub 上的 Issues 页面（http://github.com/pallets/flask/issues）创建新的 Issue，或是改进代码后提交 Pull Request，其他项目亦同。

A.5 为 Flask 社区贡献

Flask 之所以能吸引越来越多的人使用，离不开社区参与者的贡献。如果你也打算为此贡献一份力量，可以考虑通过下面的方式参与进来：

- ❑ 在 Stack Overflow、Quora、知乎等网站上回答 Flask 相关的问题。
- ❑ 撰写 Flask 教程与文章。
- ❑ 开源 Flask 程序。
- ❑ 编写 Flask 扩展。
- ❑ 在 Reddit 的 Flask 板块、Flask 邮件组以及相关项目的 Issues 中参与讨论。
- ❑ 为 Flask 相关项目创建 Issues 报告 Bug 和改进建议。
- ❑ 为 Flask 相关项目创建 Pull Request 贡献代码。

如果你已经这样做了，感谢你为社区做出的贡献！